高等学校数学专业同步辅导丛书

“科高数”小程序
扫码获取视频资源

适用华东师大·第五版

数学分析同步辅导

（下册）

主　编　张天德　栾世霞
副主编　孙钦福　胡东坡

山东科学技术出版社
·济南·

图书在版编目（CIP）数据

数学分析同步辅导. 下册 / 张天德，栾世霞主编. -- 济南：山东科学技术出版社，2024.3
（高等学校数学专业同步辅导丛书）
ISBN 978-7-5723-1978-5

Ⅰ. ①数… Ⅱ. ①张… ②栾… Ⅲ. ①数学分析-高等学校-教学参考资料 Ⅳ. ①O17

中国国家版本馆CIP数据核字（2024）第028297号

数学分析同步辅导（下册）

SHUXUE FENXI TONGBU FUDAO（XIACE）

责任编辑：段 琰 王炳花
装帧设计：孙小杰

主管单位：山东出版传媒股份有限公司
出 版 者：山东科学技术出版社
地址：济南市市中区舜耕路517号
邮编：250003 电话：（0531）82098088
网址：www.lkj.com.cn
电子邮件：sdkj@sdcbcm.com
发 行 者：山东科学技术出版社
地址：济南市市中区舜耕路517号
邮编：250003 电话：（0531）82098067
印 刷 者：山东华立印务有限公司
地址：山东省济南市莱芜高新区钱塘江街019号
邮编：271100 电话：（0531）76216033

规格：16开（184 mm × 260 mm）
印张：23 **字数**：631千
版次：2024年3月第1版 **印次**：2024年3月第1次印刷
定价：39.80元

前　言 QIANYAN

《数学分析》是高等学校数学类专业一门重要的基础课程，也是数学类专业硕士研究生入学考试的专业考试科目。为帮助、指导广大读者学好数学分析，我们编写了《数学分析同步辅导(下册)》。本书适用于华东师范大学数学科学学院主编的《数学分析(下册)》(第五版)，汇集了编者几十年丰富的教学经验，将典型例题及解题方法与技巧融入书中，本书将会成为读者学习数学分析的良师益友。

本书的章节划分和内容设置与华东师大第五版《数学分析(下册)》一致。每章体例结构分为主要内容归纳、经典例题解析及解题方法总结及教材习题解答。每章最后还加入了总练习题解答以及自测题与参考答案。

主要内容归纳　对每节必须掌握的概念、性质和公式进行了归纳，并对较易出错的地方做了适当的解析。

经典例题解析及解题方法总结　列举每节不同难度、不同类型的重点题目，给出详细解答，以帮助读者理清解题思路，掌握基本解题方法和技巧。解题前的分析和解题后的方法总结，可以使读者举一反三、融会贯通。

教材习题解答　每节与每章后都给出了与教材内容同步的习题原题及其解答，读者可以参考解答来检查学习效果。

自测题　编者根据多年教学及考研辅导的经验，精心挑选的典型题目。目的是在读者对各章内容有了全面了解之后，给读者一个检测、巩固所学知识的机会，从而使读者对各种题型产生更深刻的理解，并进一步掌握所学知识点，做到灵活运用。

本书由张天德、栾世霞主编，孙钦福、胡东坡副主编。由于编者水平有限，书中存在的不足之处敬请读者批评指正，以臻完善。

编　者

2024 年 2 月

目 录 MULU

第十二章 数项级数

一、主要内容归纳

1. 数项级数的概念

给定一个数列$\{u_n\}$，对它的各项依次用“+”号连接起来的表达式

$$u_1+u_2+\cdots+u_n+\cdots \qquad ①$$

称为**数项级数**或**常数项无穷级数**（也常简称为**级数**），其中 u_n 称为数项级数①的**通项**或**一般项**.

数项级数①也常写作 $\sum\limits_{n=1}^{\infty} u_n$ 或简写为 $\sum u_n$. 数项级数①的前 n 项之和，记为

$$S_n=\sum_{k=1}^{n} u_k=u_1+u_2+\cdots+u_n, \qquad ②$$

称为数项级数①的**第 n 个部分和**，也简称**部分和**.

2. 数项级数收敛的概念

若数项级数①的部分和数列$\{S_n\}$收敛于S（即$\lim\limits_{n\to\infty} S_n=S$），则称数项级数①**收敛**，称$S$为数项级数①的**和**，记作$S=u_1+u_2+\cdots+u_n+\cdots$或$S=\sum u_n$. 若$\{S_n\}$是发散数列，则称数项级数①**发散**.

3. 级数收敛的柯西准则

(1)级数①收敛$\Leftrightarrow \forall \varepsilon>0, \exists N$，当$n>N$时，对$\forall p\in \mathbf{N}$，有$|u_{n+1}+u_{n+2}+\cdots+u_{n+p}|<\varepsilon \Leftrightarrow \forall \varepsilon>0, \exists N$，当$n>m>N$时，有$|u_{m+1}+u_{m+2}+\cdots+u_n|<\varepsilon$.

(2)级数①发散$\Leftrightarrow \exists \varepsilon_0>0$，对$\forall N$，$\exists n_0>N$和$p_0$，有$|u_{n_0+1}+u_{n_0+2}+\cdots+u_{n_0+p_0}|\geqslant \varepsilon_0$.

(3)级数①收敛的必要条件为$\lim\limits_{n\to\infty} u_n=0$.

4. 收敛级数的基本性质

(1)若级数$\sum u_n$与$\sum v_n$都收敛，则对任意常数c,d，级数$\sum (cu_n+dv_n)$亦收敛，且

$$\sum (cu_n+dv_n)=c\sum u_n+d\sum v_n.$$

(2)去掉、增加或改变级数的有限个项并不改变级数的敛散性.

(3)在收敛级数的项中任意加括号，既不改变级数的收敛性，也不改变它的和.

注 (1)若加括号后的级数收敛，不能推断原级数也收敛. 如

$$(1-1)+(1-1)+\cdots+(1-1)+\cdots$$

收敛，但级数$1-1+1-1+\cdots$发散.

(2)若加括号后的级数发散，则原级数一定发散.

5. 常用结论

(1)**等比级数**(也称为**几何级数**) $\sum\limits_{n=0}^{\infty} aq^n$ $(a\neq 0)$，当 $|q|<1$ 时收敛，其和为 $\dfrac{a}{1-q}$；当 $|q|\geqslant 1$ 时发散.

(2)**调和级数** $1+\dfrac{1}{2}+\dfrac{1}{3}+\cdots+\dfrac{1}{n}+\cdots$ 发散.

6. 正项级数的定义

各项符号都相同的级数称为**同号级数**；若 $u_n\geqslant 0(n=1,2,\cdots)$，则称 $\sum\limits_{n=1}^{\infty} u_n$ 为**正项级数**；若 $u_n\leqslant 0(n=1,2,\cdots)$，则称 $\sum\limits_{n=1}^{\infty} u_n$ 为**负项级数**. 负项级数可以转化为正项级数来处理.

7. 正项级数敛散性判别法则

(1)**充要条件**　正项级数 $\sum u_n$ 收敛的充要条件是：部分和数列 $\{S_n\}$ 有上界，即 $\exists M>0$，$\forall n\in \mathbf{N}$，有 $S_n\leqslant M$.

(2)**比较原则**　设 $\sum u_n$ 和 $\sum v_n$ 是两个正项级数，如果 $\exists N$，当 $n>N$ 时，有 $u_n\leqslant v_n$，则

①若级数 $\sum v_n$ 收敛，则级数 $\sum u_n$ 也收敛；

②若级数 $\sum u_n$ 发散，则级数 $\sum v_n$ 也发散.

(3)**比较原则的极限形式**　设 $\sum u_n$ 与 $\sum v_n$ 是两个正项级数. 若 $\lim\limits_{n\to\infty}\dfrac{u_n}{v_n}=l$，则

①当 $0<l<+\infty$ 时，两个级数同时收敛或同时发散；

②当 $l=0$ 且 $\sum v_n$ 收敛时，$\sum u_n$ 也收敛；

③当 $l=+\infty$ 且 $\sum v_n$ 发散时，$\sum u_n$ 也发散.

(4)**达朗贝尔判别法(或称比式判别法)**　设 $\sum u_n$ 为正项级数，且 $\exists N_0$ 及常数 $q(0<q<1)$.

①如果对一切 $n>N_0$，有 $\dfrac{u_{n+1}}{u_n}\leqslant q$，则级数 $\sum u_n$ 收敛.

②如果对一切 $n>N_0$，有 $\dfrac{u_{n+1}}{u_n}\geqslant 1$，则级数 $\sum u_n$ 发散.

(5)**比式判别法的极限形式**　设 $\sum u_n$ 为正项级数，且 $\lim\limits_{n\to\infty}\dfrac{u_{n+1}}{u_n}=q$，则

①当 $q<1$ 时，级数 $\sum u_n$ 收敛；

②当 $q>1$ 时，级数 $\sum u_n$ 发散.

推论　设 $\sum u_n$ 为正项级数，

①若 $\overline{\lim\limits_{n\to\infty}}\dfrac{u_{n+1}}{u_n}=q<1$，则级数 $\sum u_n$ 收敛；　②若 $\underline{\lim\limits_{n\to\infty}}\dfrac{u_{n+1}}{u_n}=q>1$，则级数 $\sum u_n$ 发散.

(6)**柯西判别法(或称根式判别法)**　设 $\sum u_n$ 为正项级数，且 $\exists N_0$ 及 $l>0$，

①如果对一切 $n>N_0$，有 $\sqrt[n]{u_n}\leqslant l<1$，则级数 $\sum u_n$ 收敛；

②如果对一切 $n>N_0$，有 $\sqrt[n]{u_n}\geqslant 1$，则级数 $\sum u_n$ 发散.

(7)**根式判别法的极限形式** 设 $\sum u_n$ 为正项级数，且 $\lim\limits_{n\to\infty}\sqrt[n]{u_n}=l$，则

①当 $l<1$ 时，级数 $\sum u_n$ 收敛； ②当 $l>1$ 时，级数 $\sum u_n$ 发散.

推论 设 $\sum u_n$ 为正项级数，且 $\overline{\lim\limits_{n\to\infty}}\sqrt[n]{u_n}=l$，则

①当 $l<1$ 时，级数 $\sum u_n$ 收敛； ②当 $l>1$ 时，级数 $\sum u_n$ 发散.

(8)**拉贝判别法** 设 $\sum u_n$ 为正项级数，且 $\exists N_0$ 及常数 r.

①如果对一切 $n>N_0$，有 $n\left(1-\frac{u_{n+1}}{u_n}\right)\leqslant 1$，则级数 $\sum u_n$ 发散.

②如果对一切 $n>N_0$，有 $n\left(1-\frac{u_{n+1}}{u_n}\right)\geqslant r>1$，则级数 $\sum u_n$ 收敛.

(9)**拉贝判别法的极限形式** 设 $\sum u_n$ 为正项级数，且 $\lim\limits_{n\to\infty}n\left(1-\frac{u_{n+1}}{u_n}\right)=r$，则

①当 $r>1$ 时，级数 $\sum u_n$ 收敛； ②当 $r<1$ 时，级数 $\sum u_n$ 发散.

(10)**积分判别法** 设 f 为 $[1,+\infty)$ 上非负递减函数，则正项级数 $\sum\limits_{n=1}^{\infty}f(n)$ 与反常积分 $\int_1^{+\infty}f(x)\mathrm{d}x$ 同时收敛或同时发散.

8. 常用作比较的级数

(1)**等比级数** $\sum\limits_{n=0}^{\infty}aq^n\ (a>0)$：当 $0<q<1$ 时收敛，当 $q\geqslant 1$ 时发散.

(2)p **级数** $\sum\limits_{n=1}^{\infty}\frac{1}{n^p}$：当 $p>1$ 时收敛，当 $p\leqslant 1$ 时发散.

(3)**其他某些级数**：$\sum\limits_{n=2}^{\infty}\frac{1}{n(\ln n)^p}$，$\sum\limits_{n=3}^{\infty}\frac{1}{n\ln n\cdot(\ln\ln n)^p}$，$\sum\limits_{n=27}^{\infty}\frac{1}{n\ln n\cdot\ln\ln n\cdot(\ln\ln\ln n)^p}$，当 $p>1$ 时收敛，当 $0<p\leqslant 1$ 时发散.

9. 交错级数的定义

设 $u_n>0(n=1,2,\cdots)$，称 $\sum\limits_{n=1}^{\infty}(-1)^{n-1}u_n$ 或 $\sum\limits_{n=1}^{\infty}(-1)^n u_n$ 为**交错级数**.

10. 莱布尼茨判别法

设 $u_n>0$，$n=1,2,\cdots$，若 $\{u_n\}$ 单调递减趋于零，则交错级数 $\sum\limits_{n=1}^{\infty}(-1)^{n+1}u_n$ 收敛.

推论 若交错级数 $\sum\limits_{n=1}^{\infty}(-1)^{n+1}u_n$ 满足莱布尼茨判别法的条件，则收敛级数 $\sum\limits_{n=1}^{\infty}(-1)^{n+1}u_n$ 的余项估计式为 $|R_n|\leqslant u_{n+1}$.

11. 绝对收敛与条件收敛

如果级数 $\sum_{n=1}^{\infty}|u_n|$ 收敛，则称 $\sum_{n=1}^{\infty}u_n$ **绝对收敛**；收敛而非绝对收敛的级数称为**条件收敛**级数.

定理 若 $\sum_{n=1}^{\infty}|u_n|$ 收敛，则 $\sum_{n=1}^{\infty}u_n$ 收敛.

12. 级数的重排

(1)**重排定理** 若级数 $\sum_{n=1}^{\infty}u_n$ 绝对收敛，且其和等于 S，则任意重排后所得到的级数也绝对收敛，其和仍为 S.

(2)**黎曼定理** 若级数 $\sum_{n=1}^{\infty}u_n$ 条件收敛，则对任意给定的数 A，总有 $\{u_n\}$ 的重排 $\{v_n\}$，使得 $\sum_{n=1}^{\infty}v_n=A$，也可以找到适当的重排方式，使所得的级数发散.

13. 柯西定理

若级数 $\sum_{n=1}^{\infty}u_n$ 与 $\sum_{n=1}^{\infty}v_n$ 都绝对收敛，且分别收敛于 A 和 B，则对所有乘积 u_iv_j 按任意顺序排列所得到的级数 $\sum_{n=1}^{\infty}w_n$ 也绝对收敛，且其和等于 AB.

14. 阿贝尔变换

设 ε_i, v_i $(i=1,2,\cdots,n)$ 为两组实数，若令 $\delta_k=v_1+v_2+\cdots+v_k$ $(k=1,2,\cdots,n)$，则有如下分部求和公式成立：

$$\sum_{i=1}^{n}\varepsilon_i v_i=(\varepsilon_1-\varepsilon_2)\delta_1+(\varepsilon_2-\varepsilon_3)\delta_2+\cdots+(\varepsilon_{n-1}-\varepsilon_n)\delta_{n-1}+\varepsilon_n\delta_n.$$

15. 阿贝尔引理

若(ⅰ) $\varepsilon_1,\varepsilon_2,\cdots,\varepsilon_n$ 是单调数组；(ⅱ)对任一正整数 $k(1\leqslant k\leqslant n)$ 有 $|\delta_k|\leqslant A$（这里 $\delta_k=v_1+v_2+\cdots+v_k$），记 $\varepsilon=\max\limits_{k}\{|\varepsilon_k|\}$，则有 $\left|\sum_{k=1}^{n}\varepsilon_k v_k\right|\leqslant 3\varepsilon A$.

16. 阿贝尔判别法

若 $\{a_n\}$ 为单调有界数列，且级数 $\sum_{n=1}^{\infty}b_n$ 收敛，则级数 $\sum_{n=1}^{\infty}a_nb_n$ 收敛.

17. 狄利克雷判别法

若数列 $\{a_n\}$ 单调递减，且 $\lim\limits_{n\to\infty}a_n=0$，又级数 $\sum_{n=1}^{\infty}b_n$ 的部分和数列有界，则级数 $\sum_{n=1}^{\infty}a_nb_n$ 收敛.

二、经典例题解析及解题方法总结

【例 1】 证明:级数 $\sum\left[\frac{1}{\sqrt{n}}-\sqrt{\ln\left(1+\frac{1}{n}\right)}\right]$收敛.

证 因为$\frac{1}{n+1}<\ln\left(1+\frac{1}{n}\right)<\frac{1}{n}$,所以原级数为正项级数,且

$$0<\frac{1}{\sqrt{n}}-\sqrt{\ln\left(1+\frac{1}{n}\right)}<\frac{1}{\sqrt{n}}-\frac{1}{\sqrt{n+1}}=\frac{\sqrt{n+1}-\sqrt{n}}{\sqrt{n(n+1)}}=\frac{1}{\sqrt{n(n+1)}(\sqrt{n+1}+\sqrt{n})},$$

又由于

$$\lim_{n\to\infty}\frac{n^{\frac{3}{2}}}{\sqrt{n(n+1)}(\sqrt{n+1}+\sqrt{n})}=\lim_{n\to\infty}\frac{1}{\sqrt{1+\frac{1}{n}}\left(\sqrt{1+\frac{1}{n}}+1\right)}=\frac{1}{2},$$

而级数 $\sum\frac{1}{n^{\frac{3}{2}}}$收敛,故级数 $\sum\left[\frac{1}{\sqrt{n}}-\sqrt{\ln\left(1+\frac{1}{n}\right)}\right]$收敛.

【例 2】 设 $\sum a_n$ 为正项级数,证明:

(1)若存在正数 α 及正整数 N,当 $n\geqslant N$ 时,有$\frac{\ln\frac{1}{a_n}}{\ln n}\geqslant 1+\alpha$,则 $\sum a_n$ 收敛.

(2)若存在正整数 N,当 $n\geqslant N$ 时,有$\frac{\ln\frac{1}{a_n}}{\ln n}\leqslant 1$,则 $\sum a_n$ 发散.

证 (1)当 $n\geqslant N$ 时,由$\frac{\ln\frac{1}{a_n}}{\ln n}\geqslant 1+\alpha$ 知,$0<a_n\leqslant\frac{1}{n^{1+\alpha}}$,又级数 $\sum\frac{1}{n^{1+\alpha}}$收敛,因此由比较原则知级数 $\sum a_n$ 收敛.

(2)当 $n\geqslant N$ 时,由$\frac{\ln\frac{1}{a_n}}{\ln n}\leqslant 1$ 知,$a_n\geqslant\frac{1}{n}$,又 $\sum\frac{1}{n}$发散,故由比较原则知级数 $\sum a_n$ 发散.

【例 3】 证明下列交错级数收敛,并判别是绝对收敛还是条件收敛.

(1)$1-\frac{1}{\sqrt{2}}+\frac{1}{\sqrt{3}}-\frac{1}{\sqrt{4}}+\cdots$;

(2)$\sum_{n=1}^{\infty}(-1)^{n+1}\frac{(n+1)^n}{2n^{n+1}}$;

(3)$\sum_{n=1}^{\infty}(-1)^{n-1}\frac{n}{3^{n-1}}$;

(4)$\sum_{n=1}^{\infty}(-1)^n\frac{\ln n}{n}$;

(5)$\sum_{n=1}^{\infty}(-1)^{n-1}\frac{1}{\sqrt{2n-1}}$;

(6)$\sum_{n=1}^{\infty}(-1)^{n-1}\frac{1}{n-\ln n}$.

证 (1)原级数可写为 $\sum_{n=1}^{\infty}(-1)^{n+1}u_n$,其中 $u_n=\frac{1}{n^{\frac{1}{2}}}$. 显然 $u_n\geqslant u_{n+1}$,$n=1,2,\cdots$,$\lim_{n\to\infty}u_n=0$. 从而由莱布尼茨判别法知,原级数收敛.

又 $\sum_{n=1}^{\infty} u_n = \sum_{n=1}^{\infty} \frac{1}{n^{\frac{1}{2}}}$ 是 p 级数，且 $p<1$. 所以 $\sum_{n=1}^{\infty} u_n$ 发散，即原级数条件收敛.

(2)令 $u_n = \frac{(n+1)^n}{2n^{n+1}}$，由于 $\lim_{n\to\infty}\frac{u_n}{\frac{1}{n}} = \lim_{n\to\infty}\frac{1}{2}\left(1+\frac{1}{n}\right)^n = \frac{e}{2}$，而级数 $\sum_{n=1}^{\infty}\frac{1}{n}$ 发散，从而级数 $\sum_{n=1}^{\infty} u_n$ 发散.

$\frac{u_n}{u_{n+1}} = \frac{(n+1)^n}{2n^{n+1}} \cdot \frac{2(n+1)^{n+2}}{(n+2)^{n+1}} = \left(\frac{n^2+2n+1}{n^2+2n}\right)^{n+1} > 1$，且 $\lim_{n\to\infty} u_n = \lim_{n\to\infty}\frac{1}{2}\left(1+\frac{1}{n}\right)^n \cdot \frac{1}{n} = 0$，由莱布尼茨判别法知，原级数收敛，从而原级数条件收敛.

(3)令 $u_n = \frac{n}{3^{n-1}}$，由于 $\lim_{n\to\infty}\frac{u_{n+1}}{u_n} = \lim_{n\to\infty}\frac{n+1}{3^n} \cdot \frac{3^{n-1}}{n} = \frac{1}{3} < 1$，从而级数 $\sum_{n=1}^{\infty} u_n$ 收敛，即原级数绝对收敛.

(4)令 $u_n = \frac{\ln n}{n}$，$f(x) = \frac{\ln x}{x}$，则 $f'(x) = \frac{1-\ln x}{x^2} < 0 \ (x > e)$. 故当 $n \geqslant 3$ 时，$\{u_n\}$ 单调减少，显然 $\lim_{n\to\infty} u_n = 0$. 由莱布尼茨判别法知，原级数收敛.

又当 $n \geqslant 3$ 时，$u_n = \frac{\ln n}{n} \geqslant \frac{1}{n}$，而 $\sum_{n=1}^{\infty}\frac{1}{n}$ 发散，故 $\sum_{n=1}^{\infty} u_n$ 发散，所以原级数条件收敛.

(5)令 $u_n = \frac{1}{\sqrt{2n-1}}$，由于 $\lim_{n\to\infty}\frac{\frac{1}{\sqrt{2n-1}}}{\frac{1}{n^{\frac{1}{2}}}} = \frac{1}{\sqrt{2}}$，又 $\sum_{n=1}^{\infty}\frac{1}{n^{\frac{1}{2}}}$ 发散，故 $\sum_{n=1}^{\infty} u_n$ 发散.

又 $\lim_{n\to\infty}\frac{1}{\sqrt{2n-1}} = 0$，$\frac{1}{\sqrt{2n+1}} < \frac{1}{\sqrt{2n-1}}$，所以由莱布尼茨判别法知，原级数收敛，从而原级数条件收敛.

(6)令 $u_n = \frac{1}{n-\ln n}$，由于 $\frac{1}{n-\ln n} > \frac{1}{n}$，而 $\sum_{n=1}^{\infty}\frac{1}{n}$ 发散，故 $\sum_{n=1}^{\infty} u_n$ 发散.

又 $\lim_{n\to\infty} u_n = \lim_{n\to\infty}\frac{1}{n-\ln n} = \lim_{n\to\infty}\frac{\frac{1}{n}}{1-\frac{\ln n}{n}} = 0$.

又令 $f(x) = x - \ln x$，由 $f'(x) = 1 - \frac{1}{x} > 0 \ (x > 1)$，知 $n - \ln n$ 单调增加，即 $\frac{1}{n-\ln n}$ 单调减少. 所以由莱布尼茨判别法知，原级数收敛，从而原级数条件收敛.

【例 4】 证明：$\sum_{n=1}^{\infty} (-1)^{n-1}(\sqrt[n]{n}-1)$ 条件收敛.

证　由于 $\sqrt[n]{n} - 1 > 0$，故该级数为交错级数.

令 $y = x^{\frac{1}{x}}$，$y' = \frac{x^{\frac{1}{x}}}{x^2}(1-\ln x)$，故当 $x > e$ 时，y 单调递减，所以当 $n > 3$ 时，$\{\sqrt[n]{n} - 1\}$ 单调递

减，且$\lim\limits_{n\to\infty}(\sqrt[n]{n}-1)=0$，由莱布尼茨判别法知$\sum\limits_{n=1}^{\infty}(-1)^{n-1}(\sqrt[n]{n}-1)$收敛. 但是

$$\lim_{x\to+\infty}\frac{x^{\frac{1}{x}}-1}{\frac{1}{x}}=\lim_{x\to+\infty}\frac{\frac{1}{x^2}x^{\frac{1}{x}}(1-\ln x)}{-\frac{1}{x^2}}=+\infty,$$

而$\sum\limits_{n=1}^{\infty}\frac{1}{n}$发散，故$\sum\limits_{n=1}^{\infty}(\sqrt[n]{n}-1)$发散，所以原级数条件收敛.

【例 5】 证明：若$\sum\limits_{n=1}^{\infty}a_n$绝对收敛，则$\sum\limits_{n=1}^{\infty}a_n(a_1+a_2+\cdots+a_n)$绝对收敛.

证 记$S_n=\sum\limits_{k=1}^{n}a_k$，因为$\sum\limits_{n=1}^{\infty}a_n$绝对收敛，所以存在$M>0$，使得$|a_1+a_2+\cdots+a_n|<M$，从而有$|a_n(a_1+a_2+\cdots+a_n)|\leqslant M|a_n|$.

由于$\sum\limits_{n=1}^{\infty}a_n$绝对收敛，故由比较判别法知$\sum\limits_{n=1}^{\infty}a_n(a_1+a_2+\cdots+a_n)$绝对收敛.

【例 6】 应用阿贝尔判别法或狄利克雷判别法判断下列级数的收敛性：

(1) $\sum\limits_{n=1}^{\infty}(-1)^n\left(1+\frac{1}{n}\right)^n\frac{1}{\sqrt{n}}$； (2) $\sum\limits_{n=1}^{\infty}(-1)^n\left(1+\frac{1}{2}+\cdots+\frac{1}{n}\right)\frac{\sin nx}{n}$，$x\in(0,\pi)$.

解 (1)由于$\sum\limits_{n=1}^{\infty}(-1)^n\frac{1}{\sqrt{n}}$收敛，而$\left\{\left(1+\frac{1}{n}\right)^n\right\}$单调有界，所以由阿贝尔判别法知该级数收敛.

(2)令$a_n=\frac{1}{n}\left(1+\frac{1}{2}+\cdots+\frac{1}{n}\right)$，$b_n=(-1)^n\sin nx=\sin[n(x-\pi)]$，由于

$$\begin{aligned}a_n-a_{n+1}&=\frac{1}{n}\left(1+\frac{1}{2}+\cdots+\frac{1}{n}\right)-\frac{1}{n+1}\left(1+\frac{1}{2}+\cdots+\frac{1}{n+1}\right)\\&=\frac{1}{n(n+1)}\left[(n+1)\left(1+\frac{1}{2}+\cdots+\frac{1}{n}\right)-n\left(1+\frac{1}{2}+\cdots+\frac{1}{n}+\frac{1}{n+1}\right)\right]\\&=\frac{1}{n(n+1)}\left(1+\frac{1}{2}+\cdots+\frac{1}{n}-\frac{n}{n+1}\right)>0,\end{aligned}$$

于是$\{a_n\}$单调递减；又因为$\lim\limits_{n\to\infty}\frac{1}{n}=0$，所以

$$\lim_{n\to\infty}a_n=\lim_{n\to\infty}\frac{1}{n}\left(1+\frac{1}{2}+\cdots+\frac{1}{n}\right)=0.$$

另外，因为

$$\left|\sum_{k=1}^{n}b_k\right|=\left|\sum_{k=1}^{n}\sin[k(x-\pi)]\right|=\left|\frac{\cos\frac{x-\pi}{2}-\cos\frac{(2n+1)(x-\pi)}{2}}{2\sin\frac{x-\pi}{2}}\right|\leqslant\frac{1}{\cos\frac{x}{2}},\quad x\in(0,\pi),$$

所以$\sum\limits_{n=1}^{\infty}b_n$的部分和有界. 于是由狄利克雷判别法可知原级数收敛.

【例 7】 设 $x_0=0,x_n=\sum\limits_{k=1}^{n}a_k,\lim\limits_{n\to\infty}x_n=b$，求 $\sum\limits_{n=1}^{\infty}a_n(x_n+x_{n-1})$的和.

分析 按常规思路求 S_n，会涉及通项 $u_n=a_n(x_n+x_{n-1})$拆项，由条件 $x_n=\sum\limits_{k=1}^{n}a_k$，明显可得 $a_n=x_n-x_{n-1}$.

解 因为 $x_0=0,x_n=\sum\limits_{k=1}^{n}a_k$，所以 $a_n=x_n-x_{n-1}$. 而级数 $\sum\limits_{n=1}^{\infty}a_n(x_n+x_{n-1})$的部分和

$$
\begin{aligned}
S_n&=a_1(x_1+x_0)+a_2(x_2+x_1)+\cdots+a_n(x_n+x_{n-1})\\
&=(x_1-x_0)(x_1+x_0)+(x_2-x_1)(x_2+x_1)+\cdots+(x_n-x_{n-1})(x_n+x_{n-1})\\
&=x_1^2-x_0^2+x_2^2-x_1^2+\cdots+x_n^2-x_{n-1}^2=x_n^2-x_0^2,
\end{aligned}
$$

注意到$\lim\limits_{n\to\infty}x_n=b$，所以$\lim\limits_{n\to\infty}S_n=b^2-x_0^2=b^2$，即级数 $\sum\limits_{n=1}^{\infty}a_n(x_n+x_{n-1})$的和为 b^2.

【例 8】 求下列级数的和 S：

(1) $\sum\limits_{n=2}^{\infty}\dfrac{1}{n^2+n-2}$； (2) $\sum\limits_{n=1}^{\infty}\dfrac{2n-1}{3^n}$； (3) $1-\dfrac{1}{3}+\dfrac{1}{5}-\dfrac{1}{7}+\cdots+(-1)^{n-1}\dfrac{1}{2n-1}+\cdots$.

解 (1)因为$\dfrac{1}{n^2+n-2}=\dfrac{1}{(n-1)(n+2)}=\dfrac{1}{3}\left(\dfrac{1}{n-1}-\dfrac{1}{n+2}\right)$，所以

$$
S_n=\sum_{k=2}^{n+1}\frac{1}{k^2+k-2}=\frac{1}{3}\sum_{k=2}^{n+1}\left(\frac{1}{k-1}-\frac{1}{k+2}\right)=\frac{1}{3}\left(1+\frac{1}{2}+\frac{1}{3}-\frac{1}{n}-\frac{1}{n+1}-\frac{1}{n+2}\right),
$$

由此求得 $S=\lim\limits_{n\to\infty}S_n=\dfrac{1}{3}\left(1+\dfrac{1}{2}+\dfrac{1}{3}\right)=\dfrac{11}{18}$.

(2)因为 $S_n=\dfrac{1}{3}+\dfrac{3}{3^2}+\dfrac{5}{3^3}+\cdots+\dfrac{2n-3}{3^{n-1}}+\dfrac{2n-1}{3^n}$，所以

$$
\frac{1}{3}S_n=\frac{1}{3^2}+\frac{3}{3^3}+\frac{5}{3^4}+\cdots+\frac{2n-3}{3^n}+\frac{2n-1}{3^{n+1}},
$$

两式相减后又得

$$
\begin{aligned}
\frac{2}{3}S_n&=\frac{1}{3}+\frac{2}{3^2}+\frac{2}{3^3}+\cdots+\frac{2}{3^n}-\frac{2n-1}{3^{n+1}}\\
&=\frac{1}{3}+\frac{2}{3^2}\left(1+\frac{1}{3}+\cdots+\frac{1}{3^{n-2}}\right)-\frac{2n-1}{3^{n+1}}\\
&=\frac{2}{3}-\frac{1}{3^n}-\frac{2n-1}{3^{n+1}},
\end{aligned}
$$

所以有 $S=\lim\limits_{n\to\infty}S_n=\lim\limits_{n\to\infty}\dfrac{3}{2}\left(\dfrac{2}{3}-\dfrac{1}{3^n}-\dfrac{2n-1}{3^{n+1}}\right)=1$.

(3)对此级数的部分和作如下处理：

$$
\begin{aligned}
S_n&=\sum_{k=0}^{n-1}(-1)^k\frac{1}{2k+1}=\sum_{k=0}^{n-1}(-1)^k\int_0^1x^{2k}\mathrm{d}x=\int_0^1\left(\sum_{k=0}^{n-1}(-1)^kx^{2k}\right)\mathrm{d}x\\
&=\int_0^1\frac{1-(-x^2)^n}{1+x^2}\mathrm{d}x=\int_0^1\frac{\mathrm{d}x}{1+x^2}-\int_0^1\frac{(-x^2)^n}{1+x^2}\mathrm{d}x=\arctan x\Big|_0^1-\int_0^1\frac{(-x^2)^n}{1+x^2}\mathrm{d}x\\
&=\frac{\pi}{4}-\int_0^1\frac{(-x^2)^n}{1+x^2}\mathrm{d}x,
\end{aligned}
$$

而

$$0\leqslant\left|\int_0^1\frac{(-x^2)^n}{1+x^2}\mathrm{d}x\right|\leqslant\int_0^1 x^{2n}\mathrm{d}x=\frac{1}{2n+1}\to 0\quad(n\to\infty),$$

于是求得 $S=\lim\limits_{n\to\infty}S_n=\frac{\pi}{4}-\lim\limits_{n\to\infty}\int_0^1\frac{x^{2n}}{1+x^2}\mathrm{d}x=\frac{\pi}{4}$.

方法总结

级数求和的问题，一般来说是一个比较困难的问题，没有一定的规律可循. 我们在本题中介绍了三种方法：(1)拆项法；(2)变形法；(3)逐项积分法. 这些方法的共同目标都是求出$\{S_n\}$的极限. 以后我们还可以借助于幂级数和傅里叶级数求级数的和.

【例 9】 求$\lim\limits_{n\to\infty}\frac{5^n\cdot n!}{(2n)^n}$.

解 考虑级数$\sum\limits_{n=1}^{\infty}\frac{5^n\cdot n!}{(2n)^n}$，由于

$$\lim_{n\to\infty}\frac{\dfrac{5^{n+1}\cdot(n+1)!}{[2(n+1)]^{n+1}}}{\dfrac{5^n\cdot n!}{(2n)^n}}=\lim_{n\to\infty}\frac{5}{2}\left(\frac{n}{n+1}\right)^n=\frac{5}{2}\lim_{n\to\infty}\frac{1}{\left(1+\frac{1}{n}\right)^n}=\frac{5}{2\mathrm{e}}<1,$$

故级数$\sum\limits_{n=1}^{\infty}\frac{5^n\cdot n!}{(2n)^n}$收敛，于是得$\lim\limits_{n\to\infty}\frac{5^n\cdot n!}{(2n)^n}=0$.

【例 10】 设$a_n=\int_0^{\frac{\pi}{4}}\tan^n x\,\mathrm{d}x$.

(1)求$\sum\limits_{n=1}^{\infty}\frac{1}{n}(a_n+a_{n+2})$的值； (2)证明：对任意的常数$\lambda>0$，级数$\sum\limits_{n=1}^{\infty}\frac{a_n}{n^\lambda}$收敛.

解 (1)由于

$$\frac{1}{n}(a_n+a_{n+2})=\frac{1}{n}\int_0^{\frac{\pi}{4}}\tan^n x(1+\tan^2 x)\mathrm{d}x=\frac{1}{n}\int_0^{\frac{\pi}{4}}\tan^n x\sec^2 x\,\mathrm{d}x$$

$$\xlongequal{\tan x=t}\frac{1}{n}\int_0^1 t^n\mathrm{d}t=\frac{1}{n(n+1)},$$

从而

$$S_n=\sum_{i=1}^{n}\frac{1}{i}(a_i+a_{i+2})=\sum_{i=1}^{n}\frac{1}{i(i+1)}=1-\frac{1}{n+1}.$$

所以$\lim\limits_{n\to\infty}S_n=1$，因此$\sum\limits_{n=1}^{\infty}\frac{1}{n}(a_n+a_{n+2})=1$.

(2)由于

$$a_n=\int_0^{\frac{\pi}{4}}\tan^n x\,\mathrm{d}x\xlongequal{\tan x=t}\int_0^1\frac{t^n}{1+t^2}\mathrm{d}t<\int_0^1 t^n\mathrm{d}t=\frac{1}{n+1},$$

从而$\frac{a_n}{n^\lambda}<\frac{1}{n^\lambda(n+1)}<\frac{1}{n^{\lambda+1}}$，由$\lambda>0$知$\lambda+1>1$，故$\sum\limits_{n=1}^{\infty}\frac{1}{n^{\lambda+1}}$收敛，由比较判别法知级数$\sum\limits_{n=1}^{\infty}\frac{a_n}{n^\lambda}$

对任意的常数$\lambda>0$均收敛.

【例 11】 设有方程$x^n+nx-1=0$,其中n为正整数.证明此方程存在唯一正实根x_n,并证明当$a>1$时,级数$\sum\limits_{n=1}^{\infty}x_n^a$收敛.

证 记$f_n(x)=x^n+nx-1$.当$x>0$时,$f'_n(x)=nx^{n-1}+n>0$,故$f_n(x)$在$[0,+\infty)$上严格单调增加.而$f_n(0)=-1<0$,$f_n(1)=n>0$,由连续函数的根的存在定理知$x^n+nx-1=0$存在唯一正实根x_n.

由$x_n^n+nx_n-1=0$与$x_n>0$知$0<x_n=\frac{1-x_n^n}{n}<\frac{1}{n}$,故当$a>1$时,$0<x_n^a<\left(\frac{1}{n}\right)^a$,而正项级数$\sum\limits_{n=1}^{\infty}\left(\frac{1}{n}\right)^a$收敛.所以,当$a>1$时,级数$\sum\limits_{n=1}^{\infty}x_n^a$收敛.

【例 12】 讨论级数$\sum\limits_{n=1}^{\infty}\left[\frac{(2n-1)!!}{(2n)!!}\right]^s$ $(s>0)$的收敛性.

分析 由于$\lim\limits_{n\to\infty}\frac{u_{n+1}}{u_n}=\lim\limits_{n\to\infty}\left(\frac{2n+1}{2n+2}\right)^s=1$,因此比式判别法失效.这时,可考虑使用更精细的判别法——拉贝判别法.

解 我们有

$$\lim_{n\to\infty}n\left(1-\frac{u_{n+1}}{u_n}\right)=\lim_{n\to\infty}n\left[1-\left(\frac{2n+1}{2n+2}\right)^s\right]=\lim_{t\to0^+}\frac{1-\left(\frac{2+t}{2+2t}\right)^s}{t}\quad\text{(使用归结原则)}$$

$$=\lim_{t\to0^+}\left[-s\left(\frac{2+t}{2+2t}\right)^{s-1}\cdot\frac{-2}{(2+2t)^2}\right]\quad\text{(使用洛必达法则)}$$

$$=\frac{s}{2}.$$

由此得:(1)当$s>2$时,原级数收敛;(2)当$0<s<2$时,原级数发散;

(3)当$s=2$时,由于$n\left(1-\frac{u_{n+1}}{u_n}\right)=n\left[1-\left(\frac{2n+1}{2n+2}\right)^2\right]=\frac{4n^2+3n}{(2n+2)^2}<1$,因此原级数也发散.

【例 13】 设$a_1=2$,$a_{n+1}=\frac{1}{2}\left(a_n+\frac{1}{a_n}\right)$,$n=1,2,\cdots$.证明:

(1)$\lim\limits_{n\to\infty}a_n$存在; (2)$\sum\limits_{n=1}^{\infty}\left(\frac{a_n}{a_{n+1}}-1\right)$收敛.

证 (1)易知$a_n>0$,于是$a_{n+1}=\frac{1}{2}\left(a_n+\frac{1}{a_n}\right)\geqslant\frac{1}{2}\cdot2\sqrt{a_n\cdot\frac{1}{a_n}}=1$, $n=1,2,\cdots$,

故$\{a_n\}$有下界,又

$$a_{n+1}-a_n=\frac{1}{2}\left(a_n+\frac{1}{a_n}\right)-a_n=\frac{1-a_n^2}{2a_n}\leqslant0.$$

即$\{a_n\}$为递减数列,从而由单调有界定理知$\lim\limits_{n\to\infty}a_n$存在.

(2)设$\lim\limits_{n\to\infty}a_n=a$.因为$a_n\geqslant a_{n+1}\geqslant1$,所以$\sum\limits_{n=1}^{\infty}\left(\frac{a_n}{a_{n+1}}-1\right)$为正项级数,且

$$\frac{a_n}{a_{n+1}}-1=\frac{1}{a_{n+1}}(a_n-a_{n+1})\leqslant a_n-a_{n+1}.$$

由于 $\sum_{n=1}^{\infty}(a_n-a_{n+1})=a_1-\lim_{n\to\infty}a_n=a_1-a$ 收敛，由比较判别法知级数 $\sum_{n=1}^{\infty}\left(\frac{a_n}{a_{n+1}}-1\right)$ 收敛.

【例 14】 设级数 $\sum_{n=1}^{\infty}a_n$ 发散，$a_n>0$，$S_n=\sum_{k=1}^{n}a_k$. 证明级数 $\sum_{n=1}^{\infty}\frac{a_n}{S_n}$ 也发散.

分析 为了应用柯西准则证明 $\sum_{n=1}^{\infty}\frac{a_n}{S_n}$ 发散，需要找到某 $\varepsilon_0>0$，使得 $\forall N$，$\exists n_0>N$ 及 p_0，满足

$$\left|\frac{a_{n_0+1}}{S_{n_0+1}}+\cdots+\frac{a_{n_0+p_0}}{S_{n_0+p_0}}\right|\geqslant\varepsilon_0. \qquad (*)$$

为此，我们将(*)式左边适当缩小，化为

$$\left|\frac{a_{n_0+1}}{S_{n_0+1}}+\cdots+\frac{a_{n_0+p_0}}{S_{n_0+p_0}}\right|=\frac{a_{n_0+1}}{S_{n_0+1}}+\cdots+\frac{a_{n_0+p_0}}{S_{n_0+p_0}}\geqslant\frac{a_{n_0+1}+\cdots+a_{n_0+p_0}}{S_{n_0+p_0}}$$
$$=\frac{S_{n_0+p_0}-S_{n_0}}{S_{n_0+p_0}}=1-\frac{S_{n_0}}{S_{n_0+p_0}}. \qquad (**)$$

由此可见，只要取合适的 p_0，使 $\frac{S_{n_0}}{S_{n_0+p_0}}<\frac{1}{2}$，则可取 $\varepsilon_0=\frac{1}{2}$.

证 取 $\varepsilon_0=\frac{1}{2}$，$\forall N$，取 $n_0=N+1>N$，因 $\sum_{n=1}^{\infty}a_n$ 发散，$a_n>0$，故 $\lim_{n\to\infty}S_n=+\infty$，由此可知 $\exists p_0>0$，使 $S_{n_0+p_0}>2S_{n_0}$. 于是由以上(**)式，得到

$$\left|\frac{a_{n_0+1}}{S_{n_0+1}}+\cdots+\frac{a_{n_0+p_0}}{S_{n_0+p_0}}\right|\geqslant1-\frac{S_{n_0}}{S_{n_0+p_0}}>\frac{1}{2}=\varepsilon_0.$$

从而由柯西准则知级数 $\sum_{n=1}^{\infty}\frac{a_n}{S_n}$ 发散.

【例 15】 对不同的参数 α，讨论级数 $1-\frac{1}{2^\alpha}+\frac{1}{3}-\frac{1}{4^\alpha}+\frac{1}{5}-\frac{1}{6^\alpha}+\cdots$ $(\alpha>0)$ 的收敛性.

解 分以下三种情形来讨论：

(1)当 $\alpha>1$ 时，因为级数 $\sum_{n=1}^{\infty}\frac{1}{2n-1}$ 发散，而 $\sum_{n=1}^{\infty}\frac{1}{2^\alpha}\cdot\frac{1}{n^\alpha}$ 收敛，所以原级数发散.

(2)当 $\alpha=1$ 时，由莱布尼茨判别法可知原级数收敛.

(3)当 $0<\alpha<1$ 时，由于 $\lim_{n\to\infty}\dfrac{\frac{1}{(2n)^\alpha}-\frac{1}{2n+1}}{\frac{1}{(2n)^\alpha}}=1$，而级数 $\sum_{n=1}^{\infty}\frac{1}{(2n)^\alpha}$ 发散，因此原级数加括号后发散，从而原级数也发散.

【例 16】 讨论级数

$$\sum_{n=2}^{\infty}\ln\left(1+\frac{(-1)^n}{n^p}\right)\quad(p>0) \qquad (*)$$

的收敛性.

解　由于 $\ln\left(1+\frac{(-1)^n}{n^p}\right)<\frac{(-1)^n}{n^p}$，因此级数

$$\sum_{n=2}^{\infty}\left[\frac{(-1)^n}{n^p}-\ln\left(1+\frac{(-1)^n}{n^p}\right)\right] \tag{**}$$

为正项级数. 而

$$\lim_{n\to\infty}\frac{\frac{(-1)^n}{n^p}-\ln\left(1+\frac{(-1)^n}{n^p}\right)}{\frac{1}{n^{2p}}}=\lim_{n\to\infty}\frac{\frac{(-1)^n}{n^p}-\frac{(-1)^n}{n^p}+\frac{1}{2n^{2p}}+o\left(\frac{1}{n^{2p}}\right)}{\frac{1}{n^{2p}}}=\frac{1}{2},$$

于是级数（**）与级数 $\sum_{n=1}^{\infty}\frac{1}{n^{2p}}$ 同敛散. 我们把级数（*）写成

$$\sum_{n=2}^{\infty}\ln\left(1+\frac{(-1)^n}{n^p}\right)=\sum_{n=2}^{\infty}\left\{\frac{(-1)^n}{n^p}-\left[\frac{(-1)^n}{n^p}-\ln\left(1+\frac{(-1)^n}{n^p}\right)\right]\right\},$$

由此可得如下结论：

(1)当 $p>1$ 时，级数（**）与 $\sum_{n=1}^{\infty}\frac{(-1)^n}{n^p}$ 都绝对收敛，于是级数（*）也绝对收敛.

(2)当 $\frac{1}{2}<p\leqslant 1$ 时，级数（**）为绝对收敛，而 $\sum_{n=1}^{\infty}\frac{(-1)^n}{n^p}$ 为条件收敛，于是级数（*）为条件收敛.

(3)当 $0<p\leqslant\frac{1}{2}$ 时，级数（**）发散，而级数 $\sum_{n=1}^{\infty}\frac{(-1)^n}{n^p}$ 条件收敛，于是级数（*）发散.

【例 17】　设 $f(x)$ 是 $(-\infty,+\infty)$ 内的可微函数，且满足：

(1) $f(x)>0,\ \forall x\in(-\infty,+\infty)$；　(2) $|f'(x)|\leqslant mf(x),\ 0<m<1$.

任取 $a_0\in\mathbf{R}$，定义 $a_n=\ln f(a_{n-1}),\ n=1,2,\cdots$. 证明：级数 $\sum_{n=1}^{\infty}|a_n-a_{n-1}|$ 收敛.

证　由微分中值定理，得

$$a_n-a_{n-1}=\ln f(a_{n-1})-\ln f(a_{n-2})=\frac{f'(\xi_n)}{f(\xi_n)}(a_{n-1}-a_{n-2}),\quad n=2,3,\cdots,$$

其中 ξ_n 在 a_{n-1} 与 a_{n-2} 之间. 于是

$$|a_n-a_{n-1}|=\left|\frac{f'(\xi_n)}{f(\xi_n)}\right||a_{n-1}-a_{n-2}|\leqslant m|a_{n-1}-a_{n-2}|,\quad n=2,3,\cdots.$$

若 $\exists n_0$，使 $a_{n_0-1}-a_{n_0-2}=0$，则对 $\forall n>n_0$，都有 $|a_n-a_{n-1}|=0$，于是 $\sum_{n=1}^{\infty}|a_n-a_{n-1}|$ 收敛.

若对 $\forall n\in\mathbf{N}_+$，都有 $|a_n-a_{n-1}|\neq 0$，则 $\frac{|a_n-a_{n-1}|}{|a_{n-1}-a_{n-2}|}\leqslant m<1,\ n=2,3,\cdots$，由比式判别法可知级数 $\sum_{n=1}^{\infty}|a_n-a_{n-1}|$ 收敛.

三、教材习题解答

习题 12.1 解答

1. 证明下列级数收敛,并求其和:

(1) $\frac{1}{1\cdot 6}+\frac{1}{6\cdot 11}+\frac{1}{11\cdot 16}+\cdots+\frac{1}{(5n-4)(5n+1)}+\cdots$;

(2) $\left(\frac{1}{2}+\frac{1}{3}\right)+\left(\frac{1}{2^2}+\frac{1}{3^2}\right)+\cdots+\left(\frac{1}{2^n}+\frac{1}{3^n}\right)+\cdots$;

(3) $\sum\limits_{n=1}^{\infty}\frac{1}{n(n+1)(n+2)}$;

(4) $\sum\limits_{n=1}^{\infty}(\sqrt{n+2}-2\sqrt{n+1}+\sqrt{n})$;

(5) $\sum\limits_{n=1}^{\infty}\frac{2n-1}{2^n}$.

【思路探索】 根据第(1)～(4)题的特点,可考虑应用拆项的技巧按级数收敛的定义证明,第(5)题写出它的前 n 项和后,发现可利用错位相减法得到 $\sum\limits_{k=1}^{n}\frac{k}{2^k}$ 的和,从而也可据此求得原级数的前 n 项和.

证 (1)

$$\begin{aligned}S_n&=\frac{1}{1\cdot 6}+\frac{1}{6\cdot 11}+\cdots+\frac{1}{(5n-4)(5n+1)}\\&=\frac{1}{5}\left[\left(1-\frac{1}{6}\right)+\left(\frac{1}{6}-\frac{1}{11}\right)+\cdots+\left(\frac{1}{5n-4}-\frac{1}{5n+1}\right)\right]\\&=\frac{1}{5}\left(1-\frac{1}{5n+1}\right).\end{aligned}$$

$$\lim_{n\to\infty}S_n=\lim_{n\to\infty}\frac{1}{5}\left(1-\frac{1}{5n+1}\right)=\frac{1}{5},$$

所以原级数收敛,且和 $S=\frac{1}{5}$.

(2)

$$\begin{aligned}S_n&=\left(\frac{1}{2}+\frac{1}{3}\right)+\left(\frac{1}{2^2}+\frac{1}{3^2}\right)+\cdots+\left(\frac{1}{2^n}+\frac{1}{3^n}\right)\\&=\left(\frac{1}{2}+\frac{1}{2^2}+\cdots+\frac{1}{2^n}\right)+\left(\frac{1}{3}+\frac{1}{3^2}+\cdots+\frac{1}{3^n}\right)\\&=\frac{\frac{1}{2}\left(1-\frac{1}{2^n}\right)}{1-\frac{1}{2}}+\frac{\frac{1}{3}\left(1-\frac{1}{3^n}\right)}{1-\frac{1}{3}}\\&=\left(1-\frac{1}{2^n}\right)+\frac{1}{2}\left(1-\frac{1}{3^n}\right).\end{aligned}$$

$$\lim_{n\to\infty}S_n=\lim_{n\to\infty}\left[\left(1-\frac{1}{2^n}\right)+\frac{1}{2}\left(1-\frac{1}{3^n}\right)\right]=\frac{3}{2},$$

所以原级数收敛,且和 $S=\frac{3}{2}$.

(3)

$$a_n=\frac{1}{n(n+1)(n+2)}=\frac{1}{2}\left[\frac{1}{n(n+1)}-\frac{1}{(n+1)(n+2)}\right],$$

$$S_n=\frac{1}{2}\sum_{k=1}^{n}\left[\frac{1}{k(k+1)}-\frac{1}{(k+1)(k+2)}\right]=\frac{1}{2}\left[\frac{1}{2}-\frac{1}{(n+1)(n+2)}\right],$$

$\lim\limits_{n\to\infty} S_n = \frac{1}{4}$，所以原级数收敛，且和 $S=\frac{1}{4}$.

(4)
$$a_n = \sqrt{n+2}-2\sqrt{n+1}+\sqrt{n} = (\sqrt{n+2}-\sqrt{n+1})-(\sqrt{n+1}-\sqrt{n}) = \frac{1}{\sqrt{n+2}+\sqrt{n+1}}-\frac{1}{\sqrt{n+1}+\sqrt{n}},$$
$$S_n = \sum_{k=1}^{n} a_k = \sum_{k=1}^{n}\left(\frac{1}{\sqrt{k+2}+\sqrt{k+1}}-\frac{1}{\sqrt{k+1}+\sqrt{k}}\right) = -\frac{1}{\sqrt{2}+1}+\frac{1}{\sqrt{n+2}+\sqrt{n+1}},$$

$\lim\limits_{n\to\infty} S_n = -\frac{1}{\sqrt{2}+1} = 1-\sqrt{2}$，所以原级数收敛，且和 $S=1-\sqrt{2}$.

(5)
$$S_n = \frac{1}{2}+\frac{3}{2^2}+\cdots+\frac{2n-1}{2^n},$$
$$\frac{1}{2}S_n = \frac{1}{2^2}+\frac{3}{2^3}+\cdots+\frac{2n-3}{2^n}+\frac{2n-1}{2^{n+1}},$$

两式相减得
$$\frac{1}{2}S_n = \frac{1}{2}+\frac{2}{2^2}+\cdots+\frac{2}{2^n}-\frac{2n-1}{2^{n+1}} = \frac{1}{2}+1-\frac{2n+3}{2^{n+1}},$$

所以 $S_n = 3-\frac{2n+3}{2^n}$，$\lim\limits_{n\to\infty} S_n = 3$，所以原级数收敛，且和 $S=3$.

2. 证明：若级数 $\sum u_n$ 发散，$c\neq 0$，则 $\sum cu_n$ 也发散.

证　假设 $\sum cu_n$ 收敛，因 $c\neq 0$，故级数 $\sum \frac{1}{c}(cu_n) = \sum u_n$ 收敛，这与题设 $\sum u_n$ 发散矛盾，所以若 $\sum u_n$ 发散，则 $\sum cu_n$ 也发散($c\neq 0$).

3. 设级数 $\sum u_n$ 与 $\sum v_n$ 都发散，试问 $\sum(u_n+v_n)$ 一定发散吗？又若 u_n 与 $v_n(n=1,2,\cdots)$ 都是非负数，则能得出什么结论？

解　(1) 当 $\sum u_n$ 与 $\sum v_n$ 都发散时，$\sum(u_n+v_n)$ 不一定发散.

如 $\sum u_n = \sum(-1)^n$，$\sum v_n = \sum(-1)^{n+1}$ 均发散，但 $\sum(u_n+v_n)=0$，即 $\sum(u_n+v_n)$ 收敛.

又如 $\sum u_n = \sum v_n = \sum\frac{1}{n}$，两级数均发散，且 $\sum(u_n+v_n) = \sum\frac{2}{n}$ 发散.

(2) 当 u_n 与 $v_n(n=1,2,\cdots)$ 均非负时，则 $\sum(u_n+v_n)$ 一定发散. 这是因为：

由 $\sum u_n$ 发散知，$\exists\varepsilon_0>0$，对 $\forall N$，$\exists m_0>N$，$\exists p_0\in\mathbf{N}_+$，使
$$|u_{m_0+1}+u_{m_0+2}+\cdots+u_{m_0+p_0}|\geqslant\varepsilon_0,$$

而由 u_n 与 $v_n(n=1,2,\cdots)$ 非负有
$$\begin{aligned}&|(u_{m_0+1}+v_{m_0+1})+(u_{m_0+2}+v_{m_0+2})+\cdots+(u_{m_0+p_0}+v_{m_0+p_0})|\\=&|u_{m_0+1}+u_{m_0+2}+\cdots+u_{m_0+p_0}|+|v_{m_0+1}+v_{m_0+2}+\cdots+v_{m_0+p_0}|\geqslant\varepsilon_0,\end{aligned}$$

由柯西准则知 $\sum(u_n+v_n)$ 发散.

4. 证明：若数列 $\{a_n\}$ 收敛于 a，则级数 $\sum\limits_{n=1}^{\infty}(a_n-a_{n+1}) = a_1-a$.

证　级数的前 n 项和
$$S_n = (a_1-a_2)+(a_2-a_3)+\cdots+(a_n-a_{n+1}) = a_1-a_{n+1},$$

而 $\lim\limits_{n\to\infty}a_n = \lim\limits_{n\to\infty}a_{n+1} = a$，所以 $\lim\limits_{n\to\infty}S_n = \lim\limits_{n\to\infty}(a_1-a_{n+1}) = a_1-a$，即 $\sum\limits_{n=1}^{\infty}(a_n-a_{n+1}) = a_1-a$.

5. 证明：若数列$\{b_n\}$有$\lim\limits_{n\to\infty} b_n=\infty$，则

(1) 级数$\sum(b_{n+1}-b_n)$发散；

(2) 当$b_n\neq 0$时，级数$\sum\left(\frac{1}{b_n}-\frac{1}{b_{n+1}}\right)=\frac{1}{b_1}$.

证 (1) 级数的前n项和

$$S_n=(b_2-b_1)+(b_3-b_2)+\cdots+(b_{n+1}-b_n)=b_{n+1}-b_1,$$

则$\lim\limits_{n\to\infty} S_n=\lim\limits_{n\to\infty}(b_{n+1}-b_1)=\infty$，故级数发散.

(2) 级数的前n项和

$$S_n=\left(\frac{1}{b_1}-\frac{1}{b_2}\right)+\left(\frac{1}{b_2}-\frac{1}{b_3}\right)+\cdots+\left(\frac{1}{b_n}-\frac{1}{b_{n+1}}\right)=\frac{1}{b_1}-\frac{1}{b_{n+1}},$$

$$\lim_{n\to\infty} S_n=\lim_{n\to\infty}\left(\frac{1}{b_1}-\frac{1}{b_{n+1}}\right)=\frac{1}{b_1}.$$

6. 应用第4，5题的结果求下列级数的和：

(1) $\sum\limits_{n=1}^{\infty}\frac{1}{(a+n-1)(a+n)}$； (2) $\sum\limits_{n=1}^{\infty}(-1)^{n+1}\frac{2n+1}{n(n+1)}$； (3) $\sum\limits_{n=1}^{\infty}\frac{2n+1}{(n^2+1)[(n+1)^2+1]}$.

解 (1) **方法一** $\frac{1}{(a+n-1)(a+n)}=\frac{1}{a+n-1}-\frac{1}{a+n}$，

记$a_n=\frac{1}{a+n-1}$，则$a_1=\frac{1}{a}$，$\lim\limits_{n\to\infty} a_n=0$.

由第4题可得$\sum\limits_{n=1}^{\infty}\frac{1}{(a+n-1)(a+n)}=\frac{1}{a}$.

方法二 记$b_n=a+n-1$，则$\lim\limits_{n\to\infty} b_n=\infty$，

由第5题可得$\sum\limits_{n=1}^{\infty}\frac{1}{(a+n-1)(a+n)}=\sum\limits_{n=1}^{\infty}\left(\frac{1}{b_n}-\frac{1}{b_{n+1}}\right)=\frac{1}{b_1}=\frac{1}{a}$.

(2) **方法一** $(-1)^{n+1}\frac{2n+1}{n(n+1)}=(-1)^{n+1}\frac{(n+1)+n}{n(n+1)}=(-1)^{n+1}\frac{1}{n}+(-1)^{n+1}\frac{1}{n+1}$

$$=-\left[(-1)^n\frac{1}{n}-(-1)^{n+1}\frac{1}{n+1}\right],$$

记$a_n=(-1)^n\frac{1}{n}$，则$a_1=-1$，$\lim\limits_{n\to\infty} a_n=0$.

由第4题可得$\sum\limits_{n=1}^{\infty}(-1)^{n+1}\frac{2n+1}{n(n+1)}=-[(-1)-0]=1$.

方法二 记$b_n=(-1)^n n$，则$\lim\limits_{n\to\infty} b_n=\infty$. 由第5题可得

$$\sum_{n=1}^{\infty}(-1)^{n+1}\frac{2n+1}{n(n+1)}=-\sum_{n=1}^{\infty}\left(\frac{1}{b_n}-\frac{1}{b_{n+1}}\right)=-\frac{1}{b_1}=1.$$

(3) **方法一** $\frac{2n+1}{(n^2+1)[(n+1)^2+1]}=\frac{1}{n^2+1}-\frac{1}{(n+1)^2+1}$，

记$b_n=n^2+1$，则$\lim\limits_{n\to\infty} b_n=+\infty$，$b_1=2$.

由第5题可得$\sum\limits_{n=1}^{\infty}\frac{2n+1}{(n^2+1)[(n+1)^2+1]}=\frac{1}{2}$.

方法二 记$a_n=\frac{1}{n^2+1}$，则$\lim\limits_{n\to\infty} a_n=0$，由第4题可得

$$\sum_{n=1}^{\infty}\frac{1}{(n^2+1)[(n+1)^2+1]}=\sum_{n=1}^{\infty}(a_n-a_{n+1})=a_1-0=\frac{1}{2}.$$

7. 应用柯西准则判别下列级数的敛散性：

(1) $\sum \frac{\sin 2^n}{2^n}$；　(2) $\sum \frac{(-1)^{n-1} n^2}{2n^2+1}$；　(3) $\sum \frac{(-1)^n}{n}$；　(4) $\sum \frac{1}{\sqrt{n+n^2}}$.

解　(1) $\forall \varepsilon > 0$，由于对 $\forall n, p$，有

$$\left|\sum_{k=1}^{p} \frac{\sin 2^{n+k}}{2^{n+k}}\right| \leqslant \sum_{k=1}^{p} \frac{|\sin 2^{n+k}|}{2^{n+k}} \leqslant \sum_{k=1}^{p} \frac{1}{2^{n+k}} = \frac{1}{2^n} \sum_{k=1}^{p} \frac{1}{2^k} \leqslant \frac{1}{2^n} < \frac{1}{n}.$$

取 $N = \left[\frac{1}{\varepsilon}\right]$，则当 $n > N$ 时，对 $\forall p$ 有

$$\left|\sum_{k=1}^{p} \frac{\sin 2^{n+k}}{2^{n+k}}\right| < \varepsilon,$$

由柯西准则知原级数收敛.

(2) 取 $\varepsilon_0 = \frac{1}{6} > 0$，对 $\forall N$，取 $n_0 = N+1 > N$，取 $p_0 = 1$，但有

$$|u_{n_0+1}| = \left|\frac{(-1)^{n_0}(n_0+1)^2}{2(n_0+1)^2+1}\right| \geqslant \frac{(n_0+1)^2}{2(n_0+1)^2+(n_0+1)^2} = \frac{1}{3} > \frac{1}{6} = \varepsilon_0,$$

由柯西准则知原级数发散.

(3) $\forall \varepsilon > 0$，由于对 $\forall n, p$（不管 p 是奇数还是偶数），有

$$\begin{aligned}
&\left|\frac{1}{n+1} - \frac{1}{n+2} + \frac{1}{n+3} - \frac{1}{n+4} + \cdots + (-1)^{p+1} \frac{1}{n+p}\right| \\
&= \frac{1}{n+1} - \frac{1}{n+2} + \frac{1}{n+3} - \frac{1}{n+4} + \cdots + (-1)^{p+1} \frac{1}{n+p} \\
&= \frac{1}{n+1} - \left(\frac{1}{n+2} - \frac{1}{n+3} + \frac{1}{n+4} - \frac{1}{n+5} + \cdots - (-1)^{p+1} \frac{1}{n+p}\right) \\
&< \frac{1}{n+1} < \frac{1}{n},
\end{aligned}$$

取 $N = \left[\frac{1}{\varepsilon}\right]$，当 $n > N$ 时，对任意的自然数 p，有

$$\left|\sum_{k=1}^{p} (-1)^{k+1} \frac{1}{n+k}\right| < \varepsilon,$$

由柯西准则知原级数收敛.

(4) 取 $\varepsilon_0 = \frac{1}{2\sqrt{2}} > 0$，对 $\forall N$，取 $n_0 = N+1 > N$，取 $p_0 = N+1$，但有

$$\begin{aligned}
&\left|\sum_{k=1}^{p_0} \frac{1}{\sqrt{(n_0+k)+(n_0+k)^2}}\right| = \sum_{k=1}^{N+1} \frac{1}{\sqrt{(n_0+k)+(n_0+k)^2}} \\
&\geqslant \frac{N+1}{\sqrt{(N+1+N+1)+(N+1+N+1)^2}} \geqslant \frac{N+1}{\sqrt{2(2N+2)^2}} = \frac{1}{2\sqrt{2}}.
\end{aligned}$$

由柯西准则知原级数发散.

8. 证明级数 $\sum u_n$ 收敛的充要条件是：任给正数 ε，存在某正整数 N，对一切 $n > N$，总有

$$|u_N + u_{N+1} + \cdots + u_n| < \varepsilon.$$

证　充分性：$\forall \varepsilon > 0$，$\exists N$，当 $n > N$ 时，总有

$$|u_N + u_{N+1} + \cdots + u_n| < \varepsilon.$$

当然，对满足条件 $n > m > N$ 的 m 有 $|u_N + u_{N+1} + \cdots + u_m| < \varepsilon$，从而

$$\begin{aligned}
|u_{m+1} + u_{m+2} + \cdots + u_n| &= |(u_N + u_{N+1} + \cdots + u_n) - (u_N + u_{N+1} + \cdots + u_m)| \\
&\leqslant |u_N + u_{N+1} + \cdots + u_n| + |u_N + u_{N+1} + \cdots + u_m| \leqslant 2\varepsilon,
\end{aligned}$$

由柯西准则知级数 $\sum u_n$ 收敛.

必要性:若级数$\sum u_n$收敛,由柯西准则知$\forall \varepsilon>0,\exists N_1$,当$n>m>N_1$时,

$$|u_{m+1}+u_{m+2}+\cdots+u_n|<\varepsilon,$$

特别地,取$N=N_1+1>N_1$,则对任意$n>N$,有

$$|u_N+u_{N+1}+\cdots+u_n|<\varepsilon.$$

9. 举例说明:若级数$\sum u_n$对每个固定的p满足条件

$$\lim_{n\to\infty}(u_{n+1}+\cdots+u_{n+p})=0,$$

此级数仍可能不收敛.

解　如级数$\sum \frac{1}{n}$,若p为某一个固定的数,则

$$\lim_{n\to\infty}(u_{n+1}+\cdots+u_{n+p})=\lim_{n\to\infty}\left(\frac{1}{n+1}+\cdots+\frac{1}{n+p}\right)=\lim_{n\to\infty}\frac{1}{n+1}+\cdots+\lim_{n\to\infty}\frac{1}{n+p}=0.$$

但级数$\sum \frac{1}{n}$发散.

10. 设级数$\sum u_n$满足:加括号后级数$\sum\limits_{k=1}^{\infty}(u_{n_k+1}+u_{n_k+2}+\cdots+u_{n_{k+1}})$收敛($n=0$),且在同一括号中的$u_{n_k+1}$,$u_{n_k+2},\cdots,u_{n_{k+1}}$符号相同,证明$\sum u_n$亦收敛.

证　设级数$\sum\limits_{n=1}^{\infty}u_n$的部分和为$S_n$,级数$\sum\limits_{k=1}^{\infty}(u_{n_k+1}+u_{n_k+2}+\cdots+u_{n_k+1})$的部分和为$U_{n_k}$,则当$n_k\leqslant n\leqslant n_{k+1}$时,$S_n$必介于$U_{n_{k+1}}$与$U_{n_{k-1}}$之间,因为加括号后的级数收敛,所以$\lim\limits_{k\to\infty}U_{n_k}$存在,设为$S$,由迫敛性知$\lim\limits_{n\to\infty}S_n=S$,即$\sum\limits_{n=1}^{\infty}u_n$收敛.

习题 12.2 解答

1. 应用比较原则判别下列级数的敛散性:

(1) $\sum \frac{1}{n^2+a^2}$;　(2) $\sum 2^n\sin\frac{\pi}{3^n}$;

(3) $\sum \frac{1}{\sqrt{1+n^2}}$;　(4) $\sum\limits_{n=2}^{\infty}\frac{1}{(\ln n)^n}$;

(5) $\sum\left(1-\cos\frac{1}{n}\right)$;　(6) $\sum \frac{1}{n\sqrt[n]{n}}$;

(7) $\sum(\sqrt[n]{a}-1)(a>1)$;　(8) $\sum\limits_{n=2}^{\infty}\frac{1}{(\ln n)^{\ln n}}$;

(9) $\sum(a^{\frac{1}{n}}+a^{-\frac{1}{n}}-2)(a>0)$;　(10) $\sum \frac{1}{n^{2n\sin\frac{1}{n}}}$.

解　(1) 因$0<\frac{1}{n^2+a^2}\leqslant\frac{1}{n^2}$,而级数$\sum\frac{1}{n^2}$收敛,故级数$\sum\frac{1}{n^2+a^2}$收敛.

(2) 因$\lim\limits_{n\to\infty}\dfrac{2^n\sin\frac{\pi}{3^n}}{\left(\frac{2}{3}\right)^n}=\pi$,而级数$\sum\left(\frac{2}{3}\right)^n$收敛,故级数$\sum 2^n\sin\frac{\pi}{3^n}$收敛.

(3) 因$\lim\limits_{n\to\infty}\dfrac{\frac{1}{\sqrt{1+n^2}}}{\frac{1}{n}}=1$,而级数$\sum\frac{1}{n}$发散,故级数$\sum\frac{1}{\sqrt{1+n^2}}$发散.

(4) 当 $n>e^2$ 时，$0<\frac{1}{(\ln n)^n}<\frac{1}{2^n}$，而级数 $\sum\frac{1}{2^n}$ 收敛，故级数 $\sum\limits_{n=2}^{\infty}\frac{1}{(\ln n)^n}$ 收敛.

(5) 因 $\lim\limits_{n\to\infty}\frac{1-\cos\frac{1}{n}}{\frac{1}{2n^2}}=1$，而级数 $\sum\frac{1}{2n^2}$ 收敛，故级数 $\sum\left(1-\cos\frac{1}{n}\right)$ 收敛.

(6) 因 $\lim\limits_{n\to\infty}\frac{\frac{1}{n\sqrt[n]{n}}}{\frac{1}{n}}=\lim\limits_{n\to\infty}\frac{1}{\sqrt[n]{n}}=1$，而级数 $\sum\frac{1}{n}$ 发散，故级数 $\sum\frac{1}{n\sqrt[n]{n}}$ 发散.

(7) 因 $\lim\limits_{n\to\infty}\frac{\sqrt[n]{a}-1}{\frac{1}{n}}=\lim\limits_{n\to\infty}\frac{e^{\frac{1}{n}\ln a}-1}{\frac{1}{n}}=\lim\limits_{n\to\infty}\frac{\frac{1}{n}\ln a}{\frac{1}{n}}=\ln a$，而级数 $\sum\frac{1}{n}$ 发散，故级数 $\sum(\sqrt[n]{a}-1)$ 发散.

(8) 因 $(\ln n)^{\ln n}=e^{\ln(\ln n)^{\ln n}}=(e^{\ln n})^{\ln(\ln n)}=n^{\ln(\ln n)}>n^2\,(n>e^{e^2}$ 时)，故 $0<\frac{1}{(\ln n)^{\ln n}}<\frac{1}{n^2}\,(n>e^{e^2})$，

而级数 $\sum\frac{1}{n^2}$ 收敛，所以级数 $\sum\limits_{n=2}^{\infty}\frac{1}{(\ln n)^{\ln n}}$ 收敛.

(9) 因 $\lim\limits_{x\to 0}\frac{a^x+a^{-x}-2}{x^2}=\lim\limits_{x\to 0}\frac{a^x\ln a-a^{-x}\ln a}{2x}=\lim\limits_{x\to 0}\frac{a^x\ln^2 a+a^{-x}\ln^2 a}{2}=\ln^2 a$，

所以 $\lim\limits_{n\to\infty}\frac{a^{\frac{1}{n}}+a^{-\frac{1}{n}}-2}{\frac{1}{n^2}}=\ln^2 a$.

而级数 $\sum\frac{1}{n^2}$ 收敛，故级数 $\sum(a^{\frac{1}{n}}+a^{-\frac{1}{n}}-2)$ 收敛.

(10) 因为 $\lim\limits_{n\to\infty}2n\sin\frac{1}{n}=2>\frac{3}{2}$，所以 $\exists N$，当 $n>N$ 时，有 $2n\sin\frac{1}{n}>\frac{3}{2}$，故当 $n>N$ 时，有 $0<\frac{1}{n^{2n\sin\frac{1}{n}}}<\frac{1}{n^{\frac{3}{2}}}$，而 $\sum\limits_{n=1}^{\infty}\frac{1}{n^{\frac{3}{2}}}$ 收敛，故级数 $\sum\limits_{n=1}^{\infty}\frac{1}{n^{2n\sin\frac{1}{n}}}$ 收敛.

2. 用比式判别法或根式判别法讨论下列级数的敛散性：

(1) $\sum\frac{1\cdot 3\cdot\cdots\cdot(2n-1)}{n!}$； (2) $\sum\frac{(n+1)!}{10^n}$；

(3) $\sum\left(\frac{n}{2n+1}\right)^n$； (4) $\sum\frac{n!}{n^n}$；

(5) $\sum\frac{n^2}{2^n}$； (6) $\sum\left(\frac{b}{a_n}\right)^n$（其中 $a_n\to a\,(n\to\infty)$，$a_n,b,a>0$，且 $a\neq b$）.

解 (1) 因 $\frac{u_{n+1}}{u_n}=\frac{(2n+1)!!\cdot n!}{(2n-1)!!\cdot(n+1)!}=\frac{2n+1}{n+1}$，故 $\lim\limits_{n\to\infty}\frac{u_{n+1}}{u_n}=2>1$，所以原级数发散.

(2) 因 $\lim\limits_{n\to\infty}\frac{u_{n+1}}{u_n}=\lim\limits_{n\to\infty}\frac{n+2}{10}=+\infty$，所以原级数发散.

(3) 因 $\lim\limits_{n\to\infty}\sqrt[n]{u_n}=\lim\limits_{n\to\infty}\frac{n}{2n+1}=\frac{1}{2}<1$，所以原级数收敛.

(4) 因 $\frac{u_{n+1}}{u_n}=\frac{(n+1)!}{n!}\cdot\frac{n^n}{(n+1)^n\cdot(n+1)}=\left(\frac{n}{n+1}\right)^n$，故 $\lim\limits_{n\to\infty}\frac{u_{n+1}}{u_n}=\frac{1}{e}<1$，所以原级数收敛.

(5) 因 $\lim\limits_{n\to\infty}\frac{u_{n+1}}{u_n}=\lim\limits_{n\to\infty}\frac{(n+1)^2\cdot 2^n}{n^2\cdot 2^{n+1}}=\frac{1}{2}<1$，故原级数收敛.

(6) $\lim\limits_{n\to\infty}\sqrt[n]{u_n}=\lim\limits_{n\to\infty}\frac{b}{a_n}=\frac{b}{a}$，故 $b>a$ 时原级数发散，$b<a$ 时原级数收敛.

3. 设 $\sum u_n$ 和 $\sum v_n$ 为正项级数，且存在正数 N_0，对一切 $n>N_0$，有 $\frac{u_{n+1}}{u_n}\leqslant\frac{v_{n+1}}{v_n}$.

证明:若级数$\sum v_n$收敛,则级数$\sum u_n$也收敛;若$\sum u_n$发散,则$\sum v_n$也发散.

证　由题意,当$n>N_0$时,$\frac{u_{n+1}}{u_n}\leqslant\frac{v_{n+1}}{v_n}$,从而

$$\frac{u_{n+1}}{v_{n+1}}\leqslant\frac{u_n}{v_n}\leqslant\cdots\leqslant\frac{u_{N_0+1}}{v_{N_0+1}},u_{n+1}\leqslant\frac{u_{N_0+1}}{v_{N_0+1}}v_{n+1}(n>N_0).$$

又因为改变有限项不改变级数的敛散性,所以由比较原则,若级数$\sum v_n$收敛,则级数$\sum u_n$也收敛;若$\sum u_n$发散,则$\sum v_n$也发散.

4. 设正项级数$\sum a_n$收敛,证明$\sum a_n^2$亦收敛;试问反之是否成立?

证　因为$\sum a_n$收敛,故$\lim\limits_{n\to\infty}a_n=0$,所以$\lim\limits_{n\to\infty}\frac{a_n^2}{a_n}=\lim\limits_{n\to\infty}a_n=0$,由比较原则可知级数$\sum a_n^2$收敛.

反之未必成立. 如$a_n=\frac{1}{n}$,$\sum a_n^2=\sum\frac{1}{n^2}$收敛,而$\sum a_n=\sum\frac{1}{n}$发散.

5. 设$a_n\geqslant0,n=1,2,\cdots$,且$\{na_n\}$有界,证明$\sum a_n^2$收敛.

证　因为$\{na_n\}$有界,故存在$M>0,\forall n\in\mathbf{N}$,有$0\leqslant a_n\leqslant\frac{M}{n}$,从而$0\leqslant a_n^2\leqslant\frac{M^2}{n^2}$,又$\sum\frac{M^2}{n^2}$收敛,所以由比较原则知$\sum a_n^2$收敛.

6. 设级数$\sum a_n^2$收敛,证明$\sum\frac{a_n}{n}(a_n>0)$也收敛.

证　因为$0<\frac{a_n}{n}=a_n\cdot\frac{1}{n}\leqslant\frac{1}{2}\left(a_n^2+\frac{1}{n^2}\right)$,又$\sum a_n^2$及$\sum\frac{1}{n^2}$都收敛,故$\sum\frac{1}{2}\left(a_n^2+\frac{1}{n^2}\right)$收敛,所以由比较原则知$\sum\frac{a_n}{n}$收敛.

7. 设正项级数$\sum u_n$收敛,证明级数$\sum\sqrt{u_nu_{n+1}}$也收敛.

证　因为$\sqrt{u_nu_{n+1}}\leqslant\frac{1}{2}(u_n+u_{n+1})$,又由已知$\sum u_n$及$\sum u_{n+1}$收敛,故$\sum\frac{1}{2}(u_n+u_{n+1})$收敛,由比较原则知$\sum\sqrt{u_nu_{n+1}}$收敛.

8. 利用级数收敛的必要条件,证明下列等式:

(1) $\lim\limits_{n\to\infty}\frac{n^n}{(n!)^2}=0$;　　(2) $\lim\limits_{n\to\infty}\frac{(2n)!}{a^{n!}}=0\quad(a>1)$.

证　(1) 设$u_n=\frac{n^n}{(n!)^2}$,考察正项级数$\sum u_n$的收敛性. 因为

$$\frac{u_{n+1}}{u_n}=\frac{(n+1)^n(n+1)}{(n+1)!(n+1)!}\cdot\frac{n!n!}{n^n}=\frac{1}{n+1}\left(\frac{n+1}{n}\right)^n,$$

所以$\lim\limits_{n\to\infty}\frac{u_{n+1}}{u_n}=0$,从而级数$\sum\frac{n^n}{(n!)^2}$收敛. 由级数收敛的必要条件知$\lim\limits_{n\to\infty}\frac{n^n}{(n!)^2}=0$.

(2) 设$u_n=\frac{(2n)!}{a^{n!}}(a>1)$,考察正项级数$\sum u_n$的收敛性. 因为

$$\frac{u_{n+1}}{u_n}=\frac{[2(n+1)]!}{a^{n!(n+1)}}\cdot\frac{a^{n!}}{(2n)!}=\frac{(2n+1)(2n+2)}{a^{n!\cdot n}}(a>1),$$

所以$\lim\limits_{n\to\infty}\frac{u_{n+1}}{u_n}=0$,从而级数$\sum\frac{(2n)!}{a^{n!}}$收敛. 由级数收敛的必要条件知$\lim\limits_{n\to\infty}\frac{(2n)!}{a^{n!}}=0$.

9. 用积分判别法讨论下列级数的敛散性:

(1) $\sum\frac{1}{n^2+1}$;　　(2) $\sum\frac{n}{n^2+1}$;

(3) $\sum\limits_{n=3}^{\infty}\dfrac{1}{n(\ln n)(\ln\ln n)}$；　　　(4) $\sum\limits_{n=3}^{\infty}\dfrac{1}{n(\ln n)^{p}(\ln\ln n)^{q}}$.

解　(1) 设 $f(x)=\dfrac{1}{x^2+1}$，则 $f(x)$ 在 $[1,+\infty)$ 上非负且递减，又积分 $\int_1^{+\infty}\dfrac{\mathrm{d}x}{x^2+1}=\dfrac{\pi}{4}$ 收敛，从而级数 $\sum\dfrac{1}{n^2+1}$ 收敛.

(2) 设 $f(x)=\dfrac{x}{x^2+1}$，则 $f'(x)=\dfrac{1-x^2}{(1+x^2)^2}<0(x>1)$，故 $f(x)$ 在 $[1,+\infty)$ 上非负且递减，而

$$\lim_{x\to+\infty}x\cdot\frac{x}{x^2+1}=1,$$

所以积分 $\int_1^{+\infty}\dfrac{x}{x^2+1}\mathrm{d}x$ 发散，从而级数 $\sum\dfrac{n}{n^2+1}$ 发散.

(3) 设 $f(x)=\dfrac{1}{x(\ln x)(\ln\ln x)}$，则

$$f'(x)=-\frac{(\ln x)(\ln\ln x)+(\ln\ln x)+1}{(x\ln x\ln\ln x)^2}<0(x>3),$$

故 $f(x)$ 在 $[3,+\infty)$ 上非负且递减，又

$$\int_3^{+\infty}\frac{\mathrm{d}x}{x(\ln x)(\ln\ln x)}=\int_3^{+\infty}\frac{\mathrm{d}(\ln\ln x)}{(\ln\ln x)}=\int_{\ln\ln 3}^{+\infty}\frac{\mathrm{d}u}{u}$$

发散，所以原级数发散.

(4) 设 $f(x)=\dfrac{1}{x(\ln x)^p(\ln\ln x)^q}$，则

$$f'(x)=-\frac{(\ln x)^p(\ln\ln x)^q+p(\ln x)^{p-1}(\ln\ln x)^q+q(\ln x)^{p-1}(\ln\ln x)^{q-1}}{[x(\ln x)^p(\ln\ln x)^q]^2}<0(x>3),$$

故 $f(x)$ 在 $[3,+\infty)$ 上非负且递减.

(ⅰ) 当 $p=1$ 时，

$$\int_3^{+\infty}\frac{\mathrm{d}x}{x(\ln x)(\ln\ln x)^q}=\int_3^{+\infty}\frac{\mathrm{d}(\ln\ln x)}{(\ln\ln x)^q}=\int_{\ln\ln 3}^{+\infty}\frac{\mathrm{d}u}{u^q},$$

当 $q>1$ 时收敛，$q\leqslant 1$ 时发散.

(ⅱ) 当 $p\neq 1$ 时，

$$\int_3^{+\infty}\frac{\mathrm{d}x}{x(\ln x)^p(\ln\ln x)^q}=\int_3^{+\infty}\frac{\mathrm{d}(\ln\ln x)}{(\ln x)^{p-1}(\ln\ln x)^q}=\int_{\ln\ln 3}^{+\infty}\frac{\mathrm{d}u}{\mathrm{e}^{(p-1)u}u^q},$$

注意到，当 $p-1>0$ 时，对任意的 q，取 $t>1$，有

$$\lim_{u\to+\infty}u^t\cdot\frac{1}{\mathrm{e}^{(p-1)u}\cdot u^q}=0,$$

从而积分收敛，进而原级数收敛.

当 $p-1<0$ 时，因为

$$\lim_{u\to+\infty}u^t\cdot\frac{1}{\mathrm{e}^{(p-1)u}\cdot u^q}=\lim_{u\to+\infty}u^t\frac{\mathrm{e}^{(1-p)u}}{u^q}=+\infty,$$

所以此时积分发散，进而原级数发散.

综上可得当 $p>1$ 时，对 $\forall q$ 级数都收敛；当 $p=1,q>1$ 时级数收敛；当 $p=1,q\leqslant 1$ 时发散；当 $p<1,\forall q$ 级数都发散.

10. 判别下列级数的敛散性：

(1) $\sum\dfrac{n-\sqrt{n}}{2n-1}$；　　(2) $\sum\dfrac{1}{1+a^n}(a>1)$；　　(3) $\sum\dfrac{n\ln n}{2^n}$；

(4) $\sum\dfrac{n!2^n}{n^n}$；　　(5) $\sum\dfrac{n!3^n}{n^n}$；　　(6) $\sum\dfrac{1}{3^{\ln n}}$；

(7) $\sum \frac{x^n}{(1+x)(1+x^2)\cdots(1+x^n)} \quad (x>0)$.

解　(1) $\lim\limits_{n\to\infty}\frac{n-\sqrt{n}}{2n-1}=\lim\limits_{n\to\infty}\frac{1-\frac{1}{\sqrt{n}}}{2-\frac{1}{n}}=\frac{1}{2}\neq 0$,所以级数$\sum\frac{n-\sqrt{n}}{2n-1}$发散.

(2) 因为$0<\frac{1}{1+a^n}<\frac{1}{a^n}(a>1)$,而级数$\sum\frac{1}{a^n}=\sum\left(\frac{1}{a}\right)^n$收敛,所以级数$\sum\frac{1}{1+a^n}$收敛.

(3) 因为

$$\begin{aligned}\lim_{n\to\infty}\frac{u_{n+1}}{u_n}&=\lim_{n\to\infty}\frac{(n+1)\ln(n+1)}{2^{n+1}}\cdot\frac{2^n}{n\ln n}\\&=\lim_{n\to\infty}\frac{1}{2}\frac{(n+1)\ln(n+1)}{n\ln n}=\frac{1}{2}<1,\end{aligned}$$

所以$\sum\frac{n\ln n}{2^n}$收敛.

(4) 因为$\lim\limits_{n\to\infty}\frac{u_{n+1}}{u_n}=\lim\limits_{n\to\infty}\frac{(n+1)!2^{n+1}}{(n+1)^{n+1}}\cdot\frac{n^n}{n!2^n}=\lim\limits_{n\to\infty}2\left(\frac{n}{n+1}\right)^n=\frac{2}{\mathrm{e}}<1$,所以$\sum\frac{n!2^n}{n^n}$收敛.

(5) 因为$\lim\limits_{n\to\infty}\frac{u_{n+1}}{u_n}=\lim\limits_{n\to\infty}\frac{(n+1)!3^{n+1}}{(n+1)^{n+1}}\cdot\frac{n^n}{n!3^n}=\frac{3}{\mathrm{e}}>1$,所以$\sum\frac{n!3^n}{n^n}$发散.

(6) 因为$\sum\frac{1}{3^{\ln n}}=\sum\frac{1}{n^{\ln 3}}$,而$\ln 3>1$,所以$\sum\frac{1}{3^{\ln n}}$收敛.

(7) 因为

$$\begin{aligned}\lim_{n\to\infty}\frac{u_{n+1}}{u_n}&=\lim_{n\to\infty}\frac{x^{n+1}}{(1+x)(1+x^2)\cdots(1+x^{n+1})}\cdot\frac{(1+x)(1+x^2)\cdots(1+x^n)}{x^n}\\&=\lim_{n\to\infty}\frac{x}{1+x^{n+1}},\end{aligned}$$

当$0<x<1$时,$\lim\limits_{n\to\infty}\frac{x}{1+x^{n+1}}=x<1$;

当$x=1$时,$\lim\limits_{n\to\infty}\frac{x}{1+x^{n+1}}=\frac{1}{2}<1$;

当$x>1$时,$\lim\limits_{n\to\infty}\frac{x}{1+x^{n+1}}=\lim\limits_{n\to\infty}\frac{1}{\frac{1}{x}+x^n}=0<1$.

所以,由比式判别法可知,正项级数$\sum\frac{x^n}{(1+x)(1+x^2)\cdots(1+x^n)}$在$x>0$时收敛.

11. 设$\{a_n\}$为递减正项数列,证明:级数$\sum\limits_{n=1}^{\infty}a_n$与$\sum 2^m a_{2^m}$同时收敛或同时发散.

证　设级数$\sum\limits_{n=1}^{\infty}a_n$的部分和为$S_n$,级数$\sum 2^m a_{2^m}$的部分和为$T_n$.因为$\{a_n\}$为递减的正项数列,故

$$\begin{aligned}T_n&=a_1+2a_2+4a_4+8a_8+\cdots+2^n a_{2^n},\\S_{2^n}&=a_1+a_2+a_3+a_4+\cdots+a_{2^n}\\&=a_1+a_2+(a_3+a_4)+\cdots+(a_{2^{n-1}+1}+\cdots+a_{2^n})\\&\geqslant a_1+a_2+2a_4+\cdots+2^{n-1}a_{2^n}\\&\geqslant\frac{1}{2}a_1+a_2+2a_4+\cdots+2^{n-1}a_{2^n}\\&=\frac{1}{2}T_n,\end{aligned}$$

故若$\sum\limits_{n=1}^{\infty}a_n$收敛,则$\sum 2^m a_{2^m}$也收敛;若$\sum 2^m a_{2^m}$发散,则$\sum\limits_{n=1}^{\infty}a_n$也发散.

又有

$$\begin{aligned}S_n < S_{2^n} &= a_1 + a_2 + a_3 + \cdots + a_{2^n}\\ &\leqslant a_1 + (a_2 + a_3) + \cdots + (a_{2^n} + a_{2^n+1} + \cdots + a_{2^{n+1}-1})\\ &\leqslant a_1 + 2a_2 + \cdots + 2^n a_{2^n} = T_n,\end{aligned}$$

故若 $\sum 2^m a_{2^m}$ 收敛，则 $\sum_{n=1}^{\infty} a_n$ 也收敛；若 $\sum_{n=1}^{\infty} a_n$ 发散，则 $\sum 2^m a_{2^m}$ 也发散.

综上可知，两级数的敛散性相同.

12. 用拉贝判别法判别下列级数的敛散性：

(1) $\sum \frac{1\cdot 3\cdot \cdots \cdot (2n-1)}{2\cdot 4\cdot \cdots \cdot (2n)}\cdot \frac{1}{2n+1}$;

(2) $\sum \frac{n!}{(x+1)(x+2)\cdots(x+n)}\quad (x>0)$.

解 (1) 因为

$$\begin{aligned}n\left(1-\frac{u_{n+1}}{u_n}\right) &= n\left[1-\frac{(2n+1)!!}{(2n+2)!!}\cdot\frac{(2n)!!}{(2n-1)!!}\cdot\frac{2n+1}{2n+3}\right]\\ &= n\left[1-\frac{(2n+1)^2}{(2n+2)(2n+3)}\right] = \frac{n(6n+5)}{(2n+2)(2n+3)},\end{aligned}$$

所以 $\lim_{n\to\infty} n\left(1-\frac{u_{n+1}}{u_n}\right) = \frac{3}{2} > 1$，故由拉贝判别法可得原级数收敛.

(2) 因为

$$n\left(1-\frac{u_{n+1}}{u_n}\right) = n\left(1-\frac{n+1}{x+n+1}\right) = \frac{nx}{x+n+1} \to x\,(n\to\infty),$$

所以由拉贝判别法知，当 $x>1$ 时，原级数收敛；当 $x<1$ 时，原级数发散；当 $x=1$ 时，原级数化为 $\sum \frac{1}{1+n}$，也发散.

13. 由根式判别法证明级数 $\sum 2^{-n-(-1)^n}$ 收敛，并说明比式判别法对此级数无效.

证 记 $u_n = 2^{-n-(-1)^n} = \frac{1}{2^{n+(-1)^n}}$，则

$$\frac{u_{n+1}}{u_n} = \frac{2^{n+(-1)^n}}{2^{n+1+(-1)^{n+1}}} = 2^{(-1)^n-(-1)^{n+1}-1} = \begin{cases}2^{-3}, & n\text{ 为奇数},\\ 2, & n\text{ 为偶数}.\end{cases}$$

故比式判别法对此级数无效.

又 $u_n = \frac{1}{2^n}\cdot\frac{1}{2^{(-1)^n}}$，故

$$\lim_{n\to\infty}\sqrt[n]{u_n} = \frac{1}{2}\lim_{n\to\infty}\sqrt[n]{\frac{1}{2^{(-1)^n}}} = \frac{1}{2} < 1,$$

由根式判别法知此级数收敛.

14. 求下列极限(其中 $p>1$)：

(1) $\lim_{n\to\infty}\left[\frac{1}{(n+1)^p}+\frac{1}{(n+2)^p}+\cdots+\frac{1}{(2n)^p}\right]$;

(2) $\lim_{n\to\infty}\left(\frac{1}{p^{n+1}}+\frac{1}{p^{n+2}}+\cdots+\frac{1}{p^{2n}}\right)$.

解 (1) 考察级数 $\sum \frac{1}{n^p}$. 因 $p>1$，故级数 $\sum \frac{1}{n^p}$ 收敛，由柯西准则，$\forall \varepsilon>0$，$\exists N$，当 $n>N$ 时，有

$$\left|\frac{1}{(n+1)^p}+\frac{1}{(n+2)^p}+\cdots+\frac{1}{(2n)^p}\right| < \varepsilon,$$

从而 $\lim_{n\to\infty}\left[\frac{1}{(n+1)^p}+\frac{1}{(n+2)^p}+\cdots+\frac{1}{(2n)^p}\right] = 0$.

(2) 考察级数$\sum \frac{1}{p^n}$. 因 $p>1$,故级数$\sum \frac{1}{p^n}$ 收敛,由柯西准则,$\forall \varepsilon>0, \exists N$,当 $n>N$ 时,有

$$\left|\frac{1}{p^{n+1}}+\frac{1}{p^{n+2}}+\cdots+\frac{1}{p^{2n}}\right|<\varepsilon,$$

从而$\lim\limits_{n\to\infty}\left(\frac{1}{p^{n+1}}+\frac{1}{p^{n+2}}+\cdots+\frac{1}{p^{2n}}\right)=0$.

15. 设 $a_n>0$,证明数列$\{(1+a_1)(1+a_2)\cdots(1+a_n)\}$与级数$\sum a_n$ 同时收敛或同时发散.

证　注意到数列$\{(1+a_1)(1+a_2)\cdots(1+a_n)\}$的敛散性与正项级数$\sum \ln(1+a_n)$的敛散性相同,故只需考虑$\sum \ln(1+a_n)$与级数$\sum a_n$ 之间的关系. 因为

$$\ln(1+a_n)<a_n(a_n>0),$$

故若$\sum a_n$ 收敛,则$\sum \ln(1+a_n)$必收敛;若$\sum \ln(1+a_n)$发散,则$\sum a_n$ 必发散.

当 $a_n>1$ 时,有$\sum \ln(1+a_n)$与$\sum a_n$ 同时发散;当 $0<a_n<1$ 时,

$$\frac{1}{2}a_n<\ln(1+a_n),$$

故若$\sum \ln(1+a_n)$收敛,则$\sum \frac{1}{2}a_n$ 必收敛,即$\sum a_n$ 收敛;若$\sum a_n$ 发散,则$\sum \frac{1}{2}a_n$ 必发散,进而$\sum \ln(1+a_n)$发散.

所以原数列与原级数同时收敛或同时发散.

习题 12.3 解答

1. 下列级数哪些是绝对收敛,条件收敛或发散的:

(1)$\sum \frac{\sin nx}{n!}$;　　(2)$\sum (-1)^n \frac{n}{n+1}$;

(3)$\sum \frac{(-1)^n}{n^{p+\frac{1}{n}}}$;　　(4)$\sum (-1)^n \sin\frac{2}{n}$;

(5)$\sum \left(\frac{(-1)^n}{\sqrt{n}}+\frac{1}{n}\right)$;　　(6)$\sum \frac{(-1)^n \ln(n+1)}{n+1}$;

(7)$\sum (-1)^n \left(\frac{2n+100}{3n+1}\right)^n$;　　(8)$\sum n!\left(\frac{x}{n}\right)^n$.

(9)$1+\frac{1}{2}+\frac{1}{3}-\frac{1}{4}-\frac{1}{5}-\frac{1}{6}+\cdots$;　　(10)$1+\frac{1}{2}-\frac{1}{3}+\frac{1}{4}+\frac{1}{5}-\frac{1}{6}+\cdots$.

解　(1) 因为$\left|\frac{\sin nx}{n!}\right|\leqslant \frac{1}{n^2}(n>4)$,而$\sum \frac{1}{n^2}$ 收敛,所以原级数绝对收敛.

(2) 因为$\left|(-1)^n \frac{n}{n+1}\right|\to 1(n\to\infty)$,所以由级数收敛的必要条件知原级数发散.

(3) 根据 p 的取值范围讨论. 设 $u_n=\frac{(-1)^n}{n^{p+\frac{1}{n}}}$.

当 $p\leqslant 0$ 时,因$\lim\limits_{n\to\infty}\frac{(-1)^n}{n^{p+\frac{1}{n}}}$不存在,故原级数发散.

当 $p>0$ 时,因$\lim\limits_{n\to\infty}\frac{|u_n|}{\frac{1}{n^p}}=\lim\limits_{n\to\infty}\frac{1}{n^{\frac{1}{n}}}=1$,而$\sum \frac{1}{n^p}$ 当 $p>1$ 时收敛,当 $0<p\leqslant 1$ 时发散,故 $p>1$ 时原级数绝对收敛,且 $0<p\leqslant 1$ 时$\sum |u_n|$发散,即$\sum \frac{1}{n^{p+\frac{1}{n}}}$ 在 $0<p\leqslant 1$ 时发散.

当 $0<p\leqslant 1$ 时，记 $f(x)=x^{p+\frac{1}{x}}$，则

$$f'(x)=x^{p+\frac{1}{x}}\left(-\frac{1}{x^2}\ln x+\frac{p}{x}+\frac{1}{x^2}\right)=x^{p+\frac{1}{x}}\cdot\frac{1}{x^2}(1+px-\ln x),$$

则当 x 充分大时，$f'(x)>0$，从而当 n 充分大时，数列 $\left\{\frac{1}{n^{p+\frac{1}{n}}}\right\}$ 单调递减，又 $\lim\limits_{n\to\infty}\frac{1}{n^{p+\frac{1}{n}}}=0$，故由莱布尼茨判别法知原级数收敛且条件收敛.

(4) 记 $u_n=\sin\frac{2}{n}$，因 $\lim\limits_{n\to\infty}\frac{\sin\frac{2}{n}}{\frac{2}{n}}=1$，而 $\sum\frac{2}{n}$ 发散，故 $\sum\sin\frac{2}{n}$ 发散. 又因 $\{u_n\}$ 为单调递减数列且 $u_n\to 0(n\to\infty)$，故由莱布尼茨判别法知原级数条件收敛.

(5) 因数列 $\left\{\frac{1}{\sqrt{n}}\right\}$ 单调递减且 $\frac{1}{\sqrt{n}}\to 0(n\to\infty)$，所以级数 $\sum\frac{(-1)^n}{\sqrt{n}}$ 收敛，又 $\sum\frac{1}{n}$ 发散，所以原级数发散.

(6) 记 $u_n=\frac{\ln(n+1)}{n+1}$，因 $u_n>\frac{1}{n+1}(n\geqslant 1)$，故可知 $\sum u_n$ 发散. 又记 $f(x)=\frac{\ln(x+1)}{x+1}$，$f'(x)=\frac{1-\ln(1+x)}{(x+1)^2}<0(x\geqslant 2)$，所以当 $x\geqslant 2$ 时，$f(x)$ 为单调减函数，又

$$\lim_{x\to+\infty}f(x)=\lim_{x\to+\infty}\frac{\ln(x+1)}{x+1}=\lim_{x\to+\infty}\frac{1}{1+x}=0,$$

所以 $\{u_n\}(n\geqslant 2)$ 为单调递减数列且 $\lim\limits_{n\to\infty}u_n=0$，由莱布尼茨判别法可得 $\sum\frac{(-1)^n\ln(n+1)}{n+1}$ 收敛，故原级数条件收敛.

(7) 记 $u_n=\left(\frac{2n+100}{3n+1}\right)^n$，因 $\sqrt[n]{u_n}=\frac{2n+100}{3n+1}\to\frac{2}{3}(n\to\infty)$，故原级数绝对收敛.

(8) 记 $u_n=n!\left(\frac{x}{n}\right)^n$，则

$$\left|\frac{u_{n+1}}{u_n}\right|=|x|\cdot\left(\frac{n}{1+n}\right)^n\to\frac{|x|}{\mathrm{e}}(n\to\infty),$$

故当 $|x|<\mathrm{e}$ 时，原级数绝对收敛；

当 $|x|>\mathrm{e}$ 时，原级数发散；当 $|x|=\mathrm{e}$ 时，$\left|\frac{u_{n+1}}{u_n}\right|=\frac{\mathrm{e}}{\left(1+\frac{1}{n}\right)^n}$，而 $\left\{\left(1+\frac{1}{n}\right)^n\right\}$ 单调上升极限为 e，故 $\frac{\mathrm{e}}{\left(1+\frac{1}{n}\right)^n}\geqslant 1$，因此 $|u_{n+1}|\geqslant|u_n|$，故 $\lim\limits_{n\to\infty}|u_n|\neq 0$，从而 $\lim\limits_{n\to\infty}u_n\neq 0$，原级数发散.

(9) 每三项加括号得 $\left(1+\frac{1}{2}+\frac{1}{3}\right)+\left(-\frac{1}{4}-\frac{1}{5}-\frac{1}{6}\right)+\left(\frac{1}{7}+\frac{1}{8}+\frac{1}{9}\right)+\cdots$.

如此加括号后级数为交错级数，且满足莱布尼茨定理的条件，从而收敛，又加括号后的级数每个括号内项的符号相同，因而原级数收敛.

又因为级数 $\sum\limits_{n=1}^{\infty}\frac{1}{n}$ 发散，所以原级数条件收敛.

(10) 对级数每三项加括号得 $\left(1+\frac{1}{2}-\frac{1}{3}\right)+\left(\frac{1}{4}+\frac{1}{5}-\frac{1}{6}\right)+\cdots$，记此级数的通项为 b_n，则 $b_n>\frac{1}{3n-2}$，由 $\sum\limits_{n=1}^{\infty}\frac{1}{3n-2}$ 发散知 $\sum\limits_{n=1}^{\infty}b_n$ 发散，即加括号后的级数发散，故原级数发散.

2. 应用阿贝尔判别法或狄利克雷判别法判断下列级数的敛散性：

(1) $\sum \frac{(-1)^n}{n}\frac{x^n}{1+x^n}(x>0)$；　　(2) $\sum \frac{\sin nx}{n^\alpha}, x\in(0,2\pi)(\alpha>0)$；

(3) $\sum(-1)^n\frac{\cos^2 n}{n}$.

解　(1) 记 $a_n=\frac{x^n}{1+x^n}=1-\frac{1}{1+x^n}$，因为 $x>0$，所以 $0<a_n<1$ 且 $\{a_n\}$ 单调. 因此数列 $\left\{\frac{x^n}{1+x^n}\right\}$ 关于 n 单调有界. 又级数 $\sum\frac{(-1)^n}{n}$ 收敛，由阿贝尔判别法知原级数收敛.

(2) 因 $x\in(0,2\pi)$，故 $\frac{x}{2}\in(0,\pi)$，从而级数 $\sum\sin nx$ 的部分和

$$\begin{aligned}S_n&=\frac{1}{\sin\frac{x}{2}}\cdot\sin\frac{x}{2}S_n\\&=\frac{1}{2\sin\frac{x}{2}}\left(\cos\frac{x}{2}-\cos\frac{3x}{2}+\cos\frac{3x}{2}+\cdots+\cos\frac{2n-1}{2}x-\cos\frac{2n+1}{2}x\right)\\&=\frac{\cos\frac{x}{2}-\cos\frac{2n+1}{2}x}{2\sin\frac{x}{2}},\end{aligned}$$

从而 $|S_n|\leqslant\frac{1}{\sin\frac{x}{2}}$，即 $\{S_n\}$ 有界. 又 $\alpha>0$ 时，数列 $\left\{\frac{1}{n^\alpha}\right\}$ 单调递减且 $\lim\limits_{n\to\infty}\frac{1}{n^\alpha}=0$，由狄利克雷判别法知原级数收敛.

(3) 注意到数列 $\left\{\frac{1}{n}\right\}$ 单调递减且 $\lim\limits_{n\to\infty}\frac{1}{n}=0$，故只需考察级数 $\sum(-1)^n\cos^2 n$ 的部分和数列 $\{S_n\}$，

$$\begin{aligned}|S_n|&=\left|\sum_{k=1}^n(-1)^k\cos^2 k\right|=\left|\sum_{k=1}^n(-1)^k\frac{1+\cos 2k}{2}\right|\\&\leqslant\left|\sum_{k=1}^n\frac{(-1)^k}{2}\right|+\left|\sum_{k=1}^n\frac{(-1)^k\cos 2k}{2}\right|\\&\leqslant\frac{1}{2}+\frac{1}{2}\left|\sum_{k=1}^n\cos(k\pi+2k)\right|\\&=\frac{1}{2}+\frac{1}{2}\frac{1}{\sin\frac{\pi+2}{2}}\left|\sum_{k=1}^n\sin\frac{\pi+2}{2}\cos(k\pi+2k)\right|\\&\leqslant\frac{1}{2}+\sec 1,\end{aligned}$$

即级数 $\sum(-1)^n\cos^2 n$ 的部分和数列有界，由狄利克雷判别法知原级数收敛.

3. 设 $a_n>0, a_n>a_{n+1}\quad(n=1,2,\cdots)$ 且 $\lim\limits_{n\to\infty}a_n=0$. 证明级数 $\sum(-1)^{n-1}\frac{a_1+a_2+\cdots+a_n}{n}$ 是收敛的.

证　记 $u_n=\frac{a_1+a_2+\cdots+a_n}{n}$，由上册第二章总练习题 3 可知 $\lim\limits_{n\to\infty}u_n=0$，又

$$u_n-u_{n+1}=\frac{a_1+a_2+\cdots+a_n-na_{n+1}}{n(n+1)}>0,$$

所以 $\{u_n\}$ 为单调递减数列，故由莱布尼茨判别法可知原级数收敛.

4. 设 p_n, q_n 如教材(8)式所定义. 证明：若 $\sum u_n$ 条件收敛，则级数 $\sum p_n$ 与 $\sum q_n$ 都是发散的.

$$\left[(8)\text{ 式为 } p_n=\frac{|u_n|+u_n}{2}, q_n=\frac{|u_n|-u_n}{2}\right]$$

证　若$\sum p_n$收敛，则由$p_n=\dfrac{|u_n|+u_n}{2}$，可得$|u_n|=2p_n-u_n$.

又由$\sum u_n$条件收敛，可得$\sum(2p_n-u_n)$收敛，故$\sum|u_n|$收敛，与题设$\sum u_n$条件收敛矛盾，故$\sum p_n$发散. 同理可得$\sum q_n$发散.

5. 写出下列级数的乘积：

(1)$\left(\sum\limits_{n=1}^{\infty}nx^{n-1}\right)\left(\sum\limits_{n=1}^{\infty}(-1)^{n-1}nx^{n-1}\right)$；　　(2)$\left(\sum\limits_{n=0}^{\infty}\dfrac{1}{n!}\right)\left(\sum\limits_{n=0}^{\infty}\dfrac{(-1)^n}{n!}\right)$.

解　(1) 级数$\sum\limits_{n=1}^{\infty}nx^{n-1}$与级数$\sum\limits_{n=1}^{\infty}(-1)^{n-1}nx^{n-1}$在$|x|<1$时均绝对收敛，从而可按对角线法则相乘，得第$n$条对角线和

$$u_n=\sum_{k=1}^{n}(k\cdot x^{k-1})[(-1)^{n-k}(n-k+1)x^{n-k}]=x^{n-1}\sum_{k=1}^{n}(-1)^{n-k}k(n-k+1),$$

下面考虑n的奇偶性：

$$\begin{aligned}u_{2n}&=x^{2n-1}\sum_{k=1}^{2n}(-1)^{2n-k}k(2n-k+1)\\&=x^{2n-1}[-2n+2(2n-1)-3(2n-2)+\cdots+(-1)^n n(n+1)+(2n)\cdot 1-(2n-1)\cdot 2+\cdots\\&\quad+(-1)^{n+1}(n+1)n]\\&=x^{2n-1}\cdot 0=0,\end{aligned}$$

$$\begin{aligned}u_{2n+1}&=x^{2n}\left[-\sum_{k=1}^{2n+1}(-1)^{2n-k}k(2n-k+1)+\sum_{k=1}^{2n+1}(-1)^{2n+1-k}k\right]\\&=-xu_{2n}+x^{2n}\sum_{k=1}^{2n+1}(-1)^{k-1}k=0+x^{2n}\sum_{k=1}^{2n+1}(-1)^{k-1}k\\&=x^{2n}[1-2+3-4+\cdots+(2n+1)]\\&=x^{2n}[(1-2)+(3-4)+\cdots+((2n-1)-2n)+(2n+1)]\\&=(n+1)x^{2n},\end{aligned}$$

原式$=\sum\limits_{n=0}^{\infty}(n+1)x^{2n}=\sum\limits_{n=1}^{\infty}nx^{2n-2}=1+2x^2+3x^4+\cdots+nx^{2n-2}+\cdots$.

(2) 因$\sum\limits_{n=0}^{\infty}\dfrac{1}{n!}$收敛，故级数$\sum\limits_{n=0}^{\infty}\dfrac{1}{n!}$与$\sum\limits_{n=0}^{\infty}(-1)^n\dfrac{1}{n!}$均绝对收敛，按对角线法则相乘得$u_0=1$，

$$u_n=\sum_{k=0}^{n}\frac{1}{k!}\cdot\frac{(-1)^{n-k}}{(n-k)!}=\frac{1}{n!}\sum_{k=0}^{n}\frac{(-1)^{n-k}n!}{k!(n-k)!}=\frac{1}{n!}(1-1)^n=0\ (n=1,2,\cdots).$$

所以，原式$=u_0=1$.

6. 证明级数$\sum\limits_{n=0}^{\infty}\dfrac{a^n}{n!}$与$\sum\limits_{n=0}^{\infty}\dfrac{b^n}{n!}$绝对收敛，且它们的乘积等于$\sum\limits_{n=0}^{\infty}\dfrac{(a+b)^n}{n!}$.

证　因为$\dfrac{|a^{n+1}|}{(n+1)!}\cdot\dfrac{n!}{|a^n|}=\dfrac{|a|}{n+1}\to 0(n\to\infty)$，故级数$\sum\limits_{n=0}^{\infty}\dfrac{a^n}{n!}$绝对收敛，同理$\sum\limits_{n=0}^{\infty}\dfrac{b^n}{n!}$也绝对收敛，按对角线法则相乘可得

$$u_0=\frac{(a+b)^0}{0!}=1,$$

$$u_n=\sum_{k=1}^{n}\frac{a^k}{k!}\cdot\frac{b^{n-k}}{(n-k)!}=\frac{1}{n!}\sum_{k=1}^{n}\frac{n!}{k!(n-k)!}a^kb^{n-k}=\frac{(a+b)^n}{n!}(n=1,2,\cdots).$$

所以两级数的乘积等于$\sum\limits_{n=0}^{\infty}\dfrac{(a+b)^n}{n!}$.

7. 重排级数$\sum(-1)^{n+1}\frac{1}{n}$，使它成为发散级数.

解　$\sum(-1)^{n+1}\frac{1}{n}=1-\frac{1}{2}+\frac{1}{3}-\frac{1}{4}+\cdots+(-1)^{n+1}\frac{1}{n}+\cdots$,

注意到$\sum_{n=1}^{\infty}\frac{1}{n}$及$\sum_{n=1}^{\infty}\frac{1}{2n-1}$均是发散的正项级数，从而

存在n_1，使得$u_1=\sum_{k=1}^{n_1}\frac{1}{2k-1}-\frac{1}{2}>1$.

存在$n_2>n_1$，使得$u_2=\sum_{k=n_1+1}^{n_2}\frac{1}{2k-1}-\frac{1}{4}>\frac{1}{2}$.

存在$n_3>n_2$，使得$u_3=\sum_{k=n_2+1}^{n_3}\frac{1}{2k-1}-\frac{1}{6}>\frac{1}{3}$.

…………

依此类推，存在$n_{i+1}>n_i$，使得$u_{i+1}=\sum_{k=n_i+1}^{n_{i+1}}\frac{1}{2k-1}-\frac{1}{2(i+1)}>\frac{1}{i+1}$，这样得到一个重排的级数$\sum_{i=1}^{\infty}u_i$，因$u_i>\frac{1}{i}$及$\sum_{i=1}^{\infty}\frac{1}{i}$发散，可得此重排级数必发散.

8. 证明：级数$\sum\frac{(-1)^{[\sqrt{n}]}}{n}$收敛.

证　将级数$\sum_{n=1}^{\infty}\frac{(-1)^{[\sqrt{n}]}}{n}$中符号相同的项加括号得

$$-\left(1+\frac{1}{2}+\frac{1}{3}\right)+\left(\frac{1}{4}+\cdots+\frac{1}{8}\right)-\left(\frac{1}{9}+\cdots+\frac{1}{15}\right)+\left(\frac{1}{16}+\cdots+\frac{1}{24}\right)-\cdots$$

$$=\sum_{k=1}^{\infty}(-1)^k\left(\frac{1}{k^2}+\frac{1}{k^2+1}+\cdots+\frac{1}{(k+1)^2-1}\right)\xlongequal{\triangle}\sum_{k=1}^{\infty}(-1)^k a_k.$$

因为

$a_k=\frac{1}{k^2}+\frac{1}{k^2+1}+\cdots+\frac{1}{k^2+k-1}+\frac{1}{k^2+k}+\cdots+\frac{1}{(k+1)^2-1}<\frac{1}{k^2}\cdot k+\frac{1}{k^2+k}\cdot(k+1)=\frac{2}{k}$,

即$a_k<\frac{2}{k}$.

同理可证

$$a_k>\frac{k}{k^2+k-1}+\frac{k+1}{(k+1)^2-1}>\frac{2}{k+1}.$$

故$a_{k+1}<\frac{2}{k+1}<a_k<\frac{2}{k}$，则$\{a_k\}$单调递减且$\lim_{k\to\infty}a_k=0$，故交错级数$\sum_{k=1}^{\infty}(-1)^k a_k$收敛，从而原级数收敛.

第十二章总练习题解答

1. 证明：若正项级数$\sum u_n$收敛，且数列$\{u_n\}$单调，则$\lim_{n\to\infty}nu_n=0$.

证　因正项级数$\sum u_n$收敛，故由柯西准则，$\forall\varepsilon>0$，$\exists N$，当$n>N$时，有

$$0<u_{n+1}+u_{n+2}+\cdots+u_{2n}<\frac{\varepsilon}{2}.$$

又由$\{u_n\}$单调可知$\{u_n\}$必单调递减（否则级数$\sum u_n$发散），从而$u_{2n}\leqslant u_{n+i}(i=1,2,\cdots,n)$，故

$$0 \leqslant nu_{2n} \leqslant u_{n+1} + u_{n+2} + \cdots + u_{2n} < \frac{\varepsilon}{2}, 0 \leqslant 2nu_{2n} < \varepsilon,$$

从而 $\lim\limits_{n\to\infty} 2nu_{2n} = 0$.

又 $u_{2n+1} \leqslant u_{2n}$，故

$$0 \leqslant (2n+1)u_{2n+1} \leqslant (2n+1)u_{2n} = 2nu_{2n} \cdot \frac{2n+1}{2n} \to 0(n \to \infty).$$

从而 $\lim\limits_{n\to\infty} nu_n = 0$.

2. 若级数 $\sum a_n$ 与 $\sum c_n$ 都收敛，且成立不等式 $a_n \leqslant b_n \leqslant c_n \quad (n = 1,2,\cdots)$，证明级数 $\sum b_n$ 也收敛. 若 $\sum a_n$，$\sum c_n$ 都发散，试问 $\sum b_n$ 一定发散吗？

证　由 $a_n \leqslant b_n \leqslant c_n$ 可得 $0 \leqslant b_n - a_n \leqslant c_n - a_n$，又级数 $\sum a_n$ 与 $\sum c_n$ 都收敛，故正项级数 $\sum (c_n - a_n)$ 收敛，由比较原则得正项级数 $\sum (b_n - a_n)$ 收敛，从而 $\sum b_n$ 收敛.

若 $\sum a_n$ 与 $\sum c_n$ 都发散，则 $\sum b_n$ 未必发散. 如 $a_n = -\frac{1}{n}, b_n = \frac{1}{n^2}, c_n = \frac{1}{n}$，满足不等式且 $\sum a_n$ 与 $\sum c_n$ 均发散，但 $\sum b_n$ 收敛. 若 $\sum a_n$ 为发散的正项级数，则必有 $\sum b_n$ 发散.

3. 讨论 $\sum\limits_{n=1}^{+\infty} \frac{\sin nx}{n^p}\left(1+\frac{1}{n}\right)^n (0 < x < 2\pi, p > 0)$ 的收敛性.

解　(1) 对于 $x \in (0, 2\pi)$，有 $\left|\sum\limits_{k=1}^{n} \sin kx\right| = \left|\dfrac{\cos\frac{x}{2} - \cos\left(n+\frac{1}{2}\right)x}{2\sin\frac{x}{2}}\right| \leqslant \dfrac{1}{\sin\frac{x}{2}}$，有界.

(2) 记 $a_n = \dfrac{\left(1+\frac{1}{n}\right)^n}{n^p}$，则 $\lim\limits_{n\to\infty} a_n = 0$.

令 $f(x) = \dfrac{(1+\frac{1}{x})^x}{x^p}$，则

$$\begin{aligned}
f'(x) &= \frac{\left[\left(1+\frac{1}{x}\right)^x\right]' x^p - \left(1+\frac{1}{x}\right)^x \cdot px^{p-1}}{x^{2p}} \\
&= \frac{\left(1+\frac{1}{x}\right)^x x\left[\ln\left(1+\frac{1}{x}\right) - \frac{1}{1+x}\right] - p\left(1+\frac{1}{x}\right)^x}{x^{p+1}} \\
&= \frac{\left(1+\frac{1}{x}\right)^p}{x^{p+1}}\left\{x\left[\ln\left(1+\frac{1}{x}\right) - \frac{1}{1+x}\right] - p\right\} \\
&< \frac{\left(1+\frac{1}{x}\right)^p}{x^{p+1}}\left[x\left(\frac{1}{x} - \frac{1}{1+x}\right) - p\right] \\
&= \frac{\left(1+\frac{1}{x}\right)^p}{x^{p+1}}\left(\frac{1}{1+x} - p\right)
\end{aligned}$$

于是当 $x > \frac{1}{p} - 1$ 时，有 $\frac{1}{1+x} - p < 0$，即当 $x > \frac{1}{p} - 1$ 时，$f'(x) < 0$.

从而当 $x > \frac{1}{p} - 1$ 时，$\{a_n\}$ 单调下降.

故由狄利克雷判别法知原级数收敛.

4. 若$\lim\limits_{n\to\infty}\dfrac{a_n}{b_n}=k\neq 0$,且级数$\sum b_n$绝对收敛,证明级数$\sum a_n$也收敛.若上述条件中只知道$\sum b_n$收敛,能推得$\sum a_n$收敛吗?

证　由$\lim\limits_{n\to\infty}\dfrac{a_n}{b_n}=k$得$\lim\limits_{n\to\infty}\left|\dfrac{a_n}{b_n}\right|=|k|>0$,又因$\sum b_n$绝对收敛,故级数$\sum|a_n|$收敛,从而$\sum a_n$收敛.

若$\sum b_n$收敛,未必有$\sum a_n$收敛.例如

$$a_n=(-1)^n\frac{1}{\sqrt{n}}+\frac{1}{n},b_n=(-1)^n\frac{1}{\sqrt{n}},$$

则$\lim\limits_{n\to\infty}\dfrac{a_n}{b_n}=\lim\limits_{n\to\infty}\left(1+(-1)^n\dfrac{1}{\sqrt{n}}\right)=1\neq 0$,且$\sum b_n$收敛,但$\sum a_n$发散.

5. (1) 设$\sum u_n$为正项级数,且$\dfrac{u_{n+1}}{u_n}<1$,能否断定$\sum u_n$收敛?

(2) 对于级数$\sum u_n$有$\left|\dfrac{u_{n+1}}{u_n}\right|\geqslant 1$,能否断定级数$\sum u_n$不绝对收敛,但可能条件收敛?

(3) 设$\sum u_n$为收敛的正项级数,能否存在一个正数ε,使得$\lim\limits_{n\to\infty}\dfrac{u_n}{\frac{1}{n^{1+\varepsilon}}}=c>0$?

解　(1) 不能.如取$u_n=\dfrac{1}{n}$,则$\dfrac{u_{n+1}}{u_n}=\dfrac{n}{n+1}<1$,但$\sum u_n$发散.

(2) 不能.由题意知$u_n\neq 0$,且

$$|u_{n+1}|\geqslant|u_n|\geqslant|u_{n-1}|\geqslant\cdots\geqslant|u_1|>0,$$

从而$\lim\limits_{n\to\infty}u_n\neq 0$,故$\sum u_n$发散.

(3) 不一定.如取$u_n=\dfrac{1}{n^2}$,则存在$\varepsilon=1$满足条件,但若取$u_n=\dfrac{1}{n^n}$,可知$\sum\dfrac{1}{n^n}$收敛,但对$\forall\varepsilon>0$,

$$\lim_{n\to\infty}\frac{\frac{1}{n^n}}{\frac{1}{n^{1+\varepsilon}}}=\lim_{n\to\infty}\frac{1}{n^{n-1-\varepsilon}}=0.$$

6. 证明:若级数$\sum a_n$收敛,$\sum(b_{n+1}-b_n)$绝对收敛,则级数$\sum a_nb_n$也收敛.

证　因为$\sum\limits_{n=1}^{\infty}(b_{n+1}-b_n)$收敛,设$\sum\limits_{n=1}^{\infty}(b_{n+1}-b_n)=s$,所以$\lim\limits_{n\to\infty}\sum\limits_{k=1}^{n}(b_{k+1}-b_k)=s$,即$\lim\limits_{n\to\infty}b_{n+1}=s+b_1$.

设$A_n=\sum\limits_{k=1}^{n}a_k$,由$\sum\limits_{n=1}^{\infty}a_n$收敛知,存在$M>0$,使$|A_n|\leqslant M(n=1,2,\cdots)$.再由Abel变换,有$\sum\limits_{k=1}^{n}a_kb_k=b_nA_n-\sum\limits_{k=1}^{n-1}(b_{k+1}-b_k)A_k$,由$\sum\limits_{n=1}^{\infty}(b_{n+1}-b_n)$绝对收敛及$\{A_n\}$有界知$\sum\limits_{n=1}^{\infty}(b_{n+1}-b_n)A_n$绝对收敛,所以$\sum\limits_{n=1}^{\infty}(b_{n+1}-b_n)A_n$收敛,故

$$\lim_{n\to\infty}\sum_{k=1}^{n}a_kb_k=\lim_{n\to\infty}\left[b_nA_n-\sum_{k=1}^{n-1}(b_{k+1}-b_k)A_k\right]$$

存在且有限,即级数$\sum\limits_{n=1}^{\infty}a_nb_n$收敛.

7. 设$a_n>0$,证明级数$\sum\dfrac{a_n}{(1+a_1)(1+a_2)\cdots(1+a_n)}$是收敛的.

证　显然,级数为正项级数,设级数的部分和数列为$\{S_n\}$,则

$$S_n=\sum_{k=1}^{n}\frac{a_k}{(1+a_1)(1+a_2)\cdots(1+a_k)}$$
$$=\frac{a_1}{1+a_1}+\sum_{k=2}^{n}\left[\frac{1}{(1+a_1)(1+a_2)\cdots(1+a_{k-1})}-\frac{1}{(1+a_1)(1+a_2)\cdots(1+a_k)}\right]$$
$$=1-\frac{1}{(1+a_1)(1+a_2)\cdots(1+a_n)}<1,$$

即该正项级数的部分和数列$\{S_n\}$有界，从而原级数收敛.

8. 证明：若级数$\sum a_n^2$与$\sum b_n^2$收敛，则级数$\sum a_nb_n$和$\sum (a_n+b_n)^2$也收敛，且

$$\left(\sum a_nb_n\right)^2\leqslant\sum a_n^2\cdot\sum b_n^2,$$
$$\left(\sum (a_n+b_n)^2\right)^{\frac{1}{2}}\leqslant\left(\sum a_n^2\right)^{\frac{1}{2}}+\left(\sum b_n^2\right)^{\frac{1}{2}}.$$

证　因为

$$|a_nb_n|\leqslant\frac{1}{2}(a_n^2+b_n^2),$$

又$\sum a_n^2$及$\sum b_n^2$均收敛，所以$\sum |a_nb_n|$收敛，故$\sum a_nb_n$收敛.

又因为

$$(a_n+b_n)^2=a_n^2+2a_nb_n+b_n^2,$$

所以$\sum (a_n+b_n)^2$收敛，由柯西－施瓦兹不等式得

$$\left(\sum_{k=1}^{n}a_kb_k\right)^2\leqslant\sum_{k=1}^{n}a_k^2\cdot\sum_{k=1}^{n}b_k^2,$$
$$\sum_{k=1}^{n}(a_k+b_k)^2=\sum_{k=1}^{n}a_k^2+2\sum_{k=1}^{n}a_kb_k+\sum_{k=1}^{n}b_k^2$$
$$\leqslant\sum_{k=1}^{n}a_k^2+2\left(\sum_{k=1}^{n}a_k^2\right)^{\frac{1}{2}}\left(\sum_{k=1}^{n}b_k^2\right)^{\frac{1}{2}}+\sum_{k=1}^{n}b_k^2$$
$$=\left[\left(\sum_{k=1}^{n}a_k^2\right)^{\frac{1}{2}}+\left(\sum_{k=1}^{n}b_k^2\right)^{\frac{1}{2}}\right]^2,$$

从而有

$$\left[\sum_{k=1}^{n}(a_k+b_k)^2\right]^{\frac{1}{2}}\leqslant\left(\sum_{k=1}^{n}a_k^2\right)^{\frac{1}{2}}+\left(\sum_{k=1}^{n}b_k^2\right)^{\frac{1}{2}},$$

令$n\to\infty$取极限，得$\left[\sum_{k=1}^{\infty}(a_k+b_k)^2\right]^{\frac{1}{2}}\leqslant\left(\sum_{k=1}^{\infty}a_k^2\right)^{\frac{1}{2}}+\left(\sum_{k=1}^{\infty}b_k^2\right)^{\frac{1}{2}}$.

四、自测题

第十二章自测题

一、判断题(每题 2 分,共 12 分)

1. 若$\sum\limits_{n=1}^{\infty}u_n^2$,$\sum\limits_{n=1}^{\infty}v_n^2$ 收敛,则级数$\sum\limits_{n=1}^{\infty}(u_n+v_n)^2$ 也收敛. (　　)

2. 若对任意的自然数 p,都有$\lim\limits_{n\to\infty}(a_{n+1}+a_{n+2}+\cdots+a_{n+p})=0$,则$\sum\limits_{n=1}^{\infty}a_n$ 收敛. (　　)

3. 若$\sum\limits_{n=1}^{\infty}|u_{n+1}-u_n|$收敛,则$\lim\limits_{n\to\infty}\sum\limits_{k=1}^{n}u_k$ 存在. (　　)

4. 若正项级数$\sum\limits_{n=1}^{\infty}a_n$ 收敛,则$\sum\limits_{n=1}^{\infty}a_n^2$ 也收敛. (　　)

5. 若 $u_n>0,n=1,2,\cdots$,且对任意的 n,有$\dfrac{u_{n+1}}{u_n}<1$,则$\sum\limits_{n=1}^{\infty}u_n$ 收敛. (　　)

6. 若$\sum\limits_{n=1}^{\infty}u_n$ 收敛,$v_n\to1(n\to\infty)$,则$\sum\limits_{n=1}^{\infty}u_nv_n$ 收敛. (　　)

二、计算题,写出必要的计算过程(每题 5 分,共 10 分)

7. 设 $0<a<1$,求$\lim\limits_{n\to\infty}(a+2a^2+3a^3+\cdots+na^n)$.

8. 求级数$\sum\limits_{n=1}^{\infty}\left(\dfrac{1}{2^n}+\dfrac{1}{5^n}\right)$的和.

三、解答题,判断下面级数的敛散性(每题 8 分,共 48 分)

9. 判断$\sum\limits_{n=1}^{\infty}\left[\dfrac{1}{n}-\ln\left(1+\dfrac{1}{n}\right)\right]$的敛散性.

10. 判断$\sum\limits_{n=2}^{\infty}\dfrac{1}{\ln n\ln\ln n}$ 的敛散性.

11. 讨论级数$\sum\limits_{n=1}^{\infty}\left[\dfrac{\left(1+\dfrac{1}{n}\right)^n}{\mathrm{e}}\right]^n$ 的敛散性.

12. 设 $u_n=(-1)^n\ln\left(1+\dfrac{1}{\sqrt{n}}\right)$,讨论级数$\sum\limits_{n=1}^{\infty}u_n$,$\sum\limits_{n=1}^{\infty}u_n^2$ 的敛散性.

13. 讨论正项级数$\sum\limits_{n=1}^{\infty}\dfrac{\ln(n+2)}{\left(a+\dfrac{1}{n}\right)^n}(a>0)$ 的敛散性.

14. 讨论级数$\sum\limits_{n=1}^{\infty}(-1)^n\dfrac{1}{\sqrt{n^2+2n}}$ 的敛散性,若收敛,说明是条件收敛还是绝对收敛.

四、证明题,写出必要的证明过程(每题 6 分,共 30 分)

15. 设$\lim\limits_{n\to\infty}n^{2n\sin\frac{1}{n}}u_n=1$,证明:级数$\sum\limits_{n=1}^{\infty}u_n$ 收敛.

16. 设$\{na_n\}$收敛,级数$\sum\limits_{n=1}^{\infty}n(a_n-a_{n-1})$收敛,$a_0=0$,证明:$\sum\limits_{n=1}^{\infty}a_n$ 收敛.

17. 设$\sum\limits_{n=1}^{\infty}a_n$ 收敛,证明:$\sum\limits_{n=1}^{\infty}(2a_{2n-1}+a_{2n}-a_{2n+1})$收敛.

18. 已知 $a_{2n-1}=\dfrac{1}{n}$,$a_{2n}=\displaystyle\int_n^{n+1}\dfrac{1}{x}\mathrm{d}x$,证明:$\sum\limits_{n=1}^{\infty}(-1)^na_n$ 条件收敛.

19. $\lim\limits_{n\to\infty}(a_1+a_2+\cdots+a_n)=a$，证明：$\lim\limits_{n\to\infty}\dfrac{a_1+2a_2+\cdots+na_n}{n}$ 存在，并求之.

第十二章自测题解答

一、1. √　2. ×　3. ×　4. √　5. ×　6. ×

二、7. 解　令 $S_n=a+2a^2+3a^3+\cdots+na^n$，则 $aS_n=a^2+2a^3+3a^4+\cdots+na^{n+1}$，两式相减得

$$(1-a)S_n=\frac{a(1-a^n)}{1-a}-na^{n+1}.$$

于是 $S_n=\dfrac{a(1-a^n)}{(1-a)^2}-\dfrac{na^{n+1}}{1-a}$，故 $\lim\limits_{n\to\infty}S_n=\dfrac{a}{(1-a)^2}$.

8. 解　记 $S_n=\sum\limits_{k=1}^{n}\left(\dfrac{1}{2^k}+\dfrac{1}{5^k}\right)$，则

$$S_n=\left(\frac{1}{2}+\frac{1}{2^2}+\cdots+\frac{1}{2^n}\right)+\left(\frac{1}{5}+\frac{1}{5^2}+\cdots+\frac{1}{5^n}\right)$$
$$=\frac{\frac{1}{2}-\frac{1}{2^{n+1}}}{1-\frac{1}{2}}+\frac{\frac{1}{5}-\frac{1}{5^{n+1}}}{1-\frac{1}{5}}=1-\frac{1}{2^n}+\frac{1}{4}\left(1-\frac{1}{5^n}\right),$$

所以 $\lim\limits_{n\to\infty}S_n=\dfrac{5}{4}$，即级数的和为 $\dfrac{5}{4}$.

三、9. 解　记 $a_n=\dfrac{1}{n}-\ln\left(1+\dfrac{1}{n}\right)$，因为

$$\ln\left(1+\frac{1}{n}\right)=\frac{1}{n}-\frac{1}{2n^2}+o\left(\frac{1}{n^2}\right)，故\ a_n=\frac{1}{n}-\ln\left(1+\frac{1}{n}\right)=\frac{1}{2n^2}+o\left(\frac{1}{n^2}\right),$$

因此

$$\lim_{n\to\infty}\frac{a_n}{\frac{1}{n^2}}=\frac{1}{2}.$$

而 $\sum\limits_{n=1}^{\infty}\dfrac{1}{n^2}$ 收敛，由比较判别法知 $\sum\limits_{n=1}^{\infty}\left[\dfrac{1}{n}-\ln\left(1+\dfrac{1}{n}\right)\right]$ 收敛.

10. 解　**方法一**　令 $f(x)=\dfrac{1}{\ln x\ln\ln x}$，显然 $f(x)$ 非负递减. 由于

$$\int_3^{+\infty}\frac{1}{\ln x\ln\ln x}\mathrm{d}x\xlongequal{\ln x=t}\int_{\ln 3}^{+\infty}\frac{\mathrm{e}^t}{t\ln t}\mathrm{d}t\geqslant 3\int_{\ln 3}^{+\infty}\frac{1}{t\ln t}\mathrm{d}t=+\infty,$$

由积分判别法知 $\sum\limits_{n=2}^{\infty}\dfrac{1}{\ln n\ln\ln n}$ 发散.

方法二　由于 $\dfrac{1}{\ln n\ln\ln n}\geqslant\dfrac{1}{n\ln n\ln\ln n}$，而 $\sum\limits_{n=2}^{\infty}\dfrac{1}{n\ln n\ln\ln n}$ 发散，由比较判别法知 $\sum\limits_{n=2}^{\infty}\dfrac{1}{\ln n\ln\ln n}$ 发散.

11. 解　因为

$$\lim_{n\to\infty}\left[\frac{\left(1+\frac{1}{n}\right)^n}{\mathrm{e}}\right]^n=\mathrm{e}^{\lim\limits_{n\to\infty}n\left[\ln\left(1+\frac{1}{n}\right)^n-1\right]}=\mathrm{e}^{\lim\limits_{n\to\infty}\left[n^2\ln\left(1+\frac{1}{n}\right)-n\right]}$$
$$=\mathrm{e}^{\lim\limits_{n\to\infty}\left[n^2\left(\frac{1}{n}-\frac{1}{2n^2}+o\left(\frac{1}{n^2}\right)\right)-n\right]}=\mathrm{e}^{-\frac{1}{2}}\neq 0,$$

所以级数 $\sum\limits_{n=1}^{\infty}\left[\dfrac{\left(1+\frac{1}{n}\right)^n}{\mathrm{e}}\right]^n$ 发散.

12. 解　易知数列 $\left\{\ln\left(1+\dfrac{1}{\sqrt{n}}\right)\right\}$ 单调递减趋于 0，故由 Leibniz 判别法知 $\sum\limits_{n=1}^{\infty}u_n$ 收敛. 又

$$\lim_{n\to\infty}\frac{\left[(-1)^n\ln\left(1+\frac{1}{\sqrt{n}}\right)\right]^2}{\frac{1}{n}}=\lim_{n\to\infty}n\left[\ln\left(1+\frac{1}{\sqrt{n}}\right)\right]^2=\lim_{n\to\infty}n\left(\frac{1}{\sqrt{n}}\right)^2=1,$$

所以$\sum_{n=1}^{\infty}u_n^2$发散.

13. 解　由于$\lim_{n\to\infty}\sqrt[n]{\frac{\ln(n+2)}{\left(a+\frac{1}{n}\right)^n}}=\lim_{n\to\infty}\frac{\sqrt[n]{\ln(n+2)}}{a+\frac{1}{n}}=\frac{1}{a}$,所以当$a>1$时收敛,当$0<a<1$时发散;当$a=1$时,由于$\lim_{n\to\infty}\frac{\ln(n+2)}{\left(1+\frac{1}{n}\right)^n}=+\infty$,故发散.

14. 解　首先注意到

$$\lim_{n\to\infty}\frac{\left|\frac{(-1)^n}{\sqrt{n^2+2n}}\right|}{\frac{1}{n}}=\lim_{n\to\infty}\frac{n}{\sqrt{n^2+2n}}=\lim_{n\to\infty}\frac{1}{\sqrt{1+\frac{2}{n}}}=1.$$

由正项级数的比较原则可知$\sum_{n=1}^{\infty}\left|(-1)^n\frac{1}{\sqrt{n^2+2n}}\right|$发散. 其次,注意到$\left\{\frac{1}{\sqrt{n^2+2n}}\right\}$关于$n$单调递减,且以0为极限,所以由莱布尼茨判别法可知$\sum_{n=1}^{\infty}(-1)^n\frac{1}{\sqrt{n^2+2n}}$收敛.

综上可知级数$\sum_{n=1}^{\infty}(-1)^n\frac{1}{\sqrt{n^2+2n}}$条件收敛.

四、15. 证　由于$\lim_{n\to\infty}n^{2n\sin\frac{1}{n}}u_n=1$,所以$\exists N_1$,当$n>N_1$时,有$0<n^{2n\sin\frac{1}{n}}u_n<2$,即

$$0<u_n<\frac{2}{n^{2n\sin\frac{1}{n}}}.$$

另外,又因$\lim_{n\to\infty}2n\sin\frac{1}{n}=2$,故$\exists N_2$,当$n>N_2$时,有$2n\sin\frac{1}{n}>\frac{3}{2}$,则当$n>\max\{N_1,N_2\}$时,有

$$0<u_n<\frac{2}{n^{\frac{3}{2}}}.$$

而$\sum_{n=1}^{\infty}\frac{2}{n^{\frac{3}{2}}}$收敛,所以由比较原则可知$\sum_{n=1}^{\infty}u_n$收敛.

16. 证　因为$\{na_n\}$收敛,所以$\forall\varepsilon>0,\exists N_1$,当$m,n>N_1$时,不妨设$m>n$,有$|ma_m-na_n|<\varepsilon$.又因为$\sum_{n=1}^{\infty}n(a_n-a_{n-1})$收敛,记$S_n=\sum_{k=1}^{n}k(a_k-a_{k-1})$,则$\lim_{n\to\infty}S_n$存在,对上述$\varepsilon>0,\exists N_2$,当$n,m>N_2$(不妨设$m>n$),有$|S_m-S_n|<\varepsilon$.取$N=\max\{N_1,N_2\}$,则当$m>n>N$时,有

$$\begin{aligned}|S_m-S_n|&=|(n+1)a_{n+1}-(n+1)a_n+(n+2)a_{n+2}-(n+2)a_{n+1}+\cdots+ma_m-ma_{m-1}|\\&=|-na_n-(a_n+a_{n+1}+\cdots+a_{m-1})+ma_m|\geqslant-|ma_m-na_n|+|a_n+\cdots+a_{m-1}|,\end{aligned}$$

所以

$$|a_n+\cdots+a_{m-1}|\leqslant|S_n-S_m|+|ma_m-na_n|<2\varepsilon.$$

从而由Cauchy收敛准则知$\sum_{n=1}^{\infty}a_n$收敛.

17. 证　改写通项顺序为

$$2a_{n-1}+a_{2n}-a_{2n+1}=2(a_{2n-1}+a_{2n})-(a_{2n}+a_{2n+1}),$$

则由题设可知,$\sum_{n=1}^{\infty}(a_{2n-1}+a_{2n})$和$\sum_{n=1}^{\infty}(a_{2n}+a_{2n+1})$收敛,得证.

18. 解　由于

$$a_{2n+1}=\frac{1}{n+1}\leqslant a_{2n}=\int_n^{n+1}\frac{1}{x}\mathrm{d}x\leqslant\frac{1}{n}=a_{2n-1},$$

所以$\{a_n\}$是单调递减数列，且$\lim\limits_{n\to\infty}a_{2n-1}=\lim\limits_{n\to\infty}a_{2n}=0$，所以$\lim\limits_{n\to\infty}a_n=0$. 于是由 Leibniz 判别法知$\sum\limits_{n=1}^{\infty}(-1)^n a_n$收敛. 由于$a_{2n-1}=\dfrac{1}{n}$，$a_{2n}>\dfrac{1}{n+1}$，且$\sum\limits_{n=1}^{\infty}\dfrac{1}{n}$发散，所以$\sum\limits_{n=1}^{\infty}a_n$发散，故$\sum\limits_{n=1}^{\infty}(-1)^n a_n$条件收敛.

19. 解　令$b_n=a_1+a_2+\cdots+a_n$，$n=1,2,\cdots$，则$a_1=b_1$，$a_n=b_n-b_{n-1}$，$n>1$，从而

$$\frac{a_1+2a_2+\cdots+na_n}{n}=\frac{b_1+2(b_2-b_1)+\cdots+n(b_n-b_{n-1})}{n}=b_n-\frac{b_1+b_2+\cdots+b_{n-1}}{n}.$$

因为$\lim\limits_{n\to\infty}(a_1+a_2+\cdots+a_n)=a$，所以$\lim\limits_{n\to\infty}b_n=a$，$\lim\limits_{n\to\infty}\dfrac{b_1+b_2+\cdots+b_{n-1}}{n}=a$，故有

$$\lim_{n\to\infty}\frac{a_1+2a_2+\cdots+na_n}{n}=a-a=0.$$

第十三章 函数列与函数项级数

一、主要内容归纳

1. 函数列 设 $f_1,f_2,\cdots,f_n,\cdots$ 是一列定义在同一数集 E 上的函数，称为定义在 E 上的**函数列**，记作 $\{f_n(x)\}$ 或 $f_n(x),n=1,2,\cdots$.

2. 函数列的收敛域 设 $x_0\in E$，将 x_0 代入函数列 $\{f_n(x)\}$，得到数列 $\{f_n(x_0)\}$. 若此数列收敛，则称函数列 $\{f_n(x)\}$ **在点** x_0 **收敛**，称 x_0 为函数列 $\{f_n(x)\}$ 的**收敛点**；若此数列发散，则称函数列 $\{f_n(x)\}$ **在点** x_0 **发散**. 使函数列 $\{f_n(x)\}$ 收敛的全体收敛点的集合，称为函数列 $\{f_n(x)\}$ 的**收敛域**. 使函数列 $\{f_n(x)\}$ 发散的全体发散点的集合，称为函数列 $\{f_n(x)\}$ 的**发散域**.

3. 函数列的极限函数 若函数列 $\{f_n(x)\}$ 在数集 $D\subset E$ 上每一点都收敛，则称

$$f(x)=\lim_{n\to\infty}f_n(x),x\in D$$

为函数列 $\{f_n(x)\}$ 的**极限函数**.

4. 函数列的一致收敛性

(1)**定义** 设函数列 $\{f_n(x)\}$ 与函数 $f(x)$ 定义在同一数集 D 上，若 $\forall\varepsilon>0$，$\exists N$，当 $n>N$ 时，对 $\forall x\in D$，有 $|f_n(x)-f(x)|<\varepsilon$，则称函数列 $\{f_n(x)\}$ 在 D 上**一致收敛**于 $f(x)$，记作

$$f_n(x)\rightrightarrows f(x)\ (n\to\infty),x\in D.$$

(2)**几何意义** 函数列 $\{f_n(x)\}$ 一致收敛于 $f(x)$ 的几何意义：对 $\forall\varepsilon>0$，$\exists N$，对一切序号大于 N 的曲线 $y=f_n(x)$ 都落在以曲线 $y=f(x)+\varepsilon$ 与 $y=f(x)-\varepsilon$ 为上下边界的带形区域内.

5. 函数列一致收敛的判别准则

(1)**柯西准则** 函数列 $\{f_n(x)\}$ 在数集 D 上一致收敛的充要条件是：$\forall\varepsilon>0$，$\exists N$，当 $n,m>N$ 时，对 $\forall x\in D$，有 $|f_n(x)-f_m(x)|<\varepsilon$.

(2)**余项准则** 函数列 $\{f_n(x)\}$ 在数集 D 上一致收敛于 $f(x)$ 的充要条件是：

$$\lim_{n\to\infty}\sup_{x\in D}|f_n(x)-f(x)|=0.$$

推论 函数列 $\{f_n(x)\}$ 在数集 D 上不一致收敛于 $f(x)$ 的充要条件：存在 $\{x_n\}\subset D$，使 $\{f_n(x_n)-f(x_n)\}$ 不收敛于 0.

6. 函数项级数

(1)**定义** 设 $\{u_n(x)\}$ 是定义在数集 E 上的一个函数列，表达式

$$u_1(x)+u_2(x)+\cdots+u_n(x)+\cdots,\quad x\in E$$

称为定义在 E 上的**函数项级数**，简记为 $\sum\limits_{n=1}^{\infty} u_n(x)$ 或 $\sum u_n(x)$.

（2）**部分和函数列** 称 $S_n(x)=\sum\limits_{k=1}^{n} u_k(x), x\in E, n=1,2,\cdots$ 为函数项级数 $\sum\limits_{n=1}^{\infty} u_n(x)$ 的**部分和函数列**.

（3）**收敛域** 若 $x_0\in E$，数项级数 $\sum\limits_{n=1}^{\infty} u_n(x_0)$ 收敛，即 $\lim\limits_{n\to\infty} S_n(x_0)$ 存在，则称函数项级数 $\sum\limits_{n=1}^{\infty} u_n(x)$ 在点 x_0 收敛，x_0 称为 $\sum\limits_{n=1}^{\infty} u_n(x)$ 的**收敛点**. 若级数 $\sum\limits_{n=1}^{\infty} u_n(x_0)$ 发散，则称 $\sum\limits_{n=1}^{\infty} u_n(x)$ 在点 x_0 发散.

若 $D\subset E$ 且 $\forall x\in D$，函数项级数 $\sum\limits_{n=1}^{\infty} u_n(x)$ 均收敛，则称 $\sum\limits_{n=1}^{\infty} u_n(x)$ 在 D 上收敛. 若 D 为函数项级数 $\sum\limits_{n=1}^{\infty} u_n(x)$ 全体收敛点的集合，则称 D 为 $\sum\limits_{n=1}^{\infty} u_n(x)$ 的收敛域.

（4）**和函数** 函数项级数 $\sum\limits_{n=1}^{\infty} u_n(x)$ 在收敛域 D 上每一点 x 与其所对应的数项级数 $\sum\limits_{n=1}^{\infty} u_n(x)$ 的和 $S(x)$ 构成一个定义在 D 上的函数，称为级数 $\sum\limits_{n=1}^{\infty} u_n(x)$ 的**和函数**，记作

$$u_1(x)+u_2(x)+\cdots+u_n(x)+\cdots=S(x), x\in D, \quad \text{即}\lim_{n\to\infty} S_n(x)=S(x), x\in D.$$

亦即函数项级数的收敛性，就是其部分和函数列 $\{S_n(x)\}$ 的收敛性. 并称

$$R_n(x)=S(x)-S_n(x), \quad x\in D$$

为函数项级数的**余项**.

7. 函数项级数一致收敛的判别准则

（1）**定义** 设 $\{S_n(x)\}$ 是函数项级数 $\sum\limits_{n=1}^{\infty} u_n(x)$ 的部分和函数列. 若 $\{S_n(x)\}$ 在数集 D 上一致收敛于函数 $S(x)$，则称 $\sum\limits_{n=1}^{\infty} u_n(x)$ 在 D 上**一致收敛**于函数 $S(x)$，或称 $\sum\limits_{n=1}^{\infty} u_n(x)$ 在 D 上**一致收敛**.

（2）**柯西准则** 函数项级数 $\sum\limits_{n=1}^{\infty} u_n(x)$ 在数集 D 上一致收敛的充要条件为：$\forall \varepsilon>0$，$\exists N$，当 $n>N$ 时，对 $\forall x\in D$ 和 $\forall p\in \mathbf{N}_+$，都有

$$|S_{n+p}(x)-S_n(x)|<\varepsilon \quad \text{或} \quad |u_{n+1}(x)+u_{n+2}(x)+\cdots+u_{n+p}(x)|<\varepsilon.$$

推论 函数项级数 $\sum\limits_{n=1}^{\infty} u_n(x)$ 在数集 D 上一致收敛的必要条件是函数列 $\{u_n(x)\}$ 在 D 上一致收敛于 0.

（3）**余项准则** 函数项级数 $\sum\limits_{n=1}^{\infty} u_n(x)$ 在数集 D 上一致收敛于 $S(x)$ 的充要条件是

$$\lim_{n\to\infty}\sup_{x\in D}|R_n(x)|=\lim_{n\to\infty}\sup_{x\in D}|S(x)-S_n(x)|=0.$$

(4)**优级数判别法** 设函数项级数 $\sum_{n=1}^{\infty}u_n(x)$ 定义在数集 D 上，$\sum_{n=1}^{\infty}M_n$ 为收敛的正项级数，若 $\forall x\in D$，有 $|u_n(x)|\leqslant M_n$，$n=1,2,\cdots$，则函数项级数 $\sum_{n=1}^{\infty}u_n(x)$ 在 D 上一致收敛.

(5)**阿贝尔判别法** 设(ⅰ) $\sum_{n=1}^{\infty}u_n(x)$ 在区间 I 上一致收敛；(ⅱ) $\forall x\in I$，$\{v_n(x)\}$ 是单调的；(ⅲ) $\{v_n(x)\}$ 在 I 上一致有界，即 $\exists M>0$，对 $\forall x\in I$ 和正整数 n，有 $|v_n(x)|\leqslant M$，则 $\sum_{n=1}^{\infty}u_n(x)v_n(x)$ 在 I 上一致收敛.

(6)**狄利克雷判别法** 设(ⅰ) $\sum_{n=1}^{\infty}u_n(x)$ 的部分和函数列 $S_n(x)=\sum_{k=1}^{n}u_k(x)(n=1,2,\cdots)$ 在 I 上一致有界；(ⅱ) $\forall x\in I$，$\{v_n(x)\}$ 是单调的；(ⅲ)在 I 上 $v_n(x)\rightrightarrows 0\ (n\to\infty)$，则 $\sum_{n=1}^{\infty}u_n(x)v_n(x)$ 在 I 上一致收敛.

(7)**必要条件** 函数项级数 $\sum_{n=1}^{\infty}u_n(x)$ 在数集 D 上一致收敛的必要条件是函数列 $\{u_n(x)\}$ 在 D 上一致收敛于 0.

8. 一致收敛函数列的性质

(1)**函数极限与序列极限交换定理** 设函数列 $\{f_n(x)\}$ 在 $(a,x_0)\cup(x_0,b)$ 上一致收敛于 $f(x)$，且对每一个 n，$\lim_{x\to x_0}f_n(x)=a_n$，则 $\lim_{n\to\infty}a_n$ 和 $\lim_{x\to x_0}f(x)$ 均存在且相等，即

$$\lim_{n\to\infty}\lim_{x\to x_0}f_n(x)=\lim_{x\to x_0}\lim_{n\to\infty}f_n(x).$$

(2)**连续性** 若函数列 $\{f_n(x)\}$ 在区间 I 上一致收敛，且每一项都在 I 上连续，则其极限函数 $f(x)$ 在 I 上也连续.

推论 若连续函数列 $\{f_n(x)\}$ 在区间 I 上内闭一致收敛于 $f(x)$，则 $f(x)$ 在 I 上连续.

(3)**可积性** 若函数列 $\{f_n(x)\}$ 在 $[a,b]$ 上一致收敛，且每一项都在 $[a,b]$ 上连续，则

$$\int_a^b\lim_{n\to\infty}f_n(x)\mathrm{d}x=\lim_{n\to\infty}\int_a^b f_n(x)\mathrm{d}x.$$

注 若函数列 $\{f_n(x)\}$ 的每一项都在 $[a,b]$ 上可积，相应定理结论也成立.

(4)**可微性** 设 $\{f_n(x)\}$ 为定义在 $[a,b]$ 上的函数列，若 $x_0\in[a,b]$ 为 $\{f_n(x)\}$ 的收敛点，$\{f_n(x)\}$ 的每一项在 $[a,b]$ 上有连续的导数，且 $\{f'_n(x)\}$ 在 $[a,b]$ 上一致收敛，则

$$\frac{\mathrm{d}}{\mathrm{d}x}\left(\lim_{n\to\infty}f_n(x)\right)=\lim_{n\to\infty}\frac{\mathrm{d}}{\mathrm{d}x}f_n(x).$$

9. 函数项级数的性质

(1)**逐项求极限** 设级数 $\sum_{n=1}^{\infty}u_n(x)$ 在 $U^{\circ}(x_0)$ 内一致收敛，且对每一个 n，$\lim_{x\to x_0}u_n(x)=a_n$，则 $\lim_{x\to x_0}\sum_{n=1}^{\infty}u_n(x)$ 与 $\sum_{n=1}^{\infty}a_n$ 均存在且相等.

(2)**连续性** 若函数项级数 $\sum_{n=1}^{\infty} u_n(x)$ 在 $[a,b]$ 上一致收敛，且每一项 $u_n(x)(n=1,2,\cdots)$ 都连续，则其和函数在 $[a,b]$ 上也连续.

(3)**逐项求积** 若函数项级数 $\sum_{n=1}^{\infty} u_n(x)$ 在 $[a,b]$ 上一致收敛，且每一项 $u_n(x)(n=1,2,\cdots)$ 都连续，则

$$\sum_{n=1}^{\infty}\int_a^b u_n(x)\mathrm{d}x=\int_a^b\sum_{n=1}^{\infty}u_n(x)\mathrm{d}x.$$

注 若函数项级数 $\sum_{n=1}^{\infty} u_n(x)$ 的每一项 $u_n(x)(n=1,2,\cdots)$ 在 $[a,b]$ 上都可积，则相应定理结论也成立.

(4)**逐项求导** 若函数项级数 $\sum_{n=1}^{\infty} u_n(x)$ 在 $[a,b]$ 上每一项 $u_n(x)(n=1,2,\cdots)$ 都有连续的导数，$x_0\in[a,b]$ 为 $\sum_{n=1}^{\infty} u_n(x)$ 的收敛点，且 $\sum_{n=1}^{\infty} u'_n(x)$ 在 $[a,b]$ 上一致收敛，则

$$\sum_{n=1}^{\infty}\left(\frac{\mathrm{d}}{\mathrm{d}x}u_n(x)\right)=\frac{\mathrm{d}}{\mathrm{d}x}\left(\sum_{n=1}^{\infty}u_n(x)\right).$$

二、 经典例题解析及解题方法总结

【例 1】 设 $f_n(x)$ 在 $[a,b]$ 上连续，且 $\{f_n(b)\}$ 发散，证明：$\{f_n(x)\}$ 在 $[a,b)$ 上不一致收敛.

证 假设 $\{f_n(x)\}$ 在 $[a,b)$ 上一致收敛，由柯西准则知：对 $\forall\varepsilon>0$，$\exists N$，当 $n,m>N$ 时，对 $\forall x\in[a,b)$，有 $|f_n(x)-f_m(x)|<\varepsilon$，又 $f_n(x)$ 在 $[a,b]$ 上连续，故 $\lim\limits_{x\to b^-}|f_n(x)-f_m(x)|\leqslant\varepsilon$，即 $|f_n(b)-f_m(b)|\leqslant\varepsilon$，所以 $\{f_n(b)\}$ 收敛，此与条件 $\{f_n(b)\}$ 发散相矛盾.

因此 $\{f_n(x)\}$ 在 $[a,b)$ 上不一致收敛.

【例 2】 设 $\{f_n(x)\}$ 在 $[a,b]$ 上有定义，满足 Lipschitz 条件：

$$|f_n(x)-f_n(x')|\leqslant M|x-x'|,\ \forall n\in\mathbf{N}_+,\ \forall x,x'\in[a,b],$$

其中 $M>0$ 为一常数，且逐点有 $f_n(x)\to f(x)\ (n\to\infty)$. 证明：$f(x)$ 在 $[a,b]$ 上连续.

证 对 $\forall\varepsilon>0$，取 $\delta=\frac{\varepsilon}{2M}>0$，$\forall x,x'\in[a,b]$，当 $|x-x'|<\delta$ 时，有

$$|f_n(x)-f_n(x')|<M|x-x'|<M\cdot\frac{\varepsilon}{2M}=\frac{\varepsilon}{2}.$$

令 $n\to\infty$，则 $|f(x)-f(x')|\leqslant\frac{\varepsilon}{2}<\varepsilon$. 因此 $f(x)$ 在 $[a,b]$ 上一致连续，从而在 $[a,b]$ 上连续.

【例 3】 证明：函数 $S(x)=\sum_{n=1}^{\infty}\frac{1}{n^x}$ 在 $(1,+\infty)$ 内连续，且有连续的各阶导数.

分析 先证 $S(x)$ 连续，再证其各阶导数一致收敛，即得出结论.

证 $\forall x_0\in(1,+\infty)$，取 $1<p<x_0$，则 $0<\frac{1}{n^x}\leqslant\frac{1}{n^p}\ (x\geqslant p)$. 又 $\sum_{n=1}^{\infty}\frac{1}{n^p}\ (p>1)$ 收敛，从而

$\sum_{n=1}^{\infty}\frac{1}{n^x}$在$[p,+\infty)$上一致收敛. 由$\frac{1}{n^x}$ $(n=1,2,\cdots)$在$[p,+\infty)$上连续及连续性定理知，函数$S(x)$在$[p,+\infty)$上连续，特别$S(x)$在x_0处连续. 由x_0的任意性知$S(x)$在$(1,+\infty)$内连续.

因$\left(\frac{1}{n^x}\right)^{(k)}=(-1)^k\frac{1}{n^x}\ln^k n\ (k=1,2,\cdots)$在$(1,+\infty)$内连续，$\forall x_0\in(1,+\infty)$，取$p\in(1,x_0]$，则$\left|(-1)^k\frac{\ln^k(n)}{n^x}\right|\leqslant\frac{\ln^k n}{n^p}\ (x\geqslant p)$，固定$k$，取$\lambda$使$1<\lambda<p$，由$\frac{\frac{\ln^k n}{n^p}}{\frac{1}{n^\lambda}}=\frac{\ln^k n}{n^{p-\lambda}}\to 0$ $(n\to\infty)$及$\sum_{n=1}^{\infty}\frac{1}{n^\lambda}\ (\lambda>1)$收敛知$\sum_{n=1}^{\infty}\frac{\ln^k n}{n^p}$收敛，于是$\sum_{n=1}^{\infty}(-1)^k\frac{\ln^k n}{n^x}$在$[p,+\infty)$上一致收敛，显然$\sum_{n=1}^{\infty}\frac{1}{n^x}$在$x>1$时收敛，由逐项求导及连续性定理知

$$S^{(k)}(x)=\sum_{n=1}^{\infty}\left(\frac{1}{n^x}\right)^{(k)}=\sum_{n=1}^{\infty}(-1)^k\frac{\ln^k n}{n^x}$$

在$[p,+\infty)$上连续，特别在x_0点连续，由x_0的任意性知，$S^{(k)}(x)$在$(1,+\infty)$内连续，故$S(x)$在$(1,+\infty)$内连续且有连续的各阶导数.

【例 4】 证明：函数项级数$\sum_{n=1}^{\infty}(-1)^{n+1}\frac{1}{n^x}$在$(0,+\infty)$内不一致收敛，但在$(0,+\infty)$内连续，且有各阶连续导函数.

证 $\forall x_0\in(0,+\infty)$，级数$\sum_{n=1}^{\infty}(-1)^{n+1}\frac{1}{n^{x_0}}$的收敛性可以用莱布尼茨判别法判别.

由于$u_n(x)=(-1)^{n+1}\frac{1}{n^x}$在$x=0$处右连续，且$x=0$时，级数$\sum_{n=1}^{\infty}(-1)^{n+1}$发散，因此函数项级数$\sum_{n=1}^{\infty}(-1)^{n+1}\frac{1}{n^x}$在$(0,+\infty)$内不一致收敛.

$f(x)=\sum_{n=1}^{\infty}(-1)^{n+1}\frac{1}{n^x}$在$(0,+\infty)$内的连续性可以用函数项级数的内闭一致收敛性来验证. $\forall x_0\in(0,+\infty)$，$\exists\alpha>0$，使得$x_0\in(\alpha,+\infty)$. $\sum_{n=1}^{\infty}(-1)^{n+1}\frac{1}{n^x}$在$[\alpha,+\infty)$上一致收敛，这是因为$\forall N$，$\left|\sum_{k=1}^{N}(-1)^{k+1}\right|\leqslant 1$，且$\left\{\frac{1}{n^x}\right\}$当$x\in[\alpha,+\infty)$时单调，由$0<\frac{1}{n^x}\leqslant\frac{1}{n^\alpha}$知$\frac{1}{n^x}$一致趋向于零，由狄利克雷判别法可知级数在$[\alpha,+\infty)$上一致收敛. 由函数项级数的连续性定理知，$f(x)$在$[\alpha,+\infty)$上连续，因而在点$x_0$处连续. 由于$x_0\in(0,+\infty)$的任意性知，$f(x)$在$(0,+\infty)$内连续. 级数$\sum_{n=1}^{\infty}(-1)^{n+1}\frac{1}{n^x}$逐项求导之后为

$$\sum_{n=1}^{\infty}u_n'(x)=\sum_{n=1}^{\infty}(-1)^{n+1}(-\ln n)\frac{1}{n^x},$$

同理可以利用狄利克雷判别法验证$\sum_{n=1}^{\infty}u_n'(x)$在$[\alpha,+\infty)$ $(\alpha>0)$上一致收敛，于是由内闭一

致收敛性和逐项求导定理有

$$f'(x)=\left(\sum_{n=1}^{\infty}(-1)^{n+1}\frac{1}{n^x}\right)'=\sum_{n=1}^{\infty}(-1)^{n+1}(-\ln n)\frac{1}{n^x},\quad x\in(0,+\infty),$$

且不难证得$f'(x)$在$(0,+\infty)$内连续.

同理可证在$(0,+\infty)$内 $f^{(k)}(x)=\sum\limits_{n=1}^{\infty}(-1)^{n+1}(-\ln n)^k\frac{1}{n^x}$ $(k=1,2,\cdots)$，且 $f^{(k)}(x)$在$(0,+\infty)$内连续.

方法总结

本例中因为$\sum\limits_{n=1}^{\infty}(-1)^{n+1}\frac{1}{n^x}$在$(0,+\infty)$内不一致收敛，所以不能直接应用连续性和逐项求导定理. 但由于导数是一个逐点考察的局部性概念，因此可以利用内闭一致收敛性方法作出有效的证明.

【例 5】 讨论下列函数列在指定区间上的一致收敛性：

(1)$f_n(x)=xe^{-nx},x\in[0,1]$；　　(2)$f_n(x)=nxe^{-nx},x\in[0,1]$；

(3)$f_n(x)=\begin{cases}-1, & -1\leqslant x\leqslant -\frac{1}{n},\\ \sin\frac{n\pi x}{2}, & -\frac{1}{n}<x<\frac{1}{n},\\ 1, & \frac{1}{n}\leqslant x\leqslant 1.\end{cases}$

解 (1)先求极限函数，当$x=0$时，$f_n(0)=0$，有$f(0)=\lim\limits_{n\to\infty}f_n(0)=0$；当$x\in(0,1]$时，

$$\lim_{n\to\infty}f_n(x)=\lim_{n\to\infty}xe^{-nx}=0,$$

于是$\lim\limits_{n\to\infty}f_n(x)=f(x)\equiv 0$.

然后求$|f_n(x)-f(x)|=xe^{-nx},x\in[0,1]$的最大值，因为$(xe^{-nx})'=e^{-nx}(1-nx)$，于是可解得$x_0=\frac{1}{n}$为唯一极值(极大)点，故为最大值点. 由此即得

$$\sup_{x\in[0,1]}|f_n(x)-f(x)|=\left|f_n\left(\frac{1}{n}\right)-f\left(\frac{1}{n}\right)\right|=\frac{1}{n}e^{-1}\to 0\quad(n\to\infty),$$

由余项准则，可知$f_n(x)\rightrightarrows 0,x\in[0,1]$.

(2)因为$f(x)=\lim\limits_{n\to\infty}f_n(x)=\lim\limits_{n\to\infty}nxe^{-nx}=0,x\in[0,1]$，　$|f_n(x)-f(x)|=nxe^{-nx}$，由(1)可知$x_0=\frac{1}{n}$为上述函数的最大值点，则有

$$\sup_{x\in[0,1]}|f_n(x)-f(x)|=\left|f_n\left(\frac{1}{n}\right)-f\left(\frac{1}{n}\right)\right|=e^{-1}\not\to 0\ (n\to\infty),$$

于是$\{f_n(x)\}$在$[0,1]$上不一致收敛于$f(x)$.

(3)先求极限函数. 当$x=0$时，$f_n(0)=0$，$f(0)=\lim\limits_{n\to\infty}f_n(0)=0$；设$x>0$，当$n$充分大时，

$\frac{1}{n}<x$，于是 $f_n(x)=1$，即有$\lim\limits_{n\to\infty} f_n(x)=1$；同理当 $x<0$ 时，$\lim\limits_{n\to\infty} f_n(x)=-1$；于是

$$f(x)=\begin{cases}-1, & -1\leqslant x<0,\\ 0, & x=0,\\ 1, & 0<x\leqslant 1,\end{cases}$$

则 $f(x)$在$[-1,1]$上不连续，又 $f_n(x)\in C[-1,1]$，故由连续性定理知$\{f_n(x)\}$在$[-1,1]$上不一致收敛.

【例 6】 考察下列函数项级数的一致收敛性：

(1) $\sum\limits_{n=1}^{\infty} x^2\mathrm{e}^{-nx}$，$0<x<+\infty$；

(2) $\sum\limits_{n=1}^{\infty}\frac{nx}{(1+x)(1+2x)\cdots(1+nx)}$，(ⅰ)$0\leqslant x\leqslant\varepsilon$，(ⅱ)$\varepsilon\leqslant x<+\infty$ $(\varepsilon>0)$；

(3) $\sum\limits_{n=1}^{\infty}\frac{\sin x\sin nx}{\sqrt{n+x}}$，$0\leqslant x<+\infty$.

解 (1)因为

$$\frac{x^2}{\mathrm{e}^{nx}}=\frac{x^2}{1+nx+\frac{n^2x^2}{2!}+\cdots}\leqslant\frac{x^2}{\frac{n^2x^2}{2}}=\frac{2}{n^2},$$

而级数 $\sum\limits_{n=1}^{\infty}\frac{2}{n^2}$收敛，所以由优级数判别法可知此函数项级数在$(0,+\infty)$内一致收敛.

(2)先求部分和函数列$\{S_n(x)\}$与和函数 $S(x)$：

$$\begin{aligned}S_n(x)&=\sum_{k=1}^{n}\frac{kx}{(1+x)(1+2x)\cdots(1+kx)}\\&=\left(1-\frac{1}{1+x}\right)+\left[\frac{1}{1+x}-\frac{1}{(1+x)(1+2x)}\right]+\cdots\\&\quad+\left[\frac{1}{(1+x)\cdots(1+(n-1)x)}-\frac{1}{(1+x)\cdots(1+nx)}\right]\\&=1-\frac{1}{(1+x)(1+2x)\cdots(1+nx)};\end{aligned}$$

当 $x=0$ 时，$S_n(0)=0$，于是 $S(0)=\lim\limits_{n\to\infty}S_n(0)=0$；当 $x>0$ 时，

$$S(x)=\lim_{n\to\infty}S_n(x)=1-\lim_{n\to\infty}\frac{1}{(1+x)(1+2x)\cdots(1+nx)}=1,$$

$$|S(x)-S_n(x)|=\begin{cases}\frac{1}{(1+x)(1+2x)\cdots(1+nx)}, & x>0,\\ 0, & x=0.\end{cases}$$

(ⅰ)方法一 当 $0\leqslant x\leqslant\varepsilon$ 时，

$$\begin{aligned}\sup_{x\in[0,\varepsilon]}|R_n(x)|&=\sup_{x\in[0,\varepsilon]}|S(x)-S_n(x)|\\&=\sup_{x\in[0,\varepsilon]}\frac{1}{(1+x)(1+2x)\cdots(1+nx)}=1\not\to 0\ (n\to\infty),\end{aligned}$$

由余项准则，该函数项级数在$[0,\varepsilon]$上不一致收敛.

方法二 $S(x)=\begin{cases}1,0<x\leqslant\varepsilon,\\0,x=0\end{cases}$在$[0,\varepsilon]$上不连续，$S_n(x)\in C[0,\varepsilon]$，由连续性定理知，$\sum\limits_{n=1}^{\infty}u_n(x)$在$[0,\varepsilon]$上不一致收敛.

（ⅱ）当$\varepsilon\leqslant x<+\infty$时，

$$\sup_{x\geqslant\varepsilon}|R_n(x)|=\sup_{x\geqslant\varepsilon}|S(x)-S_n(x)|=\sup_{x\geqslant\varepsilon}\frac{1}{(1+x)(1+2x)\cdots(1+nx)}$$
$$=\frac{1}{(1+\varepsilon)(1+2\varepsilon)\cdots(1+n\varepsilon)}\leqslant\frac{1}{n\varepsilon}\to0\ (n\to\infty),$$

于是该函数项级数在$[\varepsilon,+\infty)$上一致收敛.

方法总结

本题是用部分和函数列$\{S_n(x)\}$讨论函数项级数一致收敛性的典型例子.

(3)设$u_n(x)=\sin x\sin nx,v_n(x)=\dfrac{1}{\sqrt{x+n}}$. 因为

$$\begin{aligned}\sum_{k=1}^{n}\sin x\sin kx&=\sin x\sin x+\sin x\sin 2x+\cdots+\sin x\sin nx\\&=\cos\frac{x}{2}\left(2\sin\frac{x}{2}\sin x+2\sin\frac{x}{2}\sin 2x+\cdots+2\sin\frac{x}{2}\sin nx\right)\\&=\cos\frac{x}{2}\left(\cos\frac{x}{2}-\cos\frac{3x}{2}+\cos\frac{3x}{2}-\cos\frac{5x}{2}+\cdots\right.\\&\quad\left.+\cos\frac{2n-1}{2}x-\cos\frac{2n+1}{2}x\right)\\&=\cos\frac{x}{2}\left(\cos\frac{x}{2}-\cos\frac{2n+1}{2}x\right),\end{aligned}$$

于是$\forall n$，$\left|\sum\limits_{k=1}^{n}\sin x\sin kx\right|\leqslant2$.

$\{v_n(x)\}$当$x\geqslant0$时对n单调；且由$\dfrac{1}{\sqrt{x+n}}\leqslant\dfrac{1}{\sqrt{n}}$，有$v_n(x)\rightrightarrows0$. 由狄利克雷判别法可知$\sum\limits_{n=1}^{\infty}\dfrac{\sin x\sin nx}{\sqrt{n+x}}$在$[0,+\infty)$上一致收敛.

【例 7】 证明：函数项级数$\sum\limits_{n=0}^{\infty}x^n(1-x)^2$在$[0,1]$上一致收敛，但$\sum\limits_{n=0}^{\infty}x^n(1-x)$在$[0,1]$上不一致收敛.

分析 直接用判别法讨论这两个函数项级数是有困难的，但是容易求出这两个级数的部分和函数列，从而可以讨论相应的函数项级数的一致收敛性.

证 对于第一个级数$\sum\limits_{n=0}^{\infty}x^n(1-x)^2,x\in[0,1]$，它的部分和为

$$S_n(x)=\sum_{k=0}^{n-1} x^k(1-x)^2=(1-x^n)(1-x),x\in[0,1].$$

它的和函数为

$$S(x)=\lim_{n\to\infty} S_n(x)=1-x,x\in[0,1],$$

于是

$$|S(x)-S_n(x)|=x^n(1-x),x\in[0,1],$$

由$(x^n(1-x))'=nx^{n-1}-(n+1)x^n=0$解得$x_0=\frac{n}{n+1}$为最大值点,因而有

$$\sup_{x\in[0,1]}|S(x)-S_n(x)|=\left(\frac{n}{n+1}\right)^n\cdot\frac{1}{n+1}\to 0\quad(n\to\infty).$$

故$\sum_{n=0}^{\infty} x^n(1-x)^2$在$[0,1]$上一致收敛.

对于第二个级数$\sum_{n=0}^{\infty} x^n(1-x)$,相应地有

$$S_n(x)=1-x^n,x\in[0,1],\qquad S(x)=\lim_{n\to\infty} S_n(x)=\begin{cases}1, & x\in[0,1),\\ 0, & x=1,\end{cases}$$

$S_n(x)\in C[0,1]$,$n=1,2,\cdots$,$S(x)$在$[0,1]$上不连续,由连续性定理知$\sum_{n=0}^{\infty} x^n(1-x)$在$[0,1]$上不一致收敛.

方法总结

注意$\sum_{n=0}^{\infty} x^n(1-x)$的不一致收敛性与$x=1$近旁的余项数值有关,而$\sum_{n=0}^{\infty} x^n(1-x)^2$比前一级数多了一个因子$(1-x)$,从而"缩小"了$x=1$近旁的余项数值,使得级数是一致收敛的.

【例 8】 设$u_1(x)$在$[a,b]$上可积,

$$u_{n+1}(x)=\int_a^x u_n(t)\mathrm{d}t,\quad n=1,2,\cdots.$$

证明:函数项级数$\sum_{n=1}^{\infty} u_n(x)$在$[a,b]$上一致收敛.

证 因为$u_1(x)$在$[a,b]$上可积,于是$\exists M>0$,使得$|u_1(x)|\leqslant M$. 这样便有

$$|u_2(x)|\leqslant\int_a^x |u_1(t)|\mathrm{d}t\leqslant M(x-a),$$

$$|u_3(x)|\leqslant\int_a^x |u_2(t)|\mathrm{d}t\leqslant\int_a^x M(t-a)\mathrm{d}t=M\frac{(x-a)^2}{2!}.$$

利用数学归纳法,若$|u_n(x)|\leqslant M\frac{(x-a)^{n-1}}{(n-1)!}$,则

$$|u_{n+1}(x)|\leqslant\int_a^x |u_n(t)|\mathrm{d}t\leqslant M\cdot\frac{1}{(n-1)!}\int_a^x (t-a)^{n-1}\mathrm{d}t=M\cdot\frac{(x-a)^n}{n!}\leqslant M\cdot\frac{(b-a)^n}{n!}.$$

因为数项级数 $\sum_{n=1}^{\infty} M\frac{(b-a)^n}{n!}$ 收敛，所以由优级数判别法知函数项级数 $\sum_{n=1}^{\infty} u_n(x)$ 在 $[a,b]$ 上一致收敛.

【例 9】 设函数 $f(x)$ 在 $(a,b+1)$ 内有连续导数 $(a<b)$，

$$f_n(x)=n\left[f\left(x+\frac{1}{n}\right)-f(x)\right],\quad x\in(a,b).$$

证明：(1) 函数列 $\{f_n(x)\}$ 在 (a,b) 上内闭一致收敛于 $f'(x)$.

(2) 对任何闭区间 $[\alpha,\beta]\subset(a,b)$，有 $\lim\limits_{n\to\infty}\int_\alpha^\beta f_n(x)\mathrm{d}x=f(\beta)-f(\alpha)$.

分析 利用微分中值定理可以把 $f_n(x)$ 写为导数形式. 对

$$f_n(x)=n\left[f\left(x+\frac{1}{n}\right)-f(x)\right],\quad x\in(a,b)$$

在 $\left[x,x+\frac{1}{n}\right]$ 上应用拉格朗日中值定理，$\exists\theta_n(x)$，满足 $0<\theta_n(x)<1$，使得

$$f_n(x)=\frac{f\left(x+\frac{1}{n}\right)-f(x)}{\frac{1}{n}}=f'\left(x+\frac{\theta_n(x)}{n}\right).$$

函数列 $\{f_n(x)\}$ 在 (a,b) 上内闭一致收敛于 $f'(x)$，是指对任何 $[\alpha,\beta]\subset(a,b)$，$\{f_n(x)\}$ 在 $[\alpha,\beta]$ 上一致收敛于 $f'(x)$，即 $\forall\varepsilon>0$，存在 N，$\forall n>N$，$\forall x\in[\alpha,\beta]$，有

$$|f_n(x)-f'(x)|=\left|f'\left(x+\frac{\theta_n(x)}{n}\right)-f'(x)\right|<\varepsilon.$$

由上式受到启发：应当从 $f'(x)$ 在 $[\alpha,\beta+1]$ 上的一致连续性证明本题.

证 (1) 由分析可知 $f_n(x)=f'\left(x+\frac{\theta_n(x)}{n}\right)$，$\quad 0<\theta_n(x)<1$，

对任何 $[\alpha,\beta]\subset(a,b)$，有 $[\alpha,\beta+1]\subset(a,b+1)$. 因为 $f'(x)$ 在 $[\alpha,\beta+1]$ 上连续，由一致连续性定理，$\forall\varepsilon>0$，$\exists\delta>0$，$\forall x',x''\in[\alpha,\beta+1]$，只要 $|x'-x''|<\delta$，就有

$$|f'(x')-f'(x'')|<\varepsilon.$$

对上述 $\delta>0$，$\exists N$，$\forall n>N$ 时，$\frac{\theta_n(x)}{n}<\frac{1}{n}<\delta$，于是 $\forall x\in[\alpha,\beta]$，

$$|f_n(x)-f'(x)|=\left|f'\left(x+\frac{\theta_n(x)}{n}\right)-f'(x)\right|<\varepsilon.$$

由此可见：$\forall\varepsilon>0$，$\exists N$，$\forall n>N$，$\forall x\in[\alpha,\beta]$，有 $|f_n(x)-f'(x)|<\varepsilon$，即 $\{f_n(x)\}$ 在 (a,b) 上内闭一致收敛于 $f'(x)$.

(2) 对任何闭区间 $[\alpha,\beta]\subset(a,b)$，由 (1) 函数列 $\{f_n(x)\}$ 在 $[\alpha,\beta]$ 上一致收敛于 $f'(x)$，利用一致收敛函数列的可积性定理，有 $\lim\limits_{n\to\infty}\int_\alpha^\beta f_n(x)\mathrm{d}x=\int_\alpha^\beta f'(x)\mathrm{d}x=f(\beta)-f(\alpha)$.

【例 10】 设 $u_n(x)$ 在 $[a,b]$ 上连续 $(n=1,2,\cdots)$，$\sum_{n=1}^{\infty}u_n(x)$ 在 (a,b) 内一致收敛，证明：$f(x)=\sum_{n=1}^{\infty}u_n(x)$ 在 $[a,b]$ 上一致连续.

分析 若$u_n(x)$在$[a,b]$上连续，$\sum_{n=1}^{\infty}u_n(x)$在$(a,b)$内一致收敛，由函数项级数的连续性定理，$f(x)$在$(a,b)$内连续.

为了证明$f(x)$在$[a,b]$上的一致连续性，只需证：(1) $f(x)$在点a,b有定义，即级数$\sum_{n=1}^{\infty}u_n(a)$，$\sum_{n=1}^{\infty}u_n(b)$收敛；(2) $f(x)$在点a处右连续，在点b处左连续，即

$$\lim_{x\to a^+}\sum_{n=1}^{\infty}u_n(x)=\sum_{n=1}^{\infty}u_n(a),\quad \lim_{x\to b^-}\sum_{n=1}^{\infty}u_n(x)=\sum_{n=1}^{\infty}u_n(b).$$

注意到$\sum_{n=1}^{\infty}u_n(x)$在$(a,b)$上是一致收敛的，(1)，(2)正好是函数项级数逐项取极限定理的结论.

证 因为$u_n(x)$ $(n=1,2,\cdots)$在$[a,b]$上连续，$\sum_{n=1}^{\infty}u_n(x)$在$(a,b)$内一致收敛，由函数项级数的连续性定理，$f(x)=\sum_{n=1}^{\infty}u_n(x)$在$(a,b)$内连续.

由于

$$\lim_{x\to a^+}u_n(x)=u_n(a),\quad \lim_{x\to b^-}u_n(x)=u_n(b)\quad (n=1,2,\cdots),$$

且$\sum_{n=1}^{\infty}u_n(x)$在$(a,b)$内一致收敛，因此由函数项级数逐项取极限定理，有

$$\lim_{x\to a^+}\sum_{n=1}^{\infty}u_n(x)=\sum_{n=1}^{\infty}u_n(a),\quad \lim_{x\to b^-}\sum_{n=1}^{\infty}u_n(x)=\sum_{n=1}^{\infty}u_n(b).$$

由此可见$f(x)=\sum_{n=1}^{\infty}u_n(x)$在$[a,b]$上有定义，且是$[a,b]$上的连续函数，由闭区间$[a,b]$上连续函数的一致连续性定理，可得$\sum_{n=1}^{\infty}u_n(x)$在$[a,b]$上一致连续.

三、教材习题解答

习题 13.1 解答

1. 讨论下列函数列在所示区间 D 上是否一致收敛或内闭一致收敛,并说明理由:

(1) $f_n(x)=\sqrt{x^2+\frac{1}{n^2}}$, $n=1,2,\cdots$, $D=(-1,1)$;

(2) $f_n(x)=\frac{x}{1+n^2x^2}$, $n=1,2,\cdots$, $D=(-\infty,+\infty)$;

(3) $f_n(x)=\begin{cases}-(n+1)x+1, & 0\leqslant x\leqslant\frac{1}{n+1},\\ 0, & \frac{1}{n+1}<x<1,\end{cases}$ $n=1,2,\cdots$;

(4) $f_n(x)=\frac{x}{n}$, $n=1,2,\cdots$, $D=[0,+\infty)$;

(5) $f_n(x)=\sin\frac{x}{n}$, $n=1,2,\cdots$, $D=(-\infty,+\infty)$.

解 (1) 对于任意 $x\in D$,$\lim\limits_{n\to\infty}\sqrt{x^2+\frac{1}{n^2}}=|x|$,设 $f(x)=|x|\ (x\in D)$,则

$$\lim_{n\to\infty}\sup_{x\in D}|f_n(x)-f(x)|=\lim_{n\to\infty}\sup_{x\in D}\left(\sqrt{x^2+\frac{1}{n^2}}-|x|\right)$$

$$=\lim_{n\to\infty}\sup_{x\in D}\frac{\frac{1}{n^2}}{\sqrt{x^2+\frac{1}{n^2}}+|x|}=\lim_{n\to\infty}\frac{1}{n}=0,$$

所以 $\{f_n(x)\}$ 在 D 上一致收敛,且 $f_n(x)\rightrightarrows|x|\ (n\to\infty)$,$x\in(-1,1)$.

(2) 对于任意 $x\in D$,$\lim\limits_{n\to\infty}f_n(x)=\lim\limits_{n\to\infty}\frac{x}{1+n^2x^2}=0$,设 $f(x)=0(x\in D)$,则

$$\lim_{n\to\infty}\sup_{x\in D}|f_n(x)-f(x)|=\lim_{n\to\infty}\sup_{x\in D}\frac{|x|}{1+n^2x^2}\leqslant\lim_{n\to\infty}\sup_{x\in D}\frac{1}{2n}=\lim_{n\to\infty}\frac{1}{2n}=0,$$

故 $\lim\limits_{n\to\infty}\sup\limits_{x\in D}|f_n(x)-f(x)|=0$.

从而 $\{f_n(x)\}$ 在 D 上一致收敛,且 $f_n(x)\rightrightarrows 0(n\to\infty)$,$x\in(-\infty,+\infty)$.

(3) 由 $f_n(x)$ 的表达式可知 $0\leqslant f_n(x)\leqslant 1$,当 $x=0$ 时,$f_n(x)=1$;

当 $0<x<1$ 时,只要 $n>\frac{1}{x}-1$,就有 $f_n(x)=0$,所以

$$\lim_{n\to\infty}f_n(x)=f(x)=\begin{cases}1, & x=0,\\ 0, & 0<x<1,\end{cases}$$

故 $\sup\limits_{0\leqslant x<1}|f_n(x)-f(x)|=1$,从而 $\lim\limits_{n\to\infty}\sup\limits_{0\leqslant x<1}|f_n(x)-f(x)|=1\neq 0$,所以 $\{f_n(x)\}$ 在 $[0,1)$ 上不一致收敛.

显然,$\forall\varepsilon>0$,不妨设 $\varepsilon<\frac{1}{2}$,则 $\{f_n(x)\}$ 在 $[0,1-\varepsilon]$ 上也不一致收敛,即不内闭一致收敛.

(4) 对任意给定的 x,有 $\lim\limits_{n\to\infty}f_n(x)=\lim\limits_{n\to\infty}\frac{x}{n}=0$,设 $f(x)=0$,$x\in D$.

(ⅰ) $D=[0,+\infty)$ 时,

$$\sup_{x\in D}|f_n(x)-f(x)|=\sup_{x\in D}\left|\frac{x}{n}\right|=+\infty,$$

因此 $f_n(x)=\dfrac{x}{n}$ 在 $D=[0,+\infty)$ 上不一致收敛.

(ⅱ) $\forall M>0$,考虑区间$[0,M]$时,由于

$$\sup_{x\in D}|f_n(x)-f(x)|=\sup_{x\in D}\left|\frac{x}{n}\right|=\frac{M}{n}\to 0(n\to\infty),$$

所以$\{f_n(x)\}$在$[0,M]$上一致收敛且 $f_n(x)\rightrightarrows 0(n\to\infty),x\in[0,M]$.

由(ⅱ)知$\{f_n(x)\}$在$[0,+\infty)$上内闭一致收敛.

(5) 对任意给定的 x,$\lim\limits_{n\to\infty}f_n(x)=\lim\limits_{n\to\infty}\sin\dfrac{x}{n}=0$,设 $f(x)=0,x\in D$.

(ⅰ) $\forall l>0$,考虑区间$[-l,l]$时,由于

$$\sup_{x\in D}|f_n(x)-f(x)|=\sup_{x\in D}\left|\sin\frac{x}{n}\right|\leqslant\sup_{x\in D}\left|\frac{x}{n}\right|\leqslant\frac{l}{n}\to 0(n\to\infty),$$

所以 $f_n(x)\rightrightarrows 0(n\to\infty),x\in[-l,l]$.

(ⅱ)$D=(-\infty,+\infty)$ 时,

$$\sup_{x\in D}|f_n(x)-f(x)|=\sup_{x\in D}\left|\sin\frac{x}{n}\right|=1,$$

故$\lim\limits_{n\to\infty}\sup\limits_{x\in D}|f_n(x)-f(x)|=1\neq 0$,所以$\{f_n(x)\}$在$(-\infty,+\infty)$内不一致收敛.

由(ⅰ)知$\{f_n(x)\}$在$(-\infty,+\infty)$上内闭一致收敛.

2. 证明:设 $f_n(x)\to f(x),x\in D,a_n\to 0(n\to\infty)(a_n>0)$. 若对每一个正整数 n 有 $|f_n(x)-f(x)|\leqslant a_n$,$x\in D$,则$\{f_n\}$在 D 上一致收敛于 f.

证　因为对 $\forall x\in D$ 及 $n\in\mathbf{N}_+$,有

$$|f_n(x)-f(x)|\leqslant a_n,$$

故 $0\leqslant\sup\limits_{x\in D}|f_n(x)-f(x)|\leqslant a_n$.

又 $a_n\to 0(n\to\infty)$,故$\lim\limits_{n\to\infty}\sup\limits_{x\in D}|f_n(x)-f(x)|=0$. 所以 $f_n(x)\rightrightarrows f(x)(n\to\infty),x\in D$.

3. 判别下列函数项级数在所示区间上的一致收敛性:

(1) $\sum\dfrac{x^n}{(n-1)!},x\in[-r,r]$;　　(2) $\sum\dfrac{(-1)^{n-1}x^2}{(1+x^2)^n},x\in(-\infty,+\infty)$;

(3) $\sum\dfrac{n}{x^n},|x|>r\geqslant 1$;　　(4) $\sum\dfrac{x^n}{n^2},x\in[0,1]$;

(5) $\sum\dfrac{(-1)^{n-1}}{x^2+n},x\in(-\infty,+\infty)$;　　(6) $\sum\dfrac{x^2}{(1+x^2)^{n-1}},x\in(-\infty,+\infty)$.

解　(1) 对 $\forall x\in[-r,r]$,因为

$$\left|\frac{x^n}{(n-1)!}\right|=\frac{|x^n|}{(n-1)!}\leqslant\frac{r^n}{(n-1)!},$$

而级数$\sum\limits_{n=1}^{\infty}\dfrac{r^n}{(n-1)!}$收敛,所以$\sum\dfrac{x^n}{(n-1)!}$在$[-r,r]$上一致收敛.

(2) 令 $u_n(x)=(-1)^{n-1},v_n(x)=\dfrac{x^2}{(1+x^2)^n}$.

设$\sum u_n(x)$的部分和为 $S_n(x)$,则对 $\forall x\in(-\infty,+\infty)$,$|S_n(x)|\leqslant 1(n=1,2,\cdots)$. 又

$$v_n(x)-v_{n+1}(x)=\frac{x^2}{(1+x^2)^n}-\frac{x^2}{(1+x^2)^{n+1}}=\frac{x^4}{(1+x^2)^{n+1}}>0,x\in(-\infty,+\infty),$$

故$\{v_n(x)\}$对 $\forall x\in(-\infty,+\infty)$是单调递减数列. 又对 $\forall x\in(-\infty,+\infty)$,均有

$$0\leqslant\frac{x^2}{(1+x^2)^n}\leqslant\frac{1}{n}\to 0(n\to\infty).$$

故 $v_n(x) \rightrightarrows 0(n\to\infty)$，$x\in(-\infty,+\infty)$. 由狄利克雷判别法知 $\sum \frac{(-1)^{n-1}x^2}{(1+x^2)^n}$ 在 $(-\infty,+\infty)$ 上一致收敛.

(3) 因为 $|x|>r\geqslant 1$，所以

$$\left|\frac{n}{x^n}\right| = \frac{n}{|x|^n} < \frac{n}{r^n}.$$

当 $r>1$ 时，因级数 $\sum\frac{n}{r^n}$ 收敛，所以级数 $\sum\frac{n}{x^n}$ 在 $|x|>r>1$ 上一致收敛.

当 $r=1$ 时，$\sup\limits_{|x|>1}\left|\frac{n}{x^n}\right| = n \not\to 0(n\to\infty)$，所以级数 $\sum\frac{n}{x^n}$ 在 $|x|>1$ 上不一致收敛.

(4) 因为当 $x\in[0,1]$ 时，$\left|\frac{x^n}{n^2}\right|\leqslant\frac{1}{n^2}$，而 $\sum\frac{1}{n^2}$ 收敛，所以 $\sum\frac{x^n}{n^2}$ 在 $[0,1]$ 上一致收敛.

(5) 设 $u_n(x)=(-1)^{n-1}$，$v_n(x)=\frac{1}{x^2+n}$，设 $\sum u_n(x)$ 的部分和数列为 $S_n(x)$，则对 $\forall x\in(-\infty,+\infty)$，有 $|S_n(x)|\leqslant 1(n=1,2,\cdots)$，且对任意 $x\in(-\infty,+\infty)$，有

$$v_n(x)-v_{n+1}(x)=\frac{1}{(x^2+n)(x^2+n+1)}>0,$$

即对任意 $x\in(-\infty,+\infty)$，$\{v_n(x)\}$ 是单调递减数列. 又

$$0\leqslant\frac{1}{x^2+n}\leqslant\frac{1}{n}\to 0(n\to\infty),x\in(-\infty,+\infty),$$

故 $v_n(x)\rightrightarrows 0(n\to\infty)$，$x\in(-\infty,+\infty)$，由狄利克雷判别法可知 $\sum\frac{(-1)^{n-1}}{x^2+n}$ 在 $(-\infty,+\infty)$ 上一致收敛.

(6) 当 $x\neq 0$ 时，

$$|R_n(x)| = \left|\frac{x^2}{(1+x^2)^{n-1}}\right| = \frac{\frac{x^2}{(1+x^2)^n}}{1-\frac{1}{1+x^2}} = \frac{1}{(1+x^2)^{n-1}},$$

当 $x=0$ 时，$R_n(x)=0$.

于是

$$\lim_{n\to\infty}\sup_{x\in(-\infty,+\infty)}|R_n(x)|=1>0,$$

所以 $\sum\frac{x^2}{(1+x^2)^{n-1}}$ 在 $(-\infty,+\infty)$ 上不一致收敛.

4. 设函数项级数 $\sum u_n(x)$ 在 D 上一致收敛于 $S(x)$，函数 $g(x)$ 在 D 上有界. 证明：级数 $\sum g(x)u_n(x)$ 在 D 上一致收敛于 $g(x)S(x)$.

证　由 $g(x)$ 在 D 上有界知，$\exists M>0$，对任意 $x\in D$，有 $|g(x)|<M$. 因 $\sum u_n(x)$ 在 D 上一致收敛于 $S(x)$，故对 $\forall\varepsilon>0$，存在 N，当 $n>N$ 时，对 $\forall x\in D$，均有

$$\left|\sum_{k=1}^n u_k(x)-S(x)\right|<\frac{\varepsilon}{M}.$$

从而，对 $\forall x\in D$，有

$$\left|\sum_{k=1}^n g(x)u_k(x)-g(x)S(x)\right| = |g(x)|\left|\sum_{k=1}^n u_k(x)-S(x)\right|<M\cdot\frac{\varepsilon}{M}=\varepsilon.$$

所以 $\sum g(x)u_n(x)$ 在 D 上一致收敛于 $g(x)S(x)$.

5. 若在区间 I 上，对任何正整数 n，$|u_n(x)|\leqslant v_n(x)$.

证明：当 $\sum v_n(x)$ 在 I 上一致收敛时，级数 $\sum u_n(x)$ 在 I 上也一致收敛.

证　因为$\sum v_n(x)$在I上一致收敛,故$\forall \varepsilon>0, \exists N>0$,当$n>N$时,对$\forall x\in I$及$\forall p\in \mathbf{Z}_+$,有

$$v_{n+1}(x)+v_{n+2}(x)+\cdots+v_{n+p}(x)\leqslant |v_{n+1}(x)+v_{n+2}(x)+\cdots+v_{n+p}(x)|<\varepsilon,$$

从而由$|u_n(x)|<v_n(x)$,得

$$\begin{aligned}|u_{n+1}(x)+u_{n+2}(x)+\cdots+u_{n+p}(x)| &\leqslant |u_{n+1}(x)|+|u_{n+2}(x)|+\cdots+|u_{n+p}(x)|\\ &< v_{n+1}(x)+v_{n+2}(x)+\cdots+v_{n+p}(x)<\varepsilon.\end{aligned}$$

所以,由柯西准则知,级数$\sum u_n(x)$在I上一致收敛.

6. 设$u_n(x)(n=1,2,\cdots)$是$[a,b]$上的单调函数,证明:若$\sum u_n(a)$与$\sum u_n(b)$都绝对收敛,则$\sum u_n(x)$在$[a,b]$上绝对且一致收敛.

证　因为$u_n(x),n=1,2,\cdots$是$[a,b]$上的单调函数,故对$\forall x\in[a,b]$,有

$$|u_n(x)|\leqslant |u_n(a)|+|u_n(b)| \quad (n=1,2,\cdots).$$

又$\sum u_n(a)$与$\sum u_n(b)$均绝对收敛,得$\sum(|u_n(a)|+|u_n(b)|)$收敛,从而$\sum|u_n(x)|$在$[a,b]$上一致收敛,即$\sum u_n(x)$在$[a,b]$上绝对且一致收敛.

7. 证明:$\{f_n\}$在区间I上内闭一致收敛于f的充分且必要条件是:对$\forall x_0\in I$,存在x_0的一个邻域$U(x_0)$,使得$\{f_n\}$在$U(x_0)\cap I$上一致收敛于f.

证　必要性:$\forall x_0\in I$,总存在x_0的一个邻域$U(x_0)$和I的一个内闭区间$[a,b]$,使得$U(x_0)\subset[a,b]\subset I$,所以$U(x_0)\cap I\subset[a,b]$,而$\{f_n(x)\}$在$[a,b]$上一致收敛于$f$.因此$\{f_n\}$在$U(x_0)\cap I$上一致收敛于$f$.

充分性:$\forall[a,b]\subset I,\forall x_0\in[a,b]$,由已知$\exists U(x_0)$,使得$\{f_n(x)\}$在$U(x_0)\cap I$上一致收敛于$f$.从而$\forall\varepsilon>0,\exists N_{x_0}\in\mathbf{N}$,当$n>N_{x_0}$时,$\forall p\in\mathbf{N}_+,\forall x\in U(x_0)\cap I$,有$|f_{n+p}-f_n|<\varepsilon$.显然,当$x_0$取遍$[a,b]$上所有点时,$U(x_0)\cap I$覆盖$[a,b]$.由有限覆盖定理,存在有限个区间覆盖$[a,b]$.不妨设

$$U(x_1)\cap I,\cdots,U(x_m)\cap I.$$

取$N=\max\{N_{x_1},\cdots,N_{x_m}\}$,则当$n>N$时,$\forall p\in\mathbf{N}_+,\forall x\in[a,b]$,有

$$|f_{n+p}-f_n|<\varepsilon.$$

所以$\{f_n\}$在$[a,b]$上一致收敛.由$[a,b]$的任意性得,$\{f_n\}$在I上内闭一致收敛于f.

8. 在$[0,1]$上定义函数列

$$u_n(x)=\begin{cases}\dfrac{1}{n}, & x=\dfrac{1}{n},\\ 0, & x\neq\dfrac{1}{n},\end{cases}\quad n=1,2,\cdots.$$

证明:级数$\sum u_n(x)$在$[0,1]$上一致收敛,但它不存在优级数.

证　由$u_n(x)$的定义可得

$$|u_{n+1}(x)+u_{n+2}(x)+\cdots+u_{n+p}(x)|=\begin{cases}\dfrac{1}{n+1}, & x=\dfrac{1}{n+1},\\ \vdots & \vdots\\ \dfrac{1}{n+p}, & x=\dfrac{1}{n+p},\\ 0, & \text{其他},\end{cases}$$

从而当$x\in[0,1]$时,有$|u_{n+1}(x)+u_{n+2}(x)+\cdots+u_{n+p}(x)|<\dfrac{1}{n}$恒成立.所以$\forall\varepsilon>0$,取$N=\left[\dfrac{1}{\varepsilon}\right]$,当$n>N$时,对$\forall x\in[0,1]$及$p\in\mathbf{N}_+$,有

$$|u_{n+1}(x)+u_{n+2}(x)+\cdots+u_{n+p}(x)|<\varepsilon,$$

由柯西准则知,级数 $\sum u_n(x)$ 在$[0,1]$上一致收敛.

若 $\sum u_n(x)$ 存在优级数 $\sum M_n$,特别地,取 $x=\frac{1}{n}$,有

$$\left|u_n\left(\frac{1}{n}\right)\right|=\frac{1}{n}\leqslant M_n,$$

而正项级数 $\sum \frac{1}{n}$ 发散,所以级数 $\sum M_n$ 发散,这与 $\sum M_n$ 为优级数矛盾,因此级数 $\sum u_n(x)$ 不存在优级数.

9. 讨论下列函数列或函数项级数在所示区间 D 上的一致收敛性:

(1) $\sum\limits_{n=2}^{\infty}\frac{1-2n}{(x^2+n^2)[x^2+(n-1)^2]}, D=[-1,1]$;

(2) $\sum 2^n\sin\frac{x}{3^n}, D=(0,+\infty)$;

(3) $\sum\frac{x^2}{[1+(n-1)x^2](1+nx^2)}, D=(0,+\infty)$;

(4) $\sum\frac{x^n}{\sqrt{n}}, D=[-1,0]$;

(5) $\sum(-1)^n\frac{x^{2n+1}}{2n+1}, D=(-1,1)$;

(6) $\sum\limits_{n=1}^{\infty}\frac{\sin nx}{n}, D=(0,2\pi)$.

解 (1) 设 $u_n(x)=\frac{1-2n}{(x^2+n^2)[x^2+(n-1)^2]}(n=2,3,\cdots)$,则

$$u_n(x)=\frac{1}{x^2+n^2}-\frac{1}{x^2+(n-1)^2},$$

故当 $x\in[-1,1]$ 时,

$$\left|\sum_{k=n+1}^{n+p}u_k(x)\right|=\left|\frac{1}{x^2+(n+p)^2}-\frac{1}{x^2+n^2}\right|<\frac{1}{x^2+n^2}<\frac{1}{n}.$$

所以对 $\forall\varepsilon>0$,取 $N=\left[\frac{1}{\varepsilon}\right]$,当 $n>N$ 时,对 $\forall x\in[-1,1]$ 及 $p\in\mathbf{N}_+$,总有

$$\left|\sum_{k=n+1}^{n+p}u_k(x)\right|<\varepsilon$$

由柯西准则知,原级数在$[-1,1]$上一致收敛.

或因为 $|u_n(x)|\leqslant\left|\frac{1-2n}{n^2(n-1)^2}\right|<\frac{2n}{n^2(n-1)^2}=\frac{2}{n(n-1)^2}, x\in[-1,1]$,而级数 $\sum\limits_{n=2}^{\infty}\frac{2}{n(n-1)^2}$ 收敛,从而级数 $\sum u_n(x)$ 在$[-1,1]$上一致收敛.

$$S_n(x)=\sum_{k=1}^{n}u_k(x)=\frac{1}{x^2+n^2}-\frac{1}{x^2+1},$$

或

$$S(x)=\lim_{n\to\infty}S_n(x)=-\frac{1}{x^2+1},$$

$$\sup_{x\in D}|S_n(x)-S(x)|=\sup_{x\in[-1,1]}\frac{1}{x^2+n^2}=\frac{1}{n^2}\to 0(n\to\infty).$$

从而原级数在$[-1,1]$上一致收敛.

(2) 设 $u_n(x)=2^n\sin\frac{x}{3^n}$,取 $x_n=\frac{\pi\cdot 3^n}{2}(n=1,2,\cdots)$,则 $x_n\in(0,+\infty)$,且 $|u_n(x_n)|=2^n$,所以 $\sum u_n(x)$ 在$(0,+\infty)$上不一致收敛.

(3) 设 $u_n(x)=\frac{x^2}{[1+(n-1)x^2](1+nx^2)}$,则

$$u_n(x)=\frac{1}{1+(n-1)x^2}-\frac{1}{1+nx^2},$$

从而其部分和

$$S_n(x)=\sum_{k=1}^{n}u_k(x)=1-\frac{1}{1+nx^2}\to 1(n\to\infty).$$

所以

$$\sup_{0<x<+\infty}|S_n(x)-1|=\sup_{0<x<+\infty}\frac{1}{1+nx^2}\geqslant\frac{1}{1+n\cdot\left(\frac{1}{\sqrt{n}}\right)^2}=\frac{1}{2}(n=1,2,\cdots),$$

故原级数在$(0,+\infty)$内不一致收敛.

(4) 设$x=-t,t\in[0,1]$,故只需考虑级数$\sum\frac{(-1)^nt^n}{\sqrt{n}}$在$t\in[0,1]$上的一致收敛性.设$u_n(t)=(-1)^n,v_n(t)=\frac{t^n}{\sqrt{n}}(n=1,2,\cdots)$,则$\left|\sum\limits_{k=1}^{n}u_k(t)\right|\leqslant 1(t\in[0,1])$,且对任意$t\in[0,1]$,$\{v_n(t)\}$为单调递减数列,而

$$|v_n(t)|=\frac{|t^n|}{\sqrt{n}}\leqslant\frac{1}{\sqrt{n}}\to 0(n\to\infty),$$

故$v_n(t)\rightrightarrows 0(n\to\infty),t\in[0,1]$.由狄利克雷判别法知,$\sum\frac{(-1)^nt^n}{\sqrt{n}}$在$[0,1]$上一致收敛,从而原级数在$[-1,0]$上一致收敛.

(5) 设$u_n(x)=(-1)^n,v_n(x)=\frac{x^{2n+1}}{2n+1},x\in(-1,1)(n=1,2,\cdots)$,则$\left|\sum\limits_{k=1}^{n}u_k(x)\right|\leqslant 1(x\in(-1,1))$.又对任意$x\in(-1,1)$,$\{v_n(x)\}(n=1,2,\cdots)$均是单调数列,且$|v_n(x)|<\frac{1}{2n+1}\to 0(n\to\infty),x\in(-1,1)(n=1,2,\cdots)$,故$v_n(x)\rightrightarrows 0(n\to\infty),x\in(-1,1)$.由狄利克雷判别法知原级数在$(-1,1)$内一致收敛.

(6) 对任意的$n\in\mathbf{N}_+$,取$x_0=\frac{1}{2(n+1)}\in(0,2\pi)$,则

$$0<\sin kx_0<\sin(k+1)x_0<1\quad(k=n+1,n+2,\cdots,2n-1),$$

故

$$\begin{aligned}&|u_{n+1}(x_0)+u_{n+2}(x_0)+\cdots+u_{n+n}(x_0)|\\=&\frac{1}{n+1}\sin\frac{n+1}{2(n+1)}+\frac{1}{n+2}\sin\frac{n+2}{2(n+1)}+\cdots+\frac{1}{2n}\sin\frac{2n}{2(n+1)}\\\geqslant&\frac{1}{2n}\left[\sin\frac{n+1}{2(n+1)}+\sin\frac{n+2}{2(n+1)}+\cdots+\sin\frac{2n}{2(n+1)}\right]\\\geqslant&\frac{1}{2n}\cdot n\sin\frac{n+1}{2(n+1)}=\frac{1}{2}\sin\frac{1}{2},\end{aligned}$$

所以原级数在$(0,2\pi)$内不一致收敛.

10. 证明:级数$\sum(-1)^nx^n(1-x)$在$[0,1]$上绝对收敛并一致收敛,但由其各项绝对值组成的级数在$[0,1]$上却不一致收敛.

证　对$\forall x\in[0,1]$,级数收敛,故

$$\begin{aligned}|R_n(x)|&=|S_n(x)-S(x)|\\&=(1-x)|x^{n+1}-(x^{n+2}-x^{n+3})-(x^{n+4}-x^{n+5})-\cdots|\\&\leqslant(1-x)x^{n+1}.\end{aligned}$$

记$f(x)=(1-x)x^{n+1}$,则$f'(x)=(n+2)x^n\left(\frac{n+1}{n+2}-x\right)$,进而可得当$x=\frac{n+1}{n+2}$时,$f(x)$在$[0,1]$上取得最大值,所以

$$|R_n(x)|\leqslant\frac{1}{n+2}\left(\frac{n+1}{n+2}\right)^{n+1}<\frac{1}{n+2},$$

从而$\lim\limits_{n\to\infty}\sup\limits_{x\in[0,1]}|R_n(x)|=0$,故原级数在$[0,1]$上一致收敛.

下面讨论级数$\sum x^n(1-x)$. 由于

$$S_n(x)=\sum_{k=1}^{n}(1-x)x^k=x-x^{n+1},$$

$$\lim_{n\to\infty}S_n(x)=S(x)=\begin{cases}x,0\leqslant x<1,\\0,x=1,\end{cases}$$

则$\lim\limits_{n\to\infty}\sup\limits_{x\in[0,1]}|S_n(x)-S(x)|=1\neq 0$,所以原级数在$[0,1]$上绝对并一致收敛,但其各项绝对值组成的级数在$[0,1]$上却不一致收敛.

11. 设f为定义在区间(a,b)内的任一函数,记

$$f_n(x)=\frac{[nf(x)]}{n},\quad n=1,2,\cdots,$$

证明函数列$\{f_n\}$在(a,b)内一致收敛于f.

证　$\forall\varepsilon>0$,由于

$$|f_n(x)-f(x)|=\frac{1}{n}|[nf(x)]-nf(x)|\leqslant\frac{1}{n}(n=1,2,\cdots),$$

取$N=\left[\frac{1}{\varepsilon}\right]$,当$n>N$时,对$\forall x\in(a,b)$,均有

$$|f_n(x)-f(x)|<\varepsilon,$$

从而$\{f_n(x)\}$在(a,b)内一致收敛于$f(x)$.

12. 设$\{u_n(x)\}$为$[a,b]$上正的递减且收敛于零的函数列,每一个$u_n(x)$都是$[a,b]$上的单调函数,则级数

$$u_1(x)-u_2(x)+u_3(x)-u_4(x)+\cdots$$

在$[a,b]$上不仅收敛,而且一致收敛.

证　级数可记为$\sum\limits_{n=1}^{\infty}(-1)^{n+1}u_n(x)$. 设$v_n(x)=(-1)^{n+1}(x\in[a,b])$,则$\left|\sum\limits_{k=1}^{n}v_k(x)\right|\leqslant 1$,在$[a,b]$上一致有界. 由每一个$u_n(x)$都是$[a,b]$上的单调函数可得

$$|u_n(x)|\leqslant|u_n(a)|+|u_n(b)|,x\in[a,b].$$

又当$x=a$及$x=b$时,$\{u_n(x)\}$为收敛于零的函数列,故$u_n(x)\rightrightarrows 0(n\to\infty)$,$x\in[a,b]$. 又对$\forall x\in[a,b]$,$\{u_n(x)\}$是单调的,由狄利克雷判别法可知,原级数在$[a,b]$上一致收敛,从而也必收敛.

> 归纳总结:实际上,由$\forall x_0\in[a,b]$,级数$\sum\limits_{n=1}^{\infty}(-1)^{n+1}u_n(x_0)$为交错级数,且$u_n(x_0)$单调递减且趋于零,可得原级数收敛.

13. 证明:若$\{f_n(x)\}$在区间I上一致收敛于0,则存在子列$\{f_{n_i}\}$,使得$\sum\limits_{i=1}^{\infty}f_{n_i}(x)$在$I$上一致收敛.

证　因为$\{f_n\}$在I上一致收敛于0,所以对任意的自然数i,总存在自然数n_i,使得$\forall x\in I$,有$|f_{n_i}(x)|<\frac{1}{i^2}$,而级数$\sum\limits_{i=1}^{\infty}\frac{1}{i^2}$收敛,由魏尔斯特拉斯判别法,得级数$\sum\limits_{i=1}^{\infty}f_{n_i}(x)$在$I$上一致收敛.

习题 13.2 解答

1. 讨论下列各函数列$\{f_n\}$在所定义的区间上:

(a)$\{f_n\}$与$\{f'_n\}$的一致收敛性;

(b) $\{f_n\}$ 是否有定理 13.9,13.10,13.11 的条件与结论.

(1) $f_n(x)=\dfrac{2x+n}{x+n},x\in[0,b]$;　　(2) $f_n(x)=x-\dfrac{x^n}{n},x\in[0,1]$;

(3) $f_n(x)=nx\mathrm{e}^{-nx^2},x\in[0,1]$.

解　(1)(a) $f_n'(x)=\dfrac{n}{(x+n)^2},\lim\limits_{n\to\infty}f_n(x)=1,\lim\limits_{n\to\infty}f_n'(x)=0$.

设 $f(x)=1,g(x)=0,x\in[0,b]$,则

$$\sup_{0\leqslant x\leqslant b}|f_n(x)-f(x)|=\sup_{0\leqslant x\leqslant b}\left|1-\frac{2x+n}{x+n}\right|=\frac{b}{b+n}\to 0(n\to\infty),$$

$$\sup_{0\leqslant x\leqslant b}|f_n'(x)-g(x)|=\sup_{0\leqslant x\leqslant b}\left|\frac{n}{(x+n)^2}\right|=\frac{1}{n}\to 0(n\to\infty),$$

所以 $\{f_n(x)\}$ 及 $\{f_n'(x)\}$ 在 $[0,b]$ 上均一致收敛.

(b) 因为 $\{f_n(x)\}$ 在 $[0,b]$ 上一致收敛,且每一项均连续,故 $\{f_n(x)\}$ 满足定理 13.9,13.10 的条件与结论. 又 $\{f_n'(x)\}$ 在 $[0,b]$ 上一致收敛,且每一项连续,故 $\{f_n(x)\}$ 满足定理 13.11 的条件及结论.

(2)(a) $f_n'(x)=1-x^{n-1}$,而

$$\lim_{n\to\infty}f_n(x)=x=f(x),\quad x\in[0,1],$$

$$\lim_{n\to\infty}f_n'(x)=\begin{cases}1,0\leqslant x<1,\\0,x=1\end{cases}=g(x),\quad x\in[0,1],$$

故 $\sup\limits_{0\leqslant x\leqslant 1}|f_n(x)-f(x)|=\sup\limits_{0\leqslant x\leqslant 1}\dfrac{x^n}{n}=\dfrac{1}{n}\to 0(n\to\infty),x\in[0,1]$,即 $\{f_n(x)\}$ 在 $[0,1]$ 上一致收敛. 又 $g(x)$ 在 $[0,1]$ 上不连续,故 $\{f_n'(x)\}$ 在 $[0,1]$ 上不一致收敛.

(b) 因 $\{f_n(x)\}$ 在 $[0,1]$ 上一致收敛,且每一项均连续,所以 $\{f_n(x)\}$ 满足定理 13.9,13.10 的条件与结论. 由于 $\{f_n'(x)\}$ 在 $[0,1]$ 上不一致收敛,故 $\{f_n(x)\}$ 不满足定理 13.11 的条件. 又 $f'(x)=1\neq g(x)$,从而 $\{f_n(x)\}$ 也无定理 13.11 的结论.

(3)(a) $f_n'(x)=n\mathrm{e}^{-nx^2}(1-2nx^2)$,故

$$\lim_{n\to\infty}f_n(x)=\lim_{n\to\infty}nx\mathrm{e}^{-nx^2}=0=f(x),x\in[0,1],$$

$$\lim_{n\to\infty}f_n'(x)=\begin{cases}0,&0<x\leqslant 1,\\+\infty,&x=0\end{cases}=g(x),x\in[0,1],$$

故 $\sup\limits_{0\leqslant x\leqslant 1}|f_n(x)-f(x)|=\sup\limits_{0\leqslant x\leqslant 1}nx\mathrm{e}^{-nx^2}$. 易求得 $f_n(x)=nx\mathrm{e}^{-nx^2}$ 在 $x=\dfrac{1}{\sqrt{2n}}$ 处取得 $[0,1]$ 上的最大值 $\sqrt{\dfrac{n}{2}}\mathrm{e}^{-\frac{1}{2}}$. 所以 $\lim\limits_{n\to\infty}\sup\limits_{0\leqslant x\leqslant 1}|f_n(x)-f(x)|=+\infty$,故 $\{f_n(x)\}$ 在 $[0,1]$ 上不一致收敛. 又 $\{f_n'(x)\}$ 的每一项在 $[0,1]$ 上连续,但 $g(x)$ 在 $[0,1]$ 上不连续,故 $\{f_n'(x)\}$ 在 $[0,1]$ 上不一致收敛.

(b) 由于 $\{f_n(x)\}$ 及 $\{f_n'(x)\}$ 在 $[0,1]$ 上均不一致收敛,故 $\{f_n(x)\}$ 不满足定理 13.9,13.10,13.11 的条件. 又 $f(x)=0$ 在 $[0,1]$ 上连续,故 $\{f_n(x)\}$ 满足定理 13.9 的结论,又有

$$\lim_{n\to\infty}\int_0^1 nx\mathrm{e}^{-nx^2}\mathrm{d}x=\frac{1}{2}\neq\int_0^1\lim_{n\to\infty}f_n(x)\mathrm{d}x=\int_0^1 f(x)\mathrm{d}x=0,$$

及 $\dfrac{\mathrm{d}}{\mathrm{d}x}(\lim\limits_{n\to\infty}f_n(x))=0\neq\lim\limits_{n\to\infty}\left(\dfrac{\mathrm{d}}{\mathrm{d}x}f_n(x)\right)=g(x)$,故 $\{f_n(x)\}$ 不满足定理 13.10,13.11 的结论.

2. 证明:若函数列 $\{f_n\}$ 在 $[a,b]$ 上满足定理 13.11 的条件,则 $\{f_n\}$ 在 $[a,b]$ 上一致收敛.

证　由题设, $f_n'(x)(n=1,2,\cdots)$ 连续且 $\{f_n'(x)\}$ 在 $[a,b]$ 上一致收敛,不妨设

$$f_n'(x)\rightrightarrows g(x)(n\to\infty),x\in[a,b].$$

设 x_0 为 $\{f_n(x)\}$ 的收敛点,则对 $\forall x\in[a,b]$,有

$$f_n(x)=f_n(x_0)+\int_{x_0}^{x}f'_n(t)\mathrm{d}t.$$

由$\{f'_n(x)\}$满足定理 13.10 的条件可知

$$\lim_{n\to\infty}\int_{x_0}^{x}f'_n(t)\mathrm{d}t=\int_{x_0}^{x}\lim_{n\to\infty}f'_n(t)\mathrm{d}t=\int_{x_0}^{x}g(t)\mathrm{d}t.$$

故 $f(x)=\lim\limits_{n\to\infty}f_n(x)=f(x_0)+\int_{x_0}^{x}g(t)\mathrm{d}t.$

从而

$$\begin{aligned}|f_n(x)-f(x)|&=|f_n(x_0)-f(x_0)+\int_{x_0}^{x}[f'_n(t)-g(t)]\mathrm{d}t|\\&\leqslant|f_n(x_0)-f(x_0)|+\left|\int_{x_0}^{x}[f'_n(t)-g(t)]\mathrm{d}t\right|\\&\leqslant|f_n(x_0)-f(x_0)|+\int_a^b|f'_n(t)-g(t)|\mathrm{d}t.\end{aligned}$$

由 x_0 为$\{f_n(x)\}$的收敛点可知，$\forall\varepsilon>0$，$\exists N_1$，当$n>N_1$时，有$|f_n(x_0)-f(x_0)|<\frac{\varepsilon}{2}$. 又$\{f'_n(t)\}$在$[a,b]$上一致收敛于 $g(t)$，故对上述 $\varepsilon>0$，$\exists N_2$，当 $n>N_2$ 时，对 $\forall t\in[a,b]$，有

$$|f'_n(t)-g(t)|<\frac{\varepsilon}{2(b-a)}.$$

从而当$n>N=\max\{N_1,N_2\}$时，有

$$|f_n(x)-f(x)|\leqslant|f_n(x_0)-f(x_0)|+\int_a^b|f'_n(t)-g(t)|\mathrm{d}t<\varepsilon,$$

所以$\{f_n(x)\}$在$[a,b]$上一致收敛.

3. 证明定理 13.12 和 13.14.

证 (1) **定理 13.12(连续性)** 若函数项级数$\sum u_n(x)$在区间$[a,b]$上一致收敛，且每一项都连续，则其和函数在$[a,b]$上也连续.

设 x_0 为$[a,b]$上的任意一点，$\{S_n(x)\}$为级数$\sum u_n(x)$的部分和函数列，$S_n(x)\rightrightarrows S(x)(n\to\infty)$，$x\in[a,b]$，则

$$\begin{aligned}&|S(x)-S(x_0)|\\=&|S(x)-S_n(x)+S_n(x)-S_n(x_0)+S_n(x_0)-S(x_0)|\\\leqslant&|S(x)-S_n(x)|+|S_n(x)-S_n(x_0)|+|S_n(x_0)-S(x_0)|.\end{aligned}$$

因为$\{S_n(x)\}$在$[a,b]$上一致收敛于 $S(x)$，故 $\forall\varepsilon>0$，$\exists N$，当$n>N$时，对 $\forall x\in[a,b]$，有

$$\left|S(x)-S_n(x)\right|<\frac{\varepsilon}{3}，且\left|S(x_0)-S_n(x_0)\right|<\frac{\varepsilon}{3}.$$

又由 $u_n(x)(n=1,2,\cdots)$ 连续可得，$S_n(x)(n=1,2,\cdots)$ 在$[a,b]$上连续，故对上述 $\varepsilon>0$，$\exists\delta>0$，当 $x\in[a,b]$ 且 $|x-x_0|<\delta$时，有

$$|S_n(x)-S_n(x_0)|<\frac{\varepsilon}{3}.$$

从而$|S(x)-S(x_0)|<\varepsilon$，所以$\sum u_n(x)$的和函数$S(x)$在 x_0 处连续. 由 x_0 的任意性知，$S(x)$在$[a,b]$上连续.

(2) **定理 13.14(逐项求导)** 若函数项级数$\sum u_n(x)$在$[a,b]$上每一项都有连续的导函数，$x_0\in[a,b]$为$\sum u_n(x)$的收敛点，且$\sum u'_n(x)$在$[a,b]$上一致收敛，则

$$\sum\left[\frac{\mathrm{d}u_n(x)}{\mathrm{d}x}\right]=\frac{\mathrm{d}}{\mathrm{d}x}\left[\sum u_n(x)\right].$$

不妨设级数$\sum u'_n(x)$在$[a,b]$上一致收敛于 $S^*(x)$. 由 $u'_n(x)(n=1,2,\cdots)$ 连续及$\sum u'_n(x)$的一致

收敛性可知，$S^*(x)$ 在$[a,b]$上连续.

又由定理 13.13 得，对 $\forall x\in[a,b]$，

$$\int_a^x S^*(t)\mathrm{d}t=\int_a^x\sum u_n'(t)\mathrm{d}t=\sum\int_a^x u_n'(t)\mathrm{d}t$$
$$=\sum u_n(x)-\sum u_n(a)=S(x)-S(a).$$

在$\int_a^x S^*(t)\mathrm{d}t=S(x)-S(a)$两边求导，得 $S^*(x)=S'(x)$，即

$$\sum\left[\frac{\mathrm{d}}{\mathrm{d}x}u_n(x)\right]=\frac{\mathrm{d}}{\mathrm{d}x}\left[\sum u_n(x)\right].$$

4. 设 $S(x)=\sum\limits_{n=1}^{\infty}\dfrac{x^{n-1}}{n^2}$，$x\in[-1,1]$，计算积分$\int_0^x S(t)\mathrm{d}t$.

解　由$\left|\dfrac{x^{n-1}}{n^2}\right|\leqslant\dfrac{1}{n^2}(x\in[-1,1])$，而$\sum\dfrac{1}{n^2}$收敛，可得级数$\sum\limits_{n=1}^{\infty}\dfrac{x^{n-1}}{n^2}$在$[-1,1]$上一致收敛.

又$\dfrac{x^{n-1}}{n^2}$在$[-1,1]$上连续，从而由定理 13.13 知

$$\int_0^x S(t)\mathrm{d}t=\sum_{n=1}^{\infty}\int_0^x\frac{t^{n-1}}{n^2}\mathrm{d}t=\sum_{n=1}^{\infty}\frac{x^n}{n^3}.$$

5. 设 $S(x)=\sum\limits_{n=1}^{\infty}\dfrac{\cos nx}{n\sqrt{n}}$，$x\in(-\infty,+\infty)$，计算积分$\int_0^x S(t)\mathrm{d}t$.

解　由$\left|\dfrac{\cos nx}{n\sqrt{n}}\right|\leqslant\dfrac{1}{n\sqrt{n}}(x\in(-\infty,+\infty))$，而$\sum\dfrac{1}{n\sqrt{n}}$收敛，可得级数$\sum\limits_{n=1}^{\infty}\dfrac{\cos nx}{n\sqrt{n}}$在$(-\infty,+\infty)$上一致收敛. 又$\dfrac{\cos nx}{n\sqrt{n}}$在$(-\infty,+\infty)$上连续，从而由定理 13.13 知

$$\int_0^x S(t)\mathrm{d}t=\sum_{n=1}^{\infty}\int_0^x\frac{\cos nt}{n\sqrt{n}}\mathrm{d}t=\sum_{n=1}^{\infty}\frac{\sin nx}{n^{\frac{5}{2}}}.$$

6. 设 $S(x)=\sum\limits_{n=1}^{\infty}n\mathrm{e}^{-nx}$，$x>0$，计算$\int_{\ln 2}^{\ln 3}S(t)\mathrm{d}t$.

解　设 $u_n(x)=n\mathrm{e}^{-nx}(x>0)$，则 $u_n'(x)=-n^2\mathrm{e}^{-nx}<0$，故 $u_n(x)$ 在$[\ln 2,\ln 3]$上是单调递减的，

$$u_n(x)\leqslant n\mathrm{e}^{-n\ln 2}=\frac{n}{2^n},x\in[\ln 2,\ln 3].$$

又$\lim\limits_{n\to\infty}\sqrt[n]{\dfrac{n}{2^n}}=\dfrac{1}{2}$，故级数$\sum\dfrac{n}{2^n}$收敛，从而$\sum n\mathrm{e}^{-nx}$在$[\ln 2,\ln 3]$上一致收敛. 又 $u_n(x)$ 在$[\ln 2,\ln 3]$上连续，故由定理 13.13 知

$$\int_{\ln 2}^{\ln 3}S(t)\mathrm{d}t=\sum_{n=1}^{\infty}\int_{\ln 2}^{\ln 3}n\mathrm{e}^{-nx}\mathrm{d}x=\sum_{n=1}^{\infty}\left(\frac{1}{2^n}-\frac{1}{3^n}\right)=\frac{1}{2}.$$

7. 证明：函数 $f(x)=\sum\dfrac{\sin nx}{n^3}$ 在$(-\infty,+\infty)$上连续，且有连续的导函数.

证　因为$\left|\dfrac{\sin nx}{n^3}\right|\leqslant\dfrac{1}{n^3}$，且$\sum\dfrac{1}{n^3}$收敛，故$\sum\dfrac{\sin nx}{n^3}$在$(-\infty,+\infty)$上一致收敛. 又 $u_n(x)=\dfrac{\sin nx}{n^3}$ 在$(-\infty,+\infty)$上连续$(n=1,2,\cdots)$，故 $f(x)=\sum u_n(x)$ 在$(-\infty,+\infty)$上连续.

由$|u_n'(x)|=\left|\dfrac{\cos nx}{n^2}\right|\leqslant\dfrac{1}{n^2}$且$\sum\dfrac{1}{n^2}$收敛及$\dfrac{\cos nx}{n^2}$在$(-\infty,+\infty)$上连续可知，$\sum u_n'(x)$ 在$(-\infty,+\infty)$上一致收敛且和函数连续. 设 $g(x)=\sum u_n'(x)$，则由定理 13.14 可知

$$g(x)=\sum u_n'(x)=\left[\sum u_n(x)\right]'=f'(x),$$

即 $f(x)$ 连续，且有连续的导函数.

8. 证明：定义在$[0,2\pi]$上的函数项级数$\sum\limits_{n=0}^{\infty}r^n\cos nx(0<r<1)$，满足定理13.13条件，且$\int_0^{2\pi}\left(\sum\limits_{n=0}^{\infty}r^n\cos nx\right)\mathrm{d}x=2\pi$.

证　由于$|r^n\cos nx|\leqslant r^n$，而正项级数$\sum r^n$收敛$(0<r<1)$，由优级数判别法知级数$\sum\limits_{n=0}^{\infty}r^n\cos nx$在$[0,2\pi]$上一致收敛，又$r^n\cos nx$在$[0,2\pi]$上连续，由定理13.13有

$$\int_0^{2\pi}\left(\sum_{n=0}^{\infty}r^n\cos nx\right)\mathrm{d}x=\sum_{n=0}^{\infty}\int_0^{2\pi}r^n\cos nx\mathrm{d}x=\sum_{n=0}^{\infty}r^n\int_0^{2\pi}\cos nx\mathrm{d}x$$
$$=\int_0^{2\pi}\mathrm{d}x+\sum_{n=1}^{\infty}r^n\int_0^{2\pi}\cos nx\mathrm{d}x=2\pi.$$

9. 讨论下列函数列在所定义区间上的一致收敛性及极限函数的连续性、可微性和可积性：

(1)$f_n(x)=x\mathrm{e}^{-nx^2},n=1,2,\cdots,x\in[-l,l]$；

(2)$f_n(x)=\dfrac{nx}{nx+1},n=1,2,\cdots$，　(ⅰ)$x\in[0,+\infty)$，　(ⅱ)$x\in[a,+\infty)(a>0)$.

解　(1)$x\in[-l,l]$时，$\lim\limits_{n\to\infty}x\mathrm{e}^{-nx^2}=\lim\limits_{n\to\infty}\dfrac{x}{\mathrm{e}^{nx^2}}=0=f(x)$，从而

$$\sup_{-l\leqslant x\leqslant l}|f_n(x)-f(x)|=\sup_{-l\leqslant x\leqslant l}|x\mathrm{e}^{-nx^2}|.$$

因$f'_n(x)=(1-2nx^2)\mathrm{e}^{-nx^2}$，故

$$\sup_{-l\leqslant x\leqslant l}|x\mathrm{e}^{-nx^2}|\leqslant\frac{1}{\sqrt{2n}}\mathrm{e}^{-\frac{1}{2}},\lim_{n\to\infty}\sup_{-l\leqslant x\leqslant l}|f_n(x)-f(x)|=0.$$

所以$f_n(x)\rightrightarrows0(n\to\infty),x\in[-l,l]$.

由$f_n(x)$的极限函数$f(x)=0$可知，$f(x)$在$[-l,l]$上连续、可微且可积.

(2)(ⅰ)$x\in[0,+\infty)$时，$f_n(x)=\begin{cases}0, & x=0,\\ \dfrac{nx}{nx+1}, & x>0.\end{cases}$故$\lim\limits_{n\to\infty}f_n(x)=\begin{cases}0,x=0,\\1,x>0.\end{cases}$

设$f(x)=\begin{cases}0,x=0,\\1,x>0,\end{cases}$则$f(x)$在$[0,+\infty)$上不连续. 又$f_n(x)$在$[0,+\infty)$上连续，由连续性定理知$\sum f_n(x)$在$[0,+\infty)$上不一致收敛. 由$f(x)$不连续可得，$f(x)$在$[0,+\infty)$上不可微. 显然$f(x)$在任意有限区间$[a,b]\subset[0,+\infty)$上可积.

(ⅱ)当$x\in[a,+\infty)(a>0)$时，$\lim\limits_{n\to\infty}f_n(x)=1=f(x)(x\in[a,+\infty))$，故

$$\sup_{a\leqslant x<+\infty}|f_n(x)-f(x)|=\sup_{a\leqslant x<+\infty}\frac{1}{1+nx}=\frac{1}{1+na}.$$

所以

$$\lim_{n\to\infty}\sup_{a\leqslant x<+\infty}|f_n(x)-f(x)|=0,f_n(x)\rightrightarrows f(x)(n\to\infty),x\in[a,+\infty)(a>0).$$

由$f(x)=1(x\in[a,+\infty))$可知，$f(x)$在$[a,+\infty)$上连续、可微，在任意有限区间$[c,d]\subset[a,+\infty)$上可积.

10. 设f在$(-\infty,+\infty)$上有任意阶导数，记$F_n=f^{(n)}$，且在任何有限区间内$F_n\rightrightarrows\varphi(n\to\infty)$，试证：$\varphi(x)=c\mathrm{e}^x$($c$为常数).

证　由题意可知，$f^{(n)}(x)(n=1,2,\cdots)$在任何有限区间内连续，且

$$f^{(n)}(x)\rightrightarrows\varphi(x)(n\to\infty),f^{(n+1)}(x)\rightrightarrows\varphi(x)(n\to\infty).$$

故$\varphi'(x)=[\lim\limits_{n\to\infty}f^{(n)}(x)]'=\lim\limits_{n\to\infty}[f^{(n)}(x)]'=\lim\limits_{n\to\infty}f^{(n+1)}(x)=\varphi(x)$.

由$\varphi'(x)=\varphi(x)$积分可得$\ln\varphi(x)=x+c_1$，故$\varphi(x)=c\mathrm{e}^x$，其中$c=\mathrm{e}^{c_1}$为常数.

第十三章总练习题解答

1. 试问 k 为何值时，下列函数列 $\{f_n\}$ 一致收敛：

(1) $f_n(x)=xn^k\mathrm{e}^{-nx}, 0\leqslant x<+\infty$；

(2) $f_n(x)=\begin{cases}xn^k, & 0\leqslant x\leqslant \dfrac{1}{n},\\ \left(\dfrac{2}{n}-x\right)n^k, & \dfrac{1}{n}<x\leqslant\dfrac{2}{n},\\ 0, & \dfrac{2}{n}<x\leqslant 1.\end{cases}$

解 (1) 由 $\lim\limits_{n\to\infty}f_n(x)=\lim\limits_{n\to\infty}\dfrac{xn^k}{\mathrm{e}^{nx}}=0$，设 $f(x)=0(0\leqslant x<+\infty)$，则

$$\sup_{x\in[0,+\infty)}|f_n(x)-f(x)|=\sup_{x\in[0,+\infty)}f_n(x)=\sup_{x\in[0,+\infty)}xn^k\mathrm{e}^{-nx}.$$

又 $f'_n(x)=(1-nx)n^k\mathrm{e}^{-nx}$，故 $f_n(x)$ 在 $x=\dfrac{1}{n}$ 时取得 $[0,+\infty)$ 上的最大值，从而

$$\sup_{x\in[0,+\infty)}|f_n(x)-f(x)|=n^{k-1}\mathrm{e}^{-1}.$$

故 $\lim\limits_{n\to\infty}\sup\limits_{x\in[0,+\infty)}|f_n(x)-f(x)|=\begin{cases}0, & k<1,\\ \mathrm{e}^{-1}, & k=1,\\ +\infty, & k>1.\end{cases}$

所以当 $k<1$ 时，函数列 $\{f_n(x)\}$ 在 $[0,+\infty)$ 上一致收敛.

(2) 当 $x=0$ 时，$\lim\limits_{n\to\infty}f_n(x)=\lim\limits_{n\to\infty}0=0$.

当 $x\in(0,1]$ 时，只要 $n>\dfrac{2}{x}$ 就有 $\dfrac{2}{n}<x\leqslant 1$，从而 $f_n(x)=0$，故 $\lim\limits_{n\to\infty}f_n(x)=0$，

则 $f(x)=0(x\in[0,1])$ 为 $f_n(x)(x\in[0,1])$ 的极限函数.

$$\sup_{x\in[0,1]}|f_n(x)-f(x)|=\sup_{x\in[0,1]}f_n(x)=f_n\left(\frac{1}{n}\right)=n^{k-1}.$$

故 $\lim\limits_{n\to\infty}\sup\limits_{x\in[0,1]}|f_n(x)-f(x)|=\begin{cases}0, & k<1,\\ 1, & k=1,\\ +\infty, & k>1.\end{cases}$

所以 $k<1$ 时，函数列 $\{f_n(x)\}$ 在 $[0,1]$ 上一致收敛.

2. 证明：(1) 若 $f_n(x)\rightrightarrows f(x)(n\to\infty), x\in I$，且 f 在 I 上有界，则 $\{f_n\}$ 至多除有限项外在 I 上是一致有界的；

(2) 若 $f_n(x)\rightrightarrows f(x)(n\to\infty), x\in I$，且对每个正整数 n，f_n 在 I 上有界，则 $\{f_n\}$ 在 I 上一致有界.

证 (1) 因为 $f(x)$ 在 I 上有界，所以 $\exists M>0, \forall x\in I$，有 $|f(x)|\leqslant M$，由 $f_n(x)\rightrightarrows f(x)(n\to\infty, x\in I)$ 可得，对于 $\varepsilon_0=1, \exists N$，当 $n>N$ 时，对 $\forall x\in I$，有

$$|f_n(x)-f(x)|<1.$$

从而，对 $\forall x\in I$，有 $|f_n(x)|<M+1(n>N)$，故 $\{f_n(x)\}$ 除前面 N 项(有限项)外一致有界.

(2) 因 $f_n(x)\rightrightarrows f(x)(n\to\infty, x\in I)$，由柯西准则知，对 $\varepsilon_0=1, \exists N$，当 $n>N$ 时，对 $\forall x\in I$，有

$$|f_n(x)-f_{N+1}(x)|<1,$$

故当 $n>N$ 时，对所有 $x\in I$，有 $|f_n(x)|<|f_{N+1}(x)|+1$.

又对每个正整数 n，$f_n(x)$ 在 I 上有界，特别地，

$$|f_n(x)|\leqslant M_n(n=1,2,\cdots,N+1, x\in I).$$

令 $M=\max\limits_{1\leqslant n\leqslant N+1}\{M_n\}$，则对所有正整数 n 及对 $\forall x\in I$，均有 $|f_n(x)|<M+1$，即 $\{f_n(x)\}$ 在 I 上一

致有界.

3. 设 f 为 $\left[\frac{1}{2},1\right]$ 上的连续函数. 证明：

(1) $\{x^n f(x)\}$ 在 $\left[\frac{1}{2},1\right]$ 上收敛；

(2) $\{x^n f(x)\}$ 在 $\left[\frac{1}{2},1\right]$ 上一致收敛的充要条件是 $f(1)=0$.

证　(1) 因 $f(x)$ 在 $\left[\frac{1}{2},1\right]$ 上连续，故 $f(x)$ 在 $\left[\frac{1}{2},1\right]$ 上有界，则 $\exists M>0$，$\forall x\in\left[\frac{1}{2},1\right]$，有 $|f(x)|\leqslant M$，所以

$$\lim_{n\to\infty}x^n f(x)=\begin{cases}0, & \frac{1}{2}\leqslant x<1,\\ f(1), & x=1.\end{cases}$$

即 $\{x^n f(x)\}$ 在 $\left[\frac{1}{2},1\right]$ 上收敛，且收敛于 $g(x)=\begin{cases}0, & \frac{1}{2}\leqslant x<1,\\ f(1), & x=1.\end{cases}$

(2) 必要性：由 $x^n f(x)(n=1,2,\cdots)$ 在 $\left[\frac{1}{2},1\right]$ 上连续及 $\{x^n f(x)\}$ 在 $\left[\frac{1}{2},1\right]$ 上一致收敛，可知其极限函数 $g(x)$ 在 $\left[\frac{1}{2},1\right]$ 上连续，从而 $g(1)=f(1)=0$.

充分性：可考虑将 $\left[\frac{1}{2},1\right]$ 分成两部分进行讨论.

因为 $f(1)=0$，故 $g(x)=\lim\limits_{n\to\infty}x^n f(x)=0$. 又因 $f(x)$ 在 $x=1$ 处连续，故 $\forall\varepsilon>0$，$\exists\delta\in\left(0\ \frac{1}{2}\right)$，当 $x\in(1-\delta,1]$ 时，

$$|x^n f(x)-0|\leqslant|f(x)|=|f(x)-f(1)|<\varepsilon,$$

当 $x\in\left[\frac{1}{2},1-\delta\right]$ 时，有

$$|x^n f(x)-0|=x^n|f(x)|\leqslant(1-\delta)^n M\to 0(n\to\infty).$$

故对上述 $\varepsilon>0$，$\exists N$，当 $n>N$ 时，对 $\forall x\in\left[\frac{1}{2},1-\delta\right]$，有 $|x^n f(x)-0|<\varepsilon$. 所以，当 $n>N$ 时，对 $\forall x\in\left[\frac{1}{2},1\right]$，有 $|x^n f(x)-0|<\varepsilon$. 故 $\{x^n f(x)\}$ 在 $\left[\frac{1}{2},1\right]$ 上一致收敛.

4. 若把定理 13.10 中一致收敛函数列 $\{f_n\}$ 的每一项在 $[a,b]$ 上连续改为在 $[a,b]$ 上可积，试证 $\{f_n\}$ 在 $[a,b]$ 上的极限函数在 $[a,b]$ 上也可积.

证　对 $[a,b]$ 任作一分割 T，则 $f(x)$ 在 Δ_i 上的振幅为

$$\omega_i=\sup_{x',x''\in\Delta_i}|f(x')-f(x'')|.$$

设 $f_n(x)\rightrightarrows f(x)(n\to\infty)$，$x\in[a,b]$，所以，$\forall\varepsilon>0$，$\exists N$，当 $n\geqslant N$ 时，对 $\forall x\in[a,b]$，有

$$|f_n(x)-f(x)|\leqslant\frac{\varepsilon}{3(b-a)}.$$

特别地，$x\in\Delta_i$ 时成立.

又 $f_n(x)$ 在 $[a,b]$ 上可积，故对上述 $\varepsilon>0$，$\forall$ 分割 $T=\{\Delta_1,\Delta_2,\cdots,\Delta_n\}$，$\exists\delta>0$，只要 $\|T\|<\delta$，就有 $\sum\omega_i'\Delta x_i<\frac{\varepsilon}{3}$（其中 $\omega_i'=\sup\limits_{x',x''\in\Delta_i}|f_n(x')-f_n(x'')|$），从而，当 $x',x''\in\Delta_i$ 时，有

$$|f(x')-f(x'')|\leqslant|f(x')-f_n(x')|+|f_n(x')-f_n(x'')|+|f_n(x'')-f(x'')|$$

$$< \frac{2\varepsilon}{3(b-a)} + \omega_i'.$$

故

$$\sum \omega_i \Delta x_i \leqslant \sum \left(\frac{2\varepsilon}{3(b-a)} + \omega_i' \right) \Delta x_i = \frac{2\varepsilon}{3(b-a)} \sum \Delta x_i + \sum \omega_i' \Delta x_i$$

$$< \frac{2\varepsilon}{3} + \frac{\varepsilon}{3} = \varepsilon.$$

所以由可积第二充要条件知 $f(x)$ 在$[a,b]$上可积.

5. 设级数 $\sum a_n$ 收敛,证明:$\lim\limits_{x\to 0^+} \sum \frac{a_n}{n^x} = \sum a_n$.

证　因为 $\left|\frac{1}{n^x}\right| \leqslant 1$,且 $\frac{1}{n^x} \geqslant \frac{1}{(n+1)^x}$ $(x \in [0,+\infty), n = 1,2,\cdots)$,故 $\left\{\frac{1}{n^x}\right\}$ 单调且一致有界,又级数 $\sum a_n$ 收敛,即 $\sum a_n$ 在$[0,+\infty)$上一致收敛,所以由阿贝尔判别法知,$\sum \frac{a_n}{n^x}$ 在$[0,+\infty)$上一致收敛,又 $\frac{a_n}{n^x}$ $(n = 1,2,\cdots)$ 在$[0,+\infty)$上连续,故 $\sum \frac{a_n}{n^x}$ 在$[0,+\infty)$上也连续,因而有

$$\lim_{x\to 0^+} \sum \frac{a_n}{n^x} = \sum \lim_{x\to 0^+} \frac{a_n}{n^x} = \sum a_n.$$

6. 设可微函数列 $\{f_n\}$ 在$[a,b]$上收敛,$\{f_n'\}$ 在$[a,b]$上一致有界,证明:$\{f_n\}$ 在$[a,b]$上一致收敛.

证　依题意,$\{f_n'(x)\}$ 在$[a,b]$上一致有界,故存在 $M>0$,对一切 $x \in [a,b]$ 及任意 $n \in \mathbf{N}_+$,均有 $|f_n'(x)| \leqslant M$. 对 $\forall \varepsilon > 0$,在$[a,b]$上作分割

$$a = x_0 < x_1 < \cdots < x_{m-1} < x_m = b,$$

且 m 个小区间 $\Delta_i = [x_{i-1}, x_i]$ 的区间长度为 $\Delta x_i = x_i - x_{i-1}$,满足 $\Delta x_i < \frac{\varepsilon}{3M}$ $(i = 1,2,\cdots,m)$. 因为 $\{f_n(x)\}$ 在$[a,b]$上收敛,所以对于点 $x_i \in [a,b]$ $(i = 1,2,\cdots,m-1)$,存在 N,当 $n > N$ 时,对任意 $p \in \mathbf{N}_+$,有

$$|f_n(x_i) - f_{n+p}(x_i)| < \frac{\varepsilon}{3}.$$

对 $\forall x \in [a,b]$,必存在某小区间 Δ_i,使 $x \in \Delta_i$,由微分中值定理,可得

$$\begin{aligned}
&|f_n(x) - f_{n+p}(x)| \\
\leqslant\ & |f_n(x) - f_n(x_i)| + |f_n(x_i) - f_{n+p}(x_i)| + |f_{n+p}(x_i) - f_{n+p}(x)| \\
=\ & |f_n'(\xi_1)| \Delta x_i + |f_n(x_i) - f_{n+p}(x_i)| + |f_{n+p}'(\xi_2)| \Delta x_i \ (\xi_1, \xi_2 \in \Delta_i) \\
\leqslant\ & M \cdot \frac{\varepsilon}{3M} + \frac{\varepsilon}{3} + M \cdot \frac{\varepsilon}{3M} = \varepsilon.
\end{aligned}$$

即当 $n > N$ 时,对 $\forall p \in \mathbf{N}_+$, $\forall x \in [a,b]$,有

$$|f_n(x) - f_{n+p}(x)| < \varepsilon,$$

从而$\{f_n(x)\}$ 在$[a,b]$上一致收敛.

7. 设连续函数列 $\{f_n(x)\}$ 在$[a,b]$上一致收敛于 $f(x)$,而 $g(x)$ 在$(-\infty,+\infty)$上连续. 证明:$\{g(f_n(x))\}$ 在$[a,b]$上一致收敛于 $g(f(x))$.

证　因为$\{f_n(x)\}$ 在$[a,b]$上一致收敛于 $f(x)$,所以对于 $1>0$,存在 N_1,当 $n > N_1$ 时,$\forall x \in [a,b]$,均有 $|f_n(x) - f(x)| < 1$,即 $|f_n(x)| < 1 + |f(x)|$,又因为 $f_n(x)$ 及 $f(x)$ 在$[a,b]$上连续,一定存在最值. 取

$$M = \max\left\{ \max_{x\in[a,b]} \{1 + |f(x)|\}, \max_{x\in[a,b]} \{|f_1(x)|\}, \cdots, \max_{x\in[a,b]} \{|f_{N_1}(x)|\} \right\},$$

因此有 $|f_n(x)| \leqslant M$, $x \in [a,b]$, $n = 1,2,\cdots$.

又函数 $g(x)$ 在$(-\infty,+\infty)$ 上连续，所以 $g(x)$ 在$[-M,M]$ 上也连续，因而 $g(x)$ 在$[-M,M]$ 上一致连续，所以 $\forall\varepsilon>0,\exists\delta>0,\forall x_1,x_2\in[-M,M]$，只要 $|x_1-x_2|<\delta$，就有

$$|g(x_1)-g(x_2)|<\varepsilon.$$

又$\{f_n(x)\}$ 在$[a,b]$ 上一致收敛于 $f(x)$，对上述 $\delta>0,\exists N$，当 $n>N$ 时，$\forall x\in[a,b]$，有

$$|f_n(x)-f(x)|<\delta.$$

注意到 $f_n(x),f(x)\in[-M,M]$，因此 $|g(f_n(x))-g(f(x))|<\varepsilon$，故$\{g(f_n(x))\}$ 在$[a,b]$ 上一致收敛于 $g(f(x))$.

四、自测题

第十三章自测题

一、按定义证明(每题 5 分,共 10 分)

1. 证明:函数列$\left\{\left(1+\frac{x}{n}\right)^n\right\}$在区间$[0,1]$上一致收敛.

2. 证明:$f_n(x)=nx(1-x)^n$ 在$[0,1]$上收敛,但非一致收敛.

二、计算,写出必要的计算过程(每题 8 分,共 40 分)

3. 讨论 $f_n(x)=x^n-x^{n+1}, x\in[0,1]$ 的一致收敛性.

4. 讨论函数列 $f_n(x)=\dfrac{nx}{1+n^2x^2}$ 在$(-\infty,+\infty)$上的一致收敛性.

5. 判断$\sum\limits_{n=1}^{\infty}x^n\ln x, x\in(0,1]$的一致收敛性.

6. 判断$\sum\limits_{n=1}^{\infty}\dfrac{(-1)^{n+1}}{n+x^2}\arctan nx, x\in(-\infty,+\infty)$的一致收敛性.

7. 设 $0<\delta<\pi$,判定函数项级数$\sum\limits_{n=1}^{\infty}\dfrac{\sin nx}{n}$ 在$[\delta,\pi]$上是否一致收敛.

三、证明,写出必要的证明过程(每题 10 分,共 50 分)

8. 证明:函数列 $f_n(x)=x^n-x^{2n}$ 在$[0,1]$上不一致收敛.

9. 设 $f(x)$ 在$[0,1]$上连续,$f_1(x)=f(x), f_{n+1}(x)=\int_x^1 f_n(t)\mathrm{d}t, \forall x\in[0,1], n=1,2,\cdots$. 证明:

$\sum\limits_{n=1}^{\infty}f_n(x)$ 在$[0,1]$上一致收敛.

10. 设 $u_n(x)(n=1,2,\cdots)$ 在$[a,b]$上连续,且$\sum\limits_{n=1}^{\infty}u_n(x)$ 在(a,b)上一致收敛,证明:

(1) $\sum\limits_{n=1}^{\infty}u_n(a)$ 与$\sum\limits_{n=1}^{\infty}u_n(b)$ 均收敛.

(2) 和函数 $S(x)=\sum\limits_{n=1}^{\infty}u_n(x)$ 在$[a,b]$上连续.

11. 设 $u_n(x)$ 在闭区间$[a,b]$上连续$(n=1,2,\cdots)$,级数$\sum\limits_{n=1}^{\infty}u_n(x)$ 在开区间(a,b)内一致收敛,证明:

$f(x)=\sum\limits_{n=1}^{\infty}u_n(x)$ 在$[a,b]$上一致连续.

12. 设函数列$\{u_n(x)\}$在$[a,b]$上连续可微,已知$\sum\limits_{n=1}^{\infty}u_n(x)$ 在$[a,b]$上收敛,且 $\exists M>0$,使得对任意的正整数 n 及 $x\in[a,b]$,都有$\left|\sum\limits_{i=1}^{n}u_i'(x)\right|\leqslant M$. 证明:$\sum\limits_{n=1}^{\infty}u_n(x)$ 在$[a,b]$上一致收敛.

第十三章自测题解答

一、1. 解　记 $f(x)=\mathrm{e}^x-\left(1+\frac{x}{n}\right)^n$,则

$$f'(x)=\left(\mathrm{e}^x-\left(1+\frac{x}{n}\right)^n\right)'=\mathrm{e}^x-\left(1+\frac{x}{n}\right)^{n-1}>0,$$

所以 $\forall x \in [0,1]$ 有

$$0 \leqslant e^x - \left(1+\frac{x}{n}\right)^n \leqslant e - \left(1+\frac{1}{n}\right)^n \to 0(n\to\infty),$$

即

$$\lim_{n\to\infty}\sup_{x\in[0,1]}\left|e^x - \left(1+\frac{x}{n}\right)^n\right| = 0,$$

由一致收敛定义得 $\left\{\left(1+\frac{x}{n}\right)^n\right\}$ 在 $[0,1]$ 上一致收敛于 e^x.

2. 解　显然，对 $\forall x \in [0,1]$，有 $\lim\limits_{n\to\infty} f_n(x) = 0$，即 $f_n(x) = nx(1-x)^n$ 在 $[0,1]$ 上收敛. 而

$$\lim_{n\to\infty}\sup_{x\in[0,1]}\left|f_n(x)-0\right| \geqslant \lim_{n\to\infty}\left|f_n\left(\frac{1}{n}\right)-0\right| = \lim_{n\to\infty}\left(1-\frac{1}{n}\right)^n = e^{-1} \neq 0,$$

故 $\{f_n(x)\}$ 在 $[0,1]$ 上不一致收敛.

二、3. 解　易知 $f_n(x) \to f(x) = 0(n\to\infty, 0\leqslant x\leqslant 1)$. 考察

$$M_n = \sup_{x\in[0,1]}\{|f_n(x)-f(x)|\} = \sup_{x\in[0,1]}\{x^n - x^{n+1}\}.$$

因为 $\frac{d}{dx}(x^n - x^{n+1}) = nx^{n-1}\left(1-\frac{n+1}{n}x\right) = 0$，可知 $x_n = \frac{n}{n+1}$ 是函数 $f_n(x) = x^n - x^{n+1}$ 在 $[0,1]$ 上的最大值点，所以

$$M_n = |f_n(x_n) - f(x_n)| = \frac{1}{n+1}\left(1-\frac{1}{n}\right)^{-n} \to 0(n\to\infty).$$

从而 $\{f_n(x)\}$ 在 $[0,1]$ 上一致收敛于 0.

4. 解　(1) 极限函数 $f(x) = \lim\limits_{n\to\infty}\frac{nx}{1+n^2x^2} = 0, x\in(-\infty,+\infty)$.

(2) $\sup\limits_{x\in(-\infty,+\infty)}|f_n(x)-f(x)| = \sup\limits_{x\in(-\infty,+\infty)}\left|\frac{nx}{1+n^2x^2}\right| \geqslant f_n\left(\frac{1}{n}\right) = \frac{1}{2}$,

故 $\lim\limits_{n\to\infty}\sup\limits_{x\in(-\infty,+\infty)}|f_n(x)-f(x)| \neq 0$，因而 $\{f_n(x)\}$ 在 $(-\infty,+\infty)$ 上不一致收敛.

5. 解　极限函数 $S(x) = \lim\limits_{n\to\infty}\sum\limits_{k=1}^{n}x^k\ln x = \begin{cases}\frac{x\ln x}{1-x}, & x\in(0,1),\\ 0, & x=1.\end{cases}$ 由于 $\lim\limits_{x\to1^-}S(x) = -1 \neq S(1)$，即 $S(x)$ 在 $(0,1]$ 上不连续，每项 $x^n\ln x$ 在 $(0,1]$ 上连续，由连续性定理知，级数 $\sum\limits_{n=1}^{\infty}x^n\ln x$ 在 $(0,1]$ 上不一致收敛.

6. 解　易知对每个固定的 $x\in(-\infty,+\infty)$，$\{\arctan nx\}$ 是单调数列，且一致有界. 又因为

$$\frac{1}{n+x^2} \leqslant \frac{1}{n}, x\in(-\infty,+\infty), \left|\sum_{k=1}^{n}(-1)^{k+1}\right| \leqslant 2,$$

所以 $\sum\limits_{n=1}^{\infty}\frac{(-1)^{n+1}}{n+x^2}$ 在 $(-\infty,+\infty)$ 上一致收敛. 根据 Abel 判别法可知，级数一致收敛.

7. 解　因为 $2\sin\frac{x}{2}\sum\limits_{k=1}^{n}\sin kx = \cos\frac{x}{2} - \cos\left(\frac{1}{2}+n\right)x$，所以

$$\left|\sum_{k=1}^{n}\sin kx\right| = \left|\frac{\cos\frac{x}{2} - \cos\left(\frac{1}{2}+n\right)x}{2\sin\frac{x}{2}}\right| \leqslant \frac{1}{\sin\frac{x}{2}} \leqslant \frac{1}{\sin\frac{\delta}{2}},$$

即当 $x\in[\delta,\pi]$ 时，$\sum\limits_{k=1}^{n}\sin kx$ 部分和一致有界，而 $\left\{\frac{1}{n}\right\}$ 单调递减，且一致趋于 0. 所以由 Dirichlet 判别法可得 $\sum\limits_{n=1}^{\infty}\frac{\sin nx}{n}$ 在 $[\delta,\pi]$ 上一致收敛.

三、8. 证　易知极限函数 $f(x) = \lim\limits_{n\to\infty}f_n(x) = 0, x\in[0,1]$，又

$$\sup_{x\in[0,1]}|f_n(x)-f(x)|=\sup_{x\in[0,1]}x^n(1-x^n)\geqslant\left(\frac{1}{\sqrt[n]{2}}\right)^n\left[1-\left(\frac{1}{\sqrt[n]{2}}\right)^n\right]=\frac{1}{4},$$

因而 $\lim\limits_{n\to\infty}\sup\limits_{x\in[0,1]}|f_n(x)-f(x)|\neq 0$，故 $\{f_n(x)\}$ 在 $[0,1]$ 上不一致收敛.

9. 证　由条件知 $\exists M>0$，使得 $\forall x\in[0,1]$，有 $|f(x)|\leqslant M$. 故

$$|f_2(x)|\leqslant\int_x^1|f_1(t)|\,\mathrm{d}t\leqslant M(1-x)\leqslant M,$$

$$|f_3(x)|\leqslant\int_x^1|f_2(t)|\,\mathrm{d}t\leqslant M\int_x^1(1-t)\,\mathrm{d}t\leqslant\frac{M(1-x)^2}{2!}\leqslant\frac{M}{2!},$$

$$\cdots\cdots\cdots\cdots$$

$$|f_n(x)|\leqslant\frac{M}{(n-1)!}(1-x)^{n-1}\leqslant\frac{M}{(n-1)!},$$

由于 $\sum\limits_{n=1}^{\infty}\frac{M}{(n-1)!}$ 收敛，由优级数判别法知 $\sum\limits_{n=1}^{\infty}f_n(x)$ 在 $[0,1]$ 上一致收敛.

10. 证　(1) 由于 $\sum\limits_{n=1}^{\infty}u_n(x)$ 在 (a,b) 上一致收敛，所以 $\forall\varepsilon>0$，$\exists N$，当 $n>m>N$ 时，$\forall x\in(a,b)$，有

$$|u_{m+1}(x)+u_{m+2}(x)+\cdots+u_n(x)|<\frac{\varepsilon}{2}.\qquad ①$$

特别地，令 $x\to a^+$ 或 $x\to b^-$，结合 $u_n(x)(n=1,2,\cdots)$ 在 $[a,b]$ 的连续性，有

$$|u_{m+1}(a)+u_{m+2}(a)+\cdots+u_n(a)|\leqslant\frac{\varepsilon}{2}<\varepsilon,\qquad ②$$

$$|u_{m+1}(b)+u_{m+2}(b)+\cdots+u_n(b)|\leqslant\frac{\varepsilon}{2}<\varepsilon.\qquad ③$$

由 Cauchy 准则可知级数 $\sum\limits_{n=1}^{\infty}u_n(a)$ 与 $\sum\limits_{n=1}^{\infty}u_n(b)$ 均收敛.

(2) 根据(1) 的 ①，②，③ 式可知：当 $n>m>N$ 时，对 $\forall x\in[a,b]$，均有

$$|u_{m+1}(x)+u_{m+2}(x)+\cdots+u_n(x)|<\varepsilon.$$

这说明 $\sum\limits_{n=1}^{\infty}u_n(x)$ 在 $[a,b]$ 上一致收敛. 再结合 $u_n(x)(n=1,2,\cdots)$ 在 $[a,b]$ 上连续，所以和函数 $S(x)$ 在 $[a,b]$ 上连续.

11. 证　由于级数 $\sum\limits_{n=1}^{\infty}u_n(x)$ 在开区间 (a,b) 内一致收敛，所以 $\forall\varepsilon>0$，$\exists N$，当 $m>n>N$ 时，对 $\forall x\in(a,b)$，有

$$|u_n(x)+u_{n+1}(x)+\cdots+u_m(x)|<\frac{\varepsilon}{2},$$

由于 $u_n(x)$ 在 $[a,b]$ 上连续 $(n=1,2,\cdots)$，在上式中分别令 $x\to a^+$，$x\to b^-$，有

$$|u_n(a)+u_{n+1}(a)+\cdots+u_m(a)|\leqslant\frac{\varepsilon}{2}<\varepsilon,\ |u_n(b)+u_{n+1}(b)+\cdots+u_m(b)|\leqslant\frac{\varepsilon}{2}<\varepsilon.$$

从而当 $m>n>N$ 时，对 $\forall x\in[a,b]$，有

$$|u_n(x)+u_{n+1}(x)+\cdots+u_m(x)|<\varepsilon,$$

即 $\sum\limits_{n=1}^{\infty}u_n(x)$ 在 $[a,b]$ 上一致收敛. 由连续性定理知 $f(x)$ 在 $[a,b]$ 上连续，再由一致连续性定理知和函数 $f(x)$ 在 $[a,b]$ 上一致连续.

12. 证　首先记 $S_n(x)=\sum\limits_{i=1}^{n}u_i(x)$，由已知可得 $\{S_n(x)\}$ 是 $[a,b]$ 上连续可微的函数列，且在 $[a,b]$ 上收敛，同时对任意的正整数 n 及 $x\in[a,b]$，都有 $|S_n'(x)|\leqslant M$，那么 $\forall\varepsilon>0$，取 $\delta=\frac{\varepsilon}{3M}$，则对任意正整数 n 及 $x',x''\in[a,b]$，只要 $|x'-x''|<\delta$，结合拉格朗日中值定理，就有

$$|S_n(x')-S_n(x'')|=|S'_n(\xi)||x'-x''|<M\cdot\delta=\frac{\varepsilon}{3}. \qquad ①$$

现将$[a,b]$平均分割为$k=\left[\frac{b-a}{\delta}\right]+1$份，记为

$$T:a=x_0,x_1,\cdots,x_{k-1},x_k=b.$$

则每个小区间的长度均小于δ. 由于$\{S_n(x)\}$在$[a,b]$上收敛，所以对上述有限个$x_0,x_1,\cdots,x_k$，存在公共的N，当$m,n>N$时，对任意的$i=0,1,\cdots,k$，都有

$$|S_n(x_i)-S_m(x_i)|<\frac{\varepsilon}{3}. \qquad ②$$

于是当$m,n>N$时，对$\forall x\in[a,b]$，不妨设$x\in[x_{i-1},x_i]$，此时

$$|x-x_i|\leqslant|x_i-x_{i-1}|<\delta,$$

所以由①式可知

$$|S_n(x)-S_n(x_i)|<\frac{\varepsilon}{3},\ |S_m(x)-S_m(x_i)|<\frac{\varepsilon}{3}.$$

进而再结合②式就有

$$\begin{aligned}|S_n(x)-S_m(x)|&\leqslant|S_n(x)-S_n(x_i)|+|S_n(x_i)-S_m(x_i)|+|S_m(x_i)-S_m(x)|\\&<\frac{\varepsilon}{3}+\frac{\varepsilon}{3}+\frac{\varepsilon}{3}=\varepsilon.\end{aligned}$$

这说明$\{S_n(x)\}$在$[a,b]$上一致收敛，即$\sum\limits_{n=1}^{\infty}u_n(x)$在$[a,b]$上一致收敛.

第十四章 幂级数

一、主要内容归纳

1. 幂级数与收敛半径

(1)**幂级数的定义** 由幂函数列$\{a_n(x-x_0)^n\}$所产生的函数项级数

$$\sum_{n=0}^{\infty} a_n(x-x_0)^n=a_0+a_1(x-x_0)+\cdots+a_n(x-x_0)^n+\cdots \qquad ①$$

称为**幂级数**,其中 x_0 是任意给定的实数,a_n $(n=0,1,2,\cdots)$称为幂级数的**系数**.通常我们所讨论的是 $x_0=0$ 时的情形,即

$$\sum_{n=0}^{\infty} a_nx^n=a_0+a_1x+a_2x^2+\cdots+a_nx^n+\cdots, \qquad ②$$

将②式中的 x 换成 $x-x_0$ 即得①式.

(2)**阿贝尔定理** 若幂级数②在 $x=\overline{x}\neq0$ 处收敛,则对满足不等式$|x|<|\overline{x}|$的任何 x,幂级数②收敛且绝对收敛;若幂级数②在 $x=\overline{x}$ 时发散,则对满足不等式$|x|>|\overline{x}|$的任何 x,幂级数②发散.

(3)**收敛区间与收敛域** 使幂级数收敛的点的全体所组成的集合称为幂级数的**收敛域**.若幂级数②不止 $x=0$ 一个收敛点,则它的收敛域是以原点为中心,长度为 $2R$ 的区间,其中 R 称为**收敛半径**,开区间$(-R,R)$称为幂级数②的**收敛区间**.收敛区间两端点是否属于收敛域,要看具体幂级数而定.$R=0$ 时,幂级数②仅在 $x=0$ 处收敛;$R=+\infty$时,幂级数②在$(-\infty,+\infty)$上收敛;当 $0<R<+\infty$时,幂级数②在$(-R,R)$内收敛,对一切满足不等式$|x|>R$的 x,幂级数②都发散,至于 $x=\pm R$ 处,幂级数②可能收敛也可能发散.

(4)**收敛半径的求法**

对于幂级数②,若$\lim\limits_{n\to\infty}\dfrac{|a_{n+1}|}{|a_n|}=\rho$ (或$\lim\limits_{n\to\infty}\sqrt[n]{|a_n|}=\rho$,或$\overline{\lim\limits_{n\to\infty}}\sqrt[n]{|a_n|}=\rho$),则当

(ⅰ)$0<\rho<+\infty$时,幂级数②的收敛半径 $R=\dfrac{1}{\rho}$;

(ⅱ)$\rho=0$ 时,幂级数②的收敛半径 $R=+\infty$;

(ⅲ)$\rho=+\infty$时,幂级数②的收敛半径 $R=0$.

2. 幂级数的性质 (设 $R\neq0$)

(1)**内闭一致收敛性** 幂级数在其收敛域的任一闭子区间上一致收敛.

(2)**连续性、可积性、可导性** 幂级数的和函数在其收敛域上连续;在其收敛域的任一闭子区间上可积;在其收敛区间内可导.

(3)**逐项求极限、逐项求积、逐项求导** 设 $f(x)$ 为幂级数②的和函数，R 为其收敛半径 $(R\neq 0)$，则

(ⅰ) $\lim\limits_{x\to a} f(x)=\sum\limits_{n=0}^{\infty} a_n a^n, a\in(-R,R)$；

(ⅱ) $\int_0^x f(t)\mathrm{d}t=\sum\limits_{n=0}^{\infty}\frac{a_n}{n+1}x^{n+1}, x\in(-R,R)$；

(ⅲ) $f'(x)=\sum\limits_{n=1}^{\infty} na_n x^{n-1}, x\in(-R,R)$，

且幂级数 $\sum\limits_{n=0}^{\infty}\frac{a_n}{n+1}x^{n+1}$ 与 $\sum\limits_{n=1}^{\infty} na_n x^{n-1}$ 的收敛半径同样是 R（即逐项求导与逐项求积后，收敛区间不变，但收敛域可能发生改变）.

3. 幂级数的运算

设有两个幂级数：

$$f(x)=\sum_{n=0}^{\infty} a_n x^n,\ |x|<R_a\neq 0,\qquad g(x)=\sum_{n=0}^{\infty} b_n x^n,\ |x|<R_b\neq 0,$$

记 $R=\min\{R_a,R_b\}$. 当 $f(x)=g(x)$，$|x|<R$ 时，称这两个幂级数**相等**，且有

(1) $f(x)=g(x), |x|<R \Leftrightarrow a_n=b_n\ (n=1,2,\cdots)$；

(2) $\lambda\sum\limits_{n=0}^{\infty} a_n x^n=\sum\limits_{n=0}^{\infty}\lambda a_n x^n, |x|<R_a$（$\lambda$ 为常数）；

(3) $\sum\limits_{n=0}^{\infty} a_n x^n\pm\sum\limits_{n=0}^{\infty} b_n x^n=\sum\limits_{n=0}^{\infty}(a_n\pm b_n)x^n, |x|<R$；

(4) $\left(\sum\limits_{n=0}^{\infty} a_n x^n\right)\left(\sum\limits_{n=0}^{\infty} b_n x^n\right)=\sum\limits_{n=0}^{\infty} c_n x^n, |x|<R$，其中 $c_n=\sum\limits_{k=0}^{n} a_k b_{n-k}\ (n=0,1,2,\cdots)$.

4. 泰勒级数

若函数 $f(x)$ 在 $x=x_0$ 处存在任意阶的导数，则称

$$f(x_0)+f'(x_0)(x-x_0)+\frac{f''(x_0)}{2!}(x-x_0)^2+\cdots+\frac{f^{(n)}(x_0)}{n!}(x-x_0)^n+\cdots$$

为函数 $f(x)$ 在 x_0 处的**泰勒级数**. 当 $x_0=0$ 时，称

$$f(0)+f'(0)x+\frac{f''(0)}{2!}x^2+\cdots+\frac{f^{(n)}(0)}{n!}x^n+\cdots$$

为函数 $f(x)$ 的**麦克劳林级数**.

5. 函数的泰勒展开式

若 $f(x)$ 在 x_0 的某邻域 $U(x_0)$ 内等于其泰勒级数的和函数，则称函数 $f(x)$ 在 $U(x_0)$ 内可以展开成泰勒级数，并称等式

$$f(x)=f(x_0)+f'(x_0)(x-x_0)+\frac{f''(x_0)}{2!}(x-x_0)^2+\cdots+\frac{f^{(n)}(x_0)}{n!}(x-x_0)^n+\cdots$$

的右端为 $f(x)$ 在 $x=x_0$ 处的**泰勒展开式**，或称**幂级数展开式**.

6. 函数泰勒展开的充要条件

设 $f(x)$ 在点 x_0 具有任意阶导数，那么 $f(x)$ 在区间 (x_0-r,x_0+r) 内等于它的泰勒级数

的和函数的充分必要条件是：对一切满足不等式 $|x-x_0|<r$ 的 x，有 $\lim\limits_{n\to\infty} R_n(x)=0$，这里 $R_n(x)$ 是 $f(x)$ 在 x_0 处的泰勒公式余项.

7. 常用的初等函数的幂级数展开式

(1) $e^x=1+x+\dfrac{x^2}{2!}+\cdots+\dfrac{x^n}{n!}+\cdots \quad (-\infty<x<+\infty)$；

(2) $\sin x=x-\dfrac{x^3}{3!}+\dfrac{x^5}{5!}-\dfrac{x^7}{7!}+\cdots+(-1)^{n+1}\dfrac{x^{2n-1}}{(2n-1)!}+\cdots \quad (-\infty<x<+\infty)$；

(3) $\cos x=1-\dfrac{x^2}{2!}+\dfrac{x^4}{4!}-\cdots+(-1)^n\dfrac{x^{2n}}{(2n)!}+\cdots \quad (-\infty<x<+\infty)$；

(4) $\ln(1+x)=x-\dfrac{x^2}{2}+\dfrac{x^3}{3}-\cdots+(-1)^{n-1}\dfrac{x^n}{n}+\cdots \quad (-1<x\leqslant 1)$；

(5) $\arctan x=x-\dfrac{x^3}{3}+\dfrac{x^5}{5}-\cdots+(-1)^n\dfrac{x^{2n+1}}{2n+1}+\cdots \quad (-1\leqslant x\leqslant 1)$；

(6) $(1+x)^\alpha=1+\sum\limits_{n=1}^{\infty} C_\alpha^n x^n\left(C_\alpha^n=\dfrac{\alpha(\alpha-1)\cdots(\alpha-n+1)}{n!}\right)$，其收敛域为

$$I=\begin{cases}[-1,1], & \alpha>0,\\ (-1,1], & -1<\alpha<0,\\ (-1,1), & \alpha\leqslant -1.\end{cases}$$

特别当 $\alpha=-1$ 时，即为几何级数 $\dfrac{1}{1+x}=1-x+x^2-\cdots+(-1)^n x^n+\cdots \quad (-1<x<1)$.

二、经典例题解析及解题方法总结

【例 1】 求 $\displaystyle\int_0^1 \frac{dx}{1+x^3}$，并证明它也等于 $\displaystyle\sum_{n=1}^{\infty}\frac{(-1)^{n-1}}{3n-2}$.

解
$$\int_0^1 \frac{dx}{1+x^3}=\int_0^1 \frac{dx}{(1+x)(x^2-x+1)}=\frac{1}{3}\int_0^1 \frac{dx}{1+x}-\frac{1}{3}\int_0^1 \frac{x-2}{x^2-x+1}dx$$
$$=\frac{1}{3}\ln 2-\frac{1}{6}\int_0^1 \frac{d(x^2-x+1)}{x^2-x+1}+\frac{1}{2}\int_0^1 \frac{dx}{x^2-x+1}=\frac{1}{3}\ln 2+\frac{\sqrt{3}}{9}\pi.$$

由于 $\dfrac{1}{1+x^3}=\sum\limits_{n=0}^{\infty}(-1)^n x^{3n}, x\in(-1,1)$，所以由幂级数的性质知

$$\int_0^1 \frac{dx}{1+x^3}=\int_0^1\sum_{n=0}^{\infty}(-1)^n x^{3n}dx=\sum_{n=0}^{\infty}\int_0^1(-1)^n x^{3n}dx=\sum_{n=0}^{\infty}\frac{(-1)^n}{3n+1}=\sum_{n=1}^{\infty}\frac{(-1)^{n-1}}{3n-2}.$$

【例 2】 求非初等函数 $F(x)=\displaystyle\int_0^x e^{-t^2}dt$ 在 $x=0$ 处的幂级数展开式.

解 以 $-x^2$ 代替 e^x 的幂级数展开式中的 x，得

$$e^{-x^2}=1-\frac{x^2}{1!}+\frac{x^4}{2!}-\frac{x^6}{3!}+\cdots+\frac{(-1)^n x^{2n}}{n!}+\cdots,\quad x\in(-\infty,+\infty).$$

再逐项求积，就得到 $F(x)$ 在 $(-\infty,+\infty)$ 上的幂级数展开式

$$F(x)=\int_0^x e^{-t^2}dt=x-\frac{1}{1!}\cdot\frac{x^3}{3}+\frac{1}{2!}\cdot\frac{x^5}{5}-\frac{1}{3!}\cdot\frac{x^7}{7}+\cdots+\frac{(-1)^n}{n!}\cdot\frac{x^{2n+1}}{2n+1}+\cdots$$

$$=\sum_{n=0}^{\infty}\frac{(-1)^n}{n!}\cdot\frac{x^{2n+1}}{2n+1}.$$

【例 3】 求幂级数 $\sum\limits_{n=1}^{\infty}\frac{(x-1)^{2n}}{n-3^{2n}}$ 的收敛半径与收敛域.

解 先求收敛半径. 由于这是缺项幂级数，因此不能直接用比式法或根式法求其收敛半径. 现采用下面三种方法求收敛半径：

方法一 应用柯西—阿达马定理，由

$$\rho=\overline{\lim_{n\to\infty}}\sqrt[n]{|a_n|}=\overline{\lim_{n\to\infty}}\sqrt[2n]{\left|\frac{1}{n-3^{2n}}\right|}=\frac{1}{3}\lim_{n\to\infty}\sqrt[2n]{\frac{1}{1-\frac{n}{3^{2n}}}}=\frac{1}{3},$$

知收敛半径为 $R=3$.

方法二 设 $u_n(x)=\frac{(x-1)^{2n}}{n-3^{2n}}$，则

$$\lim_{n\to\infty}\left|\frac{u_{n+1}(x)}{u_n(x)}\right|=\lim_{n\to\infty}\left|\frac{\frac{(x-1)^{2n+2}}{n+1-3^{2n+2}}}{\frac{(x-1)^{2n}}{n-3^{2n}}}\right|=(x-1)^2\lim_{n\to\infty}\left|\frac{n-3^{2n}}{n+1-3^{2n+2}}\right|=\frac{1}{9}(x-1)^2.$$

从而当 $(x-1)^2<9$（即 $|x-1|<3$）时，级数 $\sum\limits_{n=1}^{\infty}u_n(x)$ 收敛；当 $(x-1)^2>9$（即 $|x-1|>3$）时，级数 $\sum\limits_{n=1}^{\infty}u_n(x)$ 发散. 于是该幂级数的收敛半径为 $R=3$.

方法三 设 $z=(x-1)^2$，易知幂级数 $\sum\limits_{n=1}^{\infty}\frac{z^n}{n-3^{2n}}$ 的收敛半径为

$$R=\frac{1}{\rho}=\lim_{n\to\infty}\sqrt[n]{|n-3^{2n}|}=9\lim_{n\to\infty}\sqrt[n]{1-\frac{n}{3^{2n}}}=9.$$

从而当 $(x-1)^2<9$（即 $|x-1|<3$）时，原幂级数收敛；当 $(x-1)^2>9$（即 $|x-1|>3$）时，原幂级数发散. 由此知原幂级数的收敛半径为 $R=3$.

再求收敛域. 由于该幂级数是关于 $(x-1)$ 的幂级数，因此其收敛区间为 $(-2,4)$，从而需讨论它在 $x=-2$ 及 $x=4$ 处的收敛性.

当 $x=-2$ 及 $x=4$ 时，相应的级数都是 $\sum\limits_{n=1}^{\infty}\frac{3^{2n}}{n-3^{2n}}$. 由于 $\lim\limits_{n\to\infty}\left|\frac{3^{2n}}{n-3^{2n}}\right|=1$，因此该级数因通项不趋于零而发散，所以原幂级数的收敛域为 $(-2,4)$.

方法总结

本题给出了求缺项级数的收敛半径的三种方法.

【例 4】 求幂级数 $\sum\limits_{n=1}^{\infty}(-1)^n\frac{2n+1}{n}x^{2n}$ 的收敛域及和函数.

解 由于 $\lim\limits_{n\to\infty}\sqrt[n]{\frac{2n+1}{n}}=1$，故 $R=1$，又当 $x=\pm1$ 时级数化为 $\sum\limits_{n=1}^{\infty}(-1)^n\frac{2n+1}{n}$ 发散，因

此收敛域为$(-1,1)$.

记 $f(x)=\sum\limits_{n=1}^{\infty}\frac{x^n}{n}$,则$f'(x)=\sum\limits_{n=1}^{\infty}x^{n-1}=\frac{1}{1-x}$,又 $f(x)=f(0)+\int_0^x\frac{1}{1-t}\mathrm{d}t=-\ln(1-x)$. 于是

$$\sum_{n=1}^{\infty}(-1)^n\frac{2n+1}{n}x^{2n}=2\sum_{n=1}^{\infty}(-x^2)^n+\sum_{n=1}^{\infty}\frac{(-x^2)^n}{n}=-\frac{2x^2}{1+x^2}-\ln(1+x^2).$$

【例 5】 求幂级数 $\sum\limits_{n=2}^{\infty}(-1)^{n-1}\frac{x^{n+1}}{n^2-1}$的和函数.

解 (1)先求幂级数的收敛域. 因为

$$\rho=\lim_{n\to\infty}\left|\frac{a_{n+1}}{a_n}\right|=\lim_{n\to\infty}\frac{n^2-1}{(n+1)^2-1}=1,$$

所以幂级数的收敛半径 $R=\frac{1}{\rho}=1$.

又当 $x=\pm1$ 时,相应的级数 $\sum\limits_{n=1}^{\infty}(-1)^{n-1}\frac{1}{n^2-1}$与$\sum\limits_{n=1}^{\infty}\frac{1}{n^2-1}$都收敛,从而该幂级数的收敛域为$[-1,1]$.

(2)再求幂级数在其收敛区间$(-1,1)$上的和函数,下面用逐项求导法来求解. 设

$$f(x)=\sum_{n=2}^{\infty}(-1)^{n-1}\frac{x^{n+1}}{n^2-1},\quad x\in(-1,1),$$

则有

$$f'(x)=\sum_{n=2}^{\infty}(-1)^{n-1}\frac{x^n}{n-1}=x\sum_{n=1}^{\infty}(-1)^n\frac{x^n}{n}.$$

再设

$$g(x)=\sum_{n=1}^{\infty}(-1)^n\frac{x^n}{n},\quad x\in(-1,1),$$

又有

$$g'(x)=\sum_{n=1}^{\infty}(-1)^nx^{n-1}=-\frac{1}{1+x}.$$

于是对上式两边进行积分,得到 $g(x)=\int_0^x\left(-\frac{1}{1+t}\right)\mathrm{d}t+g(0)=-\ln(1+x)$,

并有$f'(x)=xg(x)=-x\ln(1+x)$. 再进行积分,又得

$$f(x)=-\int_0^x t\ln(1+t)\mathrm{d}t+f(0)=\frac{1-x^2}{2}\ln(1+x)-\frac{x}{2}+\frac{x^2}{4}.$$

(3)最后求幂级数在其收敛域$[-1,1]$上的和函数 $S(x)$. 由定理 14.6 知,

$$S(x)=\begin{cases}\lim\limits_{x\to1^-}f(x),x=1,\\ f(x),-1<x<1,\\ \lim\limits_{x\to-1^+}f(x),x=-1.\end{cases}$$

由 $f(x)$在 $x=1$ 处左连续及 $\lim\limits_{x\to-1^+}f(x)=\lim\limits_{x\to-1^+}\left[\frac{1-x^2}{2}\ln(1+x)-\frac{x}{2}+\frac{x^2}{4}\right]=\frac{3}{4}$,

得

$$S(x)=\begin{cases}\dfrac{1-x^2}{2}\ln(1+x)-\dfrac{x}{2}+\dfrac{x^2}{4}, & x\in(-1,1],\\ \dfrac{3}{4}, & x=-1.\end{cases}$$

方法总结

(1)上面又提供了一种计算级数和 $\sum\limits_{n=2}^{\infty}\dfrac{1}{n^2-1}=\dfrac{3}{4}$ 的方法(通过逐项求极限).

(2)求幂级数的和函数的一般步骤是:

(i)求幂级数的收敛区间与收敛域;

(ii)求幂级数在其收敛区间内的和函数;

(iii)如果幂级数的收敛域不是开区间,则还必须讨论它在收敛域端点处的和;

(iv)写出幂级数的和函数,明确注明和函数的定义域(即收敛域).

【例 6】 利用幂级数求数项级数 $\sum\limits_{n=0}^{\infty}\dfrac{(-1)^n}{4n+1}$ 的和.

解 考察幂级数 $\sum\limits_{n=0}^{\infty}(-1)^n\dfrac{1}{4n+1}x^{4n+1}$. 容易求得此幂级数的收敛域为$[-1,1]$. 令

$$f(x)=\sum_{n=0}^{\infty}(-1)^n\frac{1}{4n+1}x^{4n+1},\quad x\in[-1,1].$$

则当 $x\in(-1,1)$ 时,$f'(x)=\sum\limits_{n=0}^{\infty}(-1)^n x^{4n}=\dfrac{1}{1+x^4}$,于是

$$f(x)=\int_0^x\frac{dt}{1+t^4}+f(0)=\int_0^x\frac{1}{1+t^4}dt,\quad x\in(-1,1).$$

由于 $\int_0^x\dfrac{1}{1+t^4}dt$ 在$[-1,1]$上连续,因此

$$f(x)=\int_0^x\frac{1}{1+t^4}dt,\quad x\in[-1,1].$$

从而,当 $x=1$ 时该幂级数的值为

$$\sum_{n=0}^{\infty}(-1)^n\frac{1}{4n+1}=f(1)=\int_0^1\frac{dt}{1+t^4}=\frac{\pi}{4\sqrt{2}}+\frac{1}{2\sqrt{2}}\ln(1+\sqrt{2}).$$

【例 7】 计算 $\sum\limits_{n=1}^{\infty}(-1)^n\dfrac{n(n+1)}{2^n}$ 与 $\sum\limits_{n=1}^{\infty}(-1)^n\dfrac{n(n+1)}{2^{2n}}$ 的值.

解 令 $f(x)=\sum\limits_{n=1}^{\infty}n(n+1)x^{n-1}$,易知其收敛域为$(-1,1)$. 由幂级数的逐项可积性知

$$\int_0^x f(t)dt=\sum_{n=1}^{\infty}\int_0^x n(n+1)t^{n-1}dt=\sum_{n=1}^{\infty}(n+1)x^n\triangleq g(x).$$

同样由幂级数的逐项可积性知

$$\int_0^x g(t)\mathrm{d}t=\sum_{n=1}^{\infty}\int_0^x (n+1)t^n\mathrm{d}t=\sum_{n=1}^{\infty}x^{n+1}=\frac{x^2}{1-x},$$

从而

$$g(x)=\left(\frac{x^2}{1-x}\right)'=\frac{2x-x^2}{(1-x)^2},\quad f(x)=g'(x)=\frac{2}{(1-x)^3}.$$

于是，

$$\sum_{n=1}^{\infty}(-1)^n\frac{n(n+1)}{2^n}=-\frac{1}{2}f\left(-\frac{1}{2}\right)=-\frac{8}{27},$$

$$\sum_{n=1}^{\infty}(-1)^n\frac{n(n+1)}{2^{2n}}=-\frac{1}{4}f\left(-\frac{1}{4}\right)=-\frac{32}{125}.$$

【例 8】 计算积分$\int_0^1 \ln\frac{1}{1-x}\mathrm{d}x$.

解 **方法一** 由于 $\ln\frac{1}{1-x}=-\ln(1-x)=x+\frac{x^2}{2}+\frac{x^3}{3}+\cdots$，$|x|<1$，级数在$|x|\leqslant r(r<1)$上一致收敛，故可以逐项积分. 当 $x<1$ 时，有

$$\int_0^x \ln\frac{1}{1-t}\mathrm{d}t=\frac{x^2}{1\cdot 2}+\frac{x^3}{2\cdot 3}+\frac{x^4}{3\cdot 4}+\cdots,$$

由于级数 $\sum_{n=2}^{\infty}\frac{x^n}{(n-1)n}$ 的收敛域为$[-1,1]$，故有

$$\lim_{x\to 1^-}\int_0^x \frac{1}{1-t}\mathrm{d}t=\sum_{n=2}^{\infty}\frac{1}{(n-1)n}=1.$$

即$\int_0^1 \ln\frac{1}{1-x}\mathrm{d}x=1$.

方法二
$$\begin{aligned}\int\ln\frac{1}{1-x}\mathrm{d}x&=-\int\ln(1-x)\mathrm{d}x=-x\ln(1-x)+\int\frac{-x}{1-x}\mathrm{d}x\\&=x+(1-x)\ln(1-x)+C,\end{aligned}$$

故$\int_0^1 \ln\frac{1}{1-x}\mathrm{d}x=[x+(1-x)\ln(1-x)]\Big|_0^1=1$.

三、教材习题解答

习题 14.1 解答

1. 求下列幂级数的收敛半径与收敛区域：

(1) $\sum\limits_{n=1}^{\infty} nx^n$；　　(2) $\sum\limits_{n=1}^{\infty} \dfrac{x^n}{n^2 \cdot 2^n}$；

(3) $\sum\limits_{n=0}^{\infty} \dfrac{(n!)^2}{(2n)!}x^n$；　　(4) $\sum\limits_{n=0}^{\infty} r^{n^2} x^n (0<r<1)$；

(5) $\sum\limits_{n=1}^{\infty} \dfrac{(x-2)^{2n-1}}{(2n-1)!}$；　　(6) $\sum\limits_{n=1}^{\infty} \dfrac{3^n+(-2)^n}{n}(x+1)^n$；

(7) $\sum\limits_{n=1}^{\infty} \left(1+\dfrac{1}{2}+\cdots+\dfrac{1}{n}\right)x^n$；　　(8) $\sum\limits_{n=0}^{\infty} \dfrac{x^{n^2}}{2^n}$.

【思路探索】　要求幂级数的收敛半径 R，在幂级数不缺项时可直接应用定理来求，讨论 $x=\pm R$ 的敛散性即可得到收敛区域；在幂级数缺项时，可把级数作为数项级数，利用正项级数收敛的判别法求出 x 的范围，即收敛区域.

解　(1) 因 $\rho=\lim\limits_{n\to\infty}\sqrt[n]{n}=1$，故收敛半径 $R=1$，收敛区间为 $(-1,1)$.

又 $x=\pm1$ 时，级数 $\sum n$ 与级数 $\sum(-1)^n n$ 均发散，故收敛域为 $(-1,1)$.

(2) 因为 $\rho=\lim\limits_{n\to\infty}\sqrt[n]{\dfrac{1}{n^2 2^n}}=\dfrac{1}{2}$，故收敛半径 $R=2$，收敛区间为 $(-2,2)$.

当 $x=\pm2$ 时，级数 $\sum(\pm1)^n\cdot\dfrac{1}{n^2}$ 收敛，故收敛域为 $[-2,2]$.

(3) 记 $a_n=\dfrac{(n!)^2}{(2n)!}$，则 $\dfrac{a_{n+1}}{a_n}=\dfrac{(n+1)^2}{(2n+1)(2n+2)}=\dfrac{n+1}{2(2n+1)}$，所以 $\rho=\lim\limits_{n\to\infty}\left|\dfrac{a_{n+1}}{a_n}\right|=\dfrac{1}{4}$，收敛半径 $R=4$. 当 $x=\pm4$ 时，级数为 $\sum\dfrac{(n!)^2}{(2n)!}(\pm4)^n$，通项为 u_n，则

$$|u_n|=\frac{(n!)^2\cdot4^n}{(2n)!}=\frac{(n!)2^n\cdot(n!)2^n}{(2n)!}=\frac{2\cdot4\cdot6\cdot\cdots\cdot2n}{1\cdot3\cdot5\cdot\cdots\cdot(2n-1)}>1,$$

故 $u_n\nrightarrow0(n\to\infty)$，即 $x=\pm4$ 时级数发散，故收敛域为 $(-4,4)$.

(4) 因 $\rho=\lim\limits_{n\to\infty}\sqrt[n]{r^{n^2}}=0$，故收敛半径为 $R=+\infty$，收敛域为 $(-\infty,+\infty)$.

(5) 设 $u_n=\dfrac{(x-2)^{2n-1}}{(2n-1)!}$，则 $\left|\dfrac{u_{n+1}}{u_n}\right|=\dfrac{(x-2)^2}{2n(2n+1)}$，故对任一取定的 x，有 $\lim\limits_{n\to\infty}\left|\dfrac{u_{n+1}}{u_n}\right|=0<1$，故级数的收敛半径为 $R=+\infty$，收敛域为 $(-\infty,+\infty)$.

(6) 设 $a_n=\dfrac{3^n+(-2)^n}{n}$，则 $\lim\limits_{n\to\infty}\left|\dfrac{a_{n+1}}{a_n}\right|=3$，故收敛半径 $R=\dfrac{1}{3}$，故 $-\dfrac{1}{3}<x+1<\dfrac{1}{3}$，从而收敛区间为 $\left(-\dfrac{4}{3},-\dfrac{2}{3}\right)$.

当 $x=-\dfrac{4}{3}$ 时，原级数可化为

$$\sum\frac{3^n+(-2)^n}{n}\left(-\frac{1}{3}\right)^n=\sum\left[(-1)^n\frac{1}{n}+\frac{\left(\frac{2}{3}\right)^n}{n}\right],$$

对于级数 $\sum\dfrac{\left(\frac{2}{3}\right)^n}{n}$，因为 $0<\dfrac{\left(\frac{2}{3}\right)^n}{n}<\left(\dfrac{2}{3}\right)^n$，而 $\sum\left(\dfrac{2}{3}\right)^n$ 收敛，故级数 $\sum\dfrac{\left(\frac{2}{3}\right)^n}{n}$ 收敛. 又

$\sum(-1)^n \frac{1}{n}$ 收敛，故 $x=-\frac{4}{3}$ 时，原级数收敛.

当 $x=-\frac{2}{3}$ 时，原级数可化为 $\sum \frac{3^n+(-2)^n}{n}\left(\frac{1}{3}\right)^n=\sum\left[\frac{1}{n}+\frac{\left(-\frac{2}{3}\right)^n}{n}\right]$.

因 $\sum \frac{\left(-\frac{2}{3}\right)^n}{n}$ 收敛，$\sum \frac{1}{n}$ 发散，故 $x=-\frac{2}{3}$ 时原级数发散，从而收敛域为 $\left[-\frac{4}{3},-\frac{2}{3}\right)$.

(7) 设 $a_n=1+\frac{1}{2}+\cdots+\frac{1}{n}$，则 $\rho=\lim\limits_{n\to\infty}\left|\frac{a_{n+1}}{a_n}\right|=1$，故收敛半径 $R=1$，又 $a_n \nrightarrow 0(n\to\infty)$，故 $x=\pm 1$ 时，原级数发散，从而收敛域为 $(-1,1)$.

(8) 设 $u_n=\frac{x^{n^2}}{2^n}$，则

$$\lim_{n\to\infty}\left|\frac{u_{n+1}}{u_n}\right|=\lim_{n\to\infty}\left|\frac{x^{(n+1)^2}}{2^{n+1}}\cdot\frac{2^n}{x^{n^2}}\right|=\lim_{n\to\infty}\frac{|x^{2n+1}|}{2}=\begin{cases}0, & |x|<1,\\ \frac{1}{2}, & |x|=1,\\ +\infty, & |x|>1.\end{cases}$$

因此级数在 $|x|\leqslant 1$ 时收敛，$|x|>1$ 时发散，从而可得收敛半径 $R=1$，收敛域为 $[-1,1]$.

2. 应用逐项求导或逐项求积方法求下列幂级数的和函数(应同时指出它们的定义域)：

(1) $x+\frac{x^3}{3}+\frac{x^5}{5}+\cdots+\frac{x^{2n+1}}{2n+1}+\cdots$；

(2) $1\cdot 2x+2\cdot 3x^2+\cdots+n(n+1)x^n+\cdots$；

(3) $\sum\limits_{n=1}^{\infty}n^2x^n$.

解 (1) 设 $u_n=\frac{x^{2n+1}}{2n+1}$，因 $\lim\limits_{n\to\infty}\left|\frac{u_{n+1}}{u_n}\right|=x^2$，当 $x^2<1$ 时，级数收敛，故原级数的收敛半径 $R=1$. 又当 $x=\pm 1$ 时，原级数可化为 $\sum\limits_{n=0}^{\infty}\left(\pm\frac{1}{2n+1}\right)$，级数发散，从而收敛域为 $(-1,1)$.

设 $S(x)=\sum\limits_{n=0}^{\infty}\frac{x^{2n+1}}{2n+1}(x\in(-1,1))$，在 $x\in(-1,1)$ 内逐项求导，得

$$S'(x)=\sum_{n=0}^{\infty}x^{2n}=\frac{1}{1-x^2}.$$

故和函数

$$S(x)=S(0)+\int_0^x S'(t)\mathrm{d}t=S(0)+\int_0^x\frac{\mathrm{d}t}{1-t^2}=\frac{1}{2}\ln\frac{1+x}{1-x},x\in(-1,1).$$

(2) 记 $f(x)=\sum\limits_{n=1}^{\infty}n(n+1)x^n$，因为 $\rho=\lim\limits_{n\to\infty}\frac{(n+1)(n+2)}{n(n+1)}=1$，所以 $R=\frac{1}{\rho}=1$.

当 $x=\pm 1$ 时，级数化为 $\sum\limits_{n=1}^{\infty}(\pm 1)^n n(n+1)$ 发散，故收敛域为 $(-1,1)$.

因为 $\int_0^x f(t)\mathrm{d}t=\sum\limits_{n=1}^{\infty}nx^{n+1}=x^2\sum\limits_{n=1}^{\infty}nx^{n-1}=x^2\left(\sum\limits_{n=1}^{\infty}x^n\right)'=x^2\left(\frac{x}{1-x}\right)'=\frac{x^2}{(1-x)^2}$，所以

$$f(x)=\left[\frac{x^2}{(1-x)^2}\right]'=\frac{2x}{(1-x)^3},x\in(-1,1).$$

(3) 记 $f(x)=\sum\limits_{n=1}^{\infty}n^2x^n$，易求收敛域为 $(-1,1)$.

因为

$$\int_0^x \Big(\sum_{n=1}^{\infty} n^2 t^{n-1}\Big) \mathrm{d}t = \sum_{n=1}^{\infty} n x^n,$$

$$\int_0^x \Big(\sum_{n=1}^{\infty} n t^{n-1}\Big) \mathrm{d}t = \sum_{n=1}^{\infty} x^n = \frac{x}{1-x},$$

所以

$$\sum_{n=1}^{\infty} n x^{n-1} = \Big(\frac{x}{1-x}\Big)' = \frac{1}{(1-x)^2}, \sum_{n=1}^{\infty} n x^n = \frac{x}{(1-x)^2},$$

所以$\sum\limits_{n=1}^{\infty} n^2 x^{n-1} = \left[\frac{x}{(1-x)^2}\right]' = \frac{1+x}{(1-x)^3}$，因此 $f(x) = \frac{x(1+x)}{(1-x)^3}, x \in (-1,1)$.

> 归纳总结：求和函数时通常先确定幂级数的收敛域，然后观察幂级数通项的系数与 x 的指数的特点与关系，再利用逐项求导或逐项求积化为简单幂级数，从而求出和函数.

3. 证明：设 $f(x) = \sum\limits_{n=0}^{\infty} a_n x^n$ 当 $|x| < R$ 时收敛，若 $\sum\limits_{n=0}^{\infty} \frac{a_n}{n+1} R^{n+1}$ 也收敛，则

$$\int_0^R f(x) \mathrm{d}x = \sum_{n=0}^{\infty} \frac{a_n}{n+1} R^{n+1}$$

（注意：这里不管 $\sum\limits_{n=0}^{\infty} a_n x^n$ 在 $x = R$ 是否收敛）. 应用这个结果证明：

$$\int_0^1 \frac{1}{1+x} \mathrm{d}x = \ln 2 = \sum_{n=1}^{\infty} (-1)^{n-1} \frac{1}{n}.$$

【思路探索】 注意到 $f(x)$ 与 $\sum\limits_{n=0}^{\infty} \frac{a_n}{n+1} R^{n+1}$ 在形式上的关系，以及 $\sum\limits_{n=0}^{\infty} \frac{a_n}{n+1} R^{n+1}$ 收敛，说明 $\sum\limits_{n=0}^{\infty} \frac{a_n}{n+1} x^{n+1}$ 在 $x = R$ 处左连续，利用对级数 $\sum\limits_{n=0}^{\infty} a_n x^n$ 逐项求积并取左极限即可得证.

证　因 $f(x) = \sum\limits_{n=0}^{\infty} a_n x^n$ 在 $|x| < R$ 内收敛，所以有

$$\int_0^x f(t) \mathrm{d}t = \sum_{n=0}^{\infty} \Big(\int_0^x a_n t^n \mathrm{d}t\Big) = \sum_{n=0}^{\infty} \frac{a_n}{n+1} x^{n+1}, x \in (-R,R).$$

又 $x = R$ 时，级数 $\sum\limits_{n=0}^{\infty} \frac{a_n}{n+1} R^{n+1}$ 收敛，从而由定理 14.6 知 $\sum\limits_{n=0}^{\infty} \frac{a_n}{n+1} x^{n+1}$ 的和函数在 $x = R$ 处左连续，从而

$$\int_0^R f(x) \mathrm{d}x = \lim_{x \to R^-} \int_0^x f(t) \mathrm{d}t = \lim_{x \to R^-} \Big(\sum_{n=0}^{\infty} \frac{a_n}{n+1} x^{n+1}\Big) = \sum_{n=0}^{\infty} \frac{a_n}{n+1} R^{n+1}.$$

又因为 $f(x) = \frac{1}{1+x} = \sum\limits_{n=0}^{\infty} (-1)^n x^n$ 在 $|x| < 1$ 内收敛，且级数 $\sum\limits_{n=0}^{\infty} \frac{(-1)^n}{n+1}$ 收敛，所以

$$\int_0^1 \frac{1}{1+x} \mathrm{d}x = \ln 2 = \sum_{n=0}^{\infty} \frac{(-1)^n}{n+1} = \sum_{n=1}^{\infty} (-1)^{n-1} \frac{1}{n}.$$

4. 证明：(1) $y = \sum\limits_{n=0}^{\infty} \frac{x^{4n}}{(4n)!}$ 满足方程 $y^{(4)} = y$；

(2) $y = \sum\limits_{n=0}^{\infty} \frac{x^n}{(n!)^2}$ 满足方程 $xy'' + y' - y = 0$.

【思路探索】 在幂级数收敛区间内逐项求导，代入方程验证即可.

证　(1) 设 $u_n = \frac{x^{4n}}{(4n)!}$，故 $\lim\limits_{n \to \infty} \left|\frac{u_{n+1}}{u_n}\right| = \lim\limits_{n \to \infty} \frac{x^4}{(4n+1)(4n+2)(4n+3)(4n+4)} = 0$，从而幂级数

$\sum\limits_{n=0}^{\infty}\frac{x^{4n}}{(4n)!}$ 的收敛区间为$(-\infty,+\infty)$，且 y 在$(-\infty,+\infty)$ 内具有任意阶导数，所以

$$y'=\sum_{n=1}^{\infty}\frac{x^{4n-1}}{(4n-1)!},y''=\sum_{n=1}^{\infty}\frac{x^{4n-2}}{(4n-2)!},$$

$$y'''=\sum_{n=1}^{\infty}\frac{x^{4n-3}}{(4n-3)!},y^{(4)}=\sum_{n=1}^{\infty}\frac{x^{4n-4}}{(4n-4)!}=\sum_{n=0}^{\infty}\frac{x^{4n}}{(4n)!}=y.$$

(2) 设 $a_n=\frac{1}{(n!)^2}$，故 $\lim\limits_{n\to\infty}\left|\frac{a_{n+1}}{a_n}\right|=\lim\limits_{n\to\infty}\frac{(n!)^2}{((n+1)!)^2}=0$，所以幂级数的收敛区间为$(-\infty,+\infty)$，且和函数 y 在$(-\infty,+\infty)$ 具有任意阶导数.

由 $y=\sum\limits_{n=0}^{\infty}\frac{x^n}{(n!)^2}=1+\sum\limits_{n=1}^{\infty}\frac{x^n}{(n!)^2}$ 可得

$$y'=\sum_{n=1}^{\infty}\frac{x^{n-1}}{(n-1)!n!}=1+\sum_{n=2}^{\infty}\frac{x^{n-1}}{(n-1)!n!},$$

$$y''=\sum_{n=2}^{\infty}\frac{x^{n-2}}{(n-2)!n!},$$

所以又由 $y=1+\sum\limits_{n=2}^{\infty}\frac{x^{n-1}}{((n-1)!)^2}$，得

$$xy''+y'-y=\left(\sum_{n=2}^{\infty}\frac{1}{(n-2)!n!}+\sum_{n=2}^{\infty}\frac{1}{(n-1)!n!}-\sum_{n=2}^{\infty}\frac{1}{((n-1)!)^2}\right)x^{n-1}$$

$$=\sum_{n=2}^{\infty}\left(\frac{(n-1)(n-1)!+(n-1)!-n!}{n!((n-1)!)^2}\right)x^{n-1}=0.$$

5. 证明：设 f 为幂级数(2) 在$(-R,R)$ 上的和函数，若 f 为奇函数，则级数(2) 仅出现奇次幂的项，若 f 为偶函数，则(2) 仅出现偶次幂的项.

【思路探索】 (2) 式即为 $\sum\limits_{n=0}^{\infty}a_nx^n=a_0+a_1x+a_2x^2+\cdots+a_nx^n+\cdots$，利用奇偶函数的性质即可得证.

证 由 $f(x)=\sum\limits_{n=0}^{\infty}a_nx^n(x\in(-R,R))$ 可得 $f(-x)=\sum\limits_{n=0}^{\infty}(-1)^na_nx^n$.

当 $f(x)$ 为奇函数时，

$$f(x)+f(-x)=\sum_{n=0}^{\infty}(a_n+(-1)^na_n)x^n=0,x\in(-R,R).$$

又 $a_n+(-1)^na_n=0\Leftrightarrow a_{2n}=0(n=0,1,\cdots)$，故此时有

$$f(x)=\sum_{n=1}^{\infty}a_{2n-1}x^{2n-1},x\in(-R,R).$$

当 $f(x)$ 为偶函数时，

$$f(x)-f(-x)=\sum_{n=0}^{\infty}(a_n-(-1)^na_n)x^n=0,x\in(-R,R).$$

又 $a_n-(-1)^na_n=0\Leftrightarrow a_{2n-1}=0(n=1,2,\cdots)$，故此时有

$$f(x)=\sum_{n=0}^{\infty}a_{2n}x^{2n},x\in(-R,R).$$

6. 证明：若 $\sum\limits_{n=0}^{\infty}a_nx^n$ 的收敛半径是 $R(0<R<+\infty)$，则 $\sum\limits_{n=0}^{\infty}a_nx^{2n}$ 的收敛半径是 $\sqrt{R}$.

证 **方法一** 因为 $\sum\limits_{n=0}^{\infty}a_nx^n$ 的收敛半径是 R，所以 $\overline{\lim\limits_{n\to\infty}}\sqrt[n]{|a_n|}=\frac{1}{R}$.

对于 $\sum\limits_{n=0}^{\infty}a_nx^{2n}$，因为 $\overline{\lim\limits_{n\to\infty}}\sqrt[n]{|a_nx^{2n}|}=\overline{\lim\limits_{n\to\infty}}\sqrt[n]{|a_n|}\cdot x^2=\frac{x^2}{R}$，

所以当$\frac{x^2}{R}<1$,即$|x|<\sqrt{R}$时,$\sum\limits_{n=0}^{\infty}|a_nx^{2n}|$收敛,即$\sum\limits_{n=0}^{\infty}a_nx^{2n}$收敛.

当$\frac{x^2}{R}>1$,即$|x|>\sqrt{R}$时,$\sum\limits_{n=0}^{\infty}|a_nx^{2n}|$发散,即$\sum\limits_{n=0}^{\infty}a_nx^{2n}$发散.

故$\sum\limits_{n=0}^{\infty}a_nx^{2n}$的收敛半径是$\sqrt{R}$.

方法二　记$\sum\limits_{n=0}^{\infty}a_nx^{2n}=\sum\limits_{n=0}^{\infty}b_nx^n$,则$b_n=\begin{cases}a_n,n=2k,\\0,n=2k-1.\end{cases}$

于是$\overline{\lim\limits_{n\to\infty}}\sqrt[n]{|b_n|}=\overline{\lim\limits_{n\to\infty}}\sqrt[2n]{|a_n|}=\frac{1}{\sqrt{R}}$,故$\sum\limits_{n=0}^{\infty}a_nx^{2n}$的收敛半径为$\sqrt{R}$.

7. 设$\sum\limits_{n=0}^{\infty}a_nx^n$的收敛半径是$R(0<R<+\infty)$. 证明:对给定的$M>\frac{1}{R}$,存在$K>0$,使得$|a_n|\leqslant KM^n$,$\forall n=1,2,\cdots$.

证　因为$M>\frac{1}{R}$,所以$\frac{1}{M}\in(0,R)$,故级数$\sum\limits_{n=0}^{\infty}a_n\left(\frac{1}{M}\right)^n$绝对收敛.

即$\lim\limits_{n\to\infty}\frac{a_n}{M^n}=0$,数列$\left\{\frac{a_n}{M^n}\right\}$有界,则$\exists K>0,\forall n\in\mathbf{N}$,有$\left|\frac{a_n}{M^n}\right|\leqslant K$,即$|a_n|\leqslant KM^n$.

8. 求下列幂级数的收敛域:

(1) $\sum\limits_{n=0}^{\infty}\frac{x^n}{a^n+b^n}(a>0,b>0)$;　(2) $\sum\limits_{n=0}^{\infty}\left(1+\frac{1}{n}\right)^{n^2}x^n$.

解　(1) 设$u_n=\frac{1}{a^n+b^n}(a>0,b>0)$,则

$$\lim_{n\to\infty}\left|\frac{u_{n+1}}{u_n}\right|=\lim_{n\to\infty}\frac{a^n+b^n}{a^{n+1}+b^{n+1}}=\begin{cases}\frac{1}{a},a\geqslant b>0,\\\frac{1}{b},b>a>0.\end{cases}$$

故收敛半径$R=\max\{a,b\}$,又当$|x|=R$时,$\lim\limits_{n\to\infty}\frac{R^n}{a^n+b^n}=\begin{cases}1,a\neq b.\\\frac{1}{2},a=b\end{cases}\neq0$,故原幂级数在$|x|=R$时发散,收敛域为$(-R,R)$.

(2) 设$a_n=\left(1+\frac{1}{n}\right)^{n^2}$,则$\lim\limits_{n\to\infty}\sqrt[n]{a_n}=\lim\limits_{n\to\infty}\left(1+\frac{1}{n}\right)^n=\mathrm{e}$,故收敛半径为$R=\frac{1}{\mathrm{e}}$,又$x=\pm\frac{1}{\mathrm{e}}$时,

$$\lim_{n\to\infty}\left(1+\frac{1}{n}\right)^{n^2}\left|\pm\frac{1}{\mathrm{e}}\right|^n=\lim_{n\to\infty}\frac{\left(1+\frac{1}{n}\right)^{n^2}}{\mathrm{e}^n}.$$

由于$\lim\limits_{x\to0^+}\left[\frac{(1+x)^{\frac{1}{x}}}{\mathrm{e}}\right]^{\frac{1}{x}}=\mathrm{e}^{\lim\limits_{x\to0^+}\frac{\ln(1+x)-x}{x^2}}=\mathrm{e}^{-\frac{1}{2}}\neq0$,故$\lim\limits_{n\to\infty}\frac{\left(1+\frac{1}{n}\right)^{n^2}}{\mathrm{e}^n}=\mathrm{e}^{-\frac{1}{2}}\neq0$.

所以原级数在$x=\pm\frac{1}{\mathrm{e}}$时发散,故收敛域为$\left(-\frac{1}{\mathrm{e}},\frac{1}{\mathrm{e}}\right)$.

归纳总结:要求收敛域,先求收敛半径,再讨论收敛区间的端点处所得的数项级数是否收敛. 若有参数,则要对参数进行讨论.

9. 证明定理 14.3 并求下列幂级数的收敛半径：

(1) $\sum_{n=1}^{\infty}\frac{[3+(-1)^n]^n}{n}x^n$；　(2) $a+bx+ax^2+bx^3+\cdots(0<a<b)$.

【思路探索】　幂级数 $\sum_{n=0}^{\infty}a_nx^n$，当 $\lim_{n\to\infty}\sqrt[n]{|a_n|}$ 不存在时，可以考虑上极限 $\overline{\lim_{n\to\infty}}\sqrt[n]{|a_n|}$.

定理 14.3　对级数 $\sum_{n=0}^{\infty}a_nx^n$. 设 $\rho=\overline{\lim_{n\to\infty}}\sqrt[n]{|a_n|}$，则

(ⅰ) $0<\rho<+\infty$ 时，收敛半径 $R=\frac{1}{\rho}$；

(ⅱ) $\rho=0$ 时，$R=+\infty$；

(ⅲ) $\rho=+\infty$ 时，$R=0$.

证　对任意的 x，

$$\overline{\lim_{n\to\infty}}\sqrt[n]{|a_nx^n|}=\overline{\lim_{n\to\infty}}\sqrt[n]{|a_n|}\,|x|=|x|\,\overline{\lim_{n\to\infty}}\sqrt[n]{|a_n|}=\rho|x|.$$

据定理 12.8 推论 2 可得

当 $\rho|x|<1$ 时，级数 $\sum_{n=0}^{\infty}|a_nx^n|$ 收敛，从而级数 $\sum_{n=0}^{\infty}a_nx^n$ 收敛；

当 $\rho|x|>1$ 时，$|a_nx^n|\not\to 0(n\to\infty)$，从而可得级数 $\sum_{n=0}^{\infty}a_nx^n$ 发散.

(ⅰ) 当 $0<\rho<+\infty$ 时，收敛半径 $R=\frac{1}{\rho}$；

(ⅱ) 当 $\rho=0$ 时，对任意的 x 均有 $\rho|x|<1$，所以 $R=+\infty$；

(ⅲ) 当 $\rho=+\infty$ 时，若 $x\neq 0$ 时，则 $\rho|x|>1$，故 $R=0$.

下面求两幂级数的收敛半径.

(1) 因 $\rho=\overline{\lim_{n\to\infty}}\sqrt[n]{\frac{(3+(-1)^n)^n}{n}}=\lim_{n\to\infty}\sqrt[n]{\frac{4^n}{n}}=4$，故收敛半径 $R=\frac{1}{4}$.

(2) 因 $\rho=\overline{\lim_{n\to\infty}}\sqrt[n]{|a_n|}=\lim_{n\to\infty}\sqrt[n]{b}=1$，故收敛半径 $R=1$.

10. 求下列幂级数的收敛半径及其和函数：

(1) $\sum_{n=1}^{\infty}\frac{x^n}{n(n+1)}$；　(2) $\sum_{n=1}^{\infty}\frac{x^n}{n(n+1)(n+2)}$；

(3) $\sum_{n=2}^{\infty}\frac{(n-1)^2}{n+1}x^n$　（提示：$(n-1)^2=[(n+1)-2]^2=(n+1)^2-4(n+1)+4$）.

【思路探索】　对幂级数作适当的变换，经过逐次求导化为简单的幂级数，进而得到所要求的和函数，注意 x^n 与其系数间的关系.

解　(1) 设 $a_n=\frac{1}{n(n+1)}$，则 $\lim_{n\to\infty}\left|\frac{a_{n+1}}{a_n}\right|=1$，故收敛半径为 1，又 $|x|=1$ 时级数收敛，故收敛域为 $[-1,1]$.

设 $f(x)=\sum_{n=1}^{\infty}\frac{x^n}{n(n+1)}(x\in[-1,1])$，则 $f(1)=\sum_{n=1}^{\infty}\frac{1}{n(n+1)}=1$，当 $x\in[-1,1)$ 时，

$$xf(x)=\sum_{n=1}^{\infty}\frac{x^{n+1}}{n(n+1)},(xf(x))'=\sum_{n=1}^{\infty}\frac{x^n}{n},$$

$$(xf(x))''=\sum_{n=1}^{\infty}x^{n-1}=\frac{1}{1-x},$$

从而 $(xf(x))'=\int_0^x\frac{1}{1-t}\mathrm{d}t=-\ln(1-x)$，即

$$xf(x)=-\int_0^x\ln(1-t)\mathrm{d}t=(1-x)\ln(1-x)+x,x\in(-1,1).$$

所以 $f(x)=\begin{cases}\dfrac{1-x}{x}\ln(1-x)+1, & x\in[-1,0)\cup(0,1),\\ 0, & x=0,\\ 1, & x=1.\end{cases}$

(2) **方法一**　易求收敛域为$[-1,1]$.

$$\sum_{n=1}^{\infty}\frac{x^n}{n(n+1)(n+2)}=\frac{1}{2}\sum_{n=1}^{\infty}\left[\frac{1}{n(n+1)}-\frac{1}{(n+1)(n+2)}\right]x^n$$
$$=\frac{1}{2}f(x)-\frac{1}{2}\sum_{n=1}^{\infty}\frac{x^n}{(n+1)(n+2)}(\text{其中 }f(x)\text{ 为(1) 中的 }f(x)).$$

记 $g(x)=\sum\limits_{n=1}^{\infty}\dfrac{x^n}{(n+1)(n+2)}$,则

$$xg(x)=\sum_{n=1}^{\infty}\frac{x^{n+1}}{(n+1)(n+2)}=\sum_{n=2}^{\infty}\frac{x^n}{n(n+1)}=f(x)-\frac{x}{2},x\in[-1,1],$$

$$g(x)=\begin{cases}\dfrac{1}{x}+\dfrac{1-x}{x^2}\ln(1-x)-\dfrac{1}{2}, & x\in[-1,1),x\neq 0,\\ 0, & x=0,\\ \dfrac{1}{2}, & x=1.\end{cases}$$

故 $\sum\limits_{n=1}^{\infty}\dfrac{x^n}{n(n+1)(n+2)}=\dfrac{1}{2}[f(x)-g(x)]$

$$=\begin{cases}\dfrac{3}{4}-\dfrac{1}{2x}-\dfrac{(x-1)^2}{2x^2}\ln(1-x), & x\in[-1,1),x\neq 0,\\ 0, & x=0,\\ \dfrac{1}{4}, & x=1.\end{cases}$$

方法二　收敛半径为

$$R=\frac{1}{\lim\limits_{n\to\infty}\left|\dfrac{a_{n+1}}{a_n}\right|}=\lim_{n\to\infty}\left|\frac{a_n}{a_{n+1}}\right|=1.$$

当 $x=\pm 1$ 时,$\sum\limits_{n=1}^{\infty}\dfrac{(\pm 1)^n}{n(n+1)(n+2)}$ 绝对收敛,从而收敛.故级数的收敛域为$[-1,1]$.

由于 $S(x)=\dfrac{1}{x^2}g(x)$,其中 $g(x)=\sum\limits_{n=1}^{\infty}\dfrac{x^{n+2}}{n(n+1)(n+2)}$.由于

$$g'''(x)=\left(\sum_{n=1}^{\infty}\frac{x^{n+2}}{n(n+1)(n+2)}\right)'''=\sum_{n=1}^{\infty}x^{n-1}=\frac{1}{1-x},x\in(-1,1),$$

所以

$$g''(x)=g''(0)+\int_0^x g'''(t)\mathrm{d}t=\int_0^x g'''(t)\mathrm{d}t=\int_0^x\frac{1}{1-t}\mathrm{d}t=-\ln(1-x),$$

$$g'(x)=g'(0)+\int_0^x g''(t)\mathrm{d}t=\int_0^x g''(t)\mathrm{d}t=-\int_0^x\ln(1-t)\mathrm{d}t=x+(1-x)\ln(1-x),$$

$$g(x)=g(0)+\int_0^x g'(t)\mathrm{d}t=\int_0^x g'(t)\mathrm{d}t=\int_0^x[t+(1-t)\ln(1-t)]\mathrm{d}t$$
$$=-\frac{1}{2}(1-x)^2\ln(1-x)+\frac{3}{4}x^2-\frac{1}{2}x,\quad x\in(-1,1).$$

即

$$S(x)=\frac{1}{x^2}g(x)=-\frac{(1-x)^2}{2x^2}\ln(1-x)-\frac{1}{2x}+\frac{3}{4},\quad x\in(-1,1).$$

显然 $S(0)=0$. 再由幂级数的性质可知

$$S(1)=\lim_{x\to1^-}\left[-\frac{(1-x)^2}{2x^2}\ln(1-x)-\frac{1}{2x}+\frac{3}{4}\right]=\frac{1}{4},$$

$$S(-1)=\lim_{x\to-1^+}\left[-\frac{(1-x)^2}{2x^2}\ln(1-x)-\frac{1}{2x}+\frac{3}{4}\right]=-2\ln 2+\frac{5}{4}.$$

故

$$S(x)=\begin{cases}-\dfrac{(1-x)^2}{2x^2}\ln(1-x)-\dfrac{1}{2x}+\dfrac{3}{4}, & x\in[-1,0)\cup(0,1),\\ 0, & x=0,\\ \dfrac{1}{4}, & x=1.\end{cases}$$

(3) 设 $a_n=\dfrac{(n-1)^2}{n+1}$,则 $\lim\limits_{n\to\infty}\dfrac{a_{n+1}}{a_n}=1$,当 $x=\pm1$ 时,级数发散,故收敛域为 $(-1,1)$.

设 $S(x)=\sum\limits_{n=2}^{\infty}\dfrac{(n-1)^2}{n+1}x^n=\sum\limits_{n=2}^{\infty}(n+1)x^n-4\sum\limits_{n=2}^{\infty}x^n+4\sum\limits_{n=2}^{\infty}\dfrac{x^n}{n+1}$,而

$$\sum_{n=2}^{\infty}(n+1)x^n=\left(\sum_{n=2}^{\infty}x^{n+1}\right)'=\left(\frac{x^3}{1-x}\right)'=\frac{3x^2-2x^3}{(1-x)^2},$$

$$\sum_{n=2}^{\infty}x^n=\frac{x^2}{1-x},\sum_{n=2}^{\infty}\frac{x^n}{n+1}=-\frac{x}{2}-1-\frac{\ln(1-x)}{x},$$

所以 $\sum\limits_{n=2}^{\infty}\dfrac{(n-1)^2}{n+1}x^n=\dfrac{3x^2-2x^3}{(1-x)^2}-\dfrac{4x^2}{1-x}-2x-4-\dfrac{4\ln(1-x)}{x}$

$$=\frac{1}{(1-x)^2}-1-\frac{4}{1-x}-\frac{4\ln(1-x)}{x},x\neq0.$$

当 $x=0$ 时,$S(0)=0$.

即 $S(x)=\begin{cases}\dfrac{1}{(1-x)^2}-1-\dfrac{4}{1-x}-\dfrac{4\ln(1-x)}{x}, & x\in(-1,0)\cup(0,1),\\ 0, & x=0.\end{cases}$

11. 设 $a_0,a_1,a_2,\cdots$ 为等差数列($a_0\neq0$). 试求:

(1) 幂级数 $\sum\limits_{n=0}^{\infty}a_nx^n$ 的收敛半径; (2) 数项级数 $\sum\limits_{n=0}^{\infty}\dfrac{a_n}{2^n}$ 的和.

【思路探索】 若设公差为 d,则 $a_n=a_0+nd$,此时求级数 $\sum\limits_{n=0}^{\infty}\dfrac{a_n}{2^n}$ 的和的关键在于求数项级数 $\sum\limits_{n=0}^{\infty}\dfrac{n}{2^n}d$ 的和,进而可转化为求幂级数 $\sum\limits_{n=0}^{\infty}\dfrac{n}{2^n}x^n$ 的和在 $x=1$ 处的值.

解 (1) 因 $\lim\limits_{n\to\infty}\left|\dfrac{a_{n+1}}{a_n}\right|=\lim\limits_{n\to\infty}\left|\dfrac{a_0+(n+1)d}{a_0+nd}\right|=1$,所以收敛半径 $R=1$.

(2) $\sum\limits_{n=0}^{\infty}\dfrac{a_n}{2^n}=\sum\limits_{n=0}^{\infty}\dfrac{1}{2^n}(a_0+nd)=\sum\limits_{n=0}^{\infty}\dfrac{a_0}{2^n}+\sum\limits_{n=1}^{\infty}\dfrac{n}{2^n}d=2a_0+\sum\limits_{n=1}^{\infty}\dfrac{n}{2^n}d.$

考虑幂级数 $\sum\limits_{n=1}^{\infty}\dfrac{n}{2^n}x^n$,因 $\lim\limits_{n\to\infty}\sqrt[n]{\dfrac{n}{2^n}}=\dfrac{1}{2}$,故该幂级数收敛半径为 $R=2$,且收敛域为 $(-2,2)$.

设 $f(x)=\sum\limits_{n=1}^{\infty}\dfrac{n}{2^n}x^n(|x|<2)$,则 $\dfrac{f(x)}{x}=\sum\limits_{n=1}^{\infty}\dfrac{n}{2^n}x^{n-1}(|x|<2)$.

$$\int_0^x\frac{f(t)}{t}\mathrm{d}t=\sum_{n=1}^{\infty}\int_0^x\frac{n}{2^n}t^{n-1}\mathrm{d}t=\sum_{n=1}^{\infty}\frac{x^n}{2^n}=\frac{x}{2-x}(|x|<2),$$

从而 $\dfrac{f(x)}{x}=\left(\dfrac{x}{2-x}\right)'=\dfrac{2}{(2-x)^2}$,$f(x)=\dfrac{2x}{(2-x)^2}$.

令 $x=1$，可得 $f(1)=\sum\limits_{n=1}^{\infty}\frac{n}{2^n}=2$，所以

$$\sum_{n=0}^{\infty}\frac{a_n}{2^n}=2a_0+\sum_{n=1}^{\infty}\frac{n}{2^n}d=2a_0+2d.$$

习题 14.2 解答

1. 设函数 f 在区间 (a,b) 上的各阶导数一致有界，即存在正数 M，对一切 $x\in(a,b)$，有

$$|f^{(n)}(x)|\leqslant M,\quad n=1,2,\cdots.$$

证明：对 (a,b) 上任一点 x 与 x_0 有

$$f(x)=\sum_{n=0}^{\infty}\frac{f^{(n)}(x_0)}{n!}(x-x_0)^n\quad(f^{(0)}(x)=f(x),0!=1).$$

【思路探索】　由定理 14.11 知：只需证明 $f(x)$ 在点 x_0 处的泰勒公式的拉格朗日余项当 $n\to\infty$ 时为无穷小量.

证　对 $\forall x,x_0\in(a,b)$，依题意有

$$f(x)=f(x_0)+f'(x_0)(x-x_0)+\frac{f''(x_0)}{2!}(x-x_0)^2+\cdots+\frac{f^{(n)}(x_0)}{n!}(x-x_0)^n+R_n(x),$$

其中 $R_n(x)=\frac{f^{(n+1)}(\xi)}{(n+1)!}(x-x_0)^{n+1}$，$\xi$ 介于 x_0 与 x 之间.

又 $f(x)$ 在 (a,b) 上的各阶导数一致有界，故

$$|R_n(x)|\leqslant\frac{M}{(n+1)!}|x-x_0|^{n+1}\leqslant\frac{M}{(n+1)!}(b-a)^{n+1},$$

由达朗贝尔判别法可判定级数 $\sum\limits_{n=1}^{\infty}\frac{M}{(n+1)!}(b-a)^{n+1}$ 收敛，故 $\lim\limits_{n\to\infty}\frac{M}{(n+1)!}(b-a)^{n+1}=0$，

从而 $\lim\limits_{n\to\infty}|R_n(x)|=0$，由定理 14.11，有

$$f(x)=\sum_{n=0}^{\infty}\frac{f^{(n)}(x_0)}{n!}(x-x_0)^n.$$

2. 利用已知函数的幂级数展开式，求下列函数在 $x=0$ 处的幂级数展开式，并确定它收敛于该函数的区间：

(1) e^{x^2}；　(2) $\frac{x^{10}}{1-x}$；　(3) $\frac{x}{\sqrt{1-2x}}$；

(4) $\sin^2 x$；　(5) $\frac{e^x}{1-x}$；　(6) $\frac{x}{1+x-2x^2}$；

(7) $\int_0^x\frac{\sin t}{t}dt$；　(8) $(1+x)e^{-x}$；　(9) $\ln(x+\sqrt{1+x^2})$.

解　(1) 由 $e^x=1+x+\frac{x^2}{2!}+\cdots+\frac{x^n}{n!}+\cdots\quad(-\infty<x<+\infty)$ 可知

$$e^{x^2}=1+x^2+\frac{x^4}{2!}+\cdots+\frac{x^{2n}}{n!}+\cdots\quad(-\infty<x<+\infty).$$

(2) 由 $\frac{1}{1-x}=1+x+x^2+\cdots+x^n+\cdots\quad(-1<x<1)$ 可知

$$\frac{x^{10}}{1-x}=x^{10}\cdot\sum_{n=0}^{\infty}x^n=\sum_{n=0}^{\infty}x^{n+10}\quad(-1<x<1).$$

(3) 由 $\frac{1}{\sqrt{1+t}}=1-\frac{1}{2}t+\frac{1}{2}\cdot\frac{3}{4}t^2+\cdots+(-1)^n\frac{(2n-1)!!}{(2n)!!}t^n+\cdots$

$$=1+\sum_{n=1}^{\infty}(-1)^n\frac{(2n-1)!!}{(2n)!!}t^n\quad(-1<t\leqslant1),$$

可得当 $x\in\left[-\frac{1}{2},\frac{1}{2}\right)$ 时，

$$\frac{x}{\sqrt{1-2x}}=x\left(1+\sum_{n=1}^{\infty}(-1)^n\frac{(2n-1)!!}{(2n)!!}(-2x)^n\right)=x+\sum_{n=1}^{\infty}\frac{(2n-1)!!}{n!}x^{n+1}.$$

(4) $\sin^2 x=\frac{1}{2}(1-\cos 2x)$，由 $\cos x=\sum_{n=0}^{\infty}(-1)^n\frac{x^{2n}}{(2n)!}\quad(-\infty<x<+\infty)$，可得

$$\sin^2 x=\frac{1}{2}-\frac{1}{2}\sum_{n=0}^{\infty}(-1)^n\frac{(2x)^{2n}}{(2n)!}=\sum_{n=1}^{\infty}(-1)^{n+1}\frac{2^{2n-1}}{(2n)!}x^{2n}\quad(-\infty<x<+\infty).$$

(5) 因为 $\mathrm{e}^x=\sum_{n=0}^{\infty}\frac{x^n}{n}!\quad(-\infty<x<+\infty)$ 及 $\frac{1}{1-x}=\sum_{n=0}^{\infty}x^n\quad(-1<x<1)$，所以 $|x|<1$ 时，

$$\frac{\mathrm{e}^x}{1-x}=\left(\sum_{n=0}^{\infty}\frac{x^n}{n!}\right)\left(\sum_{n=0}^{\infty}x^n\right)=\sum_{n=0}^{\infty}\left(1+\frac{1}{1!}+\frac{1}{2!}+\cdots+\frac{1}{n!}\right)x^n=\sum_{n=0}^{\infty}\left(\sum_{k=0}^{n}\frac{1}{k!}\right)x^n.$$

(6) $\frac{x}{1+x-2x^2}=\frac{x}{(1-x)(1+2x)}=\frac{1}{3}\left(\frac{1}{1-x}-\frac{1}{1+2x}\right)$，因为

$$\frac{1}{1-x}=\sum_{n=0}^{\infty}x^n(|x|<1),\frac{1}{1+2x}=\sum_{n=0}^{\infty}(-1)^n(2x)^n\left(|x|<\frac{1}{2}\right),$$

所以当 $|x|<\frac{1}{2}$ 时，有

$$\frac{x}{1+x-2x^2}=\frac{1}{3}\left(\frac{1}{1-x}-\frac{1}{1+2x}\right)=\frac{1}{3}\left(\sum_{n=0}^{\infty}x^n-\sum_{n=0}^{\infty}(-2)^nx^n\right)=\frac{1}{3}\sum_{n=0}^{\infty}(1-(-2)^n)x^n.$$

(7) 因为 $\sin x=\sum_{n=0}^{\infty}(-1)^n\frac{x^{2n+1}}{(2n+1)!}\quad(-\infty<x<+\infty)$，所以

$$\int_0^x\frac{\sin t}{t}\mathrm{d}t=\int_0^x\left(\sum_{n=0}^{\infty}(-1)^n\frac{t^{2n}}{(2n+1)!}\right)\mathrm{d}t=\sum_{n=0}^{\infty}(-1)^n\frac{1}{(2n+1)!}\int_0^x t^{2n}\mathrm{d}t$$
$$=\sum_{n=0}^{\infty}\frac{(-1)^nx^{2n+1}}{(2n+1)(2n+1)!}\quad(-\infty<x<+\infty).$$

(8) 由 $\mathrm{e}^{-x}=\sum_{n=0}^{\infty}(-1)^n\frac{x^n}{n!}\quad(-\infty<x<+\infty)$ 得

$$(1+x)\mathrm{e}^{-x}=1+\sum_{n=1}^{\infty}(-1)^n\left(\frac{1}{n!}-\frac{1}{(n-1)!}\right)x^n$$
$$=1+\sum_{n=2}^{\infty}\frac{(-1)^{n+1}(n-1)}{n!}x^n\quad(-\infty<x<+\infty).$$

(9) $\frac{\mathrm{d}}{\mathrm{d}x}\ln(x+\sqrt{1+x^2})=\frac{1}{x+\sqrt{1+x^2}}\left(1+\frac{x}{\sqrt{1+x^2}}\right)=\frac{1}{\sqrt{1+x^2}}$，

而 $\frac{1}{\sqrt{1+x^2}}=1+\sum_{n=1}^{\infty}(-1)^n\frac{(2n-1)!!}{(2n)!!}x^{2n}\quad(-1\leqslant x\leqslant 1)$，

所以

$$\ln(x+\sqrt{1+x^2})=\int_0^x\left(1+\sum_{n=1}^{\infty}(-1)^n\frac{(2n-1)!!}{(2n)!!}t^{2n}\right)\mathrm{d}t$$
$$=x+\sum_{n=1}^{\infty}(-1)^n\frac{(2n-1)!!}{(2n)!!}\int_0^x t^{2n}\mathrm{d}t$$
$$=x+\sum_{n=1}^{\infty}(-1)^n\frac{(2n-1)!!}{(2n)!!(2n+1)}x^{2n+1}\quad(-1\leqslant x\leqslant 1).$$

（$|x|=1$ 时，由莱布尼茨判别法可得级数收敛）

归纳总结：求函数的幂级数展开式时，常利用 $e^x,\sin x,\cos x,\ln(1+x),\dfrac{1}{1-x},(1+x)^a$ 等函数的幂级数展开式，通过四则运算、逐项求导或求积等适当的变换，导出所求函数的幂级数展开式（此时应注意收敛区间的变化）.

3. 求下列函数在 $x=1$ 处的泰勒展开式：

(1) $f(x)=3+2x-4x^2+7x^3$；　(2) $f(x)=\dfrac{1}{x}$；　(3) $f(x)=\sqrt{x^3}$.

解　(1) $f(1)=8,f'(1)=(2-8x+21x^2)|_{x=1}=15$,

$f''(1)=(-8+42x)|_{x=1}=34,f'''(1)=42,f^{(n)}(1)=0(n\geqslant 4)$,

所以 $f(x)$ 在 $x=1$ 处的泰勒展开式为

$$\begin{aligned}f(x)&=f(1)+\frac{f'(1)}{1!}(x-1)+\frac{f''(1)}{2!}(x-1)^2+\frac{f'''(1)}{3!}(x-1)^3\\&=8+15(x-1)+17(x-1)^2+7(x-1)^3\quad(-\infty<x<+\infty).\end{aligned}$$

(2) 因 $\dfrac{1}{1+x}$ 在 $x=0$ 处的幂级数展开式为 $\dfrac{1}{1+x}=\sum\limits_{n=0}^{\infty}(-1)^nx^n(-1<x<1)$，所以

$$\frac{1}{x}=\frac{1}{1+(x-1)}=\sum_{n=0}^{\infty}(-1)^n(x-1)^n(0<x<2).$$

(3) 由于

$$f(x)=x^{\frac{3}{2}}\Rightarrow f(1)=1,$$

$$f'(1)=\frac{3}{2}x^{\frac{1}{2}}\bigg|_{x=1}=\frac{3}{2},\quad f''(1)=\frac{3}{2}\cdot\frac{1}{2}x^{-\frac{1}{2}}\bigg|_{x=1}=\frac{3}{4},$$

$$f'''(1)=\frac{3}{4}\left(-\frac{1}{2}\right)x^{-\frac{3}{2}}\bigg|_{x=1}=\frac{3}{4}\left(-\frac{1}{2}\right),\cdots,$$

$$f^{(n)}(1)=\frac{3}{4}(-1)^{n-2}\frac{(2n-5)!!}{2^{n-2}},\cdots,$$

所以

$$\begin{aligned}f(x)&=\sqrt{x^3}\\&=1+\frac{3}{2}(x-1)+\frac{3}{2^3}(x-1)^2+\sum_{n=3}^{\infty}(-1)^{n-2}\frac{3}{4}\cdot\frac{(2n-5)!!}{2^{n-2}n!}(x-1)^n\\&=1+\frac{3}{2}(x-1)+\frac{3}{2^3}(x-1)^2+\sum_{n=3}^{\infty}(-1)^{n-2}\frac{3(2n-5)!!}{2^nn!}(x-1)^n,x\in[0,2].\end{aligned}$$

4. 求下列函数的麦克劳林级数展开式：

(1) $\dfrac{x}{(1-x)(1-x^2)}$；　(2) $x\arctan x-\ln\sqrt{1+x^2}$.

解　(1) 设 $\dfrac{x}{(1-x)(1-x^2)}=\dfrac{x}{(1+x)(1-x)^2}=\dfrac{A}{1+x}+\dfrac{B}{1-x}+\dfrac{C}{(1-x)^2}$,

则 $A=-\dfrac{1}{4},B=-\dfrac{1}{4},C=\dfrac{1}{2}$，又

$$\frac{1}{(1-x)^2}=\left(\frac{1}{1-x}\right)'=\left(\sum_{n=0}^{\infty}x^n\right)'=\sum_{n=0}^{\infty}(n+1)x^n,$$

$$\frac{1}{1+x}=\sum_{n=0}^{\infty}(-1)^nx^n,\frac{1}{1-x}=\sum_{n=0}^{\infty}x^n(-1<x<1),$$

所以 $\dfrac{x}{(1-x)(1-x^2)}=\dfrac{1}{2}\sum\limits_{n=0}^{\infty}\left[(n+1)-\dfrac{1+(-1)^n}{2}\right]x^n$

$$=\frac{1}{2}\sum_{n=0}^{\infty}\left[n+\frac{1-(-1)^n}{2}\right]x^n(-1<x<1).$$

（2）**方法一**

$$x\arctan x=x\int_0^x\frac{1}{1+t^2}\mathrm{d}t,$$

$$\ln\sqrt{1+x^2}=\frac{1}{2}\ln(1+x^2)=\frac{1}{2}\int_0^{x^2}\frac{1}{1+t}\mathrm{d}t,$$

$$\frac{1}{1+x}=\sum_{n=0}^{\infty}(-1)^nx^n,\frac{1}{1+x^2}=\sum_{n=0}^{\infty}(-1)^nx^{2n}(-1<x<1).$$

故 $x\arctan x=x\int_0^x\left(\sum_{n=0}^{\infty}(-1)^nt^{2n}\right)\mathrm{d}t=\sum_{n=0}^{\infty}\frac{(-1)^n}{2n+1}x^{2n+2}(-1\leqslant x\leqslant 1)$,

$$\begin{aligned}x\arctan x-\ln\sqrt{1+x^2}&=\sum_{n=0}^{\infty}(-1)^n\left(\frac{1}{2n+1}-\frac{1}{2n+2}\right)x^{2n+2}\\&=\sum_{n=0}^{\infty}\frac{(-1)^n}{(2n+1)(2n+2)}x^{2n+2}\\&=\sum_{n=1}^{\infty}\frac{(-1)^{n+1}}{2n(2n-1)}x^{2n}(-1\leqslant x\leqslant 1).\end{aligned}$$

方法二　记 $f(x)=x\arctan x-\ln\sqrt{1+x^2}$，则

$$f'(x)=\arctan x,$$

$$f''(x)=\frac{1}{1+x^2}=\sum_{n=0}^{\infty}(-1)^nx^{2n}.$$

所以 $f'(x)=\int_0^x f''(t)\mathrm{d}t+f'(0)=\sum_{n=0}^{\infty}\int_0^x(-1)^nt^{2n}\mathrm{d}t=\sum_{n=0}^{\infty}\frac{(-1)^n}{2n+1}x^{2n+1}$.

$$\begin{aligned}f(x)&=\int_0^x f'(t)\mathrm{d}t+f(0)=\sum_{n=0}^{\infty}\int_0^x\frac{(-1)^n}{2n+1}t^{2n+1}\mathrm{d}t\\&=\sum_{n=0}^{\infty}\frac{(-1)^n}{(2n+1)(2n+2)}x^{2n+2}=\sum_{n=1}^{\infty}\frac{(-1)^{n+1}}{2n(2n-1)}x^{2n}(-1\leqslant x\leqslant 1).\end{aligned}$$

5. 试将 $f(x)=\ln x$ 按 $\frac{x-1}{x+1}$ 的幂展开成幂级数.

解　设 $t=\frac{x-1}{x+1}$，则 $x=\frac{1+t}{1-t}$，故 $\ln x=\ln\frac{1+t}{1-t}=\ln(1+t)-\ln(1-t)$. 又

$$\ln(1+x)=\sum_{n=1}^{\infty}(-1)^{n+1}\frac{x^n}{n}(-1<x\leqslant 1),$$

$$\ln(1-x)=-\sum_{n=1}^{\infty}\frac{x^n}{n}(-1\leqslant x<1),$$

所以 $\ln x=\sum_{n=1}^{\infty}((-1)^{n+1}+1)\frac{t^n}{n}=\sum_{n=1}^{\infty}\frac{2}{2n-1}t^{2n-1}(-1<t<1)$.

由 $-1<t<1$ 即 $-1<\frac{x-1}{x+1}<1$，可得 $x>0$，所以

$$\ln x=2\sum_{n=1}^{\infty}\frac{1}{2n-1}\left(\frac{x-1}{x+1}\right)^{2n-1}(x>0).$$

习题 14.3 解答

1. 证明棣莫弗(de Moivre)公式

$$\cos nx+\mathrm{i}\sin nx=(\cos x+\mathrm{i}\sin x)^n.$$

证　设 $z=\mathrm{i}x$，代入欧拉公式得 $(\mathrm{e}^z)^n=\mathrm{e}^{nz}=\cos nx+\mathrm{i}\sin nx=(\cos x+\mathrm{i}\sin x)^n$.

2. 应用欧拉公式与棣莫弗公式证明：

(1) $e^{x\cos\alpha}\cos(x\sin\alpha)=\sum\limits_{n=0}^{\infty}\frac{x^n}{n!}\cos n\alpha$；　　(2) $e^{x\cos\alpha}\sin(x\sin\alpha)=\sum\limits_{n=0}^{\infty}\frac{x^n}{n!}\sin n\alpha$.

证　将 $z=x\cos\alpha+\mathrm{i}\,x\sin\alpha$ 代入欧拉公式，得

$$e^z=e^{x\cos\alpha}(\cos(x\sin\alpha)+\mathrm{i}\sin(x\sin\alpha))=e^{x\cos\alpha}\cos(x\sin\alpha)+\mathrm{i}e^{x\cos\alpha}\sin(x\sin\alpha).$$

又因为

$$e^z=\sum_{n=0}^{\infty}\frac{z^n}{n!}=\sum_{n=0}^{\infty}\frac{x^n(\cos\alpha+\mathrm{i}\sin\alpha)^n}{n!}=\sum_{n=0}^{\infty}\frac{x^n(\cos n\alpha+\mathrm{i}\sin n\alpha)}{n!}$$
$$=\sum_{n=0}^{\infty}\frac{x^n}{n!}\cos n\alpha+\mathrm{i}\sum_{n=0}^{\infty}\frac{x^n}{n!}\sin n\alpha.$$

比较上面两式的实部与虚部可得

$$e^{x\cos\alpha}\cos(x\sin\alpha)=\sum_{n=0}^{\infty}\frac{x^n}{n!}\cos n\alpha,\ e^{x\cos\alpha}\sin(x\sin\alpha)=\sum_{n=0}^{\infty}\frac{x^n}{n!}\sin n\alpha.$$

第十四章总练习题解答

1. 证明：当 $|x|<\frac{1}{2}$ 时，

$$\frac{1}{1-3x+2x^2}=1+3x+7x^2+\cdots+(2^n-1)x^{n-1}+\cdots.$$

【思路探索】　注意到 $\frac{1}{1-3x+2x^2}=\frac{2}{1-2x}-\frac{1}{1-x}$，从而可利用 $\frac{1}{1-2x}$ 及 $\frac{1}{1-x}$ 两个函数的幂级数展开式，将 $\frac{1}{1-3x+2x^2}$ 间接展开.

证　因为

$$\frac{1}{1-x}=\sum_{n=0}^{\infty}x^n\ (-1<x<1),$$
$$\frac{2}{1-2x}=\sum_{n=0}^{\infty}2^{n+1}x^n\left(-\frac{1}{2}<x<\frac{1}{2}\right),$$

所以

$$\frac{1}{1-3x+2x^2}=\frac{2}{1-2x}-\frac{1}{1-x}=\sum_{n=0}^{\infty}(2^{n+1}-1)x^n$$
$$=1+3x+7x^2+\cdots+(2^n-1)x^{n-1}+\cdots\left(-\frac{1}{2}<x<\frac{1}{2}\right).$$

2. 求下列函数的幂级数展开式：

(1) $f(x)=(1+x)\ln(1+x)$；　　(2) $f(x)=\sin^3 x$；　　(3) $f(x)=\int_0^x\cos t^2\,dt$.

解　(1) 因 $\ln(1+x)=\sum\limits_{n=0}^{\infty}\frac{(-1)^n}{n+1}x^{n+1}\ (-1<x\leqslant 1)$，故

$$f(x)=(1+x)\sum_{n=0}^{\infty}\frac{(-1)^n}{n+1}x^{n+1}=\sum_{n=0}^{\infty}\frac{(-1)^n}{n+1}x^{n+1}+\sum_{n=0}^{\infty}\frac{(-1)^n}{n+1}x^{n+2}$$
$$=x+\sum_{n=1}^{\infty}\frac{(-1)^n}{n+1}x^{n+1}+\sum_{n=1}^{\infty}\frac{(-1)^{n-1}}{n}x^{n+1}=x+\sum_{n=1}^{\infty}(-1)^{n-1}\left(\frac{1}{n}-\frac{1}{n+1}\right)x^{n+1}$$
$$=x+\sum_{n=1}^{\infty}(-1)^{n-1}\frac{1}{n(n+1)}x^{n+1}\ (-1<x\leqslant 1).$$

(2)$\cos x=\sum_{n=0}^{\infty}\frac{(-1)^n}{(2n)!}x^{2n}$,$\cos 3x=\sum_{n=0}^{\infty}\frac{(-1)^n}{(2n)!}3^{2n}x^{2n}(-\infty<x<+\infty)$,

故 $f'(x)=\frac{3}{4}(\cos x-\cos 3x)=\frac{3}{4}\sum_{n=0}^{\infty}\frac{(-1)^n}{(2n)!}(1-3^{2n})x^{2n}(-\infty<x<+\infty)$,

$$f(x)=\int_0^x f'(t)\mathrm{d}t+f(0)=\int_0^x f'(t)\mathrm{d}t=\frac{3}{4}\sum_{n=0}^{\infty}\frac{(-1)^n}{(2n+1)!}(1-3^{2n})x^{2n+1}(-\infty<x<+\infty).$$

(3)$\cos t^2=\sum_{n=0}^{\infty}\frac{(-1)^n}{(2n)!}t^{4n}(-\infty<x<+\infty)$,故

$$f(x)=\int_0^x\left[\sum_{n=0}^{\infty}\frac{(-1)^n}{(2n)!}t^{4n}\right]\mathrm{d}t=\sum_{n=0}^{\infty}\frac{(-1)^n}{(4n+1)(2n)!}x^{4n+1}(-\infty<x<+\infty).$$

3.确定下列幂级数的收敛域,并求其和函数:

(1)$\sum_{n=1}^{\infty}n^2x^{n-1}$;　　(2)$\sum_{n=0}^{\infty}\frac{2n+1}{2^{n+1}}x^{2n}$;

(3)$\sum_{n=1}^{\infty}n(x-1)^{n-1}$;　　(4)$\sum_{n=1}^{\infty}(-1)^{n-1}\frac{x^{2n+1}}{(2n)^2-1}$.

解　(1) 设 $a_n=n^2$,则 $\lim_{n\to\infty}\left|\frac{a_{n+1}}{a_n}\right|=1$,收敛半径 $R=1$.

当 $x=1$ 时,级数 $\sum_{n=1}^{\infty}n^2$ 发散;$x=-1$ 时,级数 $\sum_{n=1}^{\infty}(-1)^{n-1}n^2$ 也发散,所以收敛域为$(-1,1)$.

设 $f(x)=\sum_{n=1}^{\infty}n^2x^{n-1}(-1<x<1)$,则

$$\int_0^x f(t)\mathrm{d}t=\int_0^x\left(\sum_{n=1}^{\infty}n^2t^{n-1}\right)\mathrm{d}t=\sum_{n=1}^{\infty}\int_0^x n^2t^{n-1}\mathrm{d}t$$
$$=\sum_{n=1}^{\infty}nx^n=\frac{x}{(1-x)^2}(-1<x<1)(\text{利用 §1 习题 2(2)}).$$

故 $f(x)=\left[\frac{x}{(1-x)^2}\right]'=\frac{1+x}{(1-x)^3}(-1<x<1)$.

(2) 设 $u_n=\frac{2n+1}{2^{n+1}}x^{2n}$,则 $\lim_{n\to\infty}\left|\frac{u_{n+1}}{u_n}\right|=\frac{x^2}{2}$,故收敛半径 $R=\sqrt{2}$.

当 $|x|=\sqrt{2}$ 时,原级数可化为 $\sum_{n=0}^{\infty}\frac{2n+1}{2}$,发散,故原级数的收敛域为$(-\sqrt{2},\sqrt{2})$.

$$\sum_{n=0}^{\infty}\frac{2n+1}{2^{n+1}}x^{2n}=\frac{1}{2}\sum_{n=0}^{\infty}[n+(n+1)]\left(\frac{x^2}{2}\right)^n=\frac{1}{2}\left[\sum_{n=0}^{\infty}nt^n+\sum_{n=0}^{\infty}(n+1)t^n\right].$$

其中 $t=\frac{x^2}{2}$,又 $\sum_{n=0}^{\infty}nt^n=\frac{t}{(1-t)^2}$,$\sum_{n=0}^{\infty}(n+1)t^n=\left(\sum_{n=0}^{\infty}t^{n+1}\right)'=\left(\frac{t}{1-t}\right)'=\frac{1}{(1-t)^2}$,

故 $\sum_{n=0}^{\infty}\frac{2n+1}{2^{n+1}}x^{2n}=\frac{1}{2}\left[\frac{t}{(1-t)^2}+\frac{1}{(1-t)^2}\right]=\frac{1}{2}\frac{1+\frac{x^2}{2}}{\left(1-\frac{x^2}{2}\right)^2}=\frac{2+x^2}{(2-x^2)^2}(-\sqrt{2}<x<\sqrt{2})$.

(3) 设 $t=x-1$,原级数可化为 $\sum_{n=1}^{\infty}nt^{n-1}$,因级数 $\sum_{n=1}^{\infty}nt^{n-1}$ 的收敛域为$(-1,1)$,所以原级数的收敛域为$(0,2)$. 所以

$$\sum_{n=1}^{\infty}nt^{n-1}=\sum_{n=1}^{\infty}(t^n)'=\left(\frac{t}{1-t}\right)'=\frac{1}{(1-t)^2}(-1<t<1),$$
$$\sum_{n=1}^{\infty}n(x-1)^{n-1}=\frac{1}{[1-(x-1)]^2}=\frac{1}{(2-x)^2}(0<x<2).$$

(4) 设 $u_n=(-1)^{n-1}\dfrac{x^{2n+1}}{4n^2-1}$,则

$$\lim_{n\to\infty}\left|\frac{u_{n+1}}{u_n}\right|=\lim_{n\to\infty}\left|\frac{x^{2n+3}}{4(n+1)^2-1}\cdot\frac{4n^2-1}{x^{2n+1}}\right|=x^2,$$

故当 $|x|<1$ 时,级数收敛,又当 $|x|=1$ 时,由莱布尼茨判别法可知级数收敛,故原级数的收敛域为 $[-1,1]$.

设 $f(x)=\sum\limits_{n=1}^{\infty}(-1)^{n-1}\dfrac{x^{2n+1}}{4n^2-1}(-1\leqslant x\leqslant 1)$,故

$$f'(x)=\left(\sum_{n=1}^{\infty}(-1)^{n-1}\frac{x^{2n+1}}{4n^2-1}\right)'=\sum_{n=1}^{\infty}(-1)^{n-1}\frac{x^{2n}}{2n-1}=x\sum_{n=1}^{\infty}(-1)^{n-1}\frac{x^{2n-1}}{2n-1}.$$

又 $\left(\sum\limits_{n=1}^{\infty}(-1)^{n-1}\dfrac{x^{2n-1}}{2n-1}\right)'=\sum\limits_{n=1}^{\infty}(-1)^{n-1}x^{2(n-1)}=\sum\limits_{n=0}^{\infty}(-1)^n x^{2n}=\dfrac{1}{1+x^2}(-1\leqslant x\leqslant 1)$.

所以 $\sum\limits_{n=1}^{\infty}(-1)^{n-1}\dfrac{x^{2n-1}}{2n-1}=\int_0^x\dfrac{1}{1+t^2}\mathrm{d}t=\arctan x(-1\leqslant x\leqslant 1)$.

从而 $f(x)=\int_0^x f'(t)\mathrm{d}t=\int_0^x t\arctan t\mathrm{d}t=\dfrac{1}{2}[(1+x^2)\arctan x-x](-1\leqslant x\leqslant 1)$.

4. 应用幂级数性质求下列级数的和:

(1) $\sum\limits_{n=1}^{\infty}\dfrac{n}{(n+1)!}$;　　(2) $\sum\limits_{n=0}^{\infty}\dfrac{(-1)^n}{3n+1}$.

【思路探索】 $\sum\limits_{n=1}^{\infty}\dfrac{n}{(n+1)!}$ 是幂级数 $\sum\limits_{n=1}^{\infty}\dfrac{n}{(n+1)!}x^{n+1}$ 的和函数在 $x=1$ 处的值,$\sum\limits_{n=0}^{\infty}\dfrac{(-1)^n}{(3n+1)}$ 是幂级数 $\sum\limits_{n=0}^{\infty}\dfrac{(-1)^n}{3n+1}x^{3n+1}$ 的和函数在 $x=1$ 处的值,只需求出相应的和函数,将 $x=1$ 代入即可.

解　(1) **方法一**　设 $f(x)=\sum\limits_{n=1}^{\infty}\dfrac{n}{(n+1)!}x^{n+1}(-\infty<x<+\infty)$,则

$$f'(x)=\sum_{n=1}^{\infty}\frac{x^n}{(n-1)!}=x\sum_{n=1}^{\infty}\frac{x^{n-1}}{(n-1)!}=x\sum_{n=0}^{\infty}\frac{x^n}{n!}=x\mathrm{e}^x(-\infty<x<+\infty).$$

所以 $f(x)=f(0)+\int_0^x f'(t)\mathrm{d}t=\int_0^x t\mathrm{e}^t\mathrm{d}t=x\mathrm{e}^x-\mathrm{e}^x+1(-\infty<x<+\infty)$,从而

$$\sum_{n=1}^{\infty}\frac{n}{(n+1)!}=f(1)=1.$$

方法二
$$\sum_{n=1}^{\infty}\frac{n}{(n+1)!}=\sum_{n=1}^{\infty}\left[\frac{1}{n!}-\frac{1}{(n+1)!}\right]=\sum_{n=1}^{\infty}\frac{1}{n!}-\sum_{n=1}^{\infty}\frac{1}{(n+1)!}$$
$$=1+\sum_{n=2}^{\infty}\frac{1}{n!}-\sum_{n=1}^{\infty}\frac{1}{(n+1)!}=1.$$

(2) 可求得 $\sum\limits_{n=0}^{\infty}\dfrac{(-1)^n}{3n+1}x^{3n+1}$ 的收敛域为 $[-1,1]$,设

$$f(x)=\sum_{n=0}^{\infty}\frac{(-1)^n}{3n+1}x^{3n+1}(-1\leqslant x\leqslant 1),$$

则 $f'(x)=\sum\limits_{n=0}^{\infty}(-1)^n x^{3n}=\sum\limits_{n=0}^{\infty}(-x^3)^n=\dfrac{1}{1+x^3}(-1<x<1)$.

故 $f(x)=\int_0^x f'(t)\mathrm{d}t+f(0)=\int_0^x\dfrac{1}{1+t^3}\mathrm{d}t$

$$=\frac{1}{3}\ln(1+x)-\frac{1}{6}\ln(1-x+x^2)+\frac{1}{\sqrt{3}}\left(\arctan\frac{2x-1}{\sqrt{3}}+\arctan\frac{1}{\sqrt{3}}\right)(-1<x<1),$$

从而$\sum_{n=0}^{\infty}\frac{(-1)^n}{3n+1}=f(1)=\frac{1}{3}\ln 2+\frac{\pi}{3\sqrt{3}}$.

5. 设函数 $f(x)=\sum_{n=1}^{\infty}\frac{x^n}{n^2}$ 定义在$[0,1]$上,证明它在$(0,1)$上满足下述方程:

$$f(x)+f(1-x)+\ln x\ln(1-x)=f(1).$$

【思路探索】 若令 $g(x)=f(x)+f(1-x)+\ln x\ln(1-x)$,只需证明 $g'(x)=0$,则可得 $g(x)\equiv c$,又注意到 $f(x)+f(1-x)$ 在 $x=1$ 处的值为 $f(1)$,故又需证 $\lim\limits_{x\to1^-}\ln x\ln(1-x)=0$.

证 令 $g(x)=f(x)+f(1-x)+\ln x\ln(1-x)$,则

$$\begin{aligned}g'(x)&=f'(x)-f'(1-x)+\frac{1}{x}\ln(1-x)-\frac{1}{1-x}\ln x\\&=\sum_{n=1}^{\infty}\frac{x^{n-1}}{n}-\sum_{n=1}^{\infty}\frac{(1-x)^{n-1}}{n}+\frac{1}{x}\ln(1-x)-\frac{1}{1-x}\ln x\\&=\frac{1}{x}\sum_{n=1}^{\infty}\frac{x^n}{n}-\frac{1}{1-x}\sum_{n=1}^{\infty}\frac{(1-x)^n}{n}+\frac{1}{x}\ln(1-x)-\frac{1}{1-x}\ln x\\&=-\frac{1}{x}\ln(1-x)+\frac{1}{1-x}\ln x+\frac{1}{x}\ln(1-x)-\frac{1}{1-x}\ln x=0.\end{aligned}$$

所以 $g(x)\equiv c, x\in(0,1)$,其中 c 为常数. 又

$$\lim_{x\to1^-}\ln x\ln(1-x)=\lim_{t\to0^+}\ln(1-t)\ln t=-\lim_{t\to0^+}t\ln t=0,$$

所以 $c=\lim\limits_{x\to1^-}g(x)=f(1)$,则 $f(x)+f(1-x)+\ln x\ln(1-x)=f(1)$.

6. 利用函数的幂级数展开式求下列不定式极限:

(1) $\lim\limits_{x\to\infty}\left[x-x^2\ln\left(1+\frac{1}{x}\right)\right]$; (2) $\lim\limits_{x\to0}\frac{x-\arcsin x}{\sin^3x}$.

解 (1) 因为 $\ln\left(1+\frac{1}{x}\right)=\frac{1}{x}-\frac{1}{2x^2}+o\left(\frac{1}{x^2}\right)$,所以

$$原式=\lim_{x\to\infty}\left\{x-x^2\left[\frac{1}{x}-\frac{1}{2x^2}+o\left(\frac{1}{x^2}\right)\right]\right\}=\lim_{x\to\infty}\left[x-x+\frac{1}{2}+o(1)\right]=\frac{1}{2}.$$

(2) 因为 $\arcsin x=x+\frac{1}{6}x^3+o(x^3)$, $\sin x=x+o(x)$,所以

$$原式=\lim_{x\to0}\frac{x-\left[x+\frac{1}{6}x^3+o(x^3)\right]}{x^3}=\lim_{x\to0}\frac{-\frac{1}{6}x^3+o(x^3)}{x^3}=-\frac{1}{6}.$$

归纳总结:利用幂级数的展开式求极限,应注意使展开式保留恰当的项数,本题中 $\ln\left(1+\frac{1}{x}\right)$和 $\arcsin x$ 的展开式保留前两项,而其余的均以高阶无穷小的形式出现,读者可思考这样做的原因. 同时也要结合等价无穷小替换定理.

四、自测题

第十四章自测题

一、计算题，写出必要的计算过程（第 1—5 题，每题 8 分，第 6 题 10 分，共 50 分）

1. 求 e^{2x-x^2} 到含有 x^5 的 Taylor 展开式.

2. 求幂级数 $\sum\limits_{n=0}^{\infty}5^n x^{3n}$ 的收敛半径 R.

3. 求 $\sum\limits_{n=0}^{\infty}\dfrac{2^n(n+1)}{n!}$ 的和.

4. 求 $\sum\limits_{n=1}^{\infty}(\sqrt{n-1}-\sqrt{n})x^n$ 的收敛域.

5. 求幂级数 $\sum\limits_{n=0}^{\infty}\dfrac{1}{2n+1}\left(\dfrac{x}{1+x}\right)^{2n+1}$ 的收敛域.

6. 求幂级数 $\sum\limits_{n=1}^{\infty}(-1)^n\dfrac{x^n}{n}$ 的收敛半径、收敛域及和函数，并求 $\sum\limits_{n=1}^{\infty}(-1)^{n-1}\dfrac{1}{n}$ 的和.

二、证明题，写出必要的证明过程（每题 10 分，共 50 分）

7. 设 $a_0=0,a_1=1,a_{n+1}=a_{n-1}+a_n(n\in\mathbf{N})$，证明：当 $|x|<\dfrac{1}{2}$ 时，级数 $\sum\limits_{n=0}^{\infty}a_n x^n$ 收敛.

8. 设幂级数 $\sum\limits_{n=0}^{\infty}a_n x^n$ 的系数满足 $a_n+Aa_{n-1}+Ba_{n-2}=0,(n=2,3,\cdots)$，且此幂级数在点 $x=x_0$ 处收敛，则 $\sum\limits_{n=0}^{\infty}a_n x_0^n=\dfrac{a_0+(a_1+Aa_0)x_0}{1+Ax_0+Bx_0^2}$.

9. 设 $a_n>0,A_n=\sum\limits_{k=0}^{n}a_k(n=0,1,\cdots)$ 且 $A_n\to+\infty,\dfrac{a_n}{A_n}\to0(n\to\infty)$. 证明：级数 $\sum\limits_{n=0}^{\infty}a_n x^n$ 的收敛半径 $R=1$.

10. 设 $f(x)=\sum\limits_{n=1}^{\infty}\dfrac{x^n}{n^2}(0\leqslant x\leqslant1)$. 证明：当 $0<x<1$ 时，有

$$f(x)+f(1-x)+\ln x\ln(1-x)=\frac{\pi^2}{6}.$$

11. 若 $f(x)=\sum\limits_{n=0}^{\infty}a_n x^n$ 的收敛区间是 $(-R,R)$，存在数列 $\{x_n\}\subset(-R,R)$，使得 $\lim\limits_{n\to\infty}x_n=0$，且 $f(x_n)=0,n=1,2,\cdots$. 证明：$a_n=0,n=0,1,2,\cdots$.

第十四章自测题解答

一、1. 解　因为

$$e^x=1+x+\frac{1}{2!}x^2+\frac{1}{3!}x^3+\frac{1}{4!}x^4+\frac{1}{5!}x^5+o(x^5),$$

所以

$$\begin{aligned}e^{2x-x^2}&=1+(2x-x^2)+\frac{(2x-x^2)^2}{2!}+\frac{(2x-x^2)^3}{3!}+\frac{(2x-x^2)^4}{4!}+\frac{(2x-x^2)^5}{5!}+o(x^5),\\&=1+2x+x^2-\frac{2}{3}x^3-\frac{5}{6}x^4-\frac{1}{15}x^5+o(x^5).\end{aligned}$$

2. 解　令 $t=x^3$，则原级数化为 $\sum\limits_{n=0}^{\infty}5^n x^{3n}=\sum\limits_{n=0}^{\infty}5^n t^n$. 已知级数 $\sum\limits_{n=0}^{\infty}5^n t^n$ 的收敛半径为 $\frac{1}{5}$，且当 $|t|=\frac{1}{5}$ 时发散. 由 $|x^3|<\frac{1}{5}$ 知 $|x|<\frac{1}{\sqrt[3]{5}}$，故原级数的收敛半径为 $R=\frac{1}{\sqrt[3]{5}}$.

3. 解　记 $f(x)=\sum\limits_{n=0}^{\infty}\frac{(n+1)x^n}{n!}$，显然收敛半径 $R=+\infty$. 由幂级数逐项求导性质知

$$f(x)=\Big(\sum_{n=0}^{\infty}\frac{x^{n+1}}{n!}\Big)'=\Big(x\sum_{n=0}^{\infty}\frac{x^n}{n!}\Big)'=(xe^x)'=e^x+xe^x,$$

故

$$\sum_{n=0}^{\infty}\frac{2^n(n+1)}{n!}=f(2)=3e^2.$$

4. 解　因为 $\lim\limits_{n\to\infty}\left|\frac{a_{n+1}}{a_n}\right|=\lim\limits_{n\to\infty}\frac{\sqrt{n}-\sqrt{n+1}}{\sqrt{n-1}-\sqrt{n}}=1$，当 $x=1$ 时，$\sum\limits_{n=1}^{\infty}(\sqrt{n-1}-\sqrt{n})=\sum\limits_{n=1}^{\infty}\frac{-1}{\sqrt{n-1}+\sqrt{n}}$ 发散. 当 $x=-1$ 时，$\sum\limits_{n=1}^{\infty}(\sqrt{n-1}-\sqrt{n})(-1)^n=\sum\frac{(-1)^{n+1}}{\sqrt{n-1}+\sqrt{n}}$ 收敛.

故 $\sum\limits_{n=1}^{\infty}(\sqrt{n-1}-\sqrt{n})x^n$ 的收敛域为 $[-1,1)$.

5. 解　易知幂级数 $\sum\limits_{n=0}^{\infty}\frac{1}{2n+1}\left(\frac{x}{1+x}\right)^{2n+1}$ 为正项级数，令 $u_{n+1}(x)=\frac{1}{2n+1}\left(\frac{x}{1+x}\right)^{2n+1}$，则

$$\rho=\lim_{n\to\infty}\left|\frac{u_{n+1}(x)}{u_n(x)}\right|=\lim_{n\to\infty}\left|\frac{\frac{1}{2n+3}\left(\frac{x}{1+x}\right)^{2n+3}}{\frac{1}{2n+1}\left(\frac{x}{1+x}\right)^{2n+1}}\right|=\left(\frac{x}{1+x}\right)^2.$$

所以当 $\left(\frac{x}{1+x}\right)^2<1$，即 $x>-\frac{1}{2}$ 时，$\sum\limits_{n=0}^{\infty}\frac{1}{2n+1}\left(\frac{x}{1+x}\right)^{2n+1}$ 收敛.

当 $\left|\frac{x}{1+x}\right|>1$，即 $x<-\frac{1}{2}$ 时，$\sum\limits_{n=0}^{\infty}\frac{1}{2n+1}\left(\frac{x}{1+x}\right)^{2n+1}$ 发散，

当 $x=-\frac{1}{2}$ 时，级数化为 $\sum\limits_{n=0}^{\infty}\left(-\frac{1}{2n+1}\right)$，发散.

因此，收敛域为 $\left(-\frac{1}{2},+\infty\right)$.

6. 解　因为 $\lim\limits_{n\to\infty}\left|\frac{(-1)^{n+1}\frac{x^{n+1}}{n+1}}{(-1)^n\frac{x^n}{n}}\right|=|x|$，所以收敛半径 $R=1$.

当 $x=-1$ 时，级数化为 $\sum\limits_{n=1}^{\infty}\frac{1}{n}$，发散. 当 $x=1$ 时，级数化为 $\sum\limits_{n=1}^{\infty}(-1)^n\frac{x^n}{n}$，收敛.

所以，幂级数 $\sum\limits_{n=1}^{\infty}(-1)^n\frac{x^n}{n}$ 的收敛域为 $x\in(-1,1]$，收敛半径 $R=1$.

令 $S(x)=\sum\limits_{n=1}^{\infty}(-1)^n\frac{x^n}{n}$，则

$$S'(x)=\Big(\sum_{n=1}^{\infty}(-1)^n\frac{x^n}{n}\Big)'=\sum_{n=1}^{\infty}\Big[(-1)^n\frac{x^n}{n}\Big]',$$

$$=-\sum_{n=1}^{\infty}(-1)^{n-1}x^{n-1}=-\sum_{n=1}^{\infty}(-x)^{n-1}=-\frac{1}{1+x},$$

所以 $S(x)=\int_0^x\left(-\frac{1}{1+t}\right)dt+S(0)=-\ln(1+x),x\in(-1,1]$. 故由和函数在收敛区间上的连续性可知

$$\sum_{n=1}^{\infty}(-1)^{n-1}\frac{1}{n}=-\sum_{n=1}^{\infty}(-1)^{n}\frac{1}{n}=-S(1)=\ln 2.$$

二、7. 证　由$\dfrac{|a_{n+1}x^{n+1}|}{|a_nx^n|}=\left(1+\dfrac{a_{n-1}}{a_n}\right)|x|<2|x|$，可得

$|a_{n+1}x^{n+1}|<2|x||a_nx^n|<(2|x|)^2|a_{n-1}x^{n-1}|<\cdots<(2|x|)^n|a_1x|=(2|x|)^{n+1}|a_1|$.

从而当 $2|x|<1$，即 $|x|<\dfrac{1}{2}$ 时，级数$\sum\limits_{n=0}^{\infty}a_nx^n$ 收敛.

8. 证　因为

$$\begin{aligned}\sum_{n=0}^{\infty}a_nx_0^n&=a_0+a_1x_0+\sum_{n=2}^{\infty}a_nx_0^n=a_0+a_1x_0-\sum_{n=2}^{\infty}(Aa_{n-1}+Ba_{n-2})x_0^n\\&=a_0+a_1x_0-Ax_0\sum_{n=2}^{\infty}a_{n-1}x_0^{n-1}-Bx_0^2\sum_{n=2}^{\infty}a_{n-2}x_0^{n-2}\\&=a_0+a_1x_0-Ax_0\left(\sum_{n=0}^{\infty}a_nx_0^n-a_0\right)-Bx_0^2\sum_{n=0}^{\infty}a_nx_0^n,\end{aligned}$$

所以

$$(1+Ax_0+Bx_0^2)\sum_{n=0}^{\infty}a_nx_0^n=a_0+(a_1+Aa_0)x_0.$$

从而$\sum\limits_{n=0}^{\infty}a_nx_0^n=\dfrac{a_0+(a_1+Aa_0)x_0}{1+Ax_0+Bx_0^2}$.

9. 证　由于$\lim\limits_{n\to\infty}\dfrac{A_n}{A_{n+1}}=1-\lim\limits_{n\to\infty}\dfrac{a_{n+1}}{A_{n+1}}=1$，所以级数$\sum\limits_{n=0}^{\infty}A_nx^n$ 的收敛半径为 1. 而当 $|x|<1$ 时，由

$$0\leqslant a_n|x|^n\leqslant A_n|x|^n(n=0,1,\cdots),$$

可知$\sum\limits_{n=0}^{\infty}a_n|x|^n$ 收敛. 但由 $A_n\to+\infty(n\to\infty)$ 知，级数$\sum\limits_{n=0}^{\infty}a_n$ 发散，故级数$\sum\limits_{n=0}^{\infty}a_nx^n$ 的收敛半径 $R=1$.

10. 证　易知$\sum\limits_{n=1}^{\infty}\dfrac{x^n}{n^2}$ 的收敛区域为$[-1,1]$. 令 $F(x)=f(x)+f(1-x)+\ln x\ln(1-x)$，则 $F(x)\in C(0,1)$，且

$$F'(x)=f'(x)-f'(1-x)+\frac{\ln(1-x)}{x}-\frac{\ln x}{1-x}. \qquad ①$$

又

$$f'(x)=\sum_{n=1}^{\infty}\frac{x^{n-1}}{n}=\frac{1}{x}\sum_{n=1}^{\infty}\frac{x^n}{n}=\frac{1}{x}\int_0^x\sum_{n=1}^{\infty}t^{n-1}\mathrm{d}t=\frac{1}{x}\int_0^x\frac{1}{1-t}\mathrm{d}t=-\frac{\ln(1-x)}{x}. \qquad ②$$

$$f'(1-x)=-\frac{\ln x}{1-x}. \qquad ③$$

由①②③式知 $F'(x)=0$，故 $F(x)\equiv$ 常数. 而

$$\lim_{x\to1^-}F(x)=f(1)+f(0)+\lim_{x\to1^-}\ln x\ln(1-x)=\frac{\pi^2}{6}.$$

这里用到$\sum\limits_{n=1}^{\infty}\dfrac{1}{n^2}=\dfrac{\pi^2}{6}$ 及 $\lim\limits_{x\to1^-}\ln x\ln(1-x)=0$（L'Hospital 法则），故结论成立.

11. 证　由 $f(x)$ 在 $x=0$ 处连续知，$a_0=\lim\limits_{n\to\infty}f(x_n)=f(0)=0$. 此时，$f(x)$ 可写成

$$f(x)=\sum_{n=1}^{\infty}a_nx^n=x\sum_{n=1}^{\infty}a_nx^{n-1}\xlongequal{\triangle}xg(x).$$

因为 $\forall x_n\neq0, g(x_n)=f(x_n)=0$. 用上述方法便可推知，$a_1=0$. 如此下去，可得 $a_2=a_3=\cdots=a_n=0$. 即 $a_n=0, n=0,1,2,\cdots$.

第十五章　傅里叶级数

一、主要内容归纳

1. 正交函数系　若函数列$\{\varphi_n(x)\}$满足：

(ⅰ)$\varphi_n(x)$在$[a,b]$上可积，$n=1,2,\cdots$；

(ⅱ)$\int_a^b \varphi_n(x)\varphi_m(x)\mathrm{d}x=\begin{cases}\lambda_n\neq 0, & n=m,\\ 0, & n\neq m,\end{cases}$

则称函数列$\{\varphi_n(x)\}$为$[a,b]$上的一个**正交函数系**.

2. 三角函数系　三角函数列

$$1,\ \cos x,\ \sin x,\ \cos 2x,\ \sin 2x,\ \cdots,\ \cos nx,\ \sin nx,\ \cdots \tag{①}$$

与

$$1,\ \cos\frac{\pi}{l}x,\ \sin\frac{\pi}{l}x,\ \cos\frac{2\pi}{l}x,\ \sin\frac{2\pi}{l}x,\ \cdots,\ \cos\frac{n\pi}{l}x,\ \sin\frac{n\pi}{l}x,\ \cdots \tag{②}$$

分别是$[-\pi,\pi]$与$[-l,l]$上的正交函数系，分别称为周期为2π与周期为$2l$的**三角函数系**.

3. 正弦函数与余弦函数　形如如下形式的级数

$$\frac{a_0}{2}+\sum_{n=1}^{\infty}(a_n\cos nx+b_n\sin nx) \tag{③}$$

与

$$\frac{a_0}{2}+\sum_{n=1}^{\infty}\left(a_n\cos\frac{n\pi}{l}x+b_n\sin\frac{n\pi}{l}x\right), \tag{④}$$

分别称为周期为2π与周期为$2l$的**三角级数**. 如果其中$a_n\equiv 0$(或$b_n\equiv 0$)，$n=0,1,2,\cdots$，则相应的三角级数称为**正弦级数**(或**余弦级数**).

4. 傅里叶级数

(1)设$f(x)$为周期为2π且在$[-\pi,\pi]$上可积的函数. 称

$$\begin{cases}a_n=\dfrac{1}{\pi}\displaystyle\int_{-\pi}^{\pi}f(x)\cos nx\,\mathrm{d}x, & n=0,1,2,\cdots,\\ b_n=\dfrac{1}{\pi}\displaystyle\int_{-\pi}^{\pi}f(x)\sin nx\,\mathrm{d}x, & n=1,2,\cdots\end{cases} \tag{⑤}$$

为函数$f(x)$关于三角函数系①的**傅里叶系数**，称相应的三角级数③为$f(x)$关于三角函数系①的**傅里叶级数**，记作

$$f(x)\sim\frac{a_0}{2}+\sum_{n=1}^{\infty}(a_n\cos nx+b_n\sin nx).$$

当 $f(x)$ 为偶函数时，有

$$\begin{cases} a_n=\dfrac{2}{\pi}\displaystyle\int_0^{\pi} f(x)\cos nx\,\mathrm{d}x, & n=0,1,2,\cdots, \\ b_n=0, & n=1,2,\cdots \end{cases}$$

且相应的傅里叶级数为余弦级数 $f(x)\sim\dfrac{a_0}{2}+\sum\limits_{n=1}^{\infty}a_n\cos nx$；

又当 $f(x)$ 为奇函数时，有

$$\begin{cases} a_n=0, & n=0,1,2,\cdots, \\ b_n=\dfrac{2}{\pi}\displaystyle\int_0^{\pi} f(x)\sin nx\,\mathrm{d}x, & n=1,2,\cdots \end{cases}$$

且相应的傅里叶级数为正弦级数 $f(x)\sim\sum\limits_{n=1}^{\infty}b_n\sin nx$.

(2)设 $f(x)$ 是周期为 $2l$ 且在 $[-l,l]$ 上可积的函数. 称

$$\begin{cases} a_n=\dfrac{1}{l}\displaystyle\int_{-l}^{l} f(x)\cos \dfrac{n\pi}{l}x\,\mathrm{d}x, & n=0,1,2,\cdots, \\ b_n=\dfrac{1}{l}\displaystyle\int_{-l}^{l} f(x)\sin \dfrac{n\pi}{l}x\,\mathrm{d}x, & n=1,2,\cdots \end{cases} \qquad ⑥$$

为函数 $f(x)$ 关于三角函数系②的**傅里叶系数**，称相应的三角级数④为 $f(x)$ 关于三角函数系②的**傅里叶级数**，记作

$$f(x)\sim\frac{a_0}{2}+\sum_{n=1}^{\infty}\left(a_n\cos\frac{n\pi}{l}x+b_n\sin\frac{n\pi}{l}x\right).$$

当 $f(x)$ 分别是周期为 $2l$ 的偶函数与奇函数时，相应的傅里叶级数也分别是余弦级数与正弦级数，且分别有

$$\begin{cases} b_n\equiv 0, n=1,2,\cdots, \\ a_n=\dfrac{2}{l}\displaystyle\int_0^{l} f(x)\cos \dfrac{n\pi}{l}x\,\mathrm{d}x, \quad n=0,1,2,\cdots, \\ f(x)\sim\dfrac{a_0}{2}+\displaystyle\sum_{n=1}^{\infty}a_n\cos\dfrac{n\pi}{l}x, \end{cases}$$

与

$$\begin{cases} a_n\equiv 0, n=0,1,2,\cdots, \\ b_n=\dfrac{2}{l}\displaystyle\int_0^{l} f(x)\sin \dfrac{n\pi}{l}x\,\mathrm{d}x, \quad n=1,2,\cdots, \\ f(x)\sim\displaystyle\sum_{n=1}^{\infty}b_n\sin\dfrac{n\pi}{l}x. \end{cases}$$

5. 收敛定理 设 $f(x)$ 分别是周期为 2π 或 $2l$ 的函数，如果 $f(x)$ 分别在 $[-\pi,\pi]$ 或 $[-l,l]$ 上按段光滑，则 $f(x)$ 的傅里叶级数处处收敛且分别有

$$\frac{f(x+0)+f(x-0)}{2}=\frac{a_0}{2}+\sum_{n=1}^{\infty}(a_n\cos nx+b_n\sin nx)$$

或

$$\frac{f(x+0)+f(x-0)}{2}=\frac{a_0}{2}+\sum_{n=1}^{\infty}\left(a_n\cos\frac{n\pi}{l}x+b_n\sin\frac{n\pi}{l}x\right),$$

其中的傅里叶系数分别如⑤与⑥所示.

6. 贝塞尔(Bessel)不等式 若函数 $f(x)$ 在 $[-\pi,\pi]$ 上可积,则

$$\frac{a_0^2}{2}+\sum_{n=1}^{\infty}(a_n^2+b_n^2)\leqslant\frac{1}{\pi}\int_{-\pi}^{\pi}f^2(x)\mathrm{d}x,$$

其中 a_n,b_n 为 $f(x)$ 的傅里叶系数,上式称为**贝塞尔不等式**. 此时级数 $\sum_{n=1}^{\infty}(a_n^2+b_n^2)$ 必定收敛,因而有 $\lim_{n\to\infty}a_n=\lim_{n\to\infty}b_n=0$.

7. 黎曼—勒贝格定理 设函数 $f(x)$ 在 $[-\pi,\pi]$ 上可积,则有

$$\lim_{n\to\infty}\int_{-\pi}^{\pi}f(x)\cos nx\mathrm{d}x=0,\lim_{n\to\infty}\int_{-\pi}^{\pi}f(x)\sin nx\mathrm{d}x=0.$$

事实上,还有更一般的结论:若 $f(x)$ 在 $[a,b]$ 上可积,则有

$$\lim_{p\to\infty}\int_a^b f(x)\sin px\mathrm{d}x=0,\lim_{p\to\infty}\int_a^b f(x)\cos px\mathrm{d}x=0.$$

8. 狄利克雷积分 若 $f(x)$ 是以 2π 为周期的函数,且在 $[-\pi,\pi]$ 上可积,则它的傅里叶级数部分和 $S_n(x)$ 可表示成积分形式:

$$S_n(x)=\frac{1}{\pi}\int_{-\pi}^{\pi}f(x+t)\frac{\sin\left(n+\frac{1}{2}\right)t}{2\sin\frac{t}{2}}\mathrm{d}t.$$

9. 帕塞瓦尔(Parseval)等式 设函数 $f(x)$ 在 $[-\pi,\pi]$ 上可积,且 $f(x)$ 的傅里叶级数在 $[-\pi,\pi]$ 上一致收敛于 $f(x)$,a_n,b_n 为 $f(x)$ 的傅里叶系数,则有

$$\frac{1}{\pi}\int_{-\pi}^{\pi}f^2(x)\mathrm{d}x=\frac{a_0^2}{2}+\sum_{n=1}^{\infty}(a_n^2+b_n^2).$$

二、 经典例题解析及解题方法总结

【例 1】 令 $f(x)$ 是 **R** 上周期为 2π 的函数,当 $-\pi\leqslant x\leqslant\pi$ 时,$f(x)=x^3$.

(1)证明:$f(x)$ 的傅里叶级数具有形式 $\sum_{n=1}^{\infty}b_n\sin nx$,并写出 b_n 的积分表达式.

(2)该傅里叶级数是否一致收敛? 若是,请给出证明;若不是,请说明理由.

(3)证明:$\sum_{n=1}^{\infty}b_n^2=\frac{2}{7}\pi^6$.

证 (1)由于 $f(x)=x^3$ 是奇函数,所以 $f(x)$ 的傅里叶级数具有形式 $\sum_{n=1}^{\infty}b_n\sin nx$,且

$$b_n=\frac{2}{\pi}\int_0^{\pi}x^3\sin nx\mathrm{d}x.$$

(2)不一致收敛. 由傅里叶级数的收敛定理知

$$\sum_{n=1}^{\infty} b_n \sin nx=\begin{cases} x^3, & x\in(-\pi,\pi), \\ 0, & x=-\pi,\pi. \end{cases}$$

由于 $b_n\sin nx(n=1,2,\cdots)$ 在 $[-\pi,\pi]$ 连续,但和函数在 $[-\pi,\pi]$ 上不连续,从而由连续定理知该傅里叶级数在 $[-\pi,\pi]$ 上不一致收敛.

(3)由于 $f(x)=x^3$ 在 $[-\pi,\pi]$ 上光滑,所以帕塞瓦尔等式成立,于是

$$\sum_{n=1}^{\infty} b_n^2=\frac{1}{\pi}\int_{-\pi}^{\pi} x^6\,\mathrm{d}x=\frac{2}{7}\pi^6.$$

【例 2】 设 $f(x)$ 是周期为 2π 的连续函数,且在 $[-\pi,\pi]$ 上按段光滑. 证明: $f(x)$ 的傅里叶级数在 $(-\infty,+\infty)$ 上一致收敛于 $f(x)$.

证 由条件易知, $f(\pi)=f(-\pi)$,除有限个点外, $f'(x)$ 存在且连续,而在这有限个点处,导数的左、右极限 $f'(x-0)$ 与 $f'(x+0)$ 都存在,因此 $f'(x)$ 有傅里叶级数. 设 a_n,b_n 与 a_n',b_n' 分别为 $f(x)$ 与 $f'(x)$ 的傅里叶系数,且

$$b_n'=\frac{1}{\pi}\int_{-\pi}^{\pi} f'(x)\sin nx\mathrm{d}x=\frac{1}{\pi}f(x)\sin nx\Big|_{-\pi}^{\pi}-\frac{n}{\pi}\int_{-\pi}^{\pi} f(x)\cos nx\mathrm{d}x=-na_n,$$

同理可得 $a_n'=nb_n$. 于是

$$\sum_{n=1}^{\infty}(|a_n|+|b_n|)=\sum_{n=1}^{\infty}\frac{1}{n}(|b_n'|+|a_n'|)\leqslant\frac{1}{2}\sum_{n=1}^{\infty}\left(\frac{2}{n^2}+a_n'^2+b_n'^2\right)$$
$$=\sum_{n=1}^{\infty}\frac{1}{n^2}+\frac{1}{2}\sum_{n=1}^{\infty}(a_n'^2+b_n'^2).$$

由于 $\sum\limits_{n=1}^{\infty}\frac{1}{n^2}$ 收敛,同时由贝塞尔不等式可知 $\sum\limits_{n=1}^{\infty}(a_n'^2+b_n'^2)$ 也收敛,所以 $\sum\limits_{n=1}^{\infty}(|a_n|+|b_n|)$ 收敛. 从而由优级数判别法知 $f(x)$ 的傅里叶级数在 $(-\infty,+\infty)$ 上一致收敛. 又由收敛定理知 $f(x)$ 的傅里叶级数处处收敛于 $f(x)$,因而 $f(x)$ 的傅里叶级数在 $(-\infty,+\infty)$ 上一致收敛于 $f(x)$.

【例 3】 设函数 $f(x)$ 在 $[0,2\pi]$ 上可导且 $f'(x)$ 在 $[0,2\pi]$ 上可积, a_n,b_n 为 $f(x)$ 的傅里叶系数. 证明:

$$na_n\to 0,\quad nb_n\to\frac{1}{\pi}[f(0)-f(2\pi)],\quad (n\to\infty).$$

证 设 a_n',b_n' 为 $f'(x)$ 的傅里叶系数,则

$$b_n'=\frac{1}{\pi}\int_0^{2\pi} f'(x)\sin nx\mathrm{d}x=\frac{1}{\pi}f(x)\sin nx\Big|_0^{2\pi}-\frac{n}{\pi}\int_0^{2\pi} f(x)\cos nx\mathrm{d}x=-na_n,$$

$$a_n'=\frac{1}{\pi}\int_0^{2\pi} f'(x)\cos nx\mathrm{d}x=\frac{1}{\pi}f(x)\cos nx\Big|_0^{2\pi}+\frac{n}{\pi}\int_0^{2\pi} f(x)\sin nx\mathrm{d}x$$
$$=\frac{1}{\pi}[f(2\pi)-f(0)]+nb_n,$$

由于可积函数的傅里叶系数当 $n\to\infty$ 时趋于零,因此由 $b_n'\to 0,a_n'\to 0\ (n\to\infty)$ 即得

$$na_n\to 0\quad(n\to\infty),\qquad nb_n\to\frac{1}{\pi}[f(0)-f(2\pi)]\quad(n\to\infty).$$

【例 4】 设 $f(x)$ 的周期为 2π，且在 $(0,2\pi)$ 内单调有界. 证明：如果 $f(x)$ 单调递减，则 $b_n\geqslant 0$；如果 $f(x)$ 单调递增，则 $b_n\leqslant 0$.

证 设 $f(x)$ 在 $[0,2\pi]$ 上单调递减，则

$$\begin{aligned}
b_n &=\frac{1}{\pi}\int_0^{2\pi} f(x)\sin nx\mathrm{d}x \quad (\text{令 } x=\frac{t}{n}) \\
&=\frac{1}{\pi}\int_0^{2n\pi} f(\frac{t}{n})\sin t\cdot\frac{1}{n}\mathrm{d}t=\frac{1}{n\pi}\sum_{k=1}^{n}\int_{2(k-1)\pi}^{2k\pi} f(\frac{t}{n})\sin t\mathrm{d}t \\
&=\frac{1}{n\pi}\sum_{k=1}^{n}\left[\int_{2(k-1)\pi}^{(2k-1)\pi} f(\frac{t}{n})\sin t\mathrm{d}t+\int_{(2k-1)\pi}^{2k\pi} f(\frac{t}{n})\sin t\mathrm{d}t\right] \\
&=\frac{1}{n\pi}\sum_{k=1}^{n}\left[\int_{2(k-1)\pi}^{(2k-1)\pi} f(\frac{t}{n})\sin t\mathrm{d}t+\int_{2(k-1)\pi}^{(2k-1)\pi} f(\frac{t+\pi}{n})\sin(t+\pi)\mathrm{d}t\right] \\
&=\frac{1}{n\pi}\sum_{k=1}^{n}\int_{2(k-1)\pi}^{(2k-1)\pi}\left[f(\frac{t}{n})-f(\frac{t+\pi}{n})\right]\sin t\mathrm{d}t\geqslant 0.
\end{aligned}$$

同理可证，若 $f(x)$ 在 $[0,2\pi]$ 上单调递增，则 $b_n\leqslant 0$.

【例 5】 设 $f(x)$ 是以 2π 为周期的连续函数，并且傅里叶系数为 a_0,a_n,b_n $(n=1,2,\cdots)$.

(1)试求 $G(x)=\frac{1}{\pi}\int_{-\pi}^{\pi} f(t)f(x+t)\mathrm{d}t$ 的傅里叶系数 A_0,A_n,B_n $(n=1,2,\cdots)$；

(2)利用上述结果证明：$\frac{1}{\pi}\int_{-\pi}^{\pi} f^2(x)\mathrm{d}x=\frac{a_0^2}{2}+\sum_{n=1}^{\infty}(a_n^2+b_n^2)$（帕塞瓦尔等式）.

解 (1)因为

$$G(-x)=\frac{1}{\pi}\int_{-\pi}^{\pi} f(t)f(-x+t)\mathrm{d}t\xlongequal{y=-x+t}\frac{1}{\pi}\int_{-\pi-x}^{\pi-x} f(x+y)f(y)\mathrm{d}y,$$

又 $f(x)$ 是以 2π 为周期的连续函数，所以

$$G(-x)=\frac{1}{\pi}\int_{-\pi}^{\pi} f(x+y)f(y)\mathrm{d}y=\frac{1}{\pi}\int_{-\pi}^{\pi} f(t)f(x+t)\mathrm{d}t=G(x).$$

即 $G(x)$ 为偶函数，由此可得

$$B_n=0,n=1,2,\cdots,$$

$$\begin{aligned}
A_0 &=\frac{1}{\pi}\int_{-\pi}^{\pi} G(x)\mathrm{d}x=\frac{1}{\pi}\int_{-\pi}^{\pi}\left[\frac{1}{\pi}\int_{-\pi}^{\pi} f(t)f(x+t)\mathrm{d}t\right]\mathrm{d}x \\
&=\frac{1}{\pi^2}\int_{-\pi}^{\pi}\mathrm{d}x\int_{-\pi}^{\pi} f(t)f(x+t)\mathrm{d}t=\frac{1}{\pi^2}\int_{-\pi}^{\pi}\mathrm{d}t\int_{-\pi}^{\pi} f(t)f(x+t)\mathrm{d}x \\
&=\frac{1}{\pi^2}\int_{-\pi}^{\pi} f(t)\mathrm{d}t\int_{-\pi}^{\pi} f(x+t)\mathrm{d}x=\frac{1}{\pi}\int_{-\pi}^{\pi} f(t)\left[\frac{1}{\pi}\int_{-\pi+t}^{\pi+t} f(u)\mathrm{d}u\right]\mathrm{d}t \\
&=\frac{1}{\pi}\int_{-\pi}^{\pi} f(t)\left[\frac{1}{\pi}\int_{-\pi}^{\pi} f(u)\mathrm{d}u\right]\mathrm{d}t=\frac{1}{\pi}\int_{-\pi}^{\pi} a_0 f(t)\mathrm{d}t=a_0^2.
\end{aligned}$$

$$\begin{aligned}
A_n &=\frac{1}{\pi}\int_{-\pi}^{\pi} G(x)\cos nx\mathrm{d}x=\frac{1}{\pi}\int_{-\pi}^{\pi}\left[\frac{1}{\pi}\int_{-\pi}^{\pi} f(t)f(x+t)\mathrm{d}t\right]\cos nx\mathrm{d}x \\
&=\frac{1}{\pi}\int_{-\pi}^{\pi} f(t)\left[\frac{1}{\pi}\int_{-\pi}^{\pi} f(x+t)\cos nx\mathrm{d}x\right]\mathrm{d}t \\
&=\frac{1}{\pi}\int_{-\pi}^{\pi} f(t)\mathrm{d}t\left[\frac{1}{\pi}\int_{-\pi+t}^{\pi+t} f(u)\cos n(u-t)\mathrm{d}u\right]\mathrm{d}t
\end{aligned}$$

$$=\frac{1}{\pi}\int_{-\pi}^{\pi} f(t)\left[\cos nt\cdot\frac{1}{\pi}\int_{-\pi+t}^{\pi+t} f(u)\cos nu\mathrm{d}u+\sin nt\cdot\frac{1}{\pi}\int_{-\pi+t}^{\pi+t} f(u)\sin nu\mathrm{d}u\right]\mathrm{d}t$$

$$=\frac{1}{\pi}\int_{-\pi}^{\pi} f(t)\left[\cos nt\cdot\frac{1}{\pi}\int_{-\pi}^{\pi} f(u)\cos nu\mathrm{d}u+\sin nt\cdot\frac{1}{\pi}\int_{-\pi}^{\pi} f(u)\sin u\mathrm{d}u\right]\mathrm{d}t$$

$$=\frac{1}{\pi}\int_{-\pi}^{\pi} f(t)(a_n\cos nt+b_n\sin nt)\mathrm{d}t$$

$$=a_n\cdot\frac{1}{\pi}\int_{-\pi}^{\pi} f(t)\cos nt\mathrm{d}t+b_n\cdot\frac{1}{\pi}\int_{-\pi}^{\pi} f(t)\sin nt\mathrm{d}t=a_n^2+b_n^2,n=1,2,\cdots.$$

(2)由于 $G(x)$ 为偶函数，且 $G'(x)\in C[-\pi,\pi]$，从而由收敛定理知在 $[-\pi,\pi]$ 上 $G(x)=\frac{A_0}{2}+\sum_{n=1}^{\infty}A_n\cos nx$，即在 $[-\pi,\pi]$ 上有

$$\frac{1}{\pi}\int_{-\pi}^{\pi} f(t)f(x+t)\mathrm{d}t=\frac{a_0^2}{2}+\sum_{n=1}^{\infty}(a_n^2+b_n^2)\cos nx,$$

所以当 $x=0$ 时，有 $\frac{1}{\pi}\int_{-\pi}^{\pi} f^2(t)\mathrm{d}t=\frac{a_0^2}{2}+\sum_{n=1}^{\infty}(a_n^2+b_n^2)$，即

$$\frac{1}{\pi}\int_{-\pi}^{\pi} f^2(x)\mathrm{d}x=\frac{a_0^2}{2}+\sum_{n=1}^{\infty}(a_n^2+b_n^2).$$

【例 6】 设 $f(x)$ 在 $[a,b]$ 上可积，求 $\lim\limits_{n\to\infty}\int_a^b f(x)|\sin nx|\mathrm{d}x$.

解 因为 $|\sin x|$ 有一个一致收敛的傅里叶展开式如下：

$$|\sin x|=\frac{2}{\pi}-\frac{4}{\pi}\sum_{k=1}^{\infty}\frac{\cos 2kx}{(2k)^2-1},\quad x\in(-\infty,+\infty),$$

所以 $$|\sin nx|=\frac{2}{\pi}-\frac{4}{\pi}\sum_{k=1}^{\infty}\frac{\cos 2knx}{(2k)^2-1},\quad x\in(-\infty,+\infty).$$

若用有界函数乘以一致收敛级数的各项，则所得级数仍一致收敛. 而 $f(x)$ 在 $[a,b]$ 上可积，故 $\exists M>0$，使得对 $\forall x\in[a,b]$，有 $|f(x)|\leqslant M$. 于是

$$f(x)|\sin nx|=\frac{2}{\pi}f(x)-\frac{4}{\pi}\sum_{k=1}^{\infty}f(x)\frac{\cos 2knx}{4k^2-1},\quad x\in[a,b],$$

上述右端级数在 $[a,b]$ 上一致收敛，逐项积分得

$$\int_a^b f(x)|\sin nx|\mathrm{d}x=\frac{2}{\pi}\int_a^b f(x)\mathrm{d}x-\frac{4}{\pi}\sum_{k=1}^{\infty}\int_a^b\frac{f(x)\cos 2knx}{4k^2-1}\mathrm{d}x,$$

由于 $\left|\int_a^b\frac{f(x)\cos 2knx}{4k^2-1}\mathrm{d}x\right|\leqslant\frac{M(b-a)}{4k^2-1}$，而 $\sum_{k=1}^{\infty}\frac{M(b-a)}{4k^2-1}$ 收敛，由优级数判别法知

$$\sum_{k=1}^{\infty}\int_a^b\frac{f(x)\cos 2knx}{4k^2-1}\mathrm{d}x$$

一致收敛. 故

$$\lim_{n\to\infty}\int_a^b f(x)|\sin nx|\mathrm{d}x=\frac{2}{\pi}\int_a^b f(x)\mathrm{d}x-\frac{4}{\pi}\sum_{k=1}^{\infty}\lim_{n\to\infty}\frac{\int_a^b f(x)\cos 2knx\mathrm{d}x}{4k^2-1}=\frac{2}{\pi}\int_a^b f(x)\mathrm{d}x.$$

【例 7】 设函数 f 的周期为 2π，且 $f(x)=\left(\frac{\pi-x}{2}\right)^2$，$0<x\leqslant 2\pi$，试利用 f 的傅里叶展开

计算 $\sum_{n=1}^{\infty}\frac{1}{n^2}$的和.

解 $f(x)$的傅里叶系数为

$$a_0=\frac{1}{\pi}\int_0^{2\pi}\left(\frac{\pi-x}{2}\right)^2\mathrm{d}x=\frac{\pi^2}{6},$$

$$a_n=\frac{1}{\pi}\int_0^{2\pi}\left(\frac{\pi-x}{2}\right)^2\cos nx\mathrm{d}x=\frac{1}{n^2},\quad n=1,2,\cdots,$$

$$b_n=\frac{1}{\pi}\int_0^{2\pi}\left(\frac{\pi-x}{2}\right)^2\sin nx\mathrm{d}x=0,\quad n=1,2,\cdots.$$

由于 $f(x)$在$(0,2\pi)$内光滑，由收敛定理知对$\forall x\in(0,2\pi)$，有 $f(x)=\frac{\pi^2}{12}+\sum_{n=1}^{\infty}\frac{\cos nx}{n^2}$.

在端点 $x=0$ 和 $x=2\pi$ 处，其傅里叶级数收敛于$\frac{f(2\pi-0)+f(0+0)}{2}=\frac{\pi^2}{4}$.

令 $x=2\pi$，有$\frac{\pi^2}{4}=\frac{\pi^2}{12}+\sum_{n=1}^{\infty}\frac{1}{n^2}$，因此 $\sum_{n=1}^{\infty}\frac{1}{n^2}=\frac{\pi^2}{6}$.

三、教材习题解答

习题 15.1 解答

1. 在指定区间上把下列函数展开成傅里叶级数：

(1) $f(x)=x$，（ⅰ）$-\pi<x<\pi$，（ⅱ）$0<x<2\pi$；

(2) $f(x)=x^2$，（ⅰ）$-\pi<x<\pi$，（ⅱ）$0<x<2\pi$；

(3) $f(x)=\begin{cases}ax, & -\pi<x\leqslant 0,\\ bx, & 0<x<\pi\end{cases}$ $\quad(a\neq b, a\neq 0, b\neq 0)$.

解 (1)（ⅰ）函数 $f(x)$ 及其周期延拓的图像如图 15－1 所示.

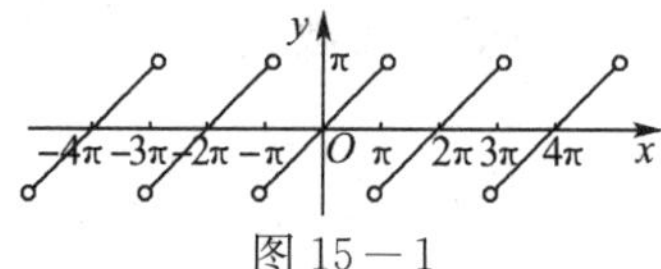

图 15－1

显然 $f(x)$ 在 $(-\pi,\pi)$ 上按段光滑，由收敛定理知它可以展开成傅里叶级数，因为

$$a_0=\frac{1}{\pi}\int_{-\pi}^{\pi}f(x)\mathrm{d}x=\frac{1}{\pi}\int_{-\pi}^{\pi}x\mathrm{d}x=0,$$

$$a_n=\frac{1}{\pi}\int_{-\pi}^{\pi}f(x)\cos nx\mathrm{d}x=0(n\geqslant 1),$$

$$b_n=\frac{1}{\pi}\int_{-\pi}^{\pi}f(x)\sin nx\mathrm{d}x=\frac{2}{\pi}\int_0^{\pi}x\sin nx\mathrm{d}x$$

$$=-\frac{2}{n\pi}x\cos nx\Big|_0^{\pi}+\frac{2}{n\pi}\int_0^{\pi}\cos nx\mathrm{d}x=(-1)^{n+1}\frac{2}{n}(n\geqslant 1).$$

所以在区间 $(-\pi,\pi)$ 上，

$$f(x)=2\sum_{n=1}^{\infty}(-1)^{n+1}\frac{1}{n}\sin nx.$$

（ⅱ）函数 $f(x)$ 及其周期延拓的图像如图 15－2 所示.

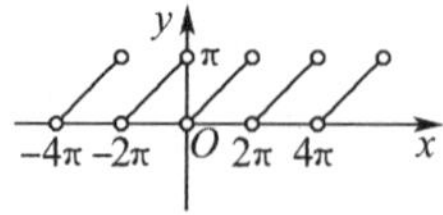

图 15－2

显然 $f(x)$ 在 $(0,2\pi)$ 上按段光滑，由收敛定理知它可以展开成傅里叶级数. 因为

$$a_0=\frac{1}{\pi}\int_0^{2\pi}f(x)\mathrm{d}x=\frac{1}{\pi}\int_0^{2\pi}x\mathrm{d}x=2\pi,$$

$$a_n=\frac{1}{\pi}\int_0^{2\pi}f(x)\cos nx\mathrm{d}x=\frac{1}{\pi}\int_0^{2\pi}x\cos nx\mathrm{d}x$$

$$=\frac{1}{n\pi}x\sin nx\Big|_0^{2\pi}-\frac{1}{n\pi}\int_0^{2\pi}\sin nx\mathrm{d}x=0(n\geqslant 1),$$

$$b_n=\frac{1}{\pi}\int_0^{2\pi}f(x)\sin nx\mathrm{d}x=\frac{1}{\pi}\int_0^{2\pi}x\sin nx\mathrm{d}x$$

$$=-\frac{1}{n\pi}x\cos nx\Big|_0^{2\pi}+\frac{1}{n\pi}\int_0^{2\pi}\cos nx\mathrm{d}x=-\frac{2}{n}(n\geqslant 1),$$

所以在区间 $(0,2\pi)$ 上，

$$f(x)=\pi-2\sum_{n=1}^{\infty}\frac{\sin nx}{n}.$$

(2)(ⅰ) 函数 $f(x)=x^2$ 及其周期延拓的图像如图 15－3 所示.

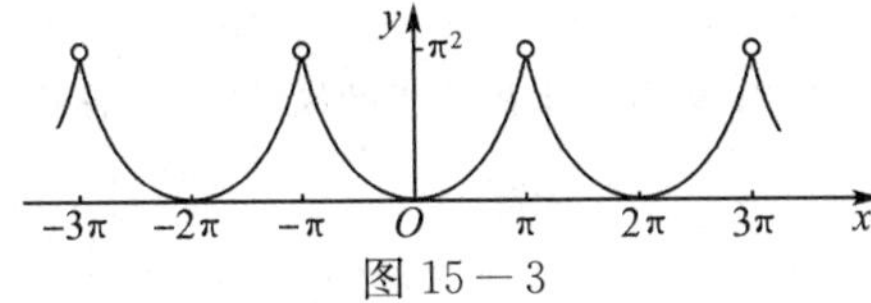

图 15－3

显然,$f(x)=x^2$ 在$(-\pi,\pi)$上按段光滑,由收敛定理知它可以展开成傅里叶级数.

因为

$$a_0=\frac{1}{\pi}\int_{-\pi}^{\pi}x^2\mathrm{d}x=\frac{2}{3}\pi^2,$$

$$a_n=\frac{1}{\pi}\int_{-\pi}^{\pi}x^2\cos nx\mathrm{d}x=\frac{x^2}{n\pi}\sin nx\bigg|_{-\pi}^{\pi}-\frac{2}{n\pi}\int_{-\pi}^{\pi}x\sin nx\mathrm{d}x=(-1)^n\frac{4}{n^2}(n\geqslant 1),$$

$$b_n=\frac{1}{\pi}\int_{-\pi}^{\pi}x^2\sin nx\mathrm{d}x=0(n\geqslant 1).$$

所以在区间$(-\pi,\pi)$上,

$$f(x)=\frac{\pi^2}{3}+4\sum_{n=1}^{\infty}(-1)^n\frac{1}{n^2}\cos nx.$$

(ⅱ) 函数 $f(x)$ 及其周期延拓的图像如图 15－4 所示.

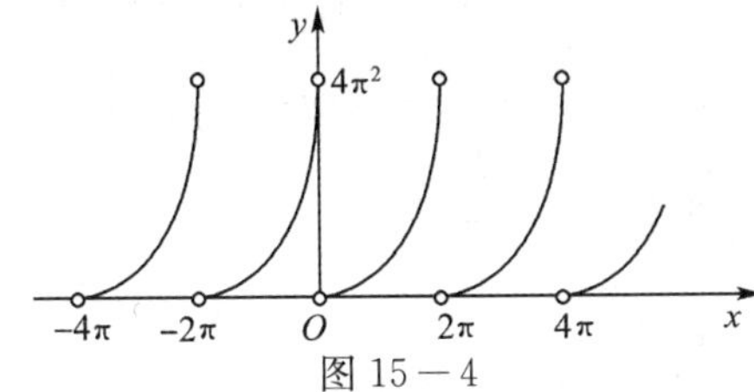

图 15－4

显然,$f(x)$ 在$(0,2\pi)$上按段光滑,由收敛定理知它可以展开成傅里叶级数,因为

$$a_0=\frac{1}{\pi}\int_0^{2\pi}x^2\mathrm{d}x=\frac{8}{3}\pi^2,$$

$$a_n=\frac{1}{\pi}\int_0^{2\pi}x^2\cos nx\mathrm{d}x=\frac{x^2}{n\pi}\sin nx\bigg|_0^{2\pi}-\frac{2}{n\pi}\int_0^{2\pi}x\sin nx\mathrm{d}x=\frac{4}{n^2}(n\geqslant 1),$$

$$b_n=\frac{1}{\pi}\int_0^{2\pi}x^2\sin nx\mathrm{d}x=-\frac{x^2}{n\pi}\cos nx\bigg|_0^{2\pi}+\frac{2}{n\pi}\int_0^{2\pi}x\cos nx\mathrm{d}x$$

$$=-\frac{4\pi}{n}+\frac{2}{n^2\pi}x\sin nx\bigg|_0^{2\pi}-\frac{2}{n^2\pi}\int_0^{2\pi}\sin nx\mathrm{d}x=-\frac{4\pi}{n}(n\geqslant 1).$$

所以在区间$(0,2\pi)$上,

$$f(x)=\frac{4}{3}\pi^2+4\sum_{n=1}^{\infty}\left(\frac{1}{n^2}\cos nx-\frac{\pi}{n}\sin nx\right).$$

(3) 函数 $f(x)$ 及其延拓后的函数是按段光滑的,由收敛定理知 $f(x)$ 可在$(-\pi,\pi)$上展开成傅里叶级数,因为

$$a_0=\frac{1}{\pi}\int_{-\pi}^{\pi}f(x)\mathrm{d}x=\frac{1}{\pi}\int_{-\pi}^{0}ax\mathrm{d}x+\frac{1}{\pi}\int_0^{\pi}bx\mathrm{d}x=\frac{b-a}{2}\pi,$$

$$a_n=\frac{1}{\pi}\int_{-\pi}^{0}ax\cos nx\mathrm{d}x+\frac{1}{\pi}\int_0^{\pi}bx\cos nx\mathrm{d}x=\frac{a-b}{n^2\pi}[1-(-1)^n](n\geqslant 1),$$

$$b_n=\frac{1}{\pi}\int_{-\pi}^{0}ax\sin nx\mathrm{d}x+\frac{1}{\pi}\int_0^{\pi}bx\sin nx\mathrm{d}x=(-1)^{n+1}\frac{a+b}{n}(n\geqslant 1).$$

所以在区间$(-\pi,\pi)$上，

$$f(x)=\frac{\pi}{4}(b-a)+\frac{2(a-b)}{\pi}\sum_{n=1}^{\infty}\frac{1}{(2n-1)^2}\cos(2n-1)x+(a+b)\sum_{n=1}^{\infty}(-1)^{n+1}\frac{1}{n}\sin nx.$$

> 归纳总结：求函数在某长度为 2π 的区间上的傅里叶级数，只需将函数进行周期延拓，然后按收敛定理求解即可.

2. 设 f 是以 2π 为周期的可积函数，证明对任何实数 c，有

$$a_n=\frac{1}{\pi}\int_c^{c+2\pi}f(x)\cos nx\mathrm{d}x=\frac{1}{\pi}\int_{-\pi}^{\pi}f(x)\cos nx\mathrm{d}x,n=0,1,2,\cdots,$$

$$b_n=\frac{1}{\pi}\int_c^{c+2\pi}f(x)\sin nx\mathrm{d}x=\frac{1}{\pi}\int_{-\pi}^{\pi}f(x)\sin nx\mathrm{d}x,n=1,2,\cdots.$$

【思路探索】 由于等式左边的积分区间为$[c,c+2\pi]$，以及 $f(x)$ 和 $\cos nx$，$\sin nx$ 都是以 2π 为周期的可积函数，因此可利用 $t=x+2\pi$ 进行换元，使积分区间变为等式右边的$[-\pi,\pi]$.

证　令 $t=x+2\pi$，则

$$\begin{aligned}a_n&=\frac{1}{\pi}\int_c^{c+2\pi}f(x)\cos nx\mathrm{d}x\\&=\frac{1}{\pi}\int_c^{-\pi}f(x)\cos nx\mathrm{d}x+\frac{1}{\pi}\int_{-\pi}^{\pi}f(x)\cos nx\mathrm{d}x+\frac{1}{\pi}\int_{\pi}^{c+2\pi}f(x)\cos nx\mathrm{d}x\\&=\frac{1}{\pi}\int_{c+2\pi}^{\pi}f(t-2\pi)\cos n(t-2\pi)\mathrm{d}t+\frac{1}{\pi}\int_{-\pi}^{\pi}f(x)\cos nx\mathrm{d}x+\frac{1}{\pi}\int_{\pi}^{c+2\pi}f(x)\cos nx\mathrm{d}x\\&=\frac{1}{\pi}\int_{c+2\pi}^{\pi}f(t)\cos nt\mathrm{d}t+\frac{1}{\pi}\int_{-\pi}^{\pi}f(x)\cos nx\mathrm{d}x+\frac{1}{\pi}\int_{\pi}^{c+2\pi}f(x)\cos nx\mathrm{d}x\\&=\frac{1}{\pi}\int_{-\pi}^{\pi}f(x)\cos nx\mathrm{d}x(n=0,1,2,\cdots).\end{aligned}$$

同理可证

$$b_n=\frac{1}{\pi}\int_c^{c+2\pi}f(x)\sin nx\mathrm{d}x=\frac{1}{\pi}\int_{-\pi}^{\pi}f(x)\sin nx\mathrm{d}x(n=1,2,\cdots).$$

3. 把函数 $f(x)=\begin{cases}-\dfrac{\pi}{4}, & -\pi<x<0,\\ \dfrac{\pi}{4}, & 0\leqslant x<\pi\end{cases}$ 展开成傅里叶级数，并由它推出

(1) $\dfrac{\pi}{4}=1-\dfrac{1}{3}+\dfrac{1}{5}-\dfrac{1}{7}+\cdots$；　(2) $\dfrac{\pi}{3}=1+\dfrac{1}{5}-\dfrac{1}{7}-\dfrac{1}{11}+\dfrac{1}{13}+\dfrac{1}{17}+\cdots$；

(3) $\dfrac{\sqrt{3}}{6}\pi=1-\dfrac{1}{5}+\dfrac{1}{7}-\dfrac{1}{11}+\dfrac{1}{13}-\dfrac{1}{17}+\cdots$.

【思路探索】 先将 $f(x)$ 展开成傅里叶级数，而$\dfrac{\pi}{4}$，$\dfrac{\pi}{3}$，$\dfrac{\sqrt{3}}{6}\pi$ 和级数的和函数在某些点处的值有关.

解　函数 $f(x)$ 及其周期延拓函数的图像如图 15－5 所示.

显然，$f(x)$ 在$(-\pi,\pi)$上按段光滑，由收敛定理知 $f(x)$ 可以展开成傅里叶级数，因为

$$a_0=\frac{1}{\pi}\int_{-\pi}^{\pi}f(x)\mathrm{d}x=\frac{1}{\pi}\left[\int_{-\pi}^{0}\left(-\frac{\pi}{4}\right)\mathrm{d}x+\int_0^{\pi}\frac{\pi}{4}\mathrm{d}x\right]=0,$$

$$a_n=\frac{1}{\pi}\left[\int_{-\pi}^{0}\left(-\frac{\pi}{4}\right)\cos nx\mathrm{d}x+\int_0^{\pi}\frac{\pi}{4}\cos nx\mathrm{d}x\right]=0(n\geqslant 1),$$

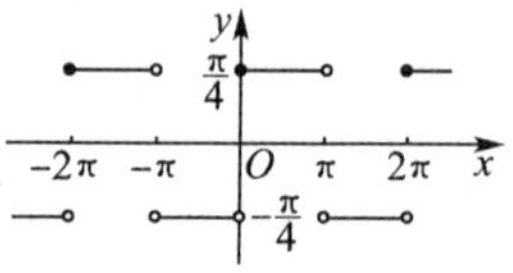

图 15－5

$$b_n=\frac{1}{\pi}\left[\int_{-\pi}^{0}\left(-\frac{\pi}{4}\right)\sin nx\mathrm{d}x+\int_{0}^{\pi}\frac{\pi}{4}\sin nx\mathrm{d}x\right]=\frac{2}{\pi}\cdot\frac{\pi}{4}\int_{0}^{\pi}\sin nx\mathrm{d}x$$

$$=-\frac{1}{2n}\cos nx\Big|_0^{\pi}=\begin{cases}\dfrac{1}{n}, & n\text{ 为奇数},\\ 0, & n\text{ 为偶数}.\end{cases}$$

所以当 $x\in(-\pi,0)\cup(0,\pi)$ 时，

$$f(x)=\sum_{n=1}^{\infty}\frac{1}{2n-1}\sin(2n-1)x.$$

当 $x=0$ 时，上式的右端收敛于 0.

(1) 当 $x=\dfrac{\pi}{2}$ 时，由于 $f\left(\dfrac{\pi}{2}\right)=\dfrac{\pi}{4}$，因此

$$\frac{\pi}{4}=\sum_{n=1}^{\infty}\frac{1}{2n-1}\sin\frac{2n-1}{2}\pi=1-\frac{1}{3}+\frac{1}{5}-\frac{1}{7}+\cdots.$$

(2) 因为

$$\frac{\pi}{12}=\frac{1}{3}\cdot\frac{\pi}{4}=\frac{1}{3}-\frac{1}{9}+\frac{1}{15}-\frac{1}{21}+\cdots,$$

所以

$$\frac{\pi}{3}=\frac{\pi}{4}+\frac{\pi}{12}=1+\frac{1}{5}-\frac{1}{7}-\frac{1}{11}+\frac{1}{13}+\frac{1}{17}-\frac{1}{19}-\frac{1}{23}+\cdots.$$

(3) 当 $x=\dfrac{\pi}{3}$ 时，因 $f\left(\dfrac{\pi}{3}\right)=\dfrac{\pi}{4}$，故

$$\frac{\pi}{4}=\sum_{n=1}^{\infty}\frac{1}{2n-1}\sin\frac{2n-1}{3}\pi=\frac{\sqrt{3}}{2}\left(1-\frac{1}{5}+\frac{1}{7}-\frac{1}{11}+\frac{1}{13}-\frac{1}{17}+\cdots\right),$$

所以

$$\frac{\sqrt{3}}{6}\pi=1-\frac{1}{5}+\frac{1}{7}-\frac{1}{11}+\frac{1}{13}-\frac{1}{17}+\cdots.$$

4. 设函数 $f(x)$ 满足条件 $f(x+\pi)=-f(x)$，问此函数在 $(-\pi,\pi)$ 上的傅里叶级数具有什么特性.

【思路探索】 将 $f(x)$ 展开成傅里叶级数或求出其傅里叶系数，观察其特性即可.

解 由于

$$\begin{aligned}a_n&=\frac{1}{\pi}\int_{-\pi}^{\pi}f(x)\cos nx\mathrm{d}x\\&=\frac{1}{\pi}\int_{-\pi}^{0}f(x)\cos nx\mathrm{d}x+\frac{1}{\pi}\int_{0}^{\pi}f(x)\cos nx\mathrm{d}x\\&=-\frac{1}{\pi}\int_{-\pi}^{0}f(x+\pi)\cos nx\mathrm{d}x+\frac{1}{\pi}\int_{0}^{\pi}f(x)\cos nx\mathrm{d}x,\end{aligned}$$

其中 $\int_{-\pi}^{0}f(x+\pi)\cos nx\mathrm{d}x=\int_{0}^{\pi}f(t)\cos n(t-\pi)\mathrm{d}t=(-1)^n\int_{0}^{\pi}f(x)\cos nx\mathrm{d}x$，所以

$$a_n=\frac{1}{\pi}\int_{0}^{\pi}[(-1)^{n+1}+1]f(x)\cos nx\mathrm{d}x,$$

从而 $a_0=0, a_{2n}=0$，同理可求

$$b_n=\frac{1}{\pi}\int_{0}^{\pi}[(-1)^{n+1}+1]f(x)\sin nx\mathrm{d}x\ (n=1,2,\cdots),$$

故 $b_{2n}=0$. 因此，函数 $f(x)$ 在 $(-\pi,\pi)$ 内的傅里叶级数的特性是

$$a_0=0, a_{2n}=b_{2n}=0\ (n=1,2,\cdots).$$

5. 设函数 $f(x)$ 满足条件 $f(x+\pi)=f(x)$，问此函数在 $(-\pi,\pi)$ 上的傅里叶级数具有什么特性.

解 由于

$$b_n=\frac{1}{\pi}\int_{-\pi}^{0}f(x)\sin nx\mathrm{d}x+\frac{1}{\pi}\int_{0}^{\pi}f(x)\sin nx\mathrm{d}x$$

$$=\frac{1}{\pi}\int_{-\pi}^{0}f(x+\pi)\sin nx\mathrm{d}x+\frac{1}{\pi}\int_{0}^{\pi}f(x)\sin nx\mathrm{d}x$$
$$=\frac{1}{\pi}\int_{0}^{\pi}f(t)\sin n(t-\pi)\mathrm{d}t+\frac{1}{\pi}\int_{0}^{\pi}f(x)\sin nx\mathrm{d}x$$
$$=\frac{1}{\pi}\int_{0}^{\pi}[(-1)^n+1]f(x)\sin nx\mathrm{d}x.$$

所以 $b_{2n-1}=0$，同理可得 $a_{2n-1}=0(n=1,2,\cdots)$，即 $f(x)$ 在 $(-\pi,\pi)$ 内的傅里叶级数的特性为
$$a_{2n-1}=b_{2n-1}=0(n=1,2,\cdots).$$

6. 试证函数系 $\cos nx(n=0,1,2,\cdots)$ 和 $\sin nx(n=1,2,\cdots)$ 都是 $[0,\pi]$ 上的正交函数系，但它们合起来的(5)式不是 $[0,\pi]$ 上的正交函数系.［(5) 式：$1,\cos x,\sin x,\cos 2x,\sin 2x,\cdots,\cos nx,\sin nx,\cdots$］

【思路探索】 按正交函数系的定义进行验证.

证 对于函数系 $\cos nx(n=0,1,2,\cdots)$，因为
$$\int_0^{\pi}\cos nx\mathrm{d}x=\frac{1}{n}\sin nx\Big|_0^{\pi}=0,$$
$$\int_0^{\pi}\cos mx\cos nx\mathrm{d}x=\frac{1}{2}\int_0^{\pi}(\cos(m+n)x+\cos(m-n)x)\mathrm{d}x$$
$$=\frac{1}{2}\int_0^{\pi}\cos(m+n)x\mathrm{d}x+\frac{1}{2}\int_0^{\pi}\cos(m-n)x\mathrm{d}x$$
$$=0(m,n=0,1,2,\cdots,m\neq n).$$

又当 $n=0$ 时，$\cos nx=1,\int_0^{\pi}1^2\mathrm{d}x=\pi$；

当 $n\neq 0$ 时，
$$\int_0^{\pi}\cos^2 nx\mathrm{d}x=\frac{1}{2}\int_0^{\pi}(\cos 2nx+1)\mathrm{d}x=\frac{\pi}{2}.$$

所以，在三角函数系 $\cos nx(n=0,1,2,\cdots)$ 中，任何两个不同函数的乘积在 $[0,\pi]$ 上的积分都等于零，每个函数的平方在 $[0,\pi]$ 上的积分均大于零，所以函数系 $\cos nx(n=0,1,2,\cdots)$ 为 $[0,\pi]$ 上的正交函数系.

对于 $\sin nx(n=1,2,\cdots)$，因为 $m\neq n$ 时，
$$\int_0^{\pi}\sin mx\sin nx\mathrm{d}x=\frac{1}{2}\int_0^{\pi}(\cos(m-n)x-\cos(m+n)x)\mathrm{d}x$$
$$=\frac{1}{2}\int_0^{\pi}\cos(m-n)x\mathrm{d}x-\frac{1}{2}\int_0^{\pi}\cos(m+n)x\mathrm{d}x=0,$$
$$\int_0^{\pi}\sin^2 nx\mathrm{d}x=\frac{1}{2}\int_0^{\pi}(1-\cos 2nx)\mathrm{d}x=\frac{\pi}{2},$$

所以函数系 $\sin nx(n=1,2,\cdots)$ 也是 $[0,\pi]$ 上的正交函数系.

对于函数系 $1,\cos x,\sin x,\cos 2x,\sin 2x,\cdots,\cos nx,\sin nx,\cdots$，因为 $\int_0^{\pi}1\cdot\sin x\mathrm{d}x=2\neq 0$，所以该函数系不是 $[0,\pi]$ 上的正交函数系.

7. 求下列函数的傅里叶级数展开式：

(1) $f(x)=\frac{\pi-x}{2},0<x<2\pi$；

(2) $f(x)=\sqrt{1-\cos x},-\pi\leqslant x\leqslant\pi$；

(3) $f(x)=ax^2+bx+c$，(ⅰ) $0<x<2\pi$，(ⅱ) $-\pi<x<\pi$；

(4) $f(x)=\operatorname{ch}x,-\pi<x<\pi$；

(5) $f(x)=\operatorname{sh}x,-\pi<x<\pi$.

解 (1) 将 $f(x)$ 进行周期延拓，因 $f(x)$ 在 $(0,2\pi)$ 上按段光滑，由收敛定理知 $f(x)$ 可以展成傅里叶级数，

$$a_0=\frac{1}{\pi}\int_0^{2\pi}\frac{\pi-x}{2}\mathrm{d}x=\frac{1}{2\pi}\left(\pi x-\frac{1}{2}x^2\right)\Big|_0^{2\pi}=0,$$

$$a_n=\frac{1}{\pi}\int_0^{2\pi}\frac{\pi-x}{2}\cos nx\mathrm{d}x=\frac{\pi-x}{2n\pi}\sin nx\Big|_0^{2\pi}+\frac{1}{2n\pi}\int_0^{2\pi}\sin nx\mathrm{d}x=0(n=1,2,\cdots),$$

$$b_n=\frac{1}{\pi}\int_0^{2\pi}\frac{\pi-x}{2}\sin nx\mathrm{d}x=-\frac{\pi-x}{2n\pi}\cos nx\Big|_0^{2\pi}-\frac{1}{2n\pi}\int_0^{2\pi}\cos nx\mathrm{d}x$$

$$=\frac{1}{n}(n=1,2,\cdots),$$

所以在区间$(0,2\pi)$上，有

$$f(x)=\frac{\pi-x}{2}=\sum_{n=1}^{\infty}\frac{\sin nx}{n},$$

(2) 在$[-\pi,\pi]$上，

$$f(x)=\sqrt{1-\cos x}=\sqrt{2\sin^2\frac{x}{2}}=\begin{cases}-\sqrt{2}\sin\frac{x}{2}, & -\pi\leqslant x<0,\\ \sqrt{2}\sin\frac{x}{2}, & 0\leqslant x\leqslant\pi.\end{cases}$$

从而

$$a_0=\frac{1}{\pi}\int_{-\pi}^{0}\left(-\sqrt{2}\sin\frac{x}{2}\right)\mathrm{d}x+\frac{1}{\pi}\int_0^{\pi}\sqrt{2}\sin\frac{x}{2}\mathrm{d}x=\frac{2\sqrt{2}}{\pi}\int_0^{\pi}\sin\frac{x}{2}\mathrm{d}x=\frac{4\sqrt{2}}{\pi},$$

$$a_n=\frac{1}{\pi}\int_{-\pi}^{0}\left(-\sqrt{2}\sin\frac{x}{2}\right)\cos nx\mathrm{d}x+\frac{1}{\pi}\int_0^{\pi}\sqrt{2}\sin\frac{x}{2}\cos nx\mathrm{d}x$$

$$=-\frac{\sqrt{2}}{\pi}\int_{-\pi}^{0}\sin\frac{x}{2}\cos nx\mathrm{d}x+\frac{\sqrt{2}}{\pi}\int_0^{\pi}\sin\frac{x}{2}\cos nx\mathrm{d}x$$

$$=-\frac{\sqrt{2}}{\pi}\int_{-\pi}^{0}\sin\frac{-x}{2}\cos(-nx)\mathrm{d}(-x)+\frac{\sqrt{2}}{\pi}\int_0^{\pi}\sin\frac{x}{2}\cos nx\mathrm{d}x$$

$$=\frac{2\sqrt{2}}{\pi}\int_0^{\pi}\sin\frac{x}{2}\cos nx\mathrm{d}x$$

$$=\frac{\sqrt{2}}{\pi}\int_0^{\pi}\left[\sin\left(\frac{1}{2}+n\right)x+\sin\left(\frac{1}{2}-n\right)x\right]\mathrm{d}x$$

$$=-\frac{4\sqrt{2}}{\pi(4n^2-1)}(n=1,2,\cdots),$$

$$b_n=\frac{1}{\pi}\int_{-\pi}^{0}\left(-\sqrt{2}\sin\frac{x}{2}\right)\sin nx\mathrm{d}x+\frac{1}{\pi}\int_0^{\pi}\left(\sqrt{2}\sin\frac{x}{2}\right)\sin nx\mathrm{d}x$$

$$=\frac{\sqrt{2}}{\pi}\int_{-\pi}^{0}\sin\frac{-x}{2}\sin(-nx)\mathrm{d}(-x)+\frac{\sqrt{2}}{\pi}\int_0^{\pi}\sin\frac{x}{2}\sin nx\mathrm{d}x$$

$$=-\frac{\sqrt{2}}{\pi}\int_0^{\pi}\sin\frac{x}{2}\sin nx\mathrm{d}x+\frac{\sqrt{2}}{\pi}\int_0^{\pi}\sin\frac{x}{2}\sin nx\mathrm{d}x$$

$$=0(n=1,2,\cdots).$$

所以在区间$(-\pi,\pi)$上，

$$f(x)=\sqrt{1-\cos x}=\frac{2\sqrt{2}}{\pi}-\frac{4\sqrt{2}}{\pi}\sum_{n=1}^{\infty}\frac{1}{4n^2-1}\cos nx,$$

当$x=\pi$或$x=-\pi$时，上式右端收敛于

$$\frac{f(\pi-0)+f(-\pi+0)}{2}=\frac{\sqrt{2}+\sqrt{2}}{2}=\sqrt{2},$$

所以在闭区间$[-\pi,\pi]$上，

$$f(x)=\frac{2\sqrt{2}}{\pi}-\frac{4\sqrt{2}}{\pi}\sum_{n=1}^{\infty}\frac{1}{4n^2-1}\cos nx.$$

(3)(ⅰ)
$$a_0=\frac{1}{\pi}\int_0^{2\pi}(ax^2+bx+c)\mathrm{d}x=\frac{8a\pi^2}{3}+2b\pi+2c,$$
$$\begin{aligned}a_n&=\frac{1}{\pi}\int_0^{2\pi}(ax^2+bx+c)\cos nx\mathrm{d}x\\&=\frac{a}{\pi}\int_0^{2\pi}x^2\cos nx\mathrm{d}x+\frac{b}{\pi}\int_0^{2\pi}x\cos nx\mathrm{d}x+\frac{c}{\pi}\int_0^{2\pi}\cos nx\mathrm{d}x\\&=\frac{4a}{n^2}(n=1,2,\cdots),\end{aligned}$$
$$\begin{aligned}b_n&=\frac{1}{\pi}\int_0^{2\pi}(ax^2+bx+c)\sin nx\mathrm{d}x\\&=\frac{a}{\pi}\int_0^{2\pi}x^2\sin nx\mathrm{d}x+\frac{b}{\pi}\int_0^{2\pi}x\sin nx\mathrm{d}x+\frac{c}{\pi}\int_0^{2\pi}\sin nx\mathrm{d}x\\&=-\frac{4a\pi+2b}{n}(n=1,2,\cdots).\end{aligned}$$
所以，在区间$(0,2\pi)$上，
$$f(x)=ax^2+bx+c=\frac{4}{3}a\pi^2+b\pi+c+\sum_{n=1}^{\infty}\left(\frac{4a}{n^2}\cos nx-\frac{4a\pi+2b}{n}\sin nx\right).$$
(ⅱ)$a_0=\frac{1}{\pi}\int_{-\pi}^{\pi}(ax^2+bx+c)\mathrm{d}x=\frac{1}{\pi}\int_{-\pi}^{\pi}(ax^2+c)\mathrm{d}x=\frac{2}{3}a\pi^2+2c,$
$$a_n=\frac{1}{\pi}\int_{-\pi}^{\pi}(ax^2+bx+c)\cos nx\mathrm{d}x=\frac{1}{\pi}\int_{-\pi}^{\pi}(ax^2+c)\cos nx\mathrm{d}x=(-1)^n\frac{4a}{n^2}(n=1,2,\cdots),$$
$$b_n=\frac{1}{\pi}\int_{-\pi}^{\pi}(ax^2+bx+c)\sin nx\mathrm{d}x=\frac{b}{\pi}\int_{-\pi}^{\pi}x\sin nx\mathrm{d}x=(-1)^{n+1}\frac{2b}{n}(n=1,2,\cdots).$$
所以，在区间$(-\pi,\pi)$上，
$$f(x)=ax^2+bx+c=\frac{a}{3}\pi^2+c+\sum_{n=1}^{\infty}\left[(-1)^n\frac{4a}{n^2}\cos nx+(-1)^{n+1}\frac{2b}{n}\sin nx\right].$$
(4)
$$a_0=\frac{1}{\pi}\int_{-\pi}^{\pi}\mathrm{ch}\,x\mathrm{d}x=\frac{2}{\pi}\mathrm{sh}\,\pi,$$
$$\begin{aligned}a_n&=\frac{1}{\pi}\int_{-\pi}^{\pi}\mathrm{ch}\,x\cos nx\mathrm{d}x=\frac{1}{\pi}\mathrm{sh}\,x\cos nx\Big|_{-\pi}^{\pi}+\frac{n}{\pi}\int_{-\pi}^{\pi}\mathrm{sh}\,x\sin nx\mathrm{d}x\\&=(-1)^n\frac{2}{\pi}\mathrm{sh}\,\pi+\frac{n}{\pi}\mathrm{ch}\,x\sin nx\Big|_{-\pi}^{\pi}-\frac{n^2}{\pi}\int_{-\pi}^{\pi}\mathrm{ch}\,x\cos nx\mathrm{d}x\\&=(-1)^n\frac{2}{\pi}\mathrm{sh}\,\pi-n^2a_n,\end{aligned}$$
故$a_n=(-1)^n\frac{2}{\pi(n^2+1)}\mathrm{sh}\,\pi(n=1,2,\cdots).$

由于$\mathrm{ch}\,x\sin nx$为奇函数，故$b_n=\frac{1}{n}\int_{-\pi}^{\pi}\mathrm{ch}\,x\sin nx\mathrm{d}x=0(n=1,2,\cdots).$

所以，在$(-\pi,\pi)$上，
$$f(x)=\mathrm{ch}\,x=\frac{2}{\pi}\mathrm{sh}\,\pi\cdot\left[\frac{1}{2}+\sum_{n=1}^{\infty}(-1)^n\frac{1}{n^2+1}\cos nx\right].$$
(5)
$$a_0=\frac{1}{\pi}\int_{-\pi}^{\pi}\mathrm{sh}\,x=0,a_n=\frac{1}{\pi}\int_{-\pi}^{\pi}\mathrm{sh}\,x\cos nx\mathrm{d}x=0(n=1,2,\cdots),$$
$$\begin{aligned}b_n&=\frac{1}{\pi}\int_{-\pi}^{\pi}\mathrm{sh}\,x\sin nx\mathrm{d}x=\frac{1}{\pi}\mathrm{ch}\,x\sin nx\Big|_{-\pi}^{\pi}-\frac{n}{\pi}\int_{-\pi}^{\pi}\mathrm{ch}\,x\cos nx\mathrm{d}x\\&=-\frac{n}{\pi}\mathrm{sh}\,x\cos nx\Big|_{-\pi}^{\pi}-\frac{n^2}{\pi}\int_{-\pi}^{\pi}\mathrm{sh}\,x\sin nx\mathrm{d}x=(-1)^{n+1}\frac{2n}{\pi}\mathrm{sh}\,\pi-n^2b_n,\end{aligned}$$
故$b_n=(-1)^{n+1}\frac{2n}{(n^2+1)\pi}\mathrm{sh}\,\pi(n=1,2,\cdots).$

从而在区间$(-\pi,\pi)$上，

$$f(x)=\operatorname{sh}x=\frac{2}{\pi}\operatorname{sh}\pi\sum_{n=1}^{\infty}\frac{(-1)^{n+1}}{n^2+1}n\sin nx.$$

归纳总结：将定义在有限区间(长度为2π)上的非周期函数展开为傅里叶级数时，需将$f(x)$延拓到$(-\infty,+\infty)$上以2π为周期的函数，然后再展开为傅里叶级数，若有限区间为闭区间，左、右端点处级数的收敛性需按收敛定理来讨论是否收敛于该点处函数左、右极限的算术平均值；若区间是开区间，直接按定理展开.

8. 求函数$f(x)=\frac{1}{12}(3x^2-6\pi x+2\pi^2)$，$0<x<2\pi$的傅里叶级数展开式，并应用它推出$\frac{\pi^2}{6}=\sum\limits_{n=1}^{\infty}\frac{1}{n^2}$.

【思路探索】 将$f(x)$按傅里叶级数展开后，$\frac{\pi^2}{6}=\sum\limits_{n=1}^{\infty}\frac{1}{n^2}$应和所求的傅里叶级数在某特殊点处的收敛性有关.

解 利用上一题第(3)题的结论可知在$(0,2\pi)$上，

$$f(x)=\frac{1}{4}x^2-\frac{\pi}{2}x+\frac{\pi^2}{6}=\sum_{n=1}^{\infty}\frac{1}{n^2}\cos nx,$$

又因为

$$f(0+0)=\frac{\pi^2}{6},$$

$$f(2\pi-0)=\frac{1}{4}(2\pi)^2-\frac{\pi}{2}(2\pi)+\frac{\pi^2}{6}=\frac{\pi^2}{6},$$

所以由收敛定理可得当$x=0$时，上述展开式右端收敛于

$$\frac{f(0+0)+f(2\pi-0)}{2}=\frac{\pi^2}{6},$$

从而$\frac{\pi^2}{6}=\sum\limits_{n=1}^{\infty}\frac{1}{n^2}$.

9. 设f为$[-\pi,\pi]$上的光滑函数，且$f(-\pi)=f(\pi)$. a_n,b_n为f的傅里叶级数，a_n',b_n'为f的导函数f'的傅里叶系数，证明：

$$a_0'=0,a_n'=nb_n,b_n'=-na_n(n=1,2,\cdots).$$

【思路探索】 由收敛定理求出a_0',a_n',b_n'即可得到证明.

证 因为f为$[-\pi,\pi]$上的光滑函数，所以$f(x)$在$[-\pi,\pi]$上有连续的导函数$f'(x)$.

又$f(\pi)=f(-\pi)$，故

$$a_0'=\frac{1}{\pi}\int_{-\pi}^{\pi}f'(x)\mathrm{d}x=\frac{1}{\pi}f(x)\Big|_{-\pi}^{\pi}=0,$$

$$a_n'=\frac{1}{\pi}\int_{-\pi}^{\pi}f'(x)\cos nx\mathrm{d}x=\frac{1}{\pi}f(x)\cos nx\Big|_{-\pi}^{\pi}+\frac{n}{\pi}\int_{-\pi}^{\pi}f(x)\sin nx\mathrm{d}x=nb_n(n=1,2,\cdots),$$

$$b_n'=\frac{1}{\pi}\int_{-\pi}^{\pi}f'(x)\sin nx\mathrm{d}x=\frac{1}{\pi}f(x)\sin nx\Big|_{-\pi}^{\pi}-\frac{n}{\pi}\int_{-\pi}^{\pi}f(x)\cos nx\mathrm{d}x=-na_n(n=1,2,\cdots),$$

即$a_0'=0,a_n'=nb_n,b_n'=-na_n(n=1,2,\cdots)$.

10. 证明：若三角级数

$$\frac{a_0}{2}+\sum_{n=1}^{\infty}(a_n\cos nx+b_n\sin nx)$$

中的系数a_n,b_n满足关系

$$\sup_n\{|n^3a_n|,|n^3b_n|\}\leqslant M,$$

M 为常数,则上述三角级数收敛,且其和函数具有连续的导函数.

【思路探索】 利用优级数判别法可判断原三角级数收敛,要证其和函数具有连续的导函数,需先求出该级数的和函数,并证明其导函数连续,若记 $u_n(x)=a_n\cos nx+b_n\sin nx(n\geqslant 1)$,证明 $\sum u_n'(x)$ 的和函数连续,而其和函数恰为原级数的和函数的导函数.

证 设 $u_0(x)=\frac{a_0}{2}$,$u_n(x)=a_n\cos nx+b_n\sin nx(n=1,2,\cdots)$,故 $u_n(x)(n=0,1,2,\cdots)$ 的每一项均在 $(-\infty,+\infty)$ 上连续,由 $\sup\limits_n\{|n^3a_n|,|n^3b_n|\}\leqslant M$,可知

$$|u_n(x)|=|a_n\cos nx+b_n\sin nx|\leqslant|a_n\cos nx|+|b_n\sin nx|$$
$$\leqslant|a_n|+|b_n|\leqslant\frac{2M}{n^3}(n\geqslant 1),$$

且级数 $\sum\limits_{n=1}^{\infty}\frac{2M}{n^3}$ 收敛,故级数 $\frac{a_0}{2}+\sum\limits_{n=1}^{\infty}(a_n\cos nx+b_n\sin nx)$ 在 $(-\infty,+\infty)$ 上一致收敛,记

$$S(x)=\sum_{n=0}^{\infty}u_n(x)=\frac{a_0}{2}+\sum_{n=1}^{\infty}(a_n\cos nx+b_n\sin nx).$$

又因为 $u_0'(x)=0$,且 $n\geqslant 1$ 时,

$$u_n'(x)=nb_n\cos nx-na_n\sin nx,$$

所以 $u_n'(x)(n=0,1,2,\cdots)$ 在 $(-\infty,+\infty)$ 上均连续,且

$$|u_n'(x)|\leqslant|nb_n\cos nx|+|na_n\sin nx|\leqslant n(|b_n|+|a_n|)\leqslant\frac{2M}{n^2}(n\geqslant 1),$$

及级数 $\sum\limits_{n=1}^{\infty}\frac{2M}{n^2}$ 收敛,故级数 $\sum\limits_{n=1}^{\infty}(nb_n\cos nx-na_n\sin nx)$ 在 $(-\infty,+\infty)$ 上收敛且一致收敛,记 $g(x)=\sum\limits_{n=1}^{\infty}u_n'(x)=\sum\limits_{n=1}^{\infty}(nb_n\cos nx-na_n\sin nx)$,由定理 13.12(连续性)可知,该级数的和函数 $g(x)$ 在 $(-\infty,+\infty)$ 上连续. 又由定理 13.14(逐项求导)知 $S'(x)=g(x)$,所以级数 $\frac{a_0}{2}+\sum\limits_{n=1}^{\infty}(a_n\cos nx+b_n\sin nx)$ 的和函数 $S(x)$ 有连续的导函数 $g(x)$.

归纳总结:若将题中条件 $\sup\limits_n\{|n^3a_n|,|n^3b_n|\}\leqslant M$ 改为 $\sup\limits_n\{n^3a_n,n^3b_n\}\leqslant M$,则结论未必成立,取 $a_n=b_n=-1$,$M=1$,此时 $\sup\limits_n\{-n^3,-n^3\}\leqslant 1$,但由 $\lim\limits_{n\to\infty}(\cos nx+\sin nx)\neq 0$ 知级数 $\sum\limits_{n=1}^{\infty}(-\cos nx-\sin nx)$ 发散.

习题 15.2 解答

1. 求下列周期函数的傅里叶级数展开式:

(1) $f(x)=|\cos x|$ (周期 π);　(2) $f(x)=x-[x]$ (周期 1);

(3) $f(x)=\sin^4x$ (周期 π);　(4) $f(x)=\mathrm{sgn}(\cos x)$ (周期 2π).

解 (1) $f(x)$ 是周期为 π 的周期函数 $\left(l=\frac{\pi}{2}\right)$,如图 15-6 所示.

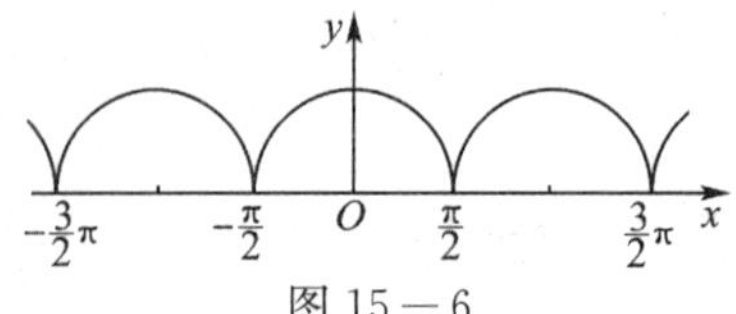

图 15-6

因 $f(x)$ 按段光滑，故可以展开成傅里叶级数，又 $f(x)$ 为偶函数，故 $b_n=0(n=1,2,\cdots)$.

$$a_0=\frac{2}{\pi}\int_0^{\pi}f(x)\mathrm{d}x=\frac{2}{\pi}\int_0^{\pi}|\cos x|\,\mathrm{d}x=\frac{2}{\pi}\left(\int_0^{\frac{\pi}{2}}\cos x\mathrm{d}x-\int_{\frac{\pi}{2}}^{\pi}\cos x\mathrm{d}x\right)=\frac{4}{\pi},$$

$$a_1=\frac{2}{\pi}\int_0^{\pi}f(x)\cos x\mathrm{d}x=\frac{2}{\pi}\int_0^{\pi}|\cos x|\cos x\mathrm{d}x=\frac{2}{\pi}\left(\int_0^{\frac{\pi}{2}}\cos^2 x\mathrm{d}x-\int_{\frac{\pi}{2}}^{\pi}\cos^2 x\mathrm{d}x\right)=0,$$

$$\begin{aligned}a_n&=\frac{2}{\pi}\int_0^{\pi}f(x)\cos nx\mathrm{d}x=\frac{2}{\pi}\int_0^{\pi}|\cos x|\cos nx\mathrm{d}x\\&=\frac{2}{\pi}\int_0^{\frac{\pi}{2}}\cos x\cos nx\mathrm{d}x-\frac{2}{\pi}\int_{\frac{\pi}{2}}^{\pi}\cos x\cos nx\mathrm{d}x\\&=\frac{1}{\pi}\int_0^{\frac{\pi}{2}}[\cos(n+1)x+\cos(n-1)x]\mathrm{d}x-\frac{1}{\pi}\int_{\frac{\pi}{2}}^{\pi}[\cos(n+1)x+\cos(n-1)x]\mathrm{d}x\\&=\begin{cases}0, & n=2k+1,\\(-1)^{k+1}\dfrac{4}{\pi(4k^2-1)}, & n=2k\end{cases}\quad(k=1,2,\cdots).\end{aligned}$$

所以由收敛定理知，当 $x\in(-\infty,+\infty)$ 时，

$$f(x)=|\cos x|=\frac{2}{\pi}+\frac{4}{\pi}\sum_{n=1}^{\infty}\frac{(-1)^{n+1}}{4n^2-1}\cos 2nx.$$

(2) $f(x)$ 是周期为 1 的周期函数 $\left(l=\dfrac{1}{2}\right)$，如图 15－7 所示. 显然，$f(x)$ 是按段光滑的，故可展开成傅里叶级数，

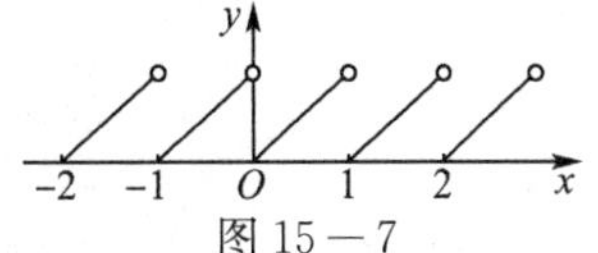

图 15－7

$$a_0=\frac{1}{\frac{1}{2}}\int_0^1(x-[x])\mathrm{d}x=2\int_0^1x\mathrm{d}x=1,$$

$$a_n=\frac{1}{\frac{1}{2}}\int_0^1(x-[x])\cos 2n\pi x\mathrm{d}x=2\int_0^1x\cos 2n\pi x\mathrm{d}x=0(n=1,2,\cdots),$$

$$b_n=2\int_0^1(x-[x])\sin 2n\pi x\mathrm{d}x=2\int_0^1x\sin 2n\pi x\mathrm{d}x=-\frac{1}{n\pi}(n=1,2,\cdots).$$

由收敛定理知，当 $x\notin\mathbf{Z}$ 时，

$$f(x)=x-[x]=\frac{1}{2}-\frac{1}{\pi}\sum_{n=1}^{\infty}\frac{\sin 2n\pi x}{n},$$

当 $x\in\mathbf{Z}$ 时，上式右端收敛到 $\dfrac{1}{2}$.

(3) $f(x)$ 是以 π 为周期的函数 $\left(l=\dfrac{\pi}{2}\right)$，又 $f(x)$ 按段光滑，故可展开成傅里叶级数，

$$\sin^4 x=(\sin^2 x)^2=\left(\frac{1-\cos 2x}{2}\right)^2=\frac{3}{8}-\frac{1}{2}\cos 2x+\frac{1}{8}\cos 4x,$$

$$a_0=\frac{2}{\pi}\int_0^{\pi}\sin^4 x\mathrm{d}x=\frac{2}{\pi}\int_0^{\pi}\left(\frac{3}{8}-\frac{1}{2}\cos 2x+\frac{1}{8}\cos 4x\right)\mathrm{d}x=\frac{3}{4},$$

$$\begin{aligned}a_n&=\frac{2}{\pi}\int_0^{\pi}\sin^4 x\cos nx\mathrm{d}x=\frac{2}{\pi}\int_0^{\pi}\left(\frac{3}{8}-\frac{1}{2}\cos 2x+\frac{1}{8}\cos 4x\right)\cos nx\mathrm{d}x\\&=\begin{cases}-\dfrac{1}{2}, & n=2,\\\dfrac{1}{8}, & n=4,\\0, & n\neq 2,4.\end{cases}\end{aligned}$$

$$b_n=\frac{1}{\pi}\int_{-\pi}^{\pi}\sin^4 x\sin nx\mathrm{d}x=0(n=1,2,\cdots).$$

由收敛定理知,当 $x \in (-\infty, +\infty)$ 时,

$$f(x) = \sin^4 x = \frac{3}{8} - \frac{1}{2}\cos 2x + \frac{1}{8}\cos 4x.$$

(4) $f(x)$ 是以 2π 为周期的函数($l = \pi$),其按段光滑,故可展开成傅里叶级数,又 $f(x)$ 是偶函数,故

$$b_n = 0(n = 1,2,\cdots).$$

$$a_0 = \frac{2}{\pi}\int_0^{\pi}\operatorname{sgn}(\cos x)\mathrm{d}x = \frac{2}{\pi}\left[\int_0^{\frac{\pi}{2}}\mathrm{d}x + \int_{\frac{\pi}{2}}^{\pi}(-1)\mathrm{d}x\right] = 0,$$

$$a_n = \frac{2}{\pi}\int_0^{\pi}\operatorname{sgn}(\cos x)\cos nx\mathrm{d}x = \frac{2}{\pi}\int_0^{\frac{\pi}{2}}\cos nx\mathrm{d}x - \frac{2}{\pi}\int_{\frac{\pi}{2}}^{\pi}\cos nx\mathrm{d}x$$

$$= \frac{4}{n\pi}\sin\frac{n\pi}{2} = \begin{cases} 0, & n = 2k, \\ (-1)^k\dfrac{4}{(2k+1)\pi}, & n = 2k+1 \end{cases}(k = 0,1,2,\cdots).$$

由收敛定理知,当 $x \neq 2n\pi \pm \dfrac{\pi}{2}$ 时,

$$f(x) = \operatorname{sgn}(\cos x) = \frac{4}{\pi}\sum_{n=0}^{\infty}(-1)^n\frac{\cos(2n+1)x}{2n+1},$$

当 $x = 2n\pi \pm \dfrac{\pi}{2}$ 时,上式右端收敛于 0,故上式对 $x \in (-\infty, +\infty)$ 均成立.

2. 求函数

$$f(x) = \begin{cases} x, & 0 \leqslant x \leqslant 1, \\ 1, & 1 < x < 2, \\ 3 - x, & 2 \leqslant x \leqslant 3 \end{cases}$$

的傅里叶级数并讨论其敛散性.

【思路探索】 将 $f(x)$ 作周期延拓后,得到的是按段光滑的周期为 6 的偶函数,按收敛定理可得到傅里叶级数及其敛散性.

解 因将函数延拓为按段光滑的偶函数,故 $b_n = 0$,

$$a_0 = \frac{2}{3}\int_0^3 f(x)\mathrm{d}x = \frac{2}{3}\left[\int_0^1 x\mathrm{d}x + \int_1^2\mathrm{d}x + \int_2^3(3-x)\mathrm{d}x\right] = \frac{4}{3},$$

$$a_n = \frac{2}{3}\int_0^3 f(x)\cos\frac{n\pi}{3}x\mathrm{d}x = \frac{2}{3}\int_0^1 x\cos\frac{n\pi}{3}x\mathrm{d}x + \frac{2}{3}\int_1^2\cos\frac{n\pi}{3}x\mathrm{d}x + \frac{2}{3}\int_2^3(3-x)\cos\frac{n\pi}{3}x\mathrm{d}x$$

$$= \frac{2}{3}\left[\frac{3}{n\pi}x\sin\frac{n\pi}{3}x + \left(\frac{3}{n\pi}\right)^2\cos\frac{n\pi}{3}x\right]\Bigg|_0^1 + \frac{2}{n\pi}\sin\frac{n\pi}{3}x\Bigg|_1^2$$

$$+ \frac{2}{3}\left[\frac{3}{n\pi}(3-x)\sin\frac{n\pi}{3}x - \left(\frac{3}{n\pi}\right)^2\cos\frac{n\pi}{3}x\right]\Bigg|_2^3$$

$$= \frac{6}{n^2\pi^2}\left(-1 - \cos n\pi + \cos\frac{n\pi}{3} + \cos\frac{2n\pi}{3}\right)$$

$$= \frac{6}{n^2\pi^2}\left[-1 + (-1)^{n+1} + 2\cos\frac{n\pi}{2}\cos\frac{n\pi}{6}\right]$$

$$= \begin{cases} 0, & n = 2k-1, \\ \dfrac{3}{k^2\pi^2}\left(-1 + (-1)^k\cos\dfrac{k\pi}{3}\right), & n = 2k \end{cases}(k = 1,2,\cdots).$$

所以由收敛定理知,当 $x \in (0,3)$ 时,

$$f(x) = \frac{2}{3} + \frac{3}{\pi^2}\sum_{n=1}^{\infty}\left[-\frac{1}{n^2} + \frac{(-1)^n}{n^2}\cos\frac{n\pi}{3}\right]\cos\frac{2n\pi}{3}x.$$

又因 $f(x)$ 延拓后在$(-\infty, +\infty)$ 上连续,故上式对 $x \in (-\infty, +\infty)$ 均成立.

3. 将函数 $f(x)=\frac{\pi}{2}-x$ 在 $[0,\pi]$ 上展开成余弦级数.

【思路探索】 先将 $f(x)$ 进行周期性偶延拓，然后再将 $f(x)$ 展开为余弦级数.

解 将 $f(x)$ 作周期性偶延拓，得一周期为 2π 的连续偶函数.

$$a_0=\frac{2}{\pi}\int_0^\pi\left(\frac{\pi}{2}-x\right)\mathrm{d}x=\frac{2}{\pi}\left(\frac{\pi}{2}x-\frac{1}{2}x^2\right)\Big|_0^\pi=0,$$

$$\begin{aligned}a_n&=\frac{2}{\pi}\int_0^\pi\left(\frac{\pi}{2}-x\right)\cos nx\mathrm{d}x=\frac{2}{\pi}\int_0^\pi\frac{\pi}{2}\cos nx\mathrm{d}x-\frac{2}{\pi}\int_0^\pi x\cos nx\mathrm{d}x\\&=\frac{1}{n}\sin nx\Big|_0^\pi-\frac{2}{n\pi}\left(x\sin nx+\frac{1}{n}\cos nx\right)\Big|_0^\pi\\&=\frac{2}{n^2\pi}(1+(-1)^{n+1})=\begin{cases}\frac{4}{n^2\pi}, & n=1,3,5,\cdots,\\0, & n=2,4,6,\cdots.\end{cases}\end{aligned}$$

$$b_n=0(n=1,2,\cdots).$$

所以由收敛定理知，在 $[0,\pi]$ 上，

$$f(x)=\frac{\pi}{2}-x=\frac{4}{\pi}\sum_{n=1}^\infty\frac{1}{(2n-1)^2}\cos(2n-1)x.$$

4. 将函数 $f(x)=\cos\frac{x}{2}$ 在 $[0,\pi]$ 上展开成正弦级数.

【思路探索】 先将 $f(x)$ 作以 2π 为周期的奇延拓，再将 $f(x)$ 展开为正弦级数.

解 对 $f(x)$ 作周期性奇延拓，得以 2π 为周期的函数，因 $f(x)$ 按段连续，故可将 $f(x)$ 展开为正弦级数.

$$a_n=0(n=0,1,2,\cdots),$$

$$\begin{aligned}b_n&=\frac{2}{\pi}\int_0^\pi\cos\frac{x}{2}\sin nx\mathrm{d}x=\frac{2}{\pi}\int_0^\pi\frac{1}{2}\left(\sin\frac{2n+1}{2}x+\sin\frac{2n-1}{2}x\right)\mathrm{d}x\\&=\frac{1}{\pi}\left(\frac{-2}{2n+1}\cos\frac{2n+1}{2}x-\frac{2}{2n-1}\cos\frac{2n-1}{2}x\right)\Big|_0^\pi\\&=\frac{2}{\pi}\left(\frac{1}{2n+1}+\frac{1}{2n-1}\right)=\frac{8n}{\pi(4n^2-1)}(n=1,2,\cdots).\end{aligned}$$

所以由收敛定理知，在 $(0,\pi)$ 上，有

$$\cos\frac{x}{2}=\frac{8}{\pi}\sum_{n=1}^\infty\frac{n}{4n^2-1}\sin nx,$$

当 $x=0$ 或 π 时，上式右端收敛于

$$\frac{1}{2}[f(0-0)+f(0+0)]=0,$$

$$\frac{1}{2}[f(\pi-0)+f(\pi+0)]=0.$$

5. 把函数

$$f(x)=\begin{cases}1-x, & 0<x\leqslant 2,\\x-3, & 2<x<4\end{cases}$$

在 $(0,4)$ 上展开成余弦级数.

解 对 $f(x)$ 作周期为 8 的偶延拓，得一连续偶函数，故在 $(0,4)$ 上可将 $f(x)$ 展开为余弦级数.

$$\begin{aligned}a_0&=\frac{2}{4}\int_0^4 f(x)\mathrm{d}x=\frac{1}{2}\left[\int_0^2(1-x)\mathrm{d}x+\int_2^4(x-3)\mathrm{d}x\right]\\&=\frac{1}{2}\left(-\frac{1}{2}(1-x)^2\Big|_0^2+\frac{1}{2}(x-3)^2\Big|_2^4\right)=0,\end{aligned}$$

$$a_n=\frac{2}{4}\int_0^4 f(x)\cos\frac{n\pi}{4}x\mathrm{d}x=\frac{1}{2}\left[\int_0^2(1-x)\cos\frac{n\pi}{4}x\mathrm{d}x+\int_2^4(x-3)\cos\frac{n\pi}{4}x\mathrm{d}x\right]$$

$$=\frac{1}{2}\left\{\frac{4}{n\pi}\left[(1-x)\sin\frac{n\pi}{4}x\Big|_0^2+\int_0^2\sin\frac{n\pi}{4}x\mathrm{d}x\right]+\frac{4}{n\pi}\left[(x-3)\sin\frac{n\pi}{4}x\Big|_2^4-\int_2^4\sin\frac{n\pi}{4}x\mathrm{d}x\right]\right\}$$

$$=\frac{16}{n^2\pi^2}\left[-\cos\frac{n\pi}{2}+\frac{1+(-1)^n}{2}\right](n=1,2,\cdots).$$

$b_n=0(n=1,2,\cdots)$.

所以由收敛定理知，在(0,4)上，有

$$f(x)=\frac{16}{\pi^2}\sum_{n=1}^{\infty}\frac{1+(-1)^n-2\cos\frac{n\pi}{2}}{2n^2}\cos\frac{n\pi x}{4}.$$

6. 把函数 $f(x)=(x-1)^2$ 在(0,1)上展开成余弦级数，并推出

$$\pi^2=6\left(1+\frac{1}{2^2}+\frac{1}{3^2}+\cdots\right).$$

【思路探索】 先将 $f(x)$ 余弦展开，等式和所求的余弦级数在某点的收敛性有关.

解 将 $f(x)$ 作周期为 2 的偶延拓，得一连续的偶函数.

$$b_n=0(n=1,2,\cdots),a_0=2\int_0^1(x-1)^2\mathrm{d}x=\frac{2}{3},$$

$$a_n=2\int_0^1(x-1)^2\cos n\pi x\mathrm{d}x=2\left[\frac{1}{n\pi}(x-1)^2\sin n\pi x\Big|_0^1-\frac{2}{n\pi}\int_0^1(x-1)\sin n\pi x\mathrm{d}x\right]$$

$$=\frac{4}{n^2\pi^2}\left[(x-1)\cos n\pi x\Big|_0^1-\int_0^1\cos n\pi x\mathrm{d}x\right]=\frac{4}{n^2\pi^2},$$

由收敛定理知，在(0,1)上，

$$f(x)=(x-1)^2=\frac{1}{3}+\frac{4}{\pi^2}\sum_{n=1}^{\infty}\frac{\cos n\pi x}{n^2},$$

当 $x=0$ 时，因延拓函数连续，故上式右端收敛到 $f(0)$，

$$f(0)=1=\frac{1}{3}+\frac{4}{\pi^2}\sum_{n=1}^{\infty}\frac{1}{n^2},$$

即 $\pi^2=6\left(1+\frac{1}{2^2}+\frac{1}{3^2}+\cdots\right)$.

7. 求下列函数的傅里叶级数展开式：

(1) $f(x)=\arcsin(\sin x)$； (2) $f(x)=\arcsin(\cos x)$.

解 (1) $f(x)$ 是以 2π 为周期的连续奇函数，故

$$a_n=0(n=0,1,2,\cdots),$$

$$b_n=\frac{2}{\pi}\int_0^{\pi}\arcsin(\sin x)\sin nx\mathrm{d}x=\frac{2}{\pi}\int_0^{\frac{\pi}{2}}x\sin nx\mathrm{d}x+\frac{2}{\pi}\int_{\frac{\pi}{2}}^{\pi}(\pi-x)\sin nx\mathrm{d}x$$

$$=\frac{2}{\pi}\left(-\frac{x}{n}\cos nx+\frac{1}{n^2}\sin nx\right)\Big|_0^{\frac{\pi}{2}}+\frac{2}{\pi}\left(-\frac{\pi-x}{n}\cos nx-\frac{1}{n^2}\sin nx\right)\Big|_{\frac{\pi}{2}}^{\pi}$$

$$=\frac{4}{n^2\pi}\cdot\sin\frac{n\pi}{2}=\begin{cases}0, & n=2k(k=1,2,3,\cdots),\\(-1)^k\dfrac{4}{\pi(2k+1)^2}, & n=2k+1(k=0,1,2,\cdots),\end{cases}$$

由收敛定理得，

$$\arcsin(\sin x)=\frac{4}{\pi}\sum_{n=1}^{\infty}\frac{(-1)^{n-1}}{(2n-1)^2}\sin(2n-1)x.$$

(2) $f(x)$ 是以 2π 为周期的连续偶函数，故

$$b_n=0(n=1,2,\cdots),$$

$$a_0=\frac{2}{\pi}\int_0^{\pi}\arcsin(\cos x)\mathrm{d}x=\frac{2}{\pi}\int_0^{\pi}\arcsin\left[\sin\left(\frac{\pi}{2}-x\right)\right]\mathrm{d}x=\frac{2}{\pi}\int_0^{\pi}\left(\frac{\pi}{2}-x\right)\mathrm{d}x=0,$$

$$\begin{aligned}a_n&=\frac{2}{\pi}\int_0^{\pi}\arcsin(\cos x)\cos nx\,\mathrm{d}x=\frac{2}{\pi}\int_0^{\pi}\arcsin\left[\sin\left(\frac{\pi}{2}-x\right)\right]\cos nx\,\mathrm{d}x\\&=\frac{2}{\pi}\int_0^{\pi}\left(\frac{\pi}{2}-x\right)\cos nx\,\mathrm{d}x=\frac{2}{n\pi}\left[\left(\frac{\pi}{2}-x\right)\sin nx-\frac{1}{n}\cos nx\right]\Bigg|_0^{\pi}\\&=\begin{cases}0, & n=2k,\\ \dfrac{4}{(2k-1)^2\pi}, & n=2k-1\end{cases}(k=1,2,\cdots),\end{aligned}$$

由收敛定理知

$$\arcsin(\cos x)=\frac{4}{\pi}\sum_{n=1}^{\infty}\frac{1}{(2n-1)^2}\cos(2n-1)x.$$

8. 试问如何把定义在$\left[0,\frac{\pi}{2}\right]$上的可积函数 f 延拓到区间$(-\pi,\pi)$上,使它们的傅里叶级数为如下的形式:

(1) $\sum\limits_{n=1}^{\infty}a_{2n-1}\cos(2n-1)x$;　　(2) $\sum\limits_{n=1}^{\infty}b_{2n-1}\sin(2n-1)x$.

【思路探索】 由本章习题 15.1 第 4 题可知,若 $f(x)$ 满足 $f(x+\pi)=-f(x)$,则 $f(x)$ 在$(-\pi,\pi)$上的傅里叶系数具有 $a_{2n}=b_{2n}=0$ 的特性,又本题(1)中无 b_n 出现,(2)中无 a_n 出现,故可分别相应作适当的延拓并使 $f(x)$ 满足 $f(x+\pi)=-f(x)$,则可得到结论.

解 (1) **方法一** 将在$\left[0,\frac{\pi}{2}\right]$上定义的可积函数 f 作延拓,使 $x\in\left[-\pi,-\frac{\pi}{2}\right]$时,满足 $f(x)=-f(x+\pi)$,即

$$f(x)=\begin{cases}f(x), & x\in\left[0,\frac{\pi}{2}\right],\\ -f(x+\pi), & x\in\left[-\pi,-\frac{\pi}{2}\right],\end{cases}$$

对上述函数再作偶延拓,使 $x\in\left[-\frac{\pi}{2},0\right]$及 $x\in\left[\frac{\pi}{2},\pi\right]$时,$f(x)=f(-x)$,则此时所得的延拓函数在$(-\pi,\pi)$上为偶函数,且为满足 $f(x+\pi)=-f(x)$ 的可积函数,从而 $b_n=0(n=1,2,\cdots)$,且由本章习题 15.1 第 4 题知 $a_{2n}=0(n=0,1,2\cdots)$,故其傅里叶级数的形式为

$$\sum_{n=1}^{\infty}a_{2n-1}\cos(2n-1)x,x\in(-\pi,\pi).$$

方法二 由于展开式中无正弦项,故 $f(x)$ 延拓到$(-\pi,\pi)$内应满足 $f(-x)=f(x)$.
设函数 $f(x)$ 延拓到$\left(\frac{\pi}{2},\pi\right)$的部分记为 $g(x)$,则按题意应有

$$a_{2n}=\int_0^{\frac{\pi}{2}}f(x)\cos 2nx\,\mathrm{d}x+\int_{\frac{\pi}{2}}^{0}g(x)\cos 2nx\,\mathrm{d}x=0(n=1,2,\cdots).$$

在上式左端第一个积分中令 $t=\pi-x$,得$-\int_{\pi}^{\frac{\pi}{2}}f(\pi-t)\cos 2nt\,\mathrm{d}t+\int_{\frac{\pi}{2}}^{\pi}g(x)\cos 2nx=0$,

即$\int_{\frac{\pi}{2}}^{\pi}[f(\pi-x)+g(x)]\cos 2nx\,\mathrm{d}x=0$,显然此式成立,只须对于 $\forall x\in(\frac{\pi}{2},\pi)$,
恒有 $f(\pi-x)=-g(x)$,即 $g(x)=-f(\pi-x)$.

总之,首先要在$(\frac{\pi}{2},\pi)$内定义一个函数,使它等于 $-f(\pi-x)$,然后再偶延拓到$(-\pi,0)$,延拓后的函数记为 $h(x)$,则

$$h(x)=\begin{cases}-f(x+\pi),x\in\left(-\pi,-\dfrac{\pi}{2}\right),\\ f(-x),x\in\left(-\dfrac{\pi}{2},0\right),\\ f(x),x\in\left(0,\dfrac{\pi}{2}\right),\\ -f(\pi-x),x\in\left(\dfrac{\pi}{2},\pi\right).\end{cases}$$

(2) **方法一** 将 $f(x)$ 作一奇延拓,使 $x\in\left[-\pi,-\dfrac{\pi}{2}\right]$时,满足 $f(x)=-f(x+\pi)$,对该函数再作一奇延拓,使 $x\in\left[-\dfrac{\pi}{2},0\right]$及 $x\in\left[\dfrac{\pi}{2},\pi\right]$时,$f(x)=-f(-x)$,则此时所得的延拓函数是在$(-\pi,\pi)$上的可积奇函数,且满足 $f(x+\pi)=-f(x)$,从而 $a_n=0(n=0,1,2,\cdots)$,且由本章习题 15.1 第 4 题知 $b_{2n}=0$,故其傅里叶级数的形式为

$$\sum_{n=1}^{\infty}b_{2n-1}\sin(2n-1)x,\quad x\in(-\pi,\pi).$$

方法二 类似(1)的方法二,请读者自行写出.

习题 15.3 解答

1. 设 f 以 2π 为周期且具有二阶连续的导函数,证明 f 的傅里叶级数在$(-\infty,+\infty)$上一致收敛于 f.

证 因 $f(x)$ 是以 2π 为周期的具有二阶连续导数的函数,故 $f(x)$,$f'(x)$ 可展开成傅里叶级数,不妨设

$$f(x)=\frac{a_0}{2}+\sum_{n=1}^{\infty}(a_n\cos nx+b_n\sin nx),$$

$$f'(x)=\frac{a'_0}{2}+\sum_{n=1}^{\infty}(a'_n\cos nx+b'_n\sin nx),$$

要证 $f(x)$ 的傅里叶级数在$(-\infty,+\infty)$上一致收敛于 $f(x)$,只需要证明级数

$$\frac{|a_0|}{2}+\sum_{n=1}^{\infty}(|a_n|+|b_n|)$$

收敛,则由定理15.1可知 $f(x)$ 的傅里叶级数一致收敛于 $f(x)$. 由周期性可得 $f(-\pi)=f(\pi)$,因此由本章习题 15.1 第 9 题可知

$$a'_0=0,a'_n=nb_n,b'_n=-na_n(n=1,2,\cdots),$$

所以

$$\begin{aligned}|a_n|+|b_n|&=\frac{1}{n}|b'_n|+\frac{1}{n}|a'_n|\leqslant\frac{1}{2}\left(b'^2_n+\frac{1}{n^2}\right)+\frac{1}{2}\left(a'^2_n+\frac{1}{n^2}\right)\\&=\frac{1}{n^2}+\frac{1}{2}(a'^2_n+b'^2_n).\end{aligned}$$

由贝塞尔不等式知级数$\sum\limits_{n=1}^{\infty}(a'^2_n+b'^2_n)$收敛.

再由$\sum\limits_{n=1}^{\infty}\dfrac{1}{n^2}$收敛知$\sum\limits_{n=1}^{\infty}(|a_n|+|b_n|)$收敛,进而

$$\frac{|a_0|}{2}+\sum_{n=1}^{\infty}(|a_n|+|b_n|)$$

收敛,所以 $f(x)$ 的傅里叶级数在$(-\infty,+\infty)$上一致收敛于 $f(x)$.

2. 设 f 为$[-\pi,\pi]$上的可积函数,证明:若 f 的傅里叶级数在$[-\pi,\pi]$上一致收敛于 f,则成立**帕塞瓦尔(Parseval)等式**:

$$\frac{1}{\pi}\int_{-\pi}^{\pi}[f(x)]^2\mathrm{d}x=\frac{a_0^2}{2}+\sum_{n=1}^{\infty}(a_n^2+b_n^2),$$

这里 a_n,b_n 为 f 的傅里叶系数.

【思路探索】 由贝塞尔不等式的证明可知(教材第 75 页)

$$\int_{-\pi}^{\pi}[f(x)-S_m(x)]^2\mathrm{d}x=\int_{-\pi}^{\pi}f^2(x)\mathrm{d}x-\frac{\pi}{2}a_0^2-\pi\sum_{n=1}^{m}(a_n^2+b_n^2),\qquad(*)$$

其中 $S_m(x)$ 为 $f(x)$ 的傅里叶级数的部分和,故只需证明 $\lim\limits_{m\to\infty}\int_{-\pi}^{\pi}[f(x)-S_m(x)]^2\mathrm{d}x=0$ 即可.

证 设

$$f(x)=\frac{a_0}{2}+\sum_{n=1}^{\infty}(a_n\cos nx+b_n\sin nx),x\in[-\pi,\pi],$$

$$S_m(x)=\frac{a_0}{2}+\sum_{n=1}^{m}(a_n\cos nx+b_n\sin nx),x\in[-\pi,\pi],$$

因为 $f(x)$ 的傅里叶级数在 $[-\pi,\pi]$ 上一致收敛于 $f(x)$,所以 $\forall\varepsilon>0,\exists N$,当 $m>N$ 时,有

$$|f(x)-S_m(x)|<\varepsilon,$$

故对上述 $\varepsilon>0$,当 $m>N$ 时,

$$0\leqslant\int_{-\pi}^{\pi}[f(x)-S_m(x)]^2\mathrm{d}x\leqslant 2\pi\varepsilon^2,$$

所以 $\lim\limits_{m\to\infty}\int_{-\pi}^{\pi}[f(x)-S_m(x)]^2\mathrm{d}x=0$.

从而,由式($*$)可得

$$\frac{1}{\pi}\int_{-\pi}^{\pi}f^2(x)\mathrm{d}x=\frac{a_0^2}{2}+\sum_{n=1}^{\infty}(a_n^2+b_n^2).$$

3. 帕塞瓦尔等式对于在 $[-\pi,\pi]$ 上满足收敛定理条件的函数也成立(证略). 请应用这个结果证明下列各式:

(1) $\dfrac{\pi^2}{8}=\sum\limits_{n=1}^{\infty}\dfrac{1}{(2n-1)^2}$(提示:应用 §1 习题 3 的展开式导出);

(2) $\dfrac{\pi^2}{6}=\sum\limits_{n=1}^{\infty}\dfrac{1}{n^2}$ (提示:应用 §1 习题 1(1)(ⅰ)的展开式导出);

(3) $\dfrac{\pi^4}{90}=\sum\limits_{n=1}^{\infty}\dfrac{1}{n^4}$ (提示:应用 §1 习题 1(2)(ⅰ)的展开式导出).

解 (1) 由 §1 习题 3 可知

$$\sum_{n=1}^{\infty}\frac{1}{2n-1}\sin(2n-1)x=f(x)=\begin{cases}-\dfrac{\pi}{4}, & -\pi<x<0,\\ \dfrac{\pi}{4}, & 0\leqslant x<\pi,\end{cases}$$

且 $f(x)$ 作周期延拓后在 $[-\pi,\pi]$ 上满足收敛定理条件,故由帕塞瓦尔等式,得

$$\frac{1}{\pi}\int_{-\pi}^{\pi}\frac{\pi^2}{16}\mathrm{d}x=\sum_{n=1}^{\infty}\frac{1}{(2n-1)^2},$$

即 $\dfrac{\pi^2}{8}=\sum\limits_{n=1}^{\infty}\dfrac{1}{(2n-1)^2}$.

(2) 由 §1 习题 1(1)(ⅰ)可知

$$f(x)=x=2\sum_{n=1}^{\infty}(-1)^{n+1}\frac{\sin nx}{n},x\in(-\pi,\pi),$$

又 $f(x)$ 作周期延拓后在 $(-\pi,\pi)$ 上满足收敛定理条件,由帕塞瓦尔等式,得

$$\frac{1}{\pi}\int_{-\pi}^{\pi}x^2\mathrm{d}x=\sum_{n=1}^{\infty}\left[\frac{(-1)^{n+1}}{n}\cdot 2\right]^2,$$

故 $\dfrac{\pi^2}{6}=\sum\limits_{n=1}^{\infty}\dfrac{1}{n^2}$.

(3) 由 §1 习题 1(2)(ⅰ) 知

$$f(x)=x^2=\frac{\pi^2}{3}+4\sum_{n=1}^{\infty}(-1)^n\frac{\cos nx}{n^2}(-\pi<x<\pi),$$

且 $f(x)$ 作周期延拓后在 $(-\pi,\pi)$ 上满足收敛定理条件，故

$$\frac{1}{\pi}\int_{-\pi}^{\pi}x^4\mathrm{d}x=2\left(\frac{\pi^2}{3}\right)^2+\sum_{n=1}^{\infty}\left[\frac{(-1)^n 4}{n^2}\right]^2,$$

即 $\frac{\pi^4}{90}=\sum\limits_{n=1}^{\infty}\frac{1}{n^4}$.

4. 证明：若 f,g 均为 $[-\pi,\pi]$ 上的可积函数，且它们的傅里叶级数在 $[-\pi,\pi]$ 上分别一致收敛于 f 和 g，则

$$\frac{1}{\pi}\int_{-\pi}^{\pi}f(x)g(x)\mathrm{d}x=\frac{a_0\alpha_0}{2}+\sum_{n=1}^{\infty}(a_n\alpha_n+b_n\beta_n),$$

其中 a_n,b_n 为 f 的傅里叶系数，α_n,β_n 为 g 的傅里叶系数.

【思路探索】 注意到 $4f(x)g(x)=(f(x)+g(x))^2-(f(x)-g(x))^2$，而由题意可知 $f(x)+g(x)$ 与 $f(x)-g(x)$ 在 $[-\pi,\pi]$ 上均满足帕塞瓦尔等式的条件，故由该等式可得到结论.

证 依题意，$f(x)+g(x)$ 与 $f(x)-g(x)$ 均为 $[-\pi,\pi]$ 上的可积函数，且它们的傅里叶级数在 $[-\pi,\pi]$ 上分别一致收敛于 $f(x)+g(x)$ 和 $f(x)-g(x)$，由帕塞瓦尔等式可知

$$\frac{1}{\pi}\int_{-\pi}^{\pi}(f(x)+g(x))^2\mathrm{d}x=\frac{(a_0+\alpha_0)^2}{2}+\sum_{n=1}^{\infty}[(a_n+\alpha_n)^2+(b_n+\beta_n)^2],$$

$$\frac{1}{\pi}\int_{-\pi}^{\pi}(f(x)-g(x))^2\mathrm{d}x=\frac{(a_0-\alpha_0)^2}{2}+\sum_{n=1}^{\infty}[(a_n-\alpha_n)^2+(b_n-\beta_n)^2],$$

两式相减即得

$$\frac{1}{\pi}\int_{-\pi}^{\pi}f(x)g(x)\mathrm{d}x=\frac{a_0\alpha_0}{2}+\sum_{n=1}^{\infty}(a_n\alpha_n+b_n\beta_n).$$

5. 证明：若 f 及其导函数 f' 均在 $[-\pi,\pi]$ 上可积，$\int_{-\pi}^{\pi}f(x)\mathrm{d}x=0$，$f(-\pi)=f(\pi)$，且成立帕塞瓦尔等式，则

$$\int_{-\pi}^{\pi}|f'(x)|^2\mathrm{d}x\geqslant\int_{-\pi}^{\pi}|f(x)|^2\mathrm{d}x.$$

【思路探索】 由 $f(x)$ 及 $f'(x)$ 傅里叶系数间的关系及其帕塞瓦尔等式比较即可得到.

证 设 a_n,b_n 为 $f(x)$ 的傅里叶系数，α_n,β_n 为 $f'(x)$ 的傅里叶系数，依题意，有

$$a_0=\frac{1}{\pi}\int_{-\pi}^{\pi}f(x)\mathrm{d}x=0,$$

$$\alpha_0=\frac{1}{\pi}\int_{-\pi}^{\pi}f'(x)\mathrm{d}x=\frac{1}{\pi}(f(\pi)-f(-\pi))=0,$$

$$a_n=\frac{1}{\pi}\int_{-\pi}^{\pi}f(x)\cos nx\mathrm{d}x=\frac{1}{n\pi}f(x)\sin nx\Big|_{-\pi}^{\pi}-\frac{1}{n\pi}\int_{-\pi}^{\pi}f'(x)\sin nx\mathrm{d}x=-\frac{1}{n}\beta_n,$$

$$b_n=\frac{1}{\pi}\int_{-\pi}^{\pi}f(x)\sin nx\mathrm{d}x=-\frac{1}{n\pi}f(x)\cos nx\Big|_{-\pi}^{\pi}+\frac{1}{n\pi}\int_{-\pi}^{\pi}f'(x)\cos nx\mathrm{d}x=\frac{1}{n}\alpha_n.$$

因为 $f(x)$ 及 $f'(x)$ 在 $[-\pi,\pi]$ 上成立帕塞瓦尔等式，所以

$$\frac{1}{\pi}\int_{-\pi}^{\pi}f^2(x)\mathrm{d}x=\sum_{n=1}^{\infty}(a_n^2+b_n^2),$$

$$\frac{1}{\pi}\int_{-\pi}^{\pi}[f'(x)]^2\mathrm{d}x=\sum_{n=1}^{\infty}(\alpha_n^2+\beta_n^2)=\sum_{n=1}^{\infty}(n^2b_n^2+n^2a_n^2)=\sum_{n=1}^{\infty}n^2(a_n^2+b_n^2),$$

所以

$$\int_{-\pi}^{\pi}f^2(x)\mathrm{d}x\leqslant\int_{-\pi}^{\pi}[f'(x)]^2\mathrm{d}x.$$

第十五章总练习题解答

1. 试求三角多项式

$$T_n(x)=\frac{A_0}{2}+\sum_{k=1}^{n}(A_k\cos kx+B_k\sin kx)$$

的傅里叶级数展开式.

解　因 $T_n(x)$ 是以 2π 为周期的光滑函数，所以可在$(-\infty,+\infty)$上展开成傅里叶级数，

$$a_0=\frac{1}{\pi}\int_{-\pi}^{\pi}T_n(x)\mathrm{d}x=\frac{1}{\pi}\int_{-\pi}^{\pi}\frac{A_0}{2}\mathrm{d}x+\frac{1}{\pi}\sum_{k=1}^{n}\int_{-\pi}^{\pi}(A_k\cos kx+B_k\sin kx)\mathrm{d}x=A_0,$$

$$a_m=\frac{1}{\pi}\int_{-\pi}^{\pi}T_n(x)\cos mx\mathrm{d}x=\frac{1}{\pi}\int_{-\pi}^{\pi}\left[\frac{A_0}{2}+\sum_{k=1}^{n}(A_k\cos kx+B_k\sin kx)\right]\cos mx\mathrm{d}x$$

$$=\begin{cases}A_m, & m\leqslant n,\\ 0, & m>n,\end{cases}$$

$$b_m=\frac{1}{\pi}\int_{-\pi}^{\pi}T_n(x)\sin mx\mathrm{d}x=\frac{1}{\pi}\int_{-\pi}^{\pi}\left[\frac{A_0}{2}+\sum_{k=1}^{n}(A_k\cos kx+B_k\sin kx)\right]\sin mx\mathrm{d}x$$

$$=\begin{cases}B_m, & m\leqslant n,\\ 0, & m>n,\end{cases}$$

所以在$(-\infty,+\infty)$上有 $T_n(x)$ 的傅里叶级数展开式为

$$T_n(x)=\frac{a_0}{2}+\sum_{m=1}^{\infty}(a_m\cos mx+b_m\sin mx)=\frac{A_0}{2}+\sum_{k=1}^{n}(A_k\cos kx+B_k\sin kx),$$

即其傅里叶级数展开式是其自身.

2. 设 f 为$[-\pi,\pi]$上的可积函数，$a_0,a_k,b_k(k=1,2,\cdots,n)$ 为 f 的傅里叶系数，试证明：当 $A_0=a_0,A_k=a_k,B_k=b_k(k=1,2,\cdots,n)$ 时，积分

$$\int_{-\pi}^{\pi}[f(x)-T_n(x)]^2\mathrm{d}x$$

取最小值，且最小值为

$$\int_{-\pi}^{\pi}[f(x)]^2\mathrm{d}x-\pi\left[\frac{a_0^2}{2}+\sum_{k=1}^{n}(a_k^2+b_k^2)\right].$$

上述 $T_n(x)$ 是第1题中的三角多项式，A_0,A_k,B_k 为它的傅里叶系数.

【思路探索】　将$\int_{-\pi}^{\pi}[f(x)-T_n(x)]^2\mathrm{d}x$ 利用三角函数系的正交性展开，再讨论其取最小值的情况.

证　依题意

$$\int_{-\pi}^{\pi}[f(x)-T_n(x)]^2\mathrm{d}x=\int_{-\pi}^{\pi}f^2(x)\mathrm{d}x-2\int_{-\pi}^{\pi}f(x)T_n(x)\mathrm{d}x+\int_{-\pi}^{\pi}T_n^2(x)\mathrm{d}x,$$

其中

$$\int_{-\pi}^{\pi}f(x)T_n(x)\mathrm{d}x=\pi\cdot\frac{1}{\pi}\int_{-\pi}^{\pi}f(x)\left[\frac{A_0}{2}+\sum_{k=1}^{n}(A_k\cos kx+B_k\sin kx)\right]\mathrm{d}x$$

$$=\pi\left[\frac{1}{\pi}\frac{A_0}{2}\int_{-\pi}^{\pi}f(x)\mathrm{d}x\right]+\sum_{k=1}^{n}\left[A_k\int_{-\pi}^{\pi}f(x)\cos kx\mathrm{d}x+B_k\int_{-\pi}^{\pi}f(x)\sin kx\mathrm{d}x\right]$$

$$=\pi\left[\frac{A_0a_0}{2}+\sum_{k=1}^{n}(a_kA_k+b_kB_k)\right],$$

$$\int_{-\pi}^{\pi}T_n^2(x)\mathrm{d}x=\pi\cdot\frac{1}{\pi}\int_{-\pi}^{\pi}\left[\left(\frac{A_0}{2}\right)^2+A_0\sum_{k=1}^{n}(A_k\cos kx+B_k\sin kx)+\left(\sum_{k=1}^{n}(A_k\cos kx+B_k\sin kx)\right)^2\right]\mathrm{d}x$$

$$=\pi\left[\frac{A_0^2}{2}+\sum_{k=1}^{n}(A_k^2+B_k{}^2)\right].$$

所以

$$\int_{-\pi}^{\pi}[f(x)-T_n(x)]^2\mathrm{d}x$$

$$=\int_{-\pi}^{\pi}f^2(x)\mathrm{d}x-\pi\left[a_0A_0+2\sum_{k=1}^{n}(a_kA_k+b_kB_k)-\frac{A_0^2}{2}-\sum_{k=1}^{n}(A_k^2+B_k^2)\right]$$

$$=\int_{-\pi}^{\pi}f^2(x)\mathrm{d}x+\pi\left\{\frac{(a_0-A_0)^2}{2}+\sum_{k=1}^{n}[(A_k-a_k)^2+(B_k-b_k)^2]-\frac{a_0^2}{2}-\sum_{k=1}^{n}(a_k^2+b_k{}^2)\right\},$$

由上式可得，当且仅当 $a_0=A_0,a_k=A_k,b_k=B_k(k=1,2,\cdots,n)$ 时积分

$$\int_{-\pi}^{\pi}(f(x)-T_n(x))^2\mathrm{d}x$$

取最小值，且最小值为

$$\int_{-\pi}^{\pi}f^2(x)\mathrm{d}x-\pi\left[\frac{a_0^2}{2}+\sum_{k=1}^{n}(a_k^2+b_k^2)\right].$$

3. 设 f 是以 2π 为周期，且具有二阶连续可微的函数，

$$b_n=\frac{1}{\pi}\int_{-\pi}^{\pi}f(x)\sin nx\mathrm{d}x,\quad b_n''=\frac{1}{\pi}\int_{-\pi}^{\pi}f''(x)\sin nx\mathrm{d}x,$$

若级数 $\sum b_n''$ 绝对收敛，则

$$\sum_{k=1}^{\infty}\sqrt{|b_k|}\leqslant\frac{1}{2}\left(2+\sum_{k=1}^{\infty}|b_k''|\right).$$

【思路探索】 先求出 b_n''，得到 b_n'' 与 b_n 间的关系，再利用绝对收敛的性质.

证 因 $f(x)$ 是以 2π 为周期且具有二阶连续导数的函数，故 $f'(x)$ 也是周期函数，且 $f(\pi)=f(-\pi)$，$f'(\pi)=f'(-\pi)$，从而

$$b_n=\frac{1}{\pi}\int_{-\pi}^{\pi}f(x)\sin nx\mathrm{d}x=-\frac{1}{n\pi}f(x)\cos nx\Big|_{-\pi}^{\pi}+\frac{1}{n\pi}\int_{-\pi}^{\pi}f'(x)\cos nx\mathrm{d}x$$

$$=\frac{1}{n^2\pi}f'(x)\sin nx\Big|_{-\pi}^{\pi}-\frac{1}{n^2\pi}\int_{-\pi}^{\pi}f''(x)\sin nx\mathrm{d}x=-\frac{1}{n^2}b_n''.$$

所以

$$\sqrt{|b_n|}\leqslant\frac{1}{2}\left(\frac{1}{n^2}+|b_n''|\right),\sum_{k=1}^{\infty}\sqrt{|b_k|}\leqslant\frac{1}{2}\left(\sum_{k=1}^{\infty}\frac{1}{k^2}+\sum_{k=1}^{\infty}|b_k''|\right),$$

由于 $\frac{\pi^2}{6}=\sum\limits_{k=1}^{\infty}\frac{1}{n^2}$[习题 15.3 第 3(2)]，故

$$\sum_{k=1}^{\infty}\sqrt{|b_k|}\leqslant\frac{1}{2}\left(\sum_{k=1}^{\infty}\frac{1}{k^2}+\sum_{k=1}^{\infty}|b_k''|\right)\leqslant\frac{1}{2}\left(\frac{\pi^2}{6}+\sum_{k=1}^{\infty}|b_k''|\right)\leqslant\frac{1}{2}\left(2+\sum_{k=1}^{\infty}|b_k''|\right).$$

4. 设周期为 2π 的可积函数 $\varphi(x)$ 与 $\psi(x)$ 满足以下关系式：

(1) $\varphi(-x)=\psi(x)$； (2) $\varphi(-x)=-\psi(x)$.

试问 φ 的傅里叶系数 a_n,b_n 与 ψ 的傅里叶系数 α_n,β_n 有什么关系？

解 (1) $a_n=\frac{1}{\pi}\int_{-\pi}^{\pi}\varphi(x)\cos nx\mathrm{d}x\xlongequal{x=-t}\frac{1}{\pi}\int_{-\pi}^{\pi}\varphi(-t)\cos nt\mathrm{d}t$

$$=\frac{1}{\pi}\int_{-\pi}^{\pi}\psi(t)\cos nt\mathrm{d}t=\alpha_n(n=0,1,2,\cdots),$$

$$b_n=\frac{1}{\pi}\int_{-\pi}^{\pi}\varphi(x)\sin nx\mathrm{d}x\xlongequal{x=-t}-\frac{1}{\pi}\int_{-\pi}^{\pi}\varphi(-t)\sin nt\mathrm{d}t$$

$$=-\frac{1}{\pi}\int_{-\pi}^{\pi}\psi(t)\sin nt\,\mathrm{d}t=-\beta_n(n=1,2,\cdots).$$

$$(2)a_n=\frac{1}{\pi}\int_{-\pi}^{\pi}\varphi(x)\cos nx\,\mathrm{d}x\xlongequal{x=-t}\frac{1}{\pi}\int_{-\pi}^{\pi}\varphi(-t)\cos nt\,\mathrm{d}t$$

$$=-\frac{1}{\pi}\int_{-\pi}^{\pi}\psi(t)\cos nt\,\mathrm{d}t=-\alpha_n(n=0,1,2,\cdots),$$

$$b_n=\frac{1}{\pi}\int_{-\pi}^{\pi}\varphi(x)\sin nx\,\mathrm{d}x\xlongequal{x=-t}-\frac{1}{\pi}\int_{-\pi}^{\pi}\varphi(-t)\sin nt\,\mathrm{d}t$$

$$=\frac{1}{\pi}\int_{-\pi}^{\pi}\psi(t)\sin nt\,\mathrm{d}t=\beta_n(n=1,2,\cdots).$$

5. 设定义在$[a,b]$上的连续函数列$\{\varphi_n\}$满足关系

$$\int_a^b\varphi_n(x)\varphi_m(x)\mathrm{d}x=\begin{cases}0, & n\neq m,\\ 1, & n=m,\end{cases}$$

对于在$[a,b]$上的可积函数 f,定义

$$a_n=\int_a^b f(x)\varphi_n(x)\mathrm{d}x,n=1,2,\cdots.$$

证明:$\sum\limits_{n=1}^{\infty}a_n^2$ 收敛,且有不等式$\sum\limits_{n=1}^{\infty}a_n^2\leqslant\int_a^b[f(x)]^2\mathrm{d}x$.

【思路探索】 要证正项级数$\sum\limits_{n=1}^{\infty}a_n^2$ 收敛,只需证其部分和$\sum\limits_{n=1}^{m}a_n^2\leqslant\int_a^b f^2(x)\mathrm{d}x$,同时要出现 a_n^2,只需要对 $a_nf(x)\varphi(x)$ 在$[a,b]$上积分,因此,可考虑构造 $S_m=\sum\limits_{n=1}^{m}a_n\varphi_n(x)$,利用$\{\varphi_n(x)\}$的性质讨论积分 $\int_a^b[f(x)-S_m(x)]^2\mathrm{d}x$.

证　设 $S_m(x)=\sum\limits_{n=1}^{m}a_n\varphi_n(x)$,依题意可知 $f(x)\varphi_n(x)$ 与 $f^2(x)$ 均在$[a,b]$上可积.

$$\int_a^b[f(x)-S_m(x)]^2\mathrm{d}x=\int_a^b[f^2(x)-2f(x)S_m(x)+S_m^2(x)]\mathrm{d}x$$

$$=\int_a^b f^2(x)\mathrm{d}x-2\int_a^b f(x)S_m(x)\mathrm{d}x+\int_a^b S_m^2(x)\mathrm{d}x,$$

其中

$$\int_a^b f(x)S_m(x)\mathrm{d}x=\int_a^b f(x)\Big[\sum_{n=1}^{m}a_n\varphi_n(x)\Big]\mathrm{d}x=\sum_{n=1}^{m}a_n\int_a^b f(x)\varphi_n(x)\mathrm{d}x=\sum_{n=1}^{m}a_n^2,$$

$$\int_a^b S_m^2(x)\mathrm{d}x=\int_a^b\Big[\sum_{n=1}^{m}a_n\varphi_n(x)\Big]\Big[\sum_{k=1}^{m}a_k\varphi_k(x)\Big]\mathrm{d}x=\sum_{n=1}^{m}a_n\int_a^b\varphi_n(x)\Big[\sum_{k=1}^{m}a_k\varphi_k(x)\Big]\mathrm{d}x=\sum_{n=1}^{m}a_n^2,$$

所以$\int_a^b[f(x)-S_m(x)]^2\mathrm{d}x=\int_a^b f^2(x)\mathrm{d}x-\sum\limits_{n=1}^{m}a_n^2$.

故$\sum\limits_{n=1}^{m}a_n^2\leqslant\int_b^a f^2(x)\mathrm{d}x$,即级数$\sum\limits_{n=1}^{\infty}a_n^2$ 的部分和有上界,从而$\sum\limits_{n=1}^{\infty}a_n^2$ 收敛,且$\sum\limits_{n=1}^{\infty}a_n^2\leqslant\int_a^b f^2(x)\mathrm{d}x$.

四、自测题

第十五章自测题

（第 1—4 题每题 10 分，第 5—8 题每题 15 分，共 100 分）

1. 将 $f(x)=\begin{cases}1, & x\in[-\pi,0),\\ 0, & x\in[0,\pi)\end{cases}$ 展开为 Fourier 级数，并由此求级数 $\sum\limits_{n=0}^{\infty}\dfrac{(-1)^n}{2n+1}$ 的和.
2. 设 $f(x)=\pi-x, x\in(0,\pi)$，将 $f(x)$ 展开成正弦级数.
3. 设函数 $f(x)$ 在 $[-\pi,\pi]$ 上可积，a_n,b_n 为 $f(x)$ 在 $[-\pi,\pi]$ 上的 Fourier 系数，证明：$\sum\limits_{n=1}^{\infty}a_nb_n$ 收敛.
4. 设 $f(x)=\sum\limits_{n=1}^{\infty}a_n\cos nx$，级数 $\sum\limits_{n=1}^{\infty}|a_n|$ 收敛，$\sum\limits_{n=1}^{\infty}B_n\sin nx$ 是 $f(x)$ 在 $[0,\pi]$ 上的正弦级数，求 $B_n(n\geqslant 1)$.
5. 设 $f(x)$ 是以 2π 为周期的周期函数，且 $f(x)=x, x\in(-\pi,\pi)$，求 $f(x)$ 与 $|f(x)|$ 的 Fourier 级数.
6. 设 $f(x)$ 是 $(-\infty,+\infty)$ 上以 2π 为周期的有 k 阶连续导数的函数，a_n,b_n 是其 Fourier 系数，证明：$a_n=o\left(\dfrac{1}{n^k}\right)$，$b_n=o\left(\dfrac{1}{n^k}\right)(n\to\infty)$.
7. 设 $f(x)\sim\dfrac{a_0}{2}+\sum\limits_{n=1}^{\infty}(a_n\cos nx+b_n\sin nx)$. 证明：若 $f(x)$ 的函数图形关于 $x=\dfrac{\pi}{2}$ 对称，则 $b_{2n}=0(n=1,2,\cdots)$.
8. 设 $f(x)$ 是以 2π 为周期的函数，在 $[-\pi,\pi)$ 上，$f(x)=x$.
   (1) 求 $f(x)$ 的 Fourier 级数；
   (2) 证明 $f(x)$ 的 Fourier 级数收敛但不一致收敛；

第十五章自测题解答

1. 解　由于

$$a_0=\frac{1}{\pi}\int_{-\pi}^{\pi}f(x)\mathrm{d}x=1, a_n=\frac{1}{\pi}\int_{-\pi}^{\pi}f(x)\cos nx\mathrm{d}x=0(n=1,2,\cdots),$$

$$b_n=\frac{1}{\pi}\int_{-\pi}^{\pi}f(x)\sin nx\mathrm{d}x=\frac{(-1)^n-1}{n\pi}(n=1,2,\cdots).$$

故

$$f(x)\sim\frac{1}{2}-\frac{2}{\pi}\left(\sin x+\frac{\sin 3x}{3}+\frac{\sin 5x}{5}+\cdots+\frac{\sin(2k+1)x}{2k+1}+\cdots\right).$$

从而由 Fourier 级数的收敛定理知

$$\sum_{n=0}^{\infty}\frac{(-1)^n}{2n+1}=\pi\sum_{n=1}^{\infty}\frac{2}{(2n-1)\pi}\sin\frac{(2n-1)\pi}{2}=\pi\left[\frac{1}{2}-f\left(\frac{\pi}{2}\right)\right]=\frac{\pi}{2}.$$

2. 解　展开成正弦级数，则 $a_n=0$，首先将 $f(x)$ 奇延拓至 $(-\pi,\pi)$，所以

$$b_n=\frac{2}{\pi}\int_0^{\pi}(\pi-x)\sin nx\mathrm{d}x=-\frac{2}{n\pi}\int_0^{\pi}(\pi-x)\mathrm{d}(\cos nx)=-\frac{2(\pi-x)\cos nx}{n\pi}\Bigg|_0^{\pi}-\frac{2}{n\pi}\int_0^{\pi}\cos nx\mathrm{d}x=\frac{2}{n},$$

所以 $f(x)\sim\sum\limits_{n=1}^{\infty}\dfrac{2}{n}\sin nx$.

3. 证　由 Bessel 不等式知 $\sum\limits_{n=1}^{\infty}(a_n^2+b_n^2)$ 收敛，又 $|a_nb_n|\leqslant\dfrac{a_n^2+b_n^2}{2}$，所以 $\sum\limits_{n=1}^{\infty}a_nb_n$ 收敛.

4. 解　对任意的 $m,n>0$，由于 $|a_m\cos mx\sin nx|\leqslant|a_m|$，而 $\sum\limits_{m=1}^{\infty}|a_m|$ 收敛，故由 Weierstrass 判别法知 $\sum\limits_{m=1}^{\infty}a_m\cos mx\sin nx$ 一致收敛，所以由一致收敛函数列的性质知

$$B_n=\frac{2}{\pi}\int_0^{\pi}f(x)\sin nx\mathrm{d}x=\frac{2}{\pi}\int_0^{\pi}\sum_{m=1}^{\infty}a_m\cos mx\sin nx\mathrm{d}x=\frac{2}{\pi}\sum_{m=1}^{\infty}\int_0^{\pi}a_m\cos mx\sin nx\mathrm{d}x$$
$$=\frac{1}{\pi}\sum_{m=1}^{\infty}\int_0^{\pi}a_m[\sin(n-m)x+\sin(n+m)x]\mathrm{d}x$$
$$=\frac{1}{\pi}\sum_{m\neq n}^{\infty}a_m\,\frac{2n[1-(-1)^{n+m}]}{n^2-m^2}$$

5. 解　（ⅰ）先求 $f(x)$ 的 Fourier 级数.

$$a_n=0(n=0,1,\cdots);b_n=\frac{2}{\pi}\int_0^{\pi}x\sin nx\mathrm{d}x=2\,\frac{(-1)^{n+2}}{n},$$

故

$$f(x)\sim 2\sum_{n=1}^{\infty}\frac{(-1)^{n+1}}{n}\sin nx=\begin{cases}x, & x\in(-\pi,\pi),\\ 0, & x=\pm\pi.\end{cases}$$

（ⅱ）再求 $|f(x)|$ 的 Fourier 级数. 由于 $|f(x)|$ 是偶函数，故级数为余弦级数.

$$a_0=\frac{2}{\pi}\int_0^{\pi}|f(x)|\mathrm{d}x=\frac{2}{\pi}\int_0^{\pi}x\mathrm{d}x=\pi,$$
$$a_n=\frac{2}{\pi}\int_0^{\pi}|f(x)|\cos nx\mathrm{d}x=\frac{2}{n^2\pi}[(-1)^n-1],b_n=0,n=1,2,\cdots.$$

故

$$|f(x)|\sim\frac{\pi}{2}+\sum_{n=1}^{\infty}\frac{2}{n^2\pi}[(-1)^n-1]\cos nx=|x|,x\in[-\pi,\pi].$$

6. 证　用分部积分有

$$a_n=\frac{1}{\pi}\int_{-\pi}^{\pi}f(x)\cos nx\mathrm{d}x=\frac{1}{n\pi}\int_{-\pi}^{\pi}f(x)\mathrm{d}(\sin nx)=-\frac{1}{n\pi}\int_{-\pi}^{\pi}f'(x)\sin nx\mathrm{d}x$$
$$=\frac{1}{n^2\pi}\int_{-\pi}^{\pi}f'(x)\mathrm{d}(\cos nx)=-\frac{1}{n^2\pi}\int_{-\pi}^{\pi}f''(x)\cos nx\mathrm{d}x$$
$$=\cdots=\frac{1}{n^k\pi}\int_{-\pi}^{\pi}f^{(k)}(x)\cos\left(\frac{k\pi}{2}+nx\right)\mathrm{d}x$$

因为 $f^{(k)}(x)$ 连续，故由黎曼－勒贝格定理知 $\lim\limits_{n\to\infty}\int_{-\pi}^{\pi}f^{(k)}(x)\cos\left(\frac{k\pi}{2}+nx\right)\mathrm{d}x=0$，从而有 $a_n=o\left(\frac{1}{n^k}\right)$.

同理可证 $b_n=o\left(\frac{1}{n^k}\right)$.

7. 证　依题设知 $f\left(\frac{\pi}{2}-x\right)=f\left(\frac{\pi}{2}+x\right)$，或 $f(\pi-x)=f(x)$，从而有

$$b_{2n}=\frac{1}{\pi}\int_{-\pi}^{\pi}f(x)\sin 2nx\mathrm{d}x=\frac{1}{\pi}\int_{-\pi}^{\pi}f(\pi-x)\sin 2nx\mathrm{d}x$$
$$=-\frac{1}{\pi}\int_{-\pi}^{\pi}f(t)\sin 2nt\mathrm{d}t=-b_{2n}.$$

故得 $b_{2n}=0(n=1,2,\cdots)$.

8. 解　由于 $a_k=\frac{1}{\pi}\int_{-\pi}^{\pi}x\cos kx\mathrm{d}x=0,k=0,1,2,\cdots,b_k=\frac{1}{\pi}\int_{-\pi}^{\pi}x\sin kx\mathrm{d}x=\frac{2(-1)^{k+1}}{k},k=1,2,\cdots$，故 $f(x)$ 的Fourier级数为 $f(x)\sim 2\sum\limits_{n=1}^{\infty}\frac{(-1)^{n+1}}{n}\sin nx$. 当 $x=k\pi$，k 为整数时，Fourier级数显然收敛. 当 $x\neq k\pi$ 时，由于

$$\begin{aligned}\sum_{k=1}^{n}(-1)^k\sin kx &= \sum_{k=1}^{n}\sin k(x+\pi) = \sum_{k=1}^{n}\frac{\sin k(x+\pi)\sin x}{\sin x}\\ &= \sum_{k=1}^{n}\frac{\cos(k-1)(x+\pi)-\cos(k+1)(x+\pi)}{2\sin x}\\ &= \frac{1+\cos(x+\pi)-\cos n(x+\pi)-\cos(n+1)(x+\pi)}{2\sin x}\end{aligned}$$

所以$\left|\sum_{k=1}^{n}(-1)^k\sin kx\right|\leqslant\frac{2}{|\sin x|}$. 又由于数列$\left\{\frac{1}{n}\right\}$单调递减趋于 0，故由 Dirichlet 判别法知 $f(x)$ 的 Fourier 级数收敛. 由 Fourier 级数的收敛定理知 $2\sum_{n=1}^{\infty}\frac{(-1)^{n+1}}{n}\sin nx=\frac{f(x+0)-f(x-0)}{2}$，故

$$2\sum_{n=1}^{\infty}\frac{(-1)^{n+1}}{n}\sin nx=\begin{cases}x, & x\neq(2k-1)\pi,\\ 0, & x=(2k-1)\pi.\end{cases}$$

其中 k 为整数. 由此知和函数不连续，所以 $f(x)$ 的 Fourier 级数不一致收敛.

第十六章　多元函数的极限与连续

一、主要内容归纳

1. 平面点集

(1)**邻域**　坐标平面上满足某种条件 P 的点的集合,称为**平面点集**,并记作

$$E=\{(x,y)\mid(x,y)\text{满足条件 }P\}.$$

特别地,平面点集

$$\{(x,y)\mid(x-x_0)^2+(y-y_0)^2<\delta^2\}\quad\text{和}\quad\{(x,y)\mid|x-x_0|<\delta,|y-y_0|<\delta\}$$

分别称为以 $A(x_0,y_0)$ 为中心的 **δ 圆邻域**与 **δ 方邻域**,记为 $U(A;\delta)$. 称

$$\{(x,y)\mid 0<(x-x_0)^2+(y-y_0)^2<\delta^2\}$$

与

$$\{(x,y)\mid|x-x_0|<\delta,|y-y_0|<\delta,(x,y)\neq(x_0,y_0)\}$$

分别为**点 A 的空心圆邻域与空心方邻域**,记为 $U^o(A;\delta)$.

(2)**点的分类及其性质**　设 $P_0\in\mathbf{R}^2$,点集 $E\subset\mathbf{R}^2$.

①按点与集合的位置分类

内点　若 $\exists\delta>0$,使得 $U(P;\delta)\subset E$,则称点 P 为 E 的**内点**;

外点　若 $\exists\delta>0$,使得 $U(P;\delta)\cap E=\varnothing$,则称点 P 为 E 的**外点**;

界点　若 $\forall\delta>0$,有 $U(P;\delta)\cap E\neq\varnothing$,$U(P;\delta)\cap E^c\neq\varnothing$,则称点 P 为 E 的**界点**.

又记 int E(E 的**内部**),表示 E 的所有内点的集合;∂E(E 的**边界**):表示 E 的所有界点的集合.

注　E 的所有内点必属于 E,因此 int $E\subset E$,E 的外点必不属于 E,E 的界点可以属于 E,也可以不属于 E.

②按"疏一密"分类

聚点　若 $\forall\delta>0$,有 $U^o(P_0;\delta)\cap E=\varnothing$,则称 P_0 为 E 的**聚点**;

孤立点　若 $\exists\delta>0$,使得 $U^o(P_0;\delta)\cap E=\varnothing$,则称 P_0 为 E 的**孤立点**.

注　聚点的等价定义:①若点 P_0 的任何邻域均含有 E 中无穷多个点,则称点 P_0 为 E 的聚点;②若 E 中存在各点互不相同的点列$\{P_n\}$,$P_n\neq P_0$,$\lim\limits_{n\to\infty}P_n=P_0$,则称 P_0 为 E 的聚点.

③性质

性质 1　孤立点必为界点;

性质 2　属于 E 的界点或为 E 的孤立点,或为 E 的聚点;

性质 3　不属于 E 的界点必为 E 的聚点;

性质 4　聚点或是内点,或是界点;

性质 5　既非聚点又非孤立点,则必为外点.

(3)**集合的分类及其性质**

开集　若 E 中任一点都是 E 的内点,则称 E 为**开集**,即 $E=\text{int}\,E$.

闭集　若 E 的所有聚点都属于 E,则称 E 为**闭集**. 或等价地,若 E^c 为开集,则称 E 为**闭集**.

注　有限点集一定是闭集,无聚点的点集一定是闭集;开集一定是无限集;约定空集 $\varnothing$ 既是开集又是闭集. 可以证明,在一切平面点集中,只有 $\mathbf{R}^2$ 和 $\varnothing$ 是既开又闭的点集.

连通性　若 E 中任意两点都可用完全含于 E 中的有限条折线连接起来,则称 E 具有**连通性**.

开(区)域　具有连通性的非空开集.

闭域　开域连同其边界所成的点集.

区域　开域、闭域或开域连同其一部分界点所成的点集,统称为**区域**.

有界集　若 $\exists U(O,r)$,使 $E\subset U(O,r)$,则称 E 为**有界集**,否则称为**无界集**,其中 O 为坐标原点.

性质　称 $d(D)=\sup\limits_{P_1,P_2\in D}\rho(P_1,P_2)$ 为 D 的**直径**,则 D 有界 $\Leftrightarrow d(D)<+\infty$.

注　闭域必为闭集,而闭集不一定是闭域;连通闭集不一定是闭域;当 $D\backslash\partial D$ 是一开域时,D 本身也不一定是闭域.

2. $\mathbf{R}^2$ 上的完备性定理

定义　设 $\{P_n\}\subset\mathbf{R}^2$ 为平面点列,$P_0\in\mathbf{R}^2$ 为一固定点. 若 $\forall\varepsilon>0$,$\exists N$,$\forall n>N$,有 $P_n\in U(P_0;\varepsilon)$,则称点列 $\{P_n\}$ **收敛**于点 P_0,记 $\lim\limits_{n\to\infty}P_n=P_0$ 或 $P_n\to P_0\ (n\to\infty)$.

注　点列收敛的坐标表示:设 $P_n(x_n,y_n)$,$P_0(x_0,y_0)$,则

$$P_n\to P\ (n\to\infty)\Leftrightarrow x_n\to x_0,y_n\to y_0\ (n\to\infty).$$

柯西准则　点列 $\{P_n\}$ 收敛 $\Leftrightarrow\forall\varepsilon>0,\exists N,\forall n>N,\forall p\in\mathbf{N}_+$,有 $\rho(P_n,P_{n+p})<\varepsilon$.

闭区域套定理　设 $\{D_n\}$ 是 $\mathbf{R}^2$ 中的闭域列,它满足(i) $D_n\supset D_{n+1}$,$n=1,2,\cdots$;(ii) $\lim\limits_{n\to\infty}d(D_n)=0$,则存在唯一的点 $P_0\in D_n$,$n=1,2,\cdots$.

聚点定理　设 $E\subset\mathbf{R}^2$ 是有界无限点集,则 E 在 $\mathbf{R}^2$ 中至少有一个聚点.

推论(致密性定理)　有界无限点列 $\{P_n\}$ 必存在收敛子列.

有限覆盖定理　设 $D\subset\mathbf{R}^2$ 为一有界闭域,$\{\Delta_a\}$ 为一开域族,它覆盖了 D,则在 $\{\Delta_a\}$ 中必存在有限个域 $\Delta_1,\Delta_2,\cdots,\Delta_n$,它们同样覆盖了 D.

3. 多元函数

设 $D\subset\mathbf{R}^n$,$D\neq\varnothing$. 若按某种对应法则 f,使得 D 中每一点 P 都有唯一确定的实数 z 与之对应,则称 f 为定义在 D 上的 **n 元函数**,记作:$\begin{aligned}f:D&\to R\\P&\mapsto z\end{aligned}$ 或 $z=f(P)$,$P\in D$,称 D 为 f 的**定义域**,$f(D)$ 为**值域**. 通常记为 $z=f(P)$. 若记 $P=P(x_1,x_2,\cdots,x_n)$,则 n 元函数可记为 $z=$

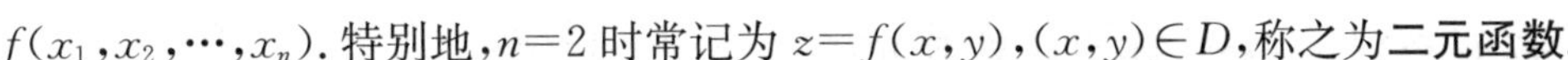

$f(x_1,x_2,\cdots,x_n)$. 特别地,$n=2$ 时常记为 $z=f(x,y),(x,y)\in D$,称之为**二元函数**.

若 $f(D)$ 为一有界集,则称 f 在 D 上为**有界函数**,即 $\exists M>0,\forall P\in D$,有 $|f(P)|\leqslant M$. 否则,称 f 在 D 上为**无界函数**,即 $\forall M>0,\exists P\in D$,但 $|f(P)|\geqslant M$.

4. 二元函数的极限

设 f 为定义在 $D\subset\mathbf{R}^2$ 上的二元函数,P_0 为 D 的一个聚点,A 是一个确定的实数. 若 $\forall\varepsilon>0,\exists\delta>0$,使得 $\forall P\in U^{o}(P_0,\delta)\cap D$,都有 $|f(P)-A|<\varepsilon$,则称 f 在 D 上当 $P\to P_0$ 时以 A 为**极限**,记作 $\lim\limits_{\substack{P\to P_0\\P\in D}}f(P)=A$. 简记为 $\lim\limits_{P\to P_0}f(P)=A$ 或 $\lim\limits_{(x,y)\to(x_0,y_0)}f(x,y)=A$.

5. 极限的充要条件

(1) $\lim\limits_{\substack{P\to P_0\\P\in D}}f(P)=A\Leftrightarrow\forall E\subset D$,只要 P_0 是 E 的聚点,就有 $\lim\limits_{\substack{P\to P_0\\P\in E}}f(P)=A$.

(2) $\lim\limits_{\substack{P\to P_0\\P\in D}}f(P)=A\Leftrightarrow\forall\{P_k\}\subset D,\lim\limits_{k\to\infty}P_k=P_0\ (P_k\neq P_0)$,有 $\lim\limits_{k\to\infty}f(P_k)=A$.

6. 广义极限

$\lim\limits_{\substack{P\to P_0\\P\in D}}f(P)=+\infty$(或 $-\infty$,或 ∞)的定义:P_0 为 D 的聚点,$\forall M>0,\exists\delta>0$,当 $P\in U^{o}(P_0,\delta)\cap D$ 时,有 $f(P)>M$(或 $f(P)<-M$,或 $|f(P)|>M$).

7. 累次极限

$\lim\limits_{y\to y_0}\lim\limits_{x\to x_0}f(x,y)=L$ 的定义:设 $D=E_x\times E_y$,对每个 $y\in E_y\ (y\neq y_0)$,有

$$\lim_{\substack{x\to x_0\\x\in E_x}}f(x,y)=\Phi(y),\quad \lim_{\substack{y\to y_0\\y\in E_y}}\Phi(y)=L.$$

类似地,$\lim\limits_{x\to x_0}\lim\limits_{y\to y_0}f(x,y)=K$ 的定义是

$$\begin{cases}\lim\limits_{\substack{y\to y_0\\y\in E_y}}f(x,y)=\psi(x),\quad x\in E_x\ (x\neq x_0),\\ \lim\limits_{\substack{x\to x_0\\x\in E_x}}\psi(x)=K.\end{cases}$$

相对于累次极限,前面的极限 $\lim\limits_{(x,y)\to(x_0,y_0)}f(x,y)=A$ 称为**重极限**.

8. 重极限与累次极限的关系

累次极限与重极限是两个不同的概念,它们的存在性没有必然的蕴含关系.

例如(1) $f(x,y)=\begin{cases}x\sin\dfrac{1}{y}, & y\neq 0,\\ 0, & y=0,\end{cases}$ 此时 $\lim\limits_{(x,y)\to(0,0)}f(x,y)=\lim\limits_{y\to 0}\lim\limits_{x\to 0}f(x,y)=0$,但 $\lim\limits_{x\to 0}\lim\limits_{y\to 0}f(x,y)$ 不存在.

(2) $f(x,y)=\dfrac{y}{x}$,显然有 $\lim\limits_{x\to 0}\lim\limits_{y\to 0}f(x,y)=0$,但是 $\lim\limits_{(x,y)\to(0,0)}f(x,y)$ 与 $\lim\limits_{y\to 0}\lim\limits_{x\to 0}f(x,y)$ 都不存在.

但是,在一定条件下,这两种极限之间也存在着联系.

定理 若 $f(x,y)$ 在 (x_0,y_0) 存在重极限 $\lim\limits_{(x,y)\to(x_0,y_0)} f(x,y)=A$，

(1)若 $y\neq y_0$ 时，$\lim\limits_{x\to x_0} f(x,y)$ 存在，则 $\lim\limits_{y\to y_0}\lim\limits_{x\to x_0} f(x,y)=A$.

(2)若 $x\neq x_0$ 时，$\lim\limits_{y\to y_0} f(x,y)$ 存在，则 $\lim\limits_{x\to x_0}\lim\limits_{y\to y_0} f(x,y)=A$.

推论 (1)当上述重极限与两个累次极限都存在时，三者必相等.

(2)当两个累次极限都存在但不相等时，重极限必定不存在.

9. 连续的定义

设 f 为定义在点集 $D\subset\mathbf{R}^2$ 上的二元函数，$P_0\in D$. 若 $\forall\varepsilon>0$，$\exists\delta>0$，$\forall P\in U(P_0,\delta)\cap D$，有 $|f(P)-f(P_0)|<\varepsilon$，则称 f 关于集合 D 在点 P_0 **连续**. 若 f 在 D 上任何点关于 D 连续，则称 f 为 D 上**连续函数**.

注1 极限与连续定义的差别：在极限定义中，要求 P_0 是聚点，连续则不要求；但连续要求 $P_0\in D$，而极限不要求.

注2 孤立点一定是连续点，从而连续点未必存在极限，这是与一元函数不同之处.

注3 若 P_0 是聚点，则 $f(P)$ 在 P_0 连续 $\Leftrightarrow \lim\limits_{\substack{P\to P_0\\ P\in D}} f(P)=f(P_0)$.

注4 若 $P_0\in D$ 是 D 的聚点，而 $\lim\limits_{P\to P_0} f(P)$ 不存在或 $\lim\limits_{P\to P_0} f(P)$ 存在但不等于 $f(P_0)$，称 P_0 是 $f(P)$ 的**不连续点**(或称**间断点**).

10. 全增量和偏增量

设 $P_0(x_0,y_0)$，$P(x,y)\in D$，$\Delta x=x-x_0$，$\Delta y=y-y_0$. 称

$$\Delta z=\Delta f(x_0,y_0)=f(x,y)-f(x_0,y_0)=f(x_0+\Delta x,y_0+\Delta y)-f(x_0,y_0)$$

为函数 $f(x,y)$ 在点 P_0 的**全增量**；称

$$\Delta_x f(x_0,y_0)=f(x_0+\Delta x,y_0)-f(x_0,y_0),\quad \Delta_y f(x_0,y_0)=f(x_0,y_0+\Delta y)-f(x_0,y_0)$$

分别为 $f(x,y)$ 关于 x 和 y 的**偏增量**.

全增量与偏增量和连续的关系：

(1) $f(x,y)$ 在 $P_0(x_0,y_0)$ 连续 $\Leftrightarrow \lim\limits_{\substack{x\to x_0\\ y\to y_0\\ (x_0,y_0)\in D}} f(x,y)=f(x_0,y_0)$；

(2) $\lim\limits_{\Delta x\to 0}\Delta_x f(x_0,y_0)=0$ 表示 $f(x,y_0)$ 在 x_0 连续；

(3) $\lim\limits_{\Delta y\to 0}\Delta_y f(x_0,y_0)=0$ 表示 $f(x_0,y)$ 在 y_0 连续.

注 全增量一般情况下不等于偏增量之和，$f(x,y)$ 在点 (x_0,y_0) 连续，则一元函数 $f(x,y_0)$ 和 $f(x_0,y)$ 分别在点 $x=x_0$ 与点 $y=y_0$ 都连续，但反之不真. 例如函数

$$f(x,y)=\begin{cases}\dfrac{xy}{x^2+y^2}, & (x,y)\neq(0,0),\\ 0, & (x,y)=(0,0)\end{cases}$$

在全平面上对 x,y 都分别连续，在原点当然也是如此，但作为二元函数在原点是不连续的.

11. 连续函数的局部性质

若 f 在点 $P_0\in D$ 连续，则在点 P_0 的近旁具有以下局部性质：

(1)**局部有界性** $\exists M>0$，$\exists\delta>0$，$\forall P\in U(P_0;\delta)\cap D$，有 $|f(P)|\leqslant M$；

(2)**局部保号性** 若 $f(P_0)>0$(或<0),则 $\exists\delta>0,\forall P\in U(P_0;\delta)\cap D$,有 $f(P)>0\ (<0)$,

(3)**四则运算法则** 若 f 与 g 在点 P_0 都连续,则 $f\pm g, f\cdot g$ 在点 P_0 也连续;又若 $g(P_0)\neq0$,则$\dfrac{f}{g}$在点 P_0 也连续.

(4)**复合函数的连续性** 设函数 $u=\varphi(x,y),v=\psi(x,y)$在 $U(P_0,\delta)$有定义,且在点 P_0 连续,函数 $f(u,v)$在 uv 平面上点 $Q_0(u_0,v_0)$某邻域有定义,且在 Q_0 连续,其中 $u_0=\varphi(P_0)$,$v_0=\psi(P_0)$,则复合函数 $g(x,y)=f[\varphi(x,y),\psi(x,y)]$在点 $P_0(x_0,y_0)$连续.

12. 有界闭区域上连续函数的性质

(1)**有界性与最大、最小值定理** 若函数 $f(P)$在有界闭区域 $D\subset\mathbf{R}^2$ 上连续,则 $f(P)$在 D 上有界,且能取到最大值与最小值.

(2)**一致连续性** 若函数 $f(P)$在有界闭区域 $D\subset\mathbf{R}^2$ 上连续,则 $f(P)$在 D 上一致连续.

(3)**介值性** 设函数 $f(P)$在区域 $D\subset\mathbf{R}^2$ 上连续,若 $P_1,P_2\in D$,且 $f(P_1)<f(P_2)$,则对任何满足不等式 $f(P_1)<\mu<f(P_2)$的实数 μ,必存在 $P_0\in D$,使得 $f(P_0)=\mu$.

注 以上(1)(2)中的有界闭域 D 可改为有界闭集 D,但因(3)中的介值性需要借助 D 的连通性,所以这个性质中的 D 一般不可以改为有界闭集.

二、 经典例题解析及解题方法总结

【例 1】 证明:集合 S 的导集的聚点是 S 的聚点,即$(S^d)^d\subset S^d$.

证 S 的所有聚点组成的集合,称为 S 的导集,记作 S^d.
设 $x\in(S^d)^d$,则$\exists S$ 的相异聚点 $x_n(n=1,2,\cdots)$,$x_n\neq x$,且 $x_n\to x$,从而$\forall\delta>0,\exists N$,当 $n>N$ 时,$x_n\in U(x;\delta)$. 设 $n_0>N$,由于 x_{n_0} 为 S 的聚点,于是 $U(x_{n_0};\delta-|x-x_{n_0}|)$中含有无穷多个 S 中异于 x_{n_0} 的点. 显然 $U(x_{n_0};\delta-|x-x_{n_0}|)\subset U(x;\delta)$. 所以 $U(x;\delta)$中含有无穷多个异于 x 的 S 中的点,即 x 是 S 的聚点.

【例 2】 设 S 为 $\mathbf{R}^n$ 中的一个集合,则∂S 为闭集.

证 **方法一** (证$(\partial S)^c$ 是开集) 设 $x\in(\partial S)^c$,则 x 只能是 S 的内点或外点.

若 $x\in\operatorname{int}S$,则$\exists\delta>0$,使得 $U(x;\delta)\subset S$,由 $U(x;\delta)$是开集,$\forall y\in U(x;\delta)$,$\exists\delta_1>0$,使得 $U(y;\delta_1)\subset U(x;\delta)\subset S$,于是 $U(y;\delta_1)\cap S^c=\varnothing$,故 $y\notin\partial S$. 因此 $U(x;\delta)\subset(\partial S)^c$.

若 x 是 S 的外点,则$\exists\delta>0$,使得 $U(x;\delta)\subset S^c$. 由 $U(x;\delta)$是开集,$\forall y\in U(x;\delta)$,$\exists\delta_1>0$,使得 $U(y;\delta_1)\subset U(x;\delta)\subset S^c$,即 $U(y,\delta_1)\cap S=\varnothing$,从而 $y\notin\partial S$. 因此,$U(x;\delta)\subset(\partial S)^c$.

由定义知$(\partial S)^c$ 为开集,即∂S 为闭集.

方法二 (证$(\partial S)^d\subset\partial S$) 设 $x\in(\partial S)^d$,由聚点等价定义知存在相异点列$\{x_n\}\subset\partial S$,$x_n\neq x$,$n=1,2,\cdots$,使得 $x_n\to x(n\to\infty)$. 于是$\forall\delta>0,\exists N$,当 $n>N$ 时,$x_n\in U(x;\delta)$. 取 $n_0>N$,由于$x_{n_0}\in\partial S$,则由边界点的定义知 $U(x_{n_0};\delta-|x-x_0|)\subset U(x;\delta)$中有 S 中的点,也有不在 S 中的点$\Rightarrow x\in\partial S$.

方法三 (证$\partial(\partial S)\subset\partial S$) 设 $x\in\partial(\partial S)$,则$\forall\delta>0$,在 $U\left(x;\dfrac{\delta}{2}\right)$中有$\partial S$ 的点 y. 又由边

界点定义,在$U\left(y,\frac{\delta}{2}\right)$中既有属于$S$的点,也有不属于$S$的点,由于$U\left(y,\frac{\delta}{2}\right)\subset U(x;\delta)$,因此$U(x,\delta)$中既有属于$S$的点,也有不属于$S$的点,于是$x\in\partial S$.

【例 3】 设$E\subset\mathbf{R}^2$,则E^c为开集$\Leftrightarrow E$的任一聚点都属于E.

证 **方法一** (反证法)设E^c为开集,且存在E的某一聚点$p_0\notin E$,则$p_0\in E^c$,而E^c为开集,故$\exists\delta>0$,使$U(p_0,\delta)\subset E^c$,这样$U(p_0,\delta)\cap E=\varnothing$,这与$p_0$为$E$的聚点矛盾,故$p_0\in E$.

已知E的任一聚点都属于E,则$\forall p_0\in E^c$,p_0不是E的聚点,故$\exists\delta>0$,使得$U(p_0,\delta)\cap E=\varnothing$,即$U(p_0,\delta)\subset E^c$,此说明$p_0$是$E^c$的内点,由$p_0$的任意性知$E^c$为开集,故命题为真.

方法二 设E^c为开集,则$\forall p\in E^c$,$\exists\delta>0$,使$U(p,\delta)\subset E^c$,那么$U(p,\delta)\cap E=\varnothing$,此说明$p$不是$E$的聚点,即$E^c$中点都不是$E$的聚点,因此$E$的聚点(如果有的话)只能在$E$中.

反证法.设E^c不是开集,即$\exists p_0\in E^c$,使得$\forall\delta>0$,有$U(p_0,\delta)\not\subset E^c$,则$U(p_0,\delta)\cap E\neq\varnothing$,而$p_0\notin E$,故$U^o(p_0,\delta)\cap E\neq\varnothing$,即$p_0$是$E$的聚点,由条件知$p_0\in E$,矛盾.

【例 4】 求$\lim\limits_{(x,y)\to(0,0)}\frac{x^3+y^3}{x^2+y^2}$.

分析 直观上看分子的多项式次数高于分母的多项式次数,极限应为0.这种题目一般采用极坐标代换后可转化为一个有界量与无穷小量的乘积.

解 **方法一** 令$x=r\cos\theta,y=r\sin\theta$,则$\lim\limits_{(x,y)\to(0,0)}\frac{x^3+y^3}{x^2+y^2}=\lim\limits_{r\to0}(\cos^3\theta+\sin^3\theta)\cdot r=0$.

方法二 因为$\left|\frac{x^3+y^3}{x^2+y^2}\right|\leqslant\frac{|x^3|}{x^2+y^2}+\frac{|y^3|}{x^2+y^2}\leqslant|x|+|y|\to0(x\to0,y\to0)$,所以

$$\lim_{(x,y)\to(0,0)}\frac{x^3+y^3}{x^2+y^2}=0.$$

方法总结

求多元函数极限有如下常用方法:

(1)利用函数的连续性和函数极限的运算性质;

(2)利用不等式放缩或使用夹逼定理;

(3)利用变换替换化简或化为已知极限;

(4)利用初等变形,如分母有理化,对指数形式取对数等.

【例 5】 $f(x,y)=\begin{cases}xy\dfrac{x^2-y^2}{x^2+y^2}, & (x,y)\neq(0,0),\\ 0, & (x,y)=(0,0),\end{cases}$ 证明:$\lim\limits_{(x,y)\to(0,0)}f(x,y)=0$.

证 **方法一** 易知$0\leqslant|f(x,y)|\leqslant\left|\frac{xy(x^2-y^2)}{x^2+y^2}\right|\leqslant|xy|$,而$\lim\limits_{(x,y)\to(0,0)}|xy|=0$.由夹逼定理得$\lim\limits_{(x,y)\to(0,0)}|f(x,y)|=0$,从而$\lim\limits_{(x,y)\to(0,0)}f(x,y)=0$.

方法二 令 $x=r\cos\theta, y=r\sin\theta$,有 $0\leqslant\left|xy\dfrac{x^2-y^2}{x^2+y^2}\right|=\dfrac{1}{4}r^2|\sin 4\theta|\leqslant\dfrac{r^2}{4}\to 0, r\to 0$. 从而 $\lim\limits_{(x,y)\to(0,0)}f(x,y)=0$.

方法总结

倘若把证方法一中不等式写成如下形式

$$\left|xy\frac{x^2-y^2}{x^2+y^2}\right|\leqslant\left|xy\frac{x^2-y^2}{2xy}\right|\leqslant\frac{1}{2}|x^2+y^2|$$

是错误的. 因为在 $(x,y)\to(0,0)$ 的过程中只假设 $(x,y)\neq(0,0)$(即 $x^2+y^2\neq 0$),但上述写法中不能保证出现在分母中的 $xy\neq 0$.

【例 6】 讨论下列函数在 $(x,y)\to(0,0)$ 时是否存在极限:

(1) $f(x,y)=\dfrac{xy}{x+y}$; (2) $f(x,y)=\begin{cases}0, & x^2\leqslant|y| \text{ 或 } y=0\\ 1, & \text{其他}.\end{cases}$

解 (1)由于分别沿 $y=x$ 与 x^2-x 的极限不相等,即

$$\lim_{\substack{x\to 0\\ y=x}}f(x,y)=\lim_{x\to 0}\frac{x^2}{2x}=0,\qquad \lim_{\substack{x\to 0\\ y=x^2-x}}f(x,y)=\lim_{x\to 0}\frac{x^2(x-1)}{x^2}=-1,$$

所以 $\lim\limits_{(x,y)\to(0,0)}f(x,y)$ 不存在.

(2)当 (x,y) 沿过原点的任何直线 $y=kx$ 趋于 $(0,0)$ 点时,有 $\lim\limits_{\substack{x\to 0\\ y=kx}}f(x,y)=0$. 但 (x,y) 沿 $y=\dfrac{1}{2}x^2$ 趋于 $(0,0)$ 点时有 $\lim\limits_{\substack{x\to 0\\ y=\frac{1}{2}x^2}}f(x,y)=\lim\limits_{x\to 0}1=1$,所以 $\lim\limits_{(x,y)\to(0,0)}f(x,y)$ 不存在.

【例 7】 设二元函数 $f(x,y)$ 在 $G=\{(x,y)\mid x^2+y^2\leqslant 1\}$ 上有定义. 若 $f(x,0)$ 在 $x=0$ 处连续,且 $f_y(x,y)$ 在 G 上有界,则 $f(x,y)$ 在点 $(0,0)$ 处连续.

分析 $|f(x,y)-f(0,0)|\leqslant|f(x,y)-f(x,0)|+|f(x,0)-f(0,0)|$.

证 由假设,$\exists M>0$,使得 $|f_y(x,y)|\leqslant M, (x,y)\in G$.

由微分中值定理得 $|f(x,y)-f(x,0)|=|f_y(x,\xi)|\cdot|y|\leqslant M|y|$,其中 ξ 介于 0 与 y 之间. 于是 $\forall\varepsilon>0, \exists\delta_1=\dfrac{\varepsilon}{2M}$,当 $|y|<\delta_1$ 时有 $|f(x,y)-f(x,0)|<\dfrac{\varepsilon}{2}$.

又 $f(x,0)$ 在 $x=0$ 处连续,则 $\exists 0<\delta<\delta_1$,当 $|x|<\delta$ 时,$|f(x,0)-f(0,0)|<\dfrac{\varepsilon}{2}$.

因而当 $|x|<\delta, |y|<\delta$ 时,有

$$|f(x,y)-f(0,0)|\leqslant|f(x,y)-f(x,0)|+|f(x,0)-f(0,0)|<\varepsilon.$$

故 $f(x,y)$ 在 $(0,0)$ 处连续.

【例 8】 设 $A,B\subset\mathbf{R}^2$ 为有界闭集,且 $A\cap B=\varnothing$. 证明:$d(A,B)>0$,这里 $d(A,B)$ 表示两集合之间的距离.

证 反证法. 若 $d(A,B)=0$,则由距离的定义知:$\exists A_n\in A, B_n\in B, n\geqslant 1$,使得

$$\rho(A_n,B_n)<\frac{1}{n}. \tag{1}$$

若$\{A_n,n\geqslant 1\}$和$\{B_n,n\geqslant 1\}$均为无限集，则由有界性假设知$\{A_n,n\geqslant 1\}$与$\{B_n,n\geqslant 1\}$均存在聚点，不妨记为P,Q，则$P\in A,Q\in B$. 由聚点的定义及(1)式知$P=Q$，于是$P\in A\cap B$，这与题设条件矛盾.

若$\{A_n,n\geqslant 1\}$与$\{B_n,n\geqslant 1\}$中只有一个为无限集，不妨设$\{A_n,n\geqslant 1\}$为有限集，$\{B_n,n\geqslant 1\}$为无限集，则$\{A_n\}$中必有无限多项相同，不妨设为A_1，由(1)得$d(A_1,B)=0$，由B是闭集得$A_1\in B$，又$A_1\in A$，即$A_1\in A\cap B$，这与题设条件矛盾.

若$\{A_n,n\geqslant 1\}$与$\{B_n,n\geqslant 1\}$均为有限集，由上证明易知$A\cap B\neq\varnothing$，与题设$A\cap B=\varnothing$矛盾.

综上所述，$d(A,B)>0$.

【例 9】 求$\lim\limits_{(x,y)\to(0,0)}f(x,y)$，其中$f(x,y)=\begin{cases}\dfrac{\sin xy}{x}, & x\neq 0,\\ y, & x=0,y\neq 0.\end{cases}$

解 由于

$$|f(x,y)|=\begin{cases}\left|\dfrac{\sin xy}{x}\right|\leqslant|y|, & x\neq 0,\\ |y|, & x=0,y\neq 0,\end{cases}$$

所以$\lim\limits_{(x,y)\to(0,0)}|f(x,y)|\leqslant\lim\limits_{(x,y)\to(0,0)}|y|=0$. 于是$\lim\limits_{(x,y)\to(0,0)}f(x,y)=0$.

【例 10】 求$\lim\limits_{\substack{x\to 0\\ y\to 0}}\dfrac{xy}{\sqrt{x+y+1}-1}$ （若极限不存在，说明理由）.

解 由于

$$\frac{xy}{\sqrt{x+y+1}-1}=\frac{xy}{x+y}\cdot(\sqrt{x+y+1}+1),$$

而当(x,y)沿$y=kx^2-x$ $(k\neq 0)$趋于$(0,0)$时，有

$$\lim_{\substack{x\to 0\\ y=kx^2-x}}\frac{xy}{x+y}=\lim_{x\to 0}\frac{kx^3-x^2}{kx^2}=-\frac{1}{k},$$

随k的变化而变化，所以$\lim\limits_{\substack{x\to 0\\ y\to 0}}\dfrac{xy}{x+y}$不存在，又$\lim\limits_{\substack{x\to 0\\ y\to 0}}(\sqrt{x+y+1}+1)=2$.

故$\lim\limits_{\substack{x\to 0\\ y\to 0}}\dfrac{xy}{\sqrt{x+y+1}-1}$不存在.

三、 教材习题解答

习题 16.1 解答

1. 判断下列平面点集中哪些是开集、闭集、有界集、区域，并分别指出它们的聚点与界点：

(1)$[a,b)\times[c,d)$；

(2)$\{(x,y)\mid xy\neq 0\}$；

(3)$\{(x,y)\mid xy=0\}$；

(4)$\{(x,y)\mid y>x^2\}$；

(5)$\{(x,y)\mid x<2,y<2,x+y>2\}$；

(6)$\{(x,y)\mid x^2+y^2=1$ 或 $y=0,0\leqslant x\leqslant 1\}$；

(7)$\{(x,y)\mid x^2+y^2\leqslant 1$ 或 $y=0,1\leqslant x\leqslant 2\}$；

(8)$\{(x,y)\mid x,y$ 均为整数$\}$.

(9)$\{(x,y)\mid y=\sin\dfrac{1}{x},x>0\}$.

解 (1) 经判定可知该点集是有界集，也是区域，但既不是开集又不是闭集. 其聚点为$[a,b]\times[c,\mathrm{d}]$中任一点. 界点为矩形$[a,b]\times[c,d]$的四条边上的任一点.

(2) 该集为开集，不是有界集也不是区域，其聚点为平面上任一点，其界点为两坐标轴上的点.

(3) 该集为无界闭集，不是开集不是区域，其聚点为坐标轴上的任一点，而界点与聚点相同.

(4) 该集为无界开集，且为区域，聚点为满足 $y\geqslant x^2$ 上任一点，界点为 $y=x^2$ 上的所有点.

(5) 该集为有界开集，界点为直线 $x=2,y=2$ 和 $x+y=2$ 所围成的三角形三边上的点，聚点为开集内的任一点和任一界点.

(6) 该集为有界闭集，聚点为闭集中任一点，界点与聚点相同.

(7) 该集为有界闭集，聚点为集合$\{(x,y)\mid x^2+y^2\leqslant 1$ 或 $y=0,1\leqslant x\leqslant 2\}$ 中的所有点，界点为聚点中除去 $x^2+y^2<1$ 部分.

(8) 该集为闭集，没有聚点，界点为集合$\{(x,y)\mid x,y$ 均为整数$\}$ 中的全体点.

(9) 该集为非开非闭的无界集，聚点为$(0,0)$ 及 $y=\sin\dfrac{1}{x}$ 上的点，界点与聚点相同.

2. 试问集合$\{(x,y)\mid 0<|x-a|<\delta,0<|y-b|<\delta\}$ 与集合$\{(x,y)\mid |x-a|<\delta,|y-b|<\delta,(x,y)\neq(a,b)\}$ 是否相同？

解 给出的两个集合是不相同的，第一个集合挖去了两条线段 $x=a(y\in(b-\delta,b+\delta))$ 及 $y=b(x\in(a-\delta,a+\delta))$，第二个集合挖去了一个点$(a,b)$.

3. 证明：当且仅当存在各点互不相同的点列$\{P_n\}\subset E,P_n\neq P_0,\lim\limits_{n\to\infty}P_n=P_0$ 时，P_0 是 E 的聚点.

证 充分性：若 $\exists\{P_n\}\subset E,P_n\neq P_0,\lim\limits_{n\to\infty}P_n=P_0$ 时，则 $\forall\varepsilon>0,\exists N$，当 $n>N$ 时，有

$$P_n\in U^{\circ}(P_0;\varepsilon),$$

从而 $U^{\circ}(P_0;\varepsilon)$ 中含有 E 中无穷多个点，这说明 P_0 是 E 的聚点.

必要性：若 P_0 是 E 的聚点，则 $\forall\varepsilon>0,U^{\circ}(P_0;\varepsilon)$ 中必含有 E 中的点.

取 $\varepsilon_1=1$，则 $U^{\circ}(P_0;\varepsilon_1)$ 中含有 E 中的点，取出一个，记为 P_1.

取 $\varepsilon_2=\min\left\{\dfrac{1}{2},\rho(P_1,P_0)\right\}$，则 $U^{\circ}(P_0;\varepsilon_2)$ 中含有 E 中的点，取出一个，记为 P_2，则 $P_2\neq P_1$.

取 $\varepsilon_3=\min\left\{\frac{1}{3},\rho(P_2,P_0)\right\}$，则 $U^\circ(P_0;\varepsilon_3)$ 中含有 E 中的点，取出一个，记为 P_3，则 $P_3\neq P_1$，$P_3\neq P_2$.

…………

取 $\varepsilon_n=\min\left\{\frac{1}{n},\rho(P_{n-1},P_0)\right\}$，则 $U^o(P_n;\varepsilon_n)$ 中含有 E 中的点，取出一个，记为 P_n，则 $P_n\neq P_i(i=1,2,\cdots,n-1)$.

这样继续下去，得到一个各项互异的点列 $\{P_n\}$. 易见 $P_n\neq P_0$，$\{P_n\}\subset E$，且 $\lim\limits_{n\to\infty}P_n=P_0$.

4. 证明：闭域必为闭集. 举例说明反之不真.

证　(1) 设 D 为闭域，则有开域 G，使 $D=G\cup\partial G$，其中 ∂G 为 G 的边界.

(反证法) 假设 $\exists P\in D^c$ 为 D 的聚点，则由聚点的定义，$\forall\delta>0$，有 $U^\circ(P;\delta)\cap D\neq\varnothing$，又 $U(P;\delta)\cap D^c\neq\varnothing$，故 $P\in\partial D=\partial G\subset D$，矛盾. 故 D 的聚点都属于 D，即 D 为闭集.

(2) 例如 $\{(x,y)\mid x^2+y^2=1$ 或 $y=0,0\leqslant x\leqslant 1\}$ 是闭集，但不是闭域.

5. 对任何点集 $S\subset\mathbf{R}^2$，导集 S^d 亦为闭集.

证　设 P_0 为 S^d 的任一聚点，下证 $P_0\in S^d$.

由聚点定义，$\forall\varepsilon>0$，$U^\circ(P_0;\varepsilon)\cap S^d\neq\varnothing$.

取 $Q_0\in U^\circ(P_0;\varepsilon)\cap S^d$，由 $Q_0\in U^\circ(P_0;\varepsilon)$ 知 $\exists\delta>0$，使得 $U(Q_0,\delta)\subset U^\circ(P_0;\varepsilon)$.　①

又 $Q_0\in S^d$，从而 $U^\circ(Q_0,\delta)\cap S\neq\varnothing$.　②

于是由 ①,② 知 $U^\circ(P_0;\varepsilon)\cap S\neq\varnothing$，故 $P_0\in S^d$，故 S^d 为闭集.

6. 证明：点列 $\{P_n(x_n,y_n)\}$ 收敛于 $P_0(x_0,y_0)$ 的充要条件是 $\lim\limits_{n\to\infty}x_n=x_0$ 和 $\lim\limits_{n\to\infty}y_n=y_0$.

证　必要性：设点列 $\{P_n(x_n,y_n)\}$ 收敛于 $P_0(x_0,y_0)$，则 $\forall\varepsilon>0$，$\exists N$，当 $n>N$ 时，$\rho(P_n,P_0)<\varepsilon$，即

$$\sqrt{(x_n-x_0)^2+(y_n-y_0)^2}<\varepsilon,$$

故当 $n>N$ 时，有 $|x_n-x_0|\leqslant\sqrt{(x_n-x_0)^2+(y_n-y_0)^2}<\varepsilon$，从而 $\lim\limits_{n\to\infty}x_n=x_0$.

同理 $\lim\limits_{n\to\infty}y_n=y_0$.

充分性：设 $\lim\limits_{n\to\infty}x_n=x_0$，$\lim\limits_{n\to\infty}y_n=y_0$，则 $\forall\varepsilon>0$，$\exists N$，当 $n>N$ 时，有

$$|x_n-x_0|<\varepsilon/\sqrt{2},\ |y_n-y_0|<\varepsilon/\sqrt{2},$$

因此当 $n>N$ 时，有 $\sqrt{(x_n-x_0)^2+(y_n-y_0)^2}<\varepsilon$，故点列 $\{P_n(x_n,y_n)\}$ 收敛于 $P_0(x_0,y_0)$.

7. 求下列各函数的函数值：

(1) $f(x,y)=\left[\dfrac{\arctan(x+y)}{\arctan(x-y)}\right]^2$，求 $f\left(\dfrac{1+\sqrt{3}}{2},\dfrac{1-\sqrt{3}}{2}\right)$；

(2) $f(x,y)=\dfrac{2xy}{x^2+y^2}$，求 $f\left(1,\dfrac{y}{x}\right)$；

(3) $f(x,y)=x^2+y^2-xy\tan\dfrac{x}{y}$，求 $f(tx,ty)$.

解　(1) $$f\left(\frac{1+\sqrt{3}}{2},\frac{1-\sqrt{3}}{2}\right)=\left[\frac{\arctan\left(\frac{1+\sqrt{3}}{2}+\frac{1-\sqrt{3}}{2}\right)}{\arctan\left(\frac{1+\sqrt{3}}{2}-\frac{1-\sqrt{3}}{2}\right)}\right]^2=\left(\frac{\arctan 1}{\arctan\sqrt{3}}\right)^2=\frac{\left(\frac{\pi}{4}\right)^2}{\left(\frac{\pi}{3}\right)^2}=\frac{9}{16}.$$

(2) $$f\left(1,\frac{y}{x}\right)=\frac{2\cdot 1\cdot\left(\frac{y}{x}\right)}{1^2+\left(\frac{y}{x}\right)^2}=\frac{\frac{2y}{x}}{\frac{x^2+y^2}{x^2}}=\frac{2xy}{x^2+y^2}.$$

(3) $f(tx,ty)=t^2x^2+t^2y^2-t^2xy\cdot\tan\dfrac{x}{y}=t^2\left(x^2+y^2-xy\tan\dfrac{x}{y}\right)=t^2f(x,y).$

8. 设 $F(x,y)=\ln x\ln y$，证明：若 $u>0,v>0$，则

$$F(xy,uv)=F(x,u)+F(x,v)+F(y,u)+F(y,v).$$

证　因为 $F(x,y)=\ln x\ln y$，且 $u>0,v>0$，所以

$$\begin{aligned}F(xy,uv)&=\ln(xy)\cdot\ln(uv)=(\ln x+\ln y)(\ln u+\ln v)\\&=\ln x\ln u+\ln x\ln v+\ln y\ln u+\ln y\ln v\\&=F(x,u)+F(x,v)+F(y,u)+F(y,v).\end{aligned}$$

9. 求下列各函数的定义域，画出定义域的图形，并说明是何种点集：

(1) $f(x,y)=\dfrac{x^2+y^2}{x^2-y^2}$；　(2) $f(x,y)=\dfrac{1}{2x^2+3y^2}$；

(3) $f(x,y)=\sqrt{xy}$；　(4) $f(x,y)=\sqrt{1-x^2}+\sqrt{y^2-1}$；

(5) $f(x,y)=\ln x+\ln y$；　(6) $f(x,y)=\sqrt{\sin(x^2+y^2)}$；

(7) $f(x,y)=\ln(y-x)$；　(8) $f(x,y)=\mathrm{e}^{-(x^2+y^2)}$；

(9) $f(x,y,z)=\dfrac{z}{x^2+y^2+1}$；　(10) $f(x,y,z)=\sqrt{R^2-x^2-y^2-z^2}+\dfrac{1}{\sqrt{x^2+y^2+z^2-r^2}}$　$(R>r)$.

解　(1) 函数的定义域为 $D=\{(x,y)\mid x\neq\pm y\}$，是无界开集，如图 16－1 所示.

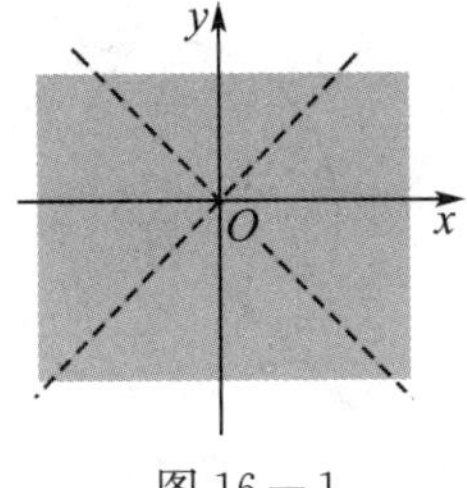

图 16－1

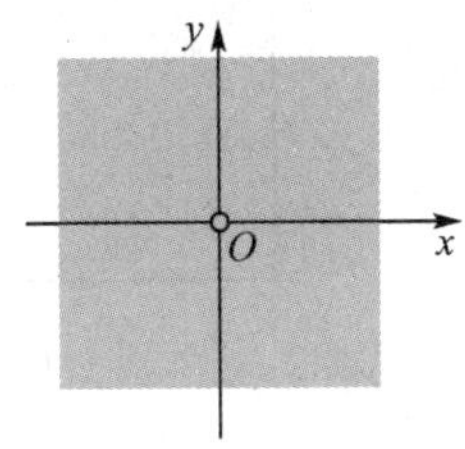

图 16－2

(2) 函数的定义域为 $D=\{(x,y)\mid 2x^2+3y^2\neq0\}=\mathbf{R}^2-\{(0,0)\}$，是无界开集，如图 16－2 所示.

(3) 函数的定义域为 $D=\{(x,y)\mid xy\geqslant0\}$，是无界闭集，如图 16－3 所示.

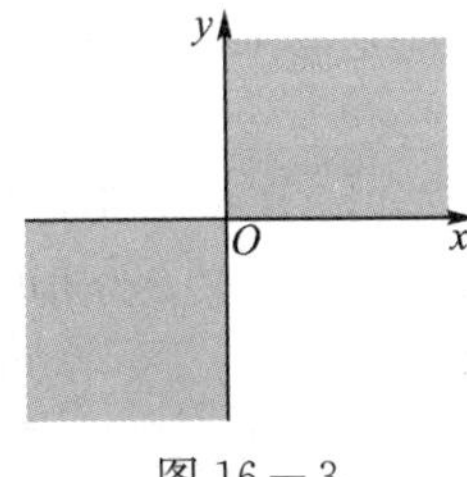

图 16－3

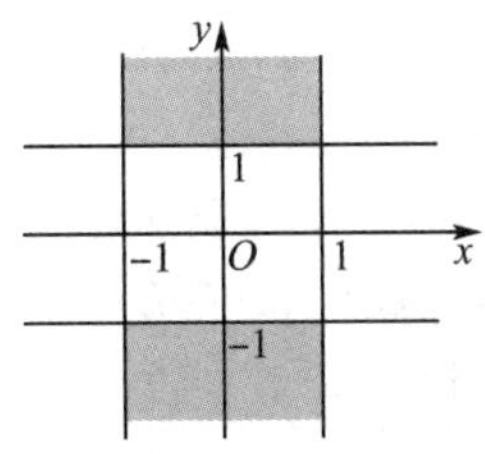

图 16－4

(4) 函数的定义域为 $D=\{(x,y)\mid 1-x^2\geqslant0$ 且 $y^2-1\geqslant0\}=\{(x,y)\mid |x|\leqslant1$ 且 $|y|\geqslant1\}$，是无界闭集，如图 16－4 所示.

(5) 由对数定义知函数的定义域为 $D=\{(x,y)\mid x>0$ 且 $y>0\}$，是无界开集，如图 16－5 所示.

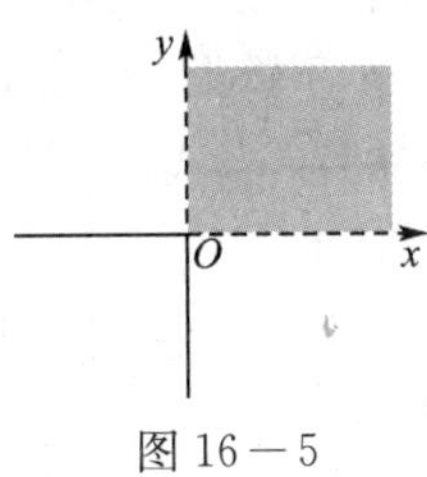

图 16－5

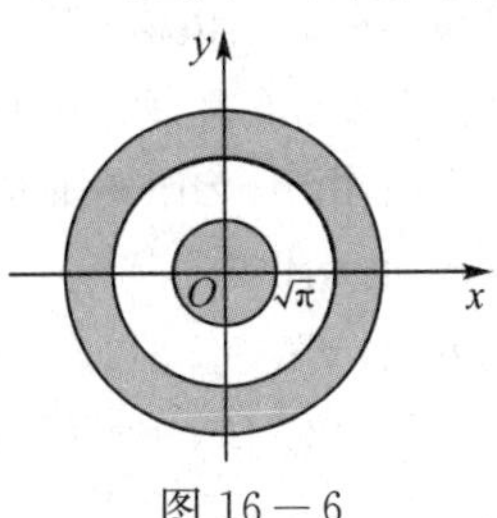

图 16－6

(6) 由开方和三角函数的定义知函数的定义域为 $D=\{(x,y)\mid 2n\pi\leqslant x^2+y^2\leqslant(2n+1)\pi,n=0,1,2,\cdots\}$，是无界闭集，如图 16－6 所示.

(7) 由对数的定义知函数的定义域为 $D=\{(x,y)\mid y>x\}$，是无界开集，如图 16－7 所示.

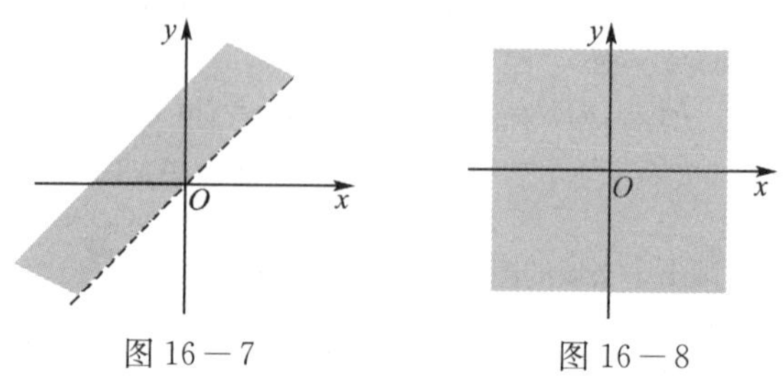

图 16－7　　　　图 16－8

(8) 由指数函数定义知函数的定义域为 $D=\{(x,y)\mid(x,y)\in\mathbf{R}^2\}$，为整个平面，是无界且既开又闭的点集，如图 16－8 所示.

(9) 由所给的函数可知其定义域是整个三维空间，是无界且既开又闭的点集. 如图 16－9 所示.

(10) 函数的定义域 $D=\{(x,y,z)\mid r^2<x^2+y^2+z^2\leqslant R^2\}$，是有界集，即不是开集也不是闭集，如图 16－10 所示.

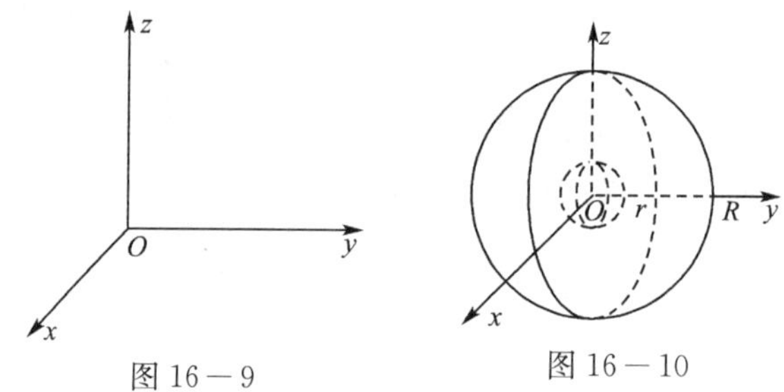

图 16－9　　　　图 16－10

10. 证明：开集与闭集具有对偶性——若 E 为开集，则 E^c 为闭集；若 E 为闭集，则 E^c 为开集.

证　① 设 E 为开集，假设 E^C 不是闭集，则由闭集定义知，E^C 中至少有一个聚点 $A\notin E^c$，则 $A\in E$，由 E 为开集知，$\exists\bigcup(A)\subset E$，从而 $U(A)\cap E^c=\varnothing$. 这与 A 是 E^C 的聚点矛盾，因此，若 E 为开集，则 E^C 为闭集.

② 设 E 为闭集，假设 E^C 不是开集，由开集定义知，$\exists B\in E^c$ 不是 E^c 的内点，于是 $\forall\delta>0$，有 $U(B;\delta)\not\subset E^c$，从而 $U^\circ(B;\delta)\cap E\neq\varnothing$，故 B 为 E 的聚点，又 E 为闭集，则 $B\in E$，矛盾. 因而，若 E 为闭集，则 E^C 为开集.

11. 证明：

(1) 若 F_1,F_2 为闭集，则 $F_1\cup F_2$ 与 $F_1\cap F_2$ 都为闭集；

(2) 若 E_1,E_2 为开集，则 $E_1\cup E_2$ 与 $E_1\cap E_2$ 都为开集；

(3) 若 F 为闭集，E 为开集，则 $F\backslash E$ 为闭集，$E\backslash F$ 为开集.

证　(1) 设 P 为 $F_1\cup F_2$ 的聚点，由第 3 题，存在一个各项互异的收敛于 P 的点列 $\{P_n\}\subset F_1\cup F_2$，因而 F_1 和 F_2 至少有一个集合含有 $\{P_n\}$ 中的无限多项，不妨设 $\{P_{n_k}\}\subset F_1$，于是也有 $P_{n_k}\to P(k\to\infty)$，从而 P 为 F_1 的聚点. 由 F_1 为闭集知 $P\in F_1$，故 $P\in F_1\cup F_2$，即 $F_1\cup F_2$ 为闭集.

同理可证 $F_1\cap F_2$ 也为闭集.

(2) 设 E_1,E_2 为开集，$\forall A\in E_1\cup E_2$，有 $A\in E_1$ 或 $A\in E_2$，不妨设 $A\in E_1$，则由 E_1 为开集知，存在点 A 的某邻域 $U(A)\subset E_1$，从而 $U(A)\subset E_1\cup E_2$，因此 $E_1\cup E_2$ 为开集.

设 $B \in E_1 \cap E_2$，则有 $B \in E_1$ 且 $B \in E_2$，由 E_1, E_2 为开集可知，存在点 B 的某邻域 $U(B;\delta_1)$，使得 $U(B;\delta_1) \subset E_1$，也存在点 B 的某邻域 $U(B;\delta_2)$，使得 $U(B;\delta_2) \subset E_2$. 取 $\delta = \min\{\delta_1, \delta_2\}$，则 $U(B;\delta) \subset E_1 \cap E_2$. 所以 $E_1 \cap E_2$ 为开集.

(3) 若 F 为闭集，E 为开集，由第 9 题知 F^C 为开集，E^C 为闭集. 又 $F\backslash E = F \cap E^C$，$E\backslash F = E \cap F^C$，从而由(1)，(2) 知 $F\backslash E$ 为闭集，$E\backslash F$ 为开集.

12. 试把闭域套定理推广为闭集套定理，并证明之.

闭集套定理：设 $\{F_n\}$ 为 $\mathbf{R}^2$ 中的闭集列，且满足

(1) $F_n \supset F_{n+1}$，$n = 1,2,\cdots$；

(2) $d_n = d(F_n)$，$\lim\limits_{n\to\infty} d_n = 0$，

则存在唯一的一个点 $P_0 \in F_n$，$n = 1,2,\cdots$.

证 任取点列 $P_n \in F_n (n = 1,2,\cdots)$，由于 $F_{n+p} \subset F_n$，因此 $P_n, P_{n+p} \in F_n$，从而有

$$\rho(P_n, P_{n+p}) \leqslant d_n \to 0 (n \to \infty).$$

由定理 16.1 知：$\exists P_0 \in \mathbf{R}^2$，使得 $\lim\limits_{n\to\infty} P_n = P_0$. 任意取定 n，对任何自然数 p，有 $P_{n+p} \in F_{n+p} \subset F_n$. 由于 F_n 为闭集，且 $\lim\limits_{p\to\infty} P_{n+p} = P_0$，所以 P_0 为 F_n 的聚点，必定属于 F_n，即

$$P_0 = \lim_{n\to\infty} P_{n+p} \in F_n (n = 1,2,\cdots).$$

下证 P_0 的唯一性：

若还有 $P'_0 \in F_n (n = 1,2,\cdots)$，则

$$\rho(P_0, P'_0) \leqslant \rho(P_0, P_n) + \rho(P'_0, P_n) \leqslant 2d_n \to 0 (n \to \infty),$$

得到 $\rho(P_0, P'_0) = 0$，故 $P_0 = P'_0$.

13. 证明定理 16.4(有限覆盖定理).

有限覆盖定理：设 $D \subset \mathbf{R}^2$ 为一有界闭域，$\{\Delta_\alpha\}$ 为一个开域族，它覆盖了 D(即 $D \subset \bigcup\limits_\alpha \Delta_\alpha$)，则在 $\{\Delta_\alpha\}$ 中必存在有限个开域 $\Delta_1, \Delta_2, \cdots, \Delta_n$，它们同样覆盖了 D(即 $D \subset \bigcup\limits_{i=1}^n \Delta_i$).

证 设有界闭域 D 含在矩形 $F = [a,b] \times [c,d]$ 中，并假设 D 不能被 $\{\Delta_\alpha\}$ 中有限个开域所覆盖，用直线 $x = \dfrac{a+b}{2}$，$y = \dfrac{c+d}{2}$ 把 F 分成四个相等的闭矩形，则至少有一个闭矩形所含 D 的部分不能被 $\{\Delta_\alpha\}$ 中有限个开域所覆盖，把这个矩形(若有几个，则任选其一) 记为 F_1，$D_1 = F_1 \cap D$，则 D_1 为闭域. 再分 F_1 为四个相等的闭矩形，按照这种分法继续下去，可得闭域套 $\{D_n\}$，满足

① $D_n \subset F_n$ 为闭域，$D_{n+1} \subset D_n$，$n = 1,2,\cdots$；

② $d(D_n) \leqslant d(F_n) \leqslant \dfrac{1}{2^n} d(F) \to 0 (n \to \infty)$；

③ 每一个 D_n 都不能被 $\{\Delta\alpha\}$ 中有限个开域所覆盖.

由 ①② 及闭域套定理，存在唯一的 $P_0(x_0, y_0) \in D_n$，$n = 1,2,\cdots$. 由 $P_0 \in D$，$\{\Delta\alpha\}$ 覆盖 D，从而必有一开域包含 P_0，不妨设为 Δ_0，由 Δ_0 为开域，故 $\exists \delta > 0$，使 $U(P_0;\delta) \subset \Delta_0$，又由 $d(D_n) \to 0 (n \to \infty)$，对上述 $\delta > 0$，$\exists N$，当 $n > N$ 时，有 $d(D_n) < \delta$，又 $P_0 \in D$，从而 $D_n \subset U(P_0;\delta) \subset \Delta_0$，即 D_n 可被 $\{\Delta\alpha\}$ 中一个开域 Δ_0 所覆盖，此与 ① 矛盾. 故 $\{\Delta\alpha\}$ 中必有 D 的有限开域覆盖.

14. 证明：设 $D \subset \mathbf{R}^2$，则 f 在 D 上无界的充要条件是存在 $\{P_k\} \subset D$，使 $\lim\limits_{k\to\infty} f(P_k) = \infty$.

证 充分性：因为 $\lim\limits_{k\to\infty} f(P_k) = \infty$，所以 $\forall M > 0$，$\exists N$，当 $k > N$ 时，有 $|f(P_k)| > M$. 这说明 $f(x)$ 在 D 上无界.

必要性:因为 $f(x)$ 在 D 上无界,所以 $\forall M>0,\exists P_0\in D$,有 $|f(P_0)|>M$. 因此,当取 $M=1,2,\cdots,n,\cdots$ 时,存在点 $P_1,P_2,\cdots,P_n,\cdots\in D$,有 $|f(P_n)|>n$,这说明 $\lim\limits_{n\to\infty}f(P_n)=\infty$.

习题 16.2 解答

1. 试求下列极限(包括非正常极限):

(1) $\lim\limits_{(x,y)\to(0,0)}\dfrac{x^2y^2}{x^2+y^2}$;

(2) $\lim\limits_{(x,y)\to(0,0)}\dfrac{1+x^2+y^2}{x^2+y^2}$;

(3) $\lim\limits_{(x,y)\to(0,0)}\dfrac{x^2+y^2}{\sqrt{1+x^2+y^2}-1}$;

(4) $\lim\limits_{(x,y)\to(0,0)}\dfrac{xy+1}{x^4+y^4}$;

(5) $\lim\limits_{(x,y)\to(1,2)}\dfrac{1}{2x-y}$;

(6) $\lim\limits_{(x,y)\to(0,0)}(x+y)\sin\dfrac{1}{x^2+y^2}$;

(7) $\lim\limits_{(x,y)\to(0,0)}\dfrac{\sin(x^2+y^2)}{x^2+y^2}$.

解 (1) 因为当 $(x,y)\neq(0,0)$ 时,

$$0\leqslant\frac{x^2y^2}{x^2+y^2}\leqslant x^2\to0((x,y)\to(0,0)).$$

故 $\lim\limits_{(x,y)\to(0,0)}\dfrac{x^2y^2}{x^2+y^2}=0$.

(2) 原式 $=\lim\limits_{(x,y)\to(0,0)}\left(\dfrac{1}{x^2+y^2}+1\right)=+\infty$.

(3) 原式 $=\lim\limits_{(x,y)\to(0,0)}\dfrac{(x^2+y^2)(\sqrt{1+x^2+y^2}+1)}{1+x^2+y^2-1}=\lim\limits_{(x,y)\to(0,0)}(\sqrt{1+x^2+y^2}+1)=2$.

(4) 因为 $\lim\limits_{(x,y)\to(0,0)}\dfrac{x^4+y^4}{xy+1}=0$,所以 $\lim\limits_{(x,y)\to(0,0)}\dfrac{xy+1}{x^4+y^4}=+\infty$.

(5) 因为 $\lim\limits_{(x,y)\to(1,2)}(2x-y)=0$,故 $\lim\limits_{(x,y)\to(1,2)}\dfrac{1}{2x-y}=\infty$.

(6) 因为当 $(x,y)\neq(0,0)$ 时,$\left|\sin\dfrac{1}{x^2+y^2}\right|\leqslant1$,故

$$\lim_{(x,y)\to(0,0)}(x+y)\sin\frac{1}{x^2+y^2}=0.$$

(7) 令 $x^2+y^2=t$,则原式 $=\lim\limits_{t\to0}\dfrac{\sin t}{t}=1$.

2. 讨论下列函数在点 $(0,0)$ 的重极限与累次极限:

(1) $f(x,y)=\dfrac{y^2}{x^2+y^2}$;

(2) $f(x,y)=(x+y)\sin\dfrac{1}{x}\sin\dfrac{1}{y}$;

(3) $f(x,y)=\dfrac{x^2y^2}{x^2y^2+(x-y)^2}$;

(4) $f(x,y)=\dfrac{x^3+y^3}{x^2+y}$;

(5) $f(x,y)=y\sin\dfrac{1}{x}$;

(6) $f(x,y)=\dfrac{x^2y^2}{x^3+y^3}$;

(7) $f(x,y)=\dfrac{e^x-e^y}{\sin xy}$.

解 (1) 因为 $\lim\limits_{\substack{x\to0\\y=mx}}\dfrac{y^2}{x^2+y^2}=\lim\limits_{x\to0}\dfrac{m^2x^2}{x^2+m^2x^2}=\dfrac{m^2}{1+m^2}$,随 m 的变化而变化,所以 $\lim\limits_{(x,y)\to(0,0)}\dfrac{y^2}{x^2+y^2}$ 不存在.

但累次极限

$$\lim_{x\to 0}\lim_{y\to 0}\frac{y^2}{x^2+y^2}=0,\lim_{y\to 0}\lim_{x\to 0}\frac{y^2}{x^2+y^2}=1.$$

(2) 函数的两个累次极限都不存在. 又

$$\left|(x+y)\sin\frac{1}{x}\sin\frac{1}{y}\right|\leqslant|x|+|y|\to 0,(x,y)\to(0,0),$$

故 $\lim\limits_{(x,y)\to(0,0)}(x+y)\sin\frac{1}{x}\sin\frac{1}{y}=0$. 可见函数 $f(x,y)$ 的重极限存在且为零.

(3) 函数的累次极限为：

$$\lim_{x\to 0}\lim_{y\to 0}\frac{x^2y^2}{x^2y^2+(x-y)^2}=\lim_{x\to 0}\frac{0}{x^2}=0,$$

$$\lim_{y\to 0}\lim_{x\to 0}\frac{x^2y^2}{x^2y^2+(x-y)^2}=\lim_{y\to 0}\frac{0}{y^2}=0,$$

所以,函数 $f(x,y)$ 的两个累次极限存在且相等.

由于

$$\lim_{\substack{x\to 0\\ y=x}}\frac{x^2y^2}{x^2y^2+(x-y)^2}=1,$$

$$\lim_{\substack{x\to 0\\ y=0}}\frac{x^2y^2}{x^2y^2+(x-y)^2}=0,$$

故 $\lim\limits_{(x,y)\to(0,0)}f(x,y)$ 不存在.

(4) 累次极限为：

$$\lim_{x\to 0}\lim_{y\to 0}\frac{x^3+y^3}{x^2+y}=\lim_{x\to 0}x=0,\lim_{y\to 0}\lim_{x\to 0}\frac{x^3+y^3}{x^2+y}=\lim_{y\to 0}y^2=0,$$

因此,函数 $f(x,y)$ 的两个累次极限存在且相等.

现让动点 (x,y) 沿着曲线 $y=x^2(x^2-1)$ 向 $(0,0)$ 点移动,有

$$\lim_{\substack{x\to 0\\ y=x^2(x^2-1)}}\frac{x^3+y^3}{x^2+y}=\lim_{x\to 0}\left[\frac{1}{x}+x^2(x^2-1)^3\right]=\infty,$$

故重极限 $\lim\limits_{(x,y)\to(0,0)}\frac{x^3+y^3}{x^2+y}$ 不存在.

(5) 累次极限为：

$$\lim_{x\to 0}\lim_{y\to 0}y\sin\frac{1}{x}=\lim_{x\to 0}0=0,\lim_{y\to 0}\lim_{x\to 0}y\sin\frac{1}{x}\text{ 不存在}.$$

又 $\left|y\sin\frac{1}{x}\right|\leqslant|y|\to 0((x,y)\to(0,0))$,故 $\lim\limits_{(x,y)\to(0,0)}y\sin\frac{1}{x}=0$. 即重极限 $\lim\limits_{(x,y)\to(0,0)}y\sin\frac{1}{x}$ 存在且为零.

(6) 累次极限为：

$$\lim_{x\to 0}\lim_{y\to 0}\frac{x^2y^2}{x^3+y^3}=\lim_{x\to 0}0=0,\lim_{y\to 0}\lim_{x\to 0}\frac{x^2y^2}{x^3+y^3}=\lim_{y\to 0}0=0,$$

故函数 $f(x,y)$ 的两个累次极限存在且相等.

当 (x,y) 沿 $y^3=x^4-x^3$ 趋于 $(0,0)$ 时,

$$f(x,\sqrt[3]{x^4-x^3})=\frac{x^2(\sqrt[3]{x^4-x^3})^2}{x^4}=(\sqrt[3]{x-1})^2\to 1(x\to 0),$$

当 (x,y) 沿 $y=kx$ 趋于 $(0,0)$ 时,$f(x,kx)=\frac{k^2x}{1+k^3}\to 0(x\to 0)$,故重极限 $\lim\limits_{(x,y)\to(0,0)}f(x,y)$ 不存在.

(7) 累次极限为:

$$\lim_{x\to 0}\lim_{y\to 0}\frac{\mathrm{e}^x-\mathrm{e}^y}{\sin xy}\text{ 不存在},\lim_{y\to 0}\lim_{x\to 0}\frac{\mathrm{e}^x-\mathrm{e}^y}{\sin xy}\text{ 不存在},$$

即函数 $f(x,y)$ 的两个累次极限均不存在.

因为$\lim\limits_{\substack{y\to 0\\x=ky}}f(x,y)=\lim\limits_{y\to 0}\frac{\mathrm{e}^{ky}-\mathrm{e}^y}{\sin ky^2}=\lim\limits_{y\to 0}\frac{\mathrm{e}^{ky}-\mathrm{e}^y}{ky^2}\cdot\frac{ky^2}{\sin ky^2}=\lim\limits_{y\to 0}\frac{\mathrm{e}^y(\mathrm{e}^{(k-1)y}-1)}{ky^2}=\lim\limits_{y\to 0}\frac{\mathrm{e}^{(k-1)y}-1}{ky^2}$,此极限与 k 有关,所以函数 $f(x,y)$ 在(0,0)点的重极限也不存在.

3. 证明:若 1° $\lim\limits_{(x,y)\to(a,b)}f(x,y)$ 存在且等于 A;2° y 在 b 的某邻域内,有$\lim\limits_{x\to a}f(x,y)=\varphi(y)$,则

$$\lim_{y\to b}\lim_{x\to a}f(x,y)=A.$$

证　由条件 1° 知:$\forall\varepsilon>0,\exists\delta_1>0$,当 $|x-a|<\delta_1,|y-b|<\delta_1$ 且$(x,y)\neq(a,b)$ 时,有

$$|f(x,y)-A|<\frac{\varepsilon}{2}.\qquad (*)$$

又由条件 2° 知:当 $y\in U^\circ(b;\delta_2)$ 时,$\lim\limits_{x\to a}f(x,y)=\varphi(y)$. 令 $\delta=\min\{\delta_1,\delta_2\}$,当 $|y-b|<\delta$时,在(*)式中,令 $x\to a$,得

$$|\varphi(y)-A|\leqslant\frac{\varepsilon}{2}<\varepsilon,$$

从而$\lim\limits_{y\to b}\varphi(y)=A$,即$\lim\limits_{y\to b}\lim\limits_{x\to a}f(x,y)=A$.

4. 试应用 $\varepsilon-\delta$ 定义证明 $\lim\limits_{(x,y)\to(0,0)}\frac{x^2y}{x^2+y^2}=0$.

证　因为当$(x,y)\neq(0,0)$ 时,

$$\left|\frac{x^2y}{x^2+y^2}\right|=\frac{x^2}{x^2+y^2}|y|\leqslant|y|,$$

从而 $\forall\varepsilon>0$,取 $\delta=\varepsilon$,则当 $|x|<\delta,|y|<\delta$ 且$(x,y)\neq(0,0)$ 时,有 $\left|\frac{x^2y}{x^2+y^2}\right|<\varepsilon$. 故

$$\lim_{(x,y)\to(0,0)}\frac{x^2y}{x^2+y^2}=0.$$

5. 叙述并证明:二元函数极限的唯一性定理、局部有界性定理与局部保号性定理.

(1) 唯一性定理:若极限 $\lim\limits_{(x,y)\to(a,b)}f(x,y)$ 存在,则它只有一个极限.

(2) 局部有界性定理:若 $\lim\limits_{(x,y)\to(a,b)}f(x,y)=A$,则存在点 $P_0(a,b)$ 的某空心邻域 $U^\circ(P_0;\delta)$,使 $f(x,y)$ 在 $U^\circ(P_0;\delta)\cap D$ 内有界.

(3) 局部保号性定理:若 $\lim\limits_{(x,y)\to(a,b)}f(x,y)=A>0$(或$<0$),则对任意正数 $r(0<r<|A|)$,存在 $P_0(a,b)$ 的某空心邻域 $U^\circ(P_0;\delta)$,使得对 $\forall P(x,y)\in U^\circ(P_0;\delta)\cap D$,恒有 $f(x,y)>r>0$(或 $f(x,y)<-r<0$).

证　(1) 设 A,B 都是二元函数 $f(x,y)$ 在点 $P_0(a,b)$ 处的极限,则 $\forall\varepsilon>0,\exists\delta>0$,当$(x,y)\in U^\circ(P_0;\delta)\cap D$时,有

$$|f(x,y)-A|<\frac{\varepsilon}{2},|f(x,y)-B|<\frac{\varepsilon}{2},$$

从而

$$|A-B|\leqslant|f(x,y)-A|+|f(x,y)-B|<\frac{\varepsilon}{2}+\frac{\varepsilon}{2}=\varepsilon,$$

由 $\varepsilon>0$ 的任意性,知 $A=B$,即极限是唯一的.

(2) 设 $\lim\limits_{(x,y)\to(a,b)}f(x,y)=A$,则对 $\varepsilon_0=1,\exists\delta>0$,对$(x,y)\in U^\circ(P_0;\delta)\cap D$,有

$$|f(x,y)-A|<\varepsilon_0=1,\text{即 }A-1<f(x,y)<A+1.$$

这说明函数 $f(x,y)$ 在 $U^{\circ}(P_0;\delta)\cap D$ 内有界.

(3) 不妨设 $A>0$,取 $\varepsilon_0=A-r$,由函数极限的定义知:存在相应的 $\delta>0$,对 $\forall(x,y)\in U^{\circ}(P_0;\delta)\cap D$,有 $|f(x,y)-A|<\varepsilon_0=A-r$.

故当 $(x,y)\in U^{\circ}(P_0;\delta)\cap D$ 时,

$$f(x,y)>A-(A-r)=r>0.$$

对于 $A<0$ 的情况可类似证明.

归纳总结:以上证明中,D 为函数 $f(x,y)$ 的定义域,根据极限的定义知,在考虑极限问题时,必须考虑函数的定义域 D.

6. 试写出下列类型极限的精确定义:

(1) $\lim\limits_{(x,y)\to(+\infty,+\infty)} f(x,y)=A$;

(2) $\lim\limits_{(x,y)\to(0,+\infty)} f(x,y)=A$.

解 (1) 设 $f(x,y)$ 为 D 上的函数,A 是一个确定的数. 若 $\forall\varepsilon>0,\exists X>0$,当 $(x,y)\in D$ 且 $x>X$,$y>X$ 时,恒有 $|f(x,y)-A|<\varepsilon$ 成立,则称当 $(x,y)\to(+\infty,+\infty)$ 时,函数 $f(x,y)$ 以 A 为极限,记为 $\lim\limits_{(x,y)\to(+\infty,+\infty)} f(x,y)=A$.

(2) 设 $f(x,y)$ 为 D 上的函数,A 是一个确定的数,如果 $\forall\varepsilon>0,\exists\delta>0,\exists X>0$,当 $(x,y)\in D$ 且 $0<|x|<\delta,y>X$ 时,恒有 $|f(x,y)-A|<\varepsilon$ 成立,则称当 $(x,y)\to(0,+\infty)$ 时,$f(x,y)$ 以 A 为极限,记为 $\lim\limits_{(x,y)\to(0,+\infty)} f(x,y)=A$.

7. 试求下列极限:

(1) $\lim\limits_{(x,y)\to(+\infty,+\infty)} \dfrac{x^2+y^2}{x^4+y^4}$;

(2) $\lim\limits_{(x,y)\to(+\infty,+\infty)} (x^2+y^2)e^{-(x+y)}$;

(3) $\lim\limits_{(x,y)\to(+\infty,+\infty)} \left(1+\dfrac{1}{xy}\right)^{x\sin y}$;

(4) $\lim\limits_{(x,y)\to(+\infty,0)} \left(1+\dfrac{1}{x}\right)^{\frac{x^2}{x+y}}$.

解 (1) 当 $x>0,y>0$ 时,有

$$0\leqslant\frac{x^2+y^2}{x^4+y^4}=\frac{x^2}{x^4+y^4}+\frac{y^2}{x^4+y^4}\leqslant\frac{x^2}{x^4}+\frac{y^2}{y^4}=\frac{1}{x^2}+\frac{1}{y^2},$$

而 $\lim\limits_{(x,y)\to(+\infty,+\infty)}\left(\dfrac{1}{x^2}+\dfrac{1}{y^2}\right)=0$,故 $\lim\limits_{(x,y)\to(+\infty,+\infty)}\dfrac{x^2+y^2}{x^4+y^4}=0$.

(2) 当 $x>0,y>0$ 时,有

$$0<(x^2+y^2)e^{-(x+y)}=\frac{x^2+y^2}{e^{x+y}}<\frac{x^2}{e^x}+\frac{y^2}{e^y},$$

而 $\lim\limits_{(x,y)\to(+\infty,+\infty)}\left(\dfrac{x^2}{e^x}+\dfrac{y^2}{e^y}\right)=0$,故 $\lim\limits_{(x,y)\to(+\infty,+\infty)}(x^2+y^2)e^{-(x+y)}=0$.

(3) $\lim\limits_{(x,y)\to(+\infty,+\infty)}\left(1+\dfrac{1}{xy}\right)^{x\sin y}=\lim\limits_{(x,y)\to(+\infty,+\infty)}\left[\left(1+\dfrac{1}{xy}\right)^{xy}\right]^{\frac{\sin y}{y}}=e^0=1.$

(4) $\lim\limits_{(x,y)\to(+\infty,0)}\left(1+\dfrac{1}{x}\right)^{\frac{x^2}{x+y}}=\lim\limits_{(x,y)\to(+\infty,0)}\left[\left(1+\dfrac{1}{x}\right)^{x}\right]^{\frac{x}{x+y}}=e.$

8. 试作一函数 $f(x,y)$,使当 $x\to+\infty,y\to+\infty$ 时,

(1) 两个累次极限存在而重极限不存在;

(2) 两个累次极限不存在而重极限存在；

(3) 重极限与累次极限都不存在；

(4) 重极限与一个累次极限存在，另一个累次极限不存在.

解　(1) 函数 $f(x,y)=\dfrac{x^2}{x^2+y^2}$ 满足

$$\lim_{x\to+\infty}\lim_{y\to+\infty}f(x,y)=0,\ \lim_{y\to+\infty}\lim_{x\to+\infty}f(x,y)=1,$$

因为

$$\lim_{x\to+\infty}f(x,x)=\frac{1}{2},\ \lim_{x\to+\infty}f(x,2x)=\frac{1}{5},$$

故 $\lim\limits_{(x,y)\to(+\infty,+\infty)}f(x,y)$ 不存在.

(2) 函数 $f(x,y)=\dfrac{1}{x}\sin y+\dfrac{1}{y}\sin x$ 满足 $\lim\limits_{x\to+\infty}\lim\limits_{y\to+\infty}f(x,y)$ 与 $\lim\limits_{y\to+\infty}\lim\limits_{x\to+\infty}f(x,y)$ 都不存在，但是

$$\lim_{(x,y)\to(+\infty,+\infty)}f(x,y)=\lim_{(x,y)\to(+\infty,+\infty)}\left(\frac{1}{x}\sin y+\frac{1}{y}\sin x\right)=0.$$

(3) 函数 $f(x,y)=\sin x\sin y$ 满足当 $(x,y)\to(+\infty,+\infty)$ 时，重极限和两个累次极限都不存在.

(4) 函数 $f(x,y)=\dfrac{1}{y}\sin x$ 满足 $\lim\limits_{x\to+\infty}\lim\limits_{y\to+\infty}f(x,y)=0$，$\lim\limits_{y\to+\infty}\lim\limits_{x\to+\infty}\dfrac{1}{y}\sin x$ 不存在，但是

$$\lim_{(x,y)\to(+\infty,+\infty)}f(x,y)=0.$$

9. 证明定理 16.5 及其推论 3.

(1) 定理 16.5　$\lim\limits_{\substack{P\to P_0\\P\in D}}f(P)=A$ 的充要条件是：对于 D 的任一子集 E，只要 P_0 是 E 的聚点，就有

$$\lim_{\substack{P\to P_0\\P\in E}}f(P)=A.$$

(2) 推论 3　极限 $\lim\limits_{\substack{P\to P_0\\P\in D}}f(P)=A$ 存在的充要条件是：对于 D 中任一满足条件 $P_n\neq P_0$ 且 $\lim\limits_{n\to\infty}P_n=P_0$ 的点列 $\{P_n\}$，它所对应的函数列 $\{f(P_n)\}$ 都收敛.

证　(1) 必要性：设 $\lim\limits_{\substack{P\to P_0\\P\in D}}f(P)=A$，$\forall E\subset D$ 以 P_0 为聚点，则 $\forall\varepsilon>0$，$\exists\delta>0$，当 $P\in U^\circ(P_0;\delta)\cap D$ 时，有 $|f(P)-A|<\varepsilon$. 从而当 $P\in U^\circ(P_0;\delta)\cap E$ 时，上式也成立，可见

$$\lim_{\substack{P\to P_0\\P\in E}}f(P)=A.$$

充分性：设 $\lim\limits_{\substack{P\to P_0\\P\in D}}f(P)\neq A$，则 $\exists\varepsilon_0>0$，对 $\forall n$，$\exists P_n\in U^\circ\left(P_0;\dfrac{1}{n}\right)\cap D$ 满足

$$|f(P_n)-A|\geqslant\varepsilon_0. \tag{$*$}$$

令 $E=\{P_n\mid n=1,2,\cdots\}$，则 $E\subset D$ 以 P_0 为聚点，由题设条件得 $\lim\limits_{\substack{P\to P_0\\P\in E}}f(P)=A$. 由于当 f 限制在 E 上时，就是数列 $\{f(P_n)\}$，于是由 $(*)$ 式

$$\lim_{\substack{P\to P_0\\P\in E}}f(P)=\lim_{n\to\infty}f(P_n)\neq A.$$

矛盾，充分性得证. 定理 16.5 得证.

(2) 设 $\lim\limits_{\substack{P\to P_0\\P\in D}}f(P)=A$，$\{P_n\}\subset D$，$P_n\neq P_0$ 且 $\lim\limits_{n\to\infty}P_n=P_0$，则对 $E=\{P_n\mid n=1,2,\cdots\}$ 应用定理 16.5 可知 $\lim\limits_{\substack{P\to P_0\\P\in E}}f(P)=A$，即 $\lim\limits_{n\to\infty}f(P_n)=A$，可见 $\lim\limits_{n\to\infty}f(P_n)$ 存在，必要性得证.

下证充分性. 设$\{P_n\}$为D中互异点列, $P_n \neq P_0$, $\lim\limits_{n\to\infty} P_n = P_0$, 则$\lim\limits_{n\to\infty} f(P_n)$存在, 记为$A$.

下证: 对任一D中点列$\{Q_n\}$, $Q_n \neq P_0(n=1,2,\cdots)$且$Q_n \to P_0(n\to\infty)$, 则$\lim\limits_{n\to\infty} f(Q_n) = A$. 为此作$D$中的点列

$$C_n = \begin{cases} P_k, & n = 2k-1, \\ Q_k, & n = 2k, \end{cases}$$

则$C_n \neq P_0(n=1,2,\cdots)$且$\lim\limits_{n\to\infty} C_n = P_0$, 从而$\lim\limits_{n\to\infty} f(C_n)$存在. 因此,

$$\lim_{k\to\infty} f(C_{2k-1}) = \lim_{k\to\infty} f(C_{2k}).$$

故$\lim\limits_{n\to\infty} f(Q_n) = A$. 假若$\lim\limits_{\substack{P\to P_0\\ P\in D}} f(P) \neq A$, 则由定理16.5的充分性的证明可知: 必存在$D$中的一个点列$\{Q_n\}$, $Q_n \neq P_0(n=1,2,\cdots)$, $Q_n \to P_0(n\to\infty)$使得$\lim\limits_{n\to\infty} f(Q_n) \neq A$. 这与已证事实矛盾, 故$\lim\limits_{\substack{P\to P_0\\ P\in D}} f(P) = A$.

10. 设$f(x,y)$在点$P_0(x_0,y_0)$的某邻域$U^\circ(P_0)$上有定义, 且满足:

(ⅰ) 在$U^\circ(P_0)$上, 对每个$y \neq y_0$, 存在极限$\lim\limits_{x\to x_0} f(x,y) = \psi(y)$;

(ⅱ) 在$U^\circ(P_0)$上, 关于x一致地存在极限$\lim\limits_{y\to y_0} f(x,y) = \varphi(x)$(即对任意$\varepsilon > 0$, 存在$\delta > 0$, 当$0 < |y-y_0| < \delta$时, 对所有的$x$, 只要$(x,y) \in U^\circ(P_0)$, 都有$|f(x,y)-\varphi(x)| < \varepsilon$成立).

试证明

$$\lim_{x\to x_0}\lim_{y\to y_0} f(x,y) = \lim_{y\to y_0}\lim_{x\to x_0} f(x,y).$$

证　先证明$\lim\limits_{y\to y_0} \psi(y)$存在.

$\forall \varepsilon > 0$, 由条件(ⅱ), $\exists \delta > 0$, 当$0 < |y-y_0| < \delta$时, 且$(x,y) \in U^\circ(P_0)$, 就有

$$|f(x,y)-\varphi(x)| < \varepsilon.$$

因此, 当$0 < |y'-y_0| < \delta$时, 且$(x,y') \in U^\circ(P_0)$, 有

$$|f(x,y)-f(x,y')| \leqslant |f(x,y)-\varphi(x)| + |\varphi(x)-f(x,y')| < 2\varepsilon,$$

令$x \to x_0$, 由条件(ⅰ)得$|\psi(y)-\psi(y')| \leqslant 2\varepsilon$, 根据柯西准则, 可知$\lim\limits_{y\to y_0} \psi(y)$存在. 不妨设$\lim\limits_{y\to y_0} \varphi(y) = A$.

下面证明$\lim\limits_{x\to x_0} \varphi(x) = A$.

$\forall \varepsilon > 0$, 因为$|\varphi(x)-A| \leqslant |\varphi(x)-f(x,y)| + |f(x,y)-\psi(y)| + |\psi(y)-A|$, 利用(ⅱ)及前面的结论, 当$(x,y) \in U^\circ(P_0)$且$y$与$y_0$充分接近时, 可使

$$|\varphi(x)-f(x,y)| < \frac{\varepsilon}{3},\ |\psi(y)-A| < \frac{\varepsilon}{3},$$

再将y固定, 由条件(ⅰ), $\exists \delta > 0$, 当$0 < |x-x_0| < \delta$时, 有

$$|f(x,y)-\psi(y)| < \frac{\varepsilon}{3}.$$

因此$|\varphi(x)-A| < \varepsilon$, 即$\lim\limits_{x\to x_0} \varphi(x) = A$.

所以$\lim\limits_{x\to x_0}\lim\limits_{y\to y_0} f(x,y) = \lim\limits_{y\to y_0}\lim\limits_{x\to x_0} f(x,y)$.

习题 16.3 解答

1. 讨论下列函数的连续性：

(1) $f(x,y)=\tan(x^2+y^2)$；

(2) $f(x,y)=[x+y]$；

(3) $f(x,y)=\begin{cases}\dfrac{\sin xy}{y}, & y\neq 0,\\ 0, & y=0;\end{cases}$

(4) $f(x,y)=\begin{cases}\dfrac{\sin xy}{\sqrt{x^2+y^2}}, & x^2+y^2\neq 0,\\ 0, & x^2+y^2=0\end{cases}$

(5) $f(x,y)=\{0,\quad x$ 为无理数，y，

*(6) $f(x,y)=\begin{cases}y^2\ln(x^2+y^2), & x^2+y^2\neq 0,\\ 0, & x^2+y^2=0\end{cases}$

*(7) $f(x,y)=\dfrac{1}{\sin x\sin y}$；

*(8) $f(x,y)=\mathrm{e}^{-\frac{x}{y}}$.

解 (1) 函数 $f(x,y)$ 在集合

$$D=\left\{(x,y)\mid 0\leqslant x^2+y^2<\frac{\pi}{2}\right\}\cup\left\{(x,y)\mid \frac{2k-1}{2}\pi<x^2+y^2<\frac{2k+1}{2}\pi,k\in\mathbf{N}_+\right\}$$

上连续.

事实上，当 $(x_0,y_0)\in D$ 时，由 $\tan u$ 在 $u_0=x_0^2+y_0^2$ 连续知

$$\lim_{(x,y)\to(x_0,y_0)}\tan(x^2+y^2)=\lim_{u\to u_0}\tan u=\tan u_0=\tan(x_0^2+y_0^2).$$

故 $f(x,y)$ 在 (x_0,y_0) 处连续，可见 f 在 D 上连续，又 f 在 $\mathbf{R}^2\backslash D$ 上无定义，因而在 $\mathbf{R}^2\backslash D$ 上处处间断.

(2) 设 $D=\{(x,y)\mid k<x+y<k+1,k\in\mathbf{Z}\}$，且 $P_0(x_0,y_0)\in D$，则 $\exists k\in\mathbf{Z}$，使 $k<x_0+y_0<k+1$，于是当 $\delta>0$ 充分小时，对 $\forall(x,y)\in U(P_0;\delta)$ 就有 $k<x+y<k+1$，从而 $f(x,y)\equiv k=f(x_0,y_0)$. 可见 $\lim\limits_{(x,y)\to(x_0,y_0)}f(x,y)=f(x_0,y_0)$，故 f 在 D 上连续. 在 $\mathbf{R}^2\backslash D$（即 $x+y=k$）上处处不连续.

(3) 因为 $\left|\dfrac{\sin xy}{y}\right|\leqslant|x|$，从而 $\lim\limits_{(x,y)\to(0,0)}f(x,y)=0=f(0,0)$. 所以 $f(x,y)$ 在点 $(0,0)$ 处连续. 又在 $y\neq 0$ 的点 (x,y) 处，由于 $f(x,y)$ 是初等函数且在这些点处有定义，故 $f(x,y)$ 连续. 因此，$f(x,y)$ 在 $D=\{(x,y)\mid y\neq 0\}\cup\{(0,0)\}$ 上连续，又 $\forall x_0\neq 0$，$\lim\limits_{\substack{x\to x_0\\ y\to 0}}\dfrac{\sin xy}{y}=\lim\limits_{\substack{x\to x_0\\ y\to 0}}\dfrac{\sin xy}{xy}\cdot x=x_0\neq 0=f(x_0,0)$，故 $f(x,y)$ 在任意点 $(x_0,0)(x_0\neq 0)$ 处间断，从而 $f(x,y)$ 仅在 D 上连续.

(4) 因为当 $x^2+y^2\neq 0$ 时，

$$\left|\frac{\sin xy}{\sqrt{x^2+y^2}}\right|\leqslant\frac{|xy|}{\sqrt{x^2+y^2}}\leqslant|x|.$$

从而 $\lim\limits_{(x,y)\to(0,0)}f(x,y)=0=f(0,0)$，所以 $f(x,y)$ 在点 $(0,0)$ 处连续，又在 $x_0^2+y_0^2\neq 0$ 的点 (x_0,y_0) 处，

$$\lim_{(x,y)\to(x_0,y_0)}f(x,y)=\frac{\sin x_0y_0}{\sqrt{x_0^2+y_0^2}}=f(x_0,y_0),$$

故 $f(x,y)$ 在点 (x_0,y_0) 处连续，因此，f 在整个平面 $\mathbf{R}^2$ 上连续.

(5) 设 $(x_0,y_0)\in\mathbf{R}^2$，则

（ⅰ）当 x_0 为有理数时，

$$|f(x,y)-f(x_0,y_0)|=|f(x,y)-y_0|=\begin{cases}|y-y_0|, & x\text{为有理数},\\ |y_0|, & x\text{为无理数}.\end{cases}$$

(ⅱ) 当 x_0 为无理数时，

$$|f(x,y)-f(x_0,y_0)|=|f(x,y)|=\begin{cases}|y|, & x\text{为有理数},\\ 0, & x\text{为无理数}.\end{cases}$$

于是 $\lim\limits_{(x,y)\to(x_0,y_0)} f(x,y)=f(x_0,y_0)$，当且仅当 $y_0=0$ 时成立. 所以 $f(x,y)$ 仅在 $D=\{(x,y)\mid y=0\}$ 上连续.

(6) 在 $x^2+y^2\neq 0$ 的点处，由于 $f(x,y)=y^2\ln(x^2+y^2)$ 是初等函数且有定义，故 $f(x,y)$ 连续. 又因为

$$|y^2\ln(x^2+y^2)|\leqslant|(x^2+y^2)\ln(x^2+y^2)|,$$

且 $\lim\limits_{(x,y)\to(0,0)}(x^2+y^2)\ln(x^2+y^2)=\lim\limits_{u\to0^+}u\ln u=0$，故

$$\lim_{(x,y)\to(0,0)} y^2\ln(x^2+y^2)=0=f(0,0),$$

从而函数 $f(x,y)$ 在点 $(0,0)$ 处也连续，因此 f 在 $\mathbf{R}^2$ 上连续.

(7) 直线 $x=m\pi$ 及 $y=n\pi(m,n=0,\pm1,\pm2,\cdots)$ 上的点均为函数 $f(x,y)$ 的不连续点，对于上述直线以外的任意点 (x_0,y_0)，

$$\lim_{(x,y)\to(x_0,y_0)} f(x,y)=\lim_{(x,y)\to(x_0,y_0)}\frac{1}{\sin x\sin y}=\frac{1}{\sin x_0\sin y_0}=f(x_0,y_0),$$

因此 f 仅在 $\{(x,y)\mid x,y\neq n\pi,n\in\mathbf{Z}\}$ 上连续，即在直线 $x=m\pi,y=n\pi$ 以外的点，函数 $f(x,y)$ 是连续的.

(8) 因为 $u=-\dfrac{x}{y}$ 在其定义域 $D=\{(x,y)\mid y\neq0\}$ 上连续，$f=\mathrm{e}^u$ 关于 u 是连续的，由复合函数的连续性知函数 $f(x,y)=\mathrm{e}^{-\frac{x}{y}}$ 在其定义域 D 上连续.

2. 叙述并证明二元连续函数的局部保号性.

局部保号性：若函数 $f(x,y)$ 在点 $P_0(x_0,y_0)$ 连续，且 $f(x_0,y_0)>0$（或 $f(x_0,y_0)<0$），则 $\forall r$：$0<r<f(x_0,y_0)$（或 $0<r<-f(x_0,y_0)$），则 $\exists\delta>0$，$\forall(x,y)\in U(P_0;\delta)$，有 $f(x,y)>r$（或 $f(x,y)<-r$）.

证　设 $f(x_0,y_0)>0$，由 $f(x_0,y_0)>r>0$，取 $\varepsilon=f(x_0,y_0)-r>0$，因为 $f(x,y)$ 在点 (x_0,y_0) 处连续，所以 $\exists\delta>0$，当 $(x,y)\in U(P_0;\delta)$ 时，有

$$|f(x,y)-f(x_0,y_0)|<\varepsilon=f(x_0,y_0)-r,$$

从而当 $(x,y)\in U(P_0;\delta)$ 时，有 $f(x,y)>f(x_0,y_0)-\varepsilon=r>0$.

同理可证 $f(x_0,y_0)<0$ 的情形.

3. 设 $f(x,y)=\begin{cases}\dfrac{x}{(x^2+y^2)^p}, & x^2+y^2\neq0,\\ 0, & x^2+y^2=0\end{cases}$ $(p>0)$，试讨论它在点 $(0,0)$ 处的连续性.

解　设 $x=r\cos\theta,y=r\sin\theta$，则 $r^2=x^2+y^2$，所以

$$\left|\frac{x}{(x^2+y^2)^p}\right|=\left|\frac{r\cos\theta}{r^{2p}}\right|\leqslant\frac{1}{r^{2p-1}}.$$

当 $p<\dfrac{1}{2}$，即 $2p-1<0$ 时，$\lim\limits_{r\to0}\dfrac{1}{r^{2p-1}}=0$，因此

$$\lim_{(x,y)\to(0,0)} f(x,y)=\lim_{(x,y)\to(0,0)}\frac{x}{(x^2+y^2)^p}=0,$$

故 $f(x,y)$ 在点 $(0,0)$ 处连续.

当 $p \geqslant \frac{1}{2}$ 时，$2p-1 \geqslant 0$，$\lim\limits_{x \to 0} f(x,0) = \lim\limits_{x \to 0} \frac{x}{x^{2p}} = \begin{cases} 1, & p = \frac{1}{2}, \\ +\infty, & p > \frac{1}{2}. \end{cases}$

因而 $\lim\limits_{(x,y) \to (0,0)} f(x,y) \neq 0 = f(0,0)$，可见当 $p \geqslant \frac{1}{2}$ 时，$f(x,y)$ 在点 $(0,0)$ 处不连续.

综上所述，当 $p < \frac{1}{2}$ 时，$f(x,y)$ 在点 $(0,0)$ 处连续；当 $p \geqslant \frac{1}{2}$ 时，$f(x,y)$ 在点 $(0,0)$ 处不连续.

4. 设 $f(x,y)$ 定义在闭矩形域 $S=[a,b]\times[c,d]$ 上，若 f 对 y 在 $[c,d]$ 上处处连续，对 x 在 $[a,b]$ 上（且关于 y）一致连续，证明 f 在 S 上处处连续.

证　设 $(x_0,y_0) \in S$，对固定的 x_0，$f(x_0,y)$ 在 y_0 点连续，则 $\forall \varepsilon > 0$，$\exists \delta_1 > 0$，当 $|y-y_0| < \delta_1$，且 $(x_0, y) \in S$ 时，有

$$|f(x_0,y)-f(x_0,y_0)| < \frac{\varepsilon}{2}.$$

又由于 $f(x,y)$ 对 x 关于 y 一致连续. 故对上述 $\varepsilon > 0$，$\exists \delta_2 > 0$，当 $|x-x_0| < \delta_2$ 时，对 $\forall y \in [c,d]$，$(x,y) \in S$，都有

$$|f(x,y)-f(x_0,y)| < \frac{\varepsilon}{2},$$

取 $\delta = \min\{\delta_1, \delta_2\}$，只要 $|x-x_0| < \delta$，$|y-y_0| < \delta$，且 $(x,y) \in S$ 时，总有

$$\begin{aligned}|f(x,y)-f(x_0,y_0)| &\leqslant |f(x,y)-f(x_0,y)| + |f(x_0,y)-f(x_0,y_0)| \\ &< \frac{\varepsilon}{2} + \frac{\varepsilon}{2} = \varepsilon.\end{aligned}$$

因此，f 在 S 上连续.

5. 证明：若 $D \subset \mathbf{R}^2$ 是有界闭域，f 为 D 上连续函数，且 f 不是常数函数，则 $f(D)$ 不仅有界（定理 16.8），而且是闭区间.

证　若 f 在 D 上不恒为常数. 由定理 16.8 知：f 在 D 上有界且能取得最大值、最小值，分别设为 M, m，则 $m < M$ 且 $m \leqslant f(P) \leqslant M(P \in D)$，即 $f(D) \subset [m,M]$.

下证 $f(D) \supset [m,M]$.

任给 $\mu \in [m,M]$，由介值定理，必 $\exists P_0 \in D$ 使 $f(P_0) = \mu$，从而 $\mu \in f(D)$，故 $f(D) \supset [m,M]$，于是 $f(D) = [m,M]$.

6. 设 $f(x,y)$ 在 $[a,b]\times[c,d]$ 上连续，又有函数列 $\{\varphi_k(x)\}$ 在 $[a,b]$ 上一致收敛，且

$$c \leqslant \varphi_k(x) \leqslant d, x \in [a,b], k=1,2,\cdots.$$

试证 $\{F_k(x)\} = \{f(x,\varphi_k(x))\}$ 在 $[a,b]$ 上也一致收敛.

证　由一致连续性定理可知，$f(x,y)$ 在 $[a,b]\times[c,d]$ 上也一致连续. 因此，$\forall \varepsilon > 0$，$\exists \delta > 0$，当 $x \in [a,b]$，$y', y'' \in [c,d]$，且 $|y'-y''| < \delta$ 时，有

$$|f(x,y')-f(x,y'')| < \varepsilon.$$

又因为 $\{\varphi_k(x)\}$ 在 $[a,b]$ 上一致收敛，由柯西准则，$\exists k > 0$，当 $n, m > k$ 时，$\forall x \in [a,b]$，有

$$|\varphi_n(x)-\varphi_m(x)| < \delta.$$

于是有 $|F_n(x)-F_m(x)| = |f(x,\varphi_n(x))-f(x,\varphi_m(x))| < \varepsilon$. 由柯西准则，得 $\{F_k(x)\}$ 在 $[a,b]$ 上一致收敛.

7. 设 $f(x,y)$ 在区域 $G \subset \mathbf{R}^2$ 上对 x 连续，对 y 满足利普希茨条件：

$$|f(x,y')-f(x,y'')| \leqslant L|y'-y''|,$$

其中$(x,y'),(x,y'')\in G$,L为常数.试证明f在G上处处连续.

证　任取$P_0(x_0,y_0)\in G$,对固定的y_0,$f(x,y_0)$在x_0处连续,于是$\forall\varepsilon>0$,$\exists\delta_1>0$,当$|x-x_0|<\delta_1$时,有

$$|f(x,y_0)-f(x_0,y_0)|<\frac{\varepsilon}{2},$$

又由f对y满足利普希茨条件,对上述$\varepsilon>0$,取$\delta_2=\frac{\varepsilon}{2L}$,则当$|y-y_0|<\delta_2$时,有

$$|f(x,y)-f(x,y_0)|\leqslant L|y-y_0|<L\delta_2=\frac{\varepsilon}{2}.$$

取$\delta=\min\{\delta_1,\delta_2\}$,则当$|x-x_0|<\delta$,$|y-y_0|<\delta$时,有

$$\begin{aligned}|f(x,y)-f(x_0,y_0)|&\leqslant|f(x,y)-f(x,y_0)|+|f(x,y_0)-f(x_0,y_0)|\\&<\frac{\varepsilon}{2}+\frac{\varepsilon}{2}=\varepsilon.\end{aligned}$$

所以$f(x,y)$在点(x_0,y_0)处连续,由(x_0,y_0)的任意性知$f(x,y)$在G上处处连续.

8. 若一元函数$\varphi(x)$在$[a,b]$上连续,令

$$f(x,y)=\varphi(x),(x,y)\in D=[a,b]\times(-\infty,+\infty),$$

试讨论f在D上是否连续,是否一致连续?

解　先讨论f在D上的连续性.

任取$(x_0,y_0)\in D$,因为$\varphi(x)$在$[a,b]$上连续,从而$\varphi(x)$对x_0连续,对$\forall\varepsilon>0$,$\exists\delta>0$,当$x\in[a,b]$且$|x-x_0|<\delta$时,有

$$|\varphi(x)-\varphi(x_0)|<\varepsilon,$$

因此当$|x-x_0|<\delta$,$|y-y_0|<\delta$且$(x,y)\in D$时,

$$|f(x,y)-f(x_0,y_0)|=|\varphi(x)-\varphi(x_0)|<\varepsilon,$$

于是$f(x,y)$在点(x_0,y_0)处连续,因而f在D上连续.

下面讨论f在D上的一致连续性:

由于$\varphi(x)$在$[a,b]$上连续,从而一致连续.

于是$\forall\varepsilon>0$,$\exists\delta>0$,$\forall x',x''\in[a,b]$且$|x'-x''|<\delta$,都有

$$|\varphi(x')-\varphi(x'')|<\varepsilon,$$

因此$\forall(x',y'),(x'',y'')\in D$且$|x'-x''|<\delta$,$|y'-y''|<\delta$,有$x',x''\in[a,b]$且$|x'-x''|<\delta$,从而

$$|f(x',y')-f(x'',y'')|=|\varphi(x')-\varphi(x'')|<\varepsilon.$$

故f在D上一致连续.

9. 设$f(x,y)=\frac{1}{1-xy}$,　$(x,y)\in D=[0,1)\times[0,1)$.证明$f$在$D$上连续,但不一致连续.

证　显然,f在D上是连续的,仅证f在D上不一致连续.

取$\varepsilon_0=\frac{1}{4}$,取$P_n=\left(\frac{n}{n+1},\frac{n}{n+1}\right)$,$Q_n=\left(\frac{n-1}{n},\frac{n-1}{n}\right)$,则

$$\lim_{n\to\infty}\rho(P_n,Q_n)=\lim_{n\to\infty}\sqrt{\left(\frac{n}{n+1}-\frac{n-1}{n}\right)^2+\left(\frac{n}{n+1}-\frac{n-1}{n}\right)^2}=0,$$

但

$$\lim_{n\to\infty}|f(P_n)-f(Q_n)|=\lim_{n\to\infty}\left[\frac{1}{1-\frac{n^2}{(n+1)^2}}-\frac{1}{1-\frac{(n-1)^2}{n^2}}\right]=\lim_{n\to\infty}\left[\frac{(n+1)^2}{2n+1}-\frac{n^2}{2n-1}\right]$$

$$=\lim_{n\to\infty}\frac{2n^2-1}{4n^2-1}=\frac{1}{2}>\varepsilon_0=\frac{1}{4}.$$

从而 $f(x,y)$ 在 D 上不一致连续.

10. 设 f 在 $\mathbf{R}^2$ 上分别对每一自变量 x 和 y 是连续的，并且每当固定 x 时 f 对 y 是单调的，证明 f 是 $\mathbf{R}^2$ 上的二元连续函数.

证　设 (x_0,y_0) 为函数 $f(x,y)$ 的定义域 $\mathbf{R}^2$ 内的任意一点. 由于 $f(x,y)$ 关于 y 连续，从而 $f(x_0,y)$ 在 y_0 处连续，故 $\forall\varepsilon>0$，$\exists\delta_1>0$，当 $|y-y_0|<\delta_1$ 时，就有

$$|f(x_0,y)-f(x_0,y_0)|<\frac{\varepsilon}{2}. \quad ①$$

对于点 $(x_0,y_0-\delta_1)$ 及 $(x_0,y_0+\delta_1)$，由于 $f(x,y)$ 关于 x 连续，从而 $f(x,y_0\pm\delta_1)$ 在 x_0 处连续，故对上述 $\varepsilon>0$，$\exists\delta_2>0$，当 $|x-x_0|<\delta_2$ 时，有

$$|f(x,y_0-\delta_1)-f(x_0,y_0-\delta_1)|<\frac{\varepsilon}{2}, \quad ②$$

$$|f(x,y_0+\delta_1)-f(x_0,y_0+\delta_1)|<\frac{\varepsilon}{2}. \quad ③$$

令 $\delta=\min\{\delta_1,\delta_2\}$，则当 $|x-x_0|<\delta$，$|y-y_0|<\delta$ 时，由于 $f(x,y)$ 关于 y 单调，所以有

$$|f(x,y)-f(x_0,y_0)|\leqslant\max\{|f(x,y_0+\delta_1)-f(x_0,y_0)|,|f(x,y_0-\delta_1)-f(x_0,y_0)|\}.$$

于是由 ①②③ 知

$$\begin{aligned}&|f(x,y_0\pm\delta_1)-f(x_0,y_0)|\\ \leqslant&|f(x,y_0\pm\delta_1)-f(x_0,y_0\pm\delta_1)|+|f(x_0,y_0\pm\delta_1)-f(x_0,y_0)|\\ <&\frac{\varepsilon}{2}+\frac{\varepsilon}{2}=\varepsilon.\end{aligned}$$

故当 $|x-x_0|<\delta$，$|y-y_0|<\delta$ 时，有 $|f(x,y)-f(x_0,y_0)|<\varepsilon$. 因此，$f(x,y)$ 在点 (x_0,y_0) 处连续. 由点 (x_0,y_0) 的任意性知，$f(x,y)$ 是 $\mathbf{R}^2$ 内的二元连续函数.

第十六章总练习题解答

1. 设 $E\subset\mathbf{R}^2$ 是有界闭集，$d(E)$ 为 E 的直径. 证明：存在 $P_1,P_2\in E$，使得

$$\rho(P_1,P_2)=d(E).$$

证　由 $d(E)=\sup\limits_{A,B\in E}\rho(A,B)$ 知，对 $\varepsilon_n=\dfrac{1}{n}$，则 $\exists A_n,B_n\in E$，使得 $d(E)<\rho(A_n,B_n)+\dfrac{1}{n}$. 而 $\{A_n\}$，$\{B_n\}$ 均为有界闭集 E 中的点列，从而有收敛子列 $\{A_{n_k}\}$，$\{B_{n_k}\}$，设 $A_{n_k}\to P_1$，$B_{n_k}\to P_2(k\to\infty)$，则

$$\rho(A_{n_k},B_{n_k})\leqslant d(E)<\rho(A_{n_k},B_{n_k})+\frac{1}{n_k}.$$

令 $k\to\infty$，得 $\rho(P_1,P_2)\leqslant d(E)<\rho(P_1,P_2)$，即 $d(E)=\rho(P_1,P_2)$，由于 E 为闭集，从而 $P_1,P_2\in E$.

2. 设 $E\subset\mathbf{R}^2$. 试证 E 为闭集的充要条件是 $E=E\cup\partial E$ 或 $E^c=\operatorname{int}E^c$.

证　(1) E 为闭集 $\Leftrightarrow E=E\cup\partial E$.

必要性　因为 E 为闭集，所以 $E^d\subset E$. 因为 ∂E 中的点要么为孤立点要么为聚点，所以 $\partial E\subset E$，即 $E\cup\partial E\subset E$. 又因为 $E\subset E\cup\partial E$，所以 $E=E\cup\partial E$.

充分性　若 E 不是闭集，则 $\exists P_0$ 为 E 的聚点，但 $P_0\overline{\in}E$，则 P_0 必为 E 的界点，从而 $P_0\in E=E\cup\partial E$，矛盾，故 E 为闭集.

(2)E 为闭集 $\Leftrightarrow E^c$ 为开集 $\Leftrightarrow E^c = \operatorname{int} E^c$.

3. 设 $f(x,y)=\dfrac{1}{xy}, r=\sqrt{x^2+y^2}, k>1$,

$$D_1=\left\{(x,y) \mid \frac{1}{k}x \leqslant y \leqslant kx\right\},$$

$$D_2=\{(x,y) \mid x>0, y>0\}.$$

试分别讨论 $i=1,2$ 时极限 $\lim\limits_{\substack{r\to+\infty\\(x,y)\in D_i}} f(x,y)$ 是否存在,为什么?

解　(1) 当 $i=1$ 时,$(x,y)\in D_1$ 且 $r\to+\infty$ 可得 $x\to\infty, y\to\infty$,从而 $\lim\limits_{\substack{r\to+\infty\\(x,y)\in D_1}} f(x,y)=0$.

(2) 当 $i=2$ 时,$\lim\limits_{\substack{r\to+\infty\\(x,y)\in D_2}} f(x,y)$ 不存在.

因为,若取 $x_n=n, y_n=\dfrac{1}{n^2}, r_n=\sqrt{n^2+\dfrac{1}{n^4}}$,则 $n\to\infty$ 时,$r_n\to+\infty$. 但是 $f(x_n,y_n)=n\to\infty$,故 $\lim\limits_{\substack{r\to+\infty\\(x,y)\in D_2}} f(x,y)$ 不存在.

4. 设 $\lim\limits_{y\to y_0}\varphi(y)=\varphi(y_0)=A, \lim\limits_{x\to x_0}\psi(x)=\psi(x_0)=0$,且在 (x_0,y_0) 附近有 $|f(x,y)-\varphi(y)|\leqslant\psi(x)$. 证明 $\lim\limits_{(x,y)\to(x_0,y_0)} f(x,y)=A$.

证　因为 $\lim\limits_{y\to y_0}\varphi(y)=A$,从而 $\forall\varepsilon>0, \exists\delta_1>0$,当 $|y-y_0|<\delta_1$ 时,有 $|\varphi(y)-A|<\dfrac{\varepsilon}{2}$.

又因为 $\lim\limits_{x\to x_0}\psi(x)=0$,从而对上述 $\varepsilon>0, \exists\delta_2>0$,当 $|x-x_0|<\delta_2$ 时,有 $|\psi(x)-0|<\dfrac{\varepsilon}{2}$.

取 $\delta=\min\{\delta_1,\delta_2\}$,则当 $|x-x_0|<\delta, |y-y_0|<\delta$ 时,有

$$|f(x,y)-A|=|f(x,y)-\varphi(y)+\varphi(y)-A|\leqslant|f(x,y)-\varphi(y)|+|\varphi(y)-A|$$

$$\leqslant|\psi(x)|+|\varphi(y)-A|<\frac{\varepsilon}{2}+\frac{\varepsilon}{2}=\varepsilon.$$

故 $\lim\limits_{(x,y)\to(x_0,y_0)} f(x,y)=A$.

5. 设 f 为定义在 $\mathbf{R}^2$ 上的连续函数,α 是任一实数,

$$E=\{(x,y) \mid f(x,y)>\alpha, (x,y)\in\mathbf{R}^2\},$$

$$F=\{(x,y) \mid f(x,y)\geqslant\alpha, (x,y)\in\mathbf{R}^2\}.$$

证明 E 是开集,F 是闭集.

证　$\forall(x_0,y_0)\in E, f(x_0,y_0)-\alpha>0$. 因为 f 在 $\mathbf{R}^2$ 连续,从而由连续函数的保号性知,存在 $P_0(x_0,y_0)$ 的某邻域 $U(P_0)$,当 $(x,y)\in U(P_0)$ 时 $f(x,y)-\alpha>0$,从而 $U(P_0)\subset E$,故 E 为开集.

下证 F 是闭集.

设 $P_0(x_0,y_0)$ 是 F 的任一聚点,则存在 F 的互异点列 $\{P_n\}$,使 $P_n\to P_0(n\to\infty)$,由

$$f(P_n)=f(x_n,y_n)\geqslant\alpha(n=1,2,\cdots),$$

且 $f(x,y)$ 在 P_0 处连续,从而 $f(P_0)=\lim\limits_{n\to\infty}f(P_n)\geqslant\alpha$.

可见 $P_0\in F$,故 F 为闭集.

6. 设 f 在有界开集 E 上一致连续. 证明:

(1) 可将 f 连续延拓到 E 的边界; (2) f 在 E 上有界.

证　记 ∂E 为 E 的边界,$\overline{E}=E\cup\partial E$,分以下几步证明.

(ⅰ) 若 $P\in\partial E$,则 $\exists P_n\in E(n=1,2,\cdots)$,使 $P_n\to P(n\to\infty)$.

事实上，若 $P\in\partial E$，则 $\forall n, U\left(P;\frac{1}{n}\right)\cap E\neq\varnothing$，$\forall P_n\in U\left(P;\frac{1}{n}\right)\cap E$，有 $P_n\to P(n\to\infty)$，且 $P_n\in E(n=1,2,\cdots)$.

(ⅱ) 若 $P_n\in E(n=1,2,\cdots)$ 且 $\lim\limits_{n\to\infty}P_n$ 存在，则 $\lim\limits_{n\to\infty}f(P_n)$ 也存在.

事实上，由 f 在 E 上一致连续可知：对 $\forall\varepsilon>0$，$\exists\delta>0$，当 $A,B\in E$ 且 $\rho(A,B)<\delta$ 时，

$$|f(A)-f(B)|<\varepsilon, \tag{①}$$

于是对上述 $\delta>0$，$\exists N$，当 $m,n>N$ 时，$\rho(P_m,P_n)<\delta$，从而由 ① 知

$$|f(P_m)-f(P_n)|<\varepsilon,$$

故 $\{f(P_n)\}$ 收敛，即 $\lim\limits_{n\to\infty}f(P_n)$ 存在.

(ⅲ) 若 $P_n,Q_n\in E(n=1,2,\cdots)$ 且

$$\lim_{n\to\infty}P_n=\lim_{n\to\infty}Q_n=P, \tag{②}$$

则 $\lim\limits_{n\to\infty}f(P_n)=\lim\limits_{n\to\infty}f(Q_n)$.

由 ② 知 $\exists N$，当 $n>N$ 时，有

$$\rho(P_n,P)<\frac{\delta}{2}\text{ 且 }\rho(P,Q_n)<\frac{\delta}{2},$$

从而当 $n>N$ 时，

$$\rho(P_n,Q_n)\leqslant\rho(P_n,P)+\rho(P,Q_n)<\delta.$$

因此由 ① 知

$$|f(P_n)-f(Q_n)|<\varepsilon, \tag{③}$$

再由(ⅱ)知 $\lim\limits_{n\to\infty}f(P_n)$ 与 $\lim\limits_{n\to\infty}f(Q_n)$ 都存在. 故由(3)知 $\lim\limits_{n\to\infty}f(P_n)=\lim\limits_{n\to\infty}f(Q_n)$.

由(ⅰ)－(ⅱ)知：对 $\forall P\in\partial E$，存在唯一实数 $\lim\limits_{n\to\infty}f(P_n)$ 与之对应（其中 $\{P_n\}$ 为 E 中任一收敛于 P 的点列）.

定义

$$F(P)=\begin{cases}\lim\limits_{n\to\infty}f(P_n), & P\in\partial E(P_n\in E,P_n\to P,n\to\infty),\\ f(P), & P\in E,\end{cases}$$

则 F 为定义在 $\overline{E}$ 上的函数. 显然 F 为 f 到 ∂E 上的一个延拓.

下证 F 在 $\overline{E}$ 上连续.

设 $P_0\in\overline{E}$，则 $P_0\in E$ 或是 $P_0\in\partial E$. 当 $P_0\in E$ 时，由 E 为开集知，$\exists U(P_0)\subset E$，于是当 $P\in U(P_0)$ 时，$F(P)=f(P)$.

因为 f 在 P_0 处连续，从而

$$\lim_{P\to P_0}F(P)=\lim_{P\to P_0}f(P)=f(P_0)=F(P_0),$$

可见 F 在 P_0 处连续.

当 $P_0\in\partial E$ 时，$F(P_0)=\lim\limits_{n\to\infty}f(P_n)$，其中 $\{P_n\}$ 为 E 中趋于 P_0 的点列.

对 E 中任一趋于 P_0 的点列 $\{Q_n\}$，由(ⅲ)知

$$\lim_{n\to\infty}F(Q_n)=\lim_{n\to\infty}f(Q_n)=\lim_{n\to\infty}f(P_n)=F(P_0).$$

故由定理 16.5 的推论 3 知，$\lim\limits_{\substack{P\to P_0\\P\in E}}F(P)$ 存在且等于 $F(P_0)$，故 F 在 P_0 连续.

由此可见：F 是 f 的一个连续延拓，即 f 可以连续地延拓到 E 的边界上，由于 $\overline{E}$ 是有界闭集且 F 在 $\overline{E}$ 上连续，从而 F 在 $\overline{E}$ 上有界，因此 F 在 E 上有界，而在 E 上 $F=f$，故 f 在 E 上有界.

7. 设 $u=\varphi(x,y)$ 与 $v=\psi(x,y)$ 在 xy 平面中的点集 E 上一致连续. φ 与 ψ 把点集 E 映射为 uv 平面中的点集 D, $f(u,v)$ 在 D 上一致连续. 证明复合函数 $f[\varphi(x,y),\psi(x,y)]$ 在 E 上一致连续.

证　由于 $f(u,v)$ 在 D 上一致连续,故 $\forall\varepsilon>0$, $\exists\delta>0$,使对 $\forall P(u_1,v_1),Q(u_2,v_2)\in D$,只要 $|u_1-u_2|<\delta$, $|v_1-v_2|<\delta$,就有

$$|f(u_1,v_1)-f(u_2,v_2)|<\varepsilon.$$

又 $u=\varphi(x,y)$, $v=\psi(x,y)$ 在 E 上一致连续,因此,对上述 $\delta>0$, $\exists\eta>0$, $\forall(x_1,y_1),(x_2,y_2)\in E$ 且 $|x_1-x_2|<\eta$, $|y_1-y_2|<\eta$,有

$$|u_1-u_2|<\delta,\ |v_1-v_2|<\delta,$$

其中 $u_k=\varphi(x_k,y_k)$, $v_k=\psi(x_k,y_k)(k=1,2)$,因此

$$|f[\varphi(x_1,y_1),\psi(x_1,y_1)]-f[\varphi(x_2,y_2),\psi(x_2,y_2)]|=|f(u_1,v_1)-f(u_2,v_2)|<\varepsilon.$$

故复合函数 $f[\varphi(x,y),\psi(x,y)]$ 在 E 上一致连续.

8. 设 $f(t)$ 在区间 (a,b) 内连续可导,函数

$$F(x,y)=\frac{f(x)-f(y)}{x-y}\quad(x\neq y),\quad F(x,x)=f'(x)$$

定义在区域 $D=(a,b)\times(a,b)$ 上,证明:对任何 $c\in(a,b)$,有

$$\lim_{(x,y)\to(c,c)}F(x,y)=f'(c).$$

证　因为 $f(t)$ 在 (a,b) 内连续可导,所以当 $(x,y)\in D$ 且 $x\neq y$ 时,在 $[x,y]$ 或 $[y,x]$ 上,应用拉格朗日中值定理得,$\exists\xi\in(x,y)$(或 $\xi\in(y,x)$),使

$$F(x,y)=\frac{f(x)-f(y)}{x-y}=f'(\xi),$$

又 $F(x,x)=f'(x)$,可见对 $\forall(x,y)\in D$,总存在 ξ 介于 x 与 y 之间,使得 $F(x,y)=f'(\xi)$. 由于当 $(x,y)\to(c,c)$ 时, $\xi\to c$ 且 $f'(t)$ 在 c 处连续,从而 $\lim\limits_{(x,y)\to(c,c)}F(x,y)=\lim\limits_{\xi\to c}f'(\xi)=f'(c)$.

四、自测题

第十六章自测题

一、按定义证明(每题 10 分,共 20 分)

1. 用定义证明:$\lim\limits_{(x,y)\to(3,+\infty)} \dfrac{xy-1}{y+1}=3$.

2. 叙述并证明二元函数 $f(x,y)$ 在有界闭区域 $D\subset \mathbf{R}^2$ 上的一致连续性定理.

二、计算题,写出必要的计算过程(每题 10 分,共 60 分)

3. 讨论函数 $f(x,y)=\begin{cases}\dfrac{2xy}{x^2+y^2}, & (x,y)\neq(0,0),\\ 0, & (x,y)=(0,0)\end{cases}$ 的连续性.

4. 讨论函数 $f(x,y)=\sqrt{x^2+y^2}$ 在 $\mathbf{R}^2$ 上的一致连续性.

5. 求 $\lim\limits_{(x,y)\to(0,0)} \dfrac{x^2y^2}{x^2+y^2}$.

6. 设二元函数 $f(x,y)$ 在点 $(0,0)$ 的某个邻域内连续,且有 $\lim\limits_{(x,y)\to(0,0)} \dfrac{f(x,y)-xy}{x^2+y^2}=1$,判断 $(0,0)$ 是否为 $f(x,y)$ 的极值点并说明理由.

7. 设 $f(x,y)=\begin{cases}\dfrac{xy}{(x^2+y^2)^p}, & x^2+y^2\neq 0,\\ 0, & x^2+y^2=0\end{cases}$ $(p>0)$,讨论函数 $f(x,y)$ 在点 $(0,0)$ 处的连续性.

8. 设 $f(x,y)$ 是 $D=\{(x,y)\mid |x|\leqslant 1, |y|\leqslant 1\}$ 上的有界 k 次齐次函数 $(k\geqslant 1)$,问

$$\lim_{(x,y)\to(0,0)}[f(x,y)+(x-1)e^y]$$

是否存在?若存在,求其值.

三、证明题,写出必要的证明过程(每题 10 分,共 20 分)

9. 设 $D=\{(x,y)\mid a<x<b, c<y<d\}$,$f(x,y)$ 在 D 上连续,$\varphi\in C(a,b)$ 且 $c<\varphi(x)<d$,则 $F(x)=f(x,\varphi(x))$ 在 (a,b) 上连续.

10. 证明:若 $f(x,y)$ 在 $D=\{(x,y)\mid x>0, y\in\mathbf{R}\}$ 上一致连续,则对 $\forall y_0\in\mathbf{R}$,极限 $\lim\limits_{(x,y)\to(0^+,y_0)} f(x,y)$ 存在.

第十六章自测题解答

一、1. 证　$\forall\varepsilon>0$,由于

$$\left|\frac{xy-1}{y+1}-3\right|=\frac{|(x-3)y-4|}{y+1}<|x-3|+\frac{4}{y}\ (y>0),$$

取 $\delta=\dfrac{\varepsilon}{5}>0$,则当 $0<|x-3|<\delta$ 和 $y>\dfrac{1}{\delta}$ 时,有

$$\left|\frac{xy-1}{y+1}-3\right|<|x-3|+\frac{4}{y}<\delta+4\delta=5\delta=\varepsilon,$$

所以 $\lim\limits_{(x,y)\to(3,+\infty)} \dfrac{xy-1}{y+1}=3$.

2. 解　若函数 $f(x,y)$ 在有界闭区域 $D\subset\mathbf{R}^2$ 上连续,则 $f(x,y)$ 在 D 上一致连续,则 $\forall\varepsilon>0$,$\exists\delta>0$,使得对一切点 P,Q,只要 $\rho(P,Q)<\delta$,就有 $|f(P)-f(Q)|<\varepsilon$. 下面使用聚点定理给出证明.

倘若 $f(x,y)$ 在 D 上连续而不一致连续，则 $\exists\varepsilon_0>0,\forall\delta>0$，例如 $\delta=\dfrac{1}{n},n=1,2,\cdots$，总有相应的 $P_n,Q_n\in D$，虽有 $\rho(P_n,Q_n)<\dfrac{1}{n}$，但有 $|f(P_n)-f(Q_n)|\geqslant\varepsilon_0$.

由于 D 为有界闭区域，因此存在收敛子列 $\{P_{n_k}\}\subset\{P_n\}$，并设 $\lim\limits_{k\to\infty}P_{n_k}=P_0\in D$. 为记号方便起见，再在 $\{Q_n\}$ 中取出与 P_{n_k} 下标相同的子列 $\{Q_{n_k}\}$，则因

$$0\leqslant\rho(P_{n_k},Q_{n_k})<\frac{1}{n_k}\to0(k\to\infty),$$

而有 $\lim\limits_{k\to\infty}Q_{n_k}=\lim\limits_{k\to\infty}P_{n_k}=P_0$. 最后，由 $f(x,y)$ 在 P_0 连续，得到

$$\lim_{k\to\infty}|f(P_{n_k})-f(Q_{n_k})|=|f(P_0)-f(P_0)|=0,$$

这与 $|f(P_n)-f(Q_n)|\geqslant\varepsilon_0>0$ 矛盾. 所以 $f(x,y)$ 在 D 上一致连续.

二、3. 解　由于 $\lim\limits_{n\to\infty}f\left(\dfrac{1}{n},\dfrac{1}{n}\right)=1,\lim\limits_{n\to\infty}f\left(\dfrac{2}{n},\dfrac{1}{n}\right)=\dfrac{4}{5}$，故 f 在 $(0,0)$ 点不连续.

4. 解　$\forall\varepsilon>0$，由于 $\forall(x_1,y_1),(x_2,y_2)\in\mathbf{R}^2$，有

$$\begin{aligned}|f(x_1,y_1)-f(x_2,y_2)|&=\left|\frac{(x_1-x_2)(x_1+x_2)+(y_1-y_2)(y_1+y_2)}{\sqrt{x_1^2+y_1^2}+\sqrt{x_2^2+y_2^2}}\right|\\&\leqslant\frac{|x_1-x_2||x_1+x_2|}{\sqrt{x_1^2+y_1^2}+\sqrt{x_2^2+y_2^2}}+\frac{|y_1-y_2||y_1+y_2|}{\sqrt{x_1^2+y_1^2}+\sqrt{x_2^2+y_2^2}}\\&\leqslant|x_1-x_2|\frac{|x_1|+|x_2|}{\sqrt{x_1^2}+\sqrt{x_2^2}}+|y_1-y_2|\frac{|y_1|+|y_2|}{\sqrt{y_1^2}+\sqrt{y_2^2}}\\&\leqslant|x_1-x_2|+|y_1-y_2|.\end{aligned}$$

取 $\delta=\dfrac{\varepsilon}{2}$，则 $\forall(x_1,y_1),(x_2,y_2)\in\mathbf{R}^2$，只要 $|x_1-x_2|<\delta,|y_1-y_2|<\delta$，就有

$$|f(x_1,y_2)-f(x_2,y_2)|<\varepsilon,$$

故 $f(x,y)$ 在 $\mathbf{R}$ 上一致连续.

5. 解　令 $x=\rho\cos\theta,y=\rho\sin\theta$，则 $\lim\limits_{(x,y)\to(0,0)}\dfrac{x^2y^2}{x^2+y^2}=\lim\limits_{\rho\to0^+}\dfrac{\rho^4\cos\theta\sin\theta}{\rho^2}=\lim\limits_{\rho\to0^+}\rho^2\sin\theta\cos\theta=0.$

6. 解　$(0,0)$ 是 $f(x,y)$ 的极值点，理由如下：
由于 $f(x,y)$ 在点 $(0,0)$ 的某个邻域内连续，所以

$$f(0,0)=\lim_{(x,y)\to(0,0)}[f(x,y)-xy]=\lim_{(x,y)\to(0,0)}\frac{f(x,y)-xy}{x^2+y^2}\lim_{(x,y)\to(0,0)}(x^2+y^2)=0.$$

因为 $\lim\limits_{(x,y)\to(0,0)}\dfrac{f(x,y)-xy}{x^2+y^2}=1$，由连续函数的局部保号性知 $\exists\delta>0$，使得当 $x^2+y^2<\delta$ 时有 $f(x,y)-xy\geqslant\dfrac{3}{4}(x^2+y^2)$，所以 $f(x,y)\geqslant\dfrac{1}{4}(x^2+y^2)\geqslant0=f(0,0)$，故 $(0,0)$ 是 $f(x,y)$ 的极小值点.

7. 解　当 $0<p<1$ 时，由于当 $x^2+y^2\neq0$ 时有

$$\left|\frac{xy}{(x^2+y^2)^p}\right|\leqslant\frac{(x^2+y^2)^{1-p}}{2},$$

又 $\lim\limits_{(x,y)\to(0,0)}\dfrac{(x^2+y^2)^{1-p}}{2}=0$，所以

$$\lim_{(x,y)\to(0,0)}f(x,y)=\lim_{(x,y)\to(0,0)}\frac{xy}{(x^2+y^2)^p}=0=f(0,0),$$

故 $f(x,y)$ 在点 $(0,0)$ 处连续.
当 $p\geqslant1$ 时，由于

$$\lim_{\substack{x\to0\\y=kx}}\frac{xy}{(x^2+y^2)^p}=\lim_{x\to0}\frac{k}{(1+k^2)^px^{2(p-1)}}\neq0,$$

故 $f(x,y)$ 在点 $(0,0)$ 处不连续.

8.解　因为 $f(x,y)$ 是 k 次齐次函数，故对 $\forall t\in\mathbf{R}$ 有

$$f(tx,ty)=t^k f(x,y),$$

因此

$$f(r\cos\theta,r\sin\theta)=r^k f(\cos\theta,\sin\theta).$$

又 $f(x,y)$ 有界，故 $\exists M>0$ 使得 $\forall(x,y)\in D$ 有 $|f(x,y)|\leqslant M$.

故当 $r\to 0$，关于 $\theta\in[0,2\pi]$ 一致地有

$$f(r\cos\theta,r\sin\theta)=r^k|f(\cos\theta,\sin\theta)|\leqslant Mr^k\to 0(r\to 0),$$

于是 $\lim\limits_{(x,y)\to(0,0)}[f(x,y)+(x-1)\mathrm{e}^y]=-1$.

三、9.证　设 $(x_0,y_0)\in D$，则由 $f(x,y)$ 在 (x_0,y_0) 处连续知，对 $\forall\varepsilon>0,\exists\delta_1>0$，当 $|x-x_0|<\delta_1$，$|y-y_0|<\delta_1$ 时，有

$$|f(x,y)-f(x_0,y_0)|<\varepsilon.$$

又由 $\varphi(x)$ 在 x_0 连续知，对于 $\delta_1>0,\exists\delta_2>0$，当 $|x-x_0|<\delta_2$ 时，有

$$|\varphi(x)-\varphi(x_0)|<\delta_1.$$

取 $\delta=\min\{\delta_1,\delta_2\}$，则当 $|x-x_0|<\delta$ 时，有

$$|F(x)-F(x_0)|=|f(x,\varphi(x))-f(x_0,\varphi(x_0))|<\varepsilon.$$

故 $F(x)$ 在 x_0 连续，由 $x_0\in(a,b)$ 的任意性知 $F(x)\in C(a,b)$.

10.证　$\forall\varepsilon>0$，由 $f(x,y)$ 在 D 上一致连续知，$\exists\delta>0,\forall(x_1,y_1),(x_2,y_2)\in D$，只要 $|x_1-x_2|<\delta$，$|y_1-y_2|<\delta$，就有 $|f(x_1,y_1)-f(x_2,y_2)|<\varepsilon$.

对 $\forall\{x_n\},x_n>0$ 且 $\lim\limits_{n\to\infty}x_n=0,\forall\{y_n\},\lim\limits_{n\to\infty}y_n=y_0$，对上述 $\delta>0,\exists N$，当 $n,m>N$ 时，有 $|x_n-x_m|<\delta,|y_n-y_m|<\delta$. 因而，当 $n,m>N$ 时，有

$$|f(x_n,y_n)-f(x_m,y_m)|<\varepsilon,$$

故 $\{f(x_n,y_n)\}$ 为 Cauchy 列，从而 $\lim\limits_{n\to\infty}f(x_n,y_n)$ 存在，即极限 $\lim\limits_{(x,y)\to(0^+,y_0)}f(x,y)$ 存在.

第十七章　多元函数微分学

一、主要内容归纳

1. 可微与全微分

设函数 $z=f(x,y)$ 在点 $P_0(x_0,y_0)$ 的邻域 $U(P_0)$ 内有定义，对 $U(P_0)$ 中任意点 $P(x,y)$，若函数 $f(x,y)$ 在 P_0 的**全增量** Δz 可表示为

$$\Delta z=A\Delta x+B\Delta y+o(\rho), \qquad ①$$

其中 A,B 是仅与 (x_0,y_0) 有关的常数，$\rho=\sqrt{(\Delta x)^2+(\Delta y)^2}$，则称 $f(x,y)$ 在 P_0 处**可微**，并称(1)中关于 $\Delta x,\Delta y$ 的线性函数 $A\Delta x+B\Delta y$ 为函数 $f(x,y)$ 在点 P_0 处的**全微分**，记作

$$\mathrm{d}z\Big|_{P_0}=A\Delta x+B\Delta y.$$

注 1　当 $|\Delta x|,|\Delta y|$ 很小时，$\Delta z\approx \mathrm{d}z$，即 $f(x,y)\approx f(x_0,y_0)+A(x-x_0)+B(y-y_0)$. 此式常用于近似计算.

注 2　①式也可写成 $\Delta z=A\Delta x+B\Delta y+\alpha\Delta x+\beta\Delta y$，其中 $\lim\limits_{\substack{\Delta x\to 0\\ \Delta y\to 0}}\alpha=\lim\limits_{\substack{\Delta x\to 0\\ \Delta y\to 0}}\beta=0$. 这个等式在可微性证明中经常用到.

2. 偏导数

设 $f(x,y)$ 在 (x_0,y_0) 的某个邻域内有定义，固定 $y=y_0$ 将 $f(x,y)$ 视为 x 的一元函数. 若它在 x_0 点可导，则称此导数是二元函数 $f(x,y)$ 在 (x_0,y_0) 点关于 x 的**偏导数**，记为 $\dfrac{\partial f}{\partial x}(x_0,y_0)$ 或 $f_x(x_0,y_0)$，即

$$\frac{\partial f}{\partial x}=\lim_{\Delta x\to 0}\frac{f(x_0+\Delta x,y_0)-f(x_0,y_0)}{\Delta x}.$$

类似地可以定义 $\dfrac{\partial f}{\partial y}(x_0,y_0)$ 及多元函数的偏导数.

偏导数的几何意义：设 $P_0(x_0,y_0,z_0)$ 为曲面 $z=f(x,y)$ 上一点，其中 $z_0=f(x_0,y_0)$. 过 P_0 作平面 $y=y_0$，它与曲面 $z=f(x,y)$ 的交线 $C:\begin{cases}z=f(x,y),\\ y=y_0\end{cases}$ 是平面 $y=y_0$ 上的一条曲线. 于是，二元函数偏导数的几何意义(图 17－1)是：$f_x(x_0,y_0)$ 作为一元函数 $f(x,y_0)$ 在 $x=x_0$ 处的导数，就是曲线 C 在点 P_0 处的切线 T_x 对于 x 轴的斜率，即 T_x 与 x 轴正向所成倾角的正切 $\tan\alpha$.

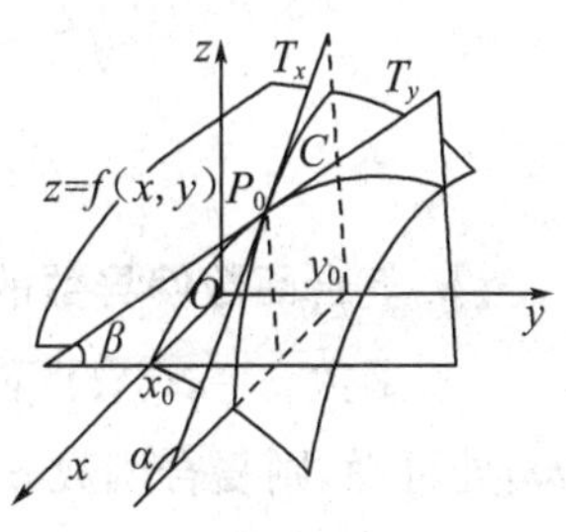

图 17－1

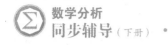

同样，$f_y(x_0,y_0)$是平面 $x=x_0$ 与曲面 $z=f(x,y)$的交线$\begin{cases}z=f(x,y),\\x=x_0\end{cases}$在点 P_0 处的切线 T_y 关于 y 轴的斜率 $\tan\beta$.

3. 可微性条件

(1)**可微的必要条件**　若二元函数 $z=f(x,y)$在其定义域 D 的内点(x_0,y_0)处可微，则函数在点(x_0,y_0)处的偏导数都存在，且 $A=f_x(x_0,y_0)$，$B=f_y(x_0,y_0)$.

(2)**可微的充分条件**　若函数 $z=f(x,y)$的偏导数在点(x_0,y_0)处的某邻域内存在，且在点(x_0,y_0)处连续，则 $f(x,y)$在点(x_0,y_0)处可微.

注　若 $f(x,y)$在点(x_0,y_0)处可微，则

$$\mathrm{d}f\Big|_{(x_0,y_0)}=f_x(x_0,y_0)\Delta x+f_y(x_0,y_0)\Delta y.$$

由于习惯上 $\mathrm{d}x=\Delta x$，$\mathrm{d}y=\Delta y$，因此上式也常写作

$$\mathrm{d}f\Big|_{(x_0,y_0)}=f_x(x_0,y_0)\mathrm{d}x+f_y(x_0,y_0)\mathrm{d}y.$$

4. 函数的连续性、偏导数的存在性和偏导数连续性之间的关系

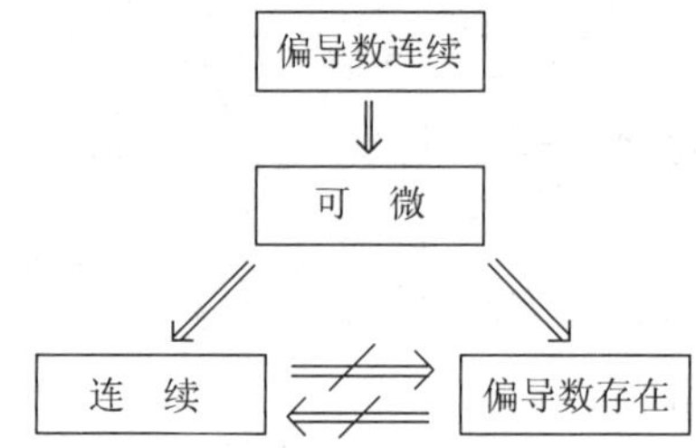

由此可得到证明一个函数 $f(x,y)$在点(x_0,y_0)处不可微的常用方法如下：

(1)$f(x,y)$在(x_0,y_0)点至少有一个偏导数不存在；

(2)$f(x,y)$在(x_0,y_0)点不连续；

(3)从定义出发证明 $\Delta f-f_x(x_0,y_0)\Delta x-f_y(x_0,y_0)\Delta y\neq o(\rho)$.

5. 可微的几何意义

曲面 $z=f(x,y)$在点 $P_0(x_0,y_0,f(x_0,y_0))$处有不平行于 z 轴的切平面，该切平面和法线方程分别是：

$$z-z_0=f_x(x_0,y_0)(x-x_0)+f_y(x_0,y_0)(y-y_0),$$

$$\frac{x-x_0}{f_x(x_0,y_0)}=\frac{y-y_0}{f_y(x_0,y_0)}=\frac{z-z_0}{-1}.$$

6. 复合函数偏导数的链式法则

若函数 $x=\varphi(s,t)$，$y=\psi(s,t)$在$(s,t)\in D$ 处可微，$z=f(x,y)$在点$(x,y)=(\varphi(s,t),\psi(s,t))$处可微，则复合函数 $z=f(\varphi(s,t),\psi(s,t))$在点$(s,t)$处可微，且有

$$\frac{\partial z}{\partial s}=\frac{\partial z}{\partial x}\cdot\frac{\partial x}{\partial s}+\frac{\partial z}{\partial y}\cdot\frac{\partial y}{\partial s},\quad \frac{\partial z}{\partial t}=\frac{\partial z}{\partial x}\cdot\frac{\partial x}{\partial t}+\frac{\partial z}{\partial y}\cdot\frac{\partial y}{\partial t}.$$

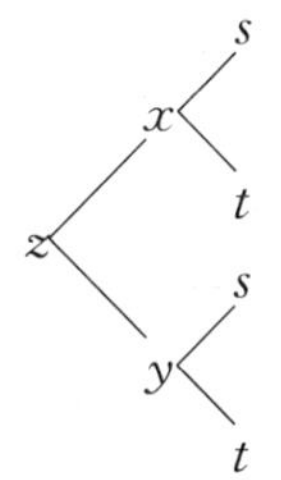

(注意分析各变量之间的关系).

注 复合函数求导的"树形法",其原则是:沿线相乘,分线相加.

特例 1 若 $z=f(x,y)$,而 $x=\varphi(t),y=\psi(t)$,则

$$\frac{\mathrm{d}z}{\mathrm{d}t}=\frac{\partial f}{\partial x}\cdot\varphi'(t)+\frac{\partial f}{\partial y}\cdot\psi'(t).$$

特例 2 若 $z=f(x,y,t)$,而 $x=\varphi(s,t),y=\psi(s,t)$,则

$$\frac{\partial z}{\partial s}=\frac{\partial f}{\partial x}\frac{\partial\varphi}{\partial s}+\frac{\partial f}{\partial y}\frac{\partial\psi}{\partial s},\quad \frac{\partial z}{\partial t}=\frac{\partial f}{\partial x}\frac{\partial\varphi}{\partial t}+\frac{\partial f}{\partial y}\frac{\partial\psi}{\partial t}+\frac{\partial f}{\partial t}.$$

注意:最后一个等式左边的$\frac{\partial z}{\partial t}$与等式右边的$\frac{\partial f}{\partial t}$不一样. $\frac{\partial z}{\partial t}$表示函数 $z=f(\varphi(s,t),\psi(s,t),t)$对 t 求偏导,此时视 s 为常数;而$\frac{\partial f}{\partial t}$是 $z=f(x,y,t)$对 t 求偏导,把 x,y 视为常数.

7. 一阶全微分形式不变性

设函数 $x=\varphi(s,t),y=\psi(s,t)$在点$(s,t)$处可微,$z=f(x,y)$在点$(x,y)=(\varphi(s,t),\psi(s,t))$处可微,则无论 z 作为中间变量 x,y 的函数,还是作为自变量 s,t 的函数,都有 $\mathrm{d}z=\frac{\partial z}{\partial x}\mathrm{d}x+\frac{\partial z}{\partial y}\mathrm{d}y$.

8. 方向导数与梯度的定义

(1)设三元函数 f 在 $P_0(x_0,y_0,z_0)$的某邻域 $U(P_0)\subset\mathbf{R}^3$ 内有定义,$\boldsymbol{l}$ 为从点 P_0 出发的射线,$P(x,y,z)$为 $\boldsymbol{l}$ 上且含于 $U(P_0)$内的任一点.以 ρ 表示 P 与 P_0 两点间距离.若

$$\lim_{\rho\to 0^+}\frac{f(P)-f(P_0)}{\rho}$$

存在,则称此极限为 f 在 P_0 点沿方向 $\boldsymbol{l}$ 的**方向导数**,记作$\left.\frac{\partial f}{\partial \boldsymbol{l}}\right|_{P_0}$,$f_{\boldsymbol{l}}(P_0)$或 $f_{\boldsymbol{l}}(x_0,y_0,z_0)$.

(2)若 f 在 $P_0(x_0,y_0,z_0)$处存在对所有自变量的偏导数,则称向量$(f_x(P_0),f_y(P_0),f_z(P_0))$为函数 f 在点 P_0 的**梯度**,记作 $\mathbf{grad}\ f=(f_x(P_0),f_y(P_0),f_z(P_0))$.

9. 可微与方向导数之间的关系

若 f 在 P_0 处可微,则 f 在 P_0 处沿任一方向 $\boldsymbol{l}$ 的方向导数都存在,且

$$f_{\boldsymbol{l}}(P_0)=f_x(P_0)\cos\alpha+f_y(P_0)\cos\beta+f_z(P_0)\cos\gamma,$$

其中 $\cos\alpha,\cos\beta,\cos\gamma$ 为 $\boldsymbol{l}$ 的方向余弦.

注 1 f 在 P_0 处可微⇒在 P_0 处 f 连续,偏导数存在,且沿任何方向的方向导数存在;反之不真.

注 2 沿任何方向方向导数都存在 $\nRightarrow$（$\nLeftarrow$）偏导数存在.

10. 梯度与变化率

梯度方向就是函数值 $f(P)$ 增加最快的方向.

设 f 在 P_0 处可微，记 $|\mathbf{grad}\ f(P_0)|=\sqrt{[f_x(P_0)]^2+[f_y(P_0)]^2+[f_z(P_0)]^2}$，则有

$$f_l(P_0)=\mathbf{grad}\ f(P_0)\cdot \boldsymbol{l}_0=|\mathbf{grad}\ f(P_0)|\cdot\cos\theta,$$

其中 $\boldsymbol{l}_0=(\cos\alpha,\cos\beta,\cos\gamma)$ 为 $\boldsymbol{l}$ 的方向余弦，θ 为 $\mathbf{grad}\ f(P_0)$ 与 $\boldsymbol{l}$ 的夹角. 当 $\theta=0$ 即 $\boldsymbol{l}$ 与 $\mathbf{grad}\ f(P_0)$ 同方向时，$f_l(P_0)$ 最大，且变化率就是该点梯度的模，说明梯度方向是 f 的值增长最快的方向.

11. 高阶偏导数

$n-1$ 阶偏导数的偏导数称为 n **阶偏导数**.

f 先关于 x 后关于 y 的二阶混合偏导数，记为 $\dfrac{\partial^2 f}{\partial x\partial y}$ 或 f_{xy}；

f 先关于 y 后关于 x 的二阶混合偏导数，记为 $\dfrac{\partial^2 f}{\partial y\partial x}$ 或 f_{yx}.

这两个混合偏导数一般来说并不相等. 例如设

$$f(x,y)=\begin{cases} xy\dfrac{x^2-y^2}{x^2+y^2}, & (x,y)\neq(0,0), \\ 0, & (x,y)=(0,0), \end{cases}$$

则 $f_{xy}(0,0)=-1$，$f_{yx}(0,0)=1$，即 $f_{xy}(0,0)\neq f_{yx}(0,0)$.

定理 如果 $f_{xy}(x,y)$ 与 $f_{yx}(x,y)$ 都在 (x_0,y_0) 处连续，则 $f_{xy}(x_0,y_0)=f_{yx}(x_0,y_0)$.

一般而言，函数对中间变量的偏导数 $\dfrac{\partial z}{\partial u},\dfrac{\partial z}{\partial v},\cdots$ 仍然是以 $u,v,\cdots$ 为中间变量，x,y 为自变量的复合函数，再对它们求偏导数时须重复使用复合函数求偏导的链式法则.

12. 中值定理和泰勒公式

若区域 D 上任意两点的连线都含于 D，则称 D 为**凸区域**.

中值定理 设 $f(x,y)$ 在凸开域 $D\subset\mathbf{R}^2$ 上连续，在 D 的所有内点都可微，则对 D 内任意两点 $P(a,b)$，$Q(a+h,b+k)$，$\exists\theta\in(0,1)$，使得

$$f(a+h,b+k)-f(a,b)=f_x(a+\theta h,b+\theta k)h+f_y(a+\theta h,b+\theta k)k.$$

推论 若函数 f 在区域 D 上存在偏导数且 $f_x\equiv f_y\equiv 0$，则 f 在 D 上为常数函数.

泰勒定理 设 $f(x,y)$ 在点 $P_0(x_0,y_0)$ 的某邻域 $U(P_0)$ 内有直到 $n+1$ 阶的连续偏导数，则对 $U(P_0)$ 内任一点 (x_0+h,y_0+k)，存在相应的 $\theta\in(0,1)$，使得

$$f(x_0+h,y_0+k)=f(x_0,y_0)+\left(h\frac{\partial}{\partial x}+k\frac{\partial}{\partial y}\right)f(x_0,y_0)+\frac{1}{2!}\left(h\frac{\partial}{\partial x}+k\frac{\partial}{\partial y}\right)^2 f(x_0,y_0)+\cdots$$
$$+\frac{1}{n!}\left(h\frac{\partial}{\partial x}+k\frac{\partial}{\partial y}\right)^n f(x_0,y_0)+\frac{1}{(n+1)!}\left(h\frac{\partial}{\partial x}+k\frac{\partial}{\partial y}\right)^{n+1} f(x_0+\theta h,$$
$$y_0+\theta k).$$

13. 极值问题

(1)**极值的必要条件** 若函数 $f(x,y)$在点 $P_0(x_0,y_0)$处存在偏导数,且 P_0 为 $f(x,y)$的极值点,则 $f_x(P_0)=f_y(P_0)=0$.

偏导数等于 0 的点称为**稳定点**,所以,若 f 存在偏导数,则极值点必为稳定点,而稳定点不一定是极值点.典型反例是 $z=xy$,原点为其稳定点,但非极值点.

(2)**极值的充分条件** 设二元函数 $f(x,y)$在点 $P_0(x_0,y_0)$的某邻域$U(P_0)$内具有二阶连续偏导数,且 P_0 为 f 的稳定点,则当 $H_f(P_0)$是正定矩阵时,f 在 P_0 处取极小值;当 $H_f(P_0)$是负定矩阵时,f 在 P_0 处取极大值;当 $H_f(P_0)$是不定矩阵时,f 在 P_0 处不取极值.

通常情况下,可写成如下较为适用的形式:

设 f 在$U(P_0)$具有二阶偏导数,P_0 是 f 的稳定点,则有

(ⅰ)当$(f_{xx}f_{yy}-f_{xy}^2)(P_0)>0$ 时,f 在 P_0 处取极值,且当 $f_{xx}(P_0)>0$ 时,f 在 P_0 处取极小值,当 $f_{xx}(P_0)<0$ 时,f 在 P_0 处取极大值;

(ⅱ)$(f_{xx}f_{yy}-f_{xy}^2)(P_0)<0$ 时,f 在 P_0 处不取极值;

(ⅲ)$(f_{xx}f_{yy}-f_{xy}^2)(P_0)=0$ 时,不能肯定 f 在 P_0 处是否取得极值.

二、 经典例题解析及解题方法总结

【例 1】 设 $f(x,y)=\begin{cases}\dfrac{\sqrt{|xy|}}{x^2+y^2}\sin(x^2+y^2), & x^2+y^2\neq 0,\\ 0, & x^2+y^2=0,\end{cases}$ 讨论 $f(x,y)$在点(0,0)处的可微性.

解 $\Delta z=f(x,y)-f(0,0)=\dfrac{\sqrt{|xy|}}{x^2+y^2}\sin(x^2+y^2)$.

$$f_x(0,0)=\lim_{x\to 0}\frac{f(x,0)-f(0,0)}{x}=0,\quad f_y(0,0)=\lim_{y\to 0}\frac{f(0,y)-f(0,0)}{y}=0.$$

所以 $\lim\limits_{\rho\to 0^+}\dfrac{\Delta z-f_x(0,0)x-f_y(0,0)y}{\rho}=\lim\limits_{\substack{x\to 0\\ y\to 0}}\dfrac{\sqrt{|xy|}}{(x^2+y^2)^{\frac{3}{2}}}\sin(x^2+y^2)$.

由于 $\lim\limits_{\substack{x\to 0\\ y=x}}\dfrac{\sqrt{|xy|}}{(x^2+y^2)^{\frac{3}{2}}}\sin(x^2+y^2)=\lim\limits_{x\to 0}\dfrac{\sqrt{x^2}}{\sqrt{2x^2}}\cdot\dfrac{\sin(2x^2)}{2x^2}=\dfrac{1}{\sqrt{2}}\neq 0$,故 $z=f(x,y)$在(0,0)点不可微.

方法总结

只需检验极限 $\lim\limits_{\rho\to 0^+}\dfrac{\Delta z-f_x(x_0,y_0)\Delta x-f_y(x_0,y_0)\Delta y}{\rho}$ 是否为 0.若极限为 0,则 $z=f(x,y)$在(x_0,y_0)处可微,否则不可微,其中 $\rho=\sqrt{(\Delta x)^2+(\Delta y)^2}$.

【例 2】 设 $f(x,y)=\begin{cases}\dfrac{x^2y^2}{(x^2+y^2)^{\frac{3}{2}}}, & x^2+y^2\neq 0,\\ 0, & x^2+y^2=0,\end{cases}$ 证明 $f(x,y)$在点(0,0)处连续但不

可微.

证　由$|f(x,y)|\leqslant\frac{1}{2}\sqrt{x^2+y^2}\leqslant\frac{1}{2}(|x|+|y|)$知$f(x,y)$在点$(0,0)$处连续.

易求$f_x(0,0)=f_y(0,0)=0$，于是

$$\lim_{\rho\to0^+}\frac{f(x,y)-f(0,0)-f_x(0,0)x-f_y(0,0)y}{\rho}=\lim_{\substack{x\to0\\y\to0}}\frac{x^2y^2}{(x^2+y^2)^2}.$$

由于$\lim\limits_{\substack{x\to0\\y=kx}}\frac{x^2y^2}{(x^2+y^2)^2}=\lim\limits_{x\to0}\frac{k^2x^4}{(x^2+k^2x^2)^2}=\frac{k^2}{(1+k^2)^2}$，随$k$的变化而变化，故$\lim\limits_{\substack{x\to0\\y\to0}}\frac{x^2y^2}{(x^2+y^2)^2}$不存在. 因而$f(x,y)$在点$(0,0)$处不可微.

【例3】 确定α的取值范围，使函数

$$f(x,y)=\begin{cases}(x^2+y^2)^\alpha\sin\dfrac{1}{x^2+y^2}, & x^2+y^2\neq0,\\ 0, & x^2+y^2=0\end{cases}$$

在点$(0,0)$处可微.

解　若$f(x,y)$在点$(0,0)$可微，则$f_x(0,0)$与$f_y(0,0)$都存在，而

$$f_x(0,0)=\lim_{x\to0}\frac{f(x,0)-f(0,0)}{x}=\lim_{x\to0}x^{2\alpha-1}\sin(x^{-2}),$$

因此必有$2\alpha-1>0$，即$\alpha>\frac{1}{2}$，此时$f_x(0,0)=0$. 同理$f_y(0,0)=0$. 于是当$\alpha>\frac{1}{2}$时，有

$$\lim_{\rho\to0^+}\frac{f(x,y)-f(0,0)-f_x(0,0)x-f_y(0,0)y}{\rho}=\lim_{\substack{x\to0\\y\to0}}\frac{(x^2+y^2)^\alpha}{\sqrt{x^2+y^2}}\sin\frac{1}{x^2+y^2}=0,$$

即$f(x,y)$在点$(0,0)$处可微，因此$\alpha>\frac{1}{2}$.

思考题　设函数

$$f(x,y)=\begin{cases}(x^2+y^2)^\alpha\sin\dfrac{1}{\sqrt{x^2+y^2}}, & x^2+y^2\neq0,\\ 0, & x^2+y^2=0,\end{cases}$$

其中α为正整数. 问：

(1) 当α为何值时，$f(x,y)$在点$(0,0)$连续；

(2) 当α为何值时，$f_x(0,0)$，$f_y(0,0)$都存在；

(3) 当α为值时，$f(x,y)$在点$(0,0)$有一阶连续偏导数.

【例4】 设$z=xy+xF\left(\frac{y}{x}\right)$，其中$F$为可导函数，求$x\frac{\partial z}{\partial x}+y\frac{\partial z}{\partial y}$.

解　令$u=\frac{y}{x}$，则$z=xy+xF(u)$.

$$\frac{\partial z}{\partial x}=y+F(u)+xF'(u)\frac{\partial u}{\partial x}=y+F(u)-\frac{y}{x}F'(u),$$

$$\frac{\partial z}{\partial y}=x+xF'(u)\frac{\partial u}{\partial y}=x+F'(u),$$

故 $x\dfrac{\partial z}{\partial x}+y\dfrac{\partial z}{\partial y}=2xy+xF(u)=z+xy.$

【例 5】 已知$(axy^3-y^2\cos x)\mathrm{d}x+(1+by\sin x+3x^2y^2)\mathrm{d}y$为某一函数$f(x,y)$的全微分,则$a$和$b$的值分别是______.

解 由题设有 $\mathrm{d}f(x,y)=\dfrac{\partial f}{\partial x}\mathrm{d}x+\dfrac{\partial f}{\partial y}\mathrm{d}y=(axy^3-y^2\cos x)\mathrm{d}x+(1+by\sin x+3x^2y^2)\mathrm{d}y$,即

$$f_x(x,y)=axy^3-y^2\cos x,\qquad f_y(x,y)=1+by\sin x+3x^2y^2,$$
$$f_{xy}(x,y)=3axy^2-2y\cos x,\qquad f_{yx}=by\cos x+6xy^2.$$

由$f_{xy}(x,y)$与$f_{yx}(x,y)$表达式知它们均为连续函数,从而$f_{xy}(x,y)=f_{yx}(x,y)$,即

$$3axy^2-2y\cos x=by\cos x+6xy^2\Rightarrow\begin{cases}3a=6,\\b=-2\end{cases}\Rightarrow\begin{cases}a=2,\\b=-2.\end{cases}$$

【例 6】 设$z=f(2x-y,y\sin x)$,其中f具有连续的二阶偏导数,求$\dfrac{\partial^2 z}{\partial x\partial y}$.

解 令$u=2x-y,v=y\sin x$,则$z=f(u,v)$,

$$\frac{\partial z}{\partial x}=\frac{\partial f}{\partial u}\frac{\partial u}{\partial x}+\frac{\partial f}{\partial v}\frac{\partial v}{\partial x}=2\frac{\partial f}{\partial u}+y\cos x\frac{\partial f}{\partial v},$$

$$\begin{aligned}\frac{\partial^2 z}{\partial x\partial y}&=\frac{\partial}{\partial y}\left(2\frac{\partial f}{\partial u}+y\cos x\frac{\partial f}{\partial v}\right)\\&=2\left(\frac{\partial^2 f}{\partial u^2}\frac{\partial u}{\partial y}+\frac{\partial^2 f}{\partial u\partial v}\frac{\partial v}{\partial y}\right)+\cos x\frac{\partial f}{\partial v}+y\cos x\left(\frac{\partial^2 f}{\partial v\partial u}\frac{\partial u}{\partial y}+\frac{\partial^2 f}{\partial v^2}\frac{\partial v}{\partial y}\right)\\&=-2\frac{\partial^2 f}{\partial u^2}+2\sin x\frac{\partial^2 f}{\partial u\partial v}+\cos x\frac{\partial f}{\partial v}-y\cos x\frac{\partial^2 f}{\partial u\partial v}+y\cos x\sin x\frac{\partial^2 f}{\partial v^2}\\&=-2\frac{\partial^2 f}{\partial u^2}+(2\sin x-y\cos x)\frac{\partial^2 f}{\partial u\partial v}+\frac{1}{2}y\sin 2x\frac{\partial^2 f}{\partial v^2}+\cos x\frac{\partial f}{\partial v}.\end{aligned}$$

【例 7】 设$z=f(x,y)$是二次连续可微函数,又有关系式$u=ay+x,v=x-ay$,其中a是不为 0 的常数. 证明:$a^2\dfrac{\partial^2 z}{\partial x^2}-\dfrac{\partial^2 z}{\partial y^2}=4a^2\dfrac{\partial^2 z}{\partial u\partial v}$.

证 由$\begin{cases}u=x+ay,\\v=x-ay,\end{cases}$ 得$\begin{cases}x=\dfrac{1}{2}(u+v),\\y=\dfrac{1}{2a}(u-v),\end{cases}$由复合函数求导法则得

$$\frac{\partial z}{\partial u}=\frac{\partial z}{\partial x}\frac{\partial x}{\partial u}+\frac{\partial z}{\partial y}\frac{\partial y}{\partial u}=\frac{\partial z}{\partial x}\cdot\frac{1}{2}+\frac{1}{2a}\frac{\partial z}{\partial y},$$

$$\begin{aligned}\frac{\partial^2 z}{\partial u\partial v}&=\frac{\partial}{\partial v}\left(\frac{1}{2}\frac{\partial z}{\partial x}+\frac{1}{2a}\frac{\partial z}{\partial y}\right)=\frac{1}{2}\frac{\partial}{\partial v}\left(\frac{\partial z}{\partial x}\right)+\frac{1}{2a}\frac{\partial}{\partial v}\left(\frac{\partial z}{\partial y}\right)\\&=\frac{1}{2}\left(\frac{\partial^2 z}{\partial x^2}\cdot\frac{1}{2}-\frac{1}{2a}\frac{\partial^2 z}{\partial x\partial y}\right)+\frac{1}{2a}\left(\frac{1}{2}\cdot\frac{\partial^2 z}{\partial x\partial y}-\frac{1}{2a}\frac{\partial^2 z}{\partial y^2}\right)\\&=\frac{1}{4}\frac{\partial^2 z}{\partial x^2}-\frac{1}{4a^2}\frac{\partial^2 z}{\partial y^2}.\end{aligned}$$

整理得 $a^2\dfrac{\partial^2 z}{\partial x^2}-\dfrac{\partial^2 z}{\partial y^2}=4a^2\dfrac{\partial^2 z}{\partial u\partial v}$..

【例 8】 设 $f(x,y)=\begin{cases}\dfrac{1-e^{x(x^2+y^2)}}{x^2+y^2}, & (x,y)\neq(0,0),\\ 0, & (x,y)=(0,0),\end{cases}$ 求 $f(x,y)$ 在 $(0,0)$ 的 4 阶 Taylor 多项式，并求 $\dfrac{\partial^2 f}{\partial x\partial y}(0,0)$，$\dfrac{\partial^4 f}{\partial x^4}(0,0)$.

解 由于 $e^{x(x^2+y^2)}=1+x(x^2+y^2)+\dfrac{1}{2}x^2(x^2+y^2)^2+o([x(x^2+y^2)]^2)$，于是

$$\frac{1-e^{x(x^2+y^2)}}{x^2+y^2}=-x-\frac{1}{2}x^2(x^2+y^2)+o(x^2(x^2+y^2)),$$

由泰勒展开式的唯一性知 $f(x,y)$ 的 4 阶展开式为 $-x-\dfrac{1}{2}x^2(x^2+y^2)+o(x^2(x^2+y^2))$，由此得

$$\frac{\partial^2 f}{\partial x\partial y}(0,0)=0,\quad \frac{\partial^4 f}{\partial x^4}(0,0)=4!\cdot\left(-\frac{1}{2}\right)=-12.$$

【例 9】 求二元函数 $z=f(x,y)=x^2y(4-x-y)$ 在直线 $x+y=6$，x 轴，y 轴所围成的闭域 D 上的最大值与最小值.

解 (1)先求函数在 D 内驻点. 解方程组

$$\begin{cases}f_x(x,y)=2xy(4-x-y)-x^2y=0,\\ f_y(x,y)=x^2(4-x-y)-x^2y=0,\end{cases}$$

得 $x=0\ (0\leqslant y\leqslant 6)$ 及点 $(4,0)$，$(2,1)$. 在 D 内只有唯一驻点 $(2,1)$，在该点 $f(2,1)=4$.

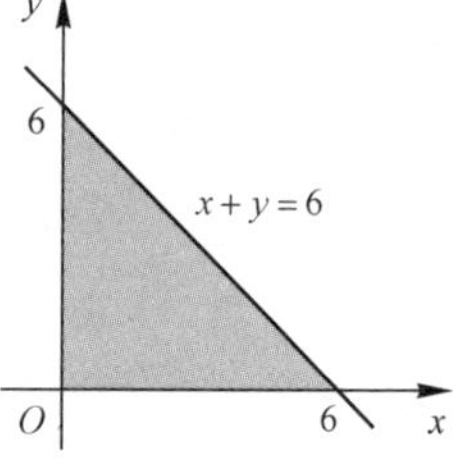

图 17—2

(2)再求 $f(x,y)$ 在 D 的边界上的最值.

在边界 $x=0\ (0\leqslant y\leqslant 6)$ 和 $y=0\ (0\leqslant x\leqslant 6)$ 上 $f(x,y)\equiv 0$.

在边界 $x+y=6$ 上，$y=6-x$，代入 $f(x,y)$ 得 $f(x,y)=2x^2(x-6)$.

$$f_x=4x(x-6)+2x^2=6x^2-24x=0$$

$$\Rightarrow x=0,x=4\Rightarrow y=6-x\Big|_{x=4}=2,f(4,2)=-64.$$

比较后知 $f(2,1)=4$ 为最大值，$f(4,2)=-64$ 为最小值.

【例 10】 证明不等式：$e^y+x\ln x-x-xy\geqslant 0\ (x\geqslant 1,y\geqslant 0)$.

证 记 $f(x,y)=e^y+x\ln x-x-xy$，$D=\{(x,y)\mid x\geqslant 1,y\geqslant 0\}$，则 $f(x,y)$ 在 D 上连续可微，因此只需证：$f(x,y)$ 在 D 上的最小值等于零即可.

事实上，$f_x=\ln x-y$，$f_y=e^y-x$，令 $f_x=f_y=0$ 得稳定点为 $x=e^y$，$y\geqslant 0$. 因此，若在 D 内存在最小值，则最小值必落在曲线 $x=e^y$，$y\geqslant 0$ 上，而

$$f(e^y,y)=e^y+e^y\cdot y-e^y-ye^y=0,$$

所以在 D 内 $f(x,y)\geqslant 0$. 又在 D 的边界上，除 $f(1,0)=0$ 外，均有 $f(x,y)>0$，从而有

$$e^y+x\ln x-x-xy\geqslant 0\quad (x\geqslant 1,y\geqslant 0).$$

【例 11】 设二元连续可微函数 F 在直角坐标系下可写为 $F(x,y)=f(x)g(y)$，在极坐标系中可写为 $F(r\cos\theta,r\sin\theta)=h(r)$. 若 $F(x,y)$ 无零点，求 $F(x,y)$.

解　注意

$$\frac{\partial F}{\partial \theta}=\frac{\partial F}{\partial x}\frac{\partial x}{\partial \theta}+\frac{\partial F}{\partial y}\frac{\partial y}{\partial \theta}$$
$$=f'(x)g(y)(-r\sin\theta)+f(x)g'(y)r\cos\theta=-yf'(x)g(y)+xf(x)g'(y).$$

另一方面有$\frac{\partial F}{\partial \theta}=\frac{\partial h(r)}{\partial \theta}=0$. 于是$-yf'(x)g(y)+xf(x)g'(y)=0$. 当 $x\neq 0, y\neq 0$ 时有

$$\frac{f'(x)}{xf(x)}=\frac{g'(y)}{yg(y)}. \qquad ①$$

由于上式对任意的 $x\neq 0, y\neq 0$ 恒成立,于是

$$\frac{f'(x)}{xf(x)}=\frac{g'(y)}{yg(y)}=\lambda, \qquad ②$$

其中 λ 为任一常数. 由②得$\frac{f'(x)}{f(x)}=\lambda x$,即$(\ln f)'=\left(\frac{\lambda}{2}x^2\right)'$,所以

$$\ln f(x)=\frac{\lambda}{2}x^2+C, \qquad ③$$

其中 C 为任意常数.

由③得到 $f(x)=C_1e^{\frac{\lambda x^2}{2}}$,其中 C_1 为任意常数. 由②还可得到 $g(y)=C_2e^{\frac{\lambda y^2}{2}}$,其中 C_2 为任意常数.

最后得到 $F(x,y)=Ce^{\frac{\lambda(x^2+y^2)}{2}}$,其中 C,λ 为任意常数. $F(x,y)$ 在 $x=0$ 或 $y=0$ 的值由连续性得到.

【例 12】 证明:若函数 $u(x,y)$二阶可微,则 $u(x,y)=f(x)g(y)$的充要条件是:

$$u\frac{\partial^2 u}{\partial x\partial y}=\frac{\partial u}{\partial x}\frac{\partial u}{\partial y}(u\neq 0).$$

证　必要性. 假设 $u(x,y)=f(x)g(y)$,则有

$$\frac{\partial u}{\partial x}=f'(x)g(y),\quad \frac{\partial u}{\partial y}=f(x)g'(y),\quad \frac{\partial^2 u}{\partial x\partial y}=f'(x)g'(y),$$

从而有

$$\frac{\partial u}{\partial x}\frac{\partial u}{\partial y}=f(x)g(y)f'(x)g'(y)=u\frac{\partial^2 u}{\partial x\partial y}.$$

充分性. 假设 $u\frac{\partial^2 u}{\partial x\partial y}=\frac{\partial u}{\partial x}\frac{\partial u}{\partial y}$,记$\frac{\partial u}{\partial y}=v$,则假设条件可转化为 $u\frac{\partial v}{\partial x}=v\frac{\partial u}{\partial x}$,从而有

$$\frac{u\frac{\partial v}{\partial x}-v\frac{\partial u}{\partial x}}{u^2}=0\quad (u\neq 0),$$

即$\frac{\partial}{\partial x}\left(\frac{v}{u}\right)=0$,所以可设$\frac{v}{u}=\varphi(y)$,由此得 $v=u\varphi(y)$,即

$$\frac{\partial u}{\partial y}=u\varphi(y),\quad \frac{\partial}{\partial y}(\ln u)=\varphi(y),$$

解之得 $\ln u=\int\varphi(y)\mathrm{d}y+c(x)$,从而 $u=e^{\int\varphi(y)\mathrm{d}y+c(x)}=e^{\int\varphi(y)\mathrm{d}y}\cdot e^{c(x)}=f(x)g(y)$.

三、教材习题解答

习题 17.1 解答

1. 求下列函数的偏导数:

(1)$z=x^2y$; (2)$z=y\cos x$;

(3)$z=\dfrac{1}{\sqrt{x^2+y^2}}$; (4)$z=\ln(x+y^2)$;

(5)$z=e^{xy}$; (6)$z=\arctan\dfrac{y}{x}$;

(7)$z=xye^{\sin(xy)}$; (8)$u=\dfrac{y}{x}+\dfrac{z}{y}-\dfrac{x}{z}$;

(9)$u=(xy)^z$; (10)$u=x^{y^z}$.

解 (1)$z_x=2xy,z_y=x^2$.

(2)$z_x=-y\sin x,z_y=\cos x$.

(3)$z_x=\dfrac{-\dfrac{x}{\sqrt{x^2+y^2}}}{x^2+y^2}=-\dfrac{x}{(x^2+y^2)^{\frac{3}{2}}},z_y=-\dfrac{y}{(x^2+y^2)^{\frac{3}{2}}}$.

(4)$z_x=\dfrac{1}{x+y^2},z_y=\dfrac{2y}{x+y^2}$.

(5)$z_x=ye^{xy},z_y=xe^{xy}$.

(6)$z_x=\dfrac{1}{1+\left(\dfrac{y}{x}\right)^2}\cdot\dfrac{-y}{x^2}=-\dfrac{y}{x^2+y^2},z_y=\dfrac{x}{x^2+y^2}$.

(7)$z_x=ye^{\sin(xy)}+xy^2e^{\sin(xy)}\cos(xy)=(1+xy\cos(xy))ye^{\sin(xy)},z_y=(1+xy\cos(xy))xe^{\sin(xy)}$.

(8)$u_x=-\dfrac{y}{x^2}-\dfrac{1}{z},u_y=\dfrac{1}{x}-\dfrac{z}{y^2},u_z=\dfrac{1}{y}+\dfrac{x}{z^2}$.

(9)$u_x=zy(xy)^{z-1},u_y=zx(xy)^{z-1},u_z=(xy)^z\ln(xy)$.

(10)$u_x=y^zx^{y^z-1},u_y=zy^{z-1}x^{y^z}\ln x,u_z=y^zx^{y^z}\ln x\cdot\ln y$.

2. 设 $f(x,y)=x+(y-1)\arcsin\sqrt{\dfrac{x}{y}}$,求 $f_x(x,1)$.

解 因为 $f(x,1)=x$,所以 $f_x(x,1)=\dfrac{d}{dx}f(x,1)=1$.

3. 设 $f(x,y)=\begin{cases}y\sin\dfrac{1}{x^2+y^2}, & x^2+y^2\neq0,\\ 0, & x^2+y^2=0,\end{cases}$ 考察函数 f 在原点(0,0)的偏导数.

解 由于

$$\lim_{x\to0}\frac{f(x,0)-f(0,0)}{x}=\lim_{x\to0}\frac{0-0}{x}=0,$$

$$\lim_{y\to0}\frac{f(0,y)-f(0,0)}{y}=\lim_{y\to0}\sin\frac{1}{y^2}\ \text{不存在},$$

所以,$f(x,y)$ 在原点关于 x 的偏导数为 0,关于 y 的偏导数不存在.

4. 证明函数 $z=\sqrt{x^2+y^2}$ 在点(0,0)连续但偏导数不存在.

证　因为 $\lim\limits_{(x,y)\to(0,0)}\sqrt{x^2+y^2}=0=z(0,0)$，所以函数 $z=\sqrt{x^2+y^2}$ 在点(0,0)连续.

由于

$$\lim_{x\to0}\frac{z(x,0)-z(0,0)}{x}=\lim_{x\to0}\frac{\sqrt{x^2}}{x}=\lim_{x\to0}\frac{|x|}{x}$$

不存在，因而 $z(x,y)$ 在点(0,0)关于 x 的偏导数不存在.

同理可证它在点(0,0)关于 y 的偏导数也不存在.

5. 考察函数 $f(x,y)=\begin{cases}xy\sin\dfrac{1}{x^2+y^2}, & x^2+y^2\neq0,\\ 0, & x^2+y^2=0\end{cases}$ 在点(0,0)的可微性.

解　由偏导数定义知，

$$f_x(0,0)=\lim_{x\to0}\frac{f(x,0)-f(0,0)}{x}=\lim_{x\to0}\frac{0-0}{x}=0,$$

同理可得 $f_y(0,0)=0$.

由于

$$\begin{aligned}\left|\frac{\Delta f-f_x(0,0)x-f_y(0,0)y}{\rho}\right|&=\left|\frac{xy}{\sqrt{x^2+y^2}}\sin\frac{1}{x^2+y^2}\right|\\&\leqslant\frac{x^2+y^2}{2\sqrt{x^2+y^2}}\\&=\frac{\sqrt{x^2+y^2}}{2}\to0\quad(\sqrt{x^2+y^2}\to0).\end{aligned}$$

所以 $f(x,y)$ 在点(0,0)处可微.

6. 证明函数 $f(x,y)=\begin{cases}\dfrac{x^2y}{x^2+y^2}, & x^2+y^2\neq0,\\ 0, & x^2+y^2=0\end{cases}$ 在点(0,0)连续且偏导数存在，但在此点不可微.

证　因为 $\left|\dfrac{x^2y}{x^2+y^2}\right|=\dfrac{x^2}{x^2+y^2}|y|\leqslant|y|$，从而

$$\lim_{(x,y)\to(0,0)}\frac{x^2y}{x^2+y^2}=0=f(0,0),$$

所以，$f(x,y)$ 在点(0,0)连续.

由偏导数定义知

$$f_x(0,0)=\lim_{x\to0}\frac{f(x,0)-f(0,0)}{x}=\lim_{x\to0}\frac{0-0}{x}=0,$$

同理 $f_y(0,0)=0$.

所以，$f(x,y)$ 在点(0,0)的偏导数存在.

但 $\dfrac{\Delta f-f_x(0,0)x-f_y(0,0)y}{\rho}=\dfrac{x^2y}{(x^2+y^2)^{\frac{3}{2}}}$，考察 $\dfrac{x^2y}{(x^2+y^2)^{\frac{3}{2}}}$，由于当 $x=y$ 时，其值为 $\dfrac{1}{\sqrt{8}}$，当 $y=0$ 时，其值为0. 所以 $\lim\limits_{\substack{x\to0\\y\to0}}\dfrac{x^2y}{(x^2+y^2)^{\frac{3}{2}}}$ 不存在，故 $f(x,y)$ 在点(0,0)不可微.

7. 证明函数 $f(x,y)=\begin{cases}(x^2+y^2)\sin\dfrac{1}{\sqrt{x^2+y^2}}, & x^2+y^2\neq0,\\ 0, & x^2+y^2=0\end{cases}$ 在点(0,0)连续且偏导数存在，但偏导数在点(0,0)不连续，而 f 在点(0,0)可微.

证　$\lim\limits_{(x,y)\to(0,0)}(x^2+y^2)\sin\dfrac{1}{\sqrt{x^2+y^2}}\xlongequal{\rho=\sqrt{x^2+y^2}}\lim\limits_{\rho\to0^+}\rho^2\sin\dfrac{1}{\rho}=0=f(0,0)$. 因此 f 在点(0,0)连续.

当 $x^2+y^2\neq 0$ 时，

$$f_x(x,y)=2x\sin\frac{1}{\sqrt{x^2+y^2}}-\frac{x}{\sqrt{x^2+y^2}}\cos\frac{1}{\sqrt{x^2+y^2}},$$

当 $x^2+y^2=0$ 时，

$$f_x(0,0)=\lim_{x\to 0}\frac{f(x,0)-f(0,0)}{x}=\lim_{x\to 0}x\sin\frac{1}{x}=0.$$

同理

$$f_y(x,y)=\begin{cases}2y\sin\dfrac{1}{\sqrt{x^2+y^2}}-\dfrac{y}{\sqrt{x^2+y^2}}\cos\dfrac{1}{\sqrt{x^2+y^2}}, & x^2+y^2\neq 0,\\ 0, & x^2+y^2=0.\end{cases}$$

但由于 $\lim\limits_{(x,y)\to(0,0)}x\sin\dfrac{1}{\sqrt{x^2+y^2}}=0$，而 $\lim\limits_{(x,y)\to(0,0)}\dfrac{x}{\sqrt{x^2+y^2}}\cos\dfrac{1}{\sqrt{x^2+y^2}}$ 不存在(可考察 $y=x$ 情况). 因此当 $(x,y)\to(0,0)$ 时，$f_x(x,y)$ 的极限不存在，从而 $f_x(x,y)$ 在点 $(0,0)$ 不连续. 同理可证 $f_y(x,y)$ 在点 $(0,0)$ 不连续，然而

$$\begin{aligned}\lim_{\rho\to 0^+}\frac{\Delta f-f_x(0,0)x-f_y(0,0)y}{\rho}&=\lim_{(x,y)\to(0,0)}\frac{x^2+y^2}{\sqrt{x^2+y^2}}\sin\frac{1}{\sqrt{x^2+y^2}}\\&=\lim_{\rho\to 0^+}\rho\sin\frac{1}{\rho}\\&=0,\end{aligned}$$

所以 $f(x,y)$ 在点 $(0,0)$ 可微且 $\mathrm{d}f\Big|_{(0,0)}=0$.

8. 求下列函数在给定点的全微分：

(1) $z=x^4+y^4-4x^2y^2$ 在点 $(0,0)$，$(1,1)$；

(2) $z=\dfrac{x}{\sqrt{x^2+y^2}}$ 在点 $(1,0)$，$(0,1)$.

解 (1) 因 $z_x=4x^3-8xy^2$，$z_y=4y^3-8x^2y$ 在 $(0,0)$ 处连续，从而 z 在 $(0,0)$ 可微.

由 $z_x(0,0)=0$，$z_y(0,0)=0$ 得 $\mathrm{d}z\Big|_{(0,0)}=0$.

同理 z 在 $(1,1)$ 可微，由 $z_x(1,1)=-4$，$z_y(1,1)=-4$ 得

$$\mathrm{d}z\Big|_{(1,1)}=-4(\mathrm{d}x+\mathrm{d}y).$$

(2) 由 $z_x=\dfrac{y^2}{(x^2+y^2)^{\frac{3}{2}}}$，$z_y=-\dfrac{xy}{(x^2+y^2)^{\frac{3}{2}}}$ 在 $(1,0)$，$(0,1)$ 处连续，从而 z 在这两点可微，由 $z_x(1,0)=0$，$z_y(1,0)=0$ 得 $\mathrm{d}z\Big|_{(1,0)}=0$，由 $z_x(0,1)=1$，$z_y(0,1)=0$ 得 $\mathrm{d}z\,|_{(0,1)}=\mathrm{d}x$.

9. 求下列函数的全微分：

(1) $z=y\sin(x+y)$； (2) $u=xe^{yz}+e^{-z}+y$.

解 (1) $\mathrm{d}z=y\cos(x+y)\mathrm{d}x+[\sin(x+y)+y\cos(x+y)]\mathrm{d}y$.

(2) $\mathrm{d}u=e^{yz}\mathrm{d}x+(xze^{yz}+1)\mathrm{d}y+(xye^{yz}-e^{-z})\mathrm{d}z$.

10. 求曲面 $z=\arctan\dfrac{y}{x}$ 在点 $\left(1,1,\dfrac{\pi}{4}\right)$ 的切平面方程和法线方程.

解 由于 z 在 $(1,1)$ 可微，从而切平面存在. 因为 $z_x(1,1)=-\dfrac{1}{2}$，$z_y(1,1)=\dfrac{1}{2}$，所以切平面方程为

$$-\frac{1}{2}(x-1)+\frac{1}{2}(y-1)-\left(z-\frac{\pi}{4}\right)=0,\text{即 } x-y+2z=\frac{\pi}{2}.$$

法线方程为

$$\frac{x-1}{-1}=\frac{y-1}{1}=\frac{z-\frac{\pi}{4}}{-2}.$$

11. 求曲面 $3x^2+y^2-z^2=27$ 在点$(3,1,1)$的切平面与法线方程.

解　$z_x=\left.\frac{3x}{z}\right|_{\substack{x=3\\z=1}}=9, z_y=\left.\frac{y}{z}\right|_{\substack{y=1\\z=1}}=1,$

所以切平面方程为

$$9(x-3)+(y-1)-(z-1)=0,\text{即 } 9x+y-z-27=0.$$

法线方程为

$$\frac{x-3}{9}=\frac{y-1}{1}=\frac{z-1}{-1}.$$

12. 在曲面 $z=xy$ 上求一点,使这点的切平面平行于平面 $x+3y+z+9=0$,并写出此切平面方程和法线方程.

解　设所求点为 $P(x_0,y_0,x_0y_0)$,点 P 处切平面法向量为

$$(z_x(x_0,y_0),z_y(x_0,y_0),-1)=(y_0,x_0,-1).$$

要求切平面与平面 $x+3y+z+9=0$ 平行,故$\frac{1}{y_0}=\frac{3}{x_0}=-1$,从而 $x_0=-3,y_0=-1$,得点 P 为 $(-3,-1,3)$,且点 P 处的切平面方程为

$$-(x+3)-3(y+1)-(z-3)=0,\text{即 } x+3y+z+3=0.$$

法线方程为

$$\frac{x+3}{1}=\frac{y+1}{3}=\frac{z-3}{1}.$$

13. 计算近似值:

(1)$1.002\times 2.003^2\times 3.004^3$;　　(2)$\sin 29^\circ\times\tan 46^\circ$.

解　(1) 设 $u=xy^2z^3, x_0=1, y_0=2, z_0=3, \Delta x=0.002, \Delta y=0.003, \Delta z=0.004$.

根据

$$\begin{aligned}u(x_0+\Delta x,y_0+\Delta y,z_0+\Delta z)&\approx u(x_0,y_0,z_0)+u_x(x_0,y_0,z_0)\Delta x\\&\quad+u_y(x_0,y_0,z_0)\Delta y+u_z(x_0,y_0,z_0)\Delta z,\end{aligned}$$

$$u(1,2,3)=108, u_x(1,2,3)=108, u_y(1,2,3)=108, u_z(1,2,3)=108,$$

可知

$$1.002\times 2.003^2\times 3.004^3\approx 108+108\times 0.002+108\times 0.003+108\times 0.004=108.972.$$

(2) 设 $u=\sin x\cdot\tan y, x_0=\frac{\pi}{6}, y_0=\frac{\pi}{4}, \Delta x=-\frac{\pi}{180}, \Delta y=\frac{\pi}{180}$,则

$$u\left(\frac{\pi}{6},\frac{\pi}{4}\right)=\frac{1}{2}, u_x\left(\frac{\pi}{6},\frac{\pi}{4}\right)=\frac{\sqrt{3}}{2}, u_y\left(\frac{\pi}{6},\frac{\pi}{4}\right)=1,$$

因而 $\sin 29^\circ\cdot\tan 46^\circ\approx\frac{1}{2}-\frac{\sqrt{3}}{2}\times\frac{\pi}{180}+\frac{\pi}{180}\approx 0.5023$.

14. 设圆台上、下底的半径分别为 $R=30\text{cm}, r=20\text{cm}$,高 $h=40\text{cm}$,若 R,r,h 分别增加 3mm,4mm,2mm. 求此圆台体积变化的近似值.

解　圆台体积 $V=\frac{\pi h}{3}(R^2+Rr+r^2)$,从而 $\Delta V\approx V_R\cdot\Delta R+V_r\cdot\Delta r+V_h\cdot\Delta h$.

将 $R=30, r=20, h=40$ 及 $\Delta R=0.3, \Delta r=0.4, \Delta h=0.2$ 代入上式得

$$\Delta V \approx \frac{3\ 200\pi}{3}\times 0.3+\frac{2\ 800\pi}{3}\times 0.4+\frac{1\ 900\pi}{3}\times 0.2=820\pi\approx 2\ 576(\text{cm}^3).$$

15. 证明：若二元函数 f 在点 $P(x_0, y_0)$ 的某邻域 $U(P)$ 上的偏导函数 f_x 与 f_y 有界，则 f 在 $U(P)$ 上连续.

证　由 $f_x(x,y), f_y(x,y)$ 在 $U(P)$ 内有界，设此邻域为 $U(P;\delta_1)$，$\exists M>0$，$\forall (x,y)\in U(P;\delta_1)$，有 $|f_x(x,y)|\leqslant M$，$|f_y(x,y)|\leqslant M$，由于

$$\begin{aligned}|\Delta z| &= |f(x+\Delta x, y+\Delta y)-f(x,y)|\\ &= |f_x(x+\theta_1\Delta x, y)\Delta x+f_y(x, y+\theta_2\Delta y)\Delta y|\\ &\leqslant M|\Delta x|+M|\Delta y|,\end{aligned}$$

其中 $\theta_1, \theta_2\in(0,1)$，所以 $\forall \varepsilon>0$，取 $\delta=\min\left\{\delta_1, \frac{\varepsilon}{2M}\right\}$，当 $|\Delta x|<\delta$，$|\Delta y|<\delta$ 时，有 $|f(x+\Delta x, y+\Delta y)-f(x,y)|<\varepsilon$，故 $f(x,y)$ 在 $U(P)$ 内连续.

16. 设二元函数 f 在区域 $D=[a,b]\times[c,d]$ 上连续.

(1) 若在 int D 内有 $f_x\equiv 0$，试问 f 在 D 上有何特性？

(2) 若在 int D 内有 $f_x=f_y\equiv 0$，f 又怎样？

(3) 在(1) 的讨论中，关于 f 在 D 上的连续性假设可否省略？长方形区域可否改为任意区域？

解　(1) 二元函数 $f(x,y)$ 在 $D=[a,b]\times[c,d]$ 上连续，若在 int D 内有 $f_x(x,y)\equiv 0$，则 $f(x,y)=\varphi(y)$.

这是因为对 int D 内任意两点 (x_1,y)，(x_2,y)，由中值定理知：$\exists\theta$，$0<\theta<1$，使得

$$f(x_2,y)-f(x_1,y)=f_x(x_1+\theta(x_2-x_1), y)(x_2-x_1)=0,$$

即 $f(x_2,y)=f(x_1,y)$，由 (x_1,y)，(x_2,y) 的任意性，知 $f(x,y)=\varphi(y)$.

(2) 若在 int D 内有 $f_x(x,y)=f_y(x,y)\equiv 0$，则 $f(x,y)=$ 常数.

事实上，对 int D 内任意两点 (x_1,y_1)，(x_2,y_2)，由中值公式(教材第 106 页定理 17.3) 知：存在

$$\xi=x_1+\theta_1(x_2-x_1), \eta=y_1+\theta_2(y_2-y_1),\quad 0<\theta_1,\theta_2<1,$$

使得

$$f(x_2,y_2)-f(x_1,y_1)=f_x(\xi,\eta)(x_2-x_1)+f_y(\xi,\eta)(y_2-y_1),$$

因 $f_x(x,y)=f_y(x,y)\equiv 0$，故 $f(x_2,y_2)\equiv f(x_1,y_1)$，由 (x_1,y_1)，(x_2,y_2) 的任意性知 $f(x,y)=$ 常数.

(3)① 若 $f(x,y)$ 在 D 上的连续性假设被省略，只能得到 $f(x,y)$ 在 int D 为常数，不能得到 $f(x,y)$ 在 D 上为常数. 例如，

$$f(x,y)=\begin{cases}0, (x,y)\in(a,b)\times(c,d),\\ 1, x=a,b \text{ 或 } y=c,d.\end{cases}$$

② 矩形区域可改为任何凸闭区域，换成一般的区域时结论不一定成立. 例如，

$$D=[-1,1]\times\{y\mid 0\leqslant y\leqslant x^2, x\in[-1,1]\},$$

$$f(x,y)=\begin{cases}-y, & (x,y)\in[-1,0]\times\{y\mid 0\leqslant y\leqslant x^2, x\in[-1,0]\},\\ y, & (x,y)\in[0,1]\times\{y\mid 0\leqslant y\leqslant x^2, x\in[0,1]\}\end{cases}\in C(D),$$

在 int D 内 $f_x(x,y)\equiv 0$，但 $f\left(-\frac{1}{2}, \frac{1}{5}\right)=-\frac{1}{5}\neq\frac{1}{5}=f\left(\frac{1}{2}, \frac{1}{5}\right)$.

17. 试证在原点(0,0) 的充分小邻域内，有 $\arctan\frac{x+y}{1+xy}\approx x+y$.

证　设 $f(x,y)=\arctan\frac{x+y}{1+xy}$，则

$$\arctan\frac{x+y}{1+xy}\approx f(0,0)+f_x(0,0)x+f_y(0,0)y,$$

$$f(0,0)=0, f_x(0,0)=1, f_y(0,0)=1,$$

故 $\arctan\frac{x+y}{1+xy}\approx 1\cdot x+1\cdot y=x+y.$

18. 求曲面 $z=\frac{x^2+y^2}{4}$ 与平面 $y=4$ 的交线在 $x=2$ 处的切线与 Ox 轴的交角.

解　设切线与 Ox 轴的交角为 α，根据导数的几何意义，切线对 Ox 轴的斜率为 $z_x(2,4)=\left.\frac{x}{2}\right|_{x=2}=1$，

$\tan\alpha=1, \alpha=\frac{\pi}{4}$，所以切线与 Ox 轴的交角为 $\frac{\pi}{4}$.

19. 试证：(1) 乘积的相对误差限近似于各因子相对误差限之和；

(2) 商的相对误差限近似于分子和分母相对误差限之和.

证　(1) 设 $u=xy$，则 $\mathrm{d}u=y\mathrm{d}x+x\mathrm{d}y$，

所以 $\left|\frac{\Delta u}{u}\right|\approx\left|\frac{\mathrm{d}u}{u}\right|=\left|\frac{y\mathrm{d}x+x\mathrm{d}y}{xy}\right|=\left|\frac{\mathrm{d}x}{x}+\frac{\mathrm{d}y}{y}\right|=\left|\frac{\Delta x}{x}+\frac{\Delta y}{y}\right|\leqslant\left|\frac{\Delta x}{x}\right|+\left|\frac{\Delta y}{y}\right|.$

(2) 设 $v=\frac{x}{y}$，则 $\mathrm{d}v=\frac{y\mathrm{d}x-x\mathrm{d}y}{y^2}$，

所以 $\left|\frac{\Delta v}{v}\right|\approx\left|\frac{\mathrm{d}v}{v}\right|=\left|\frac{\frac{y\mathrm{d}x-x\mathrm{d}y}{y^2}}{\frac{x}{y}}\right|=\left|\frac{\mathrm{d}x}{x}-\frac{\mathrm{d}y}{y}\right|=\left|\frac{\Delta x}{x}-\frac{\Delta y}{y}\right|\leqslant\left|\frac{\Delta x}{x}\right|+\left|\frac{\Delta y}{y}\right|.$

20. 测得一物体的体积 $V=4.45\text{cm}^3$，其绝对误差限为 0.01cm^3，又测得质量 $m=30.80\text{g}$，其绝对误差限为 0.01g. 求由公式 $\rho=\frac{m}{V}$ 算出的密度 ρ 的相对误差限和绝对误差限.

解　$|\Delta\rho|\approx|\rho_m\cdot\Delta m+\rho_V\cdot\Delta V|=\left|\frac{\Delta m}{V}-\frac{m}{V^2}\Delta V\right|$，

$|\Delta\rho|\leqslant\left|\frac{\Delta m}{V}\right|+\left|\frac{m}{V^2}\Delta V\right|=\frac{1}{4.45}\times 0.01+\frac{30.80}{4.45^2}\times 0.01\approx 0.017$，

$\left|\frac{\Delta\rho}{\rho}\right|\approx\left|\frac{\Delta m}{m}\right|+\left|\frac{\Delta V}{V}\right|\approx 0.26\%$，

所以 ρ 的相对误差限为 0.26%，绝对误差限为 0.017.

习题 17.2 解答

1. 求下列复合函数的偏导数或导数：

(1) 设 $z=\arctan(xy), y=\mathrm{e}^x$，求 $\frac{\mathrm{d}z}{\mathrm{d}x}$；

(2) 设 $z=\frac{x^2+y^2}{xy}\mathrm{e}^{\frac{x^2+y^2}{xy}}$，求 $\frac{\partial z}{\partial x},\frac{\partial z}{\partial y}$；

(3) 设 $z=x^2+xy+y^2, x=t^2, y=t$，求 $\frac{\mathrm{d}z}{\mathrm{d}t}$；

(4) 设 $z=x^2\ln y, x=\frac{u}{v}, y=3u-2v$，求 $\frac{\partial z}{\partial u},\frac{\partial z}{\partial v}$；

(5) 设 $u=f(x+y,xy)$，求 $\frac{\partial u}{\partial x},\frac{\partial u}{\partial y}$；

(6) 设 $u=f\left(\frac{x}{y},\frac{y}{z}\right)$，求 $\frac{\partial u}{\partial x},\frac{\partial u}{\partial y},\frac{\partial u}{\partial z}$.

解 (1) 令 $u=xy$，则 $z=\arctan u, y=e^x$.

$$\frac{dz}{dx}=\frac{dz}{du}\frac{\partial u}{\partial x}+\frac{dz}{du}\frac{\partial u}{\partial y}\frac{dy}{dx}=\frac{y}{1+x^2y^2}+\frac{xe^x}{1+x^2y^2}=\frac{e^x(1+x)}{1+x^2y^2}=\frac{e^x(1+x)}{1+x^2e^{2x}}.$$

(2) $\frac{\partial z}{\partial x}=y\frac{x^2-y^2}{x^2y^2}e^{\frac{x^2+y^2}{xy}}+\frac{x^2+y^2}{xy}\cdot\frac{y(x^2-y^2)}{x^2y^2}e^{\frac{x^2+y^2}{xy}}=\frac{x^2-y^2}{x^2y}\left(1+\frac{x^2+y^2}{xy}\right)e^{\frac{x^2+y^2}{xy}}$.

$\frac{\partial z}{\partial y}=\frac{y^2-x^2}{xy^2}\left(1+\frac{x^2+y^2}{xy}\right)e^{\frac{x^2+y^2}{xy}}$.

(3) $\frac{dz}{dt}=\frac{\partial z}{\partial x}\frac{dx}{dt}+\frac{\partial z}{\partial y}\frac{dy}{dt}=(2x+y)2t+(x+2y)\cdot 1=4t^3+3t^2+2t$.

(4) $\frac{\partial z}{\partial u}=\frac{\partial z}{\partial x}\frac{\partial x}{\partial u}+\frac{\partial z}{\partial y}\frac{\partial y}{\partial u}=2x\ln y\cdot\frac{1}{v}+x^2\cdot\frac{1}{y}\cdot 3=\frac{u}{v^2}\left[2\ln(3u-2v)+\frac{3u}{3u-2v}\right]$,

$\frac{\partial z}{\partial v}=\frac{\partial z}{\partial x}\frac{\partial x}{\partial v}+\frac{\partial z}{\partial y}\frac{\partial y}{\partial v}=-\frac{2u^2}{v^2}\left[\frac{1}{v}\ln(3u-2v)+\frac{1}{3u-2v}\right]$.

(5) 由于

$$\begin{aligned}du&=f_1d(x+y)+f_2d(xy)=f_1dx+f_1dy+f_2ydx+f_2xdy\\&=(f_1+yf_2)dx+(f_1+xf_2)dy,\end{aligned}$$

所以 $\frac{\partial u}{\partial x}=f_1+yf_2,\frac{\partial u}{\partial y}=f_1+xf_2$.

(6) $\frac{\partial u}{\partial x}=\frac{1}{y}f_1,\frac{\partial u}{\partial y}=-\frac{x}{y^2}f_1+\frac{1}{z}f_2,\frac{\partial u}{\partial z}=-\frac{y}{z^2}f_2$.

2. 设 $z=(x+y)^{xy}$，求 dz.

解 由于 $z=(x+y)^{xy}$ 可微，故

$$\begin{aligned}dz&=\frac{\partial z}{\partial x}dx+\frac{\partial z}{\partial y}dy\\&=\left[(x+y)^{xy}\left(\ln(x+y)\cdot y+\frac{xy}{x+y}\right)\right]dx+\left[(x+y)^{xy}\left(\ln(x+y)\cdot x+\frac{xy}{x+y}\right)\right]dy\\&=(x+y)^{xy}\left\{\left[\frac{xy}{x+y}+y\ln(x+y)\right]dx+\left[\frac{xy}{x+y}+x\ln(x+y)\right]dy\right\}.\end{aligned}$$

3. 设 $z=\frac{y}{f(x^2-y^2)}$，其中 f 为可微函数，验证

$$\frac{1}{x}\frac{\partial z}{\partial x}+\frac{1}{y}\frac{\partial z}{\partial y}=\frac{z}{y^2}.$$

证 设 $u=x^2-y^2$，则

$$\frac{\partial z}{\partial x}=\frac{\partial z}{\partial u}\frac{\partial u}{\partial x}=-\frac{2xyf'(u)}{f^2(u)},\frac{\partial z}{\partial y}=\frac{f(u)+2y^2f'(u)}{f^2(u)},$$

所以 $\frac{1}{x}\frac{\partial z}{\partial x}+\frac{1}{y}\frac{\partial z}{\partial y}=\frac{-2yf'(u)+\frac{f(u)}{y}+2yf'(u)}{f^2(u)}=\frac{z}{y^2}$.

4. 设 $z=\sin y+f(\sin x-\sin y)$，其中 f 为可微函数，证明 $\frac{\partial z}{\partial x}\sec x+\frac{\partial z}{\partial y}\sec y=1$.

证 设 $u=\sin x-\sin y$，则

$$\frac{\partial z}{\partial x}=f'(u)\cos x,\frac{\partial z}{\partial y}=(1-f'(u))\cos y,$$

所以

$$\frac{\partial z}{\partial x}\sec x+\frac{\partial z}{\partial y}\sec y=f'(u)+1-f'(u)=1.$$

5. 设 $f(x,y)$ 可微，证明：在坐标旋转变换

$$x=u\cos\theta-v\sin\theta, y=u\sin\theta+v\cos\theta$$

之下，$(f_x)^2+(f_y)^2$ 是一个形式不变量，即若

$$g(u,v)=f(u\cos\theta-v\sin\theta, u\sin\theta+v\cos\theta),$$

则必有 $(f_x)^2+(f_y)^2=(g_u)^2+(g_v)^2$（其中旋转角 θ 是常数）.

证 $g_u=f_x\cos\theta+f_y\sin\theta, g_v=f_x(-\sin\theta)+f_y\cos\theta,$

$$\begin{aligned}(g_u)^2+(g_v)^2&=f_x^2\cos^2\theta+f_y^2\sin^2\theta+2f_xf_y\sin\theta\cos\theta+f_x^2\sin^2\theta+f_y^2\cos^2\theta-2f_xf_y\sin\theta\cos\theta\\&=f_x^2(\sin^2\theta+\cos^2\theta)+f_y^2(\sin^2\theta+\cos^2\theta)=f_x^2+f_y^2.\end{aligned}$$

故 $(f_x)^2+(f_y)^2=(g_u)^2+(g_v)^2$.

6. 设 $f(u)$ 是可微函数，$F(x,t)=f(x+2t)+f(3x-2t)$，试求：$F_x(0,0)$ 与 $F_t(0,0)$.

解 $F_x=f'(x+2t)+3f'(3x-2t), F_t=2f'(x+2t)-2f'(3x-2t)$. 故 $F_x(0,0)=4f'(0), F_t(0,0)=0$.

7. 若函数 $u=F(x,y,z)$ 满足恒等式 $F(tx,ty,tz)=t^kF(x,y,z)\quad(t>0)$，则称 $F(x,y,z)$ 为 **k 次齐次函数**，试证下述关于齐次函数的欧拉定理：可微函数 $F(x,y,z)$ 为 k 次齐次函数的充要条件是

$$xF_x(x,y,z)+yF_y(x,y,z)+zF_z(x,y,z)=kF(x,y,z).$$

并证明：$z=\frac{xy^2}{\sqrt{x^2+y^2}}-xy$ 为 2 次齐次函数.

证 (1) 必要性：由 $F(tx,ty,tz)=t^kF(x,y,z)$. 令 $\xi=tx,\eta=ty,\zeta=tz$，两边对 t 求导得

$$xF_\xi(\xi,\eta,\zeta)+yF_\eta(\xi,\eta,\zeta)+zF_\zeta(\xi,\eta,\zeta)=kt^{k-1}F(x,y,z),$$

令 $t=1$，则有

$$xF_x(x,y,z)+yF_y(x,y,z)+zF_z(x,y,z)=kF(x,y,z).$$

充分性：设 $\Phi(x,y,z,t)=\frac{1}{t^k}F(tx,ty,tz)(t>0)$，令 $\xi=tx,\eta=ty,\zeta=tz$，求 Φ 关于 t 的偏导数得

$$\frac{\partial\Phi}{\partial t}=\frac{1}{t^{k+1}}\{[xF_\xi(\xi,\eta,\zeta)+yF_\eta(\xi,\eta,\zeta)+zF_\zeta(\xi,\eta,\zeta)]t-kF(\xi,\eta,\zeta)\},$$

由已知，得 $\frac{\partial\Phi}{\partial t}=0$，于是 Φ 仅是 x,y,z 的函数，记 $\psi(x,y,z)=\Phi(x,y,z,t)$.

所以 $t^k\psi(x,y,z)=F(tx,ty,tz)$，令 $t=1$，$\psi(x,y,z)=F(x,y,z)$. 因此

$$t^kF(x,y,z)=F(tx,ty,tz),$$

即 $F(x,y,z)$ 为 k 次齐次函数.

(2) 因为 $z(tx,ty)=\frac{(tx)(ty)^2}{\sqrt{(tx)^2+(ty)^2}}-(tx)(ty)=t^2z(x,y)$，所以 $z(x,y)$ 为 2 次齐次函数.

8. 设 $f(x,y,z)$ 具有性质 $f(tx,t^ky,t^mz)=t^nf(x,y,z)\quad(t>0)$，证明：

(1) $f(x,y,z)=x^nf\left(1,\frac{y}{x^k},\frac{z}{x^m}\right)$；

(2) $xf_x(x,y,z)+kyf_y(x,y,z)+mzf_z(x,y,z)=nf(x,y,z)$.

证 (1) 由 $f(tx,t^ky,t^mz)=t^nf(x,y,z)$，令 $t=\frac{1}{x}$，得

$$f\left(1,\frac{y}{x^k},\frac{z}{x^m}\right)=x^{-n}f(x,y,z),$$

即 $f(x,y,z)=x^nf\left(1,\frac{y}{x^k},\frac{z}{x^m}\right)$.

(2) 令 $\xi=tx,\eta=t^ky,\zeta=t^mz$,对 $f(tx,t^ky,t^mz)=t^nf(x,y,z)$ 两边关于 t 求偏导数得

$$xf_\xi(\xi,\eta,\zeta)+kt^{k-1}yf_\eta(\xi,\eta,\zeta)+mt^{m-1}zf_\zeta(\xi,\eta,\zeta)=nt^{n-1}f(x,y,z),$$

令 $t=1$,则有

$$xf_x(x,y,z)+kyf_y(x,y,z)+mzf_z(x,y,z)=nf(x,y,z).$$

9. 设由行列式表示的函数

$$D(t)=\begin{vmatrix}a_{11}(t) & \cdots & a_{1n}(t)\\ \vdots & & \vdots\\ a_{n1}(t) & \cdots & a_{nn}(t)\end{vmatrix},$$

其中 $a_{ij}(t)(i,j=1,2,\cdots,n)$ 的导数都存在,证明

$$\frac{\mathrm{d}D(t)}{\mathrm{d}t}=\sum_{k=1}^{n}\begin{vmatrix}a_{11}(t) & \cdots & a_{1n}(t)\\ \vdots & & \vdots\\ a'_{k1}(t) & \cdots & a'_{kn}(t)\\ \vdots & & \vdots\\ a_{n1}(t) & \cdots & a_{nn}(t)\end{vmatrix}.$$

证　记 $x_{ij}=a_{ij}(t)(i,j=1,2,\cdots,n)$,则

$$f(x_{11},\cdots,x_{ij},\cdots,x_{nn})=\begin{vmatrix}x_{11} & x_{12} & \cdots & x_{1n}\\ x_{21} & x_{22} & \cdots & x_{2n}\\ \vdots & \vdots & & \vdots\\ x_{n1} & x_{n2} & \cdots & x_{nn}\end{vmatrix},\tag{①}$$

由行列式定义知 f 为 n^2 元的可微函数,且

$$D(t)=f(a_{11}(t),\cdots,a_{ij}(t),\cdots,a_{nn}(t)),$$

于是由复合函数求导数法则知

$$D'(t)=\sum_{i=1}^{n}\sum_{j=1}^{n}\frac{\partial f}{\partial x_{ij}}\cdot\frac{\mathrm{d}x_{ij}}{\mathrm{d}t}=\sum_{i=1}^{n}\sum_{j=1}^{n}\frac{\partial f}{\partial x_{ij}}\cdot a'_{ij}(t),\tag{②}$$

记 ① 右边行列式中 x_{ij} 的代数余子式为 A_{ij},则

$$f(x_{11},\cdots,x_{ij},\cdots,x_{nn})=\sum_{i=1}^{n}\sum_{j=1}^{n}x_{ij}A_{ij},$$

从而 $\frac{\partial f}{\partial x_{ij}}=A_{ij}$,代入 ②,得

$$D'(t)=\sum_{i=1}^{n}\sum_{j=1}^{n}a'_{ij}(t)A_{ij}(t),\tag{③}$$

其中 $A_{ij}(t)$ 是将元素 $a_{ij}(t)$ 所在行与列去掉后得到的 $n-1$ 阶行列式,它恰为行列式

$$\begin{vmatrix}a_{11}(t) & a_{12}(t) & \cdots & a_{1n}(t)\\ \vdots & \vdots & & \vdots\\ a'_{i1}(t) & a'_{i2}(t) & \cdots & a'_{in}(t)\\ \vdots & \vdots & & \vdots\\ a_{n1}(t) & a_{n2}(t) & \cdots & a_{nn}(t)\end{vmatrix}$$

中 $a'_{ij}(t)$ 的代数余子式，于是由 ③ 知

$$D'(t)=\sum_{k=1}^{n}\begin{vmatrix} a_{11}(t) & a_{12}(t) & \cdots & a_{1n}(t)\\ \vdots & \vdots & & \vdots\\ a'_{k1}(t) & a'_{k2}(t) & \cdots & a'_{kn}(t)\\ \vdots & \vdots & & \vdots\\ a_{n1}(t) & a_{n2}(t) & \cdots & a_{nn}(t)\end{vmatrix}.$$

习题 17.3 解答

1. 求函数 $u=xy^2+z^3-xyz$ 在点 $(1,1,2)$ 沿方向 $\boldsymbol{l}$(其方向角分别为 $60^\circ,45^\circ,60^\circ$) 的方向导数.

解　易见 u 在点 $(1,1,2)$ 可微，故由

$$u_x(1,1,2)=-1,u_y(1,1,2)=0,u_z(1,1,2)=11,$$

得

$$u_l(1,1,2)=u_x\cos 60^\circ+u_y\cos 45^\circ+u_z\cos 60^\circ=5.$$

2. 求函数 $u=xyz$ 在沿点 $A(5,1,2)$ 到点 $B(9,4,14)$ 的方向 $\overrightarrow{AB}$ 上的方向导数.

解　$\overrightarrow{AB}=(4,3,12)\xlongequal{\triangle}\boldsymbol{l}$，其方向余弦为 $\cos\alpha=\frac{4}{13}$，$\cos\beta=\frac{3}{13}$，$\cos\gamma=\frac{12}{13}$，因为 $u_x(5,1,2)=2$，$u_y(5,1,2)=10$，$u_z(5,1,2)=5$. 故有

$$u_l(5,1,2)=2\times\frac{4}{13}+10\times\frac{3}{13}+5\times\frac{12}{13}=\frac{98}{13}.$$

3. 求函数 $u=x^2+2y^2+3z^2+xy-4x+2y-4z$ 在 $A(0,0,0)$ 及 $B\left(5,-3,\frac{2}{3}\right)$ 的梯度以及它们的模.

解　$u_x(0,0,0)=-4$，$u_y(0,0,0)=2$，$u_z(0,0,0)=-4$，于是

$$\textbf{grad}\,u(0,0,0)=(-4,2,-4),$$

$$|\textbf{grad}\,u(0,0,0)|=\sqrt{(-4)^2+2^2+(-4)^2}=6,$$

$$u_x\left(5,-3,\frac{2}{3}\right)=3,u_y\left(5,-3,\frac{2}{3}\right)=-5,u_z\left(5,-3,\frac{2}{3}\right)=0,\text{于是}$$

$$\textbf{grad}\,u\left(5,-3,\frac{2}{3}\right)=(3,-5,0),$$

$$\left|\textbf{grad}\,u\left(5,-3,\frac{2}{3}\right)\right|=\sqrt{(3)^2+(-5)^2+0^2}=\sqrt{34}.$$

4. 设函数 $u=\ln\left(\frac{1}{r}\right)$，其中 $r=\sqrt{(x-a)^2+(y-b)^2+(z-c)^2}$，求 u 的梯度，并指出在空间哪些点上成立等式 $|\textbf{grad}\,u|=1$.

解
$$u_x=u_r\cdot r_x=-\frac{1}{r}\cdot\frac{x-a}{\sqrt{(x-a)^2+(y-b)^2+(z-c)^2}}=\frac{a-x}{r^2},$$

同理 $u_y=\frac{b-y}{r^2}$，$u_z=\frac{c-z}{r^2}$.

所以 $\textbf{grad}\,u=\left(\frac{a-x}{r^2},\frac{b-y}{r^2},\frac{c-z}{r^2}\right)$.

由 $|\textbf{grad}\,u|=\frac{1}{r}$，得 $r=1$，故使 $|\textbf{grad}\,u|=1$ 的点是满足方程 $(x-a)^2+(y-b)^2+(z-c)^2=$

1 的点，即空间以 (a,b,c) 为球心，1 为半径的球面上的点都有 $|\mathbf{grad}\ u|=1$.

5. 设函数 $u=\dfrac{z^2}{c^2}-\dfrac{x^2}{a^2}-\dfrac{y^2}{b^2}$，求它在点 (a,b,c) 的梯度.

解　因为 $u_x(a,b,c)=-\dfrac{2}{a}$，$u_y(a,b,c)=-\dfrac{2}{b}$，$u_z(a,b,c)=\dfrac{2}{c}$，所以

$$\mathbf{grad}\ u=\left(-\frac{2}{a},-\frac{2}{b},\frac{2}{c}\right).$$

6. 证明：

(1) $\mathbf{grad}(u+c)=\mathbf{grad}\ u$（$c$ 为常数）；　(2) $\mathbf{grad}(\alpha u+\beta v)=\alpha\mathbf{grad}\ u+\beta\mathbf{grad}\ v$　（α,β 为常数）；

(3) $\mathbf{grad}(uv)=u\mathbf{grad}\ v+v\mathbf{grad}\ u$；　(4) $\mathbf{grad}\ f(u)=f'(u)\mathbf{grad}\ u$.

证　设 $u=u(x,y,z)$，$v=v(x,y,z)$，则

(1) $\mathbf{grad}(u+c)=(u_x,u_y,u_z)=\mathbf{grad}\ u$.

(2) $\mathbf{grad}(\alpha u+\beta v)=(\alpha u_x+\beta v_x,\alpha u_y+\beta v_y,\alpha u_z+\beta v_z)=\alpha(u_x,u_y,u_z)+\beta(v_x,v_y,v_z)$

$=\alpha\mathbf{grad}\ u+\beta\mathbf{grad}\ v$.

(3) $\mathbf{grad}(uv)=(uv_x+vu_x,uv_y+vu_y,uv_z+vu_z)=u(v_x,v_y,v_z)+v(u_x,u_y,u_z)=u\mathbf{grad}\ v+v\mathbf{grad}\ u$.

(4) $\mathbf{grad}\ f(u)=(f'(u)u_x,f'(u)u_y,f'(u)u_z)=f'(u)(u_x,u_y,u_z)=f'(u)\mathbf{grad}\ u$.

7. 设 $r=\sqrt{x^2+y^2+z^2}$，试求：

(1) $\mathbf{grad}\ r$；　(2) $\mathbf{grad}\ \dfrac{1}{r}$.

解　(1) 由 $r_x=\dfrac{x}{r}$，$r_y=\dfrac{y}{r}$，$r_z=\dfrac{z}{r}$，得 $\mathbf{grad}\ r=\dfrac{1}{r}(x,y,z)$.

(2) 设 $u=\dfrac{1}{r}$，则 $u_x=-\dfrac{x}{r^3}$，$u_y=-\dfrac{y}{r^3}$，$u_z=-\dfrac{z}{r^3}$，得

$$\mathbf{grad}\ u=\mathbf{grad}\ \frac{1}{r}=-\frac{1}{r^3}(x,y,z).$$

8. 设 $u=x^3+y^3+z^3-3xyz$，试问在怎样的点集上 $\mathbf{grad}\ u$ 分别满足：

(1) 垂直于 z 轴；　(2) 平行于 z 轴；　(3) 恒为零向量.

解　$\mathbf{grad}\ u=(3x^2-3yz,3y^2-3xz,3z^2-3xy)$.

(1) $\mathbf{grad}\ u$ 垂直于 z 轴 $\Leftrightarrow(3x^2-3yz,3y^2-3xz,3z^2-3xy)\cdot(0,0,1)=0\Leftrightarrow z^2=xy$.

(2) $\mathbf{grad}\ u$ 平行于 z 轴 $\Leftrightarrow\dfrac{3x^2-3yz}{0}=\dfrac{3y^2-3xz}{0}=\dfrac{3z^2-3xy}{1}$

$$\Leftrightarrow x^2=yz,y^2=xz,z^2-xy=\lambda\in\mathbf{R}.$$

(3) $\mathbf{grad}\ u$ 恒为零向量 $\Leftrightarrow\begin{cases}3x^2-3yz=0,\\3y^2-3xz=0,\\3z^2-3xy=0\end{cases}\Leftrightarrow x=y=z.$

9. 设 $f(x,y)$ 可微，$\boldsymbol{l}$ 是 $\mathbf{R}^2$ 上的一个确定向量，倘若处处有 $f_{\boldsymbol{l}}(x,y)\equiv0$，试问此函数 f 有何特征？

解　设 $\mathbf{R}^2$ 上确定向量 $\boldsymbol{l}$ 的方向余弦为 $\cos\alpha,\cos\beta$，则

$$f_{\boldsymbol{l}}(x,y)=f_x(x,y)\cos\alpha+f_y(x,y)\cos\beta.$$

又 $f_{\boldsymbol{l}}(x,y)\equiv0$，所以 $f_x(x,y)\cos\alpha+f_y(x,y)\cos\beta=0$，即 $(f_x(x,y),f_y(x,y))\cdot(\cos\alpha,\cos\beta)=0$.

说明函数 $f(x,y)$ 在点 $P(x,y)$ 的梯度向量与 $\boldsymbol{l}$ 垂直.

10. 设 $f(x,y)$ 可微，$\boldsymbol{l}_1$ 与 $\boldsymbol{l}_2$ 是 $\mathbf{R}^2$ 上的一组线性无关向量，试证明：若 $f_{\boldsymbol{l}_i}(x,y)\equiv0$　$(i=1,2)$，则 $f(x,y)\equiv$ 常数.

证　由已知

$$f_{l_1}(x,y)=f_x(x,y)\cos\alpha_1+f_y(x,y)\cos\alpha_2=0,\qquad ①$$

$$f_{l_2}(x,y)=f_x(x,y)\cos\beta_1+f_y(x,y)\cos\beta_2=0,\qquad ②$$

$\cos\alpha_1,\cos\alpha_2$ 为 $\boldsymbol{l}_1$ 的方向余弦，$\cos\beta_1,\cos\beta_2$ 为 $\boldsymbol{l}_2$ 的方向余弦，又因为 $\boldsymbol{l}_1$ 与 $\boldsymbol{l}_2$ 线性无关，所以

$$\begin{vmatrix}\cos\alpha_1 & \cos\alpha_2\\ \cos\beta_1 & \cos\beta_2\end{vmatrix}\neq 0,$$

于是由 ①，② 可得，$f_x(x,y)=f_y(x,y)\equiv 0$，故 $f(x,y)\equiv$ 常数.

习题 17.4 解答

1. 求下列函数的高阶偏导数：

(1) $z=x^4+y^4-4x^2y^2$，所有二阶偏导数；

(2) $z=\mathrm{e}^x(\cos y+x\sin y)$，所有二阶偏导数；

(3) $z=x\ln(xy)$，$\dfrac{\partial^3 z}{\partial x^2\partial y}$，$\dfrac{\partial^3 z}{\partial x\partial y^2}$；

(4) $u=xyz\mathrm{e}^{x+y+z}$，$\dfrac{\partial^{p+q+r}u}{\partial x^p\partial y^q\partial z^r}$；

(5) $z=f(xy^2,x^2y)$，所有二阶偏导数；

(6) $u=f(x^2+y^2+z^2)$，所有二阶偏导数；

(7) $z=f\left(x+y,xy,\dfrac{x}{y}\right)$，$z_x,z_{xx},z_{xy}$.

解　(1) $z_x=4x^3-8xy^2$，$z_y=4y^3-8x^2y$，

$z_{xx}=12x^2-8y^2$，$z_{xy}=z_{yx}=-16xy$，$z_{yy}=12y^2-8x^2$.

(2) $z_x=\mathrm{e}^x(\cos y+x\sin y+\sin y)$，$z_y=\mathrm{e}^x(x\cos y-\sin y)$，

$z_{xx}=\mathrm{e}^x(\cos y+x\sin y+2\sin y)$，$z_{xy}=z_{yx}=\mathrm{e}^x(x\cos y+\cos y-\sin y)$，

$z_{yy}=-\mathrm{e}^x(x\sin y+\cos y)$.

(3) $z_x=\ln x+\ln y+1$，$z_{xx}=\dfrac{1}{x}$，$z_{xy}=\dfrac{1}{y}$，$z_{x^2y}=0$，$z_{xy^2}=-\dfrac{1}{y^2}$.

(4) $u=xyz\mathrm{e}^{x+y+z}=x\mathrm{e}^x\cdot y\mathrm{e}^y\cdot z\mathrm{e}^z$，由归纳法知，

$$(x\mathrm{e}^x)^{(p)}=(x+p)\mathrm{e}^x,(y\mathrm{e}^y)^{(q)}=(y+q)\mathrm{e}^y,(z\mathrm{e}^z)^{(r)}=(z+r)\mathrm{e}^z,$$

所以 $\dfrac{\partial^{p+q+r}u}{\partial x^p\partial y^q\partial z^r}=(x+p)(y+q)(z+r)\mathrm{e}^{x+y+z}$.

(5) $z_x=y^2f_1+2xyf_2$，$z_y=2xyf_1+x^2f_2$，

$$\begin{aligned}z_{xy}&=2yf_1+y^2(f_{11}\cdot 2xy+f_{12}\cdot x^2)+2xf_2+2xy(f_{21}\cdot 2xy+f_{22}\cdot x^2)\\&=2yf_1+2xf_2+2xy(x^2f_{22}+y^2f_{11})+5x^2y^2f_{12},\end{aligned}$$

$z_{xx}=y^4f_{11}+4xy^3f_{12}+4x^2y^2f_{22}+2yf_2$，

$z_{yy}=2xf_1+4x^2y^2f_{11}+4x^3yf_{12}+x^4f_{22}$.

(6) 设 $w=x^2+y^2+z^2$，则 $u=f(w)$，

$u_x=2xf'(w)$，$u_y=2yf'(w)$，$u_z=2zf'(w)$，

$u_{xx}=2f'(w)+4x^2f''(w)$，$u_{yy}=2f'(w)+4y^2f''(w)$，

$u_{zz}=2f'(w)+4z^2f''(w)$,

$u_{xy}=4xyf''(w), u_{yz}=4yzf''(w), u_{xz}=4xzf''(w)$.

(7) $z_x=f_1+yf_2+\frac{1}{y}f_3$,

$$z_{xx}=f_{11}+yf_{12}+\frac{1}{y}f_{13}+y\left(f_{21}+yf_{22}+\frac{1}{y}f_{23}\right)+\frac{1}{y}\left(f_{31}+yf_{32}+\frac{1}{y}f_{33}\right)$$

$$=f_{11}+2yf_{12}+\frac{2}{y}f_{13}+y^2f_{22}+2f_{23}+\frac{1}{y^2}f_{33},$$

$$z_{xy}=f_{11}+(x+y)f_{12}+\frac{1}{y}\left(1-\frac{x}{y}\right)f_{13}+xyf_{22}-\frac{x}{y^3}f_{33}+f_2-\frac{1}{y^2}f_3.$$

2. 设 $u=f(x,y), x=r\cos\theta, y=r\sin\theta$. 证明：

$$\frac{\partial^2 u}{\partial r^2}+\frac{1}{r}\frac{\partial u}{\partial r}+\frac{1}{r^2}\frac{\partial^2 u}{\partial \theta^2}=\frac{\partial^2 u}{\partial x^2}+\frac{\partial^2 u}{\partial y^2}.$$

证 $\frac{\partial u}{\partial r}=\frac{\partial u}{\partial x}\cos\theta+\frac{\partial u}{\partial y}\sin\theta$,

$$\frac{\partial^2 u}{\partial r^2}=\cos^2\theta\frac{\partial^2 u}{\partial x^2}+2\sin\theta\cos\theta\frac{\partial^2 u}{\partial x\partial y}+\sin^2\theta\frac{\partial^2 u}{\partial y^2},$$

$$\frac{\partial u}{\partial \theta}=-r\sin\theta\frac{\partial u}{\partial x}+r\cos\theta\frac{\partial u}{\partial y},$$

$$\frac{\partial^2 u}{\partial \theta^2}=r^2\sin^2\theta\frac{\partial^2 u}{\partial x^2}+r^2\cos^2\theta\frac{\partial^2 u}{\partial y^2}-2r^2\sin\theta\cos\theta\frac{\partial^2 u}{\partial x\partial y}-r\cos\theta\frac{\partial u}{\partial x}-r\sin\theta\frac{\partial u}{\partial y},$$

所以$\frac{\partial^2 u}{\partial r^2}+\frac{1}{r}\frac{\partial u}{\partial r}+\frac{1}{r^2}\frac{\partial^2 u}{\partial \theta^2}=\frac{\partial^2 u}{\partial x^2}+\frac{\partial^2 u}{\partial y^2}$.

3. 设 $u=f(r), r^2=x_1^2+x_2^2+\cdots+x_n^2$. 证明：

$$\frac{\partial^2 u}{\partial x_1^2}+\frac{\partial^2 u}{\partial x_2^2}+\cdots+\frac{\partial^2 u}{\partial x_n^2}=\frac{\mathrm{d}^2 u}{\mathrm{d}r^2}+\frac{n-1}{r}\frac{\mathrm{d}u}{\mathrm{d}r}.$$

证 因为

$$\frac{\partial u}{\partial x_i}=\frac{\mathrm{d}u}{\mathrm{d}r}\cdot\frac{\partial r}{\partial x_i}=\frac{\mathrm{d}u}{\mathrm{d}r}\cdot\frac{x_i}{r},\frac{\partial^2 u}{\partial x_i^2}=\frac{\mathrm{d}^2 u}{\mathrm{d}r^2}\cdot\frac{x_i^2}{r^2}+\frac{\mathrm{d}u}{\mathrm{d}r}\left(\frac{1}{r}-\frac{x_i^2}{r^3}\right),$$

所以$\sum\limits_{i=1}^{n}\frac{\partial^2 u}{\partial x_i^2}=\frac{\mathrm{d}^2 u}{\mathrm{d}r^2}+\frac{n}{r}\frac{\mathrm{d}u}{\mathrm{d}r}-\frac{1}{r}\frac{\mathrm{d}u}{\mathrm{d}r}=\frac{\mathrm{d}^2 u}{\mathrm{d}r^2}+\frac{n-1}{r}\frac{\mathrm{d}u}{\mathrm{d}r}$.

4. 设 $v=\frac{1}{r}g\left(t-\frac{r}{c}\right)$, c 为常数, $r=\sqrt{x^2+y^2+z^2}$. 证明：$v_{xx}+v_{yy}+v_{zz}=\frac{1}{c^2}v_{tt}$.

证 $$v_x=-\frac{1}{r^2}\cdot\frac{x}{r}g+\frac{1}{r}g'\cdot\left(-\frac{x}{cr}\right)=-\frac{x}{r^3}g-\frac{x}{cr^2}g', v_{xx}$$

$$=\frac{3x^2-r^2}{r^5}g+\frac{3x^2-r^2}{cr^4}g'+\frac{x^2}{c^2r^3}g'',$$

同理

$$v_{yy}=\frac{3y^2-r^2}{r^5}g+\frac{3y^2-r^2}{cr^4}g'+\frac{y^2}{c^2r^3}g'',$$

$$v_{zz}=\frac{3z^2-r^2}{r^5}g+\frac{3z^2-r^2}{cr^4}g'+\frac{z^2}{c^2r^3}g'',$$

$$v_t=\frac{1}{r}g', v_{tt}=\frac{1}{r}g'',$$

所以

$$v_{xx}+v_{yy}+v_{zz}=\frac{3(x^2+y^2+z^2)-3r^2}{r^5}g+\frac{3(x^2+y^2+z^2)-3r^2}{cr^4}g'+\frac{x^2+y^2+z^2}{c^2r^3}g''$$

$$=\frac{1}{c^2}\cdot\frac{1}{r}g''=\frac{1}{c^2}v_{tt}.$$

5. 证明定理 17.8 的推论.

定理 17.8 的推论：若函数 f 在区域 D 上存在偏导数，且 $f_x\equiv f_y\equiv 0$，则 f 在区域 D 上为常量函数.

证　设 P 和 P' 是区域 D 内任意两点，由于 D 为区域，可用一条完全在 D 内的折线连接 PP'（见图 17－4）. 设 X_1 为折线上第一个折点，在直线段 $\overline{PX_1}$ 上每一点 $P_0(x_0,y_0)$，存在邻域 $\overline{U}(P_0)\subset D$，由中值定理知，在 $\overline{U}(P_0)$ 内任一点 $M(x_m,y_m)$ 有

$$f(M)-f(P_0)=f_x(\theta_1)(x_m-x_0)+f_y(\theta_1)(y_m-y_0).$$

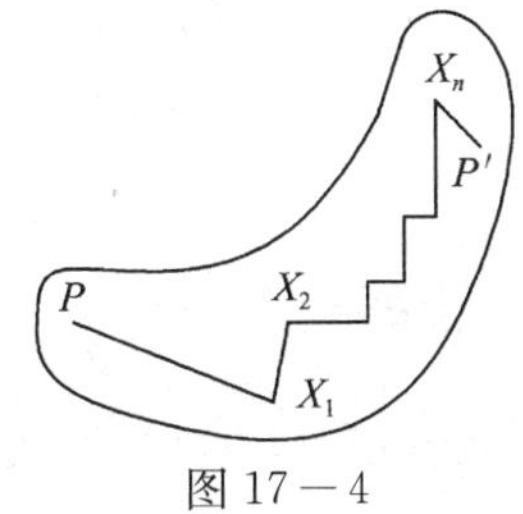

图 17－4

因为 $f_x(\theta_1)=f_y(\theta_1)=0$，所以 $f(M)-f(P_0)=0$，即在 $\overline{U}(P_0)$ 内，函数 f 是常数. 由于在 $\overline{PX_1}$ 上任一点都有这样的邻域 $\overline{U}(P_0)$，使得 $f(x,y)=$ 常数. 由有限覆盖定理知，存在有限个这样的邻域 $\overline{U}(P_1),\cdots,\overline{U}(P_N)$ 覆盖 $\overline{PX_1}$，所以

$$f(P)=f(X_1)\ (P\in\overline{PX_1}).$$

同理可证 $f(P)=f(X_1)=f(X_2)=\cdots=f(P')$.

由于 P 和 P' 是区域 D 内任意两点，所以在 D 内，$f(x,y)\equiv$ 常数.

6. 通过对 $F(x,y)=\sin x\cos y$ 施用中值定理，证明对某 $\theta\in(0,1)$，有

$$\frac{3}{4}=\frac{\pi}{3}\cos\frac{\pi\theta}{3}\cos\frac{\pi\theta}{6}-\frac{\pi}{6}\sin\frac{\pi\theta}{3}\sin\frac{\pi\theta}{6}.$$

证　在 $F(x_0+h,y_0+k)=F(x_0,y_0)+F_x(x_0+\theta h,y_0+\theta k)h+F_y(x_0+\theta h,y_0+\theta k)k$ 中，令 $x_0=0$，$y_0=0,h=\frac{\pi}{3},k=\frac{\pi}{6}$，则

$$\sin\frac{\pi}{3}\cos\frac{\pi}{6}=\frac{\pi}{3}\cos\frac{\pi\theta}{3}\cos\frac{\pi\theta}{6}-\frac{\pi}{6}\sin\frac{\pi\theta}{3}\sin\frac{\pi\theta}{6},$$

即 $\frac{3}{4}=\frac{\pi}{3}\cos\frac{\pi\theta}{3}\cos\frac{\pi\theta}{6}-\frac{\pi}{6}\sin\frac{\pi\theta}{3}\sin\frac{\pi\theta}{6}$.

7. 求下列函数在指定点处的泰勒公式：

(1) $f(x,y)=\sin(x^2+y^2)$ 在点(0,0)(到二阶为止)；

(2) $f(x,y)=\frac{x}{y}$ 在点(1,1)(到三阶为止)；

(3) $f(x,y)=\ln(1+x+y)$ 在点(0,0)；

(4) $f(x,y)=2x^2-xy-y^2-6x-3y+5$ 在点(1，－2).

解　(1) $f(x,y)=\sin(x^2+y^2)$，$f(0,0)=0$，

$f_x=2x\cos(x^2+y^2),f_x(0,0)=0,$

$f_y=2y\cos(x^2+y^2),f_y(0,0)=0,$

$f_{x^2}=2\cos(x^2+y^2)-4x^2\sin(x^2+y^2),f_{x^2}(0,0)=2,$

$f_{xy}=-4xy\sin(x^2+y^2),f_{xy}(0,0)=0,$

$f_{y^2}=2\cos(x^2+y^2)-4y^2\sin(x^2+y^2),f_{y^2}(0,0)=2,$

$f_{x^3}(\theta x,\theta y)=-12\theta x\sin(\theta^2x^2+\theta^2y^2)-8\theta^3x^3\cos(\theta^2x^2+\theta^2y^2),$

$f_{x^2y}(\theta x,\theta y)=-4\theta y\sin(\theta^2x^2+\theta^2y^2)-8\theta^3x^2y\cos(\theta^2x^2+\theta^2y^2),$

$f_{xy^2}(\theta x,\theta y)=-4\theta x\sin(\theta^2x^2+\theta^2y^2)-8\theta^3xy^2\cos(\theta^2x^2+\theta^2y^2),$

$f_{y^3}(\theta x,\theta y)=-12\theta y\sin(\theta^2x^2+\theta^2y^2)-8\theta^3y^3\cos(\theta^2x^2+\theta^2y^2),$

所以 $\sin(x^2+y^2)=x^2+y^2+R_2(x,y)$，其中

$$R_2(x,y)=-\frac{2}{3}[3\theta(x^2+y^2)^2\sin(\theta^2x^2+\theta^2y^2)+2\theta^3(x^2+y^2)^3\cos(\theta^2x^2+\theta^2y^2)].$$

(2) $f(x,y)=\dfrac{x}{y},f(1,1)=1,$

$f_x=\dfrac{1}{y},f_x(1,1)=1,f_y=-\dfrac{x}{y^2},f_y(1,1)=-1,$

$f_{x^2}=0,f_{x^2}(1,1)=0,f_{xy}=-\dfrac{1}{y^2},f_{xy}(1,1)=-1,f_{y^2}=\dfrac{2x}{y^3},f_{y^2}(1,1)=2,$

$f_{x^3}(1,1)=0,f_{x^2y}(1,1)=0,f_{xy^2}(1,1)=2,f_{y^3}(1,1)=-6,f_{x^4}=f_{x^3y}=f_{x^2y^2}=0,$

$f_{xy^3}(1+\theta x,1+\theta y)=-\dfrac{6}{[1+\theta(y-1)]^4},f_{y^4}(1+\theta x,1+\theta y)=\dfrac{24(1+\theta x)}{[1+\theta(y-1)]^5},$

所以

$$\frac{x}{y}=1+(x-1)-(y-1)-(x-1)(y-1)+(y-1)^2+(x-1)(y-1)^2-(y-1)^3+R_3(x,y),$$

其中 $R_3(x,y)=-\dfrac{(x-1)(y-1)^3}{[1+\theta(y-1)]^4}+\dfrac{1+\theta(x-1)}{[1+\theta(y-1)]^5}(y-1)^4.$

(3) 由于

$$\frac{\partial^k f}{\partial x^k}=\frac{(-1)^{k-1}(k-1)!}{(1+x+y)^k}=\frac{\partial^k f}{\partial y^k},\frac{\partial^k f(0,0)}{\partial x^k}=\frac{\partial^k f(0,0)}{\partial y^k}=(-1)^{k-1}(k-1)!,$$

$$\frac{\partial^n f}{\partial x^p\partial y^{n-p}}=\frac{(-1)^{n-1}(n-1)!}{(1+x+y)^n},\frac{\partial^n f(0,0)}{\partial x^p\partial y^{n-p}}=(-1)^{n-1}(n-1)!$$

$$\frac{1}{p!}\left(h\frac{\partial}{\partial x}+k\frac{\partial}{\partial y}\right)^p f(0,0)=\frac{1}{p!}\sum_{i=0}^{p}C_p^i(-1)^{p-1}(p-1)!h^ik^{p-i}=\frac{(-1)^{p-1}}{p}(h+k)^p.$$

$$\frac{1}{(n+1)!}\left(h\frac{\partial}{\partial x}+k\frac{\partial}{\partial y}\right)^{n+1} f(\theta h,\theta k)=\frac{1}{(n+1)!}\sum_{p=0}^{n+1}C_{n+1}^p\frac{(-1)^n n!}{(1+\theta h+\theta k)^{n+1}}h^pk^{n+1-p}=\frac{(-1)^n}{(n+1)(1+\theta h+\theta k)^{n+1}}(h+k)^{n+1},$$

所以

$$\ln(1+x+y)=\sum_{p=1}^{n}(-1)^{p-1}\frac{(x+y)^p}{p}+(-1)^n\frac{(x+y)^{n+1}}{(n+1)(1+\theta x+\theta y)^{n+1}}(0<\theta<1).$$

(4) $f(x,y)=2x^2-xy-y^2-6x-3y+5,f(1,-2)=5,$

$f_x(1,-2)=0, f_y(1,-2)=0, f_{xx}(1,-2)=4, f_{xy}(1,-2)=-1, f_{yy}(1,-2)=-2,$

所以 $2x^2-xy-y^2-6x-3y+5=5+2(x-1)^2-(x-1)(y+2)-(y+2)^2$.

8. 求下列函数的极值点：

(1) $z=3axy-x^3-y^3 \quad (a>0)$;

(2) $z=x^2-xy+y^2-2x+y$;

(3) $z=\mathrm{e}^{2x}(x+y^2+2y)$.

解 (1) 解方程组 $\begin{cases} z_x=3ay-3x^2=0, \\ z_y=3ax-3y^2=0, \end{cases}$ 得稳定点 (a,a)，$(0,0)$.

由于 $A=z_{xx}(a,a)=-6a<0, B=z_{xy}(a,a)=3a, C=z_{yy}(a,a)=-6a,$

$$AC-B^2=27a^2>0,$$

所以点 (a,a) 为极大值点.

由于

$$A=z_{xx}(0,0)=0, B=z_{xy}(0,0)=3a, C=z_{yy}(0,0)=0,$$
$$AC-B^2=-9a^2<0,$$

所以点 $(0,0)$ 不是极值点.

(2) 由 $\begin{cases} z_x=2x-y-2=0, \\ z_y=-x+2y+1=0, \end{cases}$ 得稳定点 $(1,0)$.

$$A=z_{xx}(1,0)=2>0, C=z_{yy}(1,0)=2,$$
$$B=z_{xy}(1,0)=-1 \text{ 且 } AC-B^2=3>0.$$

故点 $(1,0)$ 极小值点.

(3) 解方程组 $\begin{cases} z_x=\mathrm{e}^{2x}(2x+2y^2+4y+1)=0, \\ z_y=\mathrm{e}^{2x}(2y+2)=0, \end{cases}$ 得稳定点 $\left(\frac{1}{2},-1\right)$.

由于

$$A=z_{xx}\left(\frac{1}{2},-1\right)=2\mathrm{e}, B=z_{xy}\left(\frac{1}{2},-1\right)=0, C=z_{yy}\left(\frac{1}{2},-1\right)=2\mathrm{e},$$
$$AC-B^2=4\mathrm{e}^2>0, \text{且 } A>0,$$

所以点 $\left(\frac{1}{2},-1\right)$ 为极小值点.

9. 求下列函数在指定范围内的最大值与最小值：

(1) $z=x^2-y^2, \{(x,y) \mid x^2+y^2 \leqslant 4\}$;

(2) $z=x^2-xy+y^2, \{(x,y) \mid |x|+|y| \leqslant 1\}$;

(3) $z=\sin x+\sin y-\sin(x+y), \{(x,y) \mid x \geqslant 0, y \geqslant 0, x+y \leqslant 2\pi\}$.

解 (1) 解方程组 $\begin{cases} z_x=2x=0, \\ z_y=-2y=0, \end{cases}$ 得稳定点 $(0,0)$.

由于 $z_{xx}=2, z_{yy}=-2, z_{xy}=0, z_{xx}z_{yy}-z_{xy}^2=-4<0$，所以 $(0,0)$ 不是极值点.

在边界 $x^2+y^2=4$ 上，$z=2x^2-4$，由 $z_x=4x=0$ 得稳定点 $x=0$，这时 $y=\pm 2$，在点 $(0,2)$ 和 $(0,-2)$ 处，$z(0,2)=z(0,-2)=-4$，同理，在边界点 $(2,0)$ 和 $(-2,0)$ 处，$z(2,0)=z(-2,0)=4$，比较各点的函数值知，函数在点 $(2,0)$，$(-2,0)$ 取得最大值 4，在点 $(0,2)$，$(0,-2)$ 取得最小值 -4.

(2) 解方程组 $\begin{cases} z_x=2x-y=0, \\ z_y=-x+2y=0, \end{cases}$ 得稳定点 $(0,0)$，函数值 $z(0,0)=0$.

考察边界上相应一元函数的稳定点及其函数值有：

$z|_{x+y=1}=1-3x(1-x), z_x=-3(1-2x)=0, x=\frac{1}{2}, y=\frac{1}{2}, z\left(\frac{1}{2},\frac{1}{2}\right)=\frac{1}{4}.$

$z|_{x-y=1}=1+x(x-1), z_x=2x-1=0, x=\frac{1}{2}, y=-\frac{1}{2}, z\left(\frac{1}{2},-\frac{1}{2}\right)=\frac{3}{4}.$

$z|_{x+y=-1}=1+3x(x+1), z_x=3(2x+1)=0, x=-\frac{1}{2}, y=-\frac{1}{2}, z\left(-\frac{1}{2},-\frac{1}{2}\right)=\frac{1}{4}.$

$z|_{y-x=1}=1+x(x+1), z_x=2x+1=0, x=-\frac{1}{2}, y=\frac{1}{2}, z\left(-\frac{1}{2},\frac{1}{2}\right)=\frac{3}{4}.$

而边界点$(1,0),(0,1),(-1,0),(0,-1)$的函数值都等于1，所以函数的最大值点为$(1,0),(0,1),(-1,0),(0,-1)$，最大值为1，函数的最小值点为$(0,0)$，最小值为0.

(3) 解方程组$\begin{cases} z_x=\cos x-\cos(x+y)=0, \\ z_y=\cos y-\cos(x+y)=0, \end{cases}$得$\cos x=\cos y$，因此稳定点在$x=y$或$x+y=2\pi$上，在区域内部仅$\left(\frac{2\pi}{3},\frac{2\pi}{3}\right)$为稳定点，$z\left(\frac{2\pi}{3},\frac{2\pi}{3}\right)=\frac{3\sqrt{3}}{2}$. 而在边界$x=0, 0\leqslant y\leqslant 2\pi; y=0, 0\leqslant x\leqslant 2\pi; x+y=2\pi$上函数值均为零，所以函数在点$\left(\frac{2\pi}{3},\frac{2\pi}{3}\right)$取得最大值$\frac{3\sqrt{3}}{2}$，在边界上取得最小值为0.

10. 在已知周长为$2p$的一切三角形中，求出面积为最大的三角形.

解　设三角形的三边分别为x,y,z，则面积$S=\sqrt{p(p-x)(p-y)(p-z)}$，其中$x+y+z=2p$. 因此

$$S=\sqrt{p(p-x)(p-y)(x+y-p)}, (x,y)\in D,$$

其中$D=\{(x,y)\mid 0\leqslant x\leqslant p, 0\leqslant y\leqslant p, x+y\geqslant p\}$.

因S与$\frac{S^2}{p}$有相同的稳定点，考虑

$$\psi=\frac{S^2}{p}=(p-x)(p-y)(x+y-p),$$

解方程组$\begin{cases} \psi_x=(p-y)(2p-2x-y)=0, \\ \psi_y=(p-x)(2p-2y-x)=0, \end{cases}$得$x=\frac{2}{3}p, y=\frac{2}{3}p$，从而$z=\frac{2}{3}p$，又在$D$的边界上$S\equiv 0$，从而$S$在$\left(\frac{2}{3}p,\frac{2}{3}p\right)$处取得最大值，因而面积最大的三角形为边长为$\frac{2}{3}p$的等边三角形，面积$S=\frac{\sqrt{3}}{9}p^2$.

11. 在xy平面上求一点，使它到三直线$x=0, y=0$及$x+2y-16=0$的距离平方和最小.

解　设所求的点为(x,y)，它到$x=0$的距离为$|y|$，到$y=0$的距离为$|x|$，到$x+2y-16=0$的距离为$\left|\frac{x+2y-16}{\sqrt{5}}\right|$，它到三直线的距离平方和为

$$z=x^2+y^2+\frac{(x+2y-16)^2}{5},$$

由$\begin{cases} z_x=2x+\frac{2(x+2y-16)}{5}=0, \\ z_y=2y+\frac{4(x+2y-16)}{5}=0, \end{cases}$得$\begin{cases} x=\frac{8}{5}, \\ y=\frac{16}{5}. \end{cases}$

因为$z_{xx}\left(\frac{8}{5},\frac{16}{5}\right)=\frac{12}{5}, z_{xy}\left(\frac{8}{5},\frac{16}{5}\right)=\frac{4}{5}, z_{yy}\left(\frac{8}{5},\frac{16}{5}\right)=\frac{18}{5}$，故$z_{xx}z_{yy}-z_{xy}^2=8>0$，因此

$\left(\frac{8}{5},\frac{16}{5}\right)$为 z 的极小值点，由实际意义知，其为 z 的最小值点，最小值为$\frac{128}{5}$.

12. 已知平面上 n 个点的坐标分别是

$$A_1(x_1,y_1),A_2(x_2,y_2),\cdots,A_n(x_n,y_n).$$

试求一点，使它与这 n 个点距离的平方和最小.

解　设所求的点为(x,y)，它与各点距离平方和为 $S=\sum_{i=1}^{n}[(x-x_i)^2+(y-y_i)^2]$.

由$\begin{cases}S_x=2\sum_{i=1}^{n}(x-x_i)=2nx-2\sum_{i=1}^{n}x_i=0,\\ S_y=2\sum_{i=1}^{n}(y-y_i)=2ny-2\sum_{i=1}^{n}y_i=0,\end{cases}$ 解得 $x=\frac{1}{n}\sum_{i=1}^{n}x_i,y=\frac{1}{n}\sum_{i=1}^{n}y_i$.

因为

$$S_{xx}=2n>0,S_{xy}=0,S_{yy}=2n,S_{xx}S_{yy}-S_{xy}^2=4n^2>0,$$

所以$\left(\frac{1}{n}\sum_{i=1}^{n}x_i,\frac{1}{n}\sum_{i=1}^{n}y_i\right)$为 S 的最小值点. 因此$\left(\frac{1}{n}\sum_{i=1}^{n}x_i,\frac{1}{n}\sum_{i=1}^{n}y_i\right)$为所求的点.

13. 证明：函数 $u=\frac{1}{2a\sqrt{\pi t}}e^{-\frac{(x-b)^2}{4a^2t}}$（$a,b$ 为常数）满足热传导方程$\frac{\partial u}{\partial t}=a^2\frac{\partial^2 u}{\partial x^2}$.

证　因为

$$\frac{\partial u}{\partial t}=-\frac{1}{4a\pi^{\frac{1}{2}}t^{\frac{3}{2}}}e^{-\frac{(x-b)^2}{4a^2t}}+\frac{(x-b)^2}{8a^3\pi^{\frac{1}{2}}t^{\frac{5}{2}}}e^{-\frac{(x-b)^2}{4a^2t}}=\left[-\frac{1}{4a\pi^{\frac{1}{2}}t^{\frac{3}{2}}}+\frac{(x-b)^2}{8a^3\pi^{\frac{1}{2}}t^{\frac{5}{2}}}\right]e^{-\frac{(x-b)^2}{4a^2t}}.$$

$$\frac{\partial u}{\partial x}=-\frac{x-b}{4a^3\pi^{\frac{1}{2}}t^{\frac{3}{2}}}e^{-\frac{(x-b)^2}{4a^2t}},$$

$$\frac{\partial^2 u}{\partial x^2}=-\frac{1}{4a^3\pi^{\frac{1}{2}}t^{\frac{3}{2}}}e^{-\frac{(x-b)^2}{4a^2t}}+\frac{(x-b)^2}{8a^5\pi^{\frac{1}{2}}t^{\frac{5}{2}}}e^{-\frac{(x-b)^2}{4a^2t}},$$

所以$\frac{\partial u}{\partial t}=a^2\frac{\partial^2 u}{\partial x^2}$.

14. 证明：函数 $u=\ln\sqrt{(x-a)^2+(y-b)^2}$（$a,b$ 为常数）满足**拉普拉斯方程**$\frac{\partial^2 u}{\partial x^2}+\frac{\partial^2 u}{\partial y^2}=0$.

证　因为

$$\frac{\partial u}{\partial x}=\frac{x-a}{(x-a)^2+(y-b)^2},\frac{\partial^2 u}{\partial x^2}=\frac{(y-b)^2-(x-a)^2}{[(x-a)^2+(y-b)^2]^2},$$

$$\frac{\partial u}{\partial y}=\frac{y-b}{(x-a)^2+(y-b)^2},\frac{\partial^2 u}{\partial y^2}=\frac{(x-a)^2-(y-b)^2}{[(x-a)^2+(y-b)^2]^2},$$

所以$\frac{\partial^2 u}{\partial x^2}+\frac{\partial^2 u}{\partial y^2}=0$.

15. 证明：若函数 $u=f(x,y)$ 满足拉普拉斯方程$\frac{\partial^2 u}{\partial x^2}+\frac{\partial^2 u}{\partial y^2}=0$，则函数 $v=f\left(\frac{x}{x^2+y^2},\frac{y}{x^2+y^2}\right)$也满足此方程.

证　$\frac{\partial v}{\partial x}=f_1\left(\frac{x}{x^2+y^2},\frac{y}{x^2+y^2}\right)\cdot\frac{y^2-x^2}{(x^2+y^2)^2}+f_2\left(\frac{x}{x^2+y^2},\frac{y}{x^2+y^2}\right)\cdot\left(-\frac{2xy}{(x^2+y^2)^2}\right)$,

$$\frac{\partial v}{\partial y}=f_1\left(\frac{x}{x^2+y^2},\frac{y}{x^2+y^2}\right)\cdot\left(-\frac{2xy}{(x^2+y^2)^2}\right)+f_2\left(\frac{x}{x^2+y^2},\frac{y}{x^2+y^2}\right)\cdot\frac{x^2-y^2}{(x^2+y^2)^2},$$

$$\frac{\partial^2 v}{\partial x^2}=\left[f_{11}\cdot\frac{y^2-x^2}{(x^2+y^2)^2}+f_{12}\cdot\left(-\frac{2xy}{(x^2+y^2)^2}\right)\right]\cdot\frac{y^2-x^2}{(x^2+y^2)^2}+f_1\cdot\frac{2x^3-6xy^2}{(x^2+y^2)^3}+$$

$$\left[f_{21}\cdot\frac{y^2-x^2}{(x^2+y^2)^2}+f_{22}\cdot\left(-\frac{2xy}{(x^2+y^2)^2}\right)\right]\cdot\left(-\frac{2xy}{(x^2+y^2)^2}\right)+f_2\cdot\frac{6x^2y-2y^3}{(x^2+y^2)^3},$$

$$\frac{\partial^2 v}{\partial y^2}=\left[f_{11}\cdot\left(-\frac{2xy}{(x^2+y^2)^2}\right)+f_{12}\cdot\frac{x^2-y^2}{(x^2+y^2)^2}\right]\cdot\left(-\frac{2xy}{(x^2+y^2)^2}\right)+f_1\cdot\frac{6xy^2-2x^3}{(x^2+y^2)^3}+$$

$$\left[f_{21}\cdot\left(-\frac{2xy}{(x^2+y^2)^2}\right)+f_{22}\cdot\frac{x^2-y^2}{(x^2+y^2)^2}\right]\cdot\frac{x^2-y^2}{(x^2+y^2)^2}+f_2\cdot\frac{2y^3-6x^2y}{(x^2+y^2)^3}.$$

所以$\frac{\partial^2 v}{\partial x^2}+\frac{\partial^2 v}{\partial y^2}=\frac{1}{(x^2+y^2)^2}(f_{11}+f_{22})=\frac{1}{(x^2+y^2)^2}\left(\frac{\partial^2 u}{\partial x^2}+\frac{\partial^2 u}{\partial y^2}\right)=0$，即 $v=f\left(\frac{x}{x^2+y^2},\frac{y}{x^2+y^2}\right)$也满足拉普拉斯方程.

16. 设函数 $u=\varphi(x+\psi(y))$，证明$\frac{\partial u}{\partial x}\cdot\frac{\partial^2 u}{\partial x\partial y}=\frac{\partial u}{\partial y}\cdot\frac{\partial^2 u}{\partial x^2}$.

证　令 $s=x+\psi(y)$，则

$$\frac{\partial u}{\partial x}=\frac{\mathrm{d}u}{\mathrm{d}s},\frac{\partial^2 u}{\partial x^2}=\frac{\mathrm{d}^2 u}{\mathrm{d}s^2},\frac{\partial^2 u}{\partial x\partial y}=\frac{\mathrm{d}^2 u}{\mathrm{d}s^2}\cdot\psi'(y),\frac{\partial u}{\partial y}=\frac{\mathrm{d}u}{\mathrm{d}s}\cdot\psi'(y).$$

$$\frac{\partial u}{\partial x}\frac{\partial^2 u}{\partial x\partial y}=\frac{\mathrm{d}u}{\mathrm{d}s}\frac{\mathrm{d}^2 u}{\mathrm{d}s^2}\psi'(y),\frac{\partial u}{\partial y}\frac{\partial^2 u}{\partial x^2}=\frac{\mathrm{d}u}{\mathrm{d}s}\psi'(y)\frac{\mathrm{d}^2 u}{\mathrm{d}s^2},$$

故$\frac{\partial u}{\partial x}\cdot\frac{\partial^2 u}{\partial x\partial y}=\frac{\partial u}{\partial y}\cdot\frac{\partial^2 u}{\partial x^2}$.

17. 设 f_x，f_y 和 f_{yx} 在点(x_0,y_0)的某邻域上存在，f_{yx} 在点(x_0,y_0)连续，证明 $f_{xy}(x_0,y_0)$也存在，且 $f_{xy}(x_0,y_0)=f_{yx}(x_0,y_0)$.

证　对于固定的 x_0 与 Δx，令 $\varphi(y)=f(x_0+\Delta x,y)-f(x_0,y)$，则 $\varphi(y)$ 在 y_0 的邻域可微，从而由微分中值定理，$\exists\theta\in(0,1)$，使

$$\varphi(y_0+\Delta y)-\varphi(y_0)=\varphi'(y_0+\theta\Delta y)\Delta y,$$

即

$$\begin{aligned}&[f(x_0+\Delta x,y_0+\Delta y)-f(x_0,y_0+\Delta y)]-[f(x_0+\Delta x,y_0)-f(x_0,y_0)]\\&=\varphi(y_0+\Delta y)-\varphi(y_0)\\&=[f_y(x+\Delta x,y_0+\theta\Delta y)-f_y(x_0,y_0+\theta\Delta y)]\Delta y,0<\theta<1.\end{aligned}$$

于是有

$$\begin{aligned}f_{xy}(x_0,y_0)&=\lim_{\Delta y\to0}\frac{f_x(x_0,y_0+\Delta y)-f_x(x_0,y_0)}{\Delta y}\\&=\lim_{\Delta y\to0}\frac{1}{\Delta y}\left[\lim_{\Delta x\to0}\frac{f(x_0+\Delta x,y_0+\Delta y)-f(x_0,y_0+\Delta y)}{\Delta x}\right.\\&\quad\left.-\lim_{\Delta x\to0}\frac{f(x_0+\Delta x,y_0)-f(x_0,y_0)}{\Delta x}\right]\\&=\lim_{\Delta y\to0}\lim_{\Delta x\to0}\frac{[f(x_0+\Delta x,y_0+\Delta y)-f(x_0,y_0+\Delta y)]-[f(x_0+\Delta x,y_0)-f(x_0,y_0)]}{\Delta x\Delta y}\\&=\lim_{\Delta y\to0}\lim_{\Delta x\to0}\frac{[f_y(x_0+\Delta x,y_0+\theta\Delta y)-f_y(x_0,y_0+\theta\Delta y)]}{\Delta x}\\&=\lim_{\Delta y\to0}\lim_{\Delta x\to0}f_{yx}(x_0+\theta_1\Delta x,y_0+\theta\Delta y)(0<\theta_1<1)\\&=f_{yx}(x_0,y_0),\end{aligned}$$

故 $f_{xy}(x_0,y_0)$ 存在，且 $f_{xy}(x_0,y_0)=f_{yx}(x_0,y_0)$. 命题得证.

18. 设 f_x,f_y 在点 (x_0,y_0) 的某邻域上存在且在点 (x_0,y_0) 可微，则有 $f_{xy}(x_0,y_0)=f_{yx}(x_0,y_0)$.

证　应用中值定理有（对 $\varphi(x)=f(x,y_0+\Delta y)-f(x,y_0)$）

$$\begin{aligned}F(\Delta x,\Delta y)&=f(x_0+\Delta x,y_0+\Delta y)-f(x_0+\Delta x,y_0)-f(x_0,y_0+\Delta y)+f(x_0,y_0)\\&=\varphi(x_0+\Delta x)-\varphi(x_0)=\varphi'(x_0+\theta_1\Delta x)\Delta x\\&=[f_x(x_0+\theta_1\Delta x,y_0+\Delta y)-f_x(x_0+\theta_1\Delta x,y_0)]\Delta x(0<\theta_1<1).\end{aligned}$$

由 f_x 在 (x_0,y_0) 处可微知

$$\begin{aligned}F(\Delta x,\Delta y)&=[f_x(x_0+\theta_1\Delta x,y_0+\Delta y)-f_x(x_0,y_0)]\Delta x\\&\quad-[f_x(x_0+\theta_1\Delta x,y_0)-f_x(x_0,y_0)]\Delta x\\&=[f_{xx}(x_0,y_0)\theta_1\Delta x+f_{xy}(x_0,y_0)\Delta y+o(\rho)-f_{xx}(x_0,y_0)\theta_1\Delta x-o(\rho)]\Delta x\\&=f_{xy}(x_0,y_0)\Delta x\Delta y+o(\rho)\Delta x.\end{aligned}$$

所以 $\lim\limits_{(\Delta x,\Delta y)\to(0,0)}\dfrac{F(\Delta x,\Delta y)}{\Delta x\Delta y}=f_{xy}(x_0,y_0)$.

同理由 f_y 在 (x_0,y_0) 处可微得

$$F(\Delta x,\Delta y)=f_{yx}(x_0,y_0)\Delta x\Delta y+o(\rho)\Delta y.$$

所以 $\lim\limits_{(\Delta x,\Delta y)\to(0,0)}\dfrac{F(\Delta x,\Delta y)}{\Delta x\Delta y}=f_{yx}(x_0,y_0)$. 从而 $f_{xy}(x_0,y_0)=f_{yx}(x_0,y_0)$.

19. 设 $u=\begin{vmatrix}1&1&1\\x&y&z\\x^2&y^2&z^2\end{vmatrix}$. 求：

(1) $u_x+u_y+u_z$；　(2) $xu_x+yu_y+zu_z$；　(3) $u_{xx}+u_{yy}+u_{zz}$.

解　$u_x=\begin{vmatrix}0&1&1\\1&y&z\\2x&y^2&z^2\end{vmatrix}=(y-z)(-2x+y+z)$,

同理 $u_y=(z-x)(x-2y+z)$, $u_z=(x-y)(x+y-2z)$,

(1) 将 u_x,u_y,u_z 代入可得 $u_x+u_y+u_z=0$.

(2) $xu_x+yu_y+zu_z=3(z-y)(x-y)(x-z)$.

(3) 由于 $u_{xx}=2(z-y)$, $u_{yy}=2(x-z)$, $u_{zz}=2(y-x)$，所以 $u_{xx}+u_{yy}+u_{zz}=0$.

20. 设 $f(x,y,z)=Ax^2+By^2+Cz^2+Dxy+Eyz+Fzx$，试按 h,k,l 的正数幂展开 $f(x+h,y+k,z+l)$.

解　$f_x=2Ax+Dy+Fz$, $f_y=2By+Dx+Ez$, $f_z=2Cz+Ey+Fx$,

$f_{xx}=2A$, $f_{yy}=2B$, $f_{zz}=2C$, $f_{xy}=f_{yx}=D$, $f_{yz}=f_{zy}=E$, $f_{xz}=f_{zx}=F$,

$$\begin{aligned}f(x+h,y+k,z+l)&=f(x,y,z)+(2Ax+Dy+Fz)h+(2By+Dx+Ez)k\\&\quad+(2Cz+Ey+Fx)l+Ah^2+Bk^2+Cl^2+Dhk+Ekl+Fhl\\&=f(x,y,z)+(2Ax+Dy+Fz)h+(2By+Dx+Ez)k\\&\quad+(2Cz+Ey+Fx)l+f(h,k,l).\end{aligned}$$

第十七章总练习题解答

1. 设 $f(x,y,z)=x^2y+y^2z+z^2x$，证明 $f_x+f_y+f_z=(x+y+z)^2$.

证　由 $f_x=2xy+z^2$, $f_y=2yz+x^2$, $f_z=2zx+y^2$，代入得

$$f_x+f_y+f_z=(x+y+z)^2.$$

2. 求函数

$$f(x,y)=\begin{cases}\dfrac{x^3-y^3}{x^2+y^2}, & x^2+y^2\neq 0,\\ 0, & x^2+y^2=0\end{cases}$$

在原点的偏导数 $f_x(0,0)$ 与 $f_y(0,0)$，并考察 $f(x,y)$ 在 $(0,0)$ 的可微性.

解 $f_x(0,0)=\lim\limits_{x\to 0}\dfrac{f(x,0)-f(0,0)}{x}=\lim\limits_{x\to 0}\dfrac{x^3}{x^3}=1$,

$f_y(0,0)=\lim\limits_{y\to 0}\dfrac{f(0,y)-f(0,0)}{y}=\lim\limits_{y\to 0}\dfrac{-y^3}{y^3}=-1$,

由于

$$\lim_{\substack{x\to 0\\ y\to 0}}\frac{f(x,y)-f(0,0)-f_x(0,0)x-f_y(0,0)y}{\sqrt{x^2+y^2}}=\lim_{\substack{x\to 0\\ y\to 0}}\frac{\dfrac{x^3-y^3}{x^2+y^2}-x+y}{\sqrt{x^2+y^2}}=\lim_{\substack{x\to 0\\ y\to 0}}\frac{x^2y-xy^2}{(x^2+y^2)^{\frac{3}{2}}},$$

而 $\lim\limits_{\substack{x\to 0\\ y=-x}}\dfrac{x^2y-xy^2}{(x^2+y^2)^{\frac{3}{2}}}=-\dfrac{\sqrt{2}}{2}$.

故 $\lim\limits_{\substack{x\to 0\\ y\to 0}}\dfrac{f(x,y)-f(0,0)-f_x(0,0)x-f_y(0,0)y}{\sqrt{x^2+y^2}}\neq 0$，所以 $f(x,y)$ 在 $(0,0)$ 不可微.

3. 设 $u=\begin{vmatrix}1 & 1 & \cdots & 1\\ x_1 & x_2 & \cdots & x_n\\ x_1^2 & x_2^2 & \cdots & x_n^2\\ \vdots & \vdots & & \vdots\\ x_1^{n-1} & x_2^{n-1} & \cdots & x_n^{n-1}\end{vmatrix}$，证明：(1) $\sum\limits_{k=1}^{n}\dfrac{\partial u}{\partial x_k}=0$； (2) $\sum\limits_{k=1}^{n}x_k\dfrac{\partial u}{\partial x_k}=\dfrac{n(n-1)}{2}u$.

证 (1) 记 $u=|x_i^j|$，$X_{j+1,i}$ 为 x_i^j 的代数余子式 $(1\leqslant i\leqslant n, 0\leqslant j\leqslant n-1)$，

于是 $u=\sum\limits_{j=0}^{n-1}x_i^jX_{j+1,i}$，$\dfrac{\partial u}{\partial x_k}=\sum\limits_{j=1}^{n-1}jx_k^{j-1}X_{j+1,k}$，$k=1,2,\cdots,n$.

$$\sum_{k=1}^{n}\frac{\partial u}{\partial x_k}=\sum_{k=1}^{n}\sum_{j=1}^{n-1}jx_k^{j-1}X_{j+1,k}=\sum_{j=1}^{n-1}j\sum_{k=1}^{n}x_k^{j-1}X_{j+1,k},\tag{*}$$

因 $\sum\limits_{k=1}^{n}x_k^{j-1}X_{j+1,k}=\begin{vmatrix}1 & 1 & \cdots & 1\\ x_1 & x_2 & \cdots & x_n\\ \vdots & \vdots & & \vdots\\ x_1^{j-1} & x_2^{j-1} & \cdots & x_n^{j-1}\\ x_1^{j-1} & x_2^{j-1} & \cdots & x_n^{j-1}\\ \vdots & \vdots & & \vdots\\ x_1^{n-1} & x_2^{n-1} & \cdots & x_n^{n-1}\end{vmatrix}=0$ 对一切的 $j=1,2,\cdots,n-1$ 都成立.

所以 $\sum\limits_{k=1}^{n}\dfrac{\partial u}{\partial x_k}=0$.

(2) **方法一** 由(*)式可得 $\sum\limits_{k=1}^{n}x_k\dfrac{\partial u}{\partial x_k}=\sum\limits_{j=1}^{n-1}j\sum\limits_{k=1}^{n}x_k^jX_{j+1,k}=\sum\limits_{j=1}^{n-1}ju=\dfrac{n(n-1)}{2}u$.

方法二 利用教材第117页习题7中关于齐次函数的欧拉定理有

$$F(tx_1,tx_2,\cdots,tx_n)=t^nF(x_1,x_2,\cdots,x_n)\Leftrightarrow\sum_{k=1}^{n}x_kF_{x_k}=nF,$$

而 u 是 $1+2+\cdots+(n-1)=\dfrac{n(n-1)}{2}$ 次齐次函数，所以

$$\sum_{k=1}^{n} x_k \frac{\partial u}{\partial x_k} = \frac{n(n-1)}{2}u.$$

方法三 $\forall k \in \{1,2,\cdots,n\}$,有

$$\frac{\partial u}{\partial x_k} = \begin{vmatrix} 1 & 1 & \cdots & 1 & \cdots & 1 \\ 0 & 0 & \cdots & 1 & \cdots & 0 \\ x_1^2 & x_2^2 & \cdots & x_k^2 & \cdots & x_n^2 \\ \vdots & \vdots & & \vdots & & \vdots \\ x_1^{n-1} & x_2^{n-1} & \cdots & x_k^{n-1} & \cdots & x_n^{n-1} \end{vmatrix} + \begin{vmatrix} 1 & 1 & \cdots & 1 & \cdots & 1 \\ x_1 & x_2 & \cdots & x_k & \cdots & x_n \\ 0 & 0 & \cdots & 2x_k & \cdots & 0 \\ \vdots & \vdots & & \vdots & & \vdots \\ x_1^{n-1} & x_2^{n-1} & \cdots & x_k^{n-1} & \cdots & x_n^{n-1} \end{vmatrix} + \cdots$$

$$+ \begin{vmatrix} 1 & 1 & \cdots & 1 & \cdots & 1 \\ x_1 & x_2 & \cdots & x_k & \cdots & x_n \\ x_1^2 & x_2^2 & \cdots & x_k^2 & \cdots & x_n^2 \\ \vdots & \vdots & & \vdots & & \vdots \\ 0 & 0 & \cdots & (n-1)x_k^{n-2} & \cdots & 0 \end{vmatrix},$$

故由行列式的性质可得

$$(1)\sum_{k=1}^{n} \frac{\partial u}{\partial x_k} = \begin{vmatrix} 1 & 1 & \cdots & 1 & \cdots & 1 \\ 1 & 1 & \cdots & 1 & \cdots & 1 \\ x_1^2 & x_2^2 & \cdots & x_k^2 & \cdots & x_n^2 \\ \vdots & \vdots & & \vdots & & \vdots \\ x_1^{n-1} & x_2^{n-1} & \cdots & x_k^{n-1} & \cdots & x_n^{n-1} \end{vmatrix} + 2\begin{vmatrix} 1 & 1 & \cdots & 1 & \cdots & 1 \\ x_1 & x_2 & \cdots & x_k & \cdots & x_n \\ x_1 & x_2 & \cdots & x_k & \cdots & x_n \\ \vdots & \vdots & & \vdots & & \vdots \\ x_1^{n-1} & x_2^{n-1} & \cdots & x_k^{n-1} & \cdots & x_n^{n-1} \end{vmatrix} + \cdots$$

$$+(n-1)\begin{vmatrix} 1 & 1 & \cdots & 1 & \cdots & 1 \\ x_1 & x_2 & \cdots & x_k & \cdots & x_n \\ x_1^2 & x_2^2 & \cdots & x_k^2 & \cdots & x_n^2 \\ \vdots & \vdots & & \vdots & & \vdots \\ x_1^{n-2} & x_2^{n-2} & \cdots & x_k^{n-2} & \cdots & x_n^{n-2} \\ x_1^{n-2} & x_2^{n-2} & \cdots & x_k^{n-2} & \cdots & x_n^{n-2} \end{vmatrix} = 0.$$

$$(2)\sum_{k=1}^{n} x_k \frac{\partial u}{\partial x_k} = \begin{vmatrix} 1 & 1 & \cdots & 1 & \cdots & 1 \\ x_1 & x_2 & \cdots & x_k & \cdots & x_n \\ x_1^2 & x_2^2 & \cdots & x_k^2 & \cdots & x_n^2 \\ \vdots & \vdots & & \vdots & & \vdots \\ x_1^{n-1} & x_2^{n-1} & \cdots & x_k^{n-1} & \cdots & x_n^{n-1} \end{vmatrix} + 2\begin{vmatrix} 1 & 1 & \cdots & 1 & \cdots & 1 \\ x_1 & x_2 & \cdots & x_k & \cdots & x_n \\ x_1^2 & x_2^2 & \cdots & x_k^2 & \cdots & x_n^2 \\ \vdots & \vdots & & \vdots & & \vdots \\ x_1^{n-1} & x_2^{n-1} & \cdots & x_k^{n-1} & \cdots & x_n^{n-1} \end{vmatrix}$$

$$+\cdots+(n-1)\begin{vmatrix} 1 & 1 & \cdots & 1 & \cdots & 1 \\ x_1 & x_2 & \cdots & x_k & \cdots & x_n \\ x_1^2 & x_2^2 & \cdots & x_k^2 & \cdots & x_n^2 \\ \vdots & \vdots & & \vdots & & \vdots \\ x_1^{n-1} & x_2^{n-1} & \cdots & x_k^{n-1} & \cdots & x_n^{n-1} \end{vmatrix} = \frac{n(n-1)}{2}u.$$

4. 设函数 $f(x,y)$ 具有连续的 n 阶偏导数,试证函数 $g(t)=f(a+ht,b+kt)$ 的 n 阶导数

$$\frac{\mathrm{d}^n g(t)}{\mathrm{d}t^n} = \left(h\frac{\partial}{\partial x}+k\frac{\partial}{\partial y}\right)^n f(a+ht,b+kt).$$

证　应用数学归纳法证明.

当 $n=1$ 时,

$$\frac{\mathrm{d}g(t)}{\mathrm{d}t} = \left(h\frac{\partial}{\partial x}+k\frac{\partial}{\partial y}\right)f(a+ht,b+kt),$$

且

$$\frac{\mathrm{d}^2 g(t)}{\mathrm{d}t^2}=\frac{\mathrm{d}}{\mathrm{d}t}\left(\frac{\mathrm{d}g(t)}{\mathrm{d}t}\right)=\left(h\frac{\partial}{\partial x}+k\frac{\partial}{\partial y}\right)\left(h\frac{\partial}{\partial x}+k\frac{\partial}{\partial y}\right)f(a+ht,b+kt)$$

$$=\left(h\frac{\partial}{\partial x}+k\frac{\partial}{\partial y}\right)^2 f(a+ht,b+kt).$$

设$\frac{\mathrm{d}^{n-1} g(t)}{\mathrm{d}t^{n-1}}=\left(h\frac{\partial}{\partial x}+k\frac{\partial}{\partial y}\right)^{n-1} f(a+ht,b+kt)$成立，则

$$\frac{\mathrm{d}^n g(t)}{\mathrm{d}t^n}=\frac{\mathrm{d}}{\mathrm{d}t}\left(\frac{\mathrm{d}^{n-1}g(t)}{\mathrm{d}t^{n-1}}\right)=\left(h\frac{\partial}{\partial x}+k\frac{\partial}{\partial y}\right)\left(h\frac{\partial}{\partial x}+k\frac{\partial}{\partial y}\right)^{n-1}f(a+ht,b+kt)$$

$$=\left(h\frac{\partial}{\partial x}+k\frac{\partial}{\partial y}\right)^n f(a+ht,b+kt).$$

所以，对一切的 n，

$$\frac{\mathrm{d}^n g(t)}{\mathrm{d}t^n}=\left(h\frac{\partial}{\partial x}+k\frac{\partial}{\partial y}\right)^n f(a+ht,b+kt).$$

5. 设 $\varphi(x,y,z)=\begin{vmatrix} a+x & b+y & c+z \\ d+z & \mathrm{e}+x & f+y \\ g+y & h+z & k+x \end{vmatrix}$，求$\frac{\partial^2\varphi}{\partial x^2}$.

解 $$\frac{\partial\varphi}{\partial x}=\begin{vmatrix} 1 & b+y & c+z \\ 0 & \mathrm{e}+x & f+y \\ 0 & h+z & k+x \end{vmatrix}+\begin{vmatrix} a+x & 0 & c+z \\ d+z & 1 & f+y \\ g+y & 0 & k+x \end{vmatrix}+\begin{vmatrix} a+x & b+y & 0 \\ d+z & \mathrm{e}+x & 0 \\ g+y & h+z & 1 \end{vmatrix}$$

$$=\begin{vmatrix} \mathrm{e}+x & f+y \\ h+z & k+x \end{vmatrix}+\begin{vmatrix} a+x & c+z \\ g+y & k+x \end{vmatrix}+\begin{vmatrix} a+x & b+y \\ d+z & \mathrm{e}+x \end{vmatrix}.$$

$$\frac{\partial^2\varphi}{\partial x^2}=k+x+\mathrm{e}+x+k+x+a+x+\mathrm{e}+x+a+x=6x+2(a+\mathrm{e}+k).$$

6. 设 $\Phi(x,y,z)=\begin{vmatrix} f_1(x) & f_2(x) & f_3(x) \\ g_1(y) & g_2(y) & g_3(y) \\ h_1(z) & h_2(z) & h_3(z) \end{vmatrix}$，求$\frac{\partial^3\Phi}{\partial x\partial y\partial z}$.

解 $$\frac{\partial\Phi}{\partial x}=\begin{vmatrix} f_1'(x) & f_2'(x) & f_3'(x) \\ g_1(y) & g_2(y) & g_3(y) \\ h_1(z) & h_2(z) & h_3(z) \end{vmatrix},\frac{\partial^2\Phi}{\partial x\partial y}=\begin{vmatrix} f_1'(x) & f_2'(x) & f_3'(x) \\ g_1'(y) & g_2'(y) & g_3'(y) \\ h_1(z) & h_2(z) & h_3(z) \end{vmatrix},$$

$$\frac{\partial^3\Phi}{\partial x\partial y\partial z}=\begin{vmatrix} f_1'(x) & f_2'(x) & f_3'(x) \\ g_1'(y) & g_2'(y) & g_3'(y) \\ h_1'(z) & h_2'(z) & h_3'(z) \end{vmatrix}.$$

7. 设函数 $u=f(x,y)$ 在 $\mathbf{R}^2$ 上有 $u_{xy}=0$，试求 u 关于 x,y 的函数式.

解 首先证明若 $f(x,y)$ 在 $\mathbf{R}^2$ 上连续，$f_x(x,y)=0$，则 $f(x,y)=\psi(y)$.

对 $\mathbf{R}^2$ 上任意两点 (x_1,y)，(x_2,y)，由中值定理得

$$f(x_2,y)-f(x_1,y)=f_x(x_1+\theta(x_2-x_1),y)(x_2-x_1)=0,$$

所以 $f(x_2,y)=f(x_1,y)$.

由 (x_1,y)，(x_2,y) 对 x 的任意性，知 $f(x,y)$ 与 x 无关，即 $f(x,y)=\psi(y)$.

再求 u 关于 x,y 的函数式.

因 $u_{xy}=0$，据上述结论知，$u_x=\varphi(x)$.

因而$\frac{\partial}{\partial x}\left(u-\int\varphi(x)\mathrm{d}x\right)=0$，从而 $u-\int\varphi(x)\mathrm{d}x=\psi(y)$，

所以 $u=\int\varphi(x)\mathrm{d}x+\psi(y)=\Psi(x)+\psi(y)$.

8. 设 f 在点 $P_0(x_0,y_0)$ 可微，且在 P_0 给定了 n 个向量 $\boldsymbol{l}_i,i=1,2,\cdots,n$，相邻两个向量之间的夹角为 $\frac{2\pi}{n}$. 证明 $\sum_{i=1}^{n}f_{l_i}(P_0)=0$.

证　由于

$$f_{l_1}(P_0)=f_x(P_0)\cos\frac{2\pi}{n}+f_y(P_0)\sin\frac{2\pi}{n},$$

$$f_{l_2}(P_0)=f_x(P_0)\cos\frac{2\cdot2\pi}{n}+f_y(P_0)\sin\frac{2\cdot2\pi}{n},$$

$$\cdots\cdots$$

$$f_{l_i}(P_0)=f_x(P_0)\cos\frac{2\pi i}{n}+f_y(P_0)\sin\frac{2\pi i}{n},$$

所以 $\sum_{i=1}^{n}f_{l_i}(P_0)=f_x(P_0)\sum_{i=1}^{n}\cos\frac{2\pi i}{n}+f_y(P_0)\sum_{i=1}^{n}\sin\frac{2\pi i}{n}$，而

$$\sum_{i=1}^{n}\cos\frac{2\pi i}{n}=\frac{\sin\left(n+\frac{1}{2}\right)\frac{2\pi}{n}}{2\sin\frac{\pi}{n}}-\frac{1}{2}=0,$$

$$\sum_{i=1}^{n}\sin\frac{2\pi i}{n}=\frac{\cos\frac{\pi}{n}-\cos(n+\frac{1}{2})\frac{2\pi}{n}}{2\sin\frac{\pi}{n}}=0,$$

故 $\sum_{i=1}^{n}f_{l_i}(P_0)=0$.

四、自测题

第十七章自测题

一、计算题，写出必要的计算过程（每题 10 分，共 70 分）

1. 设 $z=y^x\sin\dfrac{x}{y}$，求 $\mathrm{d}z$.

2. 已知 $u=f(x^2+y^2,x^2-y^2,xy)$，求$\dfrac{\partial u}{\partial x},\dfrac{\partial^2 u}{\partial x\partial y}$.

3. 设 $z=z(x,y)$ 是由方程 $\mathrm{e}^x+z-\dfrac{1}{2}\cos z=\sin y$ 确定的隐函数，求$\dfrac{\partial z}{\partial x},\dfrac{\partial z}{\partial y},\dfrac{\partial^2 z}{\partial x^2}$ 和$\dfrac{\partial^2 z}{\partial x\partial y}$.

4. 求 $f(x,y)=3x^2-2xy+2y^2$ 在单位圆周 $x^2+y^2=1$ 的最大值与最小值.

5. 讨论二元函数 $f(x,y)=\begin{cases}\dfrac{xy(x-y)}{x^2+y^2}, & x^2+y^2\neq 0,\\ 0, & x^2+y^2=0\end{cases}$在$(0,0)$ 点的连续性及可微性.

6. 设 $u=f(x,y,z),g(x,y,z)=0,y=\sin x$，其中 f 与 g 都有一阶连续偏导数，且$\dfrac{\partial g}{\partial z}\neq 0$，求$\dfrac{\mathrm{d}u}{\mathrm{d}x}$.

7. 设 $f(x,y)=\begin{cases}x^{\frac{4}{3}}\sin\left(\dfrac{y}{x}\right), & x\neq 0,\\ 0, & x=0,\end{cases}$求 $f(x,y)$ 在平面中所有可微点与不可微点.

二、证明题，写出必要的证明过程（每题 10 分，共 30 分）

8. 设 $\Omega\subset\mathbf{R}^2$ 是关于原点$(0,0)$ 的凸形区域，即对 $\forall(x,y)\in\Omega$，连接(x,y) 与$(0,0)$ 的线段包含于Ω. 函数 $f(x,y)$ 在 Ω 上连续可微，证明：若
$$x\frac{\partial f(x,y)}{\partial x}+y\frac{\partial f(x,y)}{\partial y}=0,\ \forall(x,y)\in\Omega,$$
则 $f(x,y)$ 为 Ω 上的常值函数.

9. 已知 $f(x,y)=|x-y|\varphi(x,y)$，其中 $\varphi(x,y)$ 在$(0,0)$ 的某邻域内连续，证明：$f(x,y)$ 在$(0,0)$ 处可微的充分必要条件是 $\varphi(0,0)=0$.

10. 设 $f(x,y)$ 在$[0,1]\times[0,1]$ 上连续，$g(x)=\sup\limits_{y\in[0,1]}f(x,y),x\in[0,1]$，证明：$g(x)$ 在$[0,1]$ 上连续.

第十七章自测题解答

一、1. 解　由于$\dfrac{\partial z}{\partial x}=y^x\sin\dfrac{x}{y}\ln y+y^{x-1}\cos\dfrac{x}{y},\dfrac{\partial z}{\partial y}=xy^{x-1}\sin\dfrac{x}{y}-xy^{x-2}\cos\dfrac{x}{y}$，故
$$\mathrm{d}z=\left(y^x\sin\frac{x}{y}\ln y+y^{x-1}\cos\frac{x}{y}\right)\mathrm{d}x+\left(xy^{x-1}\sin\frac{x}{y}-xy^{x-2}\cos\frac{x}{y}\right)\mathrm{d}y.$$

2. 解　由 $u=f(x^2+y^2,x^2-y^2,xy)$ 可知
$$\frac{\partial u}{\partial x}=2xf_1+2xf_2+yf_3.$$
进而
$$\begin{aligned}\frac{\partial^2 u}{\partial x\partial y}&=2x(2yf_{11}-2yf_{12}+xf_{13})+2x(2yf_{21}-2yf_{22}+xf_{23})+y(2yf_{31}-2yf_{32}+xf_{33})+f_3\\&=4xyf_{11}-4xyf_{22}+xyf_{33}+2(x^2+y^2)f_{13}+2(x^2-y^2)f_{23}+f_3.\end{aligned}$$

3. 解　设 $F(x,y,z)=\mathrm{e}^x+z-\dfrac{1}{2}\cos z-\sin y$，则

$$F_x = e^x, F_y = -\cos y, F_z = 1 + \frac{\sin z}{2},$$

$$F_{xx} = e^x, F_{xy} = 0, F_{xz} = 0, F_{yy} = \sin y, F_{yz} = 0, F_{zz} = \frac{\cos z}{2}.$$

对 $F(x,y,z) = e^x + z - \frac{1}{2}\cos z - \sin y$ 两边关于 x, y 求导得

$$F_x + F_z z_x = 0 \Rightarrow z_x = -\frac{F_x}{F_z} = -\frac{e^x}{2+\sin z}, \qquad (*)$$

$$F_y + F_z z_y = 0 \Rightarrow z_y = -\frac{F_y}{F_z} = \frac{2\cos y}{2+\sin z},$$

在(*)式两边再对 x 求导，得

$$F_{xx} + F_{xz} z_x + (F_{xz} + F_{zz} z_x) z_x + F_z z_{xx} = 0,$$

$$z_{xx} = -\frac{F_{xx} + 2F_{xz} z_x + F_{zz} z_x^2}{F_z} = -\frac{2e^x[2e^x \cos z + (2+\sin z)^2]}{(2+\sin z)^3}.$$

在(*)式两边再对 y 求导，得

$$F_{xy} + F_{xz} z_y + (F_{zy} + F_{zz} z_y) z_x + F_z z_{xy} = 0,$$

$$z_{xy} = -\frac{F_{xy} + F_{xz} z_y + F_{yz} z_x + F_{zz} z_x z_y}{F_z} = \frac{4e^x \cos y \cos z}{(2+\sin z)^3}.$$

4.解　对于单位圆周 $x^2 + y^2 = 1$ 上任意一点 (x,y)，可设 $x = \cos\theta, y = \sin\theta, \theta \in [0, 2\pi)$，那么

$$f(x,y) = 3\cos^2\theta - 2\cos\theta\sin\theta + 2\sin^2\theta = 2 + \frac{1}{2}(1+\cos 2\theta) - \sin 2\theta = \frac{5}{2} + \frac{1}{2}\cos 2\theta - \sin 2\theta$$

$$= \frac{5}{2} + \frac{\sqrt{5}}{2}\cos(2\theta + \varphi),$$

其中 $\varphi = \arctan 2$. 由此可知 $f(x,y)$ 在单位圆周上的最大值与最小值分别为 $\frac{5+\sqrt{5}}{2}$ 与 $\frac{5-\sqrt{5}}{2}$.

5.解　首先当 $x^2 + y^2 \neq 0$ 时，有

$$|f(x,y)| = \frac{|xy(x-y)|}{x^2+y^2} \leqslant \frac{x^2}{x^2+y^2}|y| + \frac{y^2}{x^2+y^2}|x| \leqslant |x| + |y| \to 0 \ ((x,y) \to (0,0)).$$

所以 $\lim\limits_{(x,y)\to(0,0)} f(x,y) = 0 = f(0,0)$，即 $f(x,y)$ 在原点连续.

其次，由偏导数的定义，有

$$f_x(0,0) = \lim_{x\to 0} \frac{f(x,0) - f(0,0)}{x} = \lim_{x\to 0} \frac{0-0}{x} = 0;$$

$$f_y(0,0) = \lim_{y\to 0} \frac{f(0,y) - f(0,0)}{y} = \lim_{y\to 0} \frac{0-0}{y} = 0.$$

故

$$\frac{f(x,y) - f(0,0) - f_x(0,0)x - f_y(0,0)y}{\sqrt{x^2+y^2}} = \frac{xy(x-y)}{(x^2+y^2)^{\frac{3}{2}}},$$

当 (x,y) 沿着 $y = kx\ (x > 0)$ 趋近于 $(0,0)$ 时，有

$$\lim_{\substack{x\to 0\\ y=kx}} \frac{xy(x-y)}{(x^2+y^2)^{\frac{3}{2}}} = \lim_{x\to 0^+} \frac{kx^2(1-k)x}{(1+k^2)^{\frac{3}{2}}x^3} = \frac{k(1-k)}{(1+k^2)^{\frac{3}{2}}}.$$

由于上述极限随 k 的变化而变化，所以 $\lim\limits_{(x,y)\to(0,0)} \frac{xy(x-y)}{(x^2+y^2)^{\frac{3}{2}}}$ 不存在，即 $f(x,y)$ 在原点不可微.

最后，当 $x^2 + y^2 \neq 0$ 时，由 $f(x,y) = \frac{x^2y - xy^2}{x^2+y^2}$ 可如

$$f_x(x,y) = \frac{(2xy - y^2)(x^2+y^2) - 2x(x^2y - xy^2)}{(x^2+y^2)^2},$$

$$f_y(x,y) = \frac{(x^2 - 2xy)(x^2+y^2) - 2y(x^2y - xy^2)}{(x^2+y^2)^2}.$$

由此可知 $f_x(0,y)=-1, f_y(x,0)=1$，因而

$$\lim_{y\to0}\frac{f_x(0,y)-f_x(0,0)}{y}=-\lim_{y\to0}\frac{1}{y}=\infty;$$

$$\lim_{x\to0}\frac{f_y(x,0)-f_y(0,0)}{x}=\lim_{x\to0}\frac{1}{x}=\infty.$$

所以二阶混合偏导数 $f_{xy}(0,0)$ 与 $f_{yx}(0,0)$ 均不存在.

6. 解　在 $u=f(x,y,z)$ 两边对 x 求导，有

$$\frac{\mathrm{d}u}{\mathrm{d}x}=f_x(x,y,z)+f_y(x,y,z)\cdot\frac{\mathrm{d}y}{\mathrm{d}x}+f_z(x,y,z)\cdot\frac{\mathrm{d}z}{\mathrm{d}x}.$$

再次在 $g(x,y,z)=0$ 两边对 x 求导，有

$$g_x(x,y,z)+g_y(x,y,z)\cdot\frac{\mathrm{d}y}{\mathrm{d}x}+g_z(x,y,z)\cdot\frac{\mathrm{d}z}{\mathrm{d}x}=0.$$

又因为 $y=\sin x$，所以$\frac{\mathrm{d}y}{\mathrm{d}x}=\cos x$，并且$\frac{\partial g}{\partial z}\neq0$，所以

$$\begin{cases}\frac{\mathrm{d}u}{\mathrm{d}x}=f_x(x,y,z)+f_y(x,y,z)\cdot\frac{\mathrm{d}y}{\mathrm{d}x}+f_z(x,y,z)\cdot\frac{\mathrm{d}z}{\mathrm{d}x}, & ①\\ g_x(x,y,z)+g_y(x,y,z)\cdot\frac{\mathrm{d}y}{\mathrm{d}x}+g_z(x,y,z)\cdot\frac{\mathrm{d}z}{\mathrm{d}x}=0, & ②\end{cases}$$

由 ② 可知

$$\frac{\mathrm{d}z}{\mathrm{d}x}=-\frac{g_x(x,y,z)}{g_z(x,y,z)}-\frac{g_y(x,y,z)}{g_z(x,y,z)}\cdot\cos x.$$

代入 ①，有

$$\frac{\mathrm{d}u}{\mathrm{d}x}=f_x+f_y\cdot\cos x+f_z\left(-\frac{g_x(x,y,z)}{g_z(x,y,z)}-\frac{g_y(x,y,z)}{g_z(x,y,z)}\cdot\cos x\right).$$

7. 证　当 $x\neq0$ 时，函数显然可微. 当 $x=0$ 时，根据函数导数定义可得

$$f_x(0,y)=\lim_{x\to0}\frac{f(x,y)-f(0,y)}{x}=\lim_{x\to0}x^{\frac{4}{3}}\sin\frac{y}{x}=0,$$

$$f_y(0,y)=\lim_{\Delta y\to0}\frac{f(0,y+\Delta y)-f(0,y)}{\Delta y}=0.$$

从而

$$\lim_{(\Delta x,\Delta y)\to(0,0)}\frac{f(\Delta x,y+\Delta y)-f(0,y)-f_x(0,y)\Delta x-f_y(0,y)\Delta y}{\sqrt{(\Delta x)^2+(\Delta y)^2}}=\lim_{(\Delta x,\Delta y)\to(0,0)}\frac{(\Delta x)^{\frac{4}{3}}\sin\frac{y+\Delta y}{\Delta x}}{\sqrt{(\Delta x)^2+(\Delta y)^2}}=0,$$

所以 $f(x,y)$ 当 $x=0$ 时也可微，故 $f(x,y)$ 在平面上都可微.

二、8. 证　对 $\forall(x,y)\in\Omega$，记函数 $F(t)=f(tx,ty)$，由已知可得 $F(t)$ 在$[0,1]$上连续可导，且

$$F'(t)=x\frac{\partial f(tx,ty)}{\partial x}+y\frac{\partial f(tx,ty)}{\partial y}.$$

由拉格朗日中值定理，$\exists t_0\in(0,1)$，使得

$$f(x,y)-f(0,0)=F(1)-F(0)=F'(t_0)=x\frac{\partial f(t_0x,t_0y)}{\partial x}+y\frac{\partial f(t_0x,t_0y)}{\partial y}$$

$$=\frac{1}{t_0}\left[t_0x\frac{\partial f(t_0x,t_0y)}{\partial x}+t_0y\frac{\partial f(t_0x,t_0y)}{\partial y}\right]=0.$$

即 $f(x,y)=f(0,0)$，再由(x,y)的任意性可知 $f(x,y)$ 为 Ω 上的常值函数.

9. 证　充分性：若 $\varphi(0,0)=0$，易知

$$f_x(0,0)=f_y(0,0)=0,$$

$$\frac{f(x,y)-f(0,0)-f_x(0,0)x-f_y(0,0)y}{\sqrt{x^2+y^2}}=\frac{|x-y|\varphi(x,y)}{\sqrt{x^2+y^2}},$$

而$\frac{|x-y|}{\sqrt{x^2+y^2}} \leqslant \frac{|x|}{\sqrt{x^2+y^2}} + \frac{|y|}{\sqrt{x^2+y^2}} \leqslant 2$,所以

$$\lim_{\substack{x\to 0\\ y\to 0}} \frac{|x-y|\varphi(x,y)}{\sqrt{x^2+y^2}} = 0.$$

由二元函数可微定义可知:$f(x,y)$ 在$(0,0)$ 处是可微的.

必要性:设 $f(x,y)$ 在$(0,0)$ 处可微,则 $f_x(0,0)$,$f_y(0,0)$ 存在,由偏导数定义知

$$\lim_{x\to 0^+} \frac{f(x,0)-f(0,0)}{x-0} = \lim_{x\to 0^+} \frac{|x|\varphi(x,0)}{x} = \varphi(0,0),$$

$$\lim_{x\to 0^-} \frac{f(x,0)-f(0,0)}{x} = \lim_{x\to 0^-} \frac{|x|\varphi(x,0)}{x} = -\varphi(0,0),$$

因此当 $\varphi(0,0)=0$ 时,$f_x(0,0)$ 存在且 $f_x(0,0)=0$. 同理此时 $f_y(0,0)=0$. 所以 $\varphi(0,0)=0$.

10. 证　对 $\forall x,x_0 \in [0,1]$,$y \in [0,1]$,由于

$$f(x,y) = f(x,y)-f(x_0,y)+f(x_0,y) \leqslant \sup_{y\in[0,1]}\{f(x,y)-f(x_0,y)\} + \sup_{y\in[0,1]}\{f(x_0,y)\}$$

于是

$$f(x,y) \leqslant \sup_{y\in[0,1]}\{f(x,y)-f(x_0,y)\} + g(x_0),\ y\in[0,1].$$

从而

$$\sup_{y\in[0,1]} f(x,y) \leqslant \sup_{y\in[0,1]}\{f(x,y)-f(x_0,y)\} + g(x_0),$$

即

$$g(x)-g(x_0) \leqslant \sup_{y\in[0,1]}\{|f(x,y)-f(x_0,y)|\}.$$

同理

$$g(x_0)-g(x) \leqslant \sup_{y\in[0,1]}\{|f(x_0,y)-f(x,y)|\}.$$

故 $|g(x_0)-g(x)| \leqslant \sup_{y\in[0,1]}\{|f(x_0,y)-f(x,y)|\}$. 由于 $f(x,y)$ 在$[0,1]\times[0,1]$ 上连续,从而 $f(x,y)$ 在$[0,1]\times[0,1]$ 上一致连续,对于 $\forall \varepsilon>0$,$\exists \delta>0$,当 $x,x_0\in[0,1]$,$|x-x_0|<\delta$ 时,$\forall y \in [0,1]$,有

$$|f(x_0,y)-f(x,y)| < \varepsilon.$$

故

$$|g(x_0)-g(x)| \leqslant \sup_{y\in[0,1]}\{|f(x_0,y)-f(x,y)|\} \leqslant \varepsilon$$

从而 $|g(x_0)-g(x)| \leqslant \varepsilon$,即 $g(x)$ 在$[0,1]$ 上连续.

第十八章 隐函数定理及其应用

一、主要内容归纳

1. 隐函数概念

设 $E\subset\mathbf{R}^2$，函数 $F:E\to\mathbf{R}$. 对于方程

$$F(x,y)=0, \tag{1}$$

如果存在集合 $I,J\subset\mathbf{R}$，对 $\forall x\in I$，有唯一确定的 $y\in J$，使得 $(x,y)\in E$，且满足方程(1)，则称方程(1)确定了一个定义在 I 上，值域含于 J 的**隐函数**. 若把它记为

$$y=f(x),x\in I,y\in J,$$

则成立恒等式 $F(x,f(x))\equiv 0,x\in I$.

2. 隐函数存在定理

定理 1(隐函数存在唯一性定理) 若 $F(x,y)$ 满足下列条件：

(ⅰ)函数 $F(x,y)$ 在以 $P_0(x_0,y_0)$ 为内点的某区域 $D\subset\mathbf{R}^2$ 上连续；

(ⅱ)$F(x_0,y_0)=0$；

(ⅲ)在 D 内存在连续偏导数 $F_y(x,y)$；

(ⅳ)$F_y(x_0,y_0)\neq 0$，

则在点 P_0 的某邻域 $U(P_0)\subset D$，方程 $F(x,y)=0$ 唯一地确定了一个定义在某区间 $(x_0-\alpha,x_0+\alpha)$ 内的隐函数 $y=f(x)$，使得当 $x\in(x_0-\alpha,x_0+\alpha)$ 时，$(x,f(x))\in U(P_0)$，且

(1)$f(x_0)=y_0$； (2)$f(x)$ 在 $(x_0-\alpha,x_0+\alpha)$ 内连续； (3)$F(x,f(x))\equiv 0$.

定理 2(隐函数可微性定理) 设 $F(x,y)$ 满足定理 1 中(ⅰ)～(ⅳ)，又设在 D 内还存在连续偏导数 $F_x(x,y)$，则由 $F(x,y)=0$ 所确定的隐函数 $y=f(x)$ 在 $(x_0-\alpha,x_0+\alpha)$ 内有连续的导函数，且 $f'(x)=-\dfrac{F_x(x,y)}{F_y(x,y)}$.

注 1 定理的结论是局部的，即在 (x_0,y_0) 的某个邻域内由方程 $F(x,y)=0$ 可以唯一确定一个可微的满足 $y_0=f(x_0)$ 的隐函数 $y=f(x)$，但定理并没有告诉这个邻域有多大.

注 2 如果只要求所得的隐函数连续，则可将定理中的条件(ⅲ)改为"F 关于变量 y 严格单调"，且关于 F 存在偏导数的要求也可去掉. 但如果还要求隐函数有连续的导数，则定理中的每一个条件都是重要的.

注 3 对于方程 $F(x_1,\cdots,x_n,\mu)=0$ 在某点 $(x_1^{(0)},\cdots,x_n^{(n)},\mu_0)$ 附近确定一个 n 元的隐函数 $u=f(x_1,\cdots,x_n)$ 也有类似结果.

在定理 2 的条件下，如果 $F(x,y)$ 在 D 内又有连续的二阶偏导数，则隐函数在 $(x_0-\alpha,$

$x_0+\alpha)$内有连续的二阶导数

$$y''=-\frac{F_{xx}F_y^2+F_{yy}F_x^2-2F_{xy}F_xF_y}{F_y^3}=\frac{1}{F_y^3}\begin{vmatrix}F_{xx}&F_{xy}&F_x\\F_{yx}&F_{yy}&F_y\\F_x&F_y&0\end{vmatrix}.$$

3. 隐函数求导(公式法或复合函数法)

直接应用隐函数可微性定理中的求偏导计算公式,或复合函数法,将方程中某一变量看成是其余变量的函数,两边求关于自变量的偏导,解一元一次方程便得所求的偏导数;或应用隐函数求导公式.

4. 隐函数组定理 若方程组$\begin{cases}F(x,y,u,v)=0,\\G(x,y,u,v)=0\end{cases}$ $(x,y,u,v\in V\subset\mathbf{R}^4)$满足:

(ⅰ)$F(x,y,u,v)$,$G(x,y,u,v)$在以点$P_0(x_0,y_0,u_0,v_0)$为内点的区域$V\subset\mathbf{R}^4$内连续;

(ⅱ)$F(P_0)=G(P_0)=0$;

(ⅲ)在V内F,G具有一阶连续偏导数;

(ⅳ)$J=\left.\dfrac{\partial(F,G)}{\partial(u,v)}\right|_{P_0}\neq0$,

则在P_0的某一邻域$U(P_0)\subset V$内,方程组$\begin{cases}F(x,y,u,v)=0,\\G(x,y,u,v)=0\end{cases}$ $(x,y,u,v\in V\subset\mathbf{R}^4)$唯一确定了定义在点$Q_0(x_0,y_0)$的某二维邻域$U(Q_0)$内两个二元函数$u=f(x,y)$,$v=g(x,y)$使得

(1)$u_0=f(x_0,y_0)$,$v_0=g(x_0,y_0)$且$\begin{cases}F(x,y,f(x,y),g(x,y))\equiv0,\\G(x,y,f(x,y),g(x,y))\equiv0;\end{cases}$

(2)$f(x,y)$,$g(x,y)$在$U(Q_0)$内连续;

(3)$f(x,y)$,$g(x,y)$在$U(Q_0)$内有一阶连续偏导数,且

$$\frac{\partial u}{\partial x}=-\frac{1}{J}\frac{\partial(F,G)}{\partial(x,v)},\quad\frac{\partial u}{\partial y}=-\frac{1}{J}\frac{\partial(F,G)}{\partial(y,v)},$$
$$\frac{\partial v}{\partial x}=-\frac{1}{J}\frac{\partial(F,G)}{\partial(u,x)},\quad\frac{\partial v}{\partial y}=-\frac{1}{J}\frac{\partial(F,G)}{\partial(u,y)}.$$

5. 反函数组定理

设$u=u(x,y)$,$v=v(x,y)$及其一阶连续偏导数在某区域$D\subset\mathbf{R}^2$上连续,点$P_0(x_0,y_0)$是其内点,且有$u_0=u(x_0,y_0)$,$v_0=v(x_0,y_0)$,$\left.\dfrac{\partial(u,v)}{\partial(x,y)}\right|_{P_0}\neq0$,则在点$Q_0(u_0,v_0)$的某邻域$U(Q_0)$内存在唯一的反函数组

$$x=x(u,v),\quad y=y(u,v),$$

使得$x_0=x(u_0,v_0)$, $y_0=y(u_0,v_0)$,且当$(u,v)\in U(Q_0)$时,有$(x(u,v),y(u,v))\in U(P_0)$及$u\equiv u(x(u,v),y(u,v))$,$v\equiv v(x(u,v),y(u,v))$,

$$\frac{\partial x}{\partial u}=\frac{\dfrac{\partial v}{\partial y}}{\dfrac{\partial(u,v)}{\partial(x,y)}},\quad\frac{\partial x}{\partial v}=-\frac{\dfrac{\partial u}{\partial y}}{\dfrac{\partial(u,v)}{\partial(x,y)}},\quad\frac{\partial y}{\partial u}=-\frac{\dfrac{\partial v}{\partial x}}{\dfrac{\partial(u,v)}{\partial(x,y)}},\quad\frac{\partial y}{\partial v}=\frac{\dfrac{\partial u}{\partial x}}{\dfrac{\partial(u,v)}{\partial(x,y)}},$$

且$\frac{\partial(x,y)}{\partial(u,v)}\cdot\frac{\partial(u,v)}{\partial(x,y)}=1$.

6. 平面曲线的切线与法线

设平面曲线由方程 $F(x,y)=0$ 给出,它在点 $P_0(x_0,y_0)$ 的某邻域内满足隐函数定理条件,则在点 P_0 处的切线方程与法线方程分别为

$$F_x(x_0,y_0)(x-x_0)+F_y(x_0,y_0)(y-y_0)=0,$$
$$F_y(x_0,y_0)(x-x_0)-F_x(x_0,y_0)(y-y_0)=0.$$

7. 空间曲线的切线与法平面

(1)设空间曲线方程为

$$L:x=x(t),y=y(t),z=z(t),\alpha\leqslant t\leqslant\beta, \quad ①$$

$t=t_0$ 对应于其上一点 $P_0(x_0,y_0,z_0)$,当①中函数在 $t=t_0$ 可导且

$$[x'(t_0)]^2+[y'(t_0)]^2+[z'(t_0)]^2\neq0,$$

则在点 P_0 处的切线方程与法平面方程分别为

$$\frac{x-x_0}{x'(t_0)}=\frac{y-y_0}{y'(t_0)}=\frac{z-z_0}{z'(t_0)},$$
$$x'(t_0)(x-x_0)+y'(t_0)(y-y_0)+z'(t_0)(z-z_0)=0.$$

注 当某分母为 0,如 $x'(t_0)=0$,则理解为 $x=x_0$.

(2)若空间曲线方程为$\begin{cases}F(x,y,z)=0,\\G(x,y,z)=0,\end{cases}$且在点 $P_0(x_0,y_0,z_0)$ 的某邻域内满足隐函数组定理条件(不妨设$\left.\frac{\partial(F,G)}{\partial(x,y)}\right|_{P_0}\neq0$),则在 P_0 处的切线方程与法平面方程分别为

$$\frac{x-x_0}{\left.\frac{\partial(F,G)}{\partial(y,z)}\right|_{P_0}}=\frac{y-y_0}{\left.\frac{\partial(F,G)}{\partial(z,x)}\right|_{P_0}}=\frac{z-z_0}{\left.\frac{\partial(F,G)}{\partial(x,y)}\right|_{P_0}},$$
$$\left.\frac{\partial(F,G)}{\partial(y,z)}\right|_{P_0}(x-x_0)+\left.\frac{\partial(F,G)}{\partial(z,x)}\right|_{P_0}(y-y_0)+\left.\frac{\partial(F,G)}{\partial(x,y)}\right|_{P_0}(z-z_0)=0.$$

8. 曲面的切平面和法线

设曲面方程为 $F(x,y,z)=0$ 且满足隐函数定理的条件(不妨设 $F_z\neq0$),则在 $P_0(x_0,y_0,z_0)$处切平面方程与法线方程分别为

$$F_x(P_0)(x-x_0)+F_y(P_0)(y-y_0)+F_z(P_0)(z-z_0)=0,$$
$$\frac{x-x_0}{F_x(P_0)}=\frac{y-y_0}{F_y(P_0)}=\frac{z-z_0}{F_z(P_0)}.$$

9. 条件极值的定义

求目标函数 $y=f(x_1,x_2,\cdots,x_n)$ 在条件 $\varphi_i(x_1,x_2,\cdots,x_n)=0,i=1,2,\cdots,m\ (m<n)$ 限制下的极值问题称为**条件极值问题**.

10. 条件极值—Lagrange 乘数法

在满足约束条件 $\varphi_i(x_1,x_2,\cdots,x_n)=0\ (i=1,2,\cdots,m,m<n)$ 时,求函数 $f(x_1,x_2,\cdots,$

x_n)的极值问题的方法称为 **Lagrange 乘数法.**

具体步骤：

(1)做拉格朗日函数 $L(x_1,x_2,\cdots,x_n,\lambda_1,\lambda_2,\cdots,\lambda_m)=f(x_1,x_2,\cdots,x_n)+\sum_{i=1}^{m}\lambda_i\varphi_i(x_1,x_2,\cdots,x_n)$；

(2)计算$\dfrac{\partial L}{\partial x_i},\dfrac{\partial L}{\partial \lambda_j},i=1,2,\cdots,n,j=1,2,\cdots,m$；

(3)解方程组$\begin{cases}\dfrac{\partial L}{\partial x_i}=0, & i=1,2,\cdots,n,\\ \dfrac{\partial L}{\partial \lambda_j}=0, & j=1,2,\cdots,m;\end{cases}$

(4)根据(3)所得之解逐个检验或根据实际意义判定.

二、经典例题解析及解题方法总结

【例 1】 设 f 为可微函数，

$$u=f(x^2+y^2+z^2),\quad 且\quad 3x+2y^2+z^3=6xyz,\qquad ①$$

试对以下两种情况，分别求$\dfrac{\partial u}{\partial x}$在点 $P_0(1,1)$处的值：

(1)由方程①在点(1,1,1)某邻域确定了隐函数 $z=z(x,y)$；

(2)由方程①在点(1,1,1)某邻域确定了隐函数 $y=y(x,z)$.

解 (1)记 $v=x^2+y^2+z^2$，由(1)中假设得

$$\frac{\partial u}{\partial x}=f'(v)\frac{\partial v}{\partial x}=f'(v)\left(2x+2z\frac{\partial z}{\partial x}\right),\qquad ②$$

在方程①两边关于 x 求导得 $3+3z^2\dfrac{\partial z}{\partial x}=6yz+6xy\dfrac{\partial z}{\partial x}$，解得$\dfrac{\partial z}{\partial x}=\dfrac{2yz-1}{z^2-2xy}$，将其代入②式得

$$\frac{\partial u}{\partial x}=f'(v)\left(2x+2z\cdot\frac{2yz-1}{z^2-2xy}\right),$$

从而$\left.\dfrac{\partial u}{\partial x}\right|_{P_0}=0$.

(2)方程①两边关于 x 求导得 $3+4y\dfrac{\partial y}{\partial x}=6yz+6xz\dfrac{\partial y}{\partial x}$，解得$\dfrac{\partial y}{\partial x}=\dfrac{6yz-3}{4y-6xz}$，于是有

$$\frac{\partial u}{\partial x}=f'(v)\frac{\partial v}{\partial x}=f'(v)\left(2x+2y\frac{\partial y}{\partial x}\right)=f'(v)\left(2x+2y\frac{6yz-3}{4y-6xz}\right),$$

从而$\left.\dfrac{\partial u}{\partial x}\right|_{P_0}=-f'(v)\big|_{P_0}=-f'(3)$.

【例 2】 已知 $z=z(x,y)$由方程 $x^2+y^2+h^2(z)=1$ 确定，且 $h(z)$具有所需的性质，求$\dfrac{\partial^2 z}{\partial x\partial y}$.

解 方程两边对 x 求偏导得

$$2x+2h(z)h'(z)\frac{\partial z}{\partial x}=0,\qquad ①$$

解得$\frac{\partial z}{\partial x}=-\frac{x}{h(z)h'(z)}$. 由对称性得$\frac{\partial z}{\partial y}=-\frac{y}{h(z)h'(z)}$.

①式两边关于 y 求偏导得

$$2[(h'(z))^2+h(z)h''(z)]\frac{\partial z}{\partial x}\frac{\partial z}{\partial y}+2h(z)h'(z)\frac{\partial^2 z}{\partial x\partial y}=0,$$

解得$\frac{\partial^2 z}{\partial x\partial y}=-\frac{xy[(h'(z))^2+h(z)h''(z)]}{[h(z)h'(z)]^3}$.

【例 3】 设 $u=f(x,y,z)$, $g(x^2,e^y,z)=0$, $y=\sin x$, 且已知 f 与 g 都有一阶连续偏导数, $\frac{\partial g}{\partial z}\neq 0$, 求$\frac{du}{dx}$.

解 由条件可知 z 可表示为 x 的一元函数, 由复合函数求导法则得

$$\frac{du}{dx}=\frac{\partial f}{\partial x}+\frac{\partial f}{\partial y}\frac{dy}{dx}+\frac{\partial f}{\partial z}\frac{dz}{dx}. \qquad ①$$

记 $v=x^2$, $w=e^y$, 则方程 $g(x^2,e^y,z)=0$ 关于 x 求偏导得

$$\frac{\partial g}{\partial v}\cdot 2x+\frac{\partial g}{\partial w}e^y\frac{dy}{dx}+\frac{\partial g}{\partial z}\cdot\frac{dz}{dx}=0,$$

而 $y=\sin x$, $\frac{dy}{dx}=\cos x$. 将其代入①式得

$$\frac{du}{dx}=\frac{\partial f}{\partial x}+\frac{\partial f}{\partial y}\cos x-\frac{\partial f}{\partial z}\cdot\frac{2x\frac{\partial g}{\partial v}+\frac{\partial g}{\partial w}e^{\sin x}\cos x}{\frac{\partial g}{\partial z}}.$$

【例 4】 设(x_0,y_0,u_0)满足 $u_0=y_0+x_0\varphi(u_0)$, 根据隐函数存在定理给函数 φ 加上适当条件, 使方程 $u=y+x\varphi(u)$ 可在(x_0,y_0)的某一邻域内唯一确定一个连续可微函数 $u=f(x,y)$.

解 令 $F(x,y,u)=u-y-x\varphi(u)$, 则 $F(x_0,y_0,u_0)=0$. 由复合函数的性质知, 当 $\varphi(u)$连续可微时, $F(x,y,u)$连续, 有关于 x,y,u 的连续偏导数, 且 $F_u=1-x\varphi'(u)$. 从而当 $\varphi(u)$连续可微且 $x_0\varphi'(u_0)\neq 1$ 时, 方程 $u=y+x\varphi(u)$可在(x_0,y_0)的某一邻域内唯一确定一个连续可微函数$u=f(x,y)$.

【例 5】 设 $z=z(x,y)$是由方程 $F(xyz,x^2+y^2+z^2)=0$ 所确定的可微函数, 试求 **grad** z.

解 记 $u=xyz$, $v=x^2+y^2+z^2$, 方程两边分别关于 x 与 y 求导得

$$F_u\left(yz+xy\frac{\partial z}{\partial x}\right)+F_v\left(2x+2z\frac{\partial z}{\partial x}\right)=0,\quad F_u\left(xz+xy\frac{\partial z}{\partial y}\right)+F_v\left(2y+2z\frac{\partial z}{\partial y}\right)=0,$$

解得

$$\frac{\partial z}{\partial x}=-\frac{yzF_u+2xF_v}{xyF_u+2zF_v},\quad \frac{\partial z}{\partial y}=-\frac{xzF_u+2yF_v}{xyF_u+2zF_v},$$

所以

$$\mathbf{grad}\, z=\left(\frac{\partial z}{\partial x},\frac{\partial z}{\partial y}\right)=\left(-\frac{yzF_u+2xF_v}{xyF_u+2zF_v},-\frac{xzF_u+2yF_v}{xyF_u+2zF_v}\right).$$

【例 6】 给定函数 $u=e^y\sin x, v=e^y\cos x, w=2-\cos z$，根据反函数组存在定理判断在哪些点 (x,y,z) 所对应的 (u,v,w) 的邻域内存在反函数 $x=x(u,v,w), y=y(u,v,w), z=z(u,v,w)$？

解 函数 $e^y\sin x$，$e^y\cos x$，$2-\cos z$ 在 $\mathbf{R}^3$ 内连续可微，且 $\frac{\partial(u,v,w)}{\partial(x,y,z)}=e^{2y}\sin z$，所以在 $D=\{(x,y,z)\mid z\neq k\pi, k=0,\pm1,\pm2,\cdots\}$ 内任一点所对应的 (u,v,w) 处存在一个邻域，此邻域内存在反函数.

【例 7】 设 $u=f(x-ut,y-ut,z-ut), g(x,y,z)=0$. 试求 u_x, u_y，这时 t 是自变量还是因变量？

解 由两个方程确定两个隐函数，一个是 u，另一个由第 2 个方程看出应为 z，因此 t 是自变量. 两个方程分别关于 x 求导得

$$\begin{cases}u_x=f_1(1-u_xt)+f_2(-u_xt)+f_3(z_x-u_xt),\\ g_1+g_3z_x=0\end{cases}\Rightarrow u_x=\frac{f_1+f_3\cdot\left(-\frac{g_1}{g_3}\right)}{1+(f_1+f_2+f_3)t};$$

同理 $u_y=\dfrac{f_2+f_3\left(-\frac{g_2}{g_3}\right)}{1+(f_1+f_2+f_3)t}$.

【例 8】 用变换 $\begin{cases}u=x-2y,\\ v=x+ay\end{cases}$ 可把 $6\frac{\partial^2 z}{\partial x^2}+\frac{\partial^2 z}{\partial x\partial y}-\frac{\partial^2 z}{\partial y^2}=0$ 化简为 $\frac{\partial^2 z}{\partial u\partial v}=0$，求 a 值.

解 将 z 看作中间变量 u,v 的函数，而 u,v 又是自变量 x,y 的函数，则

$$\frac{\partial z}{\partial x}=\frac{\partial z}{\partial u}\frac{\partial u}{\partial x}+\frac{\partial z}{\partial v}\frac{\partial v}{\partial x}=z_u+z_v,\quad \frac{\partial z}{\partial y}=z_u\cdot u_y+z_v\cdot v_y=-2z_u+az_v.$$

进一步计算二阶偏导数得

$$\frac{\partial^2 z}{\partial x^2}=\frac{\partial^2 z}{\partial u^2}+2\frac{\partial^2 z}{\partial u\partial v}+\frac{\partial^2 z}{\partial v^2},$$

$$\frac{\partial^2 z}{\partial x\partial y}=-2\frac{\partial^2 z}{\partial u^2}+(a-2)\frac{\partial^2 z}{\partial u\partial v}+a\frac{\partial^2 z}{\partial v^2},$$

$$\frac{\partial^2 z}{\partial y^2}=4\frac{\partial^2 z}{\partial u^2}-4a\frac{\partial^2 z}{\partial u\partial v}+a^2\frac{\partial^2 z}{\partial v^2}.$$

代入原方程得

$$(10+5a)\frac{\partial^2 z}{\partial u\partial v}+(6+a-a^2)\frac{\partial^2 z}{\partial v^2}=0\Rightarrow 10+5a\neq 0, 6+a-a^2=0\Rightarrow a=3.$$

【例 9】 求曲线 $\begin{cases}x^2+y^2+z^2=6,\\ x+y+z=0\end{cases}$ 在点 $(1,-2,1)$ 处的切线和法平面方程.

解 令 $\begin{cases}F(x,y,z)=x^2+y^2+z^2-6,\\ G(x,y,z)=x+y+z,\end{cases}$ 则

$$\left.\frac{\partial(F,G)}{\partial(y,z)}\right|_{(1,-2,1)}=\left.\begin{vmatrix}2y & 2z\\ 1 & 1\end{vmatrix}\right|_{(1,-2,1)}=-6,$$

$$\frac{\partial(F,G)}{\partial(z,x)}\Big|_{(1,-2,1)}=\begin{vmatrix}2z & 2x\\ 1 & 1\end{vmatrix}\Big|_{(1,-2,1)}=0,$$

$$\frac{\partial(F,G)}{\partial(x,y)}\Big|_{(1,-2,1)}=\begin{vmatrix}2x & 2y\\ 1 & 1\end{vmatrix}\Big|_{(1,-2,1)}=6,$$

所以在(1,−2,1)处切线方程为$\frac{x-1}{-1}=\frac{y+2}{0}=\frac{z-1}{1}$；法平面方程为$-6(x-1)+0(y+2)+6(z-1)=0$，即 $x-z=0$.

【例 10】 求过直线$\begin{cases}3x-2y-z=5,\\ x+y+z=0\end{cases}$且与曲面 $2x^2-2y^2+2z=\frac{5}{8}$相切的切平面方程.

解 过直线$\begin{cases}3x-2y-z=5,\\ x+y+z=0\end{cases}$的平面束方程为 $3x-2y-z-5+\lambda(x+y+z)=0$，即$(3+\lambda)x+(\lambda-2)y+(\lambda-1)z-5=0$，法向量为$\{3+\lambda,\lambda-2,\lambda-1\}$.

令 $F(x,y,z)=2x^2-2y^2+2z-\frac{5}{8}$，$F_x=4x$，$F_y=-4y$，$F_z=2$. 设切点为$(x_0,y_0,z_0)$，则

$$\begin{cases}\frac{3+\lambda}{4x_0}=\frac{\lambda-2}{-4y_0}=\frac{\lambda-1}{2}=t, & ①\\ (3+\lambda)x_0+(\lambda-2)y_0+(\lambda-1)z_0-5=0, & ②\\ 2x_0^2-2y_0^2+2z_0=\frac{5}{8} & ③\end{cases}$$

$$\Rightarrow x_0=\frac{2+t}{2t},y_0=-\frac{2t-1}{4t},z_0=-\frac{15}{8t^2},$$

代入③式得 $t^2-4t+3=0\Rightarrow t_1=1,t_2=3$，因而 $\lambda_1=3,\lambda_2=7$. 因而所求切平面为

$$3x-2y-z-5+3(x+y+z)=0 \text{ 或 } 3x-2y-z-5+7(x+y+z)=0,$$

即 $6x+y+2z=5$ 或 $10x+5y+6z=5$.

【例 11】 在平面 $x+y+z=1$ 上求一点，使它与两定点 $P(1,0,1)$，$Q(2,0,1)$的距离平方和为最小.

解 设所求点为 $M(x,y,z)$，则$\overline{MP}^2+\overline{MQ}^2$ 为

$d^2=(x-1)^2+y^2+(z-1)^2+(x-2)^2+y^2+(z-1)^2=(x-1)^2+(x-2)^2+2y^2+2(z-1)^2$.

设 Lagrange 函数 $F(x,y,z)=(x-1)^2+(x-2)^2+2y^2+2(z-1)^2+\lambda(x+y+z-1)$.

解方程组

$$\begin{cases}F_x=2(x-1)+2(x-2)+\lambda=0,\\ F_y=4y+\lambda=0,\\ F_z=4(z-1)+\lambda=0,\\ F_\lambda=x+y+z-1=0,\end{cases}$$

可得驻点$\left(1,-\frac{1}{2},\frac{1}{2}\right)$，故

$$\min d^2=\left[(x-1)^2+(x-2)^2+2y^2+2(z-1)^2\right]\Big|_{\left(1,-\frac{1}{2},\frac{1}{2}\right)}=2.$$

【例 12】 证明:椭球面$\frac{x^2}{a^2}+\frac{y^2}{b^2}+\frac{z^2}{c^2}=1$与平面$Ax+By+Cz=0$相交所成椭圆的面积为

$$S=\pi\frac{(A^2+B^2+C^2)a^2b^2c^2}{A^2a^2+B^2b^2+C^2c^2}.$$

证 由题意,椭圆的长、短半轴分别是椭圆上任意点(x,y,z)到原点的距离$d=\sqrt{x^2+y^2+z^2}$的最大值d_1与最小值d_2. 而$S=\pi d_1d_2$. 为此设

$$L(x,y,z,\lambda,\mu)=x^2+y^2+z^2+\lambda\left(\frac{x^2}{a^2}+\frac{y^2}{b^2}+\frac{z^2}{c^2}-1\right)+\mu(Ax+By+Cz).$$

令

$$\begin{cases}L_x=2x+\frac{2\lambda}{a^2}x+\mu A=0, & ①\\ L_y=2y+\frac{2\lambda}{b^2}y+\mu B=0, & ②\\ L_z=2z+\frac{2\lambda}{c^2}z+\mu C=0, & ③\\ L_\lambda=\frac{x^2}{a^2}+\frac{y^2}{b^2}+\frac{z^2}{c^2}-1=0, & ④\\ L_\mu=Ax+By+Cz=0, & ⑤\end{cases}$$

①,②,③分别乘以x,y,z后相加,并利用④,⑤得到$d^2=x^2+y^2+z^2=-\lambda$. 为此,将①,②,③分别乘以$A\left(1+\frac{\lambda}{b^2}\right)\left(1+\frac{\lambda}{c^2}\right)$,$B\left(1+\frac{\lambda}{a^2}\right)\left(1+\frac{\lambda}{c^2}\right)$,$C\left(1+\frac{\lambda}{a^2}\right)\left(1+\frac{\lambda}{b^2}\right)$后相加,并利用⑤得

$$\mu A^2\left(1+\frac{\lambda}{b^2}\right)\left(1+\frac{\lambda}{c^2}\right)+\mu B^2\left(1+\frac{\lambda}{a^2}\right)\left(1+\frac{\lambda}{c^2}\right)+\mu C^2\left(1+\frac{\lambda}{a^2}\right)\left(1+\frac{\lambda}{b^2}\right)=0,$$

消去μ得到关于λ的一个二次方程

$$A^2\left(1+\frac{\lambda}{b^2}\right)\left(1+\frac{\lambda}{c^2}\right)+B^2\left(1+\frac{\lambda}{a^2}\right)\left(1+\frac{\lambda}{c^2}\right)+C^2\left(1+\frac{\lambda}{a^2}\right)\left(1+\frac{\lambda}{b^2}\right)=0,$$

由根与系数的关系$\lambda_1\lambda_2=\frac{A^2+B^2+C^2}{\frac{A^2}{b^2c^2}+\frac{B^2}{a^2c^2}+\frac{C^2}{a^2b^2}}=\frac{(A^2+B^2+C^2)a^2b^2c^2}{A^2a^2+B^2b^2+C^2c^2}$. 由此即得

$$S=\pi\sqrt{\lambda_1\lambda_2}=\pi\sqrt{\frac{(A^2+B^2+C^2)a^2b^2c^2}{A^2a^2+B^2b^2+C^2c^2}}=\pi abc\sqrt{\frac{A^2+B^2+C^2}{A^2a^2+B^2b^2+C^2c^2}}.$$

【例 13】 设$F(x,y)$在点(x_0,y_0)的某邻域内有二阶连续偏导数,且

$$F(x_0,y_0)=0,\quad F_x(x_0,y_0)=0,\quad F_y(x_0,y_0)>0,\quad F_{xx}(x_0,y_0)<0.$$

证明:由方程$F(x,y)=0$所确定的在x_0某邻域内的隐函数$y=f(x)$在点x_0处达到局部极小值.

证 由隐函数存在定理得

$$f'(x)=-\frac{F_x(x,y)}{F_y(x,y)}. \qquad ①$$

特别地,$f'(x_0)=0$. 由 Taylor 定理得

$$f(x)-f(x_0)=f'(x_0)(x-x_0)+\frac{1}{2}f''(x_0)(x-x_0)^2+o((x-x_0)^2)$$
$$=\frac{1}{2}f''(x_0)(x-x_0)^2+o((x-x_0)^2).$$

由①式可得

$$f''(x)=-\frac{[F_{xx}+F_{xy}f'(x)]F_y-F_x[F_{xy}+F_{yy}f'(x)]}{F_y^2(x,y)},$$

从而$f''(x_0)=-\dfrac{F_{xx}(x_0,y_0)}{F_y(x_0,y_0)}>0$，由一元函数极值的充分条件知 $y=f(x)$在点 x_0 处取得极小值.

【例 14】 求函数 $z=2x^2+y^2-8x-2y+9$ 在 $D:2x^2+y^2\leqslant 1$ 上的最大值和最小值.

解 由$\begin{cases} z_x=4x-8=0, \\ z_y=2y-2=0, \end{cases}$得$\begin{cases} x=2, \\ y=1. \end{cases}$由点$(2,1)\notin D$，故 z 在D 上的最大最小值只能在D 的边界 $2x^2+y^2=1$ 上取到. 于是问题转化为：求 $z=-8x-2y+10$ 在条件$2x^2+y^2=1$ 下的最大最小值.

构造 Lagrange 函数 $L(x,y,\lambda)=-8x-2y+10-\lambda(2x^2+y^2-1)$，令

$$\begin{cases} L_x=-8-4\lambda x=0, \\ L_y=-2-2\lambda y=0, \\ L_\lambda=2x^2+y^2-1=0, \end{cases}$$

解得

$$x=\frac{2}{3},\quad y=\frac{1}{3}\quad 或\quad x=-\frac{2}{3}, y=-\frac{1}{3},$$

代入得 $z_{\max}=16, z_{\min}=4$.

三、 教材习题解答

习题 18.1 解答

1. 方程 $\cos x+\sin y=\mathrm{e}^{xy}$ 能否在原点的某邻域上确定隐函数 $y=f(x)$ 或 $x=g(y)$？

解　令 $F(x,y)=\cos x+\sin y-\mathrm{e}^{xy}$，则

①$F(x,y)$ 在原点的某邻域内连续；

②$F(0,0)=0$；

③$F_x=-\sin x-y\mathrm{e}^{xy}$，$F_y=\cos y-x\mathrm{e}^{xy}$ 均在上述邻域内连续；

④$F_y(0,0)=1\neq 0$，$F_x(0,0)=0$.

故由隐函数存在唯一性定理知，方程 $\cos x+\sin y=\mathrm{e}^{xy}$ 在原点的某邻域内可确定隐函数 $y=f(x)$.

由于隐函数定理仅是充分条件，所以由隐函数定理不能断定在原点的某个邻域上能否确定隐函数 $x=g(y)$. 下面用定义来判定是否能确定隐函数 $x=g(y)$. 事实上，因 F_y 连续且 $F_y(0,0)=1>0$，故由连续函数的局部保号性知，在点 $(0,0)$ 某个邻域内有 $F_y(x,y)>0$. 于是 $f'(x)=-\dfrac{F_x}{F_y}$ 的符号与 F_x 的符号相反. 注意到

$$\lim_{x\to 0}\frac{y}{x}=\lim_{x\to 0}\frac{f(x)}{x}=\lim_{x\to 0}\frac{f(x)-f(0)}{x}=f'(0)=-\frac{F_x}{F_y}\bigg|_{(0,0)}=0,$$

即 $y=f(x)=o(x)\ (x\to 0)$，从而

$$F_x(x,y)=-\sin x-y\mathrm{e}^{xy}=-\sin x-o(x)\quad(x\to 0).$$

于是

$$y'(x)=-\frac{F_x}{F_y}\begin{cases}>0,x>0,\\<0,x<0,\end{cases}$$

即 $y=f(x)$ 在点 $x=0$ 附近左减、右增，即在点 $(0,0)$ 附近，每一个 y 有两个 x 与之对应. 由隐函数的定义可知，原点的任何邻域内都不能确定隐函数 $x=g(y)$.

注：从上面的论证可知 $x=0$ 是 $y=f(x)$ 的极小值点.

2. 方程 $xy+z\ln y+\mathrm{e}^{xz}=1$ 在点 $(0,1,1)$ 的某邻域上能否确定出某一个变量为另外两个变量的函数？

解　令 $F(x,y,z)=xy+z\ln y+\mathrm{e}^{xz}-1$，则

①$F(x,y,z)$ 在点 $(0,1,1)$ 的某邻域内连续；

②$F(0,1,1)=0$；

③$F_x=y+z\mathrm{e}^{xz}$，$F_y=x+\dfrac{z}{y}$，$F_z=\ln y+x\mathrm{e}^{xz}$ 均在上述邻域内连续；

④$F_x(0,1,1)=2\neq 0$，$F_y(0,1,1)=1\neq 0$，$F_z(0,1,1)=0$.

故由定理 18.3 知，在点 $(0,1,1)$ 的某邻域内，原方程能确定出函数 $x=f(y,z)$ 和 $y=g(x,z)$.

3. 求由下列方程所确定的隐函数的导数.

(1) $x^2y+3x^4y^3-4=0$，求 $\dfrac{\mathrm{d}y}{\mathrm{d}x}$；

(2) $\ln\sqrt{x^2+y^2}=\arctan\dfrac{y}{x}$，求 $\dfrac{\mathrm{d}y}{\mathrm{d}x}$；

(3) $\mathrm{e}^{-xy}+2z-\mathrm{e}^z=0$，求 $\dfrac{\partial z}{\partial x},\dfrac{\partial z}{\partial y}$；

(4) $a+\sqrt{a^2-y^2}=y\mathrm{e}^u$，$u=\dfrac{x+\sqrt{a^2-y^2}}{a}\ (a>0)$，求 $\dfrac{\mathrm{d}y}{\mathrm{d}x},\dfrac{\mathrm{d}^2y}{\mathrm{d}x^2}$；

(5) $x^2+y^2+z^2-2x+2y-4z-5=0$，求$\frac{\partial z}{\partial x},\frac{\partial z}{\partial y}$；

(6) $z=f(x+y+z,xyz)$，求$\frac{\partial z}{\partial x},\frac{\partial x}{\partial y},\frac{\partial y}{\partial z}$.

解　(1) 方程两边对 x 求导，则

$$2xy+x^2\frac{\mathrm{d}y}{\mathrm{d}x}+12x^3y^3+9x^4y^2\frac{\mathrm{d}y}{\mathrm{d}x}=0,$$

所以$\frac{\mathrm{d}y}{\mathrm{d}x}=-\frac{2y+12x^2y^3}{x+9x^3y^2}$.

(2) 方程两边对 x 求导，则

$$\frac{1}{\sqrt{x^2+y^2}}\cdot\frac{2x+2y\frac{\mathrm{d}y}{\mathrm{d}x}}{2\sqrt{x^2+y^2}}=\frac{1}{1+\left(\frac{y}{x}\right)^2}\cdot\frac{x\frac{\mathrm{d}y}{\mathrm{d}x}-y}{x^2},$$

所以$\frac{\mathrm{d}y}{\mathrm{d}x}=\frac{x+y}{x-y}$.

(3) 设 $F(x,y,z)=\mathrm{e}^{-xy}+2z-\mathrm{e}^z$，则

$$F_x=-y\mathrm{e}^{-xy},F_y=-x\mathrm{e}^{-xy},F_z=2-\mathrm{e}^z.$$

所以$\frac{\partial z}{\partial x}=-\frac{F_x}{F_z}=\frac{y\mathrm{e}^{-xy}}{2-\mathrm{e}^z},\frac{\partial z}{\partial y}=-\frac{F_y}{F_z}=\frac{x\mathrm{e}^{-xy}}{2-\mathrm{e}^z}$.

(4) 令 $F(x,y)=a+\sqrt{a^2-y^2}-y\mathrm{e}^{\frac{x+\sqrt{a^2-y^2}}{a}}$，则

$$F_x=-\frac{y}{a}\mathrm{e}^u,F_y=-\left(\mathrm{e}^u+y\mathrm{e}^u\frac{-y}{a\sqrt{a^2-y^2}}\right)-\frac{y}{\sqrt{a^2-y^2}}.$$

将 $\mathrm{e}^u=\frac{1}{y}(a+\sqrt{a^2-y^2})$代入上式，即

$$F_y=\frac{y}{a}-\frac{a}{y}-\frac{\sqrt{a^2-y^2}}{y},$$

所以$\frac{\mathrm{d}y}{\mathrm{d}x}=-\frac{F_x}{F_y}=-\frac{y}{\sqrt{a^2-y^2}}$，所以

$$\frac{\mathrm{d}^2y}{\mathrm{d}x^2}=\frac{\mathrm{d}}{\mathrm{d}x}\left(\frac{\mathrm{d}y}{\mathrm{d}x}\right)=-\frac{\sqrt{a^2-y^2}\frac{\mathrm{d}y}{\mathrm{d}x}+y\frac{y}{\sqrt{a^2-y^2}}\frac{\mathrm{d}y}{\mathrm{d}x}}{a^2-y^2}=\frac{a^2y}{(a^2-y^2)^2}.$$

(5) 令 $F(x,y,z)=x^2+y^2+z^2-2x+2y-4z-5$，则

$$F_x=2x-2,F_y=2y+2,F_z=2z-4.$$

所以$\frac{\partial z}{\partial x}=-\frac{F_x}{F_z}=\frac{1-x}{z-2},\frac{\partial z}{\partial y}=-\frac{F_y}{F_z}=\frac{y+1}{2-z}$.

(6) 把 z 看成 x,y 的函数，两边对 x 求偏导数，则有

$$\frac{\partial z}{\partial x}=f_1\left(1+\frac{\partial z}{\partial x}\right)+f_2\left(yz+xy\frac{\partial z}{\partial x}\right),$$

所以$\frac{\partial z}{\partial x}=\frac{f_1+yzf_2}{1-f_1-xyf_2}$.

把 x 看成 y,z 的函数，两边对 y 求偏导数，则

$$0=f_1\left(1+\frac{\partial x}{\partial y}\right)+f_2\left(yz\frac{\partial x}{\partial y}+xz\right).$$

所以$\frac{\partial x}{\partial y}=-\frac{f_1+xzf_2}{f_1+yzf_2}$.

把 y 看成 z,x 的函数，对 z 求偏导数，则

$$1=f_1\left(\frac{\partial y}{\partial z}+1\right)+f_2\left(xy+xz\frac{\partial y}{\partial z}\right),$$

所以$\dfrac{\partial y}{\partial z}=\dfrac{1-f_1-xyf_2}{f_1+xzf_2}$.

4.设 $z=x^2+y^2$,其中 $y=f(x)$ 为由方程 $x^2-xy+y^2=1$ 所确定的隐函数,求$\dfrac{dz}{dx}$及$\dfrac{d^2z}{dx^2}$.

解　由方程 $x^2-xy+y^2=1$,得$\dfrac{dy}{dx}=\dfrac{2x-y}{x-2y}$.

因$\dfrac{dz}{dx}=2x+2y\dfrac{dy}{dx}=\dfrac{2(x^2-y^2)}{x-2y}$,故

$$\begin{aligned}\frac{d^2z}{dx^2}&=\frac{d}{dx}\left(\frac{dz}{dx}\right)=\frac{2\left(2x-2y\frac{dy}{dx}\right)(x-2y)-2(x^2-y^2)\left(1-2\frac{dy}{dx}\right)}{(x-2y)^2}\\&=\frac{10x^3-24x^2y+30xy^2-8y^3}{(x-2y)^3}.\end{aligned}$$

5.设 $u=x^2+y^2+z^2$,其中 $z=f(x,y)$ 是由方程 $x^3+y^3+z^3=3xyz$ 所确定的隐函数,求 u_x 及 u_{xx}.

解　由 $x^3+y^3+z^3=3xyz$ 所确定的隐函数 $z=f(x,y)$ 得 $z_x=\dfrac{x^2-yz}{xy-z^2}$.故

$$u_x=2x+2zz_x=2\left(x+\frac{zx^2-yz^2}{xy-z^2}\right),$$

$$\begin{aligned}z_{xx}&=\frac{(2x-yz_x)(xy-z^2)-(x^2-yz)(y-2zz_x)}{(xy-z^2)^2}\\&=\frac{2xz(y^3-3xyz+x^3+z^3)}{(xy-z^2)^3}=0.\end{aligned}$$

$$u_{xx}=\frac{\partial}{\partial x}u_x=2+2z_x^2+2zz_{xx}=2+2z_x^2=2+2\left(\frac{x^2-yz}{xy-z^2}\right)^2.$$

6.设 $F(x,y,z)=0$ 可以确定连续可微隐函数:$x=x(y,z)$,$y=y(z,x)$,$z=z(x,y)$,试证:$\dfrac{\partial x}{\partial y}\cdot\dfrac{\partial y}{\partial z}\cdot\dfrac{\partial z}{\partial x}=-1$(偏导数不再是偏微分的商!).

证　因为

$$\frac{\partial x}{\partial y}=-\frac{F_y}{F_x},\frac{\partial y}{\partial z}=-\frac{F_z}{F_y},\frac{\partial z}{\partial x}=-\frac{F_x}{F_z},$$

所以$\dfrac{\partial x}{\partial y}\cdot\dfrac{\partial y}{\partial z}\cdot\dfrac{\partial z}{\partial x}=-1$.

7.求由下列方程所确定的隐函数的偏导数:

(1)$x+y+z=e^{-(x+y+z)}$,求 z 对于 x,y 的一阶与二阶偏导数;

(2)$F(x,x+y,x+y+z)=0$,求$\dfrac{\partial z}{\partial x}$,$\dfrac{\partial z}{\partial y}$和$\dfrac{\partial^2 z}{\partial x^2}$.

解　(1) 令 $F(x,y,z)=x+y+z-e^{-(x+y+z)}$,则

$$F_x=1+e^{-(x+y+z)}=F_y=F_z.$$

故$\dfrac{\partial z}{\partial x}=\dfrac{\partial z}{\partial y}=-1$,$\dfrac{\partial^2 z}{\partial x^2}=\dfrac{\partial^2 z}{\partial x\partial y}=\dfrac{\partial^2 z}{\partial y^2}=0$.

(2) 把 z 看成 x,y 的函数,两边对 x 求偏导数,得 $F_1+F_2+F_3\left(1+\dfrac{\partial z}{\partial x}\right)=0$,故

$$\frac{\partial z}{\partial x}=-\frac{F_1+F_2+F_3}{F_3}.$$

原方程两边关于 y 求偏导数,得 $F_2+F_3\left(1+\dfrac{\partial z}{\partial y}\right)=0$,故$\dfrac{\partial z}{\partial y}=-\dfrac{F_2+F_3}{F_3}$.

$$\frac{\partial^2 z}{\partial x^2}=\frac{\partial}{\partial x}\left(\frac{\partial z}{\partial x}\right)$$

$$=-\frac{F_{11}+F_{12}+F_{21}+F_{22}+F_{31}+F_{32}+(F_{13}+F_{23}+F_{33})\times\left(1+\dfrac{\partial z}{\partial x}\right)}{F_3}$$

$$+(F_1+F_2+F_3)\left[F_{31}+F_{32}+F_{33}\left(1+\frac{\partial z}{\partial x}\right)\right]F_3^{-2}$$

$$=-F_3^{-3}[F_3^2(F_{11}+2F_{12}+F_{22})-2(F_1+F_2)F_3(F_{13}+F_{23})+(F_1+F_2)^2F_{33}].$$

8. 证明：设方程 $F(x,y)=0$ 所确定的隐函数 $y=f(x)$ 具有二阶导数，则当 $F_y\neq 0$ 时，有

$$F_y^3y''=\begin{vmatrix}F_{xx} & F_{xy} & F_x\\ F_{xy} & F_{yy} & F_y\\ F_x & F_y & 0\end{vmatrix}.$$

证　由题设条件可得 $y'=-\dfrac{F_x}{F_y}(F_y\neq 0)$，故

$$y''=-[(F_{xx}+F_{xy}y')F_y-F_x(F_{yx}+F_{yy}y')]F_y^{-2}$$
$$=(2F_xF_yF_{xy}-F_y^2F_{xx}-F_x^2F_{yy})F_y^{-3},$$

所以

$$F_y^3y''=2F_xF_yF_{xy}-F_y^2F_{xx}-F_x^2F_{yy}=\begin{vmatrix}F_{xx} & F_{xy} & F_x\\ F_{xy} & F_{yy} & F_y\\ F_x & F_y & 0\end{vmatrix}(F_y\neq 0).$$

9. 设 f 是一元函数，试问应对 f 提出什么条件，方程 $2f(xy)=f(x)+f(y)$ 在点 $(1,1)$ 的邻域上就能确定出唯一的 y 为 x 的函数？

解　设 $F(x,y)=f(x)+f(y)-2f(xy)$，则

$$F_x=f'(x)-2yf'(xy),F_y=f'(y)-2xf'(xy),$$

且

$$F(1,1)=f(1)+f(1)-2f(1)=0,$$
$$F_y(1,1)=f'(1)-2f'(1)=-f'(1),$$

因此只需 $f'(x)$ 在 $x=1$ 的某邻域内连续，则 F,F_x,F_y 在 $(1,1)$ 的某邻域内连续. 所以，当 $f'(x)$ 在 $x=1$ 的某邻域内连续，且 $f'(1)\neq 0$ 时，方程 $2f(xy)=f(x)+f(y)$ 就能确定唯一的 y 为 x 的函数.

习题 18.2 解答

1. 试讨论方程组 $\begin{cases}x^2+y^2=\dfrac{z^2}{2},\\ x+y+z=2\end{cases}$ 在点 $(1,-1,2)$ 的附近能否确定形如 $x=f(z),y=g(z)$ 的隐函数组？

解　令 $F(x,y,z)=x^2+y^2-\dfrac{z^2}{2}$，$G(x,y,z)=x+y+z-2$，则

(1) F,G 在点 $(1,-1,2)$ 的某邻域内连续；

(2) $F(1,-1,2)=0,G(1,-1,2)=0$；

(3) $F_x=2x,F_y=2y,F_z=-z,G_x=G_y=G_z=1$，均在点 $(1,-1,2)$ 的邻域内连续；

(4) $\left.\dfrac{\partial(F,G)}{\partial(x,y)}\right|_{(1,-1,2)}=\left.\begin{vmatrix}F_x & F_y\\ G_x & G_y\end{vmatrix}\right|_{(1,-1,2)}=\begin{vmatrix}2 & -2\\ 1 & 1\end{vmatrix}=4\neq 0.$

故由隐函数组定理知，在点 $(1,-1,2)$ 的附近该方程组能确定形如 $x=f(z),y=g(z)$ 的隐函数组.

2. 求下列方程组所确定的隐函数组的导数：

(1) $\begin{cases} x^2+y^2+z^2=a^2, \\ x^2+y^2=ax, \end{cases}$ 求$\dfrac{\mathrm{d}y}{\mathrm{d}x},\dfrac{\mathrm{d}z}{\mathrm{d}x}$；

(2) $\begin{cases} x-u^2-yv=0, \\ y-v^2-xu=0, \end{cases}$ 求$\dfrac{\partial u}{\partial x},\dfrac{\partial v}{\partial x},\dfrac{\partial u}{\partial y},\dfrac{\partial v}{\partial y}$；

(3) $\begin{cases} u=f(ux,v+y), \\ v=g(u-x,v^2y), \end{cases}$ 求$\dfrac{\partial u}{\partial x},\dfrac{\partial v}{\partial x}$.

解　(1) 设方程组确定的隐函数组为$\begin{cases} y=y(x), \\ z=z(x), \end{cases}$方程组两边对 x 求导，得

$$\begin{cases} 2x+2y\dfrac{\mathrm{d}y}{\mathrm{d}x}+2z\dfrac{\mathrm{d}z}{\mathrm{d}x}=0, \\ 2x+2y\dfrac{\mathrm{d}y}{\mathrm{d}x}=a, \end{cases}$$

解此方程组得$\dfrac{\mathrm{d}y}{\mathrm{d}x}=\dfrac{a-2x}{2y},\dfrac{\mathrm{d}z}{\mathrm{d}x}=-\dfrac{a}{2z}$.

(2) 方程组对 x 求偏导数，得

$$\begin{cases} 1-2u\dfrac{\partial u}{\partial x}-y\dfrac{\partial v}{\partial x}=0, \\ -2v\dfrac{\partial v}{\partial x}-u-x\dfrac{\partial u}{\partial x}=0, \end{cases}$$

解得$\dfrac{\partial u}{\partial x}=\dfrac{2v+yu}{4uv-xy},\dfrac{\partial v}{\partial x}=\dfrac{2u^2+x}{xy-4uv}$.

方程组对 y 求偏导数，得

$$\begin{cases} -2u\dfrac{\partial u}{\partial y}-v-y\dfrac{\partial v}{\partial y}=0, \\ 1-2v\dfrac{\partial v}{\partial y}-x\dfrac{\partial u}{\partial y}=0, \end{cases}$$

解得$\dfrac{\partial u}{\partial y}=\dfrac{2v^2+y}{xy-4uv},\dfrac{\partial v}{\partial y}=\dfrac{2u+xv}{4uv-xy}$.

(3) 把 u,v 看成 x,y 的函数，对 x 求偏导数，得

$$\begin{cases} \dfrac{\partial u}{\partial x}=f_1\cdot\left(u+x\dfrac{\partial u}{\partial x}\right)+f_2\cdot\dfrac{\partial v}{\partial x}, \\ \dfrac{\partial v}{\partial x}=g_1\cdot\left(\dfrac{\partial u}{\partial x}-1\right)+g_2\cdot\left(2vy\dfrac{\partial v}{\partial x}\right), \end{cases}$$

解之得

$$\frac{\partial u}{\partial x}=\frac{u(1-2vyg_2)f_1-f_2g_1}{(1-xf_1)(1-2vyg_2)-f_2g_1},$$

$$\frac{\partial v}{\partial x}=\frac{-(1-xf_1)g_1+uf_1g_1}{(1-xf_1)(1-2vyg_2)-f_2g_1}.$$

3. 求下列函数组所确定的反函数组的偏导数：

(1) $\begin{cases} x=\mathrm{e}^u+u\sin v, \\ y=\mathrm{e}^u-u\cos v, \end{cases}$ 求 u_x,v_x,u_y,v_y；

(2) $\begin{cases} x=u+v, \\ y=u^2+v^2, \\ z=u^3+v^3, \end{cases}$ 求 z_x.

解　(1) **方法一**　因$\dfrac{\partial(x,y)}{\partial(u,v)}=[1+\mathrm{e}^u\sin v-\mathrm{e}^u\cos v]u$，所以由反函数组定理，得

$$u_x=\frac{\partial y}{\partial v}\Big/\frac{\partial(x,y)}{\partial(u,v)}=\frac{\sin v}{1+e^u(\sin v-\cos v)},$$

$$v_x=-\frac{\partial y}{\partial u}\Big/\frac{\partial(x,y)}{\partial(u,v)}=\frac{\cos v-e^u}{[1+e^u(\sin v-\cos v)]u},$$

$$u_y=-\frac{\partial x}{\partial v}\Big/\frac{\partial(x,y)}{\partial(u,v)}=\frac{-\cos v}{1+e^u(\sin v-\cos v)},$$

$$v_y=\frac{\partial x}{\partial u}\Big/\frac{\partial(x,y)}{\partial(u,v)}=\frac{e^u+\sin v}{[1+e^u(\sin v-\cos v)]u}.$$

方法二　在每个方程两边分别对 x,y 求偏导得

$$\begin{cases}1=e^u\cdot u_x+u_x\sin v+u\cdot\cos v\cdot v_x,\\0=e^u\cdot u_x-u_x\cos v+u\sin v\cdot v_x,\end{cases}$$

$$\begin{cases}0=e^u\cdot u_y+u_y\sin v+u\cdot\cos v\cdot v_y,\\1=e^u\cdot u_y-u_y\cos v+u\sin v\cdot v_y,\end{cases}$$

解得

$$u_x=\frac{\sin v}{1+e^u(\sin v-\cos v)},$$

$$v_x=\frac{\cos v-e^u}{[1+e^u(\sin v-\cos v)]u},$$

$$u_y=\frac{-\cos v}{1+e^u(\sin v-\cos v)},$$

$$v_y=\frac{e^u+\sin v}{[1+e^u(\sin v-\cos v)]u}.$$

(2) 对 x 求偏导数，得 $\begin{cases}1=u_x+v_x,\\0=2uu_x+2vv_x,\\z_x=3u^2u_x+3v^2v_x,\end{cases}$　解得 $z_x=-3uv$.

4. 设函数 $z=z(x,y)$ 是由方程组 $x=e^{u+v},y=e^{u-v},z=uv$（u,v 为参量）所定义的函数，求当 $u=0,v=0$ 时的 dz.

解　因 $dz=z_xdx+z_ydy$，又

$$z_x=u_xv+uv_x,z_y=u_yv+uv_y,$$

所以当 $u=0,v=0$ 时，$dz=0$.

5. 设以 u,v 为新的自变量变换下列方程：

(1) $(x+y)\dfrac{\partial z}{\partial x}-(x-y)\dfrac{\partial z}{\partial y}=0$，设 $u=\ln\sqrt{x^2+y^2},v=\arctan\dfrac{y}{x}$；

(2) $x^2\dfrac{\partial^2 z}{\partial x^2}-y^2\dfrac{\partial^2 z}{\partial y^2}=0$，设 $u=xy,v=\dfrac{x}{y}$.

解　(1) 因 $\dfrac{\partial u}{\partial x}=\dfrac{x}{x^2+y^2},\dfrac{\partial u}{\partial y}=\dfrac{y}{x^2+y^2},\dfrac{\partial v}{\partial x}=-\dfrac{y}{x^2+y^2},\dfrac{\partial v}{\partial y}=\dfrac{x}{x^2+y^2}$，所以

$$\frac{\partial z}{\partial x}=\frac{\partial z}{\partial u}\frac{\partial u}{\partial x}+\frac{\partial z}{\partial v}\frac{\partial v}{\partial x}=\frac{x}{x^2+y^2}\frac{\partial z}{\partial u}-\frac{y}{x^2+y^2}\frac{\partial z}{\partial v},$$

$$\frac{\partial z}{\partial y}=\frac{\partial z}{\partial u}\frac{\partial u}{\partial y}+\frac{\partial z}{\partial v}\frac{\partial v}{\partial y}=\frac{y}{x^2+y^2}\frac{\partial z}{\partial u}+\frac{x}{x^2+y^2}\frac{\partial z}{\partial v},$$

将 $\dfrac{\partial z}{\partial x},\dfrac{\partial z}{\partial y}$ 代入原方程，整理得 $\dfrac{\partial z}{\partial u}=\dfrac{\partial z}{\partial v}$.

(2) $\dfrac{\partial z}{\partial x}=\dfrac{\partial z}{\partial u}\dfrac{\partial u}{\partial x}+\dfrac{\partial z}{\partial v}\dfrac{\partial v}{\partial x}=y\dfrac{\partial z}{\partial u}+\dfrac{1}{y}\dfrac{\partial z}{\partial v},\dfrac{\partial z}{\partial y}=\dfrac{\partial z}{\partial u}\dfrac{\partial u}{\partial y}+\dfrac{\partial z}{\partial v}\dfrac{\partial v}{\partial y}=x\dfrac{\partial z}{\partial u}-\dfrac{x}{y^2}\dfrac{\partial z}{\partial v}$.

所以

$$\begin{aligned}\frac{\partial^2 z}{\partial x^2}&=\frac{\partial}{\partial x}\left(\frac{\partial z}{\partial x}\right)\\&=y\left(\frac{\partial^2 z}{\partial u^2}\frac{\partial u}{\partial x}+\frac{\partial^2 z}{\partial u\partial v}\frac{\partial v}{\partial x}\right)+\frac{1}{y}\left(\frac{\partial^2 z}{\partial u\partial v}\frac{\partial u}{\partial x}+\frac{\partial^2 z}{\partial v^2}\frac{\partial v}{\partial x}\right)\\&=y^2\frac{\partial^2 z}{\partial u^2}+2\frac{\partial^2 z}{\partial u\partial v}+\frac{1}{y^2}\frac{\partial^2 z}{\partial v^2},\\\frac{\partial^2 z}{\partial y^2}&=x\left(\frac{\partial^2 z}{\partial u^2}\frac{\partial u}{\partial y}+\frac{\partial^2 z}{\partial u\partial v}\frac{\partial v}{\partial y}\right)+\frac{2x}{y^3}\frac{\partial z}{\partial v}-\frac{x}{y^2}\left(\frac{\partial^2 z}{\partial u\partial v}\frac{\partial u}{\partial y}+\frac{\partial^2 z}{\partial v^2}\frac{\partial v}{\partial y}\right)\\&=x^2\frac{\partial^2 z}{\partial u^2}+\frac{x^2}{y^4}\frac{\partial^2 z}{\partial v^2}-\frac{2x^2}{y^2}\frac{\partial^2 z}{\partial u\partial v}+\frac{2x}{y^3}\frac{\partial z}{\partial v}.\end{aligned}$$

将上述$\frac{\partial^2 z}{\partial x^2}$，$\frac{\partial^2 x}{\partial y^2}$代入原方程，整理得 $2xy\frac{\partial^2 z}{\partial u\partial v}=\frac{\partial z}{\partial v}$，即 $2u\frac{\partial^2 z}{\partial u\partial v}=\frac{\partial z}{\partial v}$.

6. 设函数 $u=u(x,y)$ 由方程组 $u=f(x,y,z,t),g(y,z,t)=0,h(z,t)=0$ 所确定，求$\frac{\partial u}{\partial x}$和$\frac{\partial u}{\partial y}$.

解　方程组分别对 x,y 求偏导数，则有

$$\begin{cases}\frac{\partial u}{\partial x}=f_x+f_z\frac{\partial z}{\partial x}+f_t\frac{\partial t}{\partial x},\\g_z\frac{\partial z}{\partial x}+g_t\frac{\partial t}{\partial x}=0,\\h_z\frac{\partial z}{\partial x}+h_t\frac{\partial t}{\partial x}=0,\end{cases}\quad\text{和}\begin{cases}\frac{\partial u}{\partial y}=f_y+f_z\frac{\partial z}{\partial y}+f_t\frac{\partial t}{\partial y},\\g_y+g_z\frac{\partial z}{\partial y}+g_t\frac{\partial t}{\partial y}=0,\\h_z\frac{\partial z}{\partial y}+h_t\frac{\partial t}{\partial y}=0,\end{cases}$$

分别解得$\frac{\partial u}{\partial x}=f_x$，$\frac{\partial u}{\partial y}=f_y+\left(\frac{\partial(h,f)}{\partial(z,t)}\Big/\frac{\partial(g,h)}{\partial(z,t)}\right)g_y$.

7. 设 $u=u(x,y,z),v=v(x,y,z)$ 和 $x=x(s,t),y=y(s,t),z=z(s,t)$ 都有连续的一阶偏导数. 证明

$$\frac{\partial(u,v)}{\partial(s,t)}=\frac{\partial(u,v)}{\partial(x,y)}\frac{\partial(x,y)}{\partial(s,t)}+\frac{\partial(u,v)}{\partial(y,z)}\frac{\partial(y,z)}{\partial(s,t)}+\frac{\partial(u,v)}{\partial(z,x)}\frac{\partial(z,x)}{\partial(s,t)}.$$

证　右端$=\begin{vmatrix}u_x&u_y\\v_x&v_y\end{vmatrix}\begin{vmatrix}x_s&x_t\\y_s&y_t\end{vmatrix}+\begin{vmatrix}u_y&u_z\\v_y&v_z\end{vmatrix}\begin{vmatrix}y_s&y_t\\z_s&z_t\end{vmatrix}+\begin{vmatrix}u_z&u_x\\v_z&v_x\end{vmatrix}\begin{vmatrix}z_s&z_t\\x_s&x_t\end{vmatrix}$

$$\begin{aligned}&=\begin{vmatrix}u_xx_s+u_yy_s&u_xx_t+u_yy_t\\v_xx_s+v_yy_s&v_xx_t+v_yy_t\end{vmatrix}+\begin{vmatrix}u_yy_s+u_zz_s&u_yy_t+u_zz_t\\v_yy_s+v_zz_s&v_yy_t+v_zz_t\end{vmatrix}+\begin{vmatrix}u_zz_s+u_xx_s&u_zz_t+u_xx_t\\v_zz_s+v_xx_s&v_zz_t+v_xx_t\end{vmatrix}\\&=(u_xx_s+u_yy_s+u_zz_s)(v_xx_t+v_yy_t+v_zz_t)-(u_xx_t+u_yy_t+u_zz_t)(v_xx_s+v_yy_s+v_zz_s)\\&=u_sv_t-u_tv_s=\begin{vmatrix}u_s&u_t\\v_s&v_t\end{vmatrix}=\frac{\partial(u,v)}{\partial(s,t)}=\text{左端}.\end{aligned}$$

8. 设 $u=\frac{y}{\tan x},v=\frac{y}{\sin x}$. 证明：当 $0<x<\frac{\pi}{2},y>0$ 时，u,v 可以用来作为曲线坐标，解出 x,y 作为 u,v 的函数，画出 xy 平面上 $u=1,v=2$ 所对应的坐标曲线，计算$\frac{\partial(u,v)}{\partial(x,y)}$和$\frac{\partial(x,y)}{\partial(u,v)}$并验证它们互为倒数.

解　$u_x=-\frac{y}{\sin^2 x},u_y=\frac{1}{\tan x},v_x=-\frac{y\cos x}{\sin^2 x},v_y=\frac{1}{\sin x}$. 所以

$$\frac{\partial(u,v)}{\partial(x,y)}=\begin{vmatrix}u_x&u_y\\v_x&v_y\end{vmatrix}=-\frac{y}{\sin x}.$$

故当 $0<x<\frac{\pi}{2},y>0$ 时，u_x,u_y,v_x,v_y 都连续且$\frac{\partial(u,v)}{\partial(x,y)}<0$. 由反函数组定理知，存在函数组 $x=x(u,v),y=y(u,v)$，从而 u,v 可以用来作为曲线坐标.

由$\begin{cases}u=\frac{y}{\tan x},\\v=\frac{y}{\sin x},\end{cases}$解得

$$\begin{cases} x = \arccos \dfrac{u}{v}, \\ y = \sqrt{v^2 - u^2}. \end{cases}$$

$u=1, v=2$ 分别对应 xy 平面上的坐标曲线 $y=\tan x, y=2\sin x$，如图 18－1，18－2 所示.

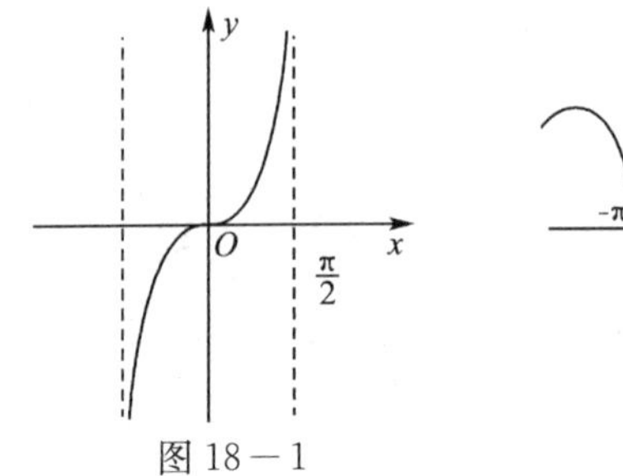

图 18－1

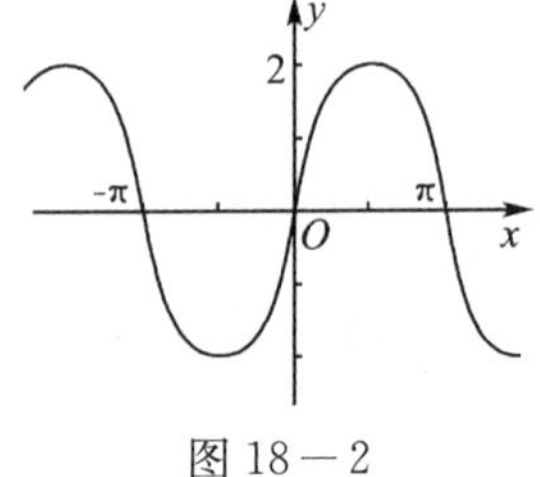

图 18－2

因 $\dfrac{\partial(x,y)}{\partial(u,v)} = \begin{vmatrix} -\dfrac{1}{v\sqrt{1-\left(\dfrac{u}{v}\right)^2}} & \dfrac{1}{\sqrt{1-\left(\dfrac{u}{v}\right)^2}} \cdot \dfrac{u}{v^2} \\ -\dfrac{u}{\sqrt{v^2-u^2}} & \dfrac{v}{\sqrt{v^2-u^2}} \end{vmatrix} = -\dfrac{1}{v} = -\dfrac{\sin x}{y}$，而前面已算得 $\dfrac{\partial(u,v)}{\partial(x,y)} =$ $-\dfrac{y}{\sin x}$，所以 $\dfrac{\partial(u,v)}{\partial(x,y)} \cdot \dfrac{\partial(x,y)}{\partial(u,v)} = 1$，即 $\dfrac{\partial(u,v)}{\partial(x,y)}$ 与 $\dfrac{\partial(x,y)}{\partial(u,v)}$ 互为倒数.

9. 将以下式中的 (x,y,z) 变换成球面坐标 (r,θ,φ) 的形式：

$$\Delta_1 u = \left(\frac{\partial u}{\partial x}\right)^2 + \left(\frac{\partial u}{\partial y}\right)^2 + \left(\frac{\partial u}{\partial z}\right)^2,$$

$$\Delta_2 u = \frac{\partial^2 u}{\partial x^2} + \frac{\partial^2 u}{\partial y^2} + \frac{\partial^2 u}{\partial z^2}.$$

解　将 $\begin{cases} x = r\sin\varphi\cos\theta, \\ y = r\sin\varphi\sin\theta, \\ z = r\cos\varphi \end{cases}$ 看成由 ① $\begin{cases} x = \rho\cos\theta \\ y = \rho\sin\theta, \\ z = z \end{cases}$ 和 ② $\begin{cases} z = r\cos\varphi, \\ \rho = r\sin\varphi, \\ \theta = \theta \end{cases}$ 复合而成.

对变换 ①，有

$$\left(\frac{\partial u}{\partial x}\right)^2 + \left(\frac{\partial u}{\partial y}\right)^2 + \left(\frac{\partial u}{\partial z}\right)^2 = \left(\frac{\partial u}{\partial \rho}\right)^2 + \frac{1}{\rho^2}\left(\frac{\partial u}{\partial \theta}\right)^2 + \left(\frac{\partial u}{\partial z}\right)^2;$$

对变换 ②，有

$$\begin{aligned} \left(\frac{\partial u}{\partial \rho}\right)^2 + \left(\frac{\partial u}{\partial z}\right)^2 + \frac{1}{\rho^2}\left(\frac{\partial u}{\partial \theta}\right)^2 &= \left(\frac{\partial u}{\partial r}\right)^2 + \frac{1}{r^2}\left(\frac{\partial u}{\partial \varphi}\right)^2 + \frac{1}{\rho^2}\left(\frac{\partial u}{\partial \theta}\right)^2 \\ &= \left(\frac{\partial u}{\partial r}\right)^2 + \frac{1}{r^2}\left(\frac{\partial u}{\partial \varphi}\right)^2 + \frac{1}{r^2\sin^2\varphi}\left(\frac{\partial u}{\partial \theta}\right)^2, \end{aligned}$$

故有 $\Delta_1 u = \left(\dfrac{\partial u}{\partial r}\right)^2 + \dfrac{1}{r^2}\left(\dfrac{\partial u}{\partial \varphi}\right)^2 + \dfrac{1}{r^2\sin^2\varphi}\left(\dfrac{\partial u}{\partial \theta}\right)^2.$

对上述变换 ① 由教材第 132 页习题 17.4 第 2 题的结果，得

$$\frac{\partial^2 u}{\partial x^2} + \frac{\partial^2 u}{\partial y^2} + \frac{\partial^2 u}{\partial z^2} = \frac{\partial^2 u}{\partial \rho^2} + \frac{1}{\rho}\frac{\partial u}{\partial \rho} + \frac{1}{\rho^2}\frac{\partial^2 u}{\partial \theta^2} + \frac{\partial^2 u}{\partial z^2};$$

对变换 ②，有

$$\frac{\partial^2 u}{\partial \rho^2} + \frac{\partial^2 u}{\partial z^2} = \frac{\partial^2 u}{\partial r^2} + \frac{1}{r}\frac{\partial u}{\partial r} + \frac{1}{r^2}\frac{\partial^2 u}{\partial \varphi^2}.$$

因为

$$r = \sqrt{\rho^2 + z^2}, \varphi = \arctan\frac{\rho}{z},$$

所以

$$\frac{\partial u}{\partial \rho}=\frac{\partial u}{\partial r}\frac{\partial r}{\partial \rho}+\frac{\partial u}{\partial \varphi}\frac{\partial \varphi}{\partial \rho}=\frac{\partial u}{\partial r}\cdot\frac{\rho}{r}+\frac{\partial u}{\partial \varphi}\cdot\frac{z}{r^2}=\sin\varphi\frac{\partial u}{\partial r}+\frac{\cos\varphi}{r}\frac{\partial u}{\partial \varphi},$$

故 $\Delta_2 u=\frac{\partial^2 u}{\partial r^2}+\frac{2}{r}\frac{\partial u}{\partial r}+\frac{1}{r^2}\frac{\partial^2 u}{\partial \varphi^2}+\frac{\cos\varphi}{r^2\sin\varphi}\frac{\partial u}{\partial \varphi}+\frac{1}{r^2\sin^2\varphi}\frac{\partial^2 u}{\partial \theta^2}$.

10. 设 $u=\frac{x}{r^2},v=\frac{y}{r^2},w=\frac{z}{r^2}$,其中 $r=\sqrt{x^2+y^2+z^2}$.

(1) 试求以 u,v,w 为自变量的反函数组;

(2) 计算$\frac{\partial(u,v,w)}{\partial(x,y,z)}$.

解 (1) 因 $u^2+v^2+w^2=\frac{x^2+y^2+z^2}{r^4}=\frac{1}{r^2}$,所以 $r^2=(u^2+v^2+w^2)^{-1}$,所以

$$x=ur^2=\frac{u}{u^2+v^2+w^2},y=\frac{v}{u^2+v^2+w^2},z=\frac{w}{u^2+v^2+w^2}.$$

(2) $$\frac{\partial(u,v,w)}{\partial(x,y,z)}=\begin{vmatrix}\frac{r^2-2x^2}{r^4} & -\frac{2xy}{r^4} & -\frac{2xz}{r^4}\\ -\frac{2xy}{r^4} & \frac{r^2-2y^2}{r^4} & -\frac{2yz}{r^4}\\ -\frac{2xz}{r^4} & -\frac{2yz}{r^4} & \frac{r^2-2z^2}{r^4}\end{vmatrix}=-\frac{1}{r^6}.$$

习题 18.3 解答

1. 求平面曲线 $x^{\frac{2}{3}}+y^{\frac{2}{3}}=a^{\frac{2}{3}}(a>0)$ 上任一点处的切线方程,并证明这些切线被坐标轴所截取的线段等长.

解 令 $F(x,y)=x^{\frac{2}{3}}+y^{\frac{2}{3}}-a^{\frac{2}{3}}$,则

$$F_x(x_0,y_0)=\frac{2}{3}x_0^{-\frac{1}{3}},F_y(x_0,y_0)=\frac{2}{3}y_0^{-\frac{1}{3}},$$

所以,曲线上任一点(x_0,y_0)处的切线方程为

$$x_0^{-\frac{1}{3}}(x-x_0)+y_0^{-\frac{1}{3}}(y-y_0)=0,$$

化简得 $x_0^{-\frac{1}{3}}x+y_0^{-\frac{1}{3}}y=a^{\frac{2}{3}}$. 此切线与 x,y 轴的交点分别为$(a^{\frac{2}{3}}x_0^{\frac{1}{3}},0)$,$(0,a^{\frac{2}{3}}y_0^{\frac{1}{3}})$.

又因$(a^{\frac{2}{3}}x_0^{\frac{1}{3}})^2+(a^{\frac{2}{3}}y_0^{\frac{1}{3}})^2=a^{\frac{4}{3}}(x_0^{\frac{2}{3}}+y_0^{\frac{2}{3}})=a^{\frac{4}{3}}\cdot a^{\frac{2}{3}}=a^2$. 所以,任一点处的切线被坐标轴截取的线段等长(均为 a).

2. 求下列曲线在所示点处的切线与法平面:

(1)$x=a\sin^2 t,y=b\sin t\cos t,z=c\cos^2 t$,在点 $t=\frac{\pi}{4}$;

(2)$2x^2+3y^2+z^2=9,z^2=3x^2+y^2$,在点$(1,-1,2)$.

解 (1) 因 $x'\left(\frac{\pi}{4}\right)=a,y'\left(\frac{\pi}{4}\right)=0,z'\left(\frac{\pi}{4}\right)=-c$,所以切线方程为

$$\frac{x-\frac{a}{2}}{a}=\frac{y-\frac{b}{2}}{0}=\frac{z-\frac{c}{2}}{-c}.$$

法平面方程为

$$a\left(x-\frac{a}{2}\right)-c\left(z-\frac{c}{2}\right)=0,\text{即 } ax-cz=\frac{1}{2}(a^2-c^2).$$

(2) 令 $F(x,y,z)=2x^2+3y^2+z^2-9,G(x,y,z)=3x^2+y^2-z^2$.

$$F_x=4x,F_y=6y,F_z=2z,G_x=6x,G_y=2y,G_z=-2z,$$

所以

$$\left.\frac{\partial(F,G)}{\partial(y,z)}\right|_{(1,-1,2)}=32,\left.\frac{\partial(F,G)}{\partial(z,x)}\right|_{(1,-1,2)}=40,\left.\frac{\partial(F,G)}{\partial(x,y)}\right|_{(1,-1,2)}=28.$$

故切线方程为$\frac{x-1}{8}=\frac{y+1}{10}=\frac{z-2}{7}$.法平面方程为$8(x-1)+10(y+1)+7(z-2)=0$,即$8x+10y+7z=12$.

3. 求下列曲面在所示点处的切平面与法线：

(1)$y-\mathrm{e}^{2x-z}=0$,在点$(1,1,2)$； (2) $\frac{x^2}{a^2}+\frac{y^2}{b^2}+\frac{z^2}{c^2}=1$,在点$\left(\frac{a}{\sqrt{3}},\frac{b}{\sqrt{3}},\frac{c}{\sqrt{3}}\right)$.

解 (1) 令$F(x,y,z)=y-\mathrm{e}^{2x-z}$,则$F_x(1,1,2)=-2,F_y(1,1,2)=1,F_z(1,1,2)=1$.

故切平面方程为$-2(x-1)+(y-1)+(z-2)=0$,即$2x-y-z=-1$.法线方程为$\frac{x-1}{-2}=\frac{y-1}{1}=\frac{z-2}{1}$.

(2) 令$F(x,y,z)=\frac{x^2}{a^2}+\frac{y^2}{b^2}+\frac{z^2}{c^2}-1$,则

$$F_x\left(\frac{a}{\sqrt{3}},\frac{b}{\sqrt{3}},\frac{c}{\sqrt{3}}\right)=\frac{2}{\sqrt{3}a},F_y\left(\frac{a}{\sqrt{3}},\frac{b}{\sqrt{3}},\frac{c}{\sqrt{3}}\right)=\frac{2}{\sqrt{3}b},F_z\left(\frac{a}{\sqrt{3}},\frac{b}{\sqrt{3}},\frac{c}{\sqrt{3}}\right)=\frac{2}{\sqrt{3}c},$$

故切平面方程为

$$\frac{1}{a}\left(x-\frac{a}{\sqrt{3}}\right)+\frac{1}{b}\left(y-\frac{b}{\sqrt{3}}\right)+\frac{1}{c}\left(z-\frac{c}{\sqrt{3}}\right)=0,$$

即$\frac{x}{a}+\frac{y}{b}+\frac{z}{c}=\sqrt{3}$.

法线方程为$a\left(x-\frac{a}{\sqrt{3}}\right)=b\left(y-\frac{b}{\sqrt{3}}\right)=c\left(z-\frac{c}{\sqrt{3}}\right)$.

4. 证明对任意常数ρ,φ,球面$x^2+y^2+z^2=\rho^2$与锥面$x^2+y^2=\tan^2\varphi\cdot z^2$是正交的.

证 设(x,y,z)是球面与锥面交线上的任一点，则球面在该点的法向量为$\boldsymbol{n}_1=(2x,2y,2z)$,锥面在该点的法向量为$\boldsymbol{n}_2=(2x,2y,-2z\tan^2\varphi)$.

因为$\boldsymbol{n}_1\cdot\boldsymbol{n}_2=4x^2+4y^2-4z^2\tan^2\varphi=0$,所以对任意常数$\rho,\varphi$,球面与锥面正交.

5. 求曲面$x^2+2y^2+3z^2=21$的切平面，使它平行于平面$x+4y+6z=0$.

解 设曲面上过点(x_0,y_0,z_0)的切平面和平面$x+4y+6z=0$平行，又在该点的切平面为

$$2x_0(x-x_0)+4y_0(y-y_0)+6z_0(z-z_0)=0,$$

故$\frac{2x_0}{1}=\frac{4y_0}{4}=\frac{6z_0}{6}$,即$2x_0=y_0=z_0$.

代入曲面方程得

$$x_0^2+8x_0^2+12x_0^2=21,$$

所以$x_0=\pm1$.可见在点$(1,2,2)$和点$(-1,-2,-2)$处的切平面与所给平面平行.

在$(1,2,2)$处的切平面为$x+4y+6z=21$.在$(-1,-2,-2)$处切平面为$x+4y+6z=-21$.

6. 在曲线$x=t,y=t^2,z=t^3$上求出一点，使曲线在此点的切线平行于平面$x+2y+z=4$.

解 对曲线上任意一点(x,y,z),有$x_t=1,y_t=2t,z_t=3t^2$.

设曲线在$t=t_0$处的切线平行于平面$x+2y+z=4$,则有

$$(1,2t_0,3t_0^2)\cdot(1,2,1)=0,$$

即$1+4t_0+3t_0^2=0$,解之得$t_0=-1$或$t_0=-\frac{1}{3}$.所以所求点为$(-1,1,-1)$或$\left(-\frac{1}{3},\frac{1}{9},-\frac{1}{27}\right)$.

7. 求函数 $u=\dfrac{x}{\sqrt{x^2+y^2+z^2}}$ 在点 $M(1,2,-2)$ 沿曲线

$$x=t,y=2t^2,z=-2t^4$$

在该点切线的方向导数.

解　因曲线过点 $(1,2,-2)$,所以 $t_0=1$,于是 $x_t(t_0)=1,y_t(t_0)=4,z_t(t_0)=-8$.

故曲线沿点 M 的切线方向为 $\pm(1,4,-8)$,方向余弦为:$\frac{1}{9},\frac{4}{9},-\frac{8}{9}$ 或 $-\frac{1}{9},-\frac{4}{9},\frac{8}{9}$.

而 $u_x(M)=\frac{8}{27},u_y(M)=-\frac{2}{27},u_z(M)=\frac{2}{27}$. 故所求方向导数为

$$\pm\left[\frac{8}{27}\times\frac{1}{9}+\left(-\frac{2}{27}\right)\times\frac{4}{9}+\frac{2}{27}\times\left(-\frac{8}{9}\right)\right]=\pm\frac{16}{243}.$$

8. 试证明:函数 $F(x,y)$ 在点 $P_0(x_0,y_0)$ 的梯度恰好是 F 的等值线在点 P_0 的法向量(设 F 有连续一阶偏导数).

证　F 的等值线为 $F(x,y)=c$,它在点 P_0 的切线方程为 $F_x(x_0,y_0)(x-x_0)+F_y(x_0,y_0)(y-y_0)=0$,故等值线在点 P_0 的法向量为 $(F_x(x_0,y_0),F_y(x_0,y_0))$. 即结论成立.

9. 确定正数 λ,使曲面 $xyz=\lambda$ 与椭球面 $\frac{x^2}{a^2}+\frac{y^2}{b^2}+\frac{z^2}{c^2}=1$ 在某一点相切(即在该点有公共切平面).

解　设两曲面在点 $P_0(x_0,y_0,z_0)$ 处相切,则曲面 $xyz=\lambda$ 在点 P_0 处的切平面 $y_0z_0(x-x_0)+z_0x_0(y-y_0)+x_0y_0(z-z_0)=0$ 与椭球面在点 P_0 处的切平面

$$\frac{x_0}{a^2}(x-x_0)+\frac{y_0}{b^2}(y-y_0)+\frac{z_0}{c^2}(z-z_0)=0$$

应为一个平面,所以

$$\frac{x_0}{a^2y_0z_0}=\frac{y_0}{b^2z_0x_0}=\frac{z_0}{c^2x_0y_0},\text{即}\frac{x_0^2}{a^2}=\frac{y_0^2}{b^2}=\frac{z_0^2}{c^2}.$$

又 $\frac{x_0^2}{a^2}+\frac{y_0^2}{b^2}+\frac{z_0^2}{c^2}=1$,所以

$$\frac{x_0^2}{a^2}=\frac{y_0^2}{b^2}=\frac{z_0^2}{c^2}=\frac{1}{3},$$

从而 $x_0^2y_0^2z_0^2=\frac{1}{27}a^2b^2c^2$,故所求的正数

$$\lambda=x_0y_0z_0=\frac{|abc|}{3\sqrt{3}}.$$

10. 求 $x^2+y^2+z^2=x$ 的切平面,使其垂直于平面 $x-y-\frac{1}{2}z=2$ 和 $x-y-z=2$.

解　设曲面在点 $P_0(x_0,y_0,z_0)$ 处的切平面垂直于所给两平面,由曲面在点 P_0 处的切平面方程

$$(2x_0-1)(x-x_0)+2y_0(y-y_0)+2z_0(z-z_0)=0,$$

知 P_0 应满足:

$$\begin{cases}(2x_0-1,2y_0,2z_0)\cdot\left(1,-1,-\frac{1}{2}\right)=0,\\(2x_0-1,2y_0,2z_0)\cdot(1,-1,-1)=0,\\x_0^2+y_0^2+z_0^2=x_0,\end{cases}$$

解得 $x_0=\frac{1}{2}\pm\frac{1}{2\sqrt{2}},y_0=\pm\frac{1}{2\sqrt{2}},z_0=0$. 故所求切平面为 $x+y=\frac{1}{2}(1\pm\sqrt{2})$.

11. 求两曲面 $F(x,y,z)=0,G(x,y,z)=0$ 的交线在 xy 平面上的投影曲线的切线方程.

解　方程组 $\begin{cases}F(x,y,z)=0,\\G(x,y,z)=0\end{cases}$ 对 z 求导得

$$\begin{cases} F_x \dfrac{\mathrm{d}x}{\mathrm{d}z} + F_y \dfrac{\mathrm{d}y}{\mathrm{d}z} + F_z = 0, \\ G_x \dfrac{\mathrm{d}x}{\mathrm{d}z} + G_y \dfrac{\mathrm{d}y}{\mathrm{d}z} + G_z = 0, \end{cases}$$

解得$\dfrac{\mathrm{d}x}{\mathrm{d}z} = \dfrac{\partial(F,G)}{\partial(y,z)} \Big/ \dfrac{\partial(F,G)}{\partial(x,y)}, \dfrac{\mathrm{d}y}{\mathrm{d}z} = \dfrac{\partial(F,G)}{\partial(z,x)} \Big/ \dfrac{\partial(F,G)}{\partial(x,y)}$.

因此交线在 xy 平面上的投影曲线的切线方程为

$$\frac{x - x_0}{\left.\dfrac{\mathrm{d}x}{\mathrm{d}z}\right|_{P_0}} = \frac{y - y_0}{\left.\dfrac{\mathrm{d}y}{\mathrm{d}z}\right|_{P_0}}.$$

习题 18.4 解答

1. 应用拉格朗日乘数法，求下列函数的条件极值：

(1) $f(x,y) = x^2 + y^2$，若 $x + y - 1 = 0$；

(2) $f(x,y,z,t) = x + y + z + t$，若 $xyzt = c^4$（其中 $x,y,z,t > 0, c > 0$）；

(3) $f(x,y,z) = xyz$，若 $x^2 + y^2 + z^2 = 1, x + y + z = 0$.

解　(1) 设 $L(x,y,\lambda) = x^2 + y^2 + \lambda(x + y - 1)$，令

$$\begin{cases} L_x = 2x + \lambda = 0, \\ L_y = 2y + \lambda = 0, \\ L_\lambda = x + y - 1 = 0, \end{cases}$$

解之得 $x = y = \dfrac{1}{2}, \lambda = -1$.

由于当 $x \to \infty, y \to \infty$ 时，$f \to \infty$. 故函数必在唯一的稳定点处取得极小值，极小值为

$$f\left(\frac{1}{2}, \frac{1}{2}\right) = \frac{1}{2}.$$

(2) 设 $L(x,y,z,t,\lambda) = x + y + z + t + \lambda(xyzt - c^4)$，令

$$\begin{cases} L_x = 1 + \lambda yzt = 0, \\ L_y = 1 + \lambda xzt = 0, \\ L_z = 1 + \lambda xyt = 0, \\ L_t = 1 + \lambda xyz = 0, \\ L_\lambda = xyzt - c^4 = 0, \end{cases}$$

解方程组得 $x = y = z = t = c$.

由于当 n 个正数的积一定时，其和必有最小值，故 f 一定在唯一的稳定点 (c,c,c,c) 处取得最小值也是极小值，所以极小值 $f(c,c,c,c) = 4c$.

(3) 设 $L(x,y,z,\lambda,\mu) = xyz + \lambda(x^2 + y^2 + z^2 - 1) + \mu(x + y + z)$，令

$$\begin{cases} L_x = yz + 2\lambda x + \mu = 0, \\ L_y = xz + 2\lambda y + \mu = 0, \\ L_z = xy + 2\lambda z + \mu = 0, \\ L_\lambda = x^2 + y^2 + z^2 - 1 = 0, \\ L_\mu = x + y + z = 0, \end{cases}$$

解方程组得 x,y,z 的六组值为：

$$\begin{cases}x=\frac{1}{\sqrt{6}},\\ y=\frac{1}{\sqrt{6}},\\ z=-\frac{2}{\sqrt{6}},\end{cases}\quad \begin{cases}x=\frac{2}{\sqrt{6}},\\ y=-\frac{1}{\sqrt{6}},\\ z=-\frac{1}{\sqrt{6}},\end{cases}\quad \begin{cases}x=\frac{1}{\sqrt{6}},\\ y=-\frac{2}{\sqrt{6}},\\ z=\frac{1}{\sqrt{6}},\end{cases}$$

$$\begin{cases}x=-\frac{1}{\sqrt{6}},\\ y=-\frac{1}{\sqrt{6}},\\ z=\frac{2}{\sqrt{6}},\end{cases}\quad \begin{cases}x=-\frac{2}{\sqrt{6}},\\ y=\frac{1}{\sqrt{6}},\\ z=\frac{1}{\sqrt{6}},\end{cases}\quad \begin{cases}x=-\frac{1}{\sqrt{6}},\\ y=\frac{2}{\sqrt{6}},\\ z=-\frac{1}{\sqrt{6}}.\end{cases}$$

又 $f(x,y,z)=xyz$ 在有界闭集 $\{(x,y,z)\mid x^2+y^2+z^2=1,x+y+z=0\}$ 上连续，故有最值. 因此极小值

$$f\left(\frac{1}{\sqrt{6}},\frac{1}{\sqrt{6}},-\frac{2}{\sqrt{6}}\right)=f\left(-\frac{2}{\sqrt{6}},\frac{1}{\sqrt{6}},\frac{1}{\sqrt{6}}\right)=f\left(\frac{1}{\sqrt{6}},-\frac{2}{\sqrt{6}},\frac{1}{\sqrt{6}}\right)=-\frac{1}{3\sqrt{6}},$$

极大值

$$f\left(-\frac{1}{\sqrt{6}},-\frac{1}{\sqrt{6}},\frac{2}{\sqrt{6}}\right)=f\left(\frac{2}{\sqrt{6}},-\frac{1}{\sqrt{6}},-\frac{1}{\sqrt{6}}\right)=f\left(-\frac{1}{\sqrt{6}},\frac{2}{\sqrt{6}},-\frac{1}{\sqrt{6}}\right)=\frac{1}{3\sqrt{6}}.$$

2. (1) 求表面积一定而体积最大的长方体；

(2) 求体积一定而表面积最小的长方体.

解 (1) 设长方体的长、宽、高分别为 x,y,z，表面积为 $a^2(a>0)$，则体积为 $f(x,y,z)=xyz$，限制条件为：$2(xy+yz+xz)=a^2$.

设 $L(x,y,z,\lambda)=xyz+\lambda[2(xy+yz+xz)-a^2]$，令

$$\begin{cases}L_x=yz+2\lambda(y+z)=0,\\ L_y=xz+2\lambda(x+z)=0,\\ L_z=xy+2\lambda(x+y)=0,\\ L_\lambda=2(xy+yz+xz)-a^2=0,\end{cases}$$

解得 $x=y=z=\frac{a}{\sqrt{6}}$.

因所求为长方体体积的最大值，且稳定点只有一个，所以最大值为 $f\left(\frac{a}{\sqrt{6}},\frac{a}{\sqrt{6}},\frac{a}{\sqrt{6}}\right)=\frac{a^3}{6\sqrt{6}}$. 故表面积一定而体积最大的长方体是正方体.

(2) 设长方体的长、宽、高分别为 x,y,z，体积为 V，则表面积 $f(x,y,z)=2(xy+yz+xz)$，限制条件：$xyz=V$.

设 $L(x,y,z,\lambda)=2(xy+yz+xz)+\lambda(xyz-V)$，令

$$\begin{cases}L_x=2(y+z)+\lambda yz=0,\\ L_y=2(x+z)+\lambda xz=0,\\ L_z=2(y+x)+\lambda yx=0,\\ L_\lambda=xyz-V=0,\end{cases}$$

解得 $x=y=z=\sqrt[3]{V}$.

故体积一定而表面积最小的长方体是正方体.

3. 求空间一点 (x_0,y_0,z_0) 到平面 $Ax+By+Cz+D=0$ 的最短距离.

解 由题意，相当于求 $f(x,y,z)=d^2=(x-x_0)^2+(y-y_0)^2+(z-z_0)^2$ 在条件 $Ax+By+Cz+D$

$=0$ 下的最小值问题. 由几何学知,空间定点到平面的最短距离存在.

设 $L(x,y,z,\lambda)=f(x,y,z)+\lambda(Ax+By+Cz+D)$,令

$$\begin{cases}L_x=2(x-x_0)+\lambda A=0, & ①\\ L_y=2(y-y_0)+\lambda B=0, & ②\\ L_z=2(z-z_0)+\lambda C=0, & ③\\ L_\lambda=Ax+By+Cz+D=0, & ④\end{cases}$$

由 ①②③ 得

$$x=x_0-\frac{\lambda}{2}A,y=y_0-\frac{\lambda}{2}B,z=z_0-\frac{\lambda}{2}C,$$

代入 ④ 解得

$$\lambda=\frac{2(Ax_0+By_0+Cz_0+D)}{A^2+B^2+C^2},$$

所以

$$(x-x_0)^2+(y-y_0)^2+(z-z_0)^2=\frac{1}{4}\lambda^2(A^2+B^2+C^2)=\frac{(Ax_0+By_0+Cz_0+D)^2}{A^2+B^2+C^2}.$$

故 $d=\dfrac{|Ax_0+By_0+Cz_0+D|}{\sqrt{A^2+B^2+C^2}}$ 为所求的最短距离.

4. 证明:在 n 个正数的和为定值条件 $x_1+x_2+\cdots+x_n=a$ 下,这 n 个正数的乘积 $x_1x_2\cdots x_n$ 的最大值为$\dfrac{a^n}{n^n}$,并由此结果推出 n 个正数的几何平均值不大于算术平均值

$$\sqrt[n]{x_1x_2\cdots x_n}\leqslant\frac{x_2+x_2+\cdots+x_n}{n}.$$

证　设 $f(x_1,x_2,\cdots,x_n)=x_1x_2\cdots x_n$,$L(x_1,x_2,\cdots,x_n,\lambda)=x_1x_2\cdots x_n+\lambda(x_1+x_2+\cdots+x_n-a)(x_1,x_2,\cdots,x_n>0)$,令

$$\begin{cases}L_{x_1}=x_1x_2\cdots x_n/x_1+\lambda=0,\\ L_{x_2}=x_1x_2\cdots x_n/x_2+\lambda=0,\\ \cdots\cdots\cdots\cdots\\ L_{x_n}=x_1x_2\cdots x_n/x_n+\lambda=0,\\ L_\lambda=x_1+x_2+\cdots+x_n-a=0,\end{cases}$$

解得 $x_1=x_2=\cdots=x_n=\dfrac{a}{n}$.

由题意知,最大值在唯一的稳定点处取得. 所以 $f_{\max}=f\left(\dfrac{a}{n},\dfrac{a}{n},\cdots,\dfrac{a}{n}\right)=\dfrac{a^n}{n^n}$,故

$$\sqrt[n]{x_1x_2\cdots x_n}\leqslant\sqrt[n]{\frac{a^n}{n^n}}=\frac{a}{n}=\frac{x_1+x_2+\cdots+x_n}{n},$$

因此 $\sqrt[n]{x_1x_2\cdots x_n}\leqslant\dfrac{x_1+x_2+\cdots+x_n}{n}$.

5. 设 $a_1,a_2,\cdots,a_n$ 为已知的 n 个正数,求 $f(x_1,x_2,\cdots,x_n)=\sum\limits_{k=1}^n a_kx_k$ 在限制条件 $x_1^2+x_2^2+\cdots+x_n^2\leqslant1$ 下的最大值.

解　先求 f 在条件 $\sum\limits_{i=1}^n x_i^2=a^2(0<a\leqslant1)$ 下的最大值.

设 $L(x_1,x_2,\cdots,x_n,\lambda)=\sum\limits_{k=1}^n a_kx_k+\lambda(x_1^2+x_2^2+\cdots+x_n^2-a^2)(0<a\leqslant1)$,令

$$\begin{cases}L_{x_k}=a_k+2\lambda x_k=0(k=1,2,\cdots,n),\\L_\lambda=\sum_{k=1}^{n}x_k^2-a^2=0.\end{cases}$$

解得 $x_k=\mp aa_k/\left(\sum_{k=1}^{n}a_k^2\right)^{\frac{1}{2}}(k=1,2,\cdots,n),\lambda=\pm\frac{1}{2a}\left(\sum_{k=1}^{n}a_k^2\right)^{\frac{1}{2}}$.

于是 f 在条件 $\sum_{k=1}^{n}x_k^2=a^2$ 下的最大值为 $a\left(\sum_{k=1}^{n}a_k^2\right)^{\frac{1}{2}}$.

故 f 在条件 $\sum_{i=1}^{n}x_k^2\leqslant 1$ 下的最大值为 $\sup\limits_{0<a\leqslant 1}a\left(\sum_{k=1}^{n}a_k^2\right)^{\frac{1}{2}}=\left(\sum_{k=1}^{n}a_k^2\right)^{\frac{1}{2}}$.

归纳总结：此题也可用柯西不等式，方法更简便.

6. 求函数 $f(x_1,x_2,\cdots,x_n)=x_1^2+x_2^2+\cdots+x_n^2$ 在条件 $\sum_{k=1}^{n}a_kx_k=1(a_k>0,k=1,2,\cdots,n)$ 下的最小值.

解　设 $L(x_1,x_2,\cdots,x_n,\lambda)=x_1^2+x_2^2+\cdots+x_n^2+\lambda\left(\sum_{k=1}^{n}a_kx_k-1\right)$，令

$$\begin{cases}L_{x_k}=2x_k+\lambda a_k=0(k=1,2,\cdots,n),\\L_\lambda=\sum_{k=1}^{n}a_kx_k-1=0,\end{cases}$$

解得 $x_k=\left(\sum_{k=1}^{n}a_k^2\right)^{-1}a_k(k=1,2,\cdots,n),\lambda=-2\left(\sum_{k=1}^{n}a_k^2\right)^{-1}$.

依题意，相当于求 n 维空间中原点到 $\sum_{k=1}^{n}a_kx_k=1$ 的最短距离. 由几何学知，最短距离存在，而稳定点只有一个，故一定在唯一的稳定点处取得最小值，故

$$f_{\min}=f\left[\left(\sum_{k=1}^{n}a_k^2\right)^{-1}a_1,\left(\sum_{k=1}^{n}a_k^2\right)^{-1}a_2,\cdots,\left(\sum_{k=1}^{n}a_k^2\right)^{-1}a_n\right]=\left(\sum_{k=1}^{n}a_k^2\right)^{-1}.$$

7. 利用条件极值方法证明不等式

$$xy^2z^3\leqslant 108\left(\frac{x+y+z}{6}\right)^6,x>0,y>0,z>0.$$

提示：取目标函数 $f(x,y,z)=xy^2z^3$，约束条件为 $x+y+z=a(x>0,y>0,z>0,a>0)$.

解　取目标函数 $f(x,y,z)=xy^2z^3$，约束条件为 $x+y+z=a(x,y,z,a>0)$. 拉格朗日函数为 $L(x,y,z,\lambda)=xy^2z^3+\lambda(x+y+z-a)$，令

$$\begin{cases}L_x=y^2z^3+\lambda=0,\\L_y=2xyz^3+\lambda=0,\\L_z=3xy^2z^2+\lambda=0,\\L_\lambda=x+y+z-a=0.\end{cases}$$

解方程组得稳定点是 $x=\frac{a}{6},y=\frac{a}{3},z=\frac{a}{2},\lambda=-\frac{a^5}{72}$.

为了判断 $f\left(\frac{a}{6},\frac{a}{3},\frac{a}{2}\right)=\frac{a^6}{432}$ 是否为所求条件极值，可把条件 $x+y+z=a$ 看作隐函数 $z=z(x,y)$，并把目标函数 $f(x,y,z)$ 看作 f 与 $z=z(x,y)$ 的复合函数 $F(x,y)$. 于是

$z_x=-1, z_y=-1,$

$F_x=y^2z^3+xy^2z_x3z^2=y^2z^3-3xy^2z^2, F_y=2xyz^3-3xy^2z^2,$

$F_{xx}=3y^2z^2z_x-3y^2z^2-6xy^2zz_x=-6y^2z^2+6xy^2z,$

$F_{xy}=2yz^3+3y^2z^2z_x-6xyz^2-6xy^2zz_x=2yz^3-3y^2z^2-6xyz^2+6xy^2z,$

$F_{yy}=2xz^3+6xyz^2z_y-6xyz^2-6xy^2zz_x=2xz^3-12xyz^2+6xy^2z,$

当 $x=\dfrac{a}{6}, y=\dfrac{a}{3}, z=\dfrac{a}{2}$ 时，

$$F_{xx}=-\frac{a^4}{9}<0, F_{yy}=-\frac{5}{72}a^4, F_{xy}=-\frac{1}{36}a^4.$$

$$F_{xx}F_{yy}-F_{xy}^2=\frac{5}{648}a^4-\frac{1}{1\,296}a^4=\frac{a^4}{144}>0,$$

由此可得稳定点为极大值点，即有不等式：

$$xy^2z^3\leqslant\frac{a^6}{432}, \text{即 } xy^2z^3\leqslant 108\left(\frac{x+y+z}{6}\right)^6.$$

第十八章总练习题解答

1. 方程 $y^2-x^2(1-x^2)=0$ 在哪些点的邻域上可惟一地确定连续可导的隐函数 $y=f(x)$？

解 先求定义域. 因为由 $y^2=x^2(1-x^2)$ 知 $1-x^2\geqslant 0$，所以 $|x|\leqslant 1$ 且

$$y^2=x^2(1-x^2)\leqslant\left(\frac{x^2+1-x^2}{2}\right)^2=\frac{1}{4}, \text{即 } |y|\leqslant\frac{1}{2}.$$

令 $F(x,y)=y^2-x^2(1-x^2)$，有 $F_x=-2x+4x^3, F_y=2y$. 由 $F_y\neq 0$ 知 $y\neq 0$，即 $x\neq 0, x\neq\pm 1$.

令 $D=\left\{(x,y)\,\middle|\,|x|<1, |y|\leqslant\frac{1}{2}\text{且}y\neq 0\right\}$，则 $F(x,y)$ 在 D 的每一邻域内有定义且连续；F_x，F_y 在 D 的每一邻域内都连续. $F(x,y)=0, F_y(x,y)\neq 0$，故方程 $y^2-x^2(1-x^2)=0$ 可在 D 上唯一地确定隐函数 $y=f(x)$.

2. 设函数 $f(x)$ 在区间 (a,b) 上连续，函数 $\varphi(y)$ 在区间 (c,d) 上连续，而且 $\varphi'(y)>0$. 问在怎样的条件下，方程 $\varphi(y)=f(x)$ 能确定函数 $y=\varphi^{-1}(f(x))$.

并研究例子：(ⅰ) $\sin y+\operatorname{sh} y=x$；(ⅱ) $e^{-y}=-\sin^2 x$.

解 设 $F(x,y)=\varphi(y)-f(x)$，显然 $F(x,y)$ 在 $\mathbf{R}^2$ 上连续，且 $F_y=\varphi'(y)>0$.

若 $f[(a,b)]\cap\varphi[(c,d)]\neq\varnothing$，即存在点 (x_0,y_0)，满足 $F(x_0,y_0)=0$，就可在点 (x_0,y_0) 附近确定隐函数 $y=\varphi^{-1}[f(x)]$.

(ⅰ) 设 $f(x)=x, \varphi(y)=\sin y+\operatorname{sh} y$，因 $f(x), \varphi(y)$ 都在 $\mathbf{R}$ 上连续，且 $\varphi'(y)=\cos y+\operatorname{ch} y>0$. 又 $f(\mathbf{R})\cap\varphi(\mathbf{R})=\mathbf{R}\neq\varnothing$，故由上面的结论知方程 $\sin y+\operatorname{sh} y=x$ 可确定函数 $y=y(x)$.

(ⅱ) 由于 $f(x)=-\sin^2 x\leqslant 0, \varphi(y)=e^{-y}>0$，所以 $f(\mathbf{R})\cap\varphi(\mathbf{R})=\varnothing$. 故方程 $e^{-y}=-\sin^2 x$ 不能确定函数 $y=\varphi^{-1}[f(x)]$.

3. 设 $f(x,y,z)=0, z=g(x,y)$，试求 $\dfrac{dy}{dx}, \dfrac{dz}{dx}$.

解 在方程组 $\begin{cases}f(x,y,z)=0,\\ z=g(x,y)\end{cases}$ 每个方程两边对 x 求导得

$$\begin{cases}f_x+f_y\dfrac{dy}{dx}+f_z\dfrac{dz}{dx}=0,\\[2mm] \dfrac{dz}{dx}=g_x+g_y\dfrac{dy}{dx},\end{cases}$$

解之得$\dfrac{\mathrm{d}y}{\mathrm{d}x}=-\dfrac{f_x+f_zg_x}{f_y+f_zg_y},\dfrac{\mathrm{d}z}{\mathrm{d}x}=\dfrac{g_xf_y-g_yf_x}{f_y+f_zg_y}$.

4. 已知 $G_1(x,y,z),G_2(x,y,z),f(x,y)$ 都是可微的,$g_i(x,y)=G_i(x,y,f(x,y)),i=1,2$. 证明

$$\frac{\partial(g_1,g_2)}{\partial(x,y)}=\begin{vmatrix}-f_x & -f_y & 1\\ G_{1x} & G_{1y} & G_{1z}\\ G_{2x} & G_{2y} & G_{2z}\end{vmatrix}.$$

证　因为

$$\begin{aligned}\frac{\partial(g_1,g_2)}{\partial(x,y)}&=\begin{vmatrix}G_{1x}+G_{1z}f_x & G_{1y}+G_{1z}f_y\\ G_{2x}+G_{2z}f_x & G_{2y}+G_{2z}f_y\end{vmatrix}\\&=f_x(G_{1z}G_{2y}-G_{1y}G_{2z})+f_y(G_{1x}G_{2z}-G_{2x}G_{1z})+(G_{1x}G_{2y}-G_{1y}G_{2x})\\&=\begin{vmatrix}-f_x & -f_y & 1\\ G_{1x} & G_{1y} & G_{1z}\\ G_{2x} & G_{2y} & G_{2z}\end{vmatrix}.\end{aligned}$$

故原式成立.

5. 设 $x=f(u,v,w),y=g(u,v,w),z=h(u,v,w)$,求$\dfrac{\partial u}{\partial x},\dfrac{\partial u}{\partial y},\dfrac{\partial u}{\partial z}$.

解　三个方程两边分别对 x 求偏导数,得

$$\begin{cases}1=f_u\dfrac{\partial u}{\partial x}+f_v\dfrac{\partial v}{\partial x}+f_w\dfrac{\partial w}{\partial x},\\ 0=g_u\dfrac{\partial u}{\partial x}+g_v\dfrac{\partial v}{\partial x}+g_w\dfrac{\partial w}{\partial x},\\ 0=h_u\dfrac{\partial u}{\partial x}+h_v\dfrac{\partial v}{\partial x}+h_w\dfrac{\partial w}{\partial x},\end{cases}$$

解之得$\dfrac{\partial u}{\partial x}=\dfrac{\partial(g,h)}{\partial(v,w)}\Big/\dfrac{\partial(f,g,h)}{\partial(u,v,w)}$.

同理,三个方程两边分别对 y,z 求偏导数,则可解得

$$\frac{\partial u}{\partial y}=\frac{\partial(h,f)}{\partial(v,w)}\Big/\frac{\partial(f,g,h)}{\partial(u,v,w)},$$

$$\frac{\partial u}{\partial z}=\frac{\partial(f,g)}{\partial(v,w)}\Big/\frac{\partial(f,g,h)}{\partial(u,v,w)}.$$

6. 试求下列方程所确定的函数的偏导数$\dfrac{\partial u}{\partial x},\dfrac{\partial u}{\partial y}$:

(1)$x^2+u^2=f(x,u)+g(x,y,u)$;　(2)$u=f(x+u,yu)$.

解　(1) 把 u 看成 x,y 的函数,两边对 x 求偏导数,得

$$2x+2u\frac{\partial u}{\partial x}=f_x+f_u\frac{\partial u}{\partial x}+g_x+g_u\frac{\partial u}{\partial x},$$

所以$\dfrac{\partial u}{\partial x}=\dfrac{f_x+g_x-2x}{2u-f_u-g_u}$.

同理两边对 y 求偏导数,得

$$\frac{\partial u}{\partial y}=\frac{g_y}{2u-f_u-g_u}.$$

(2) 两边对 x 求偏导数,有

$$\frac{\partial u}{\partial x}=f_1\left(1+\frac{\partial u}{\partial x}\right)+f_2\left(y\frac{\partial u}{\partial x}\right),$$

所以$\dfrac{\partial u}{\partial x}=\dfrac{f_1}{1-f_1-yf_2}$.

两边对 y 求偏导数,得

$$\frac{\partial u}{\partial y}=f_1\frac{\partial u}{\partial y}+f_2\left(u+y\frac{\partial u}{\partial y}\right),$$

故$\frac{\partial u}{\partial y}=\frac{uf_2}{1-f_1-yf_2}$.

7. 据理说明：在点$(0,1)$近旁是否存在连续可微的$f(x,y)$和$g(x,y)$，满足$f(0,1)=1,g(0,1)=-1$，且$[f(x,y)]^3+xg(x,y)-y=0,[g(x,y)]^3+yf(x,y)-x=0$.

解　设$\begin{cases}F(x,y,u,v)=u^3+xv-y,\\G(x,y,u,v)=v^3+yu-x,\end{cases}$ 则

(ⅰ)F,G在以$P_0(0,1,1,-1)$为内点的$\mathbf{R}^4$内连续；

(ⅱ)F,G在$\mathbf{R}^4$内具有一阶连续偏导数；

(ⅲ)$F(P_0)=0,G(P_0)=0$；

(ⅳ)$\left.\frac{\partial(F,G)}{\partial(u,v)}\right|_{P_0}=\left.\begin{vmatrix}3u^2 & x\\ y & 3v^2\end{vmatrix}\right|_{P_0}=9\neq 0$.

由隐函数组定理知，方程组在P_0附近唯一地确定了在点$(0,1)$近旁连续可微的两个二元函数$u=f(x,y),v=g(x,y)$，满足$f(0,1)=1,g(0,1)=-1$，且

$$[f(x,y)]^3+xg(x,y)-y=0,[g(x,y)]^3+yf(x,y)-x=0.$$

8. 设(x_0,y_0,z_0,u_0)满足方程组

$$f(x)+f(y)+f(z)=F(u),$$
$$g(x)+g(y)+g(z)=G(u),$$
$$h(x)+h(y)+h(z)=H(u),$$

这里所有的函数假定有连续的导数.

(1) 说出一个能在该点邻域上确定x,y,z为u的函数的充分条件；

(2) 在$f(x)=x,g(x)=x^2,h(x)=x^3$的情形下，上述条件相当于什么？

解　(1) 设$\begin{cases}\overline{F}(x,y,z,u)=f(x)+f(y)+f(z)-F(u),\\\overline{G}(x,y,z,u)=g(x)+g(y)+g(z)-G(u),\\\overline{H}(x,y,z,u)=h(x)+h(y)+h(z)-H(u),\end{cases}$ 由已知条件有

(ⅰ)$\overline{F},\overline{G},\overline{H}$在$\mathbf{R}^4$内连续；

(ⅱ)$\overline{F},\overline{G},\overline{H}$在$\mathbf{R}^4$内具有一阶连续偏导数；

(ⅲ)$\overline{F}(x_0,y_0,z_0,u_0)=0,\overline{G}(x_0,y_0,z_0,u_0)=0,\overline{H}(x_0,y_0,z_0,u_0)=0$.

故当$\left.\frac{\partial(\overline{F},\overline{G},\overline{H})}{\partial(x,y,z)}\right|_{P_0}=\begin{vmatrix}f'(x_0) & f'(y_0) & f'(z_0)\\ g'(x_0) & g'(y_0) & g'(z_0)\\ h'(x_0) & h'(y_0) & h'(z_0)\end{vmatrix}\neq 0$时，原方程组能在$P_0(x_0,y_0,z_0,u_0)$的邻域内确定$x,y,z$为$u$的函数.

(2) 在$f(x)=x,g(x)=x^2,h(x)=x^3$的情况下，上述条件相当于

$$\begin{vmatrix}1 & 1 & 1\\ x_0 & y_0 & z_0\\ x_0^2 & y_0^2 & z_0^2\end{vmatrix}\neq 0,$$

即x_0,y_0,z_0两两互异.

9. 求由下列方程所确定的隐函数的极值：

(1)$x^2+2xy+2y^2=1$；　(2)$(x^2+y^2)^2=a^2(x^2-y^2)(a>0)$.

解　(1) 令$F(x,y)=x^2+2xy+2y^2-1$，则

$$F_x=2x+2y,F_y=2x+4y.$$

令$\frac{\mathrm{d}y}{\mathrm{d}x}=-\frac{2x+2y}{2x+4y}=0$，则$x=-y$，将$x=-y$代入原方程得$x^2-2x^2+2x^2=1$，解得$x=\pm 1$.

于是该函数的稳定点为 $x=\pm 1$，且 $y(1)=-1, y(-1)=1$.

又 $\frac{d^2y}{dx^2}=\frac{d}{dx}\left(\frac{dy}{dx}\right)=-\frac{1}{(2y+x)^2}\left(y+\frac{x^2+xy}{2y+x}\right)$. 从而

$$\left.\frac{d^2y}{dx^2}\right|_{(1,-1)}=1>0,\left.\frac{d^2y}{dx^2}\right|_{(-1,1)}=-1<0.$$

故当 $x=1$ 时有极小值 -1，当 $x=-1$ 时有极大值 1.

(2) 设 $F(x,y)=(x^2+y^2)^2-a^2(x^2-y^2)$，则 $F_x=4x(x^2+y^2)-2a^2x, F_y=4y(x^2+y^2)+2a^2y$. 令

$$\frac{dy}{dx}=-\frac{4x(x^2+y^2)-2a^2x}{4y(x^2+y^2)+2a^2y}=0,$$

解得 $x=0$ 或 $y^2=\frac{a^2}{2}-x^2$. 以 $x=0$ 代入原方程，得 $y=0$，这时 $F_y=0$，故舍去 $x=0$.

再以 $y^2=\frac{a^2}{2}-x^2$ 代入原方程，解得 $x=\pm\sqrt{\frac{3}{8}}a$，再将 $x=\pm\sqrt{\frac{3}{8}}a$ 代入 $y^2=\frac{a^2}{2}-x^2$，解得 $y=\pm\sqrt{\frac{1}{8}}a$. 故稳定点为

$$P_1\left(\sqrt{\frac{3}{8}}a,\sqrt{\frac{1}{8}}a\right),P_2\left(\sqrt{\frac{3}{8}}a,-\sqrt{\frac{1}{8}}a\right),$$
$$P_3\left(-\sqrt{\frac{3}{8}}a,\sqrt{\frac{1}{8}}a\right),P_4\left(-\sqrt{\frac{3}{8}}a,-\sqrt{\frac{1}{8}}a\right).$$

而

$$\begin{aligned}\frac{d^2y}{dx^2}=-\frac{1}{[2y(x^2+y^2)+a^2y]^2}&\{[2y(x^2+y^2)+a^2y](6x^2+2y^2+4xyy'-a^2)\\&-[2x(x^2+y^2)-a^2x](4xy+2x^2y'+6y^2y'+a^2y')\},\end{aligned}$$

在稳定点 P_1,P_2,P_3,P_4 均有 $x^2+y^2=\frac{a^2}{2}$ 及 $y'=0$，代入 $\frac{d^2y}{dx^2}$ 的表达式中，得 $\frac{d^2y}{dx^2}=-\frac{2x^2}{a^2y}$.

可见 $\frac{d^2y}{dx^2}$ 与 y 异号. 故 $\left.\frac{d^2y}{dx^2}\right|_{\left(\pm\sqrt{\frac{3}{8}}a,\sqrt{\frac{1}{8}}a\right)}<0$，$\left.\frac{d^2y}{dx^2}\right|_{\left(\pm\sqrt{\frac{3}{8}}a,-\sqrt{\frac{1}{8}}a\right)}>0$，所以在点 P_1,P_3 取极大值 $\sqrt{\frac{1}{8}}a$，在点 P_2,P_4 取极小值 $-\sqrt{\frac{1}{8}}a$.

10. 设 $y=F(x)$ 和一组函数 $x=\varphi(u,v), y=\psi(u,v)$，那么由方程 $\psi(u,v)=F(\varphi(u,v))$ 可以确定函数 $v=v(u)$. 试用 $u,v,\frac{dv}{du},\frac{d^2v}{du^2}$ 表示 $\frac{dy}{dx},\frac{d^2y}{dx^2}$.

解　由 $x=\varphi(u,v(u))$ 和 $y=\psi(u,v(u))$ 得

$$\frac{dy}{dx}=\frac{\psi_u+\psi_v\frac{dv}{du}}{\varphi_u+\varphi_v\frac{dv}{du}}.$$

于是

$$\begin{aligned}\frac{d^2y}{dx^2}=\frac{d}{dx}\left(\frac{dy}{dx}\right)=\frac{1}{\left(\varphi_u+\varphi_v\frac{dv}{du}\right)^3}&\left\{\left[\psi_{uu}+\psi_{uv}\frac{dv}{du}+\left(\psi_{vu}+\psi_{vv}\frac{dv}{du}\right)\frac{dv}{du}\right.\right.\\&\left.+\psi_v\frac{d^2v}{du^2}\right]\left(\varphi_u+\varphi_v\frac{dv}{du}\right)-\left(\psi_u+\psi_v\frac{dv}{du}\right)\left[\varphi_{uu}+\varphi_{uv}\frac{dv}{du}\right.\\&\left.\left.+\left(\varphi_{vu}+\varphi_{vv}\frac{dv}{du}\right)\frac{dv}{du}+\varphi_v\frac{d^2v}{du^2}\right]\right\}.\end{aligned}$$

11. 试证明：二次型 $f(x,y,z)=Ax^2+By^2+Cz^2+2Dyz+2Ezx+2Fxy$ 在单位球面 $x^2+y^2+z^2=1$ 上的最大值和最小值恰好是矩阵

$$\boldsymbol{\Phi}=\begin{pmatrix}A & F & E\\ F & B & D\\ E & D & C\end{pmatrix}$$

的最大特征值和最小特征值.

证　设 $L(x,y,z,\lambda)=f(x,y,z)-\lambda(x^2+y^2+z^2-1)$，令

$$\begin{cases}L_x=2Ax+2Fy+2Ez-2\lambda x=0, & ①\\ L_y=2Fx+2By+2Dz-2\lambda y=0, & ②\\ L_z=2Ex+2Dy+2Cz-2\lambda z=0, & ③\\ L_\lambda=x^2+y^2+z^2-1=0, & ④\end{cases}$$

①x+②y+③z 结合 ④ 式，得 $f(x,y,z)=\lambda$.

由 ①②③④ 知$(\boldsymbol{\Phi}-\lambda\boldsymbol{I})\begin{pmatrix}x\\ y\\ z\end{pmatrix}=0$ 有非零解，从而 $|\boldsymbol{\Phi}-\lambda\boldsymbol{I}|=0$，故 λ 是对称矩阵

$$\boldsymbol{\Phi}=\begin{pmatrix}A & F & E\\ F & B & D\\ E & D & C\end{pmatrix}$$

的特征值.

又 f 在有界闭集$\{(x,y,z)\mid x^2+y^2+z^2=1\}$上连续，故最大值、最小值存在，所以最大值和最小值恰好是矩阵

$$\boldsymbol{\Phi}=\begin{pmatrix}A & F & E\\ F & B & D\\ E & D & C\end{pmatrix}$$

的最大特征值和最小特征值.

12. 设 n 为正整数，$x,y>0$. 用条件极值方法证明：$\dfrac{x^n+y^n}{2}\geqslant\left(\dfrac{x+y}{2}\right)^n$.

提示：参加 §4 例 3 的思想方法，给出合适的约束条件.

证　先求 $F(x,y)=\dfrac{x^n+y^n}{2}$ 在条件 $x+y=a$ 下的最小值.

设 $L(x,y,\lambda)=\dfrac{x^n+y^n}{2}+\lambda(x+y-a)$，令

$$\begin{cases}L_x=\dfrac{n}{2}x^{n-1}+\lambda=0,\\ L_y=\dfrac{n}{2}y^{n-1}+\lambda=0,\\ L_\lambda=x+y-a=0,\end{cases}$$

解得 $x=y=\dfrac{a}{2}$.

由于当 $x\to+\infty$ 或 $y\to+\infty$ 时，F 都趋于 $+\infty$，故 F 必在唯一的稳定点$\left(\dfrac{a}{2},\dfrac{a}{2}\right)$处有最小值，即 $F_{\min}=F\left(\dfrac{a}{2},\dfrac{a}{2}\right)=\left(\dfrac{a}{2}\right)^n$，所以

$$\frac{x^n+y^n}{2}\geqslant\left(\frac{a}{2}\right)^n=\left(\frac{x+y}{2}\right)^n,$$

故$\frac{x^n+y^n}{2} \geqslant \left(\frac{x+y}{2}\right)^n$成立.

13. 求出椭球$\frac{x^2}{a^2}+\frac{y^2}{b^2}+\frac{z^2}{c^2}=1$在第一卦限中的切平面与三个坐标面所成四面体的最小体积.

解　由几何学知,最小体积存在. 椭球面上任一点(x,y,z)处的切平面方程为

$$\frac{2x}{a^2}(X-x)+\frac{2y}{b^2}(Y-y)+\frac{2z}{c^2}(Z-z)=0,$$

切平面在坐标轴上的截距分别为$\frac{a^2}{x},\frac{b^2}{y},\frac{c^2}{z}$. 则椭球面在第一卦限部分上任一点处的切平面与三个坐标面围成的四面体体积为$V=\frac{a^2b^2c^2}{6xyz}$. 故本题是求函数$V=\frac{a^2b^2c^2}{6xyz}$在条件$\frac{x^2}{a^2}+\frac{y^2}{b^2}+\frac{z^2}{c^2}=1(x>0,y>0,z>0)$下的最小值.

设$L(x,y,z,\lambda)=\frac{a^2b^2c^2}{6xyz}+\lambda\left(\frac{x^2}{a^2}+\frac{y^2}{b^2}+\frac{z^2}{c^2}-1\right)$,令

$$\begin{cases} L_x=-\frac{a^2b^2c^2}{6x^2yz}+\frac{2\lambda x}{a^2}=0, \\ L_y=-\frac{a^2b^2c^2}{6xy^2z}+\frac{2\lambda y}{b^2}=0, \\ L_z=-\frac{a^2b^2c^2}{6xyz^2}+\frac{2\lambda z}{c^2}=0, \\ L_\lambda=\frac{x^2}{a^2}+\frac{y^2}{b^2}+\frac{z^2}{c^2}-1=0, \end{cases}$$

解得$x=\frac{a}{\sqrt{3}},y=\frac{b}{\sqrt{3}},z=\frac{c}{\sqrt{3}}$.

故$V_{\min}=V\left(\frac{a}{\sqrt{3}},\frac{b}{\sqrt{3}},\frac{c}{\sqrt{3}}\right)=\frac{\sqrt{3}}{2}abc$.

14. 设$P_0(x_0,y_0,z_0)$是曲面$F(x,y,z)=1$的非奇异点①,F在$U(P_0)$可微,且为n次齐次函数. 证明:此曲面在P_0处的切平面方程为

$$xF_x(P_0)+yF_y(P_0)+zF_z(P_0)=n.$$

证　由于F为n次齐次函数,且$F(x,y,z)=1$. 故有

$$xF_x+yF_y+zF_z=nF=n, \quad ①$$

曲面在P_0处的切平面方程为

$$F_x(P_0)(x-x_0)+F_y(P_0)(y-y_0)+F_z(P_0)(z-z_0)=0,$$

即

$$xF_x(P_0)+yF_y(P_0)+zF_z(P_0)=x_0F_x(P_0)+y_0F_y(P_0)+z_0F_z(P_0). \quad ②$$

而由(1)式知$x_0F_x(P_0)+y_0F_y(P_0)+z_0F_z(P_0)=n$,故由(2)知曲面在$P_0$处的切平面方程为

$$xF_x(P_0)+yF_y(P_0)+zF_z(P_0)=n.$$

①若$(F_x,F_y,F_z)\mid P_0\neq(0,0,0)$,则点$P_0$称为下的**非奇异点**,否则$P_0$称为下的**奇异点**.

四、自测题

第十八章自测题

一、计算题,写出必要的计算过程(每题 10 分,共 80 分)

1. 若 $y=y(x)$ 是由方程 $y-x-\varepsilon\sin y=0(0<\varepsilon<1)$ 所确定的隐函数,计算 y' 和 y''.

2. 设 $u=u(x,y),v=v(x,y)$ 满足方程 $\begin{cases}xu-yv=0,\\ yu+xv=1,\end{cases}$ 求 $\dfrac{\partial u}{\partial x}$、$\dfrac{\partial v}{\partial y}$.

3. 设 f 为可微函数,$u=f(x^2+y^2+z^2)$,并有方程 $3x+2y^2+z^3=6xyz$,对以下两种情形分别计算 $\dfrac{\partial u}{\partial x}$ 在点 $P_0(1,1,1)$ 处的值.

(1) 由方程确定了隐函数 $z=z(x,y)$;

(2) 由方程确定了隐函数 $y=y(z,x)$.

4. 设 $y=y(x)$ 由方程 $x-\int_1^{y+x}\mathrm{e}^{-u^2}\mathrm{d}u=0$ 确定,求 $\left.\dfrac{\mathrm{d}^2y}{\mathrm{d}x^2}\right|_{x=0}$.

5. 设函数 $z=z(x,y)$ 由方程 $x^2+y^2+z^2=xyf(z^2)$ 所确定,其中 f 为可微函数,计算 $x\dfrac{\partial z}{\partial x}+y\dfrac{\partial z}{\partial y}$,并化成最简形式.

6. 求 $x^2+x^2y^2+y^2=3$,求 $x+y$ 的最大值.

7. 求曲面 $x=u\cos v,y=u\sin v,z=av$ 在点 $P(u_0,v_0)$ 处的切平面方程.

8. 给定方程 $x^2+y+\sin xy=0$,

(1) 说明在(0,0)的充分小的邻域内,此方程唯一地确定连续函数 $y=y(x)$,使得 $y(0)=0$.

(2) 讨论函数 $y=y(x)$ 在 $x=0$ 附近的可微性与单调性.

二、证明题,写出必要的证明过程(每题 10 分,共 20 分)

9. 设 $z=z(x,y)$ 由方程 $F\left(x+\dfrac{z}{y},y+\dfrac{z}{x}\right)=0$ 所确定,证明:$x\dfrac{\partial z}{\partial x}+y\dfrac{\partial z}{\partial y}=z-xy$.

10. 设 $y=y(x)$ 是由方程 $\mathrm{e}^y+\int_0^y\mathrm{e}^{t^2}\mathrm{d}t-x-1=0$ 确定的隐函数,证明:$y=y(x)$ 是单调递增的,并求 $y''|_{x=0}$.

第十八章自测题解答

一、1. 解　对 $y-x-\varepsilon\sin y=0$ 两边关于 x 求导得,$y'-1-\varepsilon y'\cos y=0$,从而有

$$y'=\frac{1}{1-\varepsilon\cos y}.$$

再将 $y'-1-\varepsilon y'\cos y=0$ 对 x 求导得 $y''-\varepsilon y''\cos y+\varepsilon(y')^2\sin y=0$,所以

$$y''=\frac{\varepsilon(y')^2\sin y}{\varepsilon\cos y-1}=\frac{\varepsilon\sin y}{(\varepsilon\cos y-1)^3}.$$

2. 解　对方程组分别关于 x,y 求导得

$$\begin{cases}u+xu_x-yv_x=0,\\ yu_x+v+xv_x=0,\end{cases}\begin{cases}xu_y-v-yv_y=0,\\ u+yu_y+xv_y=0,\end{cases}$$

解得 $\dfrac{\partial u}{\partial x}=-\dfrac{xu+yv}{x^2+y^2},\dfrac{\partial v}{\partial x}=-\dfrac{xu+vy}{x^2+y^2}$.

3. 解　(1) 将 $3x+2y^2+z^3=6xyz$ 对 x 求偏导有

$$3+3z^2\frac{\partial z}{\partial x}=6\left(yz+xy\frac{\partial z}{\partial x}\right),$$

则$\left.\frac{\partial z}{\partial x}\right|_{P_0}=-1$. 又

$$\frac{\partial u}{\partial x}=\left(2x+2z\frac{\partial z}{\partial x}\right)f'(x^2+y^2+z^2),$$

所以$\left.\frac{\partial u}{\partial x}\right|_{P_0}=0$.

(2) 将 $3x+2y^2+z^3=6xyz$ 对 x 求偏导有

$$3+4y\frac{\partial y}{\partial x}=6\left(yz+xz\frac{\partial y}{\partial x}\right),$$

则$\left.\frac{\partial y}{\partial x}\right|_{P_0}=-\frac{3}{2}$. 又

$$\frac{\partial u}{\partial x}=\left(2x+2y\frac{\partial y}{\partial x}\right)f'(x^2+y^2+z^2),$$

所以$\left.\frac{\partial u}{\partial x}\right|_{P_0}=-f'(3)$.

4. 解　当 $x=0$ 时,代入方程有 $-\int_1^y e^{-u^2}\,du=0$,解得 $y(0)=1$. 在 $x-\int_1^{y+x}e^{-u^2}\,du=0$ 两边对 x 求导有

$$1-\left(1+\frac{dy}{dx}\right)e^{-(x+y)^2}=0,$$

所以$\frac{dy}{dx}=e^{(x+y)^2}-1$,$\left.\frac{dy}{dx}\right|_{x=0}=e-1$. 从而

$$\frac{d^2y}{dx^2}=\frac{d}{dx}\left[e^{(x+y)^2}-1\right]=2(x+y)\left(1+\frac{dy}{dx}\right)e^{(x+y)^2},$$

故$\left.\frac{d^2y}{dx^2}\right|_{x=0}=2e^2$.

5. 解　对 $x^2+y^2+z^2=xyf(z^2)$ 求一阶偏导数有

$$2x+2z\frac{\partial z}{\partial x}=yf(z^2)+2xyzf'(z^2)\frac{\partial z}{\partial x},$$

$$2y+2z\frac{\partial z}{\partial x}=xf(z^2)+2xyzf'(z^2)\frac{\partial z}{\partial y},$$

从而有$\frac{\partial z}{\partial x}=\frac{yf(z^2)-2x}{2z[1-xyf'(z^2)]}$,$\frac{\partial z}{\partial y}=\frac{xf(z^2)-2y}{2z[1-xyf'(z^2)]}$,于是

$$x\frac{\partial z}{\partial x}+y\frac{\partial z}{\partial y}=\frac{z}{1-xyf'(z^2)}.$$

6. 解　令 $L(x,y,\lambda)=x+y+\lambda(x^2+x^2y^2+y^2-3)$,则有

$$\begin{cases}L_x(x,y,\lambda)=1+2\lambda x(1+y^2)=0,\\ L_y(x,y,\lambda)=1+2\lambda x(1+x^2)=0,\\ L_\lambda(x,y,\lambda)=x^2+x^2y^2+y^2-3=0,\end{cases}$$

解得 $x=y=\pm1,\lambda=\mp\frac{1}{4}$,所以 $x+y$ 的最大值为 $x+y=1+1=2$.

7. 解　由于

$$\frac{\partial(y,z)}{\partial(u,v)}=\begin{vmatrix}\sin v & u\cos v\\ 0 & a\end{vmatrix}=a\sin v,$$

$$\frac{\partial(z,x)}{\partial(u,v)}=\begin{vmatrix}0 & a\\ \cos v & -u\sin v\end{vmatrix}=-a\cos v,$$

$$\frac{\partial(x,y)}{\partial(u,v)}=\begin{vmatrix}\cos v & -u\sin v\\ \sin v & au\cos v\end{vmatrix}=u,$$

所以切平面方程为

$$a\sin v_0(x-u_0\cos v_0)-a\cos v_0(y-u_0\sin v_0)+u_0(z-av_0)=0.$$

8. 解　(1) 容易验证 $F(x,y)=x^2+y+\sin xy$ 在 $(0,0)$ 点满足隐函数定理条件，故在 $(0,0)$ 某邻域内存在唯一连续隐函数 $y=y(x)$ 且 $y(0)=0$.

(2) 由隐函数可微性定理知 $y=y(x)$ 在 $x=0$ 附近可微，且 $y'(x)=-\dfrac{2x+y\cos(xy)}{1+x\cos(xy)}$. 下面再探讨单调性. 由 $y'(x)=-\dfrac{2x+y\cos(xy)}{1+x\cos(xy)}$ 可知，当 x,y 充分小时，y' 的符号决定于 $-[2x+y\cos(xy)]$ 的符号. 因为 $y(0)=0$ 且 $y'(0)=0$，由 Taylor 定理知 $y(x)=y(0)+y'(0)x+o(x)$，即有 $y(x)=o(x)$，故 $|y\cos(xy)|\leqslant|y|=o(x)$，这样在 $x=0$ 点附近 $y'(x)$ 的符号与 $-2x$ 的符号一致，故

$$y'(x)\begin{cases}>0, & x<0,\\ =0, & x=0,\\ <0, & x>0\end{cases}\Rightarrow y(x)\begin{cases}\text{单调递增}, & x<0,\\ \text{单调递减}, & x>0.\end{cases}$$

可见 $y(x)$ 在 $x=0$ 处取严格极大值.

二、9. 证　所给方程两边关于 x 求偏导可得 $F_1\left(1+\dfrac{z_x}{y}\right)+F_2\dfrac{xz_x-z}{x^2}=0$，解得

$$z_x=\frac{\dfrac{z}{x^2}F_2-F_1}{\dfrac{F_2}{x}+\dfrac{F_1}{y}}.$$

两边关于 y 求导可得 $F_1\dfrac{yz_y-z}{y^2}+F_2\left(1+\dfrac{z_y}{x}\right)=0$，解得

$$z_y=\frac{\dfrac{z}{y^2}F_1-F_2}{\dfrac{F_1}{y}+\dfrac{F_2}{x}}.$$

代入 $x\dfrac{\partial z}{\partial x}+y\dfrac{\partial z}{\partial y}$，可得 $x\dfrac{\partial z}{\partial x}+y\dfrac{\partial z}{\partial y}=z-xy$.

10. 证　对 $e^y+\int_0^y e^{t^2}dt-x-1=0$ 求导，有

$$y'e^y+y'e^{y^2}-1=0,$$

从而 $y'=\dfrac{1}{e^y+e^{y^2}}>0$，故 $y=y(x)$ 是单调递增的.

将 $x=0$ 代入题设条件有 $e^{y(0)}+\int_0^{y(0)}e^{t^2}dt-1=0$. 因为 $y(0)=0$ 满足这个等式，又 $y=y(x)$ 是严格单调递增的，所以 $y(0)=0$，于是 $y''|_{x=0}=\dfrac{1}{2}$.

第十九章　含参量积分

一、主要内容归纳

1. 含参量积分的定义

设 $f(x,y)$ 为矩形区域 $R=[a,b]\times[c,d]$ 上的二元函数，若 $\forall y\in[c,d]$，一元函数 $f(x,y)$ 在 $[a,b]$ 上可积，则其积分值是 y 在 $[c,d]$ 上取值的函数，记为 $\varphi(y)$，即

$$\varphi(y)=\int_a^b f(x,y)\mathrm{d}x,\quad y\in[c,d],$$

称之为**含参量 y 的积分**，y 称为**参变量**.

更一般地，我们有如下含参量积分：f 在区域 $G=\{(x,y)\mid a(y)\leqslant x\leqslant b(y),\alpha\leqslant y\leqslant\beta\}$ 上的二元函数 $\varphi(y)=\int_{a(y)}^{b(y)} f(x,y)\mathrm{d}x$，$y\in[\alpha,\beta]$，其中 $a(y)$，$b(y)$ 为 $[\alpha,\beta]$ 上的连续函数.

2. 性质

(1)**连续性**　设二元函数 $f(x,y)$ 在区域 $G=\{(x,y)\mid c(x)\leqslant y\leqslant d(x),a\leqslant x\leqslant b\}$ 上连续，其中 $c(x)$，$d(x)$ 是 $[a,b]$ 上的连续函数，则函数 $F(x)=\int_{c(x)}^{d(x)} f(x,y)\mathrm{d}y$ 在 $[a,b]$ 上连续.

(2)**可微性**　若函数 f 与 $\dfrac{\partial f}{\partial x}$ 都在 $[a,b]\times[c,d]$ 上连续，则 $I(x)=\int_c^d f(x,y)\mathrm{d}y$ 在 $[a,b]$ 上可微，且

$$I'(x)=\int_c^d \frac{\partial}{\partial x}f(x,y)\mathrm{d}y.$$

若二元函数 $f(x,y)$，$f_x(x,y)$ 在 $[a,b]\times[p,q]$ 上连续，且 $c(x)$，$d(x)$ 为定义在 $[a,b]$ 上其值含于 $[p,q]$ 内的可微函数，则上述 $F(x)$ 在 $[a,b]$ 上可微，且

$$F'(x)=\int_{c(x)}^{d(x)} f_x(x,y)\mathrm{d}y+f(x,d(x))d'(x)-f(x,c(x))c'(x),\quad x\in[a,b].$$

(3)**可积性**　若 $f(x,y)$ 在 $[a,b]\times[c,d]$ 上连续，则 $I(x)=\int_c^d f(x,y)\mathrm{d}y$ 和 $J(y)=\int_a^b f(x,y)\mathrm{d}x$ 分别在 $[a,b]$ 和 $[c,d]$ 上可积.

此说明，在连续的假设下，同时存在两个求积顺序不同的积分

$$\int_a^b\left[\int_c^d f(x,y)\mathrm{d}y\right]\mathrm{d}x\quad 和\quad \int_c^d\left[\int_a^b f(x,y)\mathrm{d}x\right]\mathrm{d}y.$$

为书写简便，上述两个积分分别写作

$$\int_a^b \mathrm{d}x \int_c^d f(x,y)\mathrm{d}y, \quad \int_c^d \mathrm{d}y \int_a^b f(x,y)\mathrm{d}x,$$

统称为**累次积分**(也称为**二次积分**).

若 $f(x,y)$ 在 $[a,b]\times[c,d]$ 上连续,则 $\int_c^d \mathrm{d}y\int_a^b f(x,y)\mathrm{d}x=\int_a^b \mathrm{d}x\int_c^d f(x,y)\mathrm{d}y$.

注 几种常用的求参变量积分的方法.

如果直接求 $\varphi(t)=\int_a^b f(x,t)\mathrm{d}x$ 有困难,常采用以下两种方法:

(1)先求 $\varphi'(t)$,即先求 $\int_a^b f_t(x,t)\mathrm{d}x$,然后再对 t 积分求出 $\varphi(t)$.

(2)把 $f(x,t)$ 表示为积分形式,再用积分号下求积分的方法,此时通常要交换积分次序.

3. 一致收敛及其判别法

定义 1 设函数 $f(x,y)$ 定义在无界区域 $G=\{(x,y)\,|\,c(x)\leqslant y<+\infty, a\leqslant x\leqslant b\}$ 上. 若对每一个固定的 $x\in[a,b]$,反常积分 $\int_c^{+\infty} f(x,y)\mathrm{d}y$ 都收敛,则它的值是 x 在 $[a,b]$ 上取值的函数,记为 $I(x)$,即

$$I(x)=\int_c^{+\infty} f(x,y)\mathrm{d}y, \quad x\in[a,b], \qquad ①$$

称①式为定义在 $[a,b]$ 上的**含参量 x 的无穷限反常积分**,简称**含参量反常积分**.

定义 2(一致收敛) 若含参量反常积分①满足:$\forall\varepsilon>0$,$\exists N>c$,当 $M>N$ 时,$\forall x\in[a,b]$ 有 $\left|\int_c^{+\infty} f(x,y)\mathrm{d}y-\int_c^{M} f(x,y)\mathrm{d}y\right|=\left|\int_M^{+\infty} f(x,y)\mathrm{d}y\right|<\varepsilon$,则称含参量反常积分①在 $[a,b]$ 上**一致收敛于** $I(x)$,或简称 $\int_a^{+\infty} f(x,y)\mathrm{d}y$ 在 $[a,b]$ 上一致收敛.

判别方法

(1)**Cauchy 一致收敛准则** $\int_c^{+\infty} f(x,y)\mathrm{d}y$ 在 I 上一致收敛 $\Leftrightarrow\forall\varepsilon>0$,$\exists A_0>c$,当 A, $A'>A_0$ 时,对一切 $x\in I$,有 $\left|\int_A^{A'} f(x,y)\mathrm{d}y\right|<\varepsilon$.

(2)**M 判别法** 设有函数 $F(y)$,使得

$$|f(x,y)|\leqslant F(y), c\leqslant y<+\infty, x\in I;\ \int_c^{+\infty} F(y)\mathrm{d}y \text{ 收敛},$$

则 $\int_c^{+\infty} f(x,y)\mathrm{d}y$ 在 I 上一致收敛.

(3)**Abel 判别法** 设(i)$\int_c^{+\infty} f(x,y)\mathrm{d}y$ 在 I 上一致收敛;(ii)对每一个 $x\in I$,函数 $g(x,y)$ 为 y 的单调函数,且对参量 x,$g(x,y)$ 在 I 上一致有界,则含参量反常积分 $\int_c^{+\infty} f(x,y)g(x,y)\mathrm{d}y$ 在 I 上一致收敛.

(4)**Dirichlet 判别法** 设(i)对 $N>c$,含参量积分 $\int_c^{N} f(x,y)\mathrm{d}y$ 对参量 x 在 I 上一致有

界；(ⅱ) 对每一个 $x\in I$，函数 $g(x,y)$ 为 y 的单调函数，且当 $y\to+\infty$ 时，对参量 x，$g(x,y)$ 一致地收敛于 0，则含参量反常积分 $\int_c^{+\infty} f(x,y)g(x,y)\mathrm{d}y$ 在 I 上一致收敛.

(5) **级数判别法** $\int_c^{+\infty} f(x,y)\mathrm{d}y$ 在 I 上一致收敛 $\Leftrightarrow$ 对任一趋于 $+\infty$ 的递增数列 $\{A_n\}$(其中 $A_1=c$)，函数项级数 $\sum_{n=1}^{\infty}\int_{A_n}^{A_{n+1}} f(x,y)\mathrm{d}y=\sum_{n=1}^{\infty}u_n(x)$ 在 I 上一致收敛.

(6)**Dini 定理** 设 $f(x,y)$ 在 $D=[a,b]\times[c,+\infty)$ 上连续且不变号，$I(x)=\int_c^{+\infty} f(x,y)\,\mathrm{d}y$ 在 $[a,b]$ 上连续，则 $\int_c^{+\infty} f(x,y)\mathrm{d}y$ 在 $[a,b]$ 上一致收敛.

上述说的是含参变量的反常积分是积分限无穷大的情形，同样可以研究有瑕点的含参量的反常积分，结论完全相仿.

4. 主要性质

(1)**连续性** 设 $f(x,y)$ 在 $I\times[c,+\infty)$ 上连续，若 $I(x)=\int_c^{+\infty} f(x,y)\mathrm{d}y$ 在 I 上一致收敛，则 $I(x)$ 在 I 上连续.

(2)**可微性** 设 $f(x,y)$，$f_x(x,y)$ 在 $I\times[c,+\infty)$ 上连续. 若 $I(x)=\int_c^{+\infty} f(x,y)\mathrm{d}y$ 在 I 上收敛，$\int_c^{+\infty} f_x(x,y)\mathrm{d}y$ 在 I 上一致收敛，则 $I(x)$ 在 I 上可微，且 $I'(x)=\int_c^{+\infty} f_x(x,y)\mathrm{d}y$.

(3)**可积性** 设 $f(x,y)$ 在 $[a,b]\times[c,+\infty)$ 上连续. 若 $I(x)=\int_c^{+\infty} f(x,y)\mathrm{d}y$ 在 $[a,b]$ 上一致收敛，则 $I(x)$ 在 $[a,b]$ 上可积且

$$\int_a^b \mathrm{d}x\int_c^{+\infty} f(x,y)\mathrm{d}y=\int_c^{+\infty}\mathrm{d}y\int_a^b f(x,y)\mathrm{d}x.$$

(4)设 $f(x,y)$ 在 $[a,+\infty)\times[c,+\infty)$ 上连续. 若

(ⅰ) $\int_a^{+\infty} f(x,y)\mathrm{d}x$ 关于 y 在任何闭区间 $[c,d]$ 上一致收敛，$\int_c^{+\infty} f(x,y)\mathrm{d}y$ 关于 x 在任何闭区间 $[a,b]$ 上一致收敛.

(ⅱ)积分 $\int_a^{+\infty}\mathrm{d}x\int_c^{+\infty}|f(x,y)|\mathrm{d}y$ 与 $\int_c^{+\infty}\mathrm{d}y\int_a^{+\infty}|f(x,y)|\mathrm{d}x$ 中有一个收敛，则

$$\int_a^{+\infty}\mathrm{d}x\int_c^{+\infty} f(x,y)\mathrm{d}y=\int_c^{+\infty}\mathrm{d}y\int_a^{+\infty} f(x,y)\mathrm{d}x.$$

(5)关于含参量的无界函数反常积分与含参量无穷积分，有完全类似的结果.

5. 欧拉积分

(1)**定义** $B(p,q)=\int_0^1 x^{p-1}(1-x)^{q-1}\mathrm{d}x\ (p>0,q>0)$，$\Gamma(s)=\int_0^{+\infty} x^{s-1}\mathrm{e}^{-x}\mathrm{d}x\ (s>0)$ 分别称为第一类和第二类 **Euler** 积分(又称 **Beta** 函数和 **Gamma** 函数).

(2)**性质**

Γ 函数的性质

①$\Gamma(s)\ (s>0)$及其任意阶导数都连续，且

$$\Gamma^{(n)}(s)=\int_0^{+\infty}x^{s-1}(\ln x)^n\mathrm{e}^{-x}\mathrm{d}x.$$

②**递推公式**　$\Gamma(s+1)=s\Gamma(s)(s>0)$，如果 n 是正整数，则 $\Gamma(n+1)=n!$.

③**余元公式**　对于 $0<s<1$ 有 $\Gamma(s)\Gamma(1-s)=\dfrac{\pi}{\sin s\pi}$.

注　从 $\Gamma(s)$ 定义出发，利用递推公式可以将 Γ 函数的定义域开拓如下：$\Gamma(s)=\dfrac{\Gamma(s+1)}{s}$. 注意到右边当 $-1<s<0$ 时也有定义，于是用该式右边定义为 $-1<s<0$ 时的 Γ 函数的值. 以此类推，Γ 函数的定义域可以开拓到除去 0 和负整数的一切实数.

B 函数的性质

①**对称性**　$B(p,q)=B(q,p)$.

②$B(p,q)$在其定义域内连续，且有任意阶连续偏导数.

③**递推公式**　$B(p,q+1)=\dfrac{q}{p+q}B(p,q)$，$B(p+1,q)=\dfrac{p}{p+q}B(p,q)$，如果 m,n 都是自然数，则 $B(m,n)=\dfrac{(m-1)!\ (n-1)!}{(m+n-1)!}$.

(3)Γ 函数与 B 函数两者之间的关系及其他表现形式

$$B(p,q)=\frac{\Gamma(p)\Gamma(q)}{\Gamma(p+q)},\quad p>0,q>0,$$

$$\Gamma(s)=\int_0^{+\infty}x^{s-1}\mathrm{e}^{-x}\mathrm{d}x=2\int_0^{+\infty}x^{2s-1}\mathrm{e}^{-x^2}\mathrm{d}x=p^s\int_0^{+\infty}x^{s-1}\mathrm{e}^{-px}\mathrm{d}x,$$

$$B(p,q)=\int_0^1 x^{p-1}(1-x)^{q-1}\mathrm{d}x=2\int_0^{\frac{\pi}{2}}\sin^{2q-1}\varphi\cos^{2p-1}\varphi\mathrm{d}\varphi.$$

二、经典例题解析及解题方法总结

【例 1】　设 $F(t)=\int_0^{t^2}\mathrm{d}x\int_{x-t}^{x+t}\sin(x^2+y^2-t^2)\mathrm{d}y$，求$F'(t)$.

解　令 $f(x,t)=\int_{x-t}^{x+t}\sin(x^2+y^2-t^2)\mathrm{d}y$，其中 x,t 为参变量.

$$F'(t)=2t\int_{t^2-t}^{t^2+t}\sin(t^4+y^2-t^2)\mathrm{d}y+\int_0^{t^2}\left(\frac{\partial}{\partial t}f(x,t)\right)\mathrm{d}x,$$

而

$$\begin{aligned}\frac{\partial}{\partial t}f(x,t)&=\frac{\partial}{\partial t}\int_{x-t}^{x+t}\sin(x^2+y^2-t^2)\mathrm{d}y\\&=\sin(x^2+(x+t)^2-t^2)-(-1)\cdot\sin(x^2+(x-t)^2-t^2)\\&\quad+\int_{x-t}^{x+t}(-2t)\cos(x^2+y^2-t^2)\mathrm{d}y\\&=2\sin 2x^2\cos 2xt-2t\int_{x-t}^{x+t}\cos(x^2+y^2-t^2)\mathrm{d}y,\end{aligned}$$

最后得到

$$F'(t)=2t\int_{t^2-t}^{t^2+t}\sin(t^4+y^2-t^2)\mathrm{d}y+2\int_0^{t^2}\sin 2x^2\cos 2xt\mathrm{d}x-2t\int_0^{t^2}\mathrm{d}x\int_{x-t}^{x+t}\cos(x^2+y^2-t^2)\mathrm{d}y.$$

【例 2】 设 $F(r)=\int_0^{2\pi}\mathrm{e}^{r\cos\theta}\cos(r\sin\theta)\mathrm{d}\theta$. 证明:$F(r)\equiv 2\pi$.

证 因为 $F(0)=2\pi$,所以要证 $F(r)=2\pi$,只须证明 $F(r)$ 为常数. 为此考虑 $F(r)$ 的导数.

$$F'(r)=\int_0^{2\pi}[\mathrm{e}^{r\cos\theta}\cos(r\sin\theta)]'_r\mathrm{d}\theta=\int_0^{2\pi}\mathrm{e}^{r\cos\theta}\cos(\theta+r\sin\theta)\mathrm{d}\theta,$$

所以

$$F''(r)=\int_0^{2\pi}\mathrm{e}^{r\cos\theta}\cos(2\theta+r\sin\theta)\mathrm{d}\theta,\cdots,F^{(n)}(r)=\int_0^{2\pi}\mathrm{e}^{r\cos\theta}\cos(n\theta+r\sin\theta)\mathrm{d}\theta,\quad (*)$$

且 $F^{(n)}(0)=\int_0^{2\pi}\cos n\theta\mathrm{d}\theta=0,n=1,2,\cdots$,根据 Taylor 公式,有

$$F(r)-F(0)=\sum_{k=1}^{n-1}\frac{F^{(k)}(0)}{k!}r^k+\frac{F^{(n)}(\theta_1 r)}{n!}r^n=\frac{F^{(n)}(\theta_1 r)}{n!}r^n(0<\theta<1).$$

由$(*)$式可得 $|F^{(n)}(\theta_1 r)|\leqslant 2\pi\mathrm{e}^r$,所以 $\left|\frac{F^{(n)}(\theta_1 r)}{n!}r^n\right|\leqslant\frac{2\pi\mathrm{e}^r r^n}{n!}\to 0(n\to\infty)$.

所以 $F(r)=F(0)=2\pi$.

【例 3】 讨论 $I(y)=\int_0^{+\infty}\frac{\sin x^2}{1+x^y}\mathrm{d}x$ 关于 y 在$[0,+\infty)$上的一致收敛性.

解 **方法一** (用 Abel 判别法) 首先对任意固定的 $y\geqslant 0$,原反常积分是收敛的. 又因为 $\int_0^{+\infty}\sin x^2\mathrm{d}x=\int_0^{+\infty}\frac{\sin t}{2\sqrt{t}}\mathrm{d}t$ 收敛,与 y 无关,故关于 $y\in[0,+\infty)$是一致收敛的.

任意固定 $y\in[0,+\infty)$,$\frac{1}{1+x^y}$是 x 的单调函数,且$\left|\frac{1}{1+x^y}\right|<1$. 由 Abel 判别法知,$\int_0^{+\infty}\frac{\sin x^2}{1+x^y}\mathrm{d}x$ 关于 y 在$[0,+\infty)$上一致收敛.

方法二 (用 Dirichlet 判别法) 将 $I(y)$改写为$\int_0^{+\infty}x\sin x^2\frac{1}{x(1+x^y)}\mathrm{d}x$. 由于

$$\left|\int_0^A x\sin x^2\mathrm{d}x\right|=\left|-\frac{1}{2}\cos x^2\Big|_0^A\right|\leqslant 1,\quad\forall y\in[0,+\infty).$$

对每一个固定的 $y\in[0,+\infty)$,$\frac{1}{x(1+x^y)}$对 x 单调,且

$$\left|\frac{1}{x(1+x^y)}\right|\leqslant\frac{1}{x}\to 0\quad(x\to+\infty),$$

故当 $x\to+\infty$时,$\frac{1}{x(1+x^y)}$关于 y 一致收敛于 0. 由 Dirichlet 判别法知原反常积分关于 y 在$[0,+\infty)$上一致收敛.

【例 4】 计算 $\int_{-\infty}^{+\infty}\left(\frac{\sin x}{x}\right)^2\mathrm{d}x$.

解 无穷积分显然收敛,且是偶函数,因此

$$\int_{-\infty}^{+\infty}\left(\frac{\sin x}{x}\right)^2\mathrm{d}x=\int_0^{+\infty}\frac{1-\cos 2x}{x^2}\mathrm{d}x=\int_0^{+\infty}(1-\cos 2x)\mathrm{d}\left(-\frac{1}{x}\right)$$

$$=-\frac{1-\cos 2x}{x}\Big|_0^{+\infty}+\int_0^{+\infty}\frac{2\sin 2x}{x}\mathrm{d}x=2\int_0^{+\infty}\frac{\sin 2x}{x}\mathrm{d}x=\pi.$$

【例 5】 计算 $\Gamma\left(\frac{1}{2}\right)$,从而计算 $\int_0^{+\infty}\mathrm{e}^{-x^2}\mathrm{d}x$.

解 由 B 函数和 Γ 函数之间的关系得

$$B\left(\frac{1}{2},\frac{1}{2}\right)=\frac{\Gamma\left(\frac{1}{2}\right)\Gamma\left(\frac{1}{2}\right)}{\Gamma\left(\frac{1}{2}+\frac{1}{2}\right)}=\left[\Gamma\left(\frac{1}{2}\right)\right]^2,$$

$$B\left(\frac{1}{2},\frac{1}{2}\right)=2\int_0^{\frac{\pi}{2}}\sin^{2\cdot\frac{1}{2}-1}\varphi\cos^{2\cdot\frac{1}{2}-1}\varphi\mathrm{d}\varphi=\pi,$$

从而 $\Gamma\left(\frac{1}{2}\right)=\sqrt{\pi}$,这样

$$\int_0^{+\infty}\mathrm{e}^{-x^2}\mathrm{d}x=\int_0^{+\infty}\mathrm{e}^{-t}\cdot\frac{1}{2}t^{-\frac{1}{2}}\mathrm{d}t=\frac{1}{2}\Gamma\left(\frac{1}{2}\right)=\frac{\sqrt{\pi}}{2}.$$

【例 6】 求积分 $\int_0^1 x^{p-1}(1-x^m)^{q-1}\mathrm{d}x\ (p,q,m>0)$,并证明:

$$\int_0^1\frac{\mathrm{d}x}{\sqrt{1-x^4}}\cdot\int_0^1\frac{x^2\mathrm{d}x}{\sqrt{1-x^4}}=\frac{\pi}{4}.$$

解 令 $x^m=t$,则得

$$\int_0^1 x^{p-1}(1-x^m)^{q-1}\mathrm{d}x=\frac{1}{m}\int_0^1 t^{\frac{p}{m}-1}(1-t)^{q-1}\mathrm{d}t=\frac{1}{m}B\left(\frac{p}{m},q\right)=\frac{1}{m}\frac{\Gamma\left(\frac{p}{m}\right)\Gamma(q)}{\Gamma\left(\frac{p}{m}+q\right)},$$

利用此结果,并注意到 $\Gamma\left(\frac{5}{4}\right)=\frac{1}{4}\Gamma\left(\frac{1}{4}\right),\Gamma\left(\frac{1}{2}\right)=\sqrt{\pi}$,得

$$\int_0^1\frac{\mathrm{d}x}{\sqrt{1-x^4}}\cdot\int_0^1\frac{x^2\mathrm{d}x}{\sqrt{1-x^4}}=\frac{1}{4^2}\frac{\Gamma\left(\frac{1}{4}\right)\Gamma\left(\frac{1}{2}\right)}{\Gamma\left(\frac{1}{4}+\frac{1}{2}\right)}\cdot\frac{\Gamma\left(\frac{3}{4}\right)\Gamma\left(\frac{1}{2}\right)}{\Gamma\left(\frac{3}{4}+\frac{1}{2}\right)}$$

$$=\frac{1}{4^2}\cdot\frac{\Gamma\left(\frac{1}{4}\right)\Gamma\left(\frac{3}{4}\right)\left[\Gamma\left(\frac{1}{2}\right)\right]^2}{\frac{1}{4}\Gamma\left(\frac{3}{4}\right)\Gamma\left(\frac{1}{4}\right)}=\frac{\pi}{4}.$$

【例 7】 证明:$\lim\limits_{n\to\infty}\int_0^{+\infty}\mathrm{e}^{-x^n}\mathrm{d}x=1$.

证 令 $x^n=t$,则 $\int_0^{+\infty}\mathrm{e}^{-x^n}\mathrm{d}x=\int_0^{+\infty}\frac{1}{n}t^{\frac{1}{n}-1}\mathrm{e}^{-t}\mathrm{d}t$. 故

$$\lim_{n\to\infty}\int_0^{+\infty}\mathrm{e}^{-x^n}\mathrm{d}x=\lim_{n\to\infty}\frac{1}{n}\Gamma\left(\frac{1}{n}\right)=\lim_{n\to\infty}\Gamma\left(1+\frac{1}{n}\right)=\Gamma(1)=1.\ (\Gamma(\alpha)\text{为连续函数}).$$

【例 8】 确定函数 $g(\alpha)=\int_0^{+\infty}\frac{\ln(1+x^3)}{x^\alpha}dx$ 的连续范围.

解 $x=0$ 是其可能的奇点，$g(\alpha)$可化为

$$g(\alpha)=\int_0^1\frac{\ln(1+x^3)}{x^\alpha}dx+\int_1^{+\infty}\frac{\ln(1+x^3)}{x^\alpha}dx=I_1+I_2,$$

其中 I_1 以 0 为奇点，且$\frac{\ln(1+x^3)}{x^\alpha}\sim\frac{1}{x^{\alpha-3}}\ (x\to 0^+)$，故当 $\alpha-3<1$ 即 $\alpha<4$ 时，$\int_0^1\frac{\ln(1+x^3)}{x^\alpha}dx$ 收敛.

对于 $I_2=\int_1^{+\infty}\frac{\ln(1+x^3)}{x^\alpha}dx$，当 $\alpha>1$ 时收敛，故原积分 $g(\alpha)$ 当且仅当 $1<\alpha<4$ 时收敛，即$g(\alpha)$的定义域为$(1,4)$.

其次，$\forall\alpha\in(1,4)$，$\exists[a,b]\subset(1,4)$，使得 $\alpha\in(a,b)$，当 $0<x\leqslant 1$ 时，有

$$\left|\frac{\ln(1+x^3)}{x^\alpha}\right|=\frac{\ln(1+x^3)}{x^\alpha}\leqslant\frac{\ln(1+x^3)}{x^b},$$

且 $\int_0^1\frac{\ln(1+x^3)}{x^b}dx$ 收敛，所以 I_1 在$[a,b]$上一致收敛.

同理可证 I_2 在$[a,b]$也一致收敛，故 $g(\alpha)$在$[a,b]$上一致收敛. 由被积函数的连续性知 $g(\alpha)$在$[a,b]$连续，从而在$(1,4)$内连续.

【例 9】 计算 $I(x)=\int_0^{\frac{\pi}{2}}\ln(a^2-\sin^2x)dx\ (a>1)$.

解 **方法一** 记 $f(x)=\ln(a^2-\sin^2x)$，则$f'_a(x,a)=\frac{2a}{a^2-\sin^2x}$，$\forall a>1$，$\exists\varepsilon_0>1$，使得 $a\in(\varepsilon_0,\varepsilon_0+1)$. 在矩形区域$\left[0,\frac{\pi}{2}\right]\times\left[\varepsilon_0,\varepsilon_0+1\right]$上 $f(x,a)$和 $f_a(x,a)$均连续，因此 $I'(a)=\int_0^{\frac{\pi}{2}}\frac{2a}{a^2-\sin^2x}dx$，

令 $\tan x=t$，则 $\sec^2x dx=dt$，$\sin^2x=\frac{t^2}{1+t^2}$，从而

$$I'(a)=2a\int_0^{+\infty}\frac{1}{a^2-\frac{t^2}{1+t^2}}\frac{1}{1+t^2}dt=2a\int_0^{+\infty}\frac{dt}{a^2+(a^2-1)t^2}$$

$$=\frac{2}{\sqrt{a^2-1}}\int_0^{+\infty}\frac{d\left(\frac{\sqrt{a^2-1}}{a}t\right)}{1+\left(\frac{\sqrt{a^2-1}}{a}t\right)^2}$$

$$=\frac{2}{\sqrt{a^2-1}}\arctan\frac{\sqrt{a^2-1}}{a}t\Big|_0^{+\infty}=\frac{\pi}{\sqrt{a^2-1}},$$

积分得

$$I(a)=\pi\ln(a+\sqrt{a^2-1})+c, \qquad ①$$

其中 c 为积分常数. 下求常数 c，在①中取 $a=\sqrt{2}$，则得

$$I(\sqrt{2})=\pi\ln(1+\sqrt{2})+c, \qquad ②$$

因此只需求出 $I(\sqrt{2})$ 即可,由已知条件得 $I(\sqrt{2})=\int_0^{\frac{\pi}{2}}\ln(1+\cos^2x)\mathrm{d}x$,记 $J(\alpha)=\int_0^{\frac{\pi}{2}}\ln(1+\alpha^2\cos^2x)\mathrm{d}x$,容易验证它满足积分号下可微定理的条件,从而

$$J'(\alpha)=\int_0^{\frac{\pi}{2}}\frac{2\alpha\cos^2x}{1+\alpha^2\cos^2x}\mathrm{d}x=2\alpha\int_0^{\frac{\pi}{2}}\frac{1}{\alpha^2+\sec^2x}\mathrm{d}x\xlongequal{t=\tan x}2\alpha\int_0^{+\infty}\frac{1}{(1+t^2)(1+\alpha^2+t^2)}\mathrm{d}t$$

$$=\frac{2}{\alpha}\left(\int_0^{+\infty}\frac{1}{1+t^2}\mathrm{d}t-\int_0^{+\infty}\frac{1}{1+\alpha^2+t^2}\mathrm{d}t\right)=\frac{2}{\alpha}\left(\frac{\pi}{2}-\frac{\pi}{2}\frac{1}{\sqrt{1+\alpha^2}}\right)$$

$$=\pi\cdot\frac{\alpha}{\sqrt{1+\alpha^2}(1+\sqrt{1+\alpha^2})},$$

又 $J(0)=0$,所以

$$J(\alpha)=\int_0^{\alpha}J'(t)\mathrm{d}t=\pi\int_0^{\alpha}\frac{t}{\sqrt{1+t^2}(\sqrt{1+t^2}+1)}\mathrm{d}t=\pi\ln(\sqrt{1+\alpha^2}+1)-\pi\ln 2,$$

由此得 $J(1)=\pi\ln(\sqrt{2}+1)-\pi\ln 2$,即 $I(\sqrt{2})=\pi\ln(\sqrt{2}+1)-\pi\ln 2$,将其代入②得 $c=-\pi\ln 2$,从而

$$I(\alpha)=\pi\ln(a+\sqrt{a^2-1})-\pi\ln 2.$$

方法二 记 $F(b)=\int_0^{\frac{\pi}{2}}\ln(b^2\sin^2x+a^2\cos^2x)\mathrm{d}x$,则 $F(\sqrt{a^2-1})=I(\alpha)$,先求出 $F(b)$.

$$F'(b)=\int_0^{\frac{\pi}{2}}\frac{2b\sin^2x}{b^2\sin^2x+a^2\cos^2x}\mathrm{d}x=2b\int_0^{+\infty}\frac{t^2}{b^2t^2+a^2}\frac{1}{1+t^2}\mathrm{d}t$$

$$=\frac{2b}{b^2-a^2}\int_0^{+\infty}\left(\frac{1}{1+t^2}-\frac{a^2}{b^2t^2+a^2}\right)\mathrm{d}t$$

$$=\frac{2b}{b^2-a^2}\left(\frac{\pi}{2}-\frac{a}{b}\frac{\pi}{2}\right)=\frac{\pi}{a+b}\quad(b>0),$$

积分得

$$F(b)=\pi\ln(a+b)+c,\quad c\text{ 为积分常数}.$$

令 $b=a$ 得 $\pi\ln a=F(a)=\pi\ln(2a)+c$,故 $c=-\pi\ln 2$,于是 $F(b)=\pi\ln(a+b)-\pi\ln 2$. 令 $b=\sqrt{a^2-1}$ 得

$$I(a)=F(\sqrt{a^2-1})=\pi\ln(a+\sqrt{a^2-1})-\pi\ln 2.$$

三、教材习题解答

习题 19.1 解答

1. 设 $f(x,y)=\operatorname{sgn}(x-y)$(这个函数在 $x=y$ 时不连续),试证由含参量积分

$$F(y)=\int_0^1 f(x,y)\mathrm{d}x$$

所确定的函数在$(-\infty,\infty)$ 上连续,并作函数 $F(y)$ 的图像.

解　由于$x\in[0,1]$,因此当$y<0$时,$f(x,y)=1$;当$y>1$时,$f(x,y)=-1$;当 $0\leqslant y\leqslant 1$ 时,

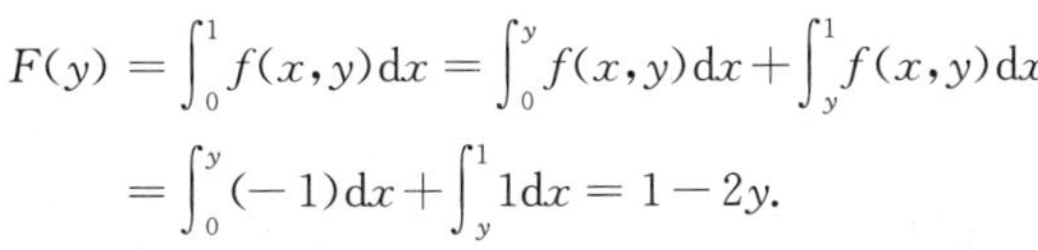

$$F(y)=\int_0^1 f(x,y)\mathrm{d}x=\int_0^y f(x,y)\mathrm{d}x+\int_y^1 f(x,y)\mathrm{d}x$$
$$=\int_0^y(-1)\mathrm{d}x+\int_y^1 1\mathrm{d}x=1-2y.$$

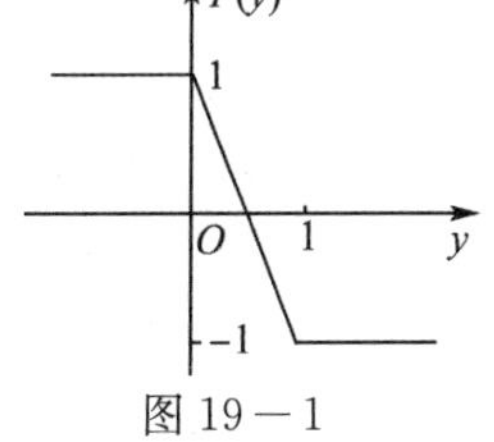

图 19－1

所以 $F(y)=\begin{cases}1, & y<0,\\ 1-2y, & 0\leqslant y\leqslant 1,\\ -1, & y>1\end{cases}$ 在$(-\infty,\infty)$ 上连续. 图像见图 19－1.

2. 求下列极限:

(1) $\lim\limits_{\alpha\to 0}\int_{-1}^1\sqrt{x^2+\alpha^2}\,\mathrm{d}x$;　　(2) $\lim\limits_{\alpha\to 0}\int_0^2 x^2\cos\alpha x\mathrm{d}x$.

解　(1)$f(x,\alpha)=\sqrt{x^2+\alpha^2}$ 在$[-1,1]\times[-1,1]$ 上连续. 因此

$$\lim_{\alpha\to 0}\int_{-1}^1\sqrt{x^2+\alpha^2}\,\mathrm{d}x=\int_{-1}^1\lim_{\alpha\to 0}\sqrt{x^2+\alpha^2}\,\mathrm{d}x=\int_{-1}^1|x|\mathrm{d}x=1.$$

(2)$f(x,\alpha)=x^2\cos\alpha x$ 在$[0,2]\times[-1,1]$ 上连续,因此

$$\lim_{\alpha\to 0}\int_0^2 x^2\cos\alpha x\mathrm{d}x=\int_0^2\lim_{\alpha\to 0}x^2\cos\alpha x\mathrm{d}x=\int_0^2 x^2\mathrm{d}x=\frac{8}{3}.$$

3. 设 $F(x)=\int_x^{x^2}\mathrm{e}^{-xy^2}\mathrm{d}y$,求 $F'(x)$.

解　$F'(x)=\int_x^{x^2}\frac{\partial}{\partial x}(\mathrm{e}^{-xy^2})\mathrm{d}y+\mathrm{e}^{-x^5}(x^2)'-\mathrm{e}^{-x^3}(x)'=-\int_x^{x^2}y^2\mathrm{e}^{-xy^2}\mathrm{d}y+2x\mathrm{e}^{-x^5}-\mathrm{e}^{-x^3}$.

4. 应用对参量的微分法,求下列积分:

(1)$\int_0^{\frac{\pi}{2}}\ln(a^2\sin^2x+b^2\cos^2x)\mathrm{d}x\quad(a^2+b^2\neq 0)$;

(2)$\int_0^{\pi}\ln(1-2a\cos x+a^2)\mathrm{d}x$.

【思路探索】 $f(x)=\int_0^x f'(t)\mathrm{d}t+f(0)$.

解　(1) 若 $|a|=0$, $|b|>0$,所以

$$b^2=|b^2|,\quad\int_0^{\frac{\pi}{2}}\ln(b^2\cos^2x)\mathrm{d}x=\pi\ln|b|+2\int_0^{\frac{\pi}{2}}\ln\cos x\mathrm{d}x=\pi\ln|b|-\pi\ln 2=\pi\ln\frac{|b|}{2}.$$

同理 $|b|=0$, $|a|>0$, $\int_0^{\frac{\pi}{2}}\ln(a^2\sin^2x)\mathrm{d}x=\pi\ln\frac{|a|}{2}$.

若 $|a|>0$, $|b|>0$,设 $I(|b|)=\int_0^{\frac{\pi}{2}}\ln(|a|^2\sin^2x+|b|^2\cos^2x)\mathrm{d}x$,则

$$I'(|b|)=\int_0^{\frac{\pi}{2}}\frac{2|b|\cos^2x}{a^2\sin^2x+b^2\cos^2x}\mathrm{d}x=\frac{2}{|b|}\int_0^{\frac{\pi}{2}}\frac{1}{1+\left(\left|\frac{a}{b}\right|\tan x\right)^2}\mathrm{d}x=\frac{\pi}{|a|+|b|},$$

又因 $I(0)=\int_0^{\frac{\pi}{2}}\ln(a^2\sin^2x)\mathrm{d}x=\pi\ln\frac{|a|}{2}$，所以

$$I(|b|)=\int_0^{|b|}\frac{\pi\mathrm{d}t}{|a|+t}+\pi\ln\frac{|a|}{2}=\pi\ln\frac{|a|+|b|}{2},$$

因而 $\int_0^{\frac{\pi}{2}}\ln(a^2\sin^2x+b^2\cos^2x)\mathrm{d}x=\pi\ln\frac{|a|+|b|}{2}$.

(2) 设 $I(a)=\int_0^{\pi}\ln(1-2a\cos x+a^2)\mathrm{d}x$，当 $|a|<1$ 时，

$$1-2a\cos x+a^2\geqslant1-2|a|+a^2=(1-|a|)^2>0,$$

因而 $\ln(1-2a\cos x+a^2)$ 为连续函数，且具有连续导数，所以

$$\begin{aligned}I'(a)&=\int_0^{\pi}\frac{-2\cos x+2a}{1-2a\cos x+a^2}\mathrm{d}x\\&=\frac{1}{a}\int_0^{\pi}\left(1+\frac{a^2-1}{1-2a\cos x+a^2}\right)\mathrm{d}x\\&=\frac{\pi}{a}-\frac{1-a^2}{a(1+a^2)}\int_0^{\pi}\frac{\mathrm{d}x}{1+\left(\frac{-2a}{1+a^2}\right)\cos x}\\&=\frac{\pi}{a}-\frac{2}{a}\arctan\left(\frac{1+a}{1-a}\tan\frac{x}{2}\right)\Big|_0^{\pi}=0,\end{aligned}$$

$\cos x=\frac{1-u^2}{1+u^2}$, $u=\tan\frac{x}{2}$

故当 $|a|<1$ 时，$I(a)=C$(常数)，又 $I(0)=0$，从而 $I(a)=0$.

当 $|a|>1$ 时，令 $b=\frac{1}{a}$，则 $|b|<1$，有 $I(b)=0$. 于是

$$I(a)=\int_0^{\pi}\ln\left(\frac{b^2-2b\cos x+1}{b^2}\right)\mathrm{d}x=I(b)-2\pi\ln|b|=2\pi\ln|a|.$$

$\int_0^{\frac{\pi}{2}}\ln\sin x\mathrm{d}x=\int_0^{\frac{\pi}{2}}\ln\cos x\mathrm{d}x$

当 $|a|=1$ 时，

$$I(1)=\int_0^{\pi}\ln2(1-\cos x)\mathrm{d}x=\int_0^{\pi}\left(\ln4+2\ln\sin\frac{x}{2}\right)\mathrm{d}x=0,$$

同理可得 $I(-1)=0$.

综上所述得 $I(a)=\begin{cases}0, & |a|\leqslant1,\\2\pi\ln|a|, & |a|>1.\end{cases}$

归纳总结：第(1)题也可由第(2)题推出. 即

$$\begin{aligned}&\int_0^{\frac{\pi}{2}}\ln(a^2\sin^2x+b^2\cos^2x)\mathrm{d}x\\=&\int_0^{\frac{\pi}{2}}\ln\left(\frac{a^2+b^2}{2}-\frac{a^2-b^2}{2}\cos2x\right)\mathrm{d}x\\=&\frac{1}{2}\int_0^{\pi}\ln\left(\frac{a^2+b^2}{2}+\frac{b^2-a^2}{2}\cos\varphi\right)\mathrm{d}\varphi\\=&\frac{1}{2}\int_0^{\pi}\ln\left(1-2\frac{|a|-|b|}{|a|+|b|}\cos\varphi+\left(\frac{|a|-|b|}{|a|+|b|}\right)^2\right)\mathrm{d}\varphi+\pi\ln\frac{|a|+|b|}{2}\\=&\pi\ln\frac{|a|+|b|}{2}.\end{aligned}$$

5. 应用积分号下的积分法，求下列积分：

(1) $\int_0^1 \sin\left(\ln\frac{1}{x}\right)\frac{x^b-x^a}{\ln x}\mathrm{d}x\,(b>a>0)$；

(2) $\int_0^1 \cos\left(\ln\frac{1}{x}\right)\frac{x^b-x^a}{\ln x}\mathrm{d}x\,(b>a>0)$.

解　(1) 记 $g(x)=\sin\left(\ln\frac{1}{x}\right)\frac{x^b-x^a}{\ln x}$，因为 $\lim\limits_{x\to 0^+}g(x)=0$，故令 $g(0)=g(1)=0$，则 $g(x)$ 在 $[0,1]$ 上连续，于是有

$$I=\int_0^1 g(x)\mathrm{d}x=\int_0^1\left[\sin\left(\ln\frac{1}{x}\right)\int_a^b x^y\mathrm{d}y\right]\mathrm{d}x=\int_0^1\left[\int_a^b\sin\left(\ln\frac{1}{x}\right)x^y\mathrm{d}y\right]\mathrm{d}x,$$

记 $f(x,y)=\sin\left(\ln\frac{1}{x}\right)x^y\,(x>0)$，令 $f(0,y)=0$，则 $f(x,y)$ 在 $[0,1]\times[a,b]$ 上连续，

$$\int_0^1\left[\int_a^b\sin\left(\ln\frac{1}{x}\right)x^y\mathrm{d}y\right]\mathrm{d}x=\int_a^b\left[\int_0^1\sin\left(\ln\frac{1}{x}\right)x^y\mathrm{d}x\right]\mathrm{d}y,$$

作代换 $x=\mathrm{e}^{-t}$ 后得到

$$\int_0^1\sin\left(\ln\frac{1}{x}\right)x^y\mathrm{d}x=\int_0^{+\infty}\mathrm{e}^{-(y+1)t}\sin t\mathrm{d}t=\frac{1}{1+(1+y)^2},$$

因此 $I=\int_a^b\frac{\mathrm{d}y}{1+(1+y)^2}=\arctan(1+b)-\arctan(1+a)=\arctan\frac{b-a}{1+(1+a)(1+b)}$.

(2) 类似于第(1)题，有

$$\int_0^1\cos\left(\ln\frac{1}{x}\right)\frac{x^b-x^a}{\ln x}\mathrm{d}x=\int_a^b\left[\int_0^1\cos\left(\ln\frac{1}{x}\right)x^y\mathrm{d}x\right]\mathrm{d}y$$

$$=\int_a^b\frac{1+y}{1+(1+y)^2}\mathrm{d}y=\frac{1}{2}\ln\left(\frac{b^2+2b+2}{a^2+2a+2}\right).$$

6. 试求累次积分 $\int_0^1\mathrm{d}x\int_0^1\frac{x^2-y^2}{(x^2+y^2)^2}\mathrm{d}y$ 与 $\int_0^1\mathrm{d}y\int_0^1\frac{x^2-y^2}{(x^2+y^2)^2}\mathrm{d}x$，并指出它们为什么与定理 19.6 的结果不符.

解　由于 $\frac{x^2-y^2}{(x^2+y^2)^2}=\frac{\partial}{\partial x}\left(\frac{-x}{x^2+y^2}\right)$，$\frac{x^2-y^2}{(x^2+y^2)^2}=\frac{\partial}{\partial y}\left(\frac{y}{x^2+y^2}\right)$，故有

$$\int_0^1\mathrm{d}x\int_0^1\frac{x^2-y^2}{(x^2+y^2)^2}\mathrm{d}y=\int_0^1\left(\frac{y}{x^2+y^2}\Bigg|_0^1\right)\mathrm{d}x=\int_0^1\frac{\mathrm{d}x}{x^2+1}=\frac{\pi}{4},$$

$$\int_0^1\mathrm{d}y\int_0^1\frac{x^2-y^2}{(x^2+y^2)^2}\mathrm{d}x=\int_0^1\left(\frac{-x}{x^2+y^2}\Bigg|_0^1\right)\mathrm{d}y=-\int_0^1\frac{1}{y^2+1}\mathrm{d}y=-\frac{\pi}{4}.$$

因为 $\frac{x^2-y^2}{(x^2+y^2)^2}$ 在点 $(0,0)$ 不连续，所以与定理 19.6 的结果不符.

7. 研究函数 $F(y)=\int_0^1\frac{yf(x)}{x^2+y^2}\mathrm{d}x$ 的连续性，其中 $f(x)$ 在闭区间 $[0,1]$ 上是正的连续函数.

解　由于 $f(x)$ 在 $[0,1]$ 上是正的连续函数，故存在正数 m，使得 $f(x)\geqslant m>0, x\in[0,1]$.

当 $y>0$ 时，

$$F(y)=\int_0^1\frac{yf(x)}{x^2+y^2}\mathrm{d}x\geqslant m\int_0^1\frac{y}{x^2+y^2}\mathrm{d}x=m\arctan\frac{1}{y};$$

当 $y<0$ 时，

$$F(y)=\int_0^1\frac{yf(x)}{x^2+y^2}\mathrm{d}x\leqslant m\int_0^1\frac{y}{x^2+y^2}\mathrm{d}x=m\arctan\frac{1}{y}.$$

因此

$$\lim_{y\to 0^+}F(y)\geqslant\lim_{y\to 0^+}m\arctan\frac{1}{y}=\frac{m\pi}{2}>0,$$

$$\lim_{y\to 0^-}F(y)\leqslant\lim_{y\to 0^-}m\arctan\frac{1}{y}=-\frac{m\pi}{2}<0,$$

所以 $F(y)$ 在 $y=0$ 处不连续；当 $0\notin[c,d]$ 时，$\dfrac{yf(x)}{x^2+y^2}$ 在 $[0,1]\times[c,d]$ 上连续，所以当 $y\neq 0$ 时，函数 $F(y)$ 连续.

8. 设函数 $f(x)$ 在闭区间 $[a,A]$ 上连续，证明：

$$\lim_{h\to 0^+}\frac{1}{h}\int_a^x[f(t+h)-f(t)]\mathrm{d}t=f(x)-f(a)\quad(a<x<A).$$

证　因为

$$\begin{aligned}\int_a^x[f(t+h)-f(t)]\mathrm{d}t&=\int_{a+h}^{x+h}f(t)\mathrm{d}t-\int_a^x f(t)\mathrm{d}t\\&=\int_{a+h}^{x+h}f(t)\mathrm{d}t-\int_a^{a+h}f(t)\mathrm{d}t-\int_{a+h}^{x}f(t)\mathrm{d}t\\&=\int_x^{x+h}f(t)\mathrm{d}t-\int_a^{a+h}f(t)\mathrm{d}t\\&=f(\xi_1)\cdot h-f(\xi_2)\cdot h,x\leqslant\xi_1\leqslant x+h,a\leqslant\xi_2\leqslant a+h,\end{aligned}$$

当 $h\to 0^+$ 时，$\xi_1\to x,\xi_2\to a$，所以

$$\lim_{h\to 0^+}\frac{1}{h}\int_a^x[f(t+h)-f(t)]\mathrm{d}t=\lim_{h\to 0^+}\frac{1}{h}[f(\xi_1)h-f(\xi_2)h]=f(x)-f(a).$$

9. 设 $F(x,y)=\int_{\frac{x}{y}}^{xy}(x-yz)f(z)\mathrm{d}z$，其中 $f(z)$ 为可微函数，求 $F_{xy}(x,y)$.

解　$$\begin{aligned}F_x(x,y)&=\int_{\frac{x}{y}}^{xy}f(z)\mathrm{d}z+(x-xy^2)f(xy)y-\left(x-y\cdot\frac{x}{y}\right)f\left(\frac{x}{y}\right)\cdot\frac{1}{y}\\&=\int_{\frac{x}{y}}^{xy}f(z)\mathrm{d}z+xy(1-y^2)f(xy),\end{aligned}$$

$$\begin{aligned}F_{xy}(x,y)&=f(xy)\cdot x+f\left(\frac{x}{y}\right)\cdot\frac{x}{y^2}+x(1-y^2)f(xy)-2xy^2f(xy)+x^2y(1-y^2)f'(xy)\\&=x(2-3y^2)f(xy)+\frac{x}{y^2}f\left(\frac{x}{y}\right)+x^2y(1-y^2)f'(xy).\end{aligned}$$

10. 设 $E(k)=\int_0^{\frac{\pi}{2}}\sqrt{1-k^2\sin^2\varphi}\,\mathrm{d}\varphi,F(k)=\int_0^{\frac{\pi}{2}}\dfrac{\mathrm{d}\varphi}{\sqrt{1-k^2\sin^2\varphi}}$，其中 $0<k<1$（这两个积分称为**完全椭圆积分**）.

(1) 试求 $E(k)$ 与 $F(k)$ 的导数，并以 $E(k)$ 与 $F(k)$ 来表示它们；

(2) 证明 $E(k)$ 满足方程 $E''(k)+\dfrac{1}{k}E'(k)+\dfrac{E(k)}{1-k^2}=0$.

解　(1) $$\begin{aligned}E'(k)&=-\int_0^{\frac{\pi}{2}}\frac{k\sin^2\varphi}{\sqrt{1-k^2\sin^2\varphi}}\mathrm{d}\varphi\\&=\frac{1}{k}\int_0^{\frac{\pi}{2}}\frac{1-k^2\sin^2\varphi-1}{\sqrt{1-k^2\sin^2\varphi}}\mathrm{d}\varphi\\&=\frac{1}{k}\int_0^{\frac{\pi}{2}}\sqrt{1-k^2\sin^2\varphi}\,\mathrm{d}\varphi-\frac{1}{k}\int_0^{\frac{\pi}{2}}\frac{\mathrm{d}\varphi}{\sqrt{1-k^2\sin^2\varphi}}\\&=\frac{1}{k}[E(k)-F(k)],\end{aligned}\qquad ①$$

$$\begin{aligned}F'(k)&=\int_0^{\frac{\pi}{2}}\frac{k\sin^2\varphi}{(1-k^2\sin^2\varphi)^{\frac{3}{2}}}\mathrm{d}\varphi\\&=\frac{1}{k}\left[\int_0^{\frac{\pi}{2}}(1-k^2\sin^2\varphi)^{-\frac{3}{2}}\mathrm{d}\varphi-\int_0^{\frac{\pi}{2}}(1-k^2\sin^2\varphi)^{-\frac{1}{2}}\mathrm{d}\varphi\right],\end{aligned}$$

易证

$$(1-k^2\sin^2\varphi)^{-\frac{3}{2}}=\frac{1}{1-k^2}(1-k^2\sin^2\varphi)^{\frac{1}{2}}-\frac{k^2}{1-k^2}\frac{\mathrm{d}}{\mathrm{d}\varphi}[\sin\theta\cos\varphi(1-k^2\sin^2\varphi)^{-\frac{1}{2}}],$$

故有

$$\int_0^{\frac{\pi}{2}}(1-k^2\sin^2\varphi)^{-\frac{3}{2}}\mathrm{d}\varphi=\frac{1}{1-k^2}\int_0^{\frac{\pi}{2}}(1-k^2\sin^2\varphi)^{\frac{1}{2}}\mathrm{d}\varphi,$$

$$F'(k)=\frac{E(k)}{k(1-k^2)}-\frac{F(k)}{k}. \tag{②}$$

(2) 对(1) 中 ① 式两边再对 k 求导数后,再将 ① 式代入得

$$E''(k)=\frac{1}{k}\left[E'(k)-F'(k)-\frac{1}{k}E(k)+\frac{1}{k}F(k)\right]=-\frac{1}{k}F'(k),$$

由 ①,② 有

$$F'(k)=\frac{E(k)}{k(1-k^2)}-\frac{F(k)}{k}=\frac{E(k)}{k(1-k^2)}+E'(k)-\frac{1}{k}E(k)=E'(k)+\frac{k}{1-k^2}E(k),$$

代入上式后得 $E''(k)+\frac{1}{k}E'(k)+\frac{E(k)}{1-k^2}=0.$

习题 19.2 解答

1. 证明下列各题:

(1) $\int_1^{+\infty}\frac{y^2-x^2}{(x^2+y^2)^2}\mathrm{d}x$ 在$(-\infty,+\infty)$ 上一致收敛;

(2) $\int_0^{+\infty}\mathrm{e}^{-x^2y}\mathrm{d}y$ 在$[a,b]$ $(a>0)$ 上一致收敛;

(3) $\int_0^{+\infty}x\mathrm{e}^{-xy}\mathrm{d}y$ (ⅰ) 在$[a,b]$ $(a>0)$ 上一致收敛, (ⅱ) 在$[0,b]$ 上不一致收敛;

(4) $\int_0^1\ln(xy)\mathrm{d}y$ 在$\left[\frac{1}{b},b\right]$ $(b>1)$ 上一致收敛;

(5) $\int_0^1\frac{\mathrm{d}x}{x^p}$ 在$(-\infty,b](b<1)$ 上一致收敛.

证 (1) 因为 $\left|\frac{y^2-x^2}{(x^2+y^2)^2}\right|\leqslant\frac{x^2+y^2}{(x^2+y^2)^2}\leqslant\frac{1}{x^2}$,而$\int_1^{+\infty}\frac{\mathrm{d}x}{x^2}$ 收敛,所以$\int_1^{+\infty}\frac{y^2-x^2}{(x^2+y^2)^2}\mathrm{d}x$ 关于 y 在$(-\infty,+\infty)$ 上一致收敛.

(2) 因为 $|\mathrm{e}^{-x^2y}|=\frac{1}{\mathrm{e}^{x^2y}}\leqslant\frac{1}{\mathrm{e}^{a^2y}}$,且$\int_0^{+\infty}\mathrm{e}^{-a^2y}\mathrm{d}y$ 收敛,所以$\int_0^{+\infty}\mathrm{e}^{-x^2y}\mathrm{d}y$ 关于 x 在$[a,b](a>0)$ 上一致收敛.

(3)(ⅰ) $|x\mathrm{e}^{-xy}|\leqslant b\mathrm{e}^{-ay}$,又$\int_0^{+\infty}b\mathrm{e}^{-ay}\mathrm{d}y$ 收敛,所以$\int_0^{+\infty}x\mathrm{e}^{-xy}\mathrm{d}y$ 关于 x 在$[a,b](a>0)$ 上一致收敛.

(ⅱ) 取 $\varepsilon_0=\frac{1}{\mathrm{e}^2}>0$, $\forall M>0$,不防设 $M>\frac{1}{b}$,取 $A_1=M+1>M$, $A_2=2(M+1)>M$,取 $x_0=\frac{1}{M+1}\in[0,b]$,但有

$$\left|\int_{A_1}^{A_2}x_0\mathrm{e}^{-x_0y}\mathrm{d}y\right|=-\mathrm{e}^{-x_0y}\Big|_{M+1}^{2(M+1)}=\frac{\mathrm{e}-1}{\mathrm{e}^2}>\frac{1}{\mathrm{e}^2}=\varepsilon_0.$$

所以$\int_0^{+\infty}x\mathrm{e}^{-xy}\mathrm{d}y$ 在$[0,b]$ 上不一致收敛.

归纳总结：另一种证法如下：令

$$\varphi(x)=\int_0^{+\infty} x\mathrm{e}^{-xy}\,\mathrm{d}y=\begin{cases}0, & x=0,\\ 1, & 0<x\leqslant b,\end{cases}$$

而 $x\mathrm{e}^{-xy}$ 在 $[0,b]\times[0,+\infty)$ 上连续，$\varphi(x)$ 在 $[0,b]$ 上不连续，由连续性定理知 $\int_0^{+\infty} x\mathrm{e}^{-xy}\,\mathrm{d}y$ 关于 x 在 $[0,b]$ 上不一致收敛.

(4) $|\ln xy|=|\ln x+\ln y|\leqslant|\ln x|+|\ln y|\leqslant\ln b-\ln y$，而且 $\int_0^1(\ln b-\ln y)\,\mathrm{d}y$ 收敛，所以 $\int_0^1\ln(xy)\,\mathrm{d}y$ 关于 x 在 $\left[\frac{1}{b},b\right]$ 上一致收敛.

(5) $\left|\frac{1}{x^p}\right|\leqslant\frac{1}{x^b}$，又 $b<1$，$\int_0^1\frac{1}{x^b}\,\mathrm{d}x$ 收敛，所以 $\int_0^1\frac{1}{x^p}\,\mathrm{d}x$ 关于 p 在 $(-\infty,b](b<1)$ 上一致收敛.

2. 从等式 $\int_a^b \mathrm{e}^{-xy}\,\mathrm{d}y=\frac{\mathrm{e}^{-ax}-\mathrm{e}^{-bx}}{x}$ 出发，计算积分 $\int_0^{+\infty}\frac{\mathrm{e}^{-ax}-\mathrm{e}^{-bx}}{x}\,\mathrm{d}x\quad(b>a>0)$.

解 $\int_0^{+\infty}\frac{\mathrm{e}^{-ax}-\mathrm{e}^{-bx}}{x}\,\mathrm{d}x=\int_0^{+\infty}\left(\int_a^b\mathrm{e}^{-xy}\,\mathrm{d}y\right)\mathrm{d}x$.

因为 e^{-xy} 在 $0\leqslant x<+\infty,a\leqslant y\leqslant b$ 内连续，且 $|\mathrm{e}^{-xy}|\leqslant\mathrm{e}^{-ax}$，而 $\int_0^{+\infty}\mathrm{e}^{-ax}\,\mathrm{d}x$ 收敛，故由 M 判别法知 $\int_0^{+\infty}\mathrm{e}^{-xy}\,\mathrm{d}x$ 关于 y 在 $[a,b]$ 上一致收敛，所以

$$\int_0^{+\infty}\frac{\mathrm{e}^{-ax}-\mathrm{e}^{-bx}}{x}\,\mathrm{d}x=\int_a^b\left[\int_0^{+\infty}\mathrm{e}^{-xy}\,\mathrm{d}x\right]\mathrm{d}y=\int_a^b\frac{1}{y}\,\mathrm{d}y=\ln\frac{b}{a}.$$

3. 证明函数 $F(y)=\int_0^{+\infty}\mathrm{e}^{-(x-y)^2}\,\mathrm{d}x$ 在 $(-\infty,+\infty)$ 上连续（提示：证明中可利用公式 $\int_0^{+\infty}\mathrm{e}^{-x^2}\,\mathrm{d}x=\frac{\sqrt{\pi}}{2}$）.

证 令 $x-y=u$，因此

$$F(y)=\int_0^{+\infty}\mathrm{e}^{-(x-y)^2}\,\mathrm{d}x=\int_{-y}^{+\infty}\mathrm{e}^{-u^2}\,\mathrm{d}u,$$

据 $\int_0^{+\infty}\mathrm{e}^{-u^2}\,\mathrm{d}u=\frac{\sqrt{\pi}}{2}$，所以

$$F(y)=\int_{-y}^{+\infty}\mathrm{e}^{-u^2}\,\mathrm{d}u=\int_{-y}^0\mathrm{e}^{-u^2}\,\mathrm{d}u+\int_0^{+\infty}\mathrm{e}^{-u^2}\,\mathrm{d}u=\int_{-y}^0\mathrm{e}^{-u^2}\,\mathrm{d}u+\frac{\sqrt{\pi}}{2}.$$

$\int_{-y}^0\mathrm{e}^{-u^2}\,\mathrm{d}u$ 为积分下限函数，是 $-y$ 的连续函数，所以 $F(y)$ 在 $(-\infty,+\infty)$ 上连续.

4. 求下列积分：

(1) $\int_0^{+\infty}\frac{\mathrm{e}^{-a^2x^2}-\mathrm{e}^{-b^2x^2}}{x^2}\,\mathrm{d}x$（提示：可利用公式 $\int_0^{+\infty}\mathrm{e}^{-x^2}\,\mathrm{d}x=\frac{\sqrt{\pi}}{2}$）；

(2) $\int_0^{+\infty}\mathrm{e}^{-t}\frac{\sin xt}{t}\,\mathrm{d}t$；

(3) $\int_0^{+\infty}\mathrm{e}^{-x}\frac{1-\cos xy}{x^2}\,\mathrm{d}x$.

解 (1) **方法一** $\int_0^{+\infty}\frac{\mathrm{e}^{-a^2x^2}-\mathrm{e}^{-b^2x^2}}{x^2}\,\mathrm{d}x=\int_0^{+\infty}\left(\int_a^b 2y\mathrm{e}^{-x^2y^2}\,\mathrm{d}y\right)\mathrm{d}x$，因为 $|2y\mathrm{e}^{-x^2y^2}|\leqslant 2b\mathrm{e}^{-a^2x^2}$，而 $\int_0^{+\infty}2b\mathrm{e}^{-a^2x^2}\,\mathrm{d}x=\frac{b}{a}\sqrt{\pi}$ 收敛，由 M 判别法知 $\int_0^{+\infty}2y\mathrm{e}^{-x^2y^2}\,\mathrm{d}x$ 关于 y 在 $[a,b]$ 上一致收敛. 所以

$$\int_0^{+\infty}\frac{e^{-a^2x^2}-e^{-b^2x^2}}{x^2}dx=\int_0^{+\infty}\left(\int_a^b 2ye^{-x^2y^2}dy\right)dx$$
$$=\int_a^b\left[2\int_0^{+\infty}e^{-(xy)^2}d(xy)\right]dy$$
$$=\int_a^b\sqrt{\pi}dy=\sqrt{\pi}(b-a).$$

方法二

$$\int_0^{+\infty}\frac{e^{-a^2x^2}-e^{-b^2x^2}}{x^2}dx=-\int_0^{+\infty}(e^{-a^2x^2}-e^{-b^2x^2})d\left(\frac{1}{x}\right)$$
$$=-\frac{1}{x}(e^{-a^2x^2}-e^{-b^2x^2})\bigg|_0^{+\infty}+\int_0^{+\infty}\frac{1}{x}d(e^{-a^2x^2}-e^{-b^2x^2})$$
$$=-2\int_0^{+\infty}(a^2e^{-a^2x^2}-b^2e^{-b^2x^2})dx$$
$$=-2\left(a\int_0^{+\infty}e^{-t^2}dt-b\int_0^{+\infty}e^{-t^2}dt\right)$$
$$=\sqrt{\pi}(b-a).$$

(2) **方法一**　由教材第 176 页例题 5 知，$p=1,a=0,b=x$ 得 $\int_0^{+\infty}e^{-t}\frac{\sin tx}{t}dt=\arctan x$.

方法二　当 $x>0$ 时，有

$$\int_0^{+\infty}e^{-t}\frac{\sin xt}{t}dt=\int_0^{+\infty}\left(e^{-t}\frac{\sin yt}{t}\bigg|_0^x\right)dt$$
$$=\int_0^{+\infty}\left(\int_0^x e^{-t}\cos yt\,dy\right)dt.$$

由于 $f(t,y)=e^{-t}\cos yt$ 在 $[0,+\infty)\times[0,x]$ 上连续，$|f(t,y)|=|e^{-t}\cos yt|\leqslant e^{-t}$，$\int_0^{+\infty}e^{-t}dt$ 收敛，由 Weierstrass 判别法知 $\int_0^{+\infty}e^{-t}\cos yt\,dt$ 关于 y 在 $[0,x]$ 上一致收敛. 于是，由含参量反常积分的积分次序交换定理得

$$\int_0^{+\infty}e^{-t}\frac{\sin xt}{t}dt=\int_0^{+\infty}\left(\int_0^x e^{-t}\cos yt\,dy\right)dt$$
$$=\int_0^x dy\int_0^{+\infty}e^{-t}\cos yt\,dt$$
$$=\int_0^x\left\{\left[\frac{e^{-t}}{1+y^2}(-\cos yt+y\sin yt)\right]\bigg|_0^{+\infty}\right\}dy$$
$$=\int_0^x\frac{1}{1+y^2}dy=\arctan x.$$

当 $x<0$ 时，有

$$\int_0^{+\infty}e^{-t}\frac{\sin xt}{t}dt=-\int_0^{+\infty}e^{-t}\frac{\sin(-xt)}{t}dt$$
$$=-\arctan(-x)=\arctan x.$$

当 $x=0$ 时，有

$$\int_0^{+\infty}e^{-t}\frac{\sin xt}{t}dt=0=\arctan 0.$$

总之，对 $\forall x\in\mathbf{R}$，有

$$\int_0^{+\infty}e^{-t}\frac{\sin xt}{t}dt=\arctan x.$$

(3) **方法一**　(利用积分号下求积分)

$$I=\int_0^{+\infty}\mathrm{e}^{-x}\frac{1-\cos xy}{x^2}\mathrm{d}x=\int_0^{+\infty}\left(\mathrm{e}^{-x}\frac{\cos xt}{x^2}\bigg|_y^0\right)\mathrm{d}x=-\int_0^{+\infty}\left(\int_y^0\mathrm{e}^{-x}\frac{\sin xt}{x}\mathrm{d}t\right)\mathrm{d}x,$$

由于$\int_0^{+\infty}\frac{\sin xt}{x}\mathrm{d}x=\frac{\pi}{2}\mathrm{sgn}\ t$收敛. 故$\int_0^{+\infty}\frac{\sin xt}{x}\mathrm{d}x$关于$t$在$[0,y]$(或$[y,0]$)上一致收敛. 又$\mathrm{e}^{-x}$在$[0,+\infty)$上单调且一致有界，由 Abel 判别法知$\int_0^{+\infty}\mathrm{e}^{-x}\frac{\sin xt}{x}\mathrm{d}x$关于$t$在$[0,y]$(或$[y,0]$)上一致收敛. 因而

$$\begin{aligned}I&=\int_0^y\mathrm{d}t\int_0^{+\infty}\mathrm{e}^{-x}\frac{\sin xt}{x}\mathrm{d}x=\int_0^y\arctan t\mathrm{d}t=t\arctan t\ |_0^y-\int_0^y\frac{t}{1+t^2}\mathrm{d}t\\&=y\arctan y-\frac{1}{2}\ln(1+t^2)\ |_0^y\\&=y\arctan y-\frac{1}{2}\ln(1+y^2).\end{aligned}$$

方法二 记$I(y)=\int_0^{+\infty}\mathrm{e}^{-x}\frac{1-\cos xy}{x^2}\mathrm{d}x$，令

$$f(x,y)=\begin{cases}\mathrm{e}^{-x}\frac{1-\cos xy}{x^2}, & x>0,\\ 0, & x=0,\end{cases}$$

则

(ⅰ)$f(x,y),f_y=\mathrm{e}^{-x}\frac{\sin xy}{x}$在$[0,+\infty)\times[0,y]$上连续；

(ⅱ)$\int_0^{+\infty}\mathrm{e}^{-x}\frac{1-\cos xy}{x^2}\mathrm{d}x$在$[0,y]$上收敛；

(ⅲ)$\int_0^{+\infty}\mathrm{e}^{-x}\frac{\sin xy}{x}\mathrm{d}x$关于$y$在$[0,y]$上一致收敛(由 Abel 判别法).

由$I'(y)=\int_0^{+\infty}\mathrm{e}^{-x}\frac{\sin xy}{x}\mathrm{d}x=\arctan y$(由第(2)题)，所以

$$\begin{aligned}I(y)&=I(y)-I(0)=\int_0^y I'(t)\mathrm{d}t=\int_0^y\arctan t\mathrm{d}t\\&=t\arctan t\bigg|_0^y-\int_0^y\frac{t}{1+t^2}\mathrm{d}t=y\arctan y-\frac{1}{2}\ln(1+t^2)\bigg|_0^y\\&=y\arctan y-\frac{1}{2}\ln(1+y^2).\end{aligned}$$

5. 回答下列问题：

(1) 对极限$\lim\limits_{x\to0^+}\int_0^{+\infty}2xy\mathrm{e}^{-xy^2}\mathrm{d}y$能否施行极限与积分运算顺序的交换来求解？

(2) 对$\int_0^1\mathrm{d}y\int_0^{+\infty}(2y-2xy^3)\mathrm{e}^{-xy^2}\mathrm{d}x$能否应用积分顺序交换来求解？

(3) 对$F(x)=\int_0^{+\infty}x^3\mathrm{e}^{-x^2y}\mathrm{d}y$能否应用积分与求导运算顺序交换来求解？

解 (1) 因为$F(x)=\int_0^{+\infty}2xy\mathrm{e}^{-xy^2}\mathrm{d}y=\begin{cases}1, & x>0,\\0, & x=0.\end{cases}$ 因而$\lim\limits_{x\to0^+}F(x)=1$，但是$\int_0^{+\infty}\lim\limits_{x\to0^+}2xy\mathrm{e}^{-xy^2}\mathrm{d}y=0$，即交换运算后不相等.

这是由于$\int_0^{+\infty}2xy\mathrm{e}^{-xy^2}\mathrm{d}y=\int_0^{+\infty}x\mathrm{e}^{-xu}\mathrm{d}u$关于$x$在$[0,\delta]$上不一致收敛，从而不符合定理条件.

下面说明$\int_0^{+\infty}2xy\mathrm{e}^{-xy^2}\mathrm{d}y$关于$x$在$[0,\delta]$上不一致收敛.

取$\varepsilon_0=\frac{1}{2\mathrm{e}^2}$，对$\forall M>0$，取$A=2M>M$，取$x_0=\frac{1}{4M^2}$，但有

$$\int_{2M}^{+\infty} 2x_0 y e^{-x_0 y^2} dy = \int_{2M}^{+\infty} e^{-x_0 y^2} d(x_0 y^2) = -e^{x_0 y^2}\Big|_{2M}^{+\infty} = e^{-1} > \varepsilon_0.$$

由一致收敛的定义可知，$\int_0^{+\infty} 2xye^{-xy^2}dy$ 关于 x 在 $[0,\delta]$ 上不一致收敛.

(2) 因为 $\int_0^1 dy\int_0^{+\infty}(2y-2xy^3)e^{-xy^2}dx = \int_0^1\left(2xye^{-xy^2}\Big|_0^{+\infty}\right)dy = \int_0^1 0dy = 0$，

然而

$$\int_0^{+\infty} dx\int_0^1 (2y-2xy^3)e^{-xy^2}dy = \int_0^{+\infty} y^2e^{-xy^2}\Big|_0^1 dx = \int_0^{+\infty} e^{-x}dx = 1,$$

即积分次序不能交换.

这是由于 $\int_0^{+\infty}(2y-2xy^3)e^{-xy^2}dx = 0$，且 $\int_M^{+\infty}(2y-2xy^3)e^{-xy^2}dx = -2Mye^{-My^2}$.

对 $\varepsilon_0 = 1$，不论 M 多大，总有 $y_0 = \dfrac{1}{M} \in [0,1]$，使得

$$\left|\int_M^{+\infty}(2y-2xy^3)e^{-xy^2}dx\right| = 2e^{-\frac{1}{M}} > 1,$$

因而 $\int_0^{+\infty}(2y-2xy^3)e^{-xy^2}dx$ 在 $[0,1]$ 上不一致收敛，所以不能交换积分次序.

(3) 因为 $F(x) = \int_0^{+\infty} x^3e^{-x^2y}dy = x, x\in(-\infty,+\infty)$，所以 $F'(x)\equiv 1$，但是

$$\frac{\partial}{\partial x}(x^3e^{-x^2y}) = (3x^2-2x^4y)e^{-x^2y},$$

而 $\int_0^{+\infty}(3x^2-2x^4y)e^{-x^2y}dy = \begin{cases}1, & x\neq 0,\\ 0, & x=0,\end{cases}$ 显然 $F'(x)$ 与 $\int_0^{+\infty}\dfrac{\partial}{\partial x}(x^3e^{-x^2y})dy$ 不相等. 这是由于 $\int_0^{+\infty}(3x^2-2x^4y)e^{-x^2y}dy$ 关于 x 在 $[0,1]$ 上不一致收敛，不符合定理的条件，所以积分与求导运算顺序不能交换.

6. 应用 $\int_0^{+\infty} e^{-at^2}dt = \dfrac{\sqrt{\pi}}{2}a^{-\frac{1}{2}}\quad(a>0)$，证明：

(1) $\int_0^{+\infty} t^2e^{-at^2}dt = \dfrac{\sqrt{\pi}}{4}a^{-\frac{3}{2}}$；

(2) $\int_0^{+\infty} t^{2n}e^{-at^2}dt = \dfrac{\sqrt{\pi}}{2}\dfrac{1\cdot 3\cdot\cdots\cdot(2n-1)}{2^n}a^{-\left(n+\frac{1}{2}\right)}$.

证 (1) **方法一** 由于 $\int_0^{+\infty} t^2e^{-at^2}dt$ 关于 a 在任何 $[c,d]$ 上 $(c>0)$ 一致收敛，所以

$$\frac{d}{da}\int_0^{+\infty} e^{-at^2}dt = \int_0^{+\infty}\left(\frac{d}{da}e^{-at^2}\right)dt = -\int_0^{+\infty} t^2e^{-at^2}dt.$$

另外，$\dfrac{d}{da}\int_0^{+\infty} e^{-at^2}dt = \dfrac{d}{da}\left(\dfrac{\sqrt{\pi}}{2}a^{-\frac{1}{2}}\right) = -\dfrac{\sqrt{\pi}}{4}a^{-\frac{3}{2}}$，所以 $\int_0^{+\infty} t^2e^{-at^2}dt = \dfrac{\sqrt{\pi}}{4}a^{-\frac{3}{2}}$.

方法二

$$\int_0^{+\infty} t^2e^{-at^2}dt = -\frac{1}{2a}\int_0^{+\infty} t\,de^{-at^2} = -\frac{1}{2a}\left(te^{-at^2}\Big|_0^{+\infty} - \int_0^{+\infty} e^{-at^2}dt\right)$$

$$= \frac{1}{2a}\int_0^{+\infty} e^{-at^2}dt = \frac{\sqrt{\pi}}{4}a^{-\frac{3}{2}}.$$

(2) **方法一** 由于 $\int_0^{+\infty} t^{2n}e^{-at^2}dt$ 关于 a 在任何 $[c,d]$ 上 $(c>0)$ 一致收敛，所以

$$\frac{d^n}{da^n}\int_0^{+\infty} e^{-at^2}dt = \int_0^{+\infty}\left(\frac{d^n}{da^n}e^{-at^2}\right)dt = (-1)^n\int_0^{+\infty} t^{2n}e^{-at^2}dt,$$

另外$\frac{\mathrm{d}^n}{\mathrm{d}a^n}\int_0^{+\infty}\mathrm{e}^{-at^2}\,\mathrm{d}t=\frac{\mathrm{d}^n}{\mathrm{d}a^n}\left(\frac{\sqrt{\pi}}{2}a^{-\frac{1}{2}}\right)=(-1)^n\frac{\sqrt{\pi}}{2}\cdot\frac{1\cdot 3\cdots(2n-1)}{2^n}a^{-n-\frac{1}{2}}$，所以

$$\int_0^{+\infty}t^{2n}\mathrm{e}^{-at^2}\,\mathrm{d}t=\frac{\sqrt{\pi}}{2}\cdot\frac{1\cdot 3\cdots(2n-1)}{2^n}a^{-\left(n+\frac{1}{2}\right)}.$$

方法二 由分部积分法得递推公式

$$\begin{aligned}I_{2n}&=\int_0^{+\infty}t^{2n}\mathrm{e}^{-at^2}\,\mathrm{d}t=-\frac{1}{2a}\int_0^{+\infty}t^{2n-1}\mathrm{d}(\mathrm{e}^{-at^2})\\&=-\frac{1}{2a}t^{2n-1}\mathrm{e}^{-at^2}\Big|_0^{+\infty}+\frac{2n-1}{2a}\int_0^{+\infty}t^{2(n-1)}\mathrm{e}^{-at^2}\,\mathrm{d}t\\&=\frac{2n-1}{2a}\int_0^{+\infty}t^{2(n-1)}\mathrm{e}^{-at^2}\,\mathrm{d}t=\frac{2n-1}{2a}I_{2n-2},\end{aligned}$$

即

$$I_{2n}=\frac{2n-1}{2a}I_{2n-2},$$

所以

$$\begin{aligned}I_{2n}&=\frac{2n-1}{2a}I_{2n-2}=\frac{(2n-1)}{2a}\frac{(2n-3)}{2a}I_{2n-4}\\&=\cdots=\frac{(2n-1)}{2a}\frac{(2n-3)}{2a}\cdots\frac{3}{2a}I_2\\&=\frac{(2n-1)}{2a}\frac{(2n-3)}{2a}\cdots\frac{3}{2a}\frac{\sqrt{\pi}}{4a\sqrt{a}}\\&=\frac{\sqrt{\pi}}{2}\frac{1\cdot 3\cdot 5\cdots(2n-1)}{2^n}a^{-\left(n+\frac{1}{2}\right)}.\end{aligned}$$

7. 应用$\int_0^{+\infty}\frac{\mathrm{d}x}{x^2+a^2}=\frac{\pi}{2a}$，求$\int_0^{+\infty}\frac{\mathrm{d}x}{(x^2+a^2)^{n+1}}$.

解 **方法一** 设$A=a^2$，$\int_0^{+\infty}\frac{\mathrm{d}x}{(x^2+A)^{n+1}}$在任何$[c,d](c>0)$上一致收敛.

$$\frac{\mathrm{d}^n}{\mathrm{d}A^n}\int_0^{+\infty}\frac{\mathrm{d}x}{x^2+A}=\int_0^{+\infty}\frac{\mathrm{d}^n}{\mathrm{d}A^n}\left(\frac{1}{x^2+A}\right)\mathrm{d}x=(-1)^n n!\int_0^{+\infty}\frac{\mathrm{d}x}{(x^2+A)^{n+1}},$$

$$\frac{\mathrm{d}^n}{\mathrm{d}A^n}\int_0^{+\infty}\frac{\mathrm{d}x}{x^2+A}=\frac{\mathrm{d}^n}{\mathrm{d}A^n}\left(\frac{\pi}{2\sqrt{A}}\right)=(-1)^n\frac{\pi}{2}\cdot\frac{1}{2}\cdot\frac{3}{2}\cdots\frac{2n-1}{2}A^{-n-\frac{1}{2}},$$

所以$\int_0^{+\infty}\frac{\mathrm{d}x}{(x^2+A)^{n+1}}=\frac{\pi}{2}\frac{1\cdot 3\cdots(2n-1)}{2\cdot 4\cdots 2n}A^{-n-\frac{1}{2}}$，则

$$\int_0^{+\infty}\frac{\mathrm{d}x}{(x^2+a^2)^{n+1}}=\frac{\pi}{2}\frac{(2n-1)!!}{2n!!}a^{-2n-1}.$$

方法二 由分部积分法得

$$\begin{aligned}I_{n+1}&=\int_0^{+\infty}\frac{\mathrm{d}x}{(x^2+a^2)^{n+1}}=\frac{1}{a^2}\int_0^{+\infty}\frac{x^2+a^2-x^2}{(x^2+a^2)^{n+1}}\mathrm{d}x\\&=\frac{1}{a^2}\left[\int_0^{+\infty}\frac{\mathrm{d}x}{(x^2+a^2)^n}-\int_0^{+\infty}\frac{x^2}{(x^2+a^2)^{n+1}}\mathrm{d}x\right]\\&=\frac{1}{a^2}I_n-\frac{1}{a^2}\int_0^{+\infty}\frac{x^2\,\mathrm{d}x}{(x^2+a^2)^{n+1}}\\&=\frac{1}{a^2}I_n+\frac{1}{2na^2}\int_0^{+\infty}x\,\mathrm{d}(x^2+a^2)^{-n}\\&=\frac{1}{a^2}I_n+\frac{1}{2na^2}x(x^2+a^2)^{-n}\Big|_0^{+\infty}-\frac{1}{2na^2}\int_0^{+\infty}\frac{1}{(x^2+a^2)^n}\mathrm{d}x\\&=\frac{1}{a^2}\frac{2n-1}{2n}I_n.\end{aligned}$$

即

$$I_{n+1}=\frac{1}{a^2}\frac{2n-1}{2n}I_n,$$

所以

$$\begin{aligned}I_{n+1}&=\frac{1}{a^2}\frac{2n-1}{2n}I_n=\left(\frac{1}{a^2}\frac{2n-1}{2n}\right)\left(\frac{1}{a^2}\frac{2n-3}{2n-2}\right)I_{n-1}\\&=\cdots=\left(\frac{1}{a^2}\frac{2n-1}{2n}\right)\left(\frac{1}{a^2}\frac{2n-3}{2n-2}\right)\cdots\left(\frac{1}{a^2}\frac{1}{2}\right)I_1\\&=\frac{1}{a^{2n}}\frac{(2n-1)!!}{(2n)!!}\int_0^{+\infty}\frac{\mathrm{d}x}{x^2+a^2}=\frac{1}{a^{2n}}\frac{(2n-1)!!}{(2n)!!}\left(\frac{1}{a}\arctan\frac{x}{a}\bigg|_0^{+\infty}\right)\\&=\frac{1}{a^{2n+1}}\frac{(2n-1)!!}{(2n)!!}\frac{\pi}{2}.\end{aligned}$$

8. 设 $f(x,y)$ 为 $[a,b]\times[c,+\infty)$ 上连续非负函数，$I(x)=\int_c^{+\infty}f(x,y)\mathrm{d}y$ 在 $[a,b]$ 上连续，证明 $I(x)$ 在 $[a,b]$ 上一致收敛.

证 **方法一** 若 $\int_c^{+\infty}f(x,y)\mathrm{d}y$ 在 $[a,b]$ 上不一致收敛，则 $\exists\varepsilon_0>0$，对 $\forall n>c$，$\exists x_n\in[a,b]$，使得

$$\int_n^{+\infty}f(x_n,y)\mathrm{d}y\geqslant\varepsilon_0. \qquad ①$$

由于 $\{x_n\}\subset[a,b]$，由聚点原理知，$\exists\{x_{n_k}\}\subset\{x_n\}$ 和 $x_0\in[a,b]$，使得

$$x_{n_k}\to x_0\in[a,b].$$

由条件知 $\int_c^{+\infty}f(x_0,y)\mathrm{d}y$ 收敛，所以 $\exists A>c$，使得

$$\int_A^{+\infty}f(x_0,y)\mathrm{d}y<\frac{\varepsilon_0}{2}. \qquad ②$$

由 $f(x,y)\geqslant 0$ 及 ① 式知，当 $n_k\geqslant A$ 时，有

$$\int_A^{+\infty}f(x_{n_k},y)\mathrm{d}y\geqslant\int_{n_k}^{+\infty}f(x_{n_k},y)\mathrm{d}y\geqslant\varepsilon_0. \qquad ③$$

再由条件及含参量正常积分的连续性知

$$\int_A^{+\infty}f(x,y)\mathrm{d}y=\int_c^{+\infty}f(x,y)\mathrm{d}y-\int_c^{A}f(x,y)\mathrm{d}y\in C[a,b].$$

在 ③ 式中，令 $k\to+\infty$，得

$$\int_A^{+\infty}f(x_0,y)\mathrm{d}y=\lim_{k\to\infty}\int_A^{+\infty}f(x_{n_k},y)\mathrm{d}y\geqslant\varepsilon_0.$$

这与 ② 式矛盾. 所以 $\int_c^{+\infty}f(x,y)\mathrm{d}y$ 在 $[a,b]$ 上一致收敛.

方法二 任取递增数列 $\{A_n\}$（其中 $A_1=c$），$A_n\to+\infty$，则 $\int_c^{+\infty}f(x,y)\mathrm{d}y$ 关于 x 在 $[a,b]$ 上一致收敛 $\Leftrightarrow\sum\limits_{n=1}^{\infty}\int_{A_n}^{A_{n+1}}f(x,y)\mathrm{d}y=\sum\limits_{n=1}^{\infty}u_n(x)$ 在 $[a,b]$ 上一致收敛.

由条件可知：(i) $u_n(x)\geqslant 0$；(ii) $u_n(x),S(x)\in C[a,b]$；(iii) $\sum\limits_{n=1}^{\infty}u_n(x)$ 在 $[a,b]$ 上收敛. 于是，由函数项级数一致收敛的 Dini 定理知 $\int_c^{+\infty}f(x,y)\mathrm{d}y$ 在 $[a,b]$ 上一致收敛.

9. 设在 $[a,+\infty)\times[c,d]$ 上成立不等式 $|f(x,y)|\leqslant F(x,y)$. 若 $\int_a^{+\infty}F(x,y)\mathrm{d}x$ 在 $y\in[c,d]$ 上一致收敛，证明 $\int_a^{+\infty}f(x,y)\mathrm{d}x$ 在 $y\in[c,d]$ 上一致收敛且绝对收敛.

解　**方法一**　因为$\int_a^{+\infty}F(x,y)\mathrm{d}x$关于$y$在$[c,d]$上一致收敛，所以$\forall\varepsilon>0,\exists M>a,\forall A_2>A_1>M$和$\forall y\in[c,d]$，都有$\left|\int_{A_1}^{A_2}F(x,y)\mathrm{d}x\right|<\varepsilon$，因为$|f(x,y)|\leqslant F(x,y)$，所以

$$\left|\int_{A_1}^{A_2}f(x,y)\mathrm{d}x\right|\leqslant\int_{A_1}^{A_2}|f(x,y)|\mathrm{d}x\leqslant\int_{A_1}^{A_2}F(x,y)\mathrm{d}x<\varepsilon,$$

即$\int_a^{+\infty}f(x,y)\mathrm{d}x$关于$y$在$[c,d]$上一致收敛且绝对收敛.

方法二　由$\int_a^{+\infty}F(x,y)\mathrm{d}x$在$[c,d]$上一致收敛知，$\forall\varepsilon>0,\exists M>a$，当$A>M$时，对$\forall y\in[c,d]$，有

$$0\leqslant\int_A^{+\infty}F(x,y)\mathrm{d}x<\varepsilon.$$

此时

$$\left|\int_A^{+\infty}f(x,y)\mathrm{d}x\right|\leqslant\int_A^{+\infty}|f(x,y)|\mathrm{d}x\leqslant\int_A^{+\infty}F(x,y)\mathrm{d}x<\varepsilon,$$

由一致收敛的定义知$\int_a^{+\infty}f(x,y)\mathrm{d}x$关于$y$在$[c,d]$上一致收敛且绝对收敛.

习题 19.3 解答

1. 计算$\Gamma\left(\frac{5}{2}\right),\Gamma\left(-\frac{5}{2}\right),\Gamma\left(\frac{1}{2}+n\right),\Gamma\left(\frac{1}{2}-n\right)$.

解　$\Gamma\left(\frac{5}{2}\right)=\frac{3}{2}\Gamma\left(\frac{3}{2}\right)=\frac{3}{2}\cdot\frac{1}{2}\Gamma\left(\frac{1}{2}\right)=\frac{3\sqrt{\pi}}{4}$,

$$\Gamma\left(-\frac{5}{2}\right)=\Gamma\left(-\frac{3}{2}\right)/\left(-\frac{5}{2}\right)=-\frac{2}{5}\cdot\Gamma\left(-\frac{1}{2}\right)/\left(-\frac{3}{2}\right)$$
$$=\frac{4}{15}\cdot\Gamma\left(\frac{1}{2}\right)/\left(-\frac{1}{2}\right)=-\frac{8}{15}\sqrt{\pi},$$

$$\Gamma\left(\frac{1}{2}+n\right)=\frac{2n-1}{2}\Gamma\left(\frac{1}{2}+(n-1)\right)=\frac{2n-1}{2}\cdot\frac{2n-3}{2}\cdots\frac{1}{2}\Gamma\left(\frac{1}{2}\right)=\frac{(2n-1)!!}{2^n}\sqrt{\pi},$$

$$\Gamma\left(\frac{1}{2}-n\right)=-\frac{2}{2n-1}\Gamma\left(\frac{1}{2}-(n-1)\right)=\left(-\frac{2}{2n-1}\right)\left(-\frac{2}{2n-3}\right)\cdots\left(-\frac{2}{1}\right)\Gamma\left(\frac{1}{2}\right)$$
$$=\frac{(-1)^n2^n}{(2n-1)!!}\sqrt{\pi}.$$

2. 计算$\int_0^{\frac{\pi}{2}}\sin^{2n}u\mathrm{d}u,\int_0^{\frac{\pi}{2}}\sin^{2n+1}u\mathrm{d}u$.

解　由$B(p,q)=2\int_0^{\frac{\pi}{2}}\cos^{2p-1}\varphi\sin^{2q-1}\varphi\mathrm{d}\varphi$，令$p=\frac{1}{2},q=n+\frac{1}{2}$，推得

$$\int_0^{\frac{\pi}{2}}\sin^{2n}u\mathrm{d}u=\frac{1}{2}B\left(\frac{1}{2},n+\frac{1}{2}\right)=\frac{1}{2}\frac{\Gamma\left(\frac{1}{2}\right)\Gamma\left(n+\frac{1}{2}\right)}{\Gamma(n+1)}=\frac{(2n-1)!!}{(2n)!!}\cdot\frac{\pi}{2},$$

令$p=\frac{1}{2},q=n+1$，则有

$$\int_0^{\frac{\pi}{2}}\sin^{2n+1}u\mathrm{d}u=\frac{1}{2}B\left(\frac{1}{2},n+1\right)=\frac{1}{2}\frac{\Gamma\left(\frac{1}{2}\right)\Gamma(n+1)}{\Gamma\left(n+\frac{3}{2}\right)}=\frac{(2n)!!}{(2n+1)!!}.$$

3. 证明下列各式：

(1) $\Gamma(a)=\int_0^1\left(\ln\frac{1}{x}\right)^{a-1}\mathrm{d}x,\ a>0$；

(2) $\int_0^{+\infty}\frac{x^{a-1}}{1+x}\mathrm{d}x=\Gamma(a)\Gamma(1-a),\ 0<a<1$；

(3) $\int_0^1 x^{p-1}(1-x^r)^{q-1}\mathrm{d}x=\frac{1}{r}B\left(\frac{p}{r},q\right),\ p>0,q>0,r>0$；

(4) $\int_0^{+\infty}\frac{\mathrm{d}x}{1+x^4}=\frac{\pi}{2\sqrt{2}}$.

证　(1) 令 $\ln\frac{1}{x}=t$，则 $x=\mathrm{e}^{-t}$，$\mathrm{d}x=-\mathrm{e}^{-t}\mathrm{d}t$，因此

$$\int_0^1\left(\ln\frac{1}{x}\right)^{a-1}\mathrm{d}x=\int_0^{+\infty}t^{a-1}\mathrm{e}^{-t}\mathrm{d}t=\Gamma(a).$$

(2) 设 $t=\frac{1}{1+x}$ 则 $x=\frac{1}{t}-1$，$\mathrm{d}x=-\frac{1}{t^2}\mathrm{d}t$.

代入原方程有

$$\int_0^{+\infty}\frac{x^{a-1}}{1+x}\mathrm{d}x=\int_0^1 t^{(1-a)-1}(1-t)^{a-1}\mathrm{d}t=B(1-a,a)$$

$$=\frac{\Gamma(1-a)\Gamma(a)}{\Gamma(1)}=\Gamma(1-a)\Gamma(a).$$

(3) 令 $x^r=t$ 则 $x=t^{\frac{1}{r}}$，$\mathrm{d}x=\frac{1}{r}t^{\frac{1}{r}-1}\mathrm{d}t$，因此

$$\int_0^1 x^{p-1}(1-x^r)^{q-1}\mathrm{d}x=\frac{1}{r}\int_0^1 t^{\frac{p-1}{r}}(1-t)^{q-1}t^{\frac{1}{r}-1}\mathrm{d}t=\frac{1}{r}B\left(\frac{p}{r},q\right).$$

(4) **方法一**　令 $x^4=t$，则 $x=t^{\frac{1}{4}}$，$\mathrm{d}x=\frac{1}{4}t^{-\frac{3}{4}}\mathrm{d}t$，因此

$$\int_0^{+\infty}\frac{\mathrm{d}x}{1+x^4}=\frac{1}{4}\int_0^{+\infty}\frac{t^{-\frac{3}{4}}}{1+t}\mathrm{d}t=\frac{1}{4}\int_0^{+\infty}\frac{t^{\frac{1}{4}-1}}{1+t}\mathrm{d}t=\frac{1}{4}B\left(\frac{1}{4},\frac{3}{4}\right)[\text{由(2)的结论得}]$$

$$=\frac{1}{4}\Gamma\left(\frac{1}{4}\right)\Gamma\left(\frac{3}{4}\right)=\frac{1}{4}\frac{\pi}{\sin\frac{\pi}{4}}=\frac{\pi}{2\sqrt{2}}.$$

方法二　因为

$$\int\frac{\mathrm{d}x}{1+x^4}=\left[\frac{1}{4\sqrt{2}}\ln\frac{x^2+\sqrt{2}x+1}{x^2-\sqrt{2}x+1}+\frac{1}{2\sqrt{2}}\arctan(\sqrt{2}x+1)+\frac{1}{2\sqrt{2}}\arctan(\sqrt{2}x-1)\right]+C,$$

所以 $\int_0^{+\infty}\frac{\mathrm{d}x}{1+x^4}=\frac{\pi}{2\sqrt{2}}$.

4. 证明公式 $B(p,q)=B(p+1,q)+B(p,q+1)$.

证

$$B(p+1,q)+B(p,q+1)=\int_0^1 x^p(1-x)^{q-1}\mathrm{d}x+\int_0^1 x^{p-1}(1-x)^q\mathrm{d}x$$

$$=\int_0^1[x^p(1-x)^{q-1}+x^{p-1}(1-x)^q]\mathrm{d}x$$

$$=\int_0^1 x^{p-1}(1-x)^{q-1}[x+(1-x)]\mathrm{d}x$$

$$=\int_0^1 x^{p-1}(1-x)^{q-1}\mathrm{d}x=B(p,q).$$

5. 已知 $\Gamma\left(\frac{1}{2}\right)=\sqrt{\pi}$，试证 $\int_{-\infty}^{+\infty}x^2\mathrm{e}^{-x^2}\mathrm{d}x=\frac{\sqrt{\pi}}{2}$.

证

$$\int_{-\infty}^{+\infty}x^2\mathrm{e}^{-x^2}\mathrm{d}x=\int_{-\infty}^0 x^2\mathrm{e}^{-x^2}\mathrm{d}x+\int_0^{+\infty}x^2\mathrm{e}^{-x^2}\mathrm{d}x=2\int_0^{+\infty}x^2\mathrm{e}^{-x^2}\mathrm{d}x$$

$$\xlongequal{t=x^2}\int_0^{+\infty} t^{\frac{1}{2}}\mathrm{e}^{-t}\mathrm{d}t=\Gamma\left(\frac{3}{2}\right)=\frac{1}{2}\Gamma\left(\frac{1}{2}\right)=\frac{\sqrt{\pi}}{2}.$$

6. 试将下列积分用欧拉积分表示，并指出参量的取值范围：

(1) $\int_0^{\frac{\pi}{2}}\sin^m x\cos^n x\mathrm{d}x$；　　(2) $\int_0^1\left(\ln\frac{1}{x}\right)^p\mathrm{d}x$.

解　(1) $\int_0^{\frac{\pi}{2}}\sin^m x\cos^n x\mathrm{d}x=\frac{1}{2}B\left(\frac{m+1}{2},\frac{n+1}{2}\right)$[由 $B(p,q)$ 的其他形式(11)式得]. 由 $\frac{m+1}{2}>0$ 和 $\frac{n+1}{2}>0$，得 $m>-1$ 和 $n>-1$.

(2) $\int_0^1\left(\ln\frac{1}{x}\right)^p\mathrm{d}x=\Gamma(p+1)$，由 $p+1>0$ 得 $p>-1$[由第3(1)题结论得].

第十九章总练习题解答

1. 在区间 $1\leqslant x\leqslant 3$ 上用线性函数 $a+bx$ 近似代替 $f(x)=x^2$，试求 a,b，使得积分 $\int_1^3(a+bx-x^2)^2\mathrm{d}x$ 取最小值.

解　设 $f(a,b)=\int_1^3(a+bx-x^2)^2\mathrm{d}x$，令

$$\begin{cases}f_a(a,b)=\int_1^3 2(a+bx-x^2)\mathrm{d}x=4a+8b-\frac{52}{3}=0,\\ f_b(a,b)=\int_1^3 2x(a+bx-x^2)\mathrm{d}x=8a+\frac{52}{3}b-40=0,\end{cases}$$

得 $a=-\frac{11}{3},b=4$. 又 $f_{aa}=4,f_{bb}=\frac{52}{3},f_{ab}=8$，则

$$f_{aa}\cdot f_{bb}-(f_{ab})^2=\frac{16}{3}>0,\text{且 } f_{aa}>0,$$

故 $a=-\frac{11}{3},b=4$ 是唯一的极小值点.

因此当 $a=-\frac{11}{3},b=4$ 时，$\int_1^3(a+bx-x^2)^2\mathrm{d}x$ 取最小值.

2. 设 $u(x)=\int_0^1 k(x,y)v(y)\mathrm{d}y$，其中

$$k(x,y)=\begin{cases}x(1-y), & x\leqslant y,\\ y(1-x), & x>y,\end{cases}$$

$v(y)$ 为[0,1]上的连续函数，证明 $u''(x)=-v(x)$.

证　当 $0\leqslant x\leqslant 1$ 时，

$$\begin{aligned}u(x)&=\int_0^1 k(x,y)v(y)\mathrm{d}y=\int_0^x k(x,y)v(y)\mathrm{d}y+\int_x^1 k(x,y)v(y)\mathrm{d}y\\&=\int_0^x y(1-x)v(y)\mathrm{d}y+\int_x^1 x(1-y)v(y)\mathrm{d}y,\end{aligned}$$

由各项被积函数及其对 x 的偏导数都连续，所以

$$\begin{aligned}u'(x)&=-\int_0^x yv(y)\mathrm{d}y+x(1-x)v(x)+\int_x^1(1-y)v(y)\mathrm{d}y-x(1-x)v(x)\\&=-\int_0^x yv(y)\mathrm{d}y+\int_x^1(1-y)v(y)\mathrm{d}y,\end{aligned}$$

$$u''(x)=-xv(x)-(1-x)v(x)=-v(x).$$

3. 求函数 $F(a)=\int_0^{+\infty}\frac{\sin(1-a^2)x}{x}\mathrm{d}x$ 的不连续点，并作函数 $F(a)$ 的图像.

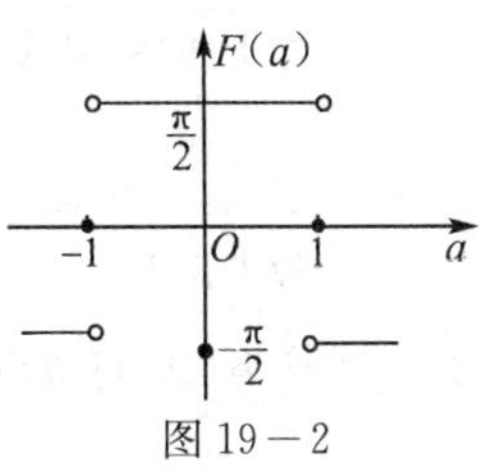

图 19－2

解　由教材第 176 页例 6 知

$$\int_0^{+\infty}\frac{\sin ax}{x}\mathrm{d}x=\frac{\pi}{2}\operatorname{sgn}a,$$

因此 $F(a)=\int_0^{+\infty}\frac{\sin(1-a^2)x}{x}\mathrm{d}x=\frac{\pi}{2}\operatorname{sgn}(1-a^2)$.

它在 $a=\pm1$ 处不连续，其图像见图 19－2.

4. 证明：若 $\int_0^{+\infty}f(x,t)\mathrm{d}t$ 在 $x\in(0,+\infty)$ 上一致收敛于 $F(x)$，且 $\lim\limits_{x\to+\infty}f(x,t)=\varphi(t)$ 对任意 $t\in[a,b]\subset(0,+\infty)$ 一致地成立(即对任意 $\varepsilon>0$，存在 $M>0$，当 $x>M$ 时，$|f(x,t)-\varphi(t)|<\varepsilon$ 对一切 $t\in[a,b]$ 成立)，则有

$$\lim_{x\to+\infty}F(x)=\int_0^{+\infty}\varphi(t)\mathrm{d}t.$$

证　(1) 先证 $\int_0^{+\infty}\varphi(t)\mathrm{d}t$ 收敛.

由于 $\int_0^{+\infty}f(x,t)\mathrm{d}t$ 在 $x\in(0,+\infty)$ 上一致收敛，因此 $\forall\varepsilon>0$，$\exists N$，对 $\forall A''>A'\geqslant N$ 和 $\forall x\in(0,+\infty)$，都有 $\left|\int_{A'}^{A''}f(x,t)\mathrm{d}t\right|<\varepsilon$.

又由于 $f(x,t)$ 对 $\forall t\in[A',A'']$ 一致收敛于 $\varphi(t)$，因此对 $\frac{\varepsilon}{|A''-A'|}>0$，$\exists X$，对 $\forall x>X$ 和 $t\in[A',A'']$，都有

$$|f(x,t)-\varphi(t)|<\frac{\varepsilon}{|A''-A'|},$$

从而

$$\left|\int_{A'}^{A''}\varphi(t)\mathrm{d}t\right|\leqslant\left|\int_{A'}^{A''}(\varphi(t)-f(x,t))\mathrm{d}t\right|+\left|\int_{A'}^{A''}f(x,t)\mathrm{d}t\right|<2\varepsilon,$$

即 $\int_0^{+\infty}\varphi(t)\mathrm{d}t$ 收敛.

(2) 再证 $\lim\limits_{x\to+\infty}F(x)=\int_0^{+\infty}\varphi(t)\mathrm{d}t$，考虑

$$\begin{aligned}\left|F(x)-\int_0^{+\infty}\varphi(t)\mathrm{d}t\right|&=\left|F(x)-\int_0^{A}f(x,t)\mathrm{d}t+\int_0^{A}f(x,t)\mathrm{d}t-\int_0^{A}\varphi(t)\mathrm{d}t+\int_0^{A}\varphi(t)\mathrm{d}t-\int_0^{+\infty}\varphi(t)\mathrm{d}t\right|\\&\leqslant\left|F(x)-\int_0^{A}f(x,t)\mathrm{d}t\right|+\left|\int_0^{A}(f(x,t)-\varphi(t))\mathrm{d}t\right|\\&\quad+\left|\int_0^{A}\varphi(t)\mathrm{d}t-\int_0^{+\infty}\varphi(t)\mathrm{d}t\right|\ (\forall A>0),\end{aligned}$$

由 $\int_0^{+\infty}f(x,t)\mathrm{d}t$ 一致收敛于 $F(x)$ 知，$\forall\varepsilon>0$，$\exists N_1$，对 $\forall A>N_1$ 和 $\forall x\geqslant0$，有

$$\left|F(x)-\int_0^{A}f(x,t)\mathrm{d}t\right|<\varepsilon.$$

由 $\int_0^{+\infty}\varphi(t)\mathrm{d}t$ 收敛，对上述 $\varepsilon>0$，$\exists N_2$，对 $\forall A>N_2$，有 $\left|\int_A^{+\infty}\varphi(t)\mathrm{d}t\right|<\varepsilon$.

由 $\lim\limits_{x\to+\infty}f(x,t)=\varphi(t)$，取 $A=\max\{N_1,N_2\}+1$，对 $\frac{\varepsilon}{A}>0$，$\exists X$，对 $\forall x>X$ 和 t，有

$|f(x,t)-\varphi(t)|<\frac{\varepsilon}{A}$，从而有

$$\int_0^{A}|f(x,t)-\varphi(t)|\mathrm{d}t<\varepsilon.$$

综上所述，对 $\forall \varepsilon > 0$，$\exists X$，对 $\forall x > X$，有

$$\left| F(x) - \int_0^{+\infty} \varphi(t)\mathrm{d}t \right| < 3\varepsilon.$$

故 $\lim\limits_{x\to+\infty} F(x) = \int_0^{+\infty} \varphi(t)\mathrm{d}t$.

5. 设 $f(x)$ 为二阶可微函数，$F(x)$ 为可微函数. 证明函数

$$u(x,t) = \frac{1}{2}[f(x-at)+f(x+at)] + \frac{1}{2a}\int_{x-at}^{x+at} F(z)\mathrm{d}z$$

满足弦振动方程

$$\frac{\partial^2 u}{\partial t^2} = a^2 \frac{\partial^2 u}{\partial x^2}$$

及初值条件 $u(x,0) = f(x)$，$u_t(x,0) = F(x)$.

证　$u_t = \frac{1}{2}[-af'(x-at)+af'(x+at)] + \frac{1}{2a}[aF(x+at)+aF(x-at)]$，

$u_{tt} = \frac{a^2}{2}[f''(x-at)+f''(x+at)] + \frac{a}{2}[F'(x+at)-F'(x-at)]$，

$u_x = \frac{1}{2}[f'(x-at)+f'(x+at)] + \frac{1}{2a}[F(x+at)-F(x-at)]$，

$u_{xx} = \frac{1}{2}[f''(x-at)+f''(x+at)] + \frac{1}{2a}[F'(x+at)-F'(x-at)]$，

所以 $u_{tt} = a^2 u_{xx}$.

$$u(x,0) = \frac{1}{2}[f(x)+f(x)] + \frac{1}{2a}\int_x^x F(z)\mathrm{d}z = f(x),$$

$$u_t(x,0) = \frac{1}{2}[-af'(x)+af'(x)] + \frac{1}{2a}[aF(x)+aF(x)] = F(x).$$

6. 证明：(1) $\int_0^1 \frac{\ln x}{1-x}\mathrm{d}x = -\frac{\pi^2}{6}$；　(2) $\int_0^u \frac{\ln(1-t)}{t}\mathrm{d}t = -\sum\limits_{n=1}^{\infty}\frac{u^n}{n^2}$，$0 \leqslant u \leqslant 1$.

证　(1) 由 $\ln x = -\sum\limits_{n=1}^{\infty}\frac{(1-x)^n}{n}$ 得

$$\int_0^1 \frac{\ln x}{1-x}\mathrm{d}x = -\int_0^1\left(\sum_{n=1}^{\infty}\frac{(1-x)^{n-1}}{n}\right)\mathrm{d}x = -\sum_{n=1}^{\infty}\frac{1}{n^2} = -\frac{\pi^2}{6}.$$

(2) $\int_0^u \frac{\ln(1-t)}{t}\mathrm{d}t = \int_0^u\left(-\sum\limits_{n=1}^{\infty}\frac{t^{n-1}}{n}\right)\mathrm{d}t = -\sum\limits_{n=1}^{\infty}\frac{u^n}{n^2}$，　$0 \leqslant u \leqslant 1$.

四、自测题

第十九章自测题

一、叙述下列概念或定理(每题 10 分,共 20 分)

1. 含参量反常积分$\int_c^{+\infty} f(x,y)\mathrm{d}y$的一致收敛 Cauchy 准则.

2. 魏尔斯特拉斯 M 判别法.

二、计算题,写出必要的计算过程(每题 10 分,共 50 分)

3. 求极限$\lim\limits_{a\to 0}\int_a^{1+a}\dfrac{\mathrm{d}x}{1+a^2+x^2}$.

4. 讨论 $I(x)=\int_0^{+\infty}\mathrm{e}^{-x^2(1+y^2)}\sin x\mathrm{d}y$ 关于 $x\in(-\infty,+\infty)$ 上的一致收敛性.

5. 讨论 $F(\alpha)=\int_0^{+\infty}\dfrac{x\mathrm{d}x}{2+x^\alpha}$ 在$(2,+\infty)$上的连续性.

6. 讨论积分$\int_0^{+\infty}x\mathrm{e}^{-xy}\mathrm{d}y$ 在$[1,+\infty)$以及$(0,+\infty)$上的一致收敛性.

7. 求含参量反常积分$\int_0^{+\infty}\dfrac{\mathrm{e}^{-x}\sin\beta x}{x}\mathrm{d}x(\beta\in\mathbf{R})$.

三、证明题,写出必要的证明过程(每题 10 分,共 30 分)

8. 设函数 $f(x,y)$ 在$[0,+\infty)\times[c,d]$上连续,且无穷积分$\int_0^{+\infty}f(x,y)\mathrm{d}x$ 在$[c,d)$上一致收敛,证明:无穷积分$\int_0^{+\infty}f(x,d)\mathrm{d}x$ 收敛.

9. 证明:含参量积分$\int_1^{+\infty}\dfrac{y\sin xy}{1+y^2}\mathrm{d}y$ 在$(0,+\infty)$上内闭一致收敛.

10. 证明:含参变量积分$\int_0^{+\infty}\mathrm{e}^{-\alpha x^2}\mathrm{d}x$ 在$[\alpha_0,+\infty)(\alpha_0>0)$上一致收敛.

第十九章自测题解答

一、1. 解　含参量反常积分$\int_c^{+\infty}f(x,y)\mathrm{d}y$在 I 上一致收敛的充要条件是:对任给正数 ε,总 $\exists M>c$,使得当 $A_1,A_2>M$ 时,对 $\forall x\in I$,都有

$$\left|\int_{A_1}^{A_2}f(x,y)\mathrm{d}y\right|<\varepsilon.$$

2. 解　设有函数 $g(y)$,使得

$$|f(x,y)|\leqslant g(y),(x,y)\in I\times[c,+\infty).$$

若$\int_c^{+\infty}g(y)\mathrm{d}y$ 收敛,则$\int_c^{+\infty}f(x,y)\mathrm{d}y$ 在 I 上一致收敛.

二、3. 解　令 $F(u,v,a)=\int_v^u\dfrac{\mathrm{d}x}{1+a^2+x^2}$,则有

$$F(1+a,a,a)=\int_a^{1+a}\frac{\mathrm{d}x}{1+a^2+x^2}\triangleq f(a).$$

因为 F 是 a 的连续函数,所以

$$\lim_{a\to 0}F(1+a,a,a)=F(1,0,0)=\int_0^1\frac{\mathrm{d}x}{1+x^2}=\frac{\pi}{4}.$$

4. 解　作变量替换，令 $t=|x|y$，可知 $I(x)=\left(\frac{\sin x}{|x|}\right)e^{-x^2}\int_0^{+\infty}e^{-t^2}dt$，得

$$\lim_{x\to0^-}I(x)=-\int_0^{+\infty}e^{-t^2}dt,\lim_{x\to0^+}I(x)=\int_0^{+\infty}e^{-t^2}dt,$$

这说明 $I(x)$ 在 $x=0$ 处不连续，即积分 $I(x)$ 关于 $x\in(-\infty,\infty)$ 不一致收敛.

5. 解　分解 $F(\alpha)=f(\alpha)+g(\alpha)$，其中

$$f(\alpha)=\int_0^1\frac{x}{2+x^\alpha}dx,g(\alpha)=\int_1^{+\infty}\frac{x}{2+x^\alpha}dx.$$

易知 $f(\alpha)$ 在 $(2,+\infty)$ 上连续. 对 $g(\alpha)$，先看 $\alpha\geqslant2+\varepsilon(\varepsilon>0)$ 的情形，因为

$$\frac{x}{2+x^\alpha}\leqslant\frac{x}{2+x^{2+\varepsilon}}=O\left(\frac{1}{x^{1+\varepsilon}}\right)(x\to+\infty),$$

所以积分 $g(\alpha)$ 关于 $\alpha\in[2+\varepsilon,+\infty)$ 是一致收敛的，也就是说 $g\in C[2+\varepsilon,+\infty)$，由 $\varepsilon>0$ 的任意性，即知 $g\in C(2,+\infty)$，最后得出 $F\in C(2,+\infty)$.

6. 解　首先对 $\forall x>0$ 及 $M>0$，有

$$\left|\int_M^{+\infty}xe^{-xy}dy\right|=-e^{-xy}\Big|_M^{+\infty}=e^{-Mx}.$$

于是

$$\lim_{M\to+\infty}\sup_{x\in[1,+\infty)}\left|\int_M^{+\infty}xe^{-xy}dy\right|=\lim_{M\to+\infty}\sup_{x\in[1,+\infty)}e^{-Mx}=\lim_{M\to+\infty}e^{-M}=0;$$

$$\lim_{M\to+\infty}\sup_{x\in(0,+\infty)}\left|\int_M^{+\infty}xe^{-xy}dy\right|=\lim_{M\to+\infty}\sup_{x\in(0,+\infty)}e^{-Mx}=\lim_{M\to+\infty}1=1.$$

由此可知无穷积分 $\int_0^{+\infty}xe^{-xy}dy$ 在 $[1,+\infty)$ 上一致收敛，在 $(0,+\infty)$ 上不一致收敛.

7. 解　为了方便，记 $F(\beta)=\int_0^{+\infty}\frac{e^{-x}\sin\beta x}{x}dx$，当 $\beta>0$ 时，注意到 $\frac{\sin\beta x}{x}=\int_0^\beta\cos xydy$，所以

$$F(\beta)=\int_0^{+\infty}\frac{e^{-x}\sin\beta x}{x}dx=\int_0^{+\infty}dx\int_0^\beta e^{-x}\cos xydy.$$

由于 $|e^{-x}\cos xy|\leqslant e^{-x}$，且 $\int_0^{+\infty}e^{-x}dx$ 收敛，所以 $\int_0^{+\infty}e^{-x}\cos xydx$ 关于 $y\in[0,\beta]$ 一致收敛，同时 $e^{-x}\cos xy$ 在 $[0,+\infty)\times[0,\beta]$ 上连续，所以交换积分次序，有

$$\begin{aligned}F(\beta)&=\int_0^\beta dy\int_0^{+\infty}e^{-x}\cos xydx\\&=\int_0^\beta\left[\frac{e^{-x}}{1+y^2}(-\cos xy+y\sin xy)\Big|_0^{+\infty}\right]dy\\&=\int_0^\beta\frac{1}{1+y^2}dy=\arctan\beta.\end{aligned}$$

再结合 $F(\beta)$ 为奇函数可知 $F(\beta)=\arctan\beta$ 对 $\forall\beta\in\mathbf{R}$ 成立.

三、8. 解　由于 $\int_0^{+\infty}f(x,y)dx$ 在 $[c,d)$ 上一致收敛，所以对 $\forall\varepsilon>0$，$\exists A>0$，当 $A''>A'>A$ 时，对 $\forall y\in[c,d)$，有

$$\left|\int_{A'}^{A''}f(x,y)dx\right|<\frac{\varepsilon}{2}.$$

而函数 $f(x,y)$ 在 $[A',A'']\times[c,d]$ 上连续，所以上式令 $y\to d^-$ 取极限便有

$$\left|\int_{A'}^{A''}f(x,d)dx\right|\leqslant\frac{\varepsilon}{2}<\varepsilon.$$

由柯西准则可知无穷积分 $\int_0^{+\infty}f(x,d)dx$ 收敛.

9. 解　任取 $[a,b]\subseteq(0,+\infty)$，对 $\forall M>1$ 及 $x\in[a,b]$，有

$$\left|\int_1^M \sin xy\mathrm{d}y\right| = \frac{|\cos x - \cos Mx|}{x} \leqslant \frac{2}{a},$$

即一致有界，另外，根据

$$\left(y+\frac{1}{y}\right)' = 1-\frac{1}{y^2} \geqslant 0(y \geqslant 1),$$

可知$\dfrac{y}{1+y^2} = \dfrac{1}{y+\dfrac{1}{y}}$关于$y \in [1,+\infty)$单调递减，同时$\lim\limits_{y\to+\infty}\dfrac{y}{1+y^2}=0$关于$x\in[a,b]$一致成立，所以由狄利克雷判别法可知含参量积分$\int_1^{+\infty}\dfrac{y\sin xy}{1+y^2}\mathrm{d}y$在$[a,b]$上一致收敛，即在$(0,+\infty)$上内闭一致收敛.

10. 证　因$|\mathrm{e}^{-\alpha x^2}| \leqslant \mathrm{e}^{-\alpha_0 x^2}$及$\int_0^{+\infty}\mathrm{e}^{-\alpha_0 x^2}\mathrm{d}x = \dfrac{\sqrt{\pi}}{2\sqrt{\alpha_0}}$收敛，由 Weierstrass 判别法可知$\int_0^{+\infty}\mathrm{e}^{-\alpha x^2}\mathrm{d}x$在$[\alpha_0,+\infty)$上一致收敛.

第二十章 曲线积分

一、主要内容归纳

1. 第一型曲线积分的定义

设 L 为平面上可求长度的曲线段，$f(x,y)$ 为定义在 L 上的函数.

对曲线 L 作分割 T，它把 L 分成 n 个可求长度的小曲线段 L_i $(i=1,2,\cdots,n)$，L_i 的弧长记为 Δs_i，分割 T 的细度 $\|T\|=\max\limits_{1\leqslant i\leqslant n}\Delta s_i$，在 L_i 上任取一点 (ξ_i,η_i) $(i=1,2,\cdots,n)$. 若有极限 $\lim\limits_{\|T\|\to 0}\sum\limits_{i=1}^{n}f(\xi_i,\eta_i)\Delta s_i=J$，且 J 的值与分割 T 和点 (ξ_i,η_i) 的取法无关，则称此极限为 $f(x,y)$ 在 L 上的**第一型曲线积分**，记作 $\int_L f(x,y)\mathrm{d}s$.

若 L 为空间可求长度的曲线段，$f(x,y,z)$ 为定义在 L 上的函数，可类似定义 $f(x,y,z)$ 在空间曲线 L 上的第一型曲线积分，并且记作 $\int_L f(x,y,z)\mathrm{d}s$.

注 若对于 $\forall(x,y,z)\in L$，有 $f(x,y,z)\equiv 1$，则 $\int_L f(x,y,z)\mathrm{d}s=\int_L \mathrm{d}s$ 即为 L 的弧长.

2. 第一型曲线积分的基本性质

(1)**线性性质** 若 $\int_L f_i(x,y)\mathrm{d}s$ $(i=1,2,\cdots,k)$ 存在，c_i $(i=1,2,\cdots,k)$ 为常数，则

$$\int_L \sum_{i=1}^{k} c_i f_i(x,y)\mathrm{d}s$$

也存在，且 $\int_L \sum\limits_{i=1}^{k} c_i f_i(x,y)\mathrm{d}s=\sum\limits_{i=1}^{k} c_i\int_L f_i(x,y)\mathrm{d}s$.

(2)**可加性** 若曲线段 L 由曲线 $L_1,L_2,\cdots,L_k$ 首尾相接而成，且 $\int_{L_i} f(x,y)\mathrm{d}s$ $(i=1,2,\cdots,k)$ 都存在，则 $\int_L f(x,y)\mathrm{d}s$ 也存在，且 $\int_L f(x,y)\mathrm{d}s=\sum\limits_{i=1}^{k}\int_{L_i} f(x,y)\mathrm{d}s$.

(3)若 $\int_L f(x,y)\mathrm{d}s$ 与 $\int_L g(x,y)\mathrm{d}s$ 都存在，且在 L 上 $f(x,y)\leqslant g(x,y)$，则

$$\int_L f(x,y)\mathrm{d}s\leqslant\int_L g(x,y)\mathrm{d}s.$$

(4)**绝对可积性** 若 $\int_L f(x,y)\mathrm{d}s$ 存在，则 $\int_L |f(x,y)|\mathrm{d}s$ 也存在，且

$$\left|\int_L f(x,y)\mathrm{d}s\right|\leqslant\int_L |f(x,y)|\mathrm{d}s.$$

(5)若$\int_L f(x,y)\,\mathrm{d}s$存在，$L$ 的弧长为 s，则存在常数 c，使得$\int_L f(x,y)\,\mathrm{d}s=cs$，这里 $\inf\limits_L f(x,y)\leqslant c\leqslant \sup\limits_L f(x,y)$.

(6)**第一型曲线积分的几何意义** 若 L 为平面 xOy 上分段光滑曲线，$f(x,y)$为定义在 L 上非负连续函数. 由第一型曲面积分的定义，以 L 为准线，母线平行于 z 轴的柱面上截取 $0\leqslant z\leqslant f(x,y)$的部分面积就是$\int_L f(x,y)\,\mathrm{d}s$.

3. 第一型曲线积分的计算

(1)**参数方程** 设有光滑曲线 $L:\begin{cases}x=\varphi(t),\\ y=\psi(t),\end{cases}$ $t\in[\alpha,\beta]$，函数 $f(x,y)$为定义在 L 上的连续函数，则

$$\int_L f(x,y)\,\mathrm{d}s=\int_\alpha^\beta f(\varphi(t),\psi(t))\sqrt{\varphi'^2(t)+\psi'^2(t)}\,\mathrm{d}t.$$

(2)**直角坐标方程**

①设有曲线 $L:y=\psi(x)$，$x\in[a,b]$，其中 $\psi(x)$在$[a,b]$上有连续导函数，函数 $f(x,y)$为定义在 L 上的连续函数，则

$$\int_L f(x,y)\,\mathrm{d}s=\int_a^b f(x,\psi(x))\sqrt{1+\psi'^2(x)}\,\mathrm{d}x.$$

②设有曲线 $L:x=\varphi(y)$，$y\in[c,d]$，其中 $\varphi(y)$在$[c,d]$上有连续导函数，函数 $f(x,y)$为定义在 L 上的连续函数，则

$$\int_L f(x,y)\,\mathrm{d}s=\int_c^d f(\varphi(y),y)\sqrt{1+\varphi'^2(y)}\,\mathrm{d}y.$$

4. 第一型曲线积分的应用

利用微元法的思想，可以讨论第一型曲线积分在物理上的应用. 设有线密度为 $\rho(x,y)$的平面曲线段 L，则

(1)L 的质量为 $m=\int_L \rho(x,y)\,\mathrm{d}s$；

(2)L 对 x 轴与对 y 轴的静矩(一次矩)分别为

$$M_x=\int_L y\rho(x,y)\,\mathrm{d}s,\quad M_y=\int_L x\rho(x,y)\,\mathrm{d}s;$$

(3)L 的重心坐标为 $\overline{x}=\dfrac{M_y}{m}=\dfrac{\int_L x\rho(x,y)\,\mathrm{d}s}{\int_L \rho(x,y)\,\mathrm{d}s}$，$\overline{y}=\dfrac{M_x}{m}=\dfrac{\int_L y\rho(x,y)\,\mathrm{d}s}{\int_L \rho(x,y)\,\mathrm{d}s}$；

(4)L 对 x 轴与对 y 轴的转动惯量分别为

$$I_x=\int_L y^2\rho(x,y)\,\mathrm{d}s,\quad I_y=\int_L x^2\rho(x,y)\,\mathrm{d}s.$$

注 三元函数在空间曲线上的第一型曲线积分也是本节的重点，它的定义、性质、计算和应用完全平行于二元函数的情形，因此只简略提及. 特别地，当 L 为光滑曲线 $x=\varphi(t)$，$y=$

$\psi(t), z=\chi(t), t\in[\alpha,\beta]$，$f(x,y,z)$在$L$上连续时，同样有

$$\int_L f(x,y,z)\mathrm{d}s=\int_\alpha^\beta f(\varphi(t),\psi(t),\chi(t))\sqrt{\varphi'^2(t)+\psi'^2(t)+\chi'^2(t)}\,\mathrm{d}t.$$

5. 第二型曲线积分的定义　设函数$P(x,y)$与$Q(x,y)$定义在平面有向可求长度曲线$L:\overset{\frown}{AB}$上．对L的任一分割T，它把L分成n个小弧段$\overset{\frown}{M_{i-1}M_i}$ $(i=1,2,\cdots n)$，其中$M_0=A, M_n=B$．记各小弧段$\overset{\frown}{M_{i-1}M_i}$的弧长为$\Delta s_i$，分割$T$的细度$\|T\|=\max\limits_{1\leqslant i\leqslant n}\Delta s_i$．又设$T$的分点$M_i$的坐标为$(x_i,y_i)$，并记$\Delta x_i=x_i-x_{i-1}, \Delta y_i=y_i-y_{i-1}$ $(i=1,2,\cdots,n)$．在每个小弧段$\overset{\frown}{M_{i-1}M_i}$上任取一点$(\xi_i,\eta_i)$，若极限$\lim\limits_{\|T\|\to 0}\sum\limits_{i=1}^n P(\xi_i,\eta_i)\Delta x_i+\lim\limits_{\|T\|\to 0}\sum\limits_{i=1}^n Q(\xi_i,\eta_i)\Delta y_i$存在且与分割$T$与点$(\xi_i,\eta_i)$的取法都无关，则称此极限为函数$P(x,y)$，$Q(x,y)$沿有向曲线$L$上的**第二型曲线积分**，记为$\int_L P(x,y)\mathrm{d}x+Q(x,y)\mathrm{d}y$，也可写作$\int_L P(x,y)\mathrm{d}x+\int_L Q(x,y)\mathrm{d}y$，也常简写成$\int_L P\mathrm{d}x+Q\mathrm{d}y$.

注 1　若L为封闭的有向曲线，则第二型曲线积分记为$\oint_L P\mathrm{d}x+Q\mathrm{d}y$.

注 2　若记$\boldsymbol{F}(x,y)=(P(x,y),Q(x,y))$，$\mathbf{ds}=(\mathrm{d}x,\mathrm{d}y)$，则第二型曲线积分可写成向量形式$\int_L \boldsymbol{F}\cdot\mathbf{ds}$.

注 3　力$\boldsymbol{F}(x,y)=(P(x,y),Q(x,y))$沿有向曲线$L:\overset{\frown}{AB}$对质点所做的功为

$$W=\int_L P(x,y)\mathrm{d}x+Q(x,y)\mathrm{d}y.$$

注 4　第二型曲线积分与曲线L的方向有关．对同一曲线，当方向由A到B改为由B到A时，每一小弧段的方向都改变，从而所得的Δx_i，Δy_i也随之改变符号，故有

$$\int_{\overset{\frown}{AB}} P\mathrm{d}x+Q\mathrm{d}y=-\int_{\overset{\frown}{BA}} P\mathrm{d}x+Q\mathrm{d}y,$$

而第一型曲线积分的被积表达式只是函数$f(x,y)$与弧长的乘积，它与曲线L的方向无关.

6. 第二型曲线积分的基本性质

(1)若$\int_L P_i\mathrm{d}x+Q_i\mathrm{d}y$ $(i=1,2,\cdots,k)$都存在，则$\int_L\left(\sum\limits_{i=1}^k c_iP_i\right)\mathrm{d}x+\left(\sum\limits_{i=1}^k c_iQ_i\right)\mathrm{d}y$也存在，且

$$\int_L\left(\sum_{i=1}^k c_iP_i\right)\mathrm{d}x+\left(\sum_{i=1}^k c_iQ_i\right)\mathrm{d}y=\sum_{i=1}^k c_i\left(\int_L P_i\mathrm{d}x+Q_i\mathrm{d}y\right),$$

其中c_i $(i=1,2,\cdots,k)$为常数.

(2)若有向曲线L是由有向曲线$L_1,L_2,\cdots,L_k$首尾相接而成，且$\int_{L_i} P\mathrm{d}x+Q\mathrm{d}y$ $(i=1,2,\cdots,k)$都存在，则$\int_L P\mathrm{d}x+Q\mathrm{d}y$也存在，且$\int_L P\mathrm{d}x+Q\mathrm{d}y=\sum\limits_{i=1}^k\int_{L_i} P\mathrm{d}x+Q\mathrm{d}y$.

7. 第二型曲线积分的计算

设平面曲线 $L:\begin{cases}x=\varphi(t),\\ y=\psi(t),\end{cases}$ $t\in[\alpha,\beta]$,其中 $\varphi(t),\psi(t)$ 在 $[\alpha,\beta]$ 上具有一阶连续导函数,且始点 A 与终点 B 分别对应 $t=\alpha$ 和 $t=\beta$. 若 $P(x,y)$ 与 $Q(x,y)$ 为 L 上的连续函数,则

$$\int_L P(x,y)\mathrm{d}x+Q(x,y)\mathrm{d}y=\int_\alpha^\beta[P(\varphi(t),\psi(t))\varphi'(t)+Q(\varphi(t),\psi(t))\psi'(t)]\mathrm{d}t.$$

上式右边定积分的积分下限与上限分别由 L 的起点与终点而定,下限不一定小于上限. 另外,如果 L 为封闭曲线,可以在 L 上任取一点作为始点,沿指定方向前进,最后回到这点.

注 三元向量函数沿空间有向曲线的第二型曲线积分也是本节的重点内容,它的讨论完全平行于二元函数的情形,也有完全类似的结论. 特别地:若有向光滑曲线

$$L:\begin{cases}x=\varphi(t),\\ y=\psi(t),\quad t\in[\alpha,\beta],\\ z=\chi(t),\end{cases}$$

且 L 的始点和终点分别对应 $t=\alpha$ 和 $t=\beta$. 如果 $P(x,y,z)$,$Q(x,y,z)$ 及 $R(x,y,z)$ 都在 L 上连续,则

$$\begin{aligned}&\int_L P(x,y,z)\mathrm{d}x+Q(x,y,z)\mathrm{d}y+R(x,y,z)\mathrm{d}z\\ =&\int_\alpha^\beta[P(\varphi(t),\psi(t),\chi(t))\varphi'(t)+Q(\varphi(t),\psi(t),\chi(t))\psi'(t)\\ &+R(\varphi(t),\psi(t),\chi(t))\chi'(t)]\mathrm{d}t.\end{aligned}$$

8. 两类曲线积分之间的联系

设 L 为以弧长 s 为参量的有向光滑曲线,且 L 上每一点的切线方向指向弧长增加的一方. 以 $(\boldsymbol{t},x)$ 与 $(\boldsymbol{t},y)$ 分别表示切线方向 $\boldsymbol{t}$ 与 x 轴和 y 轴正向的夹角,即 $\boldsymbol{t}^\circ=(\cos(\boldsymbol{t},x),\cos(\boldsymbol{t},y))$. 如果 P,Q 在 L 上连续,则

$$\int_L P\mathrm{d}x+Q\mathrm{d}y=\int_L[P\cos(\boldsymbol{t},x)+Q\cos(\boldsymbol{t},y)]\mathrm{d}s=\int_L \boldsymbol{F}\cdot\boldsymbol{t}^\circ\mathrm{d}s.$$

二、 经典例题解析及解题方法总结

【例 1】 计算 $\int_L(x-y+1)\mathrm{d}s$,其中 L 是顶点为 $O(0,0)$,$A(1,0)$,$B(0,1)$ 所围三角形的边界.

解 L 是分段光滑的闭折线,分段计算:

① $\overline{OA}$:$y=0\ (0\leqslant x\leqslant 1)$,$\mathrm{d}s=\mathrm{d}x$,故 $\int_{\overline{OA}}(x-y+1)\mathrm{d}s=\int_0^1(x+1)\mathrm{d}x=\frac{3}{2}$.

② $\overline{AB}$:$y=1-x\ (0\leqslant x\leqslant 1)$,故 $\int_{\overline{AB}}(x-y+1)\mathrm{d}s=\int_0^1[x-(1-x)+1]\sqrt{1+(-1)^2}\,\mathrm{d}x=\sqrt{2}$.

③ $\overline{OB}$:$x=0\ (0\leqslant y\leqslant 1)$,所以 $\int_{\overline{OB}}(x-y+1)\mathrm{d}s=\int_0^1(0-y+1)\sqrt{1+0^2}\,\mathrm{d}y=\frac{1}{2}$.

因此，$\int_L (x-y+1)\mathrm{d}s=\left(\int_{\overline{OA}}+\int_{\overline{AB}}+\int_{\overline{OB}}\right)(x-y+1)\mathrm{d}s=\frac{3}{2}+\sqrt{2}+\frac{1}{2}=2+\sqrt{2}$.

方法总结

若 L 由分段光滑曲线组成，要写出各段上曲线方程的表达式，分别代入公式计算.

【例 2】 计算 $\int_L (x^{\frac{4}{3}}+y^{\frac{4}{3}}+y-x)\mathrm{d}s$，其中 L 为内摆线 $x^{\frac{2}{3}}+y^{\frac{2}{3}}=a^{\frac{2}{3}}$.

解 显然，L 关于 x 轴，y 轴及原点都是对称的，若记 $F(x,y)=x^{\frac{4}{3}}+y^{\frac{4}{3}}$，$G(x,y)=y-x$，则有

$$F(-x,y)=F(x,-y)=F(-x,-y)=F(x,y),\quad G(-x,-y)=-G(x,y),$$

由对称性得

$$\int_L F(x,y)\mathrm{d}s=4\int_{L_1} F(x,y)\mathrm{d}s,\quad \int_L G(x,y)\mathrm{d}s=0,$$

其中 L_1 为 L 在第一象限中的一段，所以

$$\int_L (x^{\frac{4}{3}}+y^{\frac{4}{3}}+y-x)\mathrm{d}s=4\int_{L_1} (x^{\frac{4}{3}}+y^{\frac{4}{3}})\mathrm{d}s,$$

又记 $f(x,y)=x^{\frac{4}{3}}$，$g(x,y)=y^{\frac{4}{3}}$，因 L_1 关于 $y=x$ 对称，而且对 L_1 上的对称点 (x,y) 与 (y,x) 有 $f(y,x)=y^{\frac{4}{3}}=g(x,y)$，由对称性得

$$\int_{L_1} [f(x,y)+g(x,y)]\mathrm{d}s=2\int_{L_1} f(x,y)\mathrm{d}s,\quad \text{即}\quad \int_{L_1} (x^{\frac{4}{3}}+y^{\frac{4}{3}})\mathrm{d}s=2\int_{L_1} x^{\frac{4}{3}}\mathrm{d}s,$$

又因为 L_1 的参数方程为 $x=a\cos^3 t$，$y=a\sin^3 t$，$t\in\left[0,\frac{\pi}{2}\right]$，因此

$$\int_L (x^{\frac{4}{3}}+x^{\frac{4}{3}}+y-x)\mathrm{d}s=8\int_{L_1} x^{\frac{4}{3}}\mathrm{d}s=8\int_0^{\frac{\pi}{2}} a^{\frac{4}{3}}\cos^4 t\cdot 3a\sin t\cos t\mathrm{d}t=4a^{\frac{7}{3}}.$$

方法总结

(1)当 L 的方程不易化为 $y=f(x)$ 或 $x=g(y)$ 时，一般化为参数方程.

(2)计算第一型曲线积分注意利用对称性简化计算，一般有

设 $f(x,y)$ 在分段光滑曲线 L 上连续.

①若 L 关于 x 轴(或 y 轴)对称，则

$$\int_L f(x,y)\mathrm{d}s=\begin{cases}0, & \text{若 } f(x,y) \text{ 关于 } y(\text{或 } x) \text{ 为奇函数},\\ 2\int_{L_1} f(x,y)\mathrm{d}s, & \text{若 } f(x,y) \text{ 关于 } y(\text{或 } x) \text{ 为偶函数},\end{cases}$$

其中 L_1 为 L 的右半平面(上半平面)部分.

②若 L 关于直线 $y=x$ 对称，则 $\int_L f(x,y)\mathrm{d}s=\int_L f(y,x)\mathrm{d}s$.

【例 3】 计算 $\int_L y(x-z)\mathrm{d}s$，其中 L 是椭球面 $\frac{x^2}{4}+\frac{y^2}{2}+\frac{z^2}{4}=1$ 与平面 $x+z=2$ 的交线在第一卦限中连接点(2,0,0)与点(1,1,1)的一段.

解　由 $x+z=2$ 得 $z=2-x$，将其代入 $\frac{x^2}{4}+\frac{y^2}{2}+\frac{z^2}{4}=1$ 中，得到 L 在 xy 平面上的投影曲线 $(x-1)^2+y^2=1$，此曲线的参数方程为：$x=1+\cos\theta, y=\sin\theta, \theta\in\left[0,\frac{\pi}{2}\right]$.

把此参数方程代入 $z=2-x$ 得 $z=1-\cos\theta$，所以 L 的参数方程为

$$\begin{cases} x=1+\cos\theta, \\ y=\sin\theta, & \theta\in\left[0,\frac{\pi}{2}\right], \\ z=1-\cos\theta, \end{cases}$$

因此，$\int_L y(x-z)\mathrm{d}s=\int_0^{\frac{\pi}{2}} 2\sin\theta\cos\theta\sqrt{1+\sin^2\theta}\,\mathrm{d}\theta=\frac{2}{3}(1+\sin^2\theta)^{\frac{3}{2}}\Big|_0^{\frac{\pi}{2}}=\frac{2}{3}(2\sqrt{2}-1)$.

【例 4】　求线密度为 $\rho(x,y)=\frac{y}{\sqrt{1+x^2}}$ 的曲线段 $L: y=\ln x, 1\leqslant x\leqslant 2$ 对于 y 轴的转动惯量 I_y.

解　曲线段 L 对于 y 轴的转动惯量为

$$I_y=\int_L x^2\rho(x,y)\mathrm{d}s=\int_1^2 \frac{x^2\ln x}{\sqrt{1+x^2}}\sqrt{1+\frac{1}{x^2}}\,\mathrm{d}x=\int_1^2 x\ln x\,\mathrm{d}x=\ln 4-\frac{3}{4}.$$

【例 5】　计算 $\int_L (y^2+x)\cos xy\,\mathrm{d}x$，其中 L 为圆周 $x^2+y^2=1$，依逆时针方向.

解　由于 L 的参数方程为 $x=\cos\theta, y=\sin\theta, \theta\in[-\pi,\pi]$，因此

$$\int_L (y^2+x)\cos xy\,\mathrm{d}x=-\int_{-\pi}^{\pi}(\sin^2\theta+\cos\theta)\cos(\cos\theta\sin\theta)\sin\theta\,\mathrm{d}\theta.$$

由于右边是积分的被积函数为 $[-\pi,\pi]$ 上的奇函数，所以此定积分等于 0，因此

$$\int_L (y^2+x)\cos xy\,\mathrm{d}x=0.$$

【例 6】　计算 $\int_L xy\,\mathrm{d}x$，其中 L 分别为

(1) 从 $(0,0)$ 到 $(1,1)$ 的直线段；

(2) 从 $(0,0)$ 到 $(1,1)$ 的抛物线 $y=x^2$ 的一段；

(3) 从 $(0,0)$ 到 $(1,0)$ 的直线段 L_1 和从 $(1,0)$ 到 $(1,1)$ 的直线段 L_2 所构成的有向折线.

解　(1) L 的方程为：$y=x, x\in[0,1]$，所以 $\int_L xy\,\mathrm{d}x=\int_0^1 x^2\mathrm{d}x=\frac{1}{3}$.

(2) L 的方程为：$y=x^2, x\in[0,1]$，所以 $\int_L xy\,\mathrm{d}x=\int_0^1 x^3\mathrm{d}x=\frac{1}{4}$.

(3) L_1 的方程为 $y=0, x\in[0,1]$，L_2 的方程为 $x=1, y\in[0,1]$，所以

$$\int_L xy\,\mathrm{d}x=\int_{L_1} xy\,\mathrm{d}x+\int_{L_2} xy\,\mathrm{d}x=\int_0^1 x\cdot 0\,\mathrm{d}x+0=0.$$

方法总结

第二型曲线积分的计算，同第一型曲线积分类似，也是写出曲线 L 的参数方程，代入公式，化成定积分来计算，不同的是其积分限的确定，不是按大小，而是按曲线的起始点：下限为起点对应的参数，上限为终点对应的参数.

【例 7】 计算$\oint_L \frac{\partial f}{\partial \boldsymbol{n}}\mathrm{d}s$，其中 $f(x,y)=x+y^2$，L 为椭圆 $2x^2+y^2=1$，$\boldsymbol{n}$ 为 L 的外法线方向.

解 令 $F(x,y)=2x^2+y^2-1$，有 $F_x(x,y)=4x$，$F_y(x,y)=2y$. 于是

$$\boldsymbol{n}^0=\left(\frac{2x}{\sqrt{4x^2+y^2}},\frac{y}{\sqrt{4x^2+y^2}}\right).$$

由于 $f_x(x,y)=1$，$f_y(x,y)=2y$，因此

$$\frac{\partial f}{\partial \boldsymbol{n}}=\frac{2x}{\sqrt{4x^2+y^2}}+\frac{2y^2}{\sqrt{4x^2+y^2}},$$

因为 L 的参数方程为 $x=\frac{\sqrt{2}}{2}\cos t$，$y=\sin t$，$t\in[0,2\pi]$，所以

$$\frac{\partial f}{\partial \boldsymbol{n}}=\frac{\sqrt{2}\cos t+2\sin^2 t}{\sqrt{\cos^2 t+1}},\quad \mathrm{d}s=\frac{\sqrt{2}}{2}\sqrt{\cos^2 t+1}\,\mathrm{d}t,$$

并得到

$$\oint_L \frac{\partial f}{\partial \boldsymbol{n}}\mathrm{d}s=\int_0^{2\pi}\frac{\sqrt{2}}{2}(\sqrt{2}\cos t+2\sin^2 t)\mathrm{d}t=\int_0^{2\pi}\left(\cos t+\frac{\sqrt{2}}{2}-\frac{\sqrt{2}}{2}\cos 2t\right)\mathrm{d}t=\sqrt{2}\pi.$$

【例 8】 曲线段 L：$x=\mathrm{e}^t\cos t$，$y=\mathrm{e}^t\sin t$，$z=\mathrm{e}^t$，$t\in[0,t_0]$上每一点的线密度与该点到原点$O(0,0,0)$的距离的平方成反比，且在点 $P_0(1,0,1)$处的线密度为 1，求 L 的质量.

解 由题意知，曲线段 L 的线密度$\rho(x,y,z)=\frac{k}{x^2+y^2+z^2}$，其中 k 为比例常数.

又 $\rho(1,0,1)=\frac{k}{1^2+0^2+1^2}=\frac{k}{2}=1$，故 $k=2$，从而 $\rho(x,y,z)=\frac{2}{x^2+y^2+z^2}$，由第一型曲线积分的物理意义知，曲线段 L 的质量为

$$\begin{aligned}m&=\int_L\rho(x,y,z)\mathrm{d}s\\&=\int_0^{t_0}\frac{2}{(\mathrm{e}^t\cos t)^2+(\mathrm{e}^t\sin t)^2+(\mathrm{e}^t)^2}\cdot\sqrt{(\mathrm{e}^t\cos t-\mathrm{e}^t\sin t)^2+(\mathrm{e}^t\cos t+\mathrm{e}^t\sin t)^2+(\mathrm{e}^t)^2}\,\mathrm{d}t\\&=\int_0^{t_0}\frac{2}{2\mathrm{e}^{2t}}\cdot\sqrt{3\mathrm{e}^{2t}}\,\mathrm{d}t=\sqrt{3}\int_0^{t_0}\mathrm{e}^{-t}\mathrm{d}t=\sqrt{3}(1-\mathrm{e}^{-t_0}).\end{aligned}$$

【例 9】 设 $I(r)=\oint_L\frac{x\mathrm{d}y-y\mathrm{d}x}{(x^2+y^2)^k}$，其中 k 为常数，L 为曲线 $x^2+xy+y^2=r^2$，依逆时针方向，求 $\lim\limits_{r\to+\infty}I(r)$.

解 作变换 $x=u+v$，$y=u-v$，将 L 的方程化为

$$\frac{u^2}{\left(\frac{r}{\sqrt{3}}\right)^2}+\frac{v^2}{r^2}=1,$$

从而 L 的参数方程为 $u=\frac{r}{\sqrt{3}}\cos\theta$，$v=r\sin\theta$，$\theta\in[-\pi,\pi]$，即

$$x=\frac{r}{\sqrt{3}}\cos\theta+r\sin\theta,\quad y=\frac{r}{\sqrt{3}}\cos\theta-r\sin\theta,\quad \theta\in[-\pi,\pi].$$

于是

$$I(r)=\oint_L \frac{x\mathrm{d}y-y\mathrm{d}x}{(x^2+y^2)^k}=\frac{2^{1-k}\cdot 3^{k-\frac{1}{2}}}{r^{2(k-1)}}\int_{-\pi}^{\pi}\frac{\mathrm{d}\theta}{(\cos^2\theta+3\sin^2\theta)^k}$$

$$=\frac{2^{2-k}\cdot 3^{k-\frac{1}{2}}}{r^{2(k-1)}}\int_0^{\pi}\frac{\mathrm{d}\theta}{(\cos^2\theta+3\sin^2\theta)^k},$$

因此,当 $k>1$ 时,有

$$\lim_{r\to+\infty} I(r)=\lim_{r\to+\infty}\frac{2^{2-k}\cdot 3^{k-\frac{1}{2}}}{r^{2(k-1)}}\int_0^{\pi}\frac{\mathrm{d}\theta}{(\cos^2\theta+3\sin^2\theta)^k}=0;$$

当 $k<1$ 时,有

$$\lim_{r\to+\infty} I(r)=\lim_{r\to+\infty}\frac{2^{2-k}\cdot 3^{k-\frac{1}{2}}}{r^{2(k-1)}}\int_0^{\pi}\frac{\mathrm{d}\theta}{(\cos^2\theta+3\sin^2\theta)^k}=+\infty;$$

当 $k=1$ 时,有

$$\lim_{r\to+\infty} I(r)=2\sqrt{3}\int_0^{\pi}\frac{\mathrm{d}\theta}{\cos^2\theta+3\sin^2\theta}=2\sqrt{3}\int_{-\frac{\pi}{2}}^{\frac{\pi}{2}}\frac{\mathrm{d}\theta}{\cos^2\theta+3\sin^2\theta}$$

$$=4\sqrt{3}\int_0^{\frac{\pi}{2}}\frac{\mathrm{d}\theta}{\cos^2\theta+3\sin^2\theta}=4\int_0^{\frac{\pi}{2}}\frac{\mathrm{d}(\sqrt{3}\tan\theta)}{1+(\sqrt{3}\tan\theta)^2}=4\arctan(\sqrt{3}\tan\theta)\Big|_0^{\frac{\pi}{2}}$$

$$=2\pi.$$

三、教材习题解答

习题 20.1 解答

1. 计算下列第一型曲线积分：

(1)$\int_L (x+y)\mathrm{d}s$，其中 L 是以 $O(0,0)$，$A(1,0)$，$B(0,1)$ 为顶点的三角形周界；

(2)$\int_L (x^2+y^2)^{\frac{1}{2}}\mathrm{d}s$，其中 L 是以原点为中心、R 为半径的右半圆周；

(3)$\int_L xy\mathrm{d}s$，其中 L 为椭圆 $\frac{x^2}{a^2}+\frac{y^2}{b^2}=1$ 在第一象限中的部分；

(4)$\int_L |y|\mathrm{d}s$，其中 L 为单位圆周 $x^2+y^2=1$；

(5)$\int_L (x^2+y^2+z^2)\mathrm{d}s$，其中 L 为螺旋线 $x=a\cos t, y=a\sin t, z=bt\,(0\leqslant t\leqslant 2\pi)$ 的一段；

(6)$\int_L xyz\mathrm{d}s$，其中 L 是曲线 $x=t, y=\frac{2}{3}\sqrt{2t^3}, z=\frac{1}{2}t^2\quad(0\leqslant t\leqslant 1)$ 的一段；

(7)$\int_L \sqrt{2y^2+z^2}\mathrm{d}s$，其中 L 是 $x^2+y^2+z^2=a^2$ 与 $x=y$ 相交的圆周.

解　(1)
$$\int_L (x+y)\mathrm{d}s=\int_{\overline{OA}}(x+y)\mathrm{d}s+\int_{\overline{AB}}(x+y)\mathrm{d}s+\int_{\overline{BO}}(x+y)\mathrm{d}s=\int_0^1 x\mathrm{d}x+\int_0^1\sqrt{2}\,\mathrm{d}x+\int_0^1 y\mathrm{d}y=1+\sqrt{2}.$$

(2) 右半圆的参数方程为 $x=R\cos\theta, y=R\sin\theta\left(-\frac{\pi}{2}\leqslant\theta\leqslant\frac{\pi}{2}\right)$，从而
$$\int_L (x^2+y^2)^{\frac{1}{2}}\mathrm{d}s=\int_{-\frac{\pi}{2}}^{\frac{\pi}{2}}R^2\mathrm{d}\theta=\pi R^2.$$

(3)$y=\frac{b}{a}\sqrt{a^2-x^2}$，$y'=\frac{-bx}{a\sqrt{a^2-x^2}}$，故
$$\int_L xy\mathrm{d}s=\int_0^a\frac{b}{a}x\sqrt{a^2-x^2}\sqrt{1+(y')^2}\,\mathrm{d}x=\int_0^a\frac{b}{a}x\sqrt{a^2-x^2}\sqrt{1+\frac{b^2x^2}{a^2(a^2-x^2)}}\,\mathrm{d}x$$
$$=\frac{b}{2a}\int_0^a\sqrt{a^2-x^2+\frac{b^2}{a^2}x^2}\,\mathrm{d}(x^2)=\frac{b}{2a^2}\int_0^a\sqrt{a^4-(a^2-b^2)x^2}\,\mathrm{d}(x^2)$$
$$=\frac{ab(a^2+ab+b^2)}{3(a+b)}.$$

归纳总结：本题也可以用参数方程来求.

(4) 由于圆的参数方程为 $x=\cos\theta, y=\sin\theta(0\leqslant\theta\leqslant 2\pi)$，从而
$$\int_L |y|\mathrm{d}s=\int_0^{\pi}\sin\theta\mathrm{d}\theta-\int_{\pi}^{2\pi}\sin\theta\mathrm{d}\theta=4.$$

(5)$\int_L (x^2+y^2+z^2)\mathrm{d}s=\int_0^{2\pi}(a^2+b^2t^2)\sqrt{a^2+b^2}\,\mathrm{d}t=\frac{2}{3}\pi(3a^2+4\pi^2b^2)\sqrt{a^2+b^2}$.

(6)$\int_L xyz\mathrm{d}s=\int_0^1 t\cdot\frac{2}{3}\sqrt{2t^3}\cdot\frac{1}{2}t^2\sqrt{1+2t+t^2}\,\mathrm{d}t=\frac{\sqrt{2}}{3}\int_0^1 t^{\frac{9}{2}}(1+t)\mathrm{d}t=\frac{16\sqrt{2}}{143}$.

(7) **方法一** 其截线为圆 $2y^2+z^2=a^2$，其参数方程为 $x=y=\frac{a}{\sqrt{2}}\sin t, z=a\cos t(0\leqslant t\leqslant 2\pi)$，

$$\int_L \sqrt{2y^2+z^2}\,\mathrm{d}s=\int_0^{2\pi} a\sqrt{a^2\sin^2 t+a^2\cos^2 t}\,\mathrm{d}t=2a^2\pi.$$

方法二 $\int_L \sqrt{2y^2+z^2}\,\mathrm{d}x=\int_L a\,\mathrm{d}s=a\int_L \mathrm{d}s=2a^2\pi.$

2. 求曲线 $x=a, y=at, z=\frac{1}{2}at^2(0\leqslant t\leqslant 1, a>0)$ 的质量，设其线密度为 $\rho=\sqrt{\frac{2z}{a}}$.

解 曲线质量为

$$M=\int_L\sqrt{\frac{2z}{a}}\,\mathrm{d}s=\int_0^1 t\sqrt{a^2+a^2t^2}\,\mathrm{d}t=\frac{a}{2}\int_0^1\sqrt{1+t^2}\,d(1+t^2)=\frac{a}{3}(2\sqrt{2}-1).$$

3. 求摆线 $\begin{cases}x=a(t-\sin t),\\ y=a(1-\cos t)\end{cases}(0\leqslant t\leqslant\pi)$ 的质心，设其质量分布是均匀的.

解 因 $\mathrm{d}s=\sqrt{a^2(1-\cos t)^2+a^2\sin^2 t}\,\mathrm{d}t=2a\sin\frac{t}{2}\mathrm{d}t, 0\leqslant t\leqslant\pi$，得

$$m=2a\rho_0\int_0^{\pi}\sin\frac{t}{2}\mathrm{d}t=4a\rho_0\text{（}\rho_0\text{ 为均匀的线密度）},$$

故质心坐标为

$$\begin{aligned}\bar{x}&=\frac{1}{m}\int_0^{\pi}\rho_0 a(t-\sin t)2a\sin\frac{t}{2}\mathrm{d}t=\frac{a}{2}\int_0^{\pi}t\sin\frac{t}{2}\mathrm{d}t-\frac{a}{2}\int_0^{\pi}\sin t\sin\frac{t}{2}\mathrm{d}t\\&=-at\cos\frac{t}{2}\Big|_0^{\pi}+a\int_0^{\pi}\cos\frac{t}{2}\mathrm{d}t+\frac{a}{4}\int_0^{\pi}\left(\cos\frac{3t}{2}-\cos\frac{t}{2}\right)\mathrm{d}t\\&=\frac{4}{3}a,\\ \bar{y}&=\frac{1}{m}\int_0^{\pi}\rho_0 a(1-\cos t)2a\sin\frac{t}{2}\mathrm{d}t\\&=\frac{a}{2}\int_0^{\pi}\sin\frac{t}{2}\mathrm{d}t-\frac{a}{4}\int_0^{\pi}\left(\sin\frac{3}{2}t-\sin\frac{t}{2}\right)\mathrm{d}t\\&=\frac{4}{3}a.\end{aligned}$$

即质心坐标为 $\left(\frac{4}{3}a,\frac{4}{3}a\right)$.

4. 若曲线以极坐标 $\rho=\rho(\theta)\quad(\theta_1\leqslant\theta\leqslant\theta_2)$ 表示，试给出计算 $\int_L f(x,y)\mathrm{d}s$ 的公式，并用此公式计算下列曲线积分：

(1) $\int_L \mathrm{e}^{\sqrt{x^2+y^2}}\mathrm{d}s$，其中 L 为曲线 $\rho=a\left(0\leqslant\theta\leqslant\frac{\pi}{4}\right)$ 的一段；

(2) $\int_L x\,\mathrm{d}s$，其中 L 为对数螺线 $\rho=a\mathrm{e}^{k\theta}(k>0)$ 在圆 $r=a$ 内的部分.

解 L 的参数方程为 $x=\rho(\theta)\cos\theta, y=\rho(\theta)\sin\theta(\theta_1\leqslant\theta\leqslant\theta_2)$，且

$$\mathrm{d}s=\sqrt{\left(\frac{\mathrm{d}x}{\mathrm{d}\theta}\right)^2+\left(\frac{\mathrm{d}y}{\mathrm{d}\theta}\right)^2}\mathrm{d}\theta=\sqrt{\rho^2(\theta)+[\rho'(\theta)]^2}\,\mathrm{d}\theta,$$

故 $\int_L f(x,y)\mathrm{d}s=\int_{\theta_1}^{\theta_2} f(\rho(\theta)\cos\theta,\rho(\theta)\sin\theta)\sqrt{\rho^2(\theta)+[\rho'(\theta)]^2}\,\mathrm{d}\theta.$

(1) $\int_L \mathrm{e}^{\sqrt{x^2+y^2}}\mathrm{d}s=\int_0^{\frac{\pi}{4}}\mathrm{e}^a\sqrt{a^2+0}\,\mathrm{d}\theta=\frac{a\pi}{4}\mathrm{e}^a.$

(2) $\int_L x\,\mathrm{d}s=\int_{-\infty}^0 a\mathrm{e}^{k\theta}\cos\theta\sqrt{a^2\mathrm{e}^{2k\theta}+a^2k^2\mathrm{e}^{2k\theta}}\,\mathrm{d}\theta=a^2\sqrt{1+k^2}\int_{-\infty}^0\mathrm{e}^{2k\theta}\cos\theta\mathrm{d}\theta=\frac{2ka^2\sqrt{1+k^2}}{4k^2+1}.$

5. 证明：若函数 f 在光滑曲线 $L: x=x(t), y=y(t), t\in[\alpha,\beta]$ 上连续，则存在点 $(x_0,y_0)\in L$，使得

$$\int_L f(x,y)\mathrm{d}s = f(x_0,y_0)\Delta L,$$

其中 ΔL 为 L 的弧长.

证　由于 f 在光滑曲线 L 上连续，从而曲线积分 $\int_L f(x,y)\mathrm{d}s$ 存在，且

$$\int_L f(x,y)\mathrm{d}s = \int_\alpha^\beta f[x(t),y(t)]\sqrt{x'^2(t)+y'^2(t)}\,\mathrm{d}t,$$

又因 f 在 L 上连续，L 为光滑曲线，所以 $f[x(t),y(t)]$ 与 $\sqrt{x'^2(t)+y'^2(t)}$ 在 $[\alpha,\beta]$ 上连续，由推广的积分第一中值定理知：$\exists\, t_0\in[\alpha,\beta]$，使

$$\begin{aligned}\int_L f[x(t),y(t)]\sqrt{x'^2(t)+y'^2(t)}\,\mathrm{d}t &= f[x(t_0),y(t_0)]\int_\alpha^\beta \sqrt{x'^2(t)+y'^2(t)}\,\mathrm{d}t\\ &= f[x(t_0),y(t_0)]\cdot\Delta L.\end{aligned}$$

令 $x_0=x(t_0), y_0=y(t_0)$，显然 $(x_0,y_0)\in L$，所以

$$\int_L f(x,y)\mathrm{d}s = f(x_0,y_0)\cdot\Delta L.$$

习题 20.2 解答

1. 计算第二型曲线积分：

(1) $\int_L x\mathrm{d}y - y\mathrm{d}x$，其中 L 为本节例 2 的三种情形；

(2) $\int_L (2a-y)\mathrm{d}x+\mathrm{d}y$，其中 L 为摆线 $x=a(t-\sin t), y=a(1-\cos t)\quad(0\leqslant t\leqslant 2\pi)$ 沿 t 增加方向的一段；

(3) $\oint_L \dfrac{-x\mathrm{d}x+y\mathrm{d}y}{x^2+y^2}$，其中 L 为圆周 $x^2+y^2=1$，依逆时针方向；

(4) $\oint_L y\mathrm{d}x+\sin x\mathrm{d}y$，其中 L 为 $y=\sin x(0\leqslant x\leqslant\pi)$ 与 x 轴所围的闭曲线，依顺时针方向；

(5) $\int_L x\mathrm{d}x+y\mathrm{d}y+z\mathrm{d}z$，其中 L 为从 $(1,1,1)$ 到 $(2,3,4)$ 的直线段.

解　(1) 若积分沿抛物线 $\overset{\frown}{OB}: y=2x^2$，则 $\mathrm{d}y=4x\mathrm{d}x$，

$$\int_{\overset{\frown}{OB}} x\mathrm{d}y-y\mathrm{d}x=\int_0^1(4x^2-2x^2)\mathrm{d}x=2\int_0^1 x^2\mathrm{d}x=\frac{2}{3}.$$

若积分沿直线 $OB: y=2x$，则 $\mathrm{d}y=2\mathrm{d}x$，

$$\int_{OB} x\mathrm{d}y-y\mathrm{d}x=\int_0^1(2x-2x)\mathrm{d}x=0.$$

若积分沿折线 OAB，$OA: y=0, 0\leqslant x\leqslant 1$，$AB: x=1, 0\leqslant y\leqslant 2$，则

$$\int_L=\int_{OA}+\int_{AB}=\int_0^1 0\mathrm{d}x+\int_0^2\mathrm{d}y=2.$$

(2) 因 $\mathrm{d}x=a(1-\cos t)\mathrm{d}t, \mathrm{d}y=a\sin t\mathrm{d}t$，从而

$$\begin{aligned}\int_L(2a-y)\mathrm{d}x+\mathrm{d}y&=\int_0^{2\pi}[(2a-a+a\cos t)\cdot a(1-\cos t)+a\sin t]\mathrm{d}t\\&=\int_0^{2\pi}(a^2\sin^2 t+a\sin t)\mathrm{d}t=a^2\int_0^{2\pi}\frac{1-\cos 2t}{2}\mathrm{d}t-a\cos t\Big|_0^{2\pi}\\&=a^2\pi.\end{aligned}$$

(3) 圆的参数方程 $x=\cos t, y=\sin t, 0\leqslant t\leqslant 2\pi$，则

$$\oint_L \frac{-x\mathrm{d}x+y\mathrm{d}y}{x^2+y^2}=\int_0^{2\pi}(\sin t\cos t+\sin t\cos t)\mathrm{d}t=\int_0^{2\pi}\sin 2t\mathrm{d}t=0.$$

(4) $\oint_L y\mathrm{d}x+\sin x\mathrm{d}y=\int_{\overset{\frown}{OA}}+\int_{\overline{AO}}=\int_0^{\pi}(\sin x+\sin x\cos x)\mathrm{d}x+\int_{\pi}^{0}(0+\sin x\cdot 0)\mathrm{d}x$

$$=\int_0^{\pi}\sin x\mathrm{d}x+\int_0^{\pi}\sin x\cos x\mathrm{d}x=2.$$

(5) 直线的参数方程为 $x=1+t, y=1+2t, z=1+3t(0\leqslant t\leqslant 1)$，

$$\int_L x\mathrm{d}x+y\mathrm{d}y+z\mathrm{d}z=\int_0^1[(1+t)+2(1+2t)+3(1+3t)]\mathrm{d}t=\int_0^1(6+14t)\mathrm{d}t=13.$$

2. 设质点受力作用，力的反方向指向原点，大小与质点离原点的距离成正比，若质点由 $(a,0)$ 沿椭圆移动到 $(0,b)$，求力所做的功.

解　椭圆的参数方程为：$x=a\cos t, y=b\sin t\left(0\leqslant t\leqslant\frac{\pi}{2}\right)$，由于力的反方向指向原点，则(设 k 为比例系数)

$$F=k\sqrt{x^2+y^2}\left(\frac{x}{\sqrt{x^2+y^2}},\frac{y}{\sqrt{x^2-y^2}}\right)=(kx,ky)(k>0),$$

则

$$W=\int_L P\mathrm{d}x+Q\mathrm{d}y=\int_L k(x\mathrm{d}x+y\mathrm{d}y)=k\int_0^{\frac{\pi}{2}}[a\cos t\cdot(-a\sin t)+b^2\sin t\cos t]\mathrm{d}t$$

$$=-k\int_0^{\frac{\pi}{2}}(a^2-b^2)\sin t\mathrm{d}\sin t=\frac{k}{2}(b^2-a^2).$$

3. 设一质点受力作用，力的方向指向原点，大小与质点到 xy 平面的距离成反比. 若质点沿直线 $x=at, y=bt, z=ct\quad(c\neq 0)$ 从 $M(a,b,c)$ 到 $N(2a,2b,2c)$，求力所做的功.

解　设比例系数为 k，又点到 xy 平面的距离为 z，故 $F=\frac{k}{z}$. 因为力的方向指向原点，故其方向余弦为

$$\cos\alpha=-\frac{x}{r},\cos\beta=-\frac{y}{r},\cos\gamma=-\frac{z}{r},$$

其中 $r=\sqrt{x^2+y^2+z^2}$.

力的三个分力为 $P=-\frac{k}{z}\frac{x}{r}, Q=-\frac{k}{z}\frac{y}{r}, R=-\frac{k}{z}\frac{z}{r}$，故

$$W=-\int_L\frac{kx}{rz}\mathrm{d}x+\frac{ky}{rz}\mathrm{d}y+\frac{k}{r}\mathrm{d}z=-\int_1^2\frac{k(a^2+b^2+c^2)t}{ct\sqrt{a^2+b^2+c^2}\,t}\mathrm{d}t$$

$$=-\frac{k}{c}\int_1^2\sqrt{a^2+b^2+c^2}\,\frac{1}{t}\mathrm{d}t=-\frac{k}{c}\sqrt{a^2+b^2+c^2}\ln 2.$$

4. 证明曲线积分的估计式 $\left|\int_{\overset{\frown}{AB}}P\mathrm{d}x+Q\mathrm{d}y\right|\leqslant LM$，其中 L 为 $\overset{\frown}{AB}$ 的弧长，$M=\max\limits_{(x,y)\in\overset{\frown}{AB}}\sqrt{P^2+Q^2}$. 利用上述不等式估计积分 $I_R=\int_{x^2+y^2=R^2}\frac{y\mathrm{d}x-x\mathrm{d}y}{(x^2+xy+y^2)^2}$，并证明 $\lim\limits_{R\to+\infty}I_R=0$.

证　(1) 因 $\int_{\overset{\frown}{AB}}P\mathrm{d}x+Q\mathrm{d}y=\int_{\overset{\frown}{AB}}\left(P\frac{\mathrm{d}x}{\mathrm{d}s}+Q\frac{\mathrm{d}y}{\mathrm{d}s}\right)\mathrm{d}s$ 且

$$\left|P\frac{\mathrm{d}x}{\mathrm{d}s}+Q\frac{\mathrm{d}y}{\mathrm{d}s}\right|\leqslant\sqrt{(P^2+Q^2)\left[\left(\frac{\mathrm{d}x}{\mathrm{d}s}\right)^2+\left(\frac{\mathrm{d}y}{\mathrm{d}s}\right)^2\right]}=\sqrt{P^2+Q^2},$$

从而

$$\left|\int_{\overset{\frown}{AB}}P\mathrm{d}x+Q\mathrm{d}y\right|\leqslant\int_{\overset{\frown}{AB}}\left|P\frac{\mathrm{d}x}{\mathrm{d}s}+Q\frac{\mathrm{d}y}{\mathrm{d}s}\right|\mathrm{d}s\leqslant\int_{\overset{\frown}{AB}}\sqrt{P^2+Q^2}\,\mathrm{d}s\leqslant\int_{\overset{\frown}{AB}}M\mathrm{d}s=LM.$$

(2) 因 $\max\limits_{x^2+y^2=R^2} \dfrac{\sqrt{x^2+y^2}}{(x^2+xy+y^2)^2} = \dfrac{4}{R^3}$，由(1) 知

$$\left|\int_{x^2+y^2=R^2} \frac{y\mathrm{d}x - x\mathrm{d}y}{(x^2+xy+y^2)^2}\right| \leqslant 2\pi R \cdot \frac{4}{R^3} = \frac{8\pi}{R^2},$$

由于 $|I_R| \leqslant \dfrac{8\pi}{R^2} \to 0(R \to +\infty)$，故 $\lim\limits_{R\to+\infty} I_R = 0$.

5. 计算沿空间曲线的第二型曲线积分：

(1) $\int_L xyz\mathrm{d}z$，其中 L 为 $x^2+y^2+z^2=1$ 与 $y=z$ 相交的圆，其方向按曲线依次经过 1,2,7,8 卦限；

(2) $\int_L (y^2-z^2)\mathrm{d}x+(z^2-x^2)\mathrm{d}y+(x^2-y^2)\mathrm{d}z$，其中 L 为球面 $x^2+y^2+z^2=1$ 在第一卦限部分的边界曲线，其方向按曲线依次经过 xy 平面部分，yz 平面部分和 zx 平面部分.

证　(1) 曲线的参数方程为 $x=\cos\theta, y=\dfrac{\sqrt{2}}{2}\sin\theta, z=\dfrac{\sqrt{2}}{2}\sin\theta(0\leqslant\theta\leqslant 2\pi)$，当 θ 从 0 增加到 2π 时，点 (x,y,z) 依次经过 1,2,7,8 卦限，于是

$$\int_L xyz\mathrm{d}z = \frac{\sqrt{2}}{4}\int_0^{2\pi}\sin^2\theta\cos^2\theta\mathrm{d}\theta = \frac{\sqrt{2}}{16}\pi.$$

(2) 记球面 $x^2+y^2+z^2=1$ 与 xy 平面的交线为 L_1，与 yz 平面的交线为 L_2，与 zx 平面的交线为 L_3，如图 20－1 所示，则

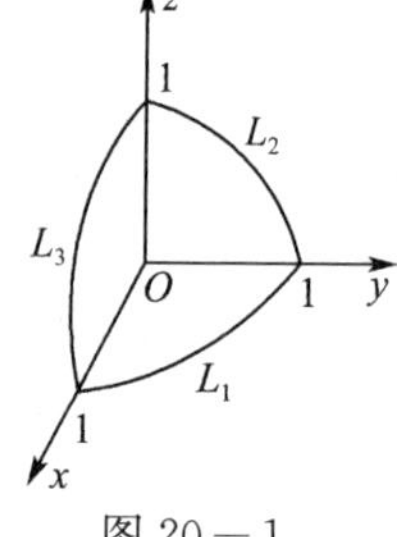

图 20－1

设

$$I = \int_L (y^2-z^2)\mathrm{d}x+(z^2-x^2)\mathrm{d}y+(x^2-y^2)\mathrm{d}z = \int_{L_1}+\int_{L_2}+\int_{L_3},$$

其中

$$L_1:\begin{cases} x=\cos\theta, \\ y=\sin\theta, \\ z=0 \end{cases}\left(0\leqslant\theta\leqslant\frac{\pi}{2}\right), L_2:\begin{cases} x=0, \\ y=\cos\varphi, \\ z=\sin\theta \end{cases}\left(0\leqslant\varphi\leqslant\frac{\pi}{2}\right),$$

$$L_3:\begin{cases} x=\sin\psi, \\ y=0, \\ z=\cos\psi \end{cases}\left(0\leqslant\psi\leqslant\frac{\pi}{2}\right),$$

因

$$\int_{L_1}(y^2-z^2)\mathrm{d}x+(z^2-x^2)\mathrm{d}y+(x^2-y^2)\mathrm{d}z = -\int_0^{\frac{\pi}{2}}(\sin^3\theta+\cos^3\theta)\mathrm{d}\theta = -\frac{4}{3},\text{中}$$

$$\int_{L_2} = -\int_0^{\frac{\pi}{2}}(\sin^3\varphi+\cos^3\varphi)\mathrm{d}\varphi = -\frac{4}{3},$$

$$\int_{L_3} = -\int_0^{\frac{\pi}{2}}(\sin^3\psi+\cos^3\psi)\mathrm{d}\psi = -\frac{4}{3}.$$

所以 $I = -\dfrac{4}{3}-\dfrac{4}{3}-\dfrac{4}{3} = -4$.

第二十章总练习题解答

1. 计算下列曲线积分：

(1) $\int_L y\mathrm{d}s$，其中 L 是由 $y^2=x$ 和 $x+y=2$ 所围的闭曲线；

(2) $\int_L |y|\mathrm{d}s$，其中 L 为双纽线 $(x^2+y^2)^2=a^2(x^2-y^2)$；

(3) $\int_L z\mathrm{d}s$，其中 L 为圆锥螺线 $x=t\cos t, y=t\sin t, z=t, t\in[0,t_0]$；

(4) $\int_L xy^2\mathrm{d}y-x^2y\mathrm{d}x$，$L$ 是以 a 为半径、圆心在原点的右半圆周从最上面一点 A 到最下面一点 B；

(5) $\int_L \dfrac{\mathrm{d}y-\mathrm{d}x}{x-y}$，$L$ 是抛物线 $y=x^2-4$ 从 $A(0,-4)$ 到 $B(2,0)$ 的一段；

(6) $\int_L y^2\mathrm{d}x+z^2\mathrm{d}y+x^2\mathrm{d}z$，$L$ 是维维安尼曲线 $x^2+y^2+z^2=a^2, x^2+y^2=ax(z\geqslant 0, a>0)$，若从 x 轴正向看去，L 是沿逆时针方向进行的.

解 (1) 闭曲线 L 如图 20－2 所示，其中 AOB 一段为 $x=y^2, y\in[-2,1]$，$\mathrm{d}s=\sqrt{1+4y^2}\,\mathrm{d}y$，$AB$ 一段为 $x=2-y, y\in[-2,1]$，$\mathrm{d}s=\sqrt{2}\,\mathrm{d}y$，所以

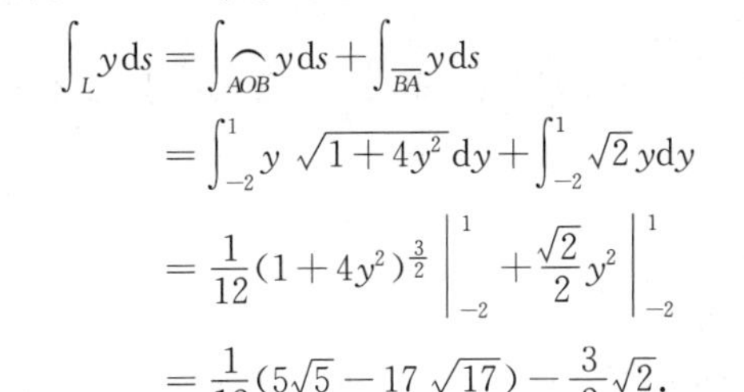

$$\begin{aligned}\int_L y\mathrm{d}s&=\int_{\overset{\frown}{AOB}} y\mathrm{d}s+\int_{\overline{BA}} y\mathrm{d}s\\&=\int_{-2}^{1} y\sqrt{1+4y^2}\,\mathrm{d}y+\int_{-2}^{1}\sqrt{2}\,y\mathrm{d}y\\&=\frac{1}{12}(1+4y^2)^{\frac{3}{2}}\Big|_{-2}^{1}+\frac{\sqrt{2}}{2}y^2\Big|_{-2}^{1}\\&=\frac{1}{12}(5\sqrt{5}-17\sqrt{17})-\frac{3}{2}\sqrt{2}.\end{aligned}$$

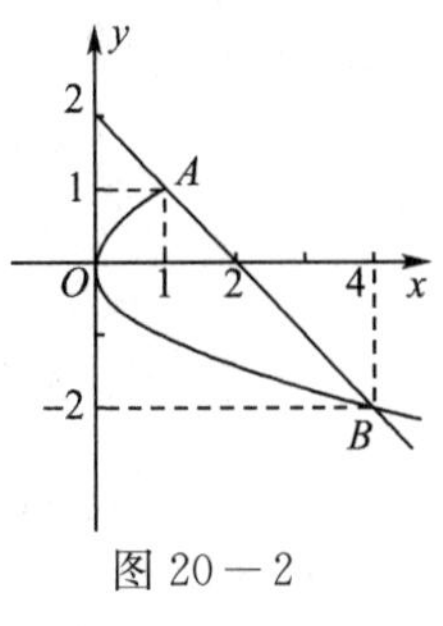

图 20－2

(2) 双纽线在第一象限的参数方程为 $x=r\cos\theta, y=r\sin\theta$，其极坐标方程是

$$r^2=a^2\cos 2\theta, 0\leqslant\theta\leqslant\frac{\pi}{4}.$$

故 $\mathrm{d}s=\sqrt{r^2+(r')^2}\,\mathrm{d}\theta=\sqrt{r^2+\dfrac{a^4\sin^2 2\theta}{r^2}}\,\mathrm{d}\theta=\dfrac{a^2}{r}\mathrm{d}\theta.$

由被积函数与 L 的对称性，有

$$\int_L |y|\mathrm{d}s=4\int_0^{\frac{\pi}{4}} r\sin\theta\frac{a^2}{r}\mathrm{d}\theta=4a^2\int_0^{\frac{\pi}{4}}\sin\theta\mathrm{d}\theta=4a^2\left(1-\frac{\sqrt{2}}{2}\right).$$

(3) 由 $x=t\cos t, y=t\sin t, z=t$，有

$$\mathrm{d}s=\sqrt{[(t\cos t)']^2+[(t\sin t)']^2+[(t)']^2}\,\mathrm{d}t=\sqrt{2+t^2}\,\mathrm{d}t,$$

所以 $\int_L z\mathrm{d}s=\int_0^{t_0} t\sqrt{2+t^2}\,\mathrm{d}t=\dfrac{1}{3}(2+t^2)^{\frac{3}{2}}\Big|_0^{t_0}=\dfrac{1}{3}\left[(2+t_0^2)^{\frac{3}{2}}-2\sqrt{2}\right].$

(4) 有向曲线 L 如图 20－3 所示，它的参数方程是 $x=a\cos t, y=a\sin t$，曲线从 $A\left(t=\dfrac{\pi}{2}\right)$ 到 $B\left(t=-\dfrac{\pi}{2}\right)$，所以

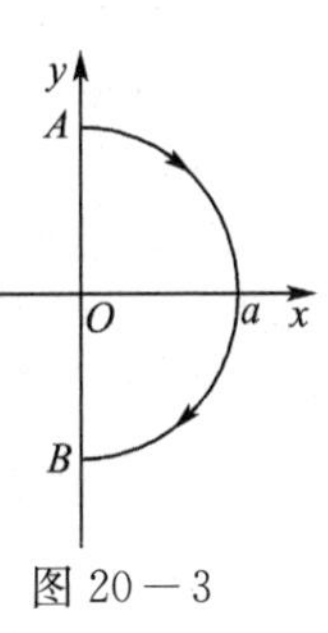

图 20－3

$$\begin{aligned}\int_L xy^2\mathrm{d}y-x^2y\mathrm{d}x&=\int_{\frac{\pi}{2}}^{-\frac{\pi}{2}}(a^4\cos^2 t\sin^2 t+a^4\cos^2 t\sin^2 t)\mathrm{d}t\\&=\frac{a^4}{2}\int_{\frac{\pi}{2}}^{-\frac{\pi}{2}}\sin^2 2t\mathrm{d}t=\frac{a^4}{4}\int_{\frac{\pi}{2}}^{-\frac{\pi}{2}}(1-\cos 4t)\mathrm{d}t=-\frac{a^4}{4}\pi.\end{aligned}$$

(5) 对 $L: y=x^2-4, 0\leqslant x\leqslant 2$，有

$$\int_L \frac{\mathrm{d}y-\mathrm{d}x}{x-y}=\int_0^2 \frac{2x-1}{x-x^2+4}\mathrm{d}x=-\ln(x-x^2+4)\Big|_0^2=\ln 2.$$

(6) 由于 $x^2+y^2=ax \Leftrightarrow \left(x-\frac{a}{2}\right)^2+y^2=\frac{a^2}{4}$，令

$$\begin{cases} x=\frac{a}{2}+\frac{a}{2}\cos\theta, \\ y=\frac{a}{2}\sin\theta, \end{cases} \quad \theta\in[0,2\pi],$$

代入 $x^2+y^2+z^2=a^2$，得 $z=a\sin\frac{\theta}{2}$，所以 Viviani 曲线的参数方程为

$$\begin{cases} x=\frac{a}{2}+\frac{a}{2}\cos\theta, \\ y=\frac{a}{2}\sin\theta, \\ z=a\sin\frac{\theta}{2}, \end{cases} \quad \theta\in[0,2\pi].$$

故

$$\begin{aligned} &\int_L y^2\mathrm{d}x+z^2\mathrm{d}y+x^2\mathrm{d}z \\ =&\int_0^{2\pi}\left[\left(\frac{a}{2}\sin\theta\right)^2\left(-\frac{a}{2}\sin\theta\right)+\left(a\sin\frac{\theta}{2}\right)^2\left(\frac{a}{2}\cos\theta\right)+a^2\left(\frac{1+\cos\theta}{2}\right)^2\left(\frac{a}{2}\cos\frac{\theta}{2}\right)\right]\mathrm{d}\theta \\ =&-\frac{\pi}{4}a^3. \end{aligned}$$

2. 设 $f(x,y)$ 为连续函数，试就如下曲线：

(1) L：连接 $A(a,a)$，$C(b,a)$ 的直线段；

(2) L：连接 $A(a,a)$，$C(b,a)$，$B(b,b)$ 三点的三角形（逆时针方向）$(b>a)$，计算下列曲线积分：

$$\int_L f(x,y)\mathrm{d}s,\quad \int_L f(x,y)\mathrm{d}x,\quad \int_L f(x,y)\mathrm{d}y.$$

解　曲线如图 20－4 所示，

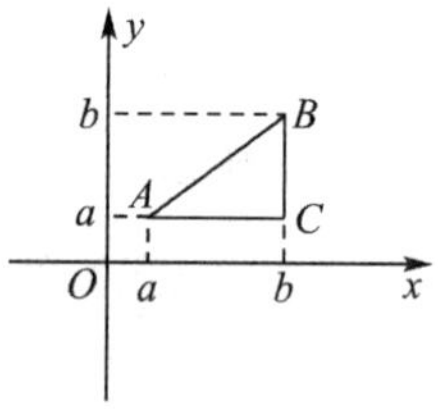

(1) 直线段 $L(AC)$ 的方程 $y=a, a\leqslant x\leqslant b$，所以

$$\int_L f(x,y)\mathrm{d}s=\int_a^b f(x,a)\mathrm{d}x,$$

$$\int_L f(x,y)\mathrm{d}x=\int_a^b f(x,a)\mathrm{d}x,$$

$$\int_L f(x,y)\mathrm{d}y=0.$$

图 20－4

(2)

$$\int_L f(x,y)\mathrm{d}s=\int_{AC}+\int_{CB}+\int_{BA}=\int_a^b f(x,a)\mathrm{d}x+\int_a^b f(b,y)\mathrm{d}y+\sqrt{2}\int_a^b f(x,x)\mathrm{d}x,$$

$$\begin{aligned}\int_L f(x,y)\mathrm{d}x&=\int_{AC}+\int_{CB}+\int_{BA}=\int_a^b f(x,a)\mathrm{d}x+0+\int_b^a f(x,x)\mathrm{d}x \\ &=\int_a^b f(x,a)\mathrm{d}x+\int_b^a f(x,x)\mathrm{d}x,\end{aligned}$$

$$\begin{aligned}\int_L f(x,y)\mathrm{d}y&=\int_{AC}+\int_{CB}+\int_{BA}=0+\int_a^b f(b,y)\mathrm{d}y+\int_b^a f(x,x)\mathrm{d}x \\ &=\int_a^b f(b,y)\mathrm{d}y+\int_b^a f(x,x)\mathrm{d}x.\end{aligned}$$

3. 设 $f(x,y)$ 为定义在平面曲线弧段$\overset{\frown}{AB}$上的非负连续函数,且在$\overset{\frown}{AB}$上恒大于零.

(1) 试证明$\int_{\overset{\frown}{AB}} f(x,y)\mathrm{d}s > 0$;

(2) 试问在相同条件下,第二型曲线积分$\int_{\overset{\frown}{AB}} f(x,y)\mathrm{d}x > 0$ 是否成立?为什么?

证 (1) 由 $f(x,y)$ 在$\overset{\frown}{AB}$上连续且恒大于零,及闭集上连续函数的最值定理知 $m = \min\limits_{(x,y)\in\overset{\frown}{AB}} f(x,y) > 0$,所以

$$\int_{\overset{\frown}{AB}} f(x,y)\mathrm{d}s \geqslant m\int_{\overset{\frown}{AB}} \mathrm{d}x = m\Delta L > 0,$$

其中 ΔL 为$\overset{\frown}{AB}$的弧长.

(2) 不一定成立. 例如,$\overset{\frown}{AB}$为从点 $A(1,1)$ 到点 $B(0,0)$ 的线段,即$\overset{\frown}{BA}$:$\begin{cases} x = x, \\ y = x, \end{cases}$ $x \in [0,1]$,且 $f(x,y) = x^2 + y^2 + 1 > 0$,但有

$$\int_{\overset{\frown}{AB}} f(x,y)\mathrm{d}x = \int_1^0 (2x^2+1)\mathrm{d}x = -\frac{5}{3} < 0.$$

四、自测题

第二十章自测题

一、计算题，写出必要的计算过程（每题 10 分，共 70 分）

1. 计算$\int_{ABC}\frac{dx+dy}{|x|+|y|}$，其中 A,B,C 为三顶点 $A(1,0)$，$B(0,1)$，$C(-1,0)$ 连成的折线.

2. 曲线 L 是球面 $x^2+y^2+z^2=3$ 与平面 $x+y+z=1$ 的交线.

(1) 求曲线 L 在点 $P(1,1,-1)$ 的切线方程；

(2) 求$\int_L[(x+1)^2+(y-2)^2]ds$.

3. 求曲线积分 $I=\int_L\frac{xdy-ydx}{x^2+y^2}$，其中 $L:(x-1)^2+y^2=1$，取逆时针方向.

4. 计算曲线积分 $I=\int_L z^2ds$，其中 L 为 $x^2+y^2+z^2=1$ 与 $x+y=1$ 的交线.

5. 计算$\oint_L ydx+zdy+xdz$，其中 L 是 $x^2+y^2+z^2=1$ 和 $x+y+z=1$ 的交线，从 x 轴正向看去取逆时针方向.

6. $\oint_L(x+z)dx+x^4dz$，其中 L 为曲面 $x^2+y^2+z^2=1$，$x^2+y^2=3z^2(z\geqslant 0)$ 的交线，从 z 轴正向看，是逆时针方向.

7. 设 $L:x^2+y^2=ax(a>0)$，计算第一型曲线积分 $I=\int_L\sqrt{x^2+y^2}ds$.

二、证明题，写出必要的证明过程（每题 10 分，共 30 分）

8. 设 L 是曲线 $y=\sqrt{2x-x^2}$ 上从 $(0,0)$ 到 $(1,1)$ 之间的线段，用第二型曲线积分证明：$I=\int_L\left[y\sqrt{2x-x^2}+x(1-x)\right]ds=1$.

9. 已知平面区域 $D=\{(x,y)\mid 0\leqslant x\leqslant\pi,0\leqslant y\leqslant\pi\}$，$L$ 为 D 的正向边界. 证明：$\oint_L xe^{\sin y}dy-ye^{-\sin x}dx=\oint_L xe^{-\sin y}dy-ye^{\sin x}dx$.

10. 设 $P(x,y)$，$Q(x,y)$ 在曲线段 L 上连续，l 为 L 的长度，且 $M=\max\limits_{(x,y)\in L}\sqrt{P^2+Q^2}$.

(1) 证明：$\left|\int_L Pdx+Qdy\right|\leqslant lM$.

(2) 利用上述不等式估计积分

$$I_R=\int_C\frac{(y-1)dx+(x+1)dy}{(x^2+y^2+2x-2y+2)^2},$$

其中 $C:(x+1)^2+(y-1)^2=R^2$，并求$\lim\limits_{R\to+\infty}|I_R|$.

第二十章自测题解答

一、1. 解　由于 $ABC=\overline{AB}+\overline{BC}$，且

$$\overline{AB}:y=1-x,0\leqslant x\leqslant 1;\overline{BC}:y=1+x,-1\leqslant x\leqslant 0.$$

故

$$\int_{ABC}\frac{\mathrm{d}x+\mathrm{d}y}{|x|+|y|}=\int_{\overline{AB}}\frac{\mathrm{d}x+\mathrm{d}y}{x+y}+\int_{\overline{BC}}\frac{\mathrm{d}x+\mathrm{d}y}{y-x}=\int_1^0(1-1)\mathrm{d}x+\int_0^{-1}(1+1)\mathrm{d}x=-2.$$

2. 解　由于原点到平面 $x+y+z=1$ 的距离为 $\frac{1}{\sqrt{3}}$，所以圆 L 的周长为 $2\pi\sqrt{3-\frac{1}{3}}=\frac{4\sqrt{6}}{3}\pi$. 那么根据对称性，有

$$\int_L x^2\mathrm{d}s=\int_L y^2\mathrm{d}s=\int_L z^2\mathrm{d}s=\frac{1}{3}\int_L(x^2+y^2+z^2)\mathrm{d}s=\int_L\mathrm{d}s=\frac{4\sqrt{6}}{3}\pi;$$

$$\int_L x\mathrm{d}s=\int_L y\mathrm{d}s=\int_L z\mathrm{d}s=\frac{1}{3}\int_L(x+y+z)\mathrm{d}s=\frac{1}{3}\int_L\mathrm{d}s=\frac{4\sqrt{6}}{9}\pi.$$

于是

$$\begin{aligned}\int_L[(x+1)^2+(y-2)^2]\mathrm{d}s&=\int_L x^2\mathrm{d}s+\int_L y^2\mathrm{d}s+5\int_L\mathrm{d}s+2\int_L x\mathrm{d}s-4\int_L y\mathrm{d}s\\&=7\cdot\frac{4\sqrt{6}}{3}\pi-2\cdot\frac{4\sqrt{6}\pi}{9}=\frac{76\sqrt{6}}{9}\pi.\end{aligned}$$

3. 解　L 可表示为 $x=1+\cos\theta, y=\sin\theta$，其中 θ 从 0 变到 2π，那么

$$I=\int_L\frac{x\mathrm{d}y-y\mathrm{d}x}{x^2+y^2}=\int_0^{2\pi}\frac{(1+\cos\theta)\cos\theta+\sin^2\theta}{(1+\cos\theta)^2+\sin^2\theta}\mathrm{d}\theta=\int_0^{2\pi}\frac{1}{2}\mathrm{d}\theta=\pi.$$

4. 解　首先作正交变换

$$u=\frac{x+y}{\sqrt{2}},v=\frac{x-y}{\sqrt{2}},z=w.$$

则 L 可表示为 $u^2+v^2+w^2=1, u=\frac{1}{\sqrt{2}}$，即

$$L: v^2+w^2=\frac{1}{2}, u=\frac{1}{\sqrt{2}}.$$

引入极坐标变换 $v=\frac{1}{\sqrt{2}}\cos\theta, w=\frac{1}{\sqrt{2}}\sin\theta$，可得 L 的参数方程为

$$\begin{cases}x=\dfrac{u+v}{\sqrt{2}}=\dfrac{1}{2}(1+\cos\theta),\\ y=\dfrac{u-v}{\sqrt{2}}=\dfrac{1}{2}(1-\cos\theta), \theta\in[0,2\pi].\\ z=w=\dfrac{1}{\sqrt{2}}\sin\theta,\end{cases}$$

同时

$$\sqrt{(x'(\theta))^2+(y'(\theta))^2+(z'(\theta))^2}=\frac{1}{\sqrt{2}}.$$

于是

$$I=\int_L z^2\mathrm{d}s=\int_0^{2\pi}\frac{1}{2}\sin^2\theta\cdot\frac{1}{\sqrt{2}}\mathrm{d}\theta=\sqrt{2}\int_0^{\frac{\pi}{2}}\sin^2\theta\mathrm{d}\theta=\frac{\sqrt{2}}{4}\pi.$$

5. 解　利用曲线 L 的描述可以得到其正切向的方向余弦为 $\frac{1}{\sqrt{2}}(z-y,x-z,y-x)$.

$$\begin{aligned}I&=\oint_L y\mathrm{d}x+z\mathrm{d}y+x\mathrm{d}z\\&=\oint_L\frac{1}{\sqrt{2}}[y(z-y)+z(x-z)+x(y-x)]\mathrm{d}s\\&=-\frac{1}{\sqrt{2}}\oint_L\mathrm{d}s,\end{aligned}$$

交线是一个半径为$\sqrt{\frac{2}{3}}$的圆,所以$I=-\frac{1}{\sqrt{2}}\oint_L ds=-\frac{2\sqrt{3}\pi}{3}$.

6. 解　两曲面交线 L 的方程为

$$\begin{cases}x^2+y^2=\frac{3}{4},\\ z=\frac{1}{2},\end{cases}\text{其参数方程为}\begin{cases}x=\frac{\sqrt{3}}{2}\cos\theta,\\ y=\frac{\sqrt{3}}{2}\sin\theta,\quad \theta:0\to 2\pi.\\ z=\frac{1}{2},\end{cases}$$

于是

$$\begin{aligned}\text{原式}&=\int_0^{2\pi}\left(\frac{\sqrt{3}}{2}\cos\theta+\frac{1}{2}\right)\cdot\left(-\frac{\sqrt{3}}{2}\sin\theta\right)d\theta\\&=\int_0^{2\pi}\left(-\frac{3}{8}\sin 2\theta-\frac{\sqrt{3}}{4}\sin\theta\right)d\theta\\&=-\frac{3}{8}\int_0^{2\pi}\sin 2\theta d\theta-\frac{\sqrt{3}}{4}\int_0^{2\pi}\sin\theta d\theta=0.\end{aligned}$$

7. 解　令 $x=\frac{a}{2}+\frac{a}{2}\cos\theta, y=\frac{a}{2}\sin\theta(0\leqslant\theta\leqslant 2\pi)$,则 $\sqrt{x^2+y^2}=a\left|\cos\frac{\theta}{2}\right|$,且 $ds=\frac{a}{2}d\theta$. 从而可知

$$I=\int_L\sqrt{x^2+y^2}ds=\int_0^{2\pi}a\left|\cos\frac{\theta}{2}\right|\cdot\frac{a}{2}d\theta=\frac{a^2}{2}\int_0^{2\pi}\left|\cos\frac{\theta}{2}\right|d\theta=2a^2.$$

二、8. 证　因为 $ds=\sqrt{1+(y')^2}dx=\frac{1}{\sqrt{2x-x^2}}dx$,所以有

$$\cos\alpha=\frac{dx}{ds}=\sqrt{2x-x^2},\cos\beta=\frac{dy}{ds}=\frac{y'dx}{ds}=1-x.$$

$$I=\int_L(y\cos\alpha+x\cos\beta)ds=\int_L ydx+xdy.$$

将曲线 $L:y^2+(x-1)^2=1$ 用参数表示,令 $x=1+\cos t, y=\sin t$, L 的方向为顺时针方向,从而可得

$$I=\int_0^{\frac{\pi}{2}}[-\sin^2 t+(1+\cos t)\cos t]dt=-\frac{\pi}{4}+1+\frac{\pi}{4}=1.$$

9. 证　由于

$$\text{左边}=\int_0^{\pi}\pi e^{\sin y}dy-\int_{\pi}^{0}\pi e^{-\sin x}dx=\pi\int_0^{\pi}(e^{\sin x}+e^{-\sin x})dx,$$

$$\text{右边}=\int_0^{\pi}\pi e^{-\sin y}dy-\int_{\pi}^{0}\pi e^{\sin x}dx=\pi\int_0^{\pi}(e^{\sin x}+e^{-\sin x})dx,$$

所以欲证的等式成立.

10. 证　(1) 由第一、第二型曲线积分的关系得

$$\int_L Pdx+Qdy=\int_L[P\cos(\tau,x)+Q\cos(\tau,y)]ds=\int_L[P\cos(\tau,x)+Q\sin(\tau,x)]ds.$$

由 Schwarz 不等式得

$$|P\cos(\tau,x)+Q\sin(\tau,x)|\leqslant\sqrt{P^2+Q^2}.$$

故

$$\left|\int_L Pdx+Qdy\right|\leqslant lM$$

(2) 因为在 C 上:

$$P^2+Q^2=\frac{(x-1)^2+(y-1)^2}{(x^2+y^2+2x-2y+2)^4}=\frac{1}{R^6}\Rightarrow|I_R|\leqslant\sqrt{\frac{1}{R^6}}\cdot 2\pi R\to 0(R\to+\infty).$$

第二十一章 重积分

一、主要内容归纳

1. 平面图形的面积

设 P 为一个有界平面图形，则存在各边平行于坐标轴的矩形 R 使得 $P\subset R$. 用平行于两坐标轴的直线网 T 分割 R，得到一族闭矩形$\{\Delta_i\}$，这些闭矩形可分为三类：

(1)Δ_i 上的点都是 P 的内点；(2)Δ_i 上的点都是 P 的外点；(3)Δ_i 上含有 P 的边界点.

将所有属于第(1)类的小矩形的面积加起来记为 $s_P(T)$，将所有属于第(1)类与第(3)类的小矩形的面积加起来记为 $S_P(T)$，则有 $0\leqslant s_P(T)\leqslant S_P(T)\leqslant \Delta_R$，其中 Δ_R 为矩形 R 的面积.

又记 $\underline{I}_P=\sup\limits_T\{s_P(T)\}$，$\overline{I}_P=\inf\limits_T\{S_P(T)\}$，称 $\underline{I}_P$ 为 P 的**内面积**，$\overline{I}_P$ 为 P 的**外面积**. 若 $\underline{I}_P=\overline{I}_P$，则称 P 为**可求面积的**，并称其共同值 $I_p=\underline{I}_P=\overline{I}_P$ 为 P 的**面积**.

常用结论

(1)平面有界图形 P 可求面积的充要条件是：$\forall\varepsilon>0$，总存在直线网 T，使得

$$S_P(T)-s_P(T)<\varepsilon.$$

(2)平面有界图形 P 的面积为零的充要条件是：它的外面积 $\overline{I}_P=0$，即 $\forall\varepsilon>0$，存在直线网 T，使得 $S_P(T)<\varepsilon$，或 $\forall\varepsilon>0$，平面图形 P 能被有限个其面积总和小于 ε 的小矩形所覆盖.

(3)平面有界图形 P 可求面积的充要条件是：P 的边界 K 的面积为零.

(4)若曲线 K 为定义在$[a,b]$上的连续函数 $f(x)$的图像，则曲线 K 的面积为零.

(5)由参数方程 $x=\varphi(t)$，$y=\psi(t)$ $(\alpha\leqslant t\leqslant\beta)$所表示的平面光滑曲线(即 φ,ψ 在$[\alpha,\beta]$上具有连续的导函数)或按段光滑曲线，则其面积一定为零.

2. 二重积分的定义

设 D 为 xy 平面上可求面积的有界闭区域，$f(x,y)$为定义在 D 上的函数. 用任意的曲线把 D 分成 n 个可求面积的小区域 $\sigma_1,\sigma_2,\cdots,\sigma_n$. 以 $\Delta\sigma_i$ 表示小区域 σ_i 的面积，这些小区域构成 D 的一个分割 T，以 d_i 表示小区域 σ_i 的直径，称 $\|T\|=\max\limits_{1\leqslant i\leqslant n}d_i$ 为分割 T 的**细度**. 在每个 σ_i 上任取一点(ξ_i,η_i)，作和式 $\sum\limits_{i=1}^{n}f(\xi_i,\eta_i)\Delta\sigma_i$，称它为函数 $f(x,y)$在 D 上属于分割 T 的一个**积分和.**

设 $f(x,y)$是定义在可求面积的有界闭区域 D 上的函数. J 是一个确定的数，若对任给的正数 ε，总存在某个正数 δ，使对于 D 的任何分割 T，当它的细度 $\|T\|<\delta$ 时，属于 T 的所

有积分和都有

$$\left|\sum_{i=1}^{n} f(\xi_i,\eta_i)\Delta\sigma_i - J\right| < \varepsilon,$$

则称 $f(x,y)$在 D 上**可积**，数 J 称为函数 $f(x,y)$在 D 上的**二重积分**，记作

$$J=\iint_D f(x,y)\mathrm{d}\sigma,$$

其中 $f(x,y)$称为二重积分的**被积函数**，x,y 称为**积分变量**，D 称为**积分区域**.

几何意义 当 $f(x,y)\geqslant 0$ 时，二重积分 $\iint_D f(x,y)\mathrm{d}\sigma$ 在几何上表示以 $z=f(x,y)$为曲顶，D 为底的曲顶柱体的体积. 当 $f(x,y)=1$ 时，二重积分 $\iint_D f(x,y)\mathrm{d}\sigma$ 的值就等于积分区域 D 的面积.

3. 二重积分的可积性条件

(1)**必要条件** 函数 $f(x,y)$在有界可求面积区域 D 上可积的必要条件是它在 D 上有界.

(2)**充要条件** 函数 $f(x,y)$在 D 上可积$\Leftrightarrow \lim\limits_{\|T\|\to 0} S(T)=\lim\limits_{\|T\|\to 0} s(T)\Leftrightarrow \lim\limits_{\|T\|\to 0}(S(T)-s(T))=0\Leftrightarrow \lim\limits_{\|T\|\to 0}\sum\limits_{i=1}^{n}\omega_i\Delta\sigma_i=0\Leftrightarrow \forall\varepsilon>0$，$\exists D$ 的某个分割 T，使得 $S(T)-s(T)<\varepsilon$.

(3)**充分条件**

①有界闭区域 D 上的连续函数必可积.

②设 $f(x,y)$是定义在有界闭区域 D 上的有界函数，且其不连续点集 E 是零面积集，则 $f(x,y)$在 D 上可积.

4. 二重积分的性质

(1)若 $f(x,y)$，$g(x,y)$在 D 上都可积，k_1,k_2 为常数，则 $k_1f(x,y)+k_2g(x,y)$在 D 上也可积，且

$$\iint_D [k_1f(x,y)+k_2g(x,y)]\mathrm{d}\sigma=k_1\iint_D f(x,y)\mathrm{d}\sigma+k_2\iint_D g(x,y)\mathrm{d}\sigma.$$

(2)若 $f(x,y)$在 D_1 和 D_2 上都可积，且 D_1 与 D_2 无公共内点，则 $f(x,y)$在 $D_1\cup D_2$ 上也可积，且

$$\iint_{D_1\cup D_2} f(x,y)\mathrm{d}\sigma=\iint_{D_1} f(x,y)\mathrm{d}\sigma+\iint_{D_2} f(x,y)\mathrm{d}\sigma.$$

(3)若 $f(x,y)$与 $g(x,y)$在 D 上都可积，且 $f(x,y)\leqslant g(x,y)$，$(x,y)\in D$，则

$$\iint_D f(x,y)\mathrm{d}\sigma\leqslant\iint_D g(x,y)\mathrm{d}\sigma.$$

(4)若 $f(x,y)$在 D 上可积，则$|f(x,y)|$在 D 上也可积，且

$$\left|\iint_D f(x,y)\mathrm{d}\sigma\right|\leqslant\iint_D |f(x,y)|\mathrm{d}\sigma.$$

(5)若 $f(x,y)$ 在 D 上可积,且 $m\leqslant f(x,y)\leqslant M,(x,y)\in D$,则

$$mS_D\leqslant\iint_D f(x,y)\mathrm{d}\sigma\leqslant MS_D,$$

这里 S_D 是积分区域 D 的面积.

(6)**中值定理**　若 $f(x,y)$ 在有界闭区域 D 上连续,则存在 $(\xi,\eta)\in D$,使得

$$\iint_D f(x,y)\mathrm{d}\sigma=f(\xi,\eta)S_D,$$

这里 S_D 是积分区域 D 的面积.

5. 直角坐标系下二重积分的计算方法

(1)设 $f(x,y)$ 在 $D=[a,b]\times[c,d]$ 上可积,且对每个 $x\in[a,b]$,积分 $\int_c^d f(x,y)\mathrm{d}y$ 存在,则累次积分 $\int_a^b\mathrm{d}x\int_c^d f(x,y)\mathrm{d}y$ 也存在,且 $\iint_D f(x,y)\mathrm{d}\sigma=\int_a^b\mathrm{d}x\int_c^d f(x,y)\mathrm{d}y$.

(2)设 $f(x,y)$ 在 $D=[a,b]\times[c,d]$ 上可积,且对每个 $y\in[c,d]$,积分 $\int_a^b f(x,y)\mathrm{d}x$ 存在,则累次积分 $\int_c^d\mathrm{d}y\int_a^b f(x,y)\mathrm{d}x$ 也存在,且 $\iint_D f(x,y)\mathrm{d}\sigma=\int_c^d\mathrm{d}y\int_a^b f(x,y)\mathrm{d}x$.

(3)设 $f(x,y)$ 在 x 型区域 $D=\{(x,y)\mid y_1(x)\leqslant y\leqslant y_2(x),a\leqslant x\leqslant b\}$ 上连续,其中 $y_1(x),y_2(x)$ 在 $[a,b]$ 上连续,则 $\iint_D f(x,y)\mathrm{d}\sigma=\int_a^b\mathrm{d}x\int_{y_1(x)}^{y_2(x)}f(x,y)\mathrm{d}y$.

(4)设 $f(x,y)$ 在 y 型区域 $D=\{(x,y)\mid x_1(y)\leqslant x\leqslant x_2(y),c\leqslant y\leqslant d\}$ 上连续,其中 $x_1(y),x_2(y)$ 在 $[c,d]$ 上连续,则 $\iint_D f(x,y)\mathrm{d}\sigma=\int_c^d\mathrm{d}y\int_{x_1(y)}^{x_2(y)}f(x,y)\mathrm{d}x$.

6. 格林公式　若函数 $P(x,y),Q(x,y)$ 在闭区域 D 上连续,且有连续的一阶偏导数,则有

$$\iint_D\left(\frac{\partial Q}{\partial x}-\frac{\partial P}{\partial y}\right)\mathrm{d}\sigma=\oint_L P\mathrm{d}x+Q\mathrm{d}y,$$

这里 L 为区域 D 的边界曲线,并取正方向.

7. 曲线积分与路径的无关性

(1)若对于平面区域 D 内任意封闭曲线,皆可不经过 D 以外的点而连续收缩于属于 D 的某一点,则称此平面区域为**单连通区域**;否则称为**复连通区域**.

(2)设 D 是单连通区域,若函数 $P(x,y),Q(x,y)$ 在 D 内连续,且具有一阶连续偏导数,则以下四个条件等价:

(ⅰ)沿 D 内任一按段光滑封闭曲线 L,有 $\oint_L P\mathrm{d}x+Q\mathrm{d}y=0$;

(ⅱ)对 D 中任一按段光滑曲线 L,曲线积分 $\int_L P\mathrm{d}x+Q\mathrm{d}y$ 与路线无关,只与 L 的起点与终点有关;

(ⅲ) $P\mathrm{d}x+Q\mathrm{d}y$ 是 D 内某一函数 $u(x,y)$ 的全微分，即在 D 内有 $\mathrm{d}u=P\mathrm{d}x+Q\mathrm{d}y$；

(ⅳ) 在 D 内处处成立 $\dfrac{\partial P}{\partial y}=\dfrac{\partial Q}{\partial x}$.

注 当 D 不一定是单连通闭区域时，若 P,Q 在 D 上连续，则(ⅰ)⇒(ⅱ)⇒(ⅲ)仍成立.

8. 变量变换公式 设 $f(x,y)$ 在有界闭区域 D 上可积，变换 $T:x=x(u,v),y=y(u,v)$ 将 uv 平面由按段光滑封闭曲线所围成的闭区域 Δ 一对一地映成 xy 平面上的闭区域 D，函数 $x(u,v),y(u,v)$ 在 Δ 内分别具有一阶连续偏导数，且它们的函数行列式

$$J(u,v)=\frac{\partial(x,y)}{\partial(u,v)}\neq 0,\quad (u,v)\in\Delta,$$

则 $\iint\limits_D f(x,y)\mathrm{d}x\mathrm{d}y=\iint\limits_\Delta f(x(u,v),y(u,v))\,|J(u,v)|\,\mathrm{d}u\mathrm{d}v$.

9. 极坐标变换公式 设 $f(x,y)$ 在有界闭区域 D 上可积，且在极坐标变换 $T:\{x=r\cos\theta,y=r\sin\theta,0\leqslant r<+\infty,0\leqslant\theta\leqslant 2\pi\}$ 下 xy 平面上有界区域 D 与 $r\theta$ 平面上区域 Δ 对应，则

$$\iint\limits_D f(x,y)\mathrm{d}x\mathrm{d}y=\iint\limits_\Delta f(r\cos\theta,r\sin\theta)r\mathrm{d}r\mathrm{d}\theta.$$

注 二重积分在极坐标系下按下述方法化为累次积分进行计算：

(1) 若原点 $O\overline{\in}D$，且 xy 平面上射线($\theta=$常数)与 D 的边界至多交于两点，则 Δ 必可表示成 $r_1(\theta)\leqslant r\leqslant r_2(\theta),\alpha\leqslant\theta\leqslant\beta$，于是有

$$\iint\limits_D f(x,y)\mathrm{d}x\mathrm{d}y=\int_\alpha^\beta\mathrm{d}\theta\int_{r_1(\theta)}^{r_2(\theta)}f(r\cos\theta,r\sin\theta)r\mathrm{d}r.$$

类似地，若 xy 平面上的圆($r=$常数)与 D 的边界至多交于两点，则 Δ 必可表示成 $\theta_1(r)\leqslant\theta\leqslant\theta_2(r),r_1\leqslant r\leqslant r_2$，于是有

$$\iint\limits_D f(x,y)\mathrm{d}x\mathrm{d}y=\int_{r_1}^{r_2}r\mathrm{d}r\int_{\theta_1(r)}^{\theta_2(r)}f(r\cos\theta,r\sin\theta)\mathrm{d}\theta.$$

(2) 若原点为 D 的内点，D 的边界的极坐标方程为 $r=r(\theta)$，则 Δ 可表示为 $0\leqslant r\leqslant r(\theta),0\leqslant\theta\leqslant 2\pi$，所以

$$\iint\limits_D f(x,y)\mathrm{d}x\mathrm{d}y=\int_0^{2\pi}\mathrm{d}\theta\int_0^{r(\theta)}f(r\cos\theta,r\sin\theta)r\mathrm{d}r.$$

(3) 若原点 O 在 D 的边界上，则 Δ 为 $0\leqslant r\leqslant r(\theta),\alpha\leqslant\theta\leqslant\beta$，于是

$$\iint\limits_D f(x,y)\mathrm{d}x\mathrm{d}y=\int_\alpha^\beta\mathrm{d}\theta\int_0^{r(\theta)}f(r\cos\theta,r\sin\theta)r\mathrm{d}r.$$

10. 广义极坐标变换公式 设函数 $f(x,y)$ 在有界闭区域 D 上可积，且广义极坐标变换：

$$T:\begin{cases}x=ar\cos\theta,\\ y=br\sin\theta,\end{cases}\quad 0\leqslant r<+\infty,\quad 0\leqslant\theta\leqslant 2\pi,$$

xy 平面上有界区域 D 与 $r\theta$ 平面上区域 Δ 相对应，则有

$$\iint_D f(x,y)\mathrm{d}x\mathrm{d}y=\iint_\Delta f(ar\cos\theta,br\sin\theta)abr\mathrm{d}r\mathrm{d}\theta.$$

11. 三重积分的定义 设 $f(x,y,z)$为定义在三维空间可求体积的有界闭区域 V 上的函数,J 是一个确定的数. 若对任给的正数 ε,总存在 $\delta>0$,使得对于 V 的任何分割 T,只要 $\|T\|<\delta$,属于分割 T 的所有积分和都有 $\left|\sum_{i=1}^{n}f(\xi_i,\eta_i,\zeta_i)\Delta V_i-J\right|<\varepsilon$,则称 $f(x,y,z)$在 V 上**可积**,数 J 称为函数 $f(x,y,z)$在 V 上的**三重积分**,记作

$$J=\iiint_V f(x,y,z)\mathrm{d}V \quad 或 \quad J=\iiint_V f(x,y,z)\mathrm{d}x\mathrm{d}y\mathrm{d}z,$$

其中 $f(x,y,z)$称为**被积函数**,x,y,z 称为**积分变量**,V 称为**积分区域**.

注 当 $f(x,y,z)\equiv1$ 时,$\iiint_V\mathrm{d}V$ 在几何上表示 V 的体积.

12. 化三重积分为累次积分

(1)若函数 $f(x,y,z)$在长方体$[a,b]\times[c,d]\times[e,h]$上的三重积分存在,且对任何 $x\in[a,b]$,二重积分 $I(x)=\iint_D f(x,y,z)\mathrm{d}y\mathrm{d}z$ 存在,其中 $D=[c,d]\times[e,h]$,则积分 $\int_a^b\mathrm{d}x\iint_D f(x,y,z)\mathrm{d}y\mathrm{d}z$ 也存在,且 $\iiint_V f(x,y,z)\mathrm{d}x\mathrm{d}y\mathrm{d}z=\int_a^b\mathrm{d}x\iint_D f(x,y,z)\mathrm{d}y\mathrm{d}z$.

(2)设积分区域 $V=\{(x,y,z)\mid z_1(x,y)\leqslant z\leqslant z_2(x,y),y_1(x)\leqslant y\leqslant y_2(x),a\leqslant x\leqslant b\}$在 xy 平面上的投影区域 $D=\{(x,y)\mid y_1(x)\leqslant y\leqslant y_2(x),a\leqslant x\leqslant b\}$是一个 x 型区域,它对于平行于 z 轴且通过 D 内点的直线与 V 的边界至多交于两点. 若 $f(x,y,z)$在 V 上连续,$z_1(x,y)$,$z_2(x,y)$在 D 上连续,$y_1(x)$,$y_2(x)$在$[a,b]$上连续,则有

$$\begin{aligned}\iiint_V f(x,y,z)\mathrm{d}x\mathrm{d}y\mathrm{d}z&=\iint_D\mathrm{d}x\mathrm{d}y\int_{z_1(x,y)}^{z_2(x,y)}f(x,y,z)\mathrm{d}z\\&=\int_a^b\mathrm{d}x\int_{y_1(x)}^{y_2(x)}\mathrm{d}y\int_{z_1(x,y)}^{z_2(x,y)}f(x,y,z)\mathrm{d}z.\end{aligned}$$

同样地,当把区域 V 投影到 zx 平面或 yz 平面上时,也可写出相应的累次积分公式. 对于一般区域上的三重积分,常可把它分解成有限个简单区域上的积分和来计算.

13. 三重积分的换元公式 设 $f(x,y,z)$在 V 上可积,变换 $T:x=x(u,v,w)$,$y=y(u,v,w)$,$z=z(u,v,w)$,$(u,v,w)\in V'$,满足下列条件:

(i)建立了 uvw 空间中的区域 V'与 xyz 空间中的区域 V 之间的一一对应;

(ii)$x(u,v,w)$,$y(u,v,w)$,$z(u,v,w)$及其一阶偏导数在 V'内连续;

(iii)函数行列式 $J(u,v,w)=\begin{vmatrix}x_u&x_v&x_w\\y_u&y_v&y_w\\z_u&z_v&z_w\end{vmatrix}\neq0,(u,v,w)\in V'$,则有

$$\iiint_V f(x,y,z)\mathrm{d}x\mathrm{d}y\mathrm{d}z=\iiint_{V'}f(x(u,v,w),y(u,v,w),z(u,v,w))\,|J(u,v,w)|\,\mathrm{d}u\mathrm{d}v\mathrm{d}w.$$

14. 柱面坐标变换公式 设 $f(x,y,z)$ 在有界闭区域 V 上可积，在柱面坐标变换 $T: x=r\cos\theta, y=r\sin\theta, z=z, (r,\theta,z)\in[0,+\infty)\times[0,2\pi]\times(-\infty,+\infty)$ 之下，V 与 $r\theta z$ 空间中的区域 V' 相对应，则

$$\iiint\limits_V f(x,y,z)\mathrm{d}x\mathrm{d}y\mathrm{d}z=\iiint\limits_{V'} f(r\cos\theta,r\sin\theta,z)r\mathrm{d}r\mathrm{d}\theta\mathrm{d}z.$$

15. 球面坐标变换公式 设 $f(x,y,z)$ 在有界闭区域 V 上可积，在球面坐标变换 $T: x=r\sin\varphi\cos\theta, y=r\sin\varphi\sin\theta, z=r\cos\varphi, (r,\varphi,\theta)\in[0,+\infty)\times[0,\pi]\times[0,2\pi]$ 之下，V 与 $r\varphi\theta$ 空间中的区域 V' 相对应，则

$$\iiint\limits_V f(x,y,z)\mathrm{d}x\mathrm{d}y\mathrm{d}z=\iiint\limits_{V'} f(r\sin\varphi\cos\theta,r\sin\varphi\sin\theta,r\cos\varphi)r^2\sin\varphi\mathrm{d}r\mathrm{d}\varphi\mathrm{d}\theta.$$

16. 曲面的面积

(1)设 D 为可求面积的平面有界区域，函数 $f(x,y)$ 在 D 上具有连续的一阶偏导数，则 $z=f(x,y),(x,y)\in D$ 所确定的曲面 S 的面积 ΔS 为

$$\Delta S=\iint\limits_D\sqrt{1+f_x^2(x,y)+f_y^2(x,y)}\,\mathrm{d}x\mathrm{d}y=\iint\limits_D\frac{\mathrm{d}x\mathrm{d}y}{|\cos(\boldsymbol{n},z)|},$$

其中 $\cos(\boldsymbol{n},z)$ 为曲面 S 的法向量 $\boldsymbol{n}$ 与 z 轴正向夹角的余弦.

(2)设空间曲面 S 由 $x=x(u,v),y=y(u,v),z=z(u,v),(u,v)\in D$ 表示，其中 $x(u,v)$，$y(u,v)$，$z(u,v)$ 在可求面积的平面有界区域 D 上具有连续的一阶偏导数，且 $\dfrac{\partial(x,y)}{\partial(u,v)}$，$\dfrac{\partial(y,z)}{\partial(u,v)}$，$\dfrac{\partial(z,x)}{\partial(u,v)}$ 中至少有一个不为零，则曲面 S 的面积 ΔS 为

$$\Delta S=\iint\limits_D\sqrt{EG-F^2}\,\mathrm{d}u\mathrm{d}v,$$

其中 $E=x_u^2+y_u^2+z_u^2, F=x_ux_v+y_uy_v+z_uz_v, G=x_v^2+y_v^2+z_v^2$.

17. 重心

(1)设 D 是密度函数为 $\rho(x,y)$ 的平面薄板，$\rho(x,y)$ 在 D 上连续，则 D 的重心坐标 $(\overline{x},\overline{y})$ 为

$$\overline{x}=\frac{\iint\limits_D x\rho(x,y)\mathrm{d}\sigma}{\iint\limits_D\rho(x,y)\mathrm{d}\sigma},\quad \overline{y}=\frac{\iint\limits_D y\rho(x,y)\mathrm{d}\sigma}{\iint\limits_D\rho(x,y)\mathrm{d}\sigma}.$$

(2)设 V 是密度函数为 $\rho(x,y,z)$ 的空间物体，$\rho(x,y,z)$ 在 V 上连续，则 V 的重心坐标 $(\overline{x},\overline{y},\overline{z})$ 为

$$\overline{x}=\frac{\iiint\limits_V x\rho(x,y,z)\mathrm{d}V}{\iiint\limits_V\rho(x,y,z)\mathrm{d}V},\quad \overline{y}=\frac{\iiint\limits_V y\rho(x,y,z)\mathrm{d}V}{\iiint\limits_V\rho(x,y,z)\mathrm{d}V},\quad \overline{z}=\frac{\iiint\limits_V z\rho(x,y,z)\mathrm{d}V}{\iiint\limits_V\rho(x,y,z)\mathrm{d}V}.$$

18. 转动惯量

(1)设 D 是密度函数为 $\rho(x,y)$ 的平面薄板,$\rho(x,y)$ 在 D 上连续,则 D 对于 x 轴和 y 轴的转动惯量分别为

$$J_x=\iint_D y^2\rho(x,y)\mathrm{d}\sigma,\quad J_y=\iint_D x^2\rho(x,y)\mathrm{d}\sigma.$$

(2)设 V 是密度函数为 $\rho(x,y,z)$ 的空间物体,$\rho(x,y,z)$ 在 V 上连续,则

①V 对于 x 轴,y 轴和 z 轴的转动惯量分别为

$$J_x=\iiint_V (y^2+z^2)\rho(x,y,z)\mathrm{d}V,$$

$$J_y=\iiint_V (z^2+x^2)\rho(x,y,z)\mathrm{d}V,$$

$$J_z=\iiint_V (x^2+y^2)\rho(x,y,z)\mathrm{d}V.$$

②V 对于 xy,yz 和 zx 坐标平面的转动惯量分别为

$$J_{xy}=\iiint_V z^2\rho(x,y,z)\mathrm{d}V,$$

$$J_{yz}=\iiint_V x^2\rho(x,y,z)\mathrm{d}V,$$

$$J_{zx}=\iiint_V y^2\rho(x,y,z)\mathrm{d}V,$$

19. 引力

设 V 是密度函数为 $\rho(x,y,z)$ 的空间物体,$\rho(x,y,z)$ 在 V 上连续,则 V 对其外质量为 1 的质点 $A(\xi,\eta,\zeta)$ 的引力为

$$\boldsymbol{F}=F_x\boldsymbol{i}+F_y\boldsymbol{j}+F_z\boldsymbol{k},$$

其中 $F_x=k\iiint_V \frac{x-\xi}{r^3}\rho\mathrm{d}V$,$F_y=k\iiint_V \frac{y-\eta}{r^3}\rho\mathrm{d}V$,$F_z=k\iiint_V \frac{z-\zeta}{r^3}\rho\mathrm{d}V$,$k$ 为引力常数,

$$r=\sqrt{(x-\xi)^2+(y-\eta)^2+(z-\zeta)^2}.$$

20. n 维空间区域的体积 在 n 维空间 $\mathbf{R}^n$ 中,通过规定 n 维长方体 $V=[a_1,b_1]\times[a_2,b_2]\times\cdots\times[a_n,b_n]$ 的体积为 $(b_1-a_1)(b_2-a_2)\cdots(b_n-a_n)$,可用类似于本章§1 的方法定义 $\mathbf{R}^n$ 中有界点集的可求体积性及其体积,并且具有平行的结果.

注 关于 n 重积分的定义、性质、可积性以及可积函数类,都可以由本章§1 对二重积分相应内容的讨论直接推广而得.

21. n 重积分的计算

(1)n 重积分化为累次积分

①若函数 $f(x_1,x_2,\cdots,x_n)$ 在长方形 $V=[a_1,b_1]\times[a_2,b_2]\times\cdots\times[a_n,b_n]$ 上的 n 重积分存在,且对任何 $x_1\in[a_1,b_1]$,$n-1$ 重积分 $I(x_1)=\overbrace{\int\cdots\int_{V_1}}^{n-1} f(x_1,x_2,\cdots,x_n)\mathrm{d}x_2\cdots\mathrm{d}x_n$ 存在,其

中 $V_1=[a_2,b_2]\times\cdots\times[a_n,b_n]$，则积分 $\int_{a_1}^{b_1}\mathrm{d}x_1\overbrace{\int\cdots\int_{V_1}}^{n-1}f(x_1,x_2,\cdots,x_n)\mathrm{d}x_2\cdots\mathrm{d}x_n$ 也存在，且

$$\overbrace{\int\cdots\int_{V}}^{n}f(x_1,x_2,\cdots,x_n)\mathrm{d}x_1\cdots\mathrm{d}x_n=\int_{a_1}^{b_1}\mathrm{d}x_1\overbrace{\int\cdots\int_{V_1}}^{n-1}f(x_1,x_2,\cdots,x_n)\mathrm{d}x_2\cdots\mathrm{d}x_n.$$

②设函数 $f(x_1,x_2,\cdots,x_n)$ 在区域 $V=\{(x_1,x_2,\cdots,x_n)\mid a_1\leqslant x_1\leqslant b_1,a_2(x_1)\leqslant x_2\leqslant b_2(x_1),\cdots,a_n(x_1,x_2,\cdots,x_{n-1})\leqslant x_n\leqslant b_n(x_1,\cdots,x_{n-1})\}$ 上连续，$a_2(x_1),b_2(x_1),\cdots,a_n(x_1,\cdots,x_{n-1}),b_n(x_1,\cdots,x_{n-1})$ 分别在其相应区域上连续，则

$$\overbrace{\int\cdots\int_{V}}^{n}f(x_1,x_2,\cdots,x_n)\mathrm{d}x_2\cdots\mathrm{d}x_n=\int_{a_1}^{b_1}\mathrm{d}x_1\int_{a_2(x_1)}^{b_2(x_1)}\mathrm{d}x_2\cdots\int_{a_n(x_1,x_2,\cdots,x_{n-1})}^{b_n(x_1,x_2,\cdots,x_{n-1})}f(x_1,x_2,\cdots,x_n)\mathrm{d}x_n.$$

(2) n 重积分的坐标变换公式

①设变换

$$T:\begin{cases}x_1=x_1(\xi_1,\xi_2,\cdots,\xi_n),\\ x_2=x_2(\xi_1,\xi_2,\cdots,\xi_n),\\ \cdots\cdots\cdots\cdots\\ x_n=x_n(\xi_1,\xi_2,\cdots,\xi_n),\end{cases}$$

把 $\xi_1\xi_2\cdots\xi_n$ 空间中的区域 V' 一对一地映成 $x_1x_2\cdots x_n$ 空间中的区域 V，函数 $x_1(\xi_1,\xi_2,\cdots,\xi_n)$，$x_2(\xi_1,\xi_2,\cdots,\xi_n),\cdots,x_n(\xi_1,\xi_2,\cdots,\xi_n)$ 及其一阶偏导数在 V' 内连续且函数行列式

$$J=\frac{\partial(x_1,x_2,\cdots,x_n)}{\partial(\xi_1,\xi_2,\cdots,\xi_n)}=\begin{vmatrix}\frac{\partial x_1}{\partial\xi_1}&\frac{\partial x_1}{\partial\xi_2}&\cdots&\frac{\partial x_1}{\partial\xi_n}\\ \frac{\partial x_2}{\partial\xi_1}&\frac{\partial x_2}{\partial\xi_2}&\cdots&\frac{\partial x_2}{\partial\xi_n}\\ \vdots&\vdots&&\vdots\\ \frac{\partial x_n}{\partial\xi_1}&\frac{\partial x_n}{\partial\xi_2}&\cdots&\frac{\partial x_n}{\partial\xi_n}\end{vmatrix}\neq0,$$

若 $f(x_1,x_2,\cdots,x_n)$ 在 V 上可积，则

$$\begin{aligned}&\overbrace{\int\cdots\int_{V}}^{n}f(x_1,x_2,\cdots,x_n)\mathrm{d}x_1\mathrm{d}x_2\cdots\mathrm{d}x_n\\ =&\overbrace{\int\cdots\int_{V'}}^{n}f(x_1(\xi_1,\xi_2,\cdots,\xi_n),\cdots,x_n(\xi_1,\xi_2,\cdots,\xi_n))|J|\mathrm{d}\xi_1\mathrm{d}\xi_2\cdots\mathrm{d}\xi_n.\end{aligned}$$

②**n 维球面坐标变换**

$$T:\begin{cases}x_1=r\cos\varphi_1,\\x_2=r\sin\varphi_1\cos\varphi_2,\\x_3=r\sin\varphi_1\sin\varphi_2\cos\varphi_3,\\\qquad\cdots\cdots\cdots\cdots\\x_{n-1}=r\sin\varphi_1\sin\varphi_2\cdots\sin\varphi_{n-2}\cos\varphi_{n-1},\\x_n=r\sin\varphi_1\sin\varphi_2\cdots\sin\varphi_{n-2}\sin\varphi_{n-1},\end{cases}$$

$$0\leqslant r<+\infty,\quad 0\leqslant\varphi_1,\varphi_2,\cdots,\varphi_{n-2}\leqslant\pi,\quad 0\leqslant\varphi_{n-1}\leqslant 2\pi,$$

此时

$$J=r^{n-1}\sin^{n-2}\varphi_1\sin^{n-3}\varphi_2\cdots\sin^2\varphi_{n-3}\sin\varphi_{n-2}.$$

22. n 维空间中多面体的体积

n 维空间中可求体积的有界闭区域 V 的体积为 $\Delta V=\overbrace{\int\cdots\int_V}^{n}\mathrm{d}x_1\mathrm{d}x_2\cdots\mathrm{d}x_n$.

23. 无界区域上的二重积分

(1)**定义** 设 $D\subset\mathbf{R}^2$ 为一无界区域,$f(x,y)$定义在 D 上:$\forall\gamma\subset\mathbf{R}^2$ 为光滑封闭曲线,E_γ 为 γ 所围的区域,$D_\gamma=E_\gamma\cap D\neq\varnothing$,且记 $d_\gamma=\inf\{\sqrt{x^2+y^2}\mid(x,y)\in\gamma\}$. 若 $f(x,y)$在 D_γ 上二重可积,且极限 $\lim\limits_{d_\gamma\to+\infty}\iint\limits_{D_\gamma}f(x,y)\mathrm{d}\sigma=J$ 存在(并与 γ 的取法无关),则称 $f(x,y)$在 D 上的反常二重积分**收敛**,并把上述 J 作为反常积分的值,记为

$$\iint\limits_D f(x,y)\mathrm{d}\sigma=\lim_{d_\gamma\to+\infty}\iint\limits_{D_\gamma}f(x,y)\mathrm{d}\sigma=J. \qquad ①$$

否则,称 $f(x,y)$在 D 上的反常二重积分**发散**.

(2)**敛散性的一些基本判别方法**

①设在无界区域 D 上 $f(x,y)\geqslant 0$,$\gamma_1,\gamma_2,\cdots,\gamma_n,\cdots$为一列包围原点的光滑封闭曲线,且

$$d_n=\inf\{\sqrt{x^2+y^2}\mid(x,y)\in\gamma_n\}\to+\infty\ (n\to\infty),\quad J=\sup_n\iint\limits_{D_n}f(x,y)\mathrm{d}\sigma<+\infty,$$

其中 D_n 为 γ_n 所围的有界区域 E_n 与 D 的交集,则反常二重积分 $\iint\limits_D f(x,y)\mathrm{d}\sigma$ 收敛,并且

$$\iint\limits_D f(x,y)\mathrm{d}\sigma=J.$$

②若在无界区域 D 上 $f(x,y)\geqslant 0$,则反常二重积分 $\iint\limits_D f(x,y)\mathrm{d}\sigma$ 收敛$\Leftrightarrow$在 D 的任何有界子区域上 $f(x,y)$可积,且积分值有上界.

③函数 $f(x,y)$在无界区域 D 上的反常二重积分收敛$\Leftrightarrow|f(x,y)|$在 D 上的反常二重积分收敛.

④**柯西判别法** 设 $f(x,y)$在无界区域 D 的任何有界子区域上二重积分存在,$r=\sqrt{x^2+y^2}$.

(ⅰ)若当 r 足够大时，$|f(x,y)|\leqslant\frac{c}{r^p}$，其中 c 为正常数，则当 $p>2$ 时，反常二重积分 $\iint\limits_D f(x,y)\mathrm{d}\sigma$ 收敛；

(ⅱ)若 D 为含有顶点为原点的无限扇形的区域，$f(x,y)$ 在 D 内满足 $|f(x,y)|\geqslant\frac{c}{r^p}$，其中 c 为正常数，则当 $p\leqslant 2$ 时，反常二重积分 $\iint\limits_D f(x,y)\mathrm{d}\sigma$ 发散.

24. 无界函数的二重积分

(1)**定义**　设 $f(x,y)$ 在有界区域 D 上除点 P 外皆有定义，且在 P 的任何空心邻域内无界，P 为有界区域 D 的一个聚点，Δ 为 D 中任何含有 P 的小区域，$f(x,y)$ 在 $D-\Delta$ 上可积. 又设 d 表示 Δ 的直径，即

$$d=\sup\{\sqrt{(x_1-x_2)^2+(y_1-y_2)^2}\mid(x_1,y_1),(x_2,y_2)\in\Delta\}.$$

若极限 $\lim\limits_{d\to 0}\iint\limits_{D-\Delta}f(x,y)\mathrm{d}\sigma$ 存在且有限，并且与 Δ 的取法无关，则称函数 $f(x,y)$ 在 D 上的反常二重积分**收敛**，记作 $\iint\limits_D f(x,y)\mathrm{d}\sigma=\lim\limits_{d\to 0}\iint\limits_{D-\Delta}f(x,y)\mathrm{d}\sigma$，否则称 $f(x,y)$ 在 D 上的反常二重积分 $\iint\limits_D f(x,y)\mathrm{d}\sigma$ **发散**.

(2)**敛散性的判别法**

无界函数的二重积分与无界区域上的二重积分具有完全类似的敛散性判别方法，特别地有：

柯西判别法　设 $f(x,y)$ 在有界区域 D 上除瑕点 $P_0(x_0,y_0)$ 外处处有定义，$r=\sqrt{(x-x_0)^2+(y-y_0)^2}$，则

①若在点 P_0 的附近有 $|f(x,y)|\leqslant\frac{c}{r^\alpha}$，其中 c 为正常数，那么当 $\alpha<2$ 时，反常二重积分 $\iint\limits_D f(x,y)\mathrm{d}\sigma$ 收敛；

②若在点 P_0 的附近有 $|f(x,y)|\geqslant\frac{c}{r^\alpha}$，其中 c 为正常数，且 D 含有以 P_0 为顶点的角形区域，那么当 $\alpha\geqslant 2$ 时，反常二重积分 $\iint\limits_D f(x,y)\mathrm{d}\sigma$ 发散.

二、经典例题解析及解题方法总结

【例 1】 设 $f(x,y)$ 在闭区域 $0\leqslant x\leqslant 1,0\leqslant y\leqslant 1$ 上（正常）可积，证明：

$$\lim_{n\to\infty}\prod_{i=1}^{n}\prod_{j=1}^{n}\left[1+\frac{1}{n^2}f\left(\frac{i}{n},\frac{j}{n}\right)\right]=\mathrm{e}^{\int_0^1\int_0^1 f(x,y)\mathrm{d}x\mathrm{d}y}.$$

证　由于上式右端 $=\mathrm{e}^{\lim\limits_{n\to\infty}\sum\limits_{i=1}^{n}\sum\limits_{j=1}^{n}\frac{1}{n^2}f\left(\frac{i}{n},\frac{j}{n}\right)}$，上式左端 $=\mathrm{e}^{\lim\limits_{n\to\infty}\sum\limits_{i=1}^{n}\sum\limits_{j=1}^{n}\ln\left[1+\frac{1}{n^2}f\left(\frac{i}{n},\frac{j}{n}\right)\right]}$，要证明命题成立，只需证明

$$\lim_{n\to\infty}\left\{\sum_{i=1}^{n}\sum_{j=1}^{n}\ln\left[1+\frac{1}{n^2}f\left(\frac{i}{n},\frac{j}{n}\right)\right]-\sum_{i=1}^{n}\sum_{j=1}^{n}\frac{1}{n^2}f\left(\frac{i}{n},\frac{j}{n}\right)\right\}=0,$$

或
$$\lim_{n\to\infty}\sum_{i=1}^{n}\sum_{j=1}^{n}\left|\ln\left[1+\frac{1}{n^2}f\left(\frac{i}{n},\frac{j}{n}\right)\right]-\frac{1}{n^2}f\left(\frac{i}{n},\frac{j}{n}\right)\right|=0.$$

已知

$$|\ln(1+x)-x|\leqslant x^2\quad\left(|x|<\frac{1}{2}\right),\qquad ①$$

由于 f 在 $[0,1]\times[0,1]$ 可积，从而有界，即 $\sup\limits_{(x,y)\in[0,1]\times[0,1]}|f(x,y)|\equiv M<+\infty$，于是当 n 充分大时，恒有 $\left|\frac{1}{n^2}f\left(\frac{i}{n},\frac{j}{n}\right)\right|\leqslant\frac{M}{n^2}<\frac{1}{2}$. 从而由不等式①知

$$\sum_{i=1}^{n}\sum_{j=1}^{n}\left|\ln\left[1+\frac{1}{n^2}f\left(\frac{i}{n},\frac{j}{n}\right)\right]-\frac{1}{n^2}f\left(\frac{i}{n},\frac{j}{n}\right)\right|$$

$$\leqslant\frac{1}{n^2}\sum_{i=1}^{n}\sum_{j=1}^{n}f^2\left(\frac{i}{n},\frac{j}{n}\right)\frac{1}{n^2}\to0\cdot\int_0^1\int_0^1f^2(x,y)\mathrm{d}x\mathrm{d}y=0(n\to\infty).$$

故
$$\lim_{n\to\infty}\prod_{i=1}^{n}\prod_{j=1}^{n}\left[1+\frac{1}{n^2}f\left(\frac{i}{n},\frac{j}{n}\right)\right]=\mathrm{e}^{\int_0^1\int_0^1f(x,y)\mathrm{d}x\mathrm{d}y}.$$

【例 2】 设 $f(x,y)$ 在 $D=[a,b]\times[c,d]$ 上有定义. 当固定 x 时，$f(x,y)$ 对 y 是单调递增的，当固定 y 时，$f(x,y)$ 对 x 也是单调递增的. 证明：$f(x,y)$ 在 D 上可积.

证 对 $\forall\varepsilon>0$，取正整数 n 使得 $\frac{2}{n}(f(b,d)-f(a,c))S_D<\varepsilon$，其中 S_D 为 D 的面积. 用直线网

$$x=a+\frac{i}{n}(b-a),\quad y=c+\frac{j}{n}(d-c),\quad i,j=1,2,\cdots,n-1$$

分割 D，记此分割为 T. 令

$$x_i=a+\frac{i}{n}(b-a),\qquad y_j=c+\frac{j}{n}(d-c),\qquad i,j=0,1,2,\cdots,n,$$

$$m_{ij}=\inf_{(x,y)\in\sigma_{ij}}f(x,y),\quad M_{ij}=\sup_{(x,y)\in\sigma_{ij}}f(x,y),\quad i,j=1,2,\cdots,n,$$

其中 $\sigma_{ij}=[x_{i-1},x_i]\times[y_{j-1},y_j]$. 根据 $f(x,y)$ 的关于单个变量单调性，有

$$\begin{aligned}&f(x_n,y_j)-f(x_0,y_{j-1})\\=&f(x_n,y_n)-f(x_0,y_0)-[f(x_n,y_n)-f(x_n,y_j)]-[f(x_0,y_{j-1})-f(x_0,y_0)]\\\leqslant&f(x_n,y_n)-f(x_0,y_0),\end{aligned}$$

与

$$\begin{aligned}&f(x_i,y_n)-f(x_i,y_0)\\=&f(x_n,y_n)-f(x_0,y_0)-[f(x_n,y_n)-f(x_i,y_n)]-[f(x_i,y_0)-f(x_0,y_0)]\\\leqslant&f(x_n,y_n)-f(x_0,y_0),\end{aligned}$$

于是在分割 T 之下，我们有

$$S(T)-s(T)=\sum_{i,j=1}^{n}M_{ij}\frac{S_D}{n^2}-\sum_{i,j=1}^{n}m_{ij}\frac{S_D}{n^2}=\frac{1}{n^2}\left[\sum_{i,j=1}^{n}f(x_i,y_j)-\sum_{i,j=1}^{n}f(x_{i-1},y_{j-1})\right]S_D$$

$$=\frac{1}{n^2}\Big[\sum_{j=1}^{n}f(x_n,y_j)+\sum_{i=1}^{n-1}f(x_i,y_n)-\sum_{j=1}^{n}f(x_0,y_{j-1})-\sum_{i=1}^{n-1}f(x_i,y_0)\Big]S_D$$

$$=\frac{1}{n^2}\Big[\sum_{j=1}^{n}(f(x_n,y_j)-f(x_0,y_{j-1}))+\sum_{i=1}^{n-1}(f(x_i,y_n)-f(x_i,y_0))\Big]S_D$$

$$\leqslant\frac{1}{n^2}\cdot(2n-1)(f(x_n,y_n)-f(x_0,y_0))S_D$$

$$\leqslant\frac{2}{n}(f(b,d)-f(a,c))S_D<\varepsilon.$$

根据可积充要条件知 $f(x,y)$ 在 D 上可积.

【例 3】 计算 $I=\iint\limits_D(x^3\cos y+x^2+y^2-\sin x-2y+1)\mathrm{d}\sigma$，其中 $D=\{(x,y)\mid 1\leqslant x^2+(y-1)^2\leqslant 2,x^2+y^2\leqslant 1\}$.

解 设 $f(x,y)=x^2+y^2-2y+1$，$g(x,y)=x^3\cos y-\sin x$，由于 D 关于 y 轴对称，而 $g(-x,y)=-g(x,y)$，所以 $\iint\limits_D g(x,y)\mathrm{d}\sigma=0$，因此

$$I=\iint\limits_D[f(x,y)+g(x,y)]\mathrm{d}\sigma=\iint\limits_D f(x,y)\mathrm{d}\sigma+\iint\limits_D g(x,y)\mathrm{d}\sigma=\iint\limits_D(x^2+y^2-2y+1)\mathrm{d}\sigma.$$

作广义极坐标变换 T：$x=r\cos\theta,y=1+r\sin\theta$，则 $J(r,\theta)=r$，且 T 将 D 的边界变成 $r\theta$ 平面上的曲线 $r=1,r=\sqrt{2},r=-2\sin\theta$. 于是

$$\Delta=\Big\{(r,\theta)\,\Big|\,1\leqslant r\leqslant -2\sin\theta,-\frac{5}{6}\pi\leqslant\theta\leqslant-\frac{3}{4}\pi\Big\}\cup\Big\{(r,\theta)\,\Big|\,1\leqslant r\leqslant\sqrt{2},-\frac{3}{4}\pi\leqslant\theta\leqslant-\frac{\pi}{4}\Big\}$$

$$\cup\Big\{(r,\theta)\,\Big|\,1\leqslant r\leqslant -2\sin\theta,-\frac{\pi}{4}\leqslant\theta\leqslant-\frac{\pi}{6}\Big\}.$$

从而

$$I=\iint\limits_\Delta r^2 r\mathrm{d}r\mathrm{d}\theta=\int_{-\frac{5}{6}\pi}^{-\frac{3}{4}\pi}\mathrm{d}\theta\int_1^{-2\sin\theta}r^3\mathrm{d}r+\int_{-\frac{3}{4}\pi}^{-\frac{\pi}{4}}\mathrm{d}\theta\int_1^{\sqrt{2}}r^3\mathrm{d}r+\int_{-\frac{\pi}{4}}^{-\frac{\pi}{6}}\mathrm{d}\theta\int_1^{-2\sin\theta}r^3\mathrm{d}r$$

$$=\frac{7}{12}\pi+\frac{7}{8}\sqrt{3}-2.$$

方法总结

被积函数复杂时，可把被积函数分为两函数之和，再结合对称性简化计算；被积函数及 D 中含有 x^2+y^2，一般用极坐标变换；含 $(x-a)^2+(y-b)^2$ 一般用广义极坐标变换 T：$x=a+r\cos\theta,y=b+r\sin\theta$.

【例 4】 计算 $\iiint\limits_V 2\sqrt{x^2+y^2}\,\mathrm{d}V$，$V$ 是由 $z=\sqrt{a^2-x^2-y^2}$，$x\geqslant 0$，$y\geqslant 0$ 和 $z\geqslant 0$ 所围成的区域.

解 用柱面坐标变换，令 $x=r\cos\theta,y=r\sin\theta,z=z$ 得

$$V'=\Big\{(r,\theta,z)\mid 0\leqslant r\leqslant a,0\leqslant\theta\leqslant\frac{\pi}{2},0\leqslant z\leqslant\sqrt{a^2-r^2}\Big\},$$

于是

$$\iiint\limits_V 2\sqrt{x^2+y^2}\,\mathrm{d}V=2\int_0^{\frac{\pi}{2}}\mathrm{d}\theta\int_0^a r^2\mathrm{d}r\int_0^{\sqrt{a^2-r^2}}\mathrm{d}z$$

$$=2\cdot\frac{\pi}{2}\cdot\int_0^a r^2\sqrt{a^2-r^2}\,\mathrm{d}r\xlongequal{r=a\sin t}\pi\int_0^{\frac{\pi}{2}}a^4\sin^2 t\cos^2 t\,\mathrm{d}t$$

$$=\pi a^4\int_0^{\frac{\pi}{2}}\left(\frac{\sin 2t}{2}\right)^2\mathrm{d}t=\frac{\pi a^4}{4}\int_0^{\frac{\pi}{2}}\frac{1-\cos 4t}{2}\mathrm{d}t=\frac{\pi^2a^4}{16}.$$

【例 5】 计算积分 $\iiint\limits_V(x^2+y^2)\mathrm{d}V$，其中 V 为曲面 $x^2+y^2+(z-2)^2=4$ 和曲面 $x^2+y^2+(z-1)^2=9$ 所围成的区域.

解 记曲面 $x^2+y^2+(z-2)^2=4$ 所围成的区域为 V_1，曲面 $x^2+y^2+(z-1)^2=9$ 所围成的区域为 V_2，则 $V_1\subset V_2$，$V=V_2\setminus\mathrm{int}\,V_1$，从而

$$\iiint\limits_V(x^2+y^2)\mathrm{d}V=\iiint\limits_{V_2}(x^2+y^2)\mathrm{d}V-\iiint\limits_{V_1}(x^2+y^2)\mathrm{d}V.$$

对 V_2 作广义球面坐标变换 $T: x=r\sin\varphi\cos\theta, y=r\sin\varphi\sin\theta, z=1+r\cos\varphi, (r,\varphi,\theta)\in[0,+\infty)\times[0,\pi]\times[0,2\pi]$，于是 $J(r,\varphi,\theta)=r^2\sin\varphi$，且 V_2 的原象为

$$V_2'=\{(r,\varphi,\theta)\mid 0\leqslant r\leqslant 3, 0\leqslant\varphi\leqslant\pi, 0\leqslant\theta\leqslant 2\pi\},$$

从而有

$$\iiint\limits_{V_2}(x^2+y^2)\mathrm{d}V=\int_0^3\mathrm{d}r\int_0^\pi\mathrm{d}\varphi\int_0^{2\pi}r^4\sin^3\varphi\,\mathrm{d}\theta=\frac{648}{5}\pi.$$

类似地，对 V_1 作广义球面坐标变换

$$T_1: x=r\sin\varphi\cos\theta, y=r\sin\varphi\sin\theta, z=2+r\cos\varphi, (r,\varphi,\theta)\in[0,2]\times[0,\pi]\times[0,2\pi],$$

有

$$\iiint\limits_{V_1}(x^2+y^2)\mathrm{d}V=\int_0^2\mathrm{d}r\int_0^\pi\mathrm{d}\varphi\int_0^{2\pi}r^4\sin^3\varphi\,\mathrm{d}\theta=\frac{256}{15}\pi.$$

因此 $\iiint\limits_V(x^2+y^2)\mathrm{d}V=\frac{648}{5}\pi-\frac{256}{15}\pi=\frac{1\,688}{15}\pi.$

方法总结

从被积函数及积分区域上看，选用球面坐标变换比较合适. 但是，由于出现了 $z-1$，$z-2$ 项，对 z 应作平移，即选用广义球面坐标变换. 为了简化变换后的区域，将两个曲面分开讨论.

【例 6】 求球面 $x^2+y^2+z^2=4a^2$ 和柱面 $x^2+y^2=2ax$ 所包围的且在柱面内部的体积.

解 设 Ω_1 为所求立体 Ω 的第一卦限部分.

用柱面坐标变换 $\begin{cases}x=r\cos\theta,\\y=r\sin\theta,\\z=z,\end{cases}$ 则 $\begin{cases}0\leqslant\theta\leqslant\frac{\pi}{2},\\0\leqslant r\leqslant 2a\cos\theta,\\0\leqslant z\leqslant\sqrt{4a^2-r^2},\end{cases}$ 由对称性知

$$V=4\iiint\limits_{\Omega_1}\mathrm{d}V=4\int_0^{\frac{\pi}{2}}\mathrm{d}\theta\int_0^{2a\cos\theta}r\,\mathrm{d}r\int_0^{\sqrt{4a^2-r^2}}\mathrm{d}z=4\int_0^{\frac{\pi}{2}}\mathrm{d}\theta\int_0^{2a\cos\theta}\sqrt{4a^2-r^2}\,r\,\mathrm{d}r$$

$$=\frac{32}{3}a^3\int_0^{\frac{\pi}{2}}(1-\sin^3\theta)\mathrm{d}\theta=\frac{16}{3}a^3\left(\pi-\frac{4}{3}\right).$$

【例 7】 计算反常二重积分$\iint\limits_D x^{-\frac{3}{2}}\mathrm{e}^{y-x}\mathrm{d}\sigma$，其中$D=\{(x,y)\mid 0\leqslant y\leqslant x\}$.

分析 这既是一个无界区域上的二重积分，又是一个在点(0,0)的任何空心邻域内无界的二重积分. 类似于反常(定)积分，将D分成两个区域E和F，其中E是一个无界区域，F是一个包含点(0,0)的有界区域，且E与F无公共内点，则有$\iint\limits_D x^{-\frac{3}{2}}\mathrm{e}^{y-x}\mathrm{d}\sigma$收敛当且仅当$\iint\limits_E x^{-\frac{3}{2}}\mathrm{e}^{y-x}\mathrm{d}\sigma$与$\iint\limits_F x^{-\frac{3}{2}}\mathrm{e}^{y-x}\mathrm{d}\sigma$都收敛，且收敛时有

$$\iint\limits_D x^{-\frac{3}{2}}\mathrm{e}^{y-x}\mathrm{d}\sigma=\iint\limits_E x^{-\frac{3}{2}}\mathrm{e}^{y-x}\mathrm{d}\sigma+\iint\limits_F x^{-\frac{3}{2}}\mathrm{e}^{y-x}\mathrm{d}\sigma.$$

例如，可以取$E=D\cap\{(x,y)\mid x\geqslant 1\}$，$F=D\cap\{(x,y)\mid x\leqslant 1\}$.

解 记$D_n=\left\{(x,y)\,\middle|\,\frac{1}{n}\leqslant x\leqslant n,0\leqslant y\leqslant x\right\}\subset D$. 因为$f(x,y)=x^{-\frac{3}{2}}\mathrm{e}^{y-x}\geqslant 0$，$(x,y)\in D$，且

$$\begin{aligned}\sup_n\iint\limits_{D_n}x^{-\frac{3}{2}}\mathrm{e}^{y-x}\mathrm{d}\sigma&=\lim_{n\to\infty}\iint\limits_{D_n}x^{-\frac{3}{2}}\mathrm{e}^{y-x}\mathrm{d}\sigma=\lim_{n\to\infty}\int_{\frac{1}{n}}^n\mathrm{d}x\int_0^x x^{-\frac{3}{2}}\mathrm{e}^{y-x}\mathrm{d}y\\&=\lim_{n\to\infty}\int_{\frac{1}{n}}^n x^{-\frac{3}{2}}(1-\mathrm{e}^{-x})\mathrm{d}x=\lim_{n\to\infty}\left[-2(1-\mathrm{e}^{-x})x^{-\frac{1}{2}}\Big|_{\frac{1}{n}}^n+2\int_{\frac{1}{n}}^n x^{-\frac{1}{2}}\mathrm{e}^{-x}\mathrm{d}x\right]\\&=2\int_0^{+\infty}x^{-\frac{1}{2}}\mathrm{e}^{-x}\mathrm{d}x=2\Gamma\left(\frac{1}{2}\right)=2\sqrt{\pi}.\end{aligned}$$

由敛散性判别法(a)知$\iint\limits_D x^{-\frac{3}{2}}\mathrm{e}^{y-x}\mathrm{d}\sigma$收敛，且其值为$2\sqrt{\pi}$.

【例 8】 求$\lim\limits_{n\to\infty}\frac{\pi}{2n^4}\sum\limits_{i=1}^n\sum\limits_{j=1}^n i^2\sin\frac{j\pi}{2n}$.

解 由二重积分定义及函数$x^2\sin y$在区域$D=\left\{(x,y)\,\middle|\,0\leqslant x\leqslant 1,0\leqslant y\leqslant\frac{\pi}{2}\right\}$上的连续性可知：

$$\begin{aligned}\lim_{n\to\infty}\frac{\pi}{2n^4}\sum_{i=1}^n\sum_{j=1}^n i^2\sin\frac{j\pi}{2n}&=\lim_{n\to\infty}\sum_{i=1}^n\sum_{j=1}^n\left[\left(\frac{i}{n}\right)^2\sin\left(j\frac{\pi}{2n}\right)\right]\left(\frac{1}{n}\right)\left(\frac{\pi}{2n}\right)\\&=\iint\limits_D x^2\sin y\mathrm{d}x\mathrm{d}y=\int_0^1x^2\mathrm{d}x\int_0^{\frac{\pi}{2}}\sin y\mathrm{d}y=\frac{1}{3}.\end{aligned}$$

【例 9】 设$f(x)$具有连续的导函数，且$f(0)=0$，求

$$\lim_{t\to 0}\frac{1}{\pi t^4}\iiint\limits_{x^2+y^2+z^2\leqslant t^2}f(\sqrt{x^2+y^2+z^2})\mathrm{d}x\mathrm{d}y\mathrm{d}z.$$

解 作球坐标变换$x=r\sin\varphi\cos\theta,y=r\sin\varphi\sin\theta,z=r\cos\varphi$，则$0\leqslant r\leqslant t,0\leqslant\varphi\leqslant\pi,0\leqslant\theta\leqslant 2\pi$，于是有

$$\lim_{t\to 0}\frac{1}{\pi t^4}\iiint\limits_{x^2+y^2+z^2\leqslant t^2}f(\sqrt{x^2+y^2+z^2})\mathrm{d}x\mathrm{d}y\mathrm{d}z=\lim_{t\to 0}\frac{1}{\pi t^4}\int_0^{2\pi}\mathrm{d}\theta\int_0^{\pi}\mathrm{d}\varphi\int_0^t f(r)r^2\sin\varphi\mathrm{d}r$$

$$=\lim_{t\to 0}\frac{1}{\pi t^4}\cdot 2\pi\int_0^{\pi}\sin\varphi\mathrm{d}\varphi\int_0^t f(r)r^2\mathrm{d}r=\lim_{t\to 0}\frac{4}{t^4}\int_0^t f(r)r^2\mathrm{d}r$$

$$=\lim_{t\to 0}\frac{4f(t)t^2}{4t^3}=\lim_{t\to 0}\frac{f(t)}{t}=\lim_{t\to 0}\frac{f(t)-f(0)}{t-0}=f'(0).$$

【例 10】 设 $p(x)$ 是 $[a,b]$ 上的非负可积函数，而 $f(x)$ 与 $g(x)$ 在 $[a,b]$ 上有相同的单调性，证明：

$$\int_a^b p(x)f(x)\mathrm{d}x\int_a^b p(x)g(x)\mathrm{d}x\leqslant\int_a^b p(x)\mathrm{d}x\int_a^b p(x)f(x)g(x)\mathrm{d}x.$$

证 设 $I=\int_a^b p(x)\mathrm{d}x\int_a^b p(x)f(x)g(x)\mathrm{d}x-\int_a^b p(x)f(x)\mathrm{d}x\int_a^b p(x)g(x)\mathrm{d}x$，则

$$\begin{aligned}I&=\int_a^b p(y)\mathrm{d}y\int_a^b p(x)f(x)g(x)\mathrm{d}x-\int_a^b p(x)f(x)\mathrm{d}x\int_a^b p(y)g(y)\mathrm{d}y\\&=\int_a^b\int_a^b p(x)p(y)f(x)[g(x)-g(y)]\mathrm{d}x\mathrm{d}y.\end{aligned}\qquad ①$$

类似地，有

$$\begin{aligned}I&=\int_a^b p(x)\mathrm{d}x\int_a^b p(y)f(y)g(y)\mathrm{d}y-\int_a^b p(y)f(y)\mathrm{d}y\int_a^b p(x)g(x)\mathrm{d}x\\&=\int_a^b\int_a^b p(x)p(y)f(y)[g(y)-g(x)]\mathrm{d}x\mathrm{d}y.\end{aligned}\qquad ②$$

①+②，得

$$I=\frac{1}{2}\int_a^b\int_a^b p(x)p(y)[f(x)-f(y)][g(x)-g(y)]\mathrm{d}x\mathrm{d}y.$$

由于 $p(x)\geqslant 0$，$f(x)$，$g(x)$ 在 $[a,b]$ 上单调性相同，故 $I\geqslant 0$，因此命题成立.

【例 11】 计算 $\iint\limits_D\left|xy-\frac{1}{4}\right|\mathrm{d}\sigma$，其中 $D=[0,1]\times[0,1]$.

解 把 D 分成 D_1，D_2 两部分，其中

$$D_1=\left\{(x,y)\,\middle|\,xy-\frac{1}{4}\geqslant 0\right\}\cap D=\left\{(x,y)\,\middle|\,\frac{1}{4x}\leqslant y\leqslant 1,\frac{1}{4}\leqslant x\leqslant 1\right\},$$

$$\begin{aligned}D_2&=\left\{(x,y)\,\middle|\,xy-\frac{1}{4}\leqslant 0\right\}\cap D\\&=\left\{(x,y)\,\middle|\,0\leqslant y\leqslant 1,0\leqslant x\leqslant\frac{1}{4}\right\}\cup\left\{(x,y)\,\middle|\,0\leqslant y\leqslant\frac{1}{4x},\frac{1}{4}\leqslant x\leqslant 1\right\}.\end{aligned}$$

从而

$$\begin{aligned}&\iint\limits_D\left|xy-\frac{1}{4}\right|\mathrm{d}\sigma=\iint\limits_{D_1}\left(xy-\frac{1}{4}\right)\mathrm{d}\sigma+\iint\limits_{D_2}\left(\frac{1}{4}-xy\right)\mathrm{d}\sigma\\&=\int_{\frac{1}{4}}^1\mathrm{d}x\int_{\frac{1}{4x}}^1\left(xy-\frac{1}{4}\right)\mathrm{d}y+\int_0^{\frac{1}{4}}\mathrm{d}x\int_0^1\left(\frac{1}{4}-xy\right)\mathrm{d}y+\int_{\frac{1}{4}}^1\mathrm{d}x\int_0^{\frac{1}{4x}}\left(\frac{1}{4}-xy\right)\mathrm{d}y\\&=\int_{\frac{1}{4}}^1\left(\frac{x}{2}-\frac{1}{4}+\frac{1}{32x}\right)\mathrm{d}x+\int_0^{\frac{1}{4}}\left(\frac{1}{4}-\frac{x}{2}\right)\mathrm{d}x+\int_{\frac{1}{4}}^1\frac{1}{32x}\mathrm{d}x=\frac{3}{32}+\frac{1}{8}\ln 2.\end{aligned}$$

方法总结

被积函数表达式含有绝对值或分段函数时，应将积分区域分成几部分，在各部分上，对相应的函数表达式分别积分，再相加即可.

三、 教材习题解答

习题 21.1 解答

1. 把重积分 $\iint\limits_D xy\mathrm{d}\sigma$ 作为积分和的极限，计算这个积分值，其中 $D=[0,1]\times[0,1]$，并用直线网 $x=\frac{i}{n}$，$y=\frac{j}{n}(i,j=1,2,\cdots,n-1)$ 分割这个正方形为许多小正方形，每个小正方形取其右上顶点作为其介点.

解 $\iint\limits_D xy\mathrm{d}x\mathrm{d}y=\lim\limits_{n\to\infty}\sum\limits_{i=1}^{n}\sum\limits_{j=1}^{n}\frac{i}{n}\cdot\frac{j}{n}\cdot\frac{1}{n^2}=\lim\limits_{n\to\infty}\frac{1}{n^4}\cdot\frac{n^2(n+1)^2}{4}=\frac{1}{4}.$

2. 证明：若函数 $f(x,y)$ 在有界闭区域 D 上可积，则 $f(x,y)$ 在 D 上有界.

证 假设 f 在 D 上可积，但在 D 上无界，那么，对 D 的任一分割 $T=\{\sigma_1,\sigma_2,\cdots,\sigma_n\}$，$f$ 必在某个小区域 σ_k 上无界. 当 $i\neq k$ 时，任取 $p_i\in\sigma_i$，令

$$G=\left|\sum_{i\neq k}f(p_i)\Delta\sigma_i\right|,I=\iint\limits_D f(x,y)\mathrm{d}x\mathrm{d}y,$$

由于 f 在 σ_k 上无界，从而存在 $p_k\in\sigma_k$，使得 $|f(p_k)|>\frac{|I|+1+G}{\Delta\sigma_k}$，从而

$$\left|\sum_{i=1}^{n}f(p_i)\Delta\sigma_i\right|=\left|\sum_{i\neq k}f(p_i)\Delta\sigma_i+f(p_k)\Delta\sigma_k\right|$$
$$\geqslant|f(p_k)\cdot\Delta\sigma_k|-\left|\sum_{i\neq k}f(p_i)\Delta\sigma_i\right|>|I|+1,\quad ①$$

另一方面，由 f 在 D 上可积知：存在 $\delta>0$，对任一 D 的分割 $T=\{\sigma_1,\sigma_2,\cdots,\sigma_n\}$，当 $\|T\|<\delta$ 时，T 的任一积分和 $\sum\limits_{i=1}^{n}f(p_i)\Delta\sigma_i$ 都满足

$$\left|\sum_{i=1}^{n}f(p_i)\Delta\sigma_i-I\right|<1,$$

这与 ① 式矛盾，因此 f 在 D 上有界.

3. 证明二重积分中值定理(性质 7).

性质 7(中值定理) 若 $f(x,y)$ 在有界闭区域 D 上连续，则存在 $(\xi,\eta)\in D$，使得

$$\iint\limits_D f(x,y)\mathrm{d}\sigma=f(\xi,\eta)S_D,$$

这里 S_D 是积分区域 D 的面积.

证 因为 $f(x,y)$ 在有界闭区域 D 上连续，所以 $f(x,y)$ 在 D 上一定存在最大值 M 与最小值 m，故 $\forall(x,y)\in D$，有 $m\leqslant f(x,y)\leqslant M$，由性质 4 知 $m\cdot S_D\leqslant\iint\limits_D f(x,y)\mathrm{d}\sigma\leqslant M\cdot S_D$，即

$$m\leqslant\frac{1}{S_D}\iint\limits_D f(x,y)\mathrm{d}\sigma\leqslant M,$$

再由有界闭区域上连续函数的介值定理知，存在 $(\xi,\eta)\in D$，使得 $\iint\limits_D f(x,y)\mathrm{d}\sigma=f(\xi,\eta)S_D$.

4. 若 $f(x,y)$ 为有界闭区域 D 上的非负连续函数，且在 D 上不恒为零，则 $\iint\limits_D f(x,y)\mathrm{d}\sigma>0$.

证 由题设，存在 $P_0(x_0,y_0)\in D$，$f(P_0)>0$，由连续函数的局部保号性知：$\exists\,\eta>0$，使得对一切 $P\in D_1(D_1=U(P_0;\eta)\cap D)$，有 $f(P)>\frac{f(P_0)}{2}$，又 $f(x,y)\geqslant0$ 且连续，所以

$$\iint_D f(x,y)\mathrm{d}\sigma=\iint_{D_1} f\mathrm{d}\sigma+\iint_{D\backslash D_1} f\mathrm{d}\sigma\geqslant\frac{f(P_0)}{2}\cdot S_{D_1}>0,$$

故$\iint_D f(x,y)\mathrm{d}\sigma>0$.

5\. 若 $f(x,y)$ 在有界闭区域 D 上连续，且在 D 内任一子区域 $D'\subset D$ 上有$\iint_{D'} f(x,y)\mathrm{d}\sigma=0$，则在 D 上$f(x,y)\equiv 0$.

证　假设存在 $P_0(x_0,y_0)\in D$,使得 $f(P_0)\neq 0$. 不妨设 $f(P_0)>0$. 由连续函数的局部保号性知:存在 $\eta>0$, $\forall P\in D'(D'=D\cap U(P_0;\eta))$,有 $f(P)>0$. 则$\iint_{D'} f(x,y)\mathrm{d}\sigma>0$,与已知$\iint_{D'} f(x,y)\mathrm{d}\sigma=0$矛盾. 故在 D 上 $f(x,y)\equiv 0$.

6\. 设 $D=[0,1]\times[0,1]$,证明函数

$$f(x,y)=\begin{cases}1, & (x,y)\text{ 为 }D\text{ 内有理点(即 }x,y\text{ 皆为有理数)},\\ 0, & (x,y)\text{ 为 }D\text{ 内非有理点}\end{cases}$$

在 D 上不可积.

【思路探索】　用积分定义. 对 D 上任意分割 T,按两种方法取 σ_i 上的点(ξ_i,η_i),使所作和式的极限不等.

证　对 D 上任意分割 $T=\{\sigma_1,\sigma_2,\cdots,\sigma_n\}$.

在每个 σ_i 上取点(ξ_i,η_i),使 ξ_i,η_i 皆为有理数,则$\sum\limits_{i=1}^{n} f(\xi_i,\eta_i)\Delta\sigma_i=\sum\limits_{i=1}^{n}\Delta\sigma_i=S_D$;

在每个 σ_i 上取点(ξ_i,η_i),使(ξ_i,η_i) 为非有理点,则$\sum\limits_{i=1}^{n} f(\xi_i,\eta_i)\Delta\sigma_i=0$.

因此当 $\|T\|\to 0$ 时,$\sum\limits_{i=1}^{n} f(\xi_i,\eta_i)\Delta\sigma_i$ 的极限不存在,故 $f(x,y)$ 在 D 上不可积.

7\. 证明:若 $f(x,y)$ 在有界闭区域 D 上连续,$g(x,y)$ 在 D 上可积且不变号,则存在一点$(\xi,\eta)\in D$,使得

$$\iint_D f(x,y)g(x,y)\mathrm{d}\sigma=f(\xi,\eta)\iint_D g(x,y)\mathrm{d}\sigma.$$

证　不妨设 $g(x,y)\geqslant 0((x,y)\in D)$,则$\iint_D g(x,y)\mathrm{d}\sigma\geqslant 0$. 由 $f(x,y)$ 在有界区域 D 上连续知,$f(x,y)$ 在 D 上存在最大值 M 和最小值 m,因而有

$$m\iint_D g(x,y)\mathrm{d}\sigma\leqslant\iint_D f(x,y)g(x,y)\mathrm{d}\sigma\leqslant M\iint_D g(x,y)\mathrm{d}\sigma,$$

若$\iint_D g(x,y)\mathrm{d}\sigma=0$,则由上式有$\iint_D f(x,y)g(x,y)\mathrm{d}\sigma=0$. 于是任取$(\xi,\eta)\in D$ 即可.

若$\iint_D g(x,y)\mathrm{d}\sigma>0$,则有

$$m\leqslant\frac{\iint_D f(x,y)g(x,y)\mathrm{d}\sigma}{\iint_D g(x,y)\mathrm{d}\sigma}\leqslant M,$$

由有界闭区域上连续函数的介值性定理,存在$(\xi,\eta)\in D$,使得

$$f(\xi,\eta)=\frac{\iint_D f(x,y)g(x,y)\mathrm{d}\sigma}{\iint_D g(x,y)\mathrm{d}\sigma},$$

即$\iint_D f(x,y)g(x,y)\mathrm{d}\sigma=f(\xi,\eta)\iint_D g(x,y)\mathrm{d}\sigma$.

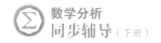

8. 应用中值定理估计积分 $I = \iint\limits_{|x|+|y|\leqslant 10} \frac{\mathrm{d}\sigma}{100+\cos^2 x+\cos^2 y}$ 的值.

解　由于 $f(x,y)=\frac{1}{100+\cos^2 x+\cos^2 y}$ 在 $D=\{(x,y)\mid |x|+|y|\leqslant 10\}$ 上连续，据中值定理知：存在 $(\xi,\eta)\in D$ 使得

$$I=\frac{S_D}{100+\cos^2\xi+\cos^2\eta},$$

从而 $\frac{S_D}{102}\leqslant I\leqslant\frac{S_D}{100}$，又 $S_D=100$，故 $\frac{100}{51}\leqslant I\leqslant 2$.

习题 21.2 解答

1. 设 $f(x,y)$ 在区域 D 上连续，试将二重积分 $\iint\limits_D f(x,y)\mathrm{d}\sigma$ 化为不同顺序的累次积分：

(1) D 是由不等式 $y\leqslant x, y\geqslant a, x\leqslant b\quad(0<a<b)$ 所确定的区域；

(2) D 是由不等式 $y\leqslant x, y\geqslant 0, x^2+y^2\leqslant 1$ 所确定的区域；

(3) D 是由不等式 $x^2+y^2\leqslant 1$ 与 $x+y\geqslant 1$ 所确定的区域；

(4) $D=\{(x,y)\mid |x|+|y|\leqslant 1\}$.

解　(1) 积分区域 D 如图 21－1 所示，则

$$\iint\limits_D f(x,y)\mathrm{d}x\mathrm{d}y=\int_a^b \mathrm{d}x\int_a^x f(x,y)\mathrm{d}y=\int_a^b \mathrm{d}y\int_y^b f(x,y)\mathrm{d}x.$$

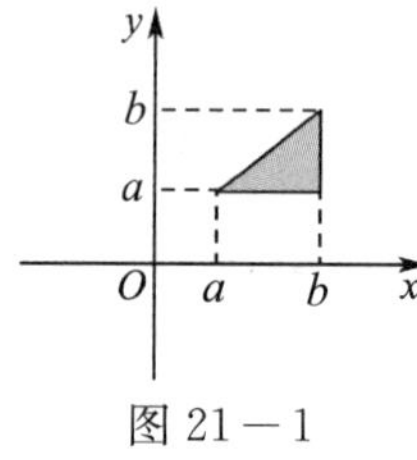

图 21－1

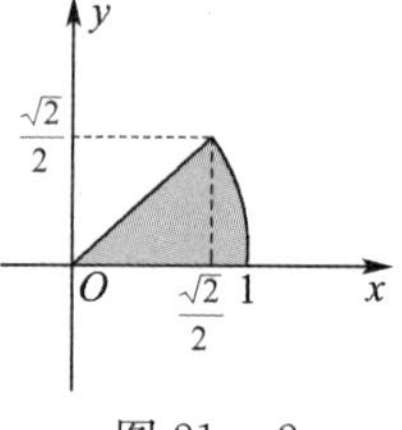

图 21－2

(2) 积分区域 D 如图 21－2 所示，则

$$\iint\limits_D f(x,y)\mathrm{d}x\mathrm{d}y=\int_0^{\frac{\sqrt{2}}{2}}\mathrm{d}y\int_y^{\sqrt{1-y^2}} f(x,y)\mathrm{d}x$$

$$=\int_0^{\frac{\sqrt{2}}{2}}\mathrm{d}x\int_0^x f(x,y)\mathrm{d}y+\int_{\frac{\sqrt{2}}{2}}^1\mathrm{d}x\int_0^{\sqrt{1-x^2}} f(x,y)\mathrm{d}y.$$

(3) 积分区域 D 如图 21－3 所示，则

$$\iint\limits_D f(x,y)\mathrm{d}x\mathrm{d}y=\int_0^1\mathrm{d}x\int_{1-x}^{\sqrt{1-x^2}} f(x,y)\mathrm{d}y=\int_0^1\mathrm{d}y\int_{1-y}^{\sqrt{1-y^2}} f(x,y)\mathrm{d}x.$$

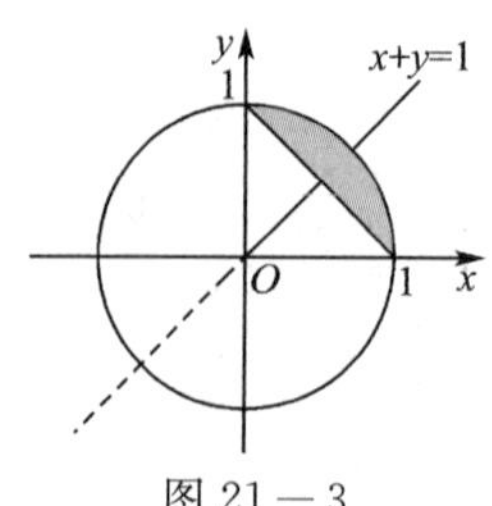

图 21－3

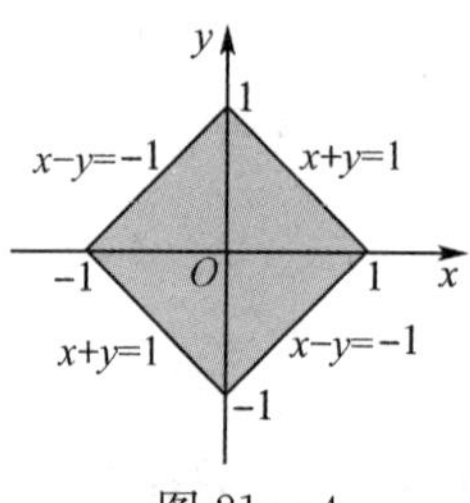

图 21－4

(4) 积分区域 D 如图 21—4 所示,则

$$\iint_D f(x,y)\mathrm{d}x\mathrm{d}y=\int_{-1}^{0}\mathrm{d}x\int_{-1-x}^{x+1}f(x,y)\mathrm{d}y+\int_{0}^{1}\mathrm{d}x\int_{x-1}^{1-x}f(x,y)\mathrm{d}y$$
$$=\int_{0}^{1}\mathrm{d}y\int_{y-1}^{1-y}f(x,y)\mathrm{d}x+\int_{-1}^{0}\mathrm{d}y\int_{-1-y}^{y+1}f(x,y)\mathrm{d}x.$$

2. 在下列积分中改变累次积分的顺序:

(1) $\int_0^2\mathrm{d}x\int_x^{2x}f(x,y)\mathrm{d}y$;　　(2) $\int_{-1}^{1}\mathrm{d}x\int_{-\sqrt{1-x^2}}^{1-x^2}f(x,y)\mathrm{d}y$;

(3) $\int_0^{2a}\mathrm{d}x\int_{\sqrt{2ax-x^2}}^{\sqrt{2ax}}f(x,y)\mathrm{d}y$;　　(4) $\int_0^1\mathrm{d}x\int_0^{x^2}f(x,y)\mathrm{d}y+\int_1^3\mathrm{d}x\int_0^{\frac{1}{2}(3-x)}f(x,y)\mathrm{d}y$.

解　(1) 如图 21—5 所示,$\int_0^2\mathrm{d}x\int_x^{2x}f(x,y)\mathrm{d}y=\int_0^2\mathrm{d}y\int_{\frac{y}{2}}^{y}f(x,y)\mathrm{d}x+\int_2^4\mathrm{d}y\int_{\frac{y}{2}}^{2}f(x,y)\mathrm{d}x$.

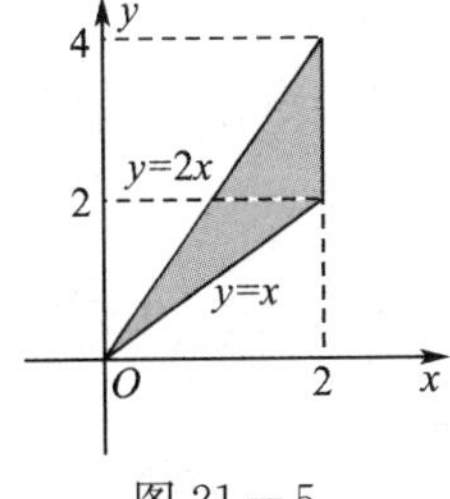

图 21—5

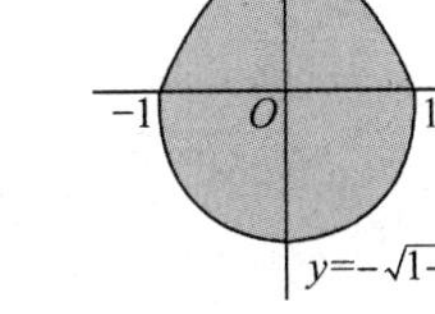

图 21—6

(2) 如图 21—6 所示,$\int_{-1}^{1}\mathrm{d}x\int_{-\sqrt{1-x^2}}^{1-x^2}f(x,y)\mathrm{d}y=\int_{-1}^{0}\mathrm{d}y\int_{-\sqrt{1-y^2}}^{\sqrt{1-y^2}}f(x,y)\mathrm{d}x+\int_0^1\mathrm{d}y\int_{-\sqrt{1-y}}^{\sqrt{1-y}}f(x,y)\mathrm{d}x$.

(3) 如图 21—7 所示,则

$$\int_0^{2a}\mathrm{d}x\int_{\sqrt{2ax-x^2}}^{\sqrt{2ax}}f(x,y)\mathrm{d}y=\int_0^a\mathrm{d}y\int_{\frac{y^2}{2a}}^{a-\sqrt{a^2-y^2}}f(x,y)\mathrm{d}x+\int_0^a\mathrm{d}y\int_{a+\sqrt{a^2-y^2}}^{2a}f(x,y)\mathrm{d}x+\int_a^{2a}\mathrm{d}y\int_{\frac{y^2}{2a}}^{2a}f(x,y)\mathrm{d}x.$$

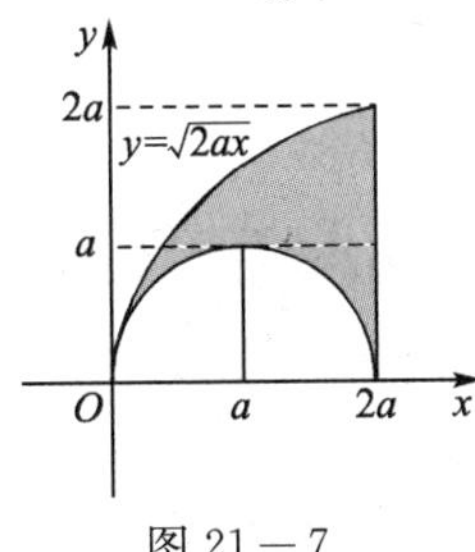

图 21—7

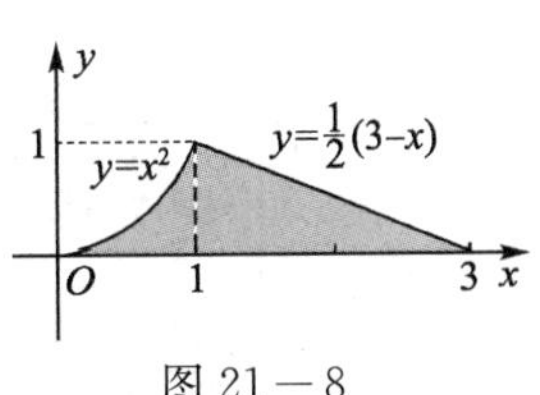

图 21—8

(4) 如图 21—8 所示,$\int_0^1\mathrm{d}x\int_0^{x^2}f(x,y)\mathrm{d}y+\int_1^3\mathrm{d}x\int_0^{\frac{1}{2}(3-x)}f(x,y)\mathrm{d}y=\int_0^1\mathrm{d}y\int_{\sqrt{y}}^{3-2y}f(x,y)\mathrm{d}x$.

3. 计算下列二重积分:

(1) $\iint\limits_D xy^2\mathrm{d}\sigma$,其中 D 是由抛物线 $y^2=2px$ 与直线 $x=\frac{p}{2}(p>0)$ 所围成的区域;

(2) $\iint\limits_D(x^2+y^2)\mathrm{d}\sigma$,其中 $D=\{(x,y)\mid 0\leqslant x\leqslant 1,\sqrt{x}\leqslant y\leqslant 2\sqrt{x}\}$;

(3) $\iint\limits_D\frac{\mathrm{d}\sigma}{\sqrt{2a-x}}(a>0)$,其中 D 为图 21—10 中阴影部分;

(4) $\iint\limits_D\sqrt{x}\,\mathrm{d}\sigma$,其中 $D=\{(x,y)\mid x^2+y^2\leqslant x\}$.

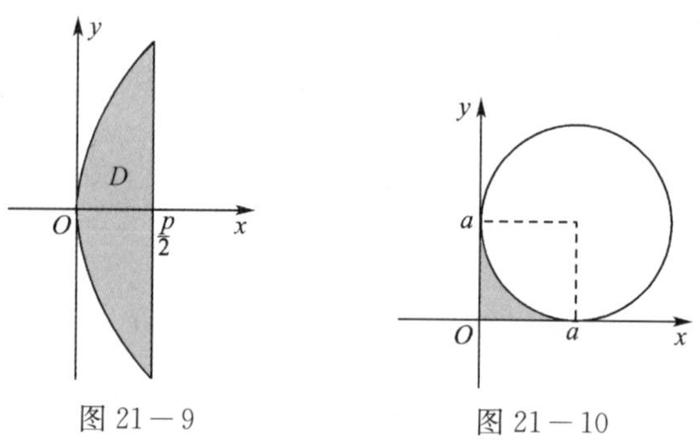

图 21－9　　图 21－10

解　(1)D 如图 21－9 所示，则

$$\text{原积分}=\int_{-p}^{p}\mathrm{d}y\int_{\frac{y^2}{2p}}^{\frac{p}{2}}xy^2\mathrm{d}x=\frac{1}{8}\int_{-p}^{p}y^2\left(p^2-\frac{y^4}{p^2}\right)\mathrm{d}y=\frac{p^5}{21}.$$

(2) $\text{原积分}=\int_0^1\mathrm{d}x\int_{\sqrt{x}}^{2\sqrt{x}}(x^2+y^2)\mathrm{d}y=\int_0^1\left(x^{\frac{5}{2}}+\frac{7}{3}x^{\frac{3}{2}}\right)\mathrm{d}x=\frac{128}{105}.$

(3)D 如图 21－10 所示，则

$$\text{原积分}=\int_0^a\mathrm{d}x\int_0^{a-\sqrt{2ax-x^2}}\frac{\mathrm{d}y}{\sqrt{2a-x}}=\int_0^a\frac{a-\sqrt{2ax-x^2}}{\sqrt{2a-x}}\mathrm{d}x=\left(2\sqrt{2}-\frac{8}{3}\right)a^{\frac{3}{2}}.$$

(4)D 如图 21－11 所示，原积分 $=\int_0^1\mathrm{d}x\int_{-\sqrt{x-x^2}}^{\sqrt{x-x^2}}\sqrt{x}\,\mathrm{d}y=\int_0^1 2x\sqrt{1-x}\,\mathrm{d}x=\frac{8}{15}.$

归纳总结：可用另一个累次积分计算(1)，但对(2)，(3) 和(4) 就显得不方便了.

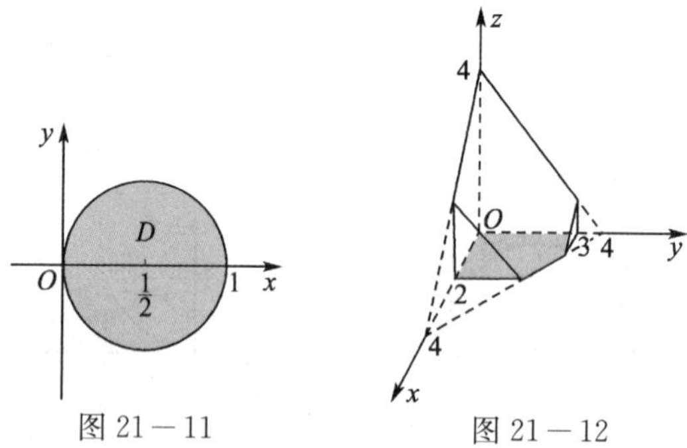

图 21－11　　图 21－12

4. 求由坐标平面及 $x=2,y=3,x+y+z=4$ 所围的角柱体的体积.

解　立体 V(图 21－12 所示) 在 xOy 面上的投影区域 D 即积分区域为图 21－12 中阴影部分，所以

$$\begin{aligned}V&=\iint_D(4-x-y)\mathrm{d}x\mathrm{d}y\\&=\int_0^1\mathrm{d}x\int_0^3(4-x-y)\mathrm{d}y+\int_1^2\mathrm{d}x\int_0^{4-x}(4-x-y)\mathrm{d}y\\&=\frac{55}{6}.\end{aligned}$$

5. 设 $f(x)$ 在$[a,b]$上连续，证明不等式

$$\left[\int_a^b f(x)\mathrm{d}x\right]^2\leqslant(b-a)\int_a^b f^2(x)\mathrm{d}x,$$

其中等号仅在 $f(x)$ 为常量函数时成立.

证 $\left[\int_a^b f(x)\mathrm{d}x\right]^2=\int_a^b f(x)\mathrm{d}x\cdot\int_a^b f(y)\mathrm{d}y=\iint\limits_D f(x)f(y)\mathrm{d}x\mathrm{d}y$

$$\leqslant\iint\limits_D\frac{1}{2}[f^2(x)+f^2(y)]\mathrm{d}x\mathrm{d}y=\int_a^b\int_a^b f^2(x)\mathrm{d}x\mathrm{d}y$$

$$=(b-a)\int_a^b f^2(x)\mathrm{d}x,$$

其中 $D=\{(x,y)\mid a\leqslant x\leqslant b,a\leqslant y\leqslant b\}$.

若等号成立,则对任何$(x,y)\in D$,有 $f^2(x)+f^2(y)=2f(x)f(y)$,即$[f(x)-f(y)]^2=0$. 所以 $f(x)=f(y)$,即 $f(x)$ 为常量函数.

6. 设平面区域 D 在 x 轴和 y 轴的投影长度分别为 l_x 和 l_y,D 的面积为 S_D,(α,β) 为 D 内任一点,证明:

(1) $\left|\iint\limits_D(x-\alpha)(y-\beta)\mathrm{d}\sigma\right|\leqslant l_xl_yS_D$;　　(2) $\left|\iint\limits_D(x-\alpha)(y-\beta)\mathrm{d}\sigma\right|\leqslant\frac{1}{4}l_x^2l_y^2$.

证 设 D 在 x 轴和 y 轴上的投影区间分别为$[a,b]$ 和$[c,d]$.

因此 $l_x=b-a,l_y=d-c$,并且 $|x-\alpha|\leqslant l_x$, $|y-\beta|\leqslant l_y$.

(1) $\left|\iint\limits_D(x-\alpha)(y-\beta)\mathrm{d}\sigma\right|\leqslant\iint\limits_D|x-\alpha||y-\beta|\mathrm{d}\sigma\leqslant l_xl_y\iint\limits_D\mathrm{d}\sigma=l_xl_yS_D$.

(2) $\left|\iint\limits_D(x-\alpha)(y-\beta)\mathrm{d}x\mathrm{d}y\right|\leqslant\int_a^b|x-\alpha|\mathrm{d}x\cdot\int_c^d|y-\beta|\mathrm{d}y$,

$$\int_a^b|x-\alpha|\mathrm{d}x=\int_a^\alpha(\alpha-x)\mathrm{d}x+\int_\alpha^b(x-\alpha)\mathrm{d}x$$

$$=-\frac{1}{2}(\alpha-x)^2\Big|_a^\alpha+\frac{1}{2}(x-\alpha)^2\Big|_\alpha^b$$

$$=\frac{1}{2}[(\alpha-a)^2+(b-\alpha)^2]$$

$$\leqslant\frac{1}{2}(\alpha-a+b-\alpha)^2$$

$$=\frac{1}{2}(b-a)^2=\frac{1}{2}l_x^2.$$

同理可证$\int_c^d|y-\beta|\mathrm{d}y\leqslant\frac{l_y^2}{2}$,因而有$\left|\iint\limits_D(x-\alpha)(y-\beta)\mathrm{d}\sigma\right|\leqslant\frac{l_x^2l_y^2}{4}$.

7. 设 $D=[0,1]\times[0,1]$,

$$f(x,y)=\begin{cases}\frac{1}{q_x}+\frac{1}{q_y}, & \text{当}(x,y)\text{ 为 }D\text{ 中有理点},\\ 0, & \text{当}(x,y)\text{ 为 }D\text{ 中非有理点},\end{cases}$$

其中 q_x 表示有理数 x 化成既约分数后的分母. 证明 $f(x,y)$ 在 D 上的二重积分存在而两个累次积分不存在.

证 因为对任何正数 ε,只有有限个点使 $f(x,y)>\frac{\varepsilon}{2}$,因而存在分割 T,使得 $S(T)-s(T)<\varepsilon$,所以二重积分存在且等于零.

当 y 取无理数时,$f(x,y)\equiv0$,所以$\int_0^1f(x,y)\mathrm{d}x=0$,然而当 y 取有理数时,在 x 为无理数处 $f(x,y)=0$,在 x 为有理数处 $f(x,y)=\frac{1}{q_x}+\frac{1}{q_y}$. 因此函数 $f(x,y)$ 在任何区间上的振幅总大于$\frac{1}{q_y}$,即函数 $f(x,y)$ 在 $x\in[0,1]$ 上关于 x 的积分不存在. 显然就不存在先 x 后 y 的累次积分.

同理可证先 y 后 x 的累次积分也不存在.

8. 设 $D=[0,1]\times[0,1]$，

$$f(x,y)=\begin{cases}1, & \text{当}(x,y)\text{为}D\text{中有理点，且}q_x=q_y\text{时}, \\ 0, & \text{当}(x,y)\text{为}D\text{中其他点时},\end{cases}$$

其中 q_x 意义同第 7 题. 证明 $f(x,y)$ 在 D 上的二重积分不存在而两个累次积分存在.

证 因为在正方形的任何部分内，函数 f 的振幅等于 1，所以二重积分不存在.

对固定的 y，若 y 为无理数，则函数 $f(x,y)$ 恒为零. 若 y 为有理数，则函数仅有有限个异于 0 的值，因此 $\int_0^1 f(x,y)\mathrm{d}x=0$. 所以累次积分存在且 $\int_0^1\mathrm{d}y\int_0^1 f(x,y)\mathrm{d}x=0$，同理，累次积分 $\int_0^1\mathrm{d}x\int_0^1 f(x,y)\mathrm{d}y=0$.

习题 21.3 解答

1. 应用格林公式计算下列曲线积分：

(1) $\oint_L (x+y)^2\mathrm{d}x-(x^2+y^2)\mathrm{d}y$，其中 L 是以 $A(1,1)$，$B(3,2)$，$C(2,5)$ 为顶点的三角形，方向取正向；

(2) $\int_{AB}(\mathrm{e}^x\sin y-my)\mathrm{d}x+(\mathrm{e}^x\cos y-m)\mathrm{d}y$，其中 m 为常数，AB 为由 $(a,0)$ 到 $(0,0)$ 经过圆 $x^2+y^2=ax$ 上半部的路线 $(a>0)$.

解 (1) $\triangle ABC$ 各边方程为：

$AB: y=\frac{1}{2}(x+1)(1\leqslant x\leqslant 3)$；

$BC: y=-3x+11(2\leqslant x\leqslant 3)$；

$AC: y=4x-3(1\leqslant x\leqslant 2)$.

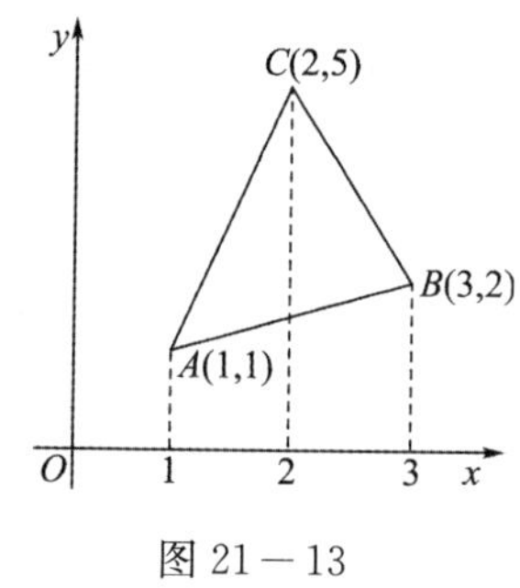

图 21－13

$$\oint_L (x+y)^2\mathrm{d}x-(x^2+y^2)\mathrm{d}y$$
$$=\iint_D[-2(x+y)-2x]\mathrm{d}x\mathrm{d}y$$
$$=-2\int_1^2\mathrm{d}x\int_{\frac{1}{2}(x+1)}^{4x-3}(2x+y)\mathrm{d}y-2\int_2^3\mathrm{d}x\int_{\frac{1}{2}(x+1)}^{-3x+11}(2x+y)\mathrm{d}y$$
$$=-\frac{140}{3}.$$

(2) 由于 AB 不是封闭曲线，则加一段 $\overline{BA}$，有

$$\int_{\overset{\frown}{AB}}(\mathrm{e}^x\sin y-my)\mathrm{d}x+(\mathrm{e}^x\cos y-m)\mathrm{d}y$$
$$=\iint_D(-\mathrm{e}^x\cos y+m+\mathrm{e}^x\cos y)\mathrm{d}x\mathrm{d}y-\int_{\overline{BA}}(\mathrm{e}^x\sin y-my)\mathrm{d}x+(\mathrm{e}^x\cos y-m)\mathrm{d}y$$
$$=m\iint_D\mathrm{d}x\mathrm{d}y=\frac{ma^2\pi}{8}.$$

2. 应用格林公式计算下列曲线所围的平面面积：

(1) **星形线**：$x=a\cos^3 t, y=a\sin^3 t$；

(2) **双纽线**：$(x^2+y^2)^2=a^2(x^2-y^2)$.

解 (1) 由格林公式，$S=\oint_L x\mathrm{d}y=\int_0^{2\pi}a\cos^4 t\cdot 3a\sin^2 t\mathrm{d}t=\frac{3}{8}a^2\pi$.

(2) 设双纽线所围的面积为 S，双纽线的极坐标方程为 $r^2=a^2\cos 2\theta$，且图形关于 y 轴对称，因此由格林公式

$$S=\frac{1}{2}\oint_L x\mathrm{d}y-y\mathrm{d}x\left(令\begin{cases}x=r(\theta)\cos\theta\\y=r(\theta)\sin\theta\end{cases}\right)$$

$$=\int_{-\frac{\pi}{4}}^{\frac{\pi}{4}}\left[a\sqrt{\cos 2\theta}\cos\theta\left(a\sqrt{\cos 2\theta}\cos\theta-\frac{a\sin 2\theta\sin\theta}{\sqrt{\cos 2\theta}}\right)\right.$$

$$\left.-a\sqrt{\cos 2\theta}\sin\theta\left(-a\sqrt{\cos 2\theta}\sin\theta-\frac{a\sin 2\theta\cos\theta}{\sqrt{\cos 2\theta}}\right)\right]\mathrm{d}\theta$$

$$=a^2\int_{-\frac{\pi}{4}}^{\frac{\pi}{4}}\cos 2\theta\mathrm{d}\theta=a^2.$$

3. 证明：若 L 为平面上封闭曲线，$\boldsymbol{l}$ 为任意方向向量，则 $\oint_L\cos(\widehat{\boldsymbol{l},\boldsymbol{n}})\mathrm{d}s=0$，其中 $\boldsymbol{n}$ 为曲线 L 的外法线方向.

证　令 $(\boldsymbol{n},x)$，$(\boldsymbol{l},\boldsymbol{n})$，$(\boldsymbol{l},x)$ 分别表示外法线与 x 轴正向，$\boldsymbol{l}$ 与外法线 $\boldsymbol{n}$ 以及 $\boldsymbol{l}$ 与 x 轴正向的夹角，则有：

$$(\boldsymbol{l},x)=(\boldsymbol{n},x)\pm(\boldsymbol{l},\boldsymbol{n}),$$

$$\cos(\widehat{\boldsymbol{l},\boldsymbol{n}})=\cos(\widehat{\boldsymbol{l},x})\cos(\widehat{\boldsymbol{n},x})\mp\sin(\widehat{\boldsymbol{l},x})\sin(\widehat{\boldsymbol{n},x}).$$

由于 $\cos(\widehat{\boldsymbol{l},x})$ 与 $\sin(\widehat{\boldsymbol{l},x})$ 为常数，且 $\cos(\widehat{\boldsymbol{n},x})\mathrm{d}s=\mathrm{d}y$，$-\sin(\widehat{\boldsymbol{n},x})\mathrm{d}s=\mathrm{d}x$，则由格林公式

$$\oint_L\cos(\widehat{\boldsymbol{l},\boldsymbol{n}})\mathrm{d}s=\oint_L[\pm\sin(\widehat{\boldsymbol{l},x})\mathrm{d}x+\cos(\widehat{\boldsymbol{l},x})\mathrm{d}y]=\iint_D 0\mathrm{d}x\mathrm{d}y=0.$$

4. 求积分值 $I=\oint_L[x\cos(\widehat{\boldsymbol{n},x})+y\cos(\widehat{\boldsymbol{n},y})]\mathrm{d}s$，其中 L 为包围有界区域的封闭曲线，$\boldsymbol{n}$ 为 L 的外法线方向.

解　$I=\oint_L[x\cos(\widehat{\boldsymbol{n},x})+y\cos(\widehat{\boldsymbol{n},y})]\mathrm{d}s=\oint_L x\mathrm{d}y-y\mathrm{d}x=\iint_D 2\mathrm{d}x\mathrm{d}y=2\sigma$，

其中 σ 为封闭曲线 L 所围区域的面积.

5. 验证下列积分与路线无关，并求它们的值：

(1) $\int_{(0,0)}^{(1,1)}(x-y)(\mathrm{d}x-\mathrm{d}y)$；

(2) $\int_{(0,0)}^{(x,y)}(2x\cos y-y^2\sin x)\mathrm{d}x+(2y\cos x-x^2\sin y)\mathrm{d}y$；

(3) $\int_{(2,1)}^{(1,2)}\frac{y\mathrm{d}x-x\mathrm{d}y}{x^2}$，沿在右半平面的路线；

(4) $\int_{(1,0)}^{(6,8)}\frac{x\mathrm{d}x+y\mathrm{d}y}{\sqrt{x^2+y^2}}$，沿不通过原点的路线；

(5) $\int_{(2,1)}^{(1,2)}\varphi(x)\mathrm{d}x+\psi(y)\mathrm{d}y$，其中 $\varphi(x)$，$\psi(y)$ 为连续函数.

解　(1) $\int_{(0,0)}^{(1,1)}(x-y)(\mathrm{d}x-\mathrm{d}y)=\int_{(0,0)}^{(1,1)}(x-y)\mathrm{d}x+(y-x)\mathrm{d}y$，

其中 $P=x-y$，$Q=y-x$，$\frac{\partial P}{\partial y}=\frac{\partial Q}{\partial x}=-1$，

所以积分与路径无关，取路径 $y=x$，得

$$\int_{(0,0)}^{(1,1)}(x-y)\mathrm{d}x+(y-x)\mathrm{d}x=\int_0^1 0\mathrm{d}x=0.$$

(2) 由 $P=2x\cos y-y^2\sin x$，$Q=2y\cos x-x^2\sin y$，则

$$\frac{\partial P}{\partial y}=\frac{\partial Q}{\partial x}=-2x\sin y-2y\sin x.$$

所以积分与路径无关，取路径$\overline{OA}+\overline{AB}$，如图 21－14 所示，则

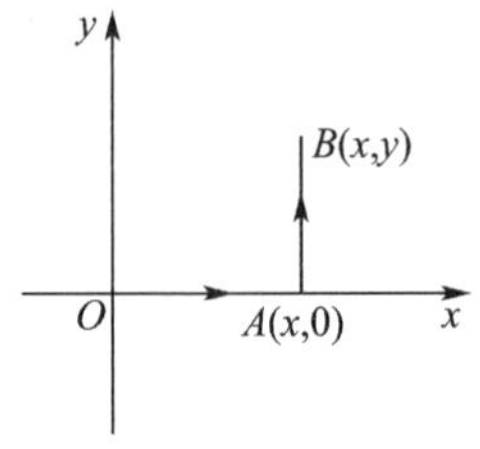

图 21－14

$$\int_{(0,0)}^{(x,y)}(2x\cos y-y^2\sin x)\mathrm{d}x+(2y\cos x-x^2\sin y)\mathrm{d}y$$

$$=\int_0^x 2x\mathrm{d}x+\int_0^y(2y\cos x-x^2\sin y)\mathrm{d}y$$

$$=y^2\cos x+x^2\cos y.$$

(3) 因 $P=\dfrac{y}{x^2},Q=-\dfrac{1}{x},\dfrac{\partial P}{\partial y}=\dfrac{1}{x^2}=\dfrac{\partial Q}{\partial x}$，故积分与路径无关，且

$$\int_{(2,1)}^{(1,2)}\frac{y\mathrm{d}x-x\mathrm{d}y}{x^2}=\int_{(2,1)}^{(1,2)}\mathrm{d}\left(-\frac{y}{x}\right)=-\frac{y}{x}\Big|_{(2,1)}^{(1,2)}=-\frac{3}{2}.$$

(4) 当$(x,y)\neq(0,0)$时，$\dfrac{x\mathrm{d}x+y\mathrm{d}y}{\sqrt{x^2+y^2}}=\mathrm{d}(\sqrt{x^2+y^2})$是全微分，故积分与路径无关，且

$$原式=\int_{(1,0)}^{(6,8)}\mathrm{d}(\sqrt{x^2+y^2})=\sqrt{x^2+y^2}\Big|_{(1,0)}^{(6,8)}=9.$$

(5) **方法一** 因$\varphi(x),\psi(y)$为连续函数，则$F(x)=\int_2^x\varphi(u)\mathrm{d}u$与$G(y)=\int_1^y\psi(r)\mathrm{d}r$分别是$\varphi$和$\psi$的原函数，于是

$$\mathrm{d}[F(x)+G(y)]=\mathrm{d}F(x)+\mathrm{d}G(y)=\varphi(x)\mathrm{d}x+\psi(y)\mathrm{d}y,$$

可见积分与路径无关，从而

$$\begin{aligned}\int_{(2,1)}^{(1,2)}\varphi(x)\mathrm{d}x+\psi(y)\mathrm{d}y&=[F(x)+G(y)]\Big|_{(2,1)}^{(1,2)}\\&=F(1)+G(2)-F(2)-G(1)\\&=\int_2^1\varphi(x)\mathrm{d}x+\int_1^2\psi(y)\mathrm{d}y\\&=\int_1^2[\psi(x)-\varphi(x)]\mathrm{d}x.\end{aligned}$$

方法二 记$P(x,y)=\varphi(x),Q(x,y)=\psi(y)$，则$\dfrac{\partial P}{\partial y}=\dfrac{\partial Q}{\partial x}=0$. 因而曲线积分与路径无关，则

$$\int_{(2,1)}^{(1,2)}\varphi(x)\mathrm{d}x+\psi(y)\mathrm{d}y=\int_2^1\varphi(x)\mathrm{d}x+\int_1^2\psi(y)\mathrm{d}y=\int_1^2[\psi(x)-\varphi(x)]\mathrm{d}x.$$

6. 求下列全微分的原函数：

(1)$(x^2+2xy-y^2)\mathrm{d}x+(x^2-2xy-y^2)\mathrm{d}y$；

(2)$\mathrm{e}^x[\mathrm{e}^y(x-y+2)+y]\mathrm{d}x+\mathrm{e}^x[\mathrm{e}^y(x-y)+1]\mathrm{d}y$；

(3)$f(\sqrt{x^2+y^2})x\mathrm{d}x+f(\sqrt{x^2+y^2})y\mathrm{d}y$.

解 (1) 由于$\dfrac{\partial}{\partial x}(x^2-2xy-y^2)=2(x-y)=\dfrac{\partial}{\partial y}(x^2+2xy-y^2)$，从而积分与路径无关，其原函数

$$\begin{aligned}u&=\int_{(0,0)}^{(x,y)}(x^2+2xy-y^2)\mathrm{d}x+(x^2-2xy-y^2)\mathrm{d}y+C\\&=\int_0^x x^2\mathrm{d}x+\int_0^y(x^2-2xy-y^2)\mathrm{d}y+C\\&=\frac{1}{3}x^3+\left(x^2y-xy^2-\frac{1}{3}y^3\right)\Big|_0^y+C\\&=\frac{1}{3}x^3+x^2y-xy^2-\frac{1}{3}y^3+C.\end{aligned}$$

(2) 由于

$$\frac{\partial}{\partial x}[e^x(e^y(x-y)+1)]=e^x[e^y(x-y+1)+1]=\frac{\partial}{\partial y}[e^x(e^y(x-y+2)+y)],$$

从而积分与路径无关,其原函数

$$\begin{aligned}u&=\int_{(0,0)}^{(x,y)}e^x[e^y(x-y+2)+y]dx+e^x[e^y(x-y)+1]dy\\&=\int_0^y(1-ye^y)dy+\int_0^x e^x[e^y(x-y+2)+y]dx\\&=(y-ye^y+e^y)\Big|_0^y+[(x-y+1)e^{x+y}+ye^x]\Big|_0^x\\&=(x-y+1)e^{x+y}+ye^x-1,\end{aligned}$$

或 $u=(x-y+1)e^{x+y}+ye^x+C$.

(3) 由于 $f(\sqrt{x^2+y^2})xdx+f(\sqrt{x^2+y^2})ydy=\frac{1}{2}f(\sqrt{x^2+y^2})d(x^2+y^2)$,故

$$u=\int\frac{1}{2}f(\sqrt{v})dv=\frac{1}{2}\int f(\sqrt{v})dv(v=x^2+y^2).$$

7. 为了使曲线积分 $\int_L F(x,y)(ydx+xdy)$ 与积分路线无关,可微函数 $F(x,y)$ 应满足怎样的条件?

解 这里 $P=yF(x,y),Q=xF(x,y)$,则

$$该积分与路线无关\Leftrightarrow\frac{\partial Q}{\partial x}=\frac{\partial P}{\partial y}\Leftrightarrow F+xF_x=F+yF_y\Leftrightarrow xF_x(x,y)=yF_y(x,y).$$

8. 计算曲线积分

$$\int_{\overset{\frown}{AMB}}[\varphi(y)e^x-my]dx+[\varphi'(y)e^x-m]dy,$$

其中 $\varphi(y)$ 和 $\varphi'(y)$ 为连续函数,$\overset{\frown}{AMB}$ 为连接点 $A(x_1,y_1)$ 和点 $B(x_2,y_2)$ 的任何路线,但与直线段 AB 围成已知大小为 S 的面积.

解 $P=\varphi(y)e^x-my,\frac{\partial P}{\partial y}=\varphi'(y)e^x-m,\quad Q=\varphi'(y)e^x-m,\frac{\partial Q}{\partial x}=\varphi'(y)e^x,$

$$\begin{aligned}原式&=\left[\int_{\overset{\frown}{AMB}}+\int_{\overline{BA}}+\int_{\overline{AB}}\right]Pdx+Qdy=\oint_{\overset{\frown}{AMBA}}Pdx+Qdy+\int_{\overline{AB}}Pdx+Qdy\\&=\pm\iint_D\left(\frac{\partial Q}{\partial x}-\frac{\partial P}{\partial y}\right)dxdy+\int_{(x_1,y_1)}^{(x_2,y_2)}Pdx+Qdy\\&=\pm mS+\int_{(x_1,y_1)}^{(x_2,y_2)}[\varphi(y)e^x-my]dx+[\varphi'(y)e^x-m]dy\\&=\pm mS+\varphi(y_2)e^{x_2}-\varphi(y_1)e^{x_1}-m(y_2-y_1)-\frac{m}{2}(y_2+y_1)(x_2-x_1).\end{aligned}$$

9. 设函数 $f(u)$ 具有一阶连续导数,证明对任何光滑封闭曲线 L,有

$$\oint_L f(xy)(ydx+xdy)=0.$$

证 令 $P=f(xy)y,Q=f(xy)x$,则$\frac{\partial Q}{\partial x}=f(xy)+xyf'(xy)=\frac{\partial P}{\partial y}$,故由格林公式得

$$\oint_L f(xy)(ydx+xdy)=\iint_D\left(\frac{\partial Q}{\partial x}-\frac{\partial P}{\partial y}\right)dxdy=0.$$

10. 设函数 $u(x,y)$ 在由封闭的光滑曲线 L 所围的区域 D 上具有二阶连续偏导数，证明

$$\iint_D \left(\frac{\partial^2 u}{\partial x^2}+\frac{\partial^2 u}{\partial y^2}\right)\mathrm{d}\sigma=\oint_L \frac{\partial u}{\partial \boldsymbol{n}}\mathrm{d}s,$$

其中 $\frac{\partial u}{\partial \boldsymbol{n}}$ 为 $u(x,y)$ 沿 L 外法线方向 $\boldsymbol{n}$ 的方向导数.

证　由于 $\cos(\widehat{\boldsymbol{n},x})\mathrm{d}s=\mathrm{d}y,\cos(\widehat{\boldsymbol{n},y})\mathrm{d}s=-\mathrm{d}x$，所以

$$\oint_L \frac{\partial u}{\partial \boldsymbol{n}}\mathrm{d}s=\oint_L\left[\frac{\partial u}{\partial x}\cos(\widehat{\boldsymbol{n},x})+\frac{\partial u}{\partial y}\cos(\widehat{\boldsymbol{n},y})\right]\mathrm{d}s$$

$$=\oint_L\left(-\frac{\partial u}{\partial y}\right)\mathrm{d}x+\frac{\partial u}{\partial x}\mathrm{d}y,$$

由题意知 $\frac{\partial u}{\partial x},\frac{\partial u}{\partial y}$ 在 D 上具有连续导数，故由格林公式知

$$\oint_L\left(-\frac{\partial u}{\partial y}\right)\mathrm{d}x+\frac{\partial u}{\partial x}\mathrm{d}y=\iint_D\left(\frac{\partial^2 u}{\partial x^2}+\frac{\partial^2 u}{\partial y^2}\right)\mathrm{d}x\mathrm{d}y,$$

因此 $\iint_D\left(\frac{\partial^2 u}{\partial x^2}+\frac{\partial^2 u}{\partial y^2}\right)\mathrm{d}\sigma=\oint_L \frac{\partial u}{\partial \boldsymbol{n}}\mathrm{d}s.$

习题 21.4 解答

1. 对积分 $\iint_D f(x,y)\mathrm{d}x\mathrm{d}y$ 进行极坐标变换并写出变换后不同顺序的累次积分：

(1) 当 D 为由不等式 $a^2\leqslant x^2+y^2\leqslant b^2,y\geqslant 0$ 所确定的区域；

(2) $D=\{(x,y)\mid x^2+y^2\leqslant y,x\geqslant 0\}$；

(3) $D=\{(x,y)\mid 0\leqslant x\leqslant 1,0\leqslant x+y\leqslant 1\}$（图 21－15）.

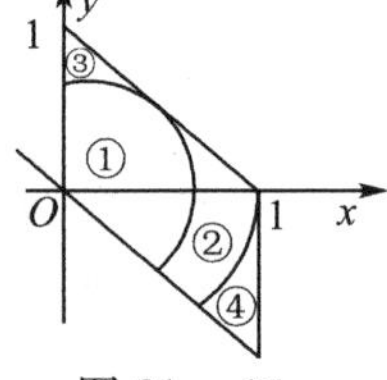

图 21－15

解　(1) 原积分 $=\int_0^{\pi}\mathrm{d}\theta\int_a^b rf(r\cos\theta,r\sin\theta)\mathrm{d}r=\int_a^b\mathrm{d}r\int_0^{\pi}rf(r\cos\theta,r\sin\theta)\mathrm{d}\theta.$

(2) 原积分 $=\int_0^{\frac{\pi}{2}}\mathrm{d}\theta\int_0^{\sin\theta}rf(r\cos\theta,r\sin\theta)\mathrm{d}r=\int_0^1\mathrm{d}r\int_{\arcsin r}^{\frac{\pi}{2}}rf(r\cos\theta,r\sin\theta)\mathrm{d}\theta.$

(3) 原积分 $=\int_{-\frac{\pi}{4}}^0\mathrm{d}\theta\int_0^{\sec\theta}rf(r\cos\theta,r\sin\theta)\mathrm{d}r+\int_0^{\frac{\pi}{2}}\mathrm{d}\theta\int_0^{\frac{1}{\cos\theta+\sin\theta}}rf(r\cos\theta,r\sin\theta)\mathrm{d}r$

$=\int_0^{\frac{\sqrt{2}}{2}}\mathrm{d}r\int_{-\frac{\pi}{4}}^{\frac{\pi}{2}}rf(r\cos\theta,r\sin\theta)\mathrm{d}\theta+\int_{\frac{\sqrt{2}}{2}}^1\mathrm{d}r\int_{-\frac{\pi}{4}}^{\frac{\pi}{4}-\arccos\frac{1}{\sqrt{2}r}}rf(r\cos\theta,r\sin\theta)\mathrm{d}\theta$

$+\int_{\frac{\sqrt{2}}{2}}^1\mathrm{d}r\int_{\frac{\pi}{4}+\arccos\frac{1}{\sqrt{2}r}}^{\frac{\pi}{2}}rf(r\cos\theta,r\sin\theta)\mathrm{d}\theta+\int_1^{\sqrt{2}}\mathrm{d}r\int_{-\frac{\pi}{4}}^{-\arccos\frac{1}{r}}rf(r\cos\theta,r\sin\theta)\mathrm{d}\theta.$

2. 用极坐标计算下列二重积分：

(1) $\iint_D\sin\sqrt{x^2+y^2}\,\mathrm{d}x\mathrm{d}y$，其中 $D=\{(x,y)\mid \pi^2\leqslant x^2+y^2\leqslant 4\pi^2\}$；

(2) $\iint_D(x+y)\mathrm{d}x\mathrm{d}y$，其中 $D=\{(x,y)\mid x^2+y^2\leqslant x+y\}$；

(3) $\iint_D|xy|\mathrm{d}x\mathrm{d}y$，其中 D 为圆域 $x^2+y^2\leqslant a^2$；

(4) $\iint_D f'(x^2+y^2)\mathrm{d}x\mathrm{d}y$，其中 D 为圆域 $x^2+y^2\leqslant R^2$.

解　(1) $\iint_D\sin\sqrt{x^2+y^2}\,\mathrm{d}x\mathrm{d}y=\int_0^{2\pi}\mathrm{d}\theta\int_{\pi}^{2\pi}r\sin r\mathrm{d}r=-6\pi^2.$

(2) **方法一** 应用极坐标变换后积分区域变为

$$D'=\{(r,\theta)\mid -\frac{\pi}{4}\leqslant\theta\leqslant\frac{3}{4}\pi,0\leqslant r\leqslant\sin\theta+\cos\theta\},$$

从而

$$\iint\limits_D(x+y)\mathrm{d}x\mathrm{d}y=\iint\limits_{D'}r(\cos\theta+\sin\theta)r\mathrm{d}r\mathrm{d}\theta=\int_{-\frac{\pi}{4}}^{\frac{3}{4}\pi}\mathrm{d}\theta\int_0^{\cos\theta+\sin\theta}r^2(\cos\theta+\sin\theta)\mathrm{d}r$$

$$=\frac{1}{3}\int_{-\frac{\pi}{4}}^{\frac{3\pi}{4}}(\cos\theta+\sin\theta)^4\mathrm{d}\theta$$

$$=\frac{1}{3}\int_{-\frac{\pi}{4}}^{\frac{3}{4}\pi}[\sqrt{2}\sin(\theta+\frac{\pi}{4})]^4\mathrm{d}\theta\xlongequal{\theta+\frac{\pi}{4}=t}\frac{4}{3}\int_0^{\pi}\sin^4t\mathrm{d}t$$

$$=\frac{8}{3}\int_0^{\frac{\pi}{2}}\sin^4t\mathrm{d}t=\frac{8}{3}\cdot\frac{3}{4}\cdot\frac{1}{2}\cdot\frac{\pi}{2}=\frac{\pi}{2}.$$

方法二 令 $\begin{cases}x=\frac{1}{2}+r\cos\theta,\\ y=\frac{1}{2}+r\sin\theta,\end{cases}$ 则 $\begin{cases}0\leqslant\theta\leqslant2\pi,\\ 0\leqslant r\leqslant\frac{\sqrt{2}}{2},\end{cases}$ 且有

$$\iint\limits_D(x+y)\mathrm{d}x\mathrm{d}y=\int_0^{2\pi}\mathrm{d}\theta\int_0^{\frac{\sqrt{2}}{2}}r(1+r\cos\theta+r\sin\theta)\mathrm{d}r=\frac{\pi}{2}.$$

(3) 原积分 $=4\int_0^{\frac{\pi}{2}}\mathrm{d}\theta\int_0^a r^3\sin\theta\cos\theta\mathrm{d}r=4\times\left(-\frac{\cos2\theta}{4}\bigg|_0^{\frac{\pi}{2}}\right)\frac{1}{4}r^4\bigg|_0^a=\frac{a^4}{2}.$

(4) $\iint\limits_D f'(x^2+y^2)\mathrm{d}x\mathrm{d}y=\iint\limits_D f'(r^2)r\mathrm{d}r\mathrm{d}\theta=\int_0^{2\pi}\mathrm{d}\theta\int_0^R rf'(r^2)\mathrm{d}r=\pi[f(R^2)-f(0)].$

3. 在下列积分中引入新变量 u,v 后，试将它化为累次积分：

(1) $\int_0^2\mathrm{d}x\int_{1-x}^{2-x}f(x,y)\mathrm{d}y$，若 $u=x+y,v=x-y$；

(2) $\iint\limits_D f(x,y)\mathrm{d}x\mathrm{d}y$，其中 $D=\{(x,y)\mid\sqrt{x}+\sqrt{y}\leqslant\sqrt{a},x\geqslant0,y\geqslant0\}$，若 $x=u\cos^4v,y=u\sin^4v$；

(3) $\iint\limits_D f(x,y)\mathrm{d}x\mathrm{d}y$，其中 $D=\{(x,y)\mid x+y\leqslant a,x\geqslant0,y\geqslant0\}$，若 $x+y=u,y=uv$.

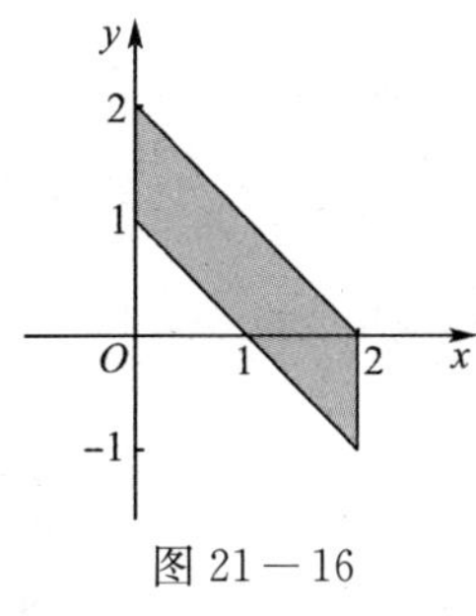

图 21－16

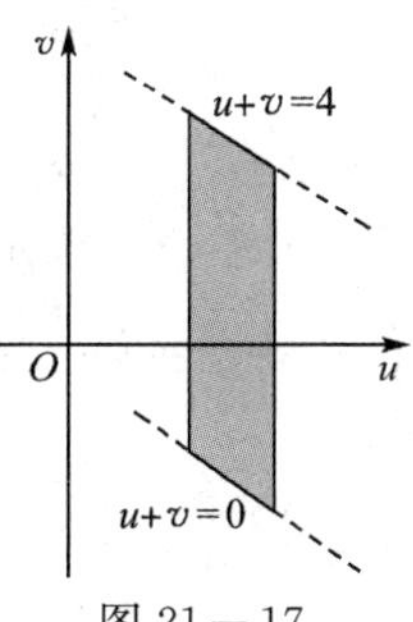

图 21－17

解 (1) 由 $u=x+y,v=x-y$ 得 $x=\frac{u+v}{2},y=\frac{u-v}{2}$，则

$$D'=\{(u,v)\mid 1\leqslant u\leqslant2,-u\leqslant v\leqslant4-u\},\ |J|=\frac{1}{2}.$$

D 与 D' 分别如图 21－16，图 21－17 所示. 于是

$$\int_0^2 dx\int_{1-x}^{2-x} f(x,y)dy=\iint_{D'} f\left(\frac{u+v}{2},\frac{u-v}{2}\right)\cdot\frac{1}{2}dudv=\frac{1}{2}\int_1^2 du\int_{-u}^{4-u} f\left(\frac{u+v}{2},\frac{u-v}{2}\right)dv.$$

(2) 由 $x=u\cos^4 v, y=u\sin^4 v$ 得 $D'=\{(u,v)\mid 0\leqslant u\leqslant a, 0\leqslant v\leqslant\frac{\pi}{2}\}$，$|J|=4u\sin^3 v\cos^3 v$，于是

$$\iint_D f(x,y)dxdy=\iint_{D'} f(u\cos^4 v,u\sin^4 v)4u\sin^3 v\cos^3 v dudv$$
$$=4\int_0^{\frac{\pi}{2}}dv\int_0^a u\sin^3 v\cos^3 v f(u\cos^4 v,u\sin^4 v)du.$$

(3) 由 $x+y=u, y=uv$ 得

$$D'=\{(u,v)\mid 0\leqslant u\leqslant a, 0\leqslant v\leqslant 1\},\ |J|=u,$$

于是 $\iint_D f(x,y)dxdy=\iint_{D'} f(u-uv,uv)ududv=\int_0^a du\int_0^1 f(u-uv,uv)udv.$

4. 试作适当变换，计算下列积分：

(1) $\iint_D (x+y)\sin(x-y)dxdy, D=\{(x,y)\mid 0\leqslant x+y\leqslant\pi, 0\leqslant x-y\leqslant\pi\}$；

(2) $\iint_D e^{\frac{y}{x+y}}dxdy, D=\{(x,y)\mid x+y\leqslant 1, x\geqslant 0, y\geqslant 0\}$.

解 (1) 令 $\begin{cases}x+y=u,\\x-y=v,\end{cases}$ 则 $x=\frac{1}{2}(u+v), y=\frac{1}{2}(u-v)$,

$$D'=\{(u,v)\mid 0\leqslant u\leqslant\pi, 0\leqslant v\leqslant\pi\},\ |J(u,v)|=\frac{1}{2},$$

于是 $\iint_D (x+y)\sin(x-y)dxdy=\iint_{D'} u\sin v\cdot\frac{1}{2}dudv=\frac{1}{2}\int_0^\pi udu\int_0^\pi \sin vdv=\frac{1}{2}\pi^2.$

(2) 令 $\begin{cases}y=u,\\x+y=v,\end{cases}$ 则 $x=v-u, y=u$,

$$D'=\{(u,v)\mid 0\leqslant u\leqslant v, 0\leqslant v\leqslant 1\},\ |J(u,v)|=1.$$

于是 $\iint_D e^{\frac{y}{x+y}}dxdy=\iint_{D'} e^{\frac{u}{v}}dudv=\int_0^1 dv\int_0^v e^{\frac{u}{v}}du=\frac{1}{2}(e-1).$

5. 求由下列曲面所围立体 V 的体积：

(1) V 是由 $z=x^2+y^2$ 和 $z=x+y$ 所围的立体；

(2) V 是由曲面 $z^2=\frac{x^2}{4}+\frac{y^2}{9}$ 和 $2z=\frac{x^2}{4}+\frac{y^2}{9}$ 所围的立体.

解 (1) 由 $z=x^2+y^2$ 和 $z=x+y$ 得 $x^2+y^2=x+y$.

因此积分区域 $D:\left(x-\frac{1}{2}\right)^2+\left(y-\frac{1}{2}\right)^2\leqslant\frac{1}{2}$，应用变换 $x=\frac{1}{2}+r\cos\theta, y=\frac{1}{2}+r\sin\theta$. 故体积

$$V=\iint_D[(x+y)-(x^2+y^2)]dxdy=\int_0^{2\pi}d\theta\int_0^{\frac{\sqrt{2}}{2}}\left(\frac{1}{2}-r^2\right)rdr=\frac{\pi}{8}.$$

(2) 由 $z^2=2z$，得 $z_1=0, z_2=2$，所以立体 V 在 xOy 平面上的投影为 $D:\frac{x^2}{4}+\frac{y^2}{9}\leqslant 4$. 立体的顶面为 $z=\sqrt{\frac{x^2}{4}+\frac{y^2}{9}}$，底面为 $z=\frac{1}{2}\left(\frac{x^2}{4}+\frac{y^2}{9}\right)$，则体积

$$V=\iint_D\left[\sqrt{\frac{x^2}{4}+\frac{y^2}{9}}-\frac{1}{2}\left(\frac{x^2}{4}+\frac{y^2}{9}\right)\right]dxdy,$$

令$\begin{cases}x=2r\cos\theta,\\y=3r\sin\theta,\end{cases}$得$\begin{cases}0\leqslant r\leqslant 2,\\0\leqslant\theta\leqslant 2\pi,\end{cases}$ $|J|=6r$,所以

$$V=6\int_0^{2\pi}\mathrm{d}\theta\int_0^2\left(r-\frac{r^2}{2}\right)r\mathrm{d}r=8\pi.$$

6. 求由下列曲线所围的平面图形面积:

(1) $x+y=a, x+y=b, y=\alpha x, y=\beta x(0<a<b, 0<\alpha<\beta)$;

(2) $\left(\frac{x^2}{a^2}+\frac{y^2}{b^2}\right)^2=x^2+y^2$;

(3) $(x^2+y^2)^2=2a^2(x^2-y^2)\quad(x^2+y^2\geqslant a^2)$.

解 (1) 令$u=x+y, v=\frac{y}{x}$,则$a\leqslant u\leqslant b, \alpha\leqslant v\leqslant\beta$,故$x=\frac{u}{1+v}, y=\frac{uv}{1+v}$,且

$$\frac{\partial(x,y)}{\partial(u,v)}=\begin{vmatrix}\frac{1}{1+v} & \frac{-u}{(1+v)^2}\\ \frac{v}{1+v} & \frac{u}{(1+v)^2}\end{vmatrix}=\frac{u}{(1+v)^2},$$

所围图形面积

$$S=\iint_D\mathrm{d}x\mathrm{d}y=\int_a^b\mathrm{d}u\int_\alpha^\beta\frac{u}{(1+v)^2}\mathrm{d}v=\frac{b^2-a^2}{2}\left(\frac{1}{1+\alpha}-\frac{1}{1+\beta}\right).$$

(2) 令$x=ar\cos\theta, y=br\sin\theta$,则$|J|=abr$,从而方程$\left(\frac{x^2}{a^2}+\frac{y^2}{b^2}\right)^2=x^2+y^2$变换成$r^4=a^2r^2\cos^2\theta+b^2r^2\sin^2\theta$,即$r=\sqrt{a^2\cos^2\theta+b^2\sin^2\theta}$.所以所求图形的面积为

$$S=ab\int_0^{2\pi}\mathrm{d}\theta\int_0^{\sqrt{a^2\cos^2\theta+b^2\sin^2\theta}}r\mathrm{d}r=\frac{ab}{2}\int_0^{2\pi}(a^2\cos^2\theta+b^2\sin^2\theta)\mathrm{d}\theta$$
$$=\frac{ab(a^2+b^2)\pi}{2}.$$

(3) 令$x=r\cos\theta, y=r\sin\theta$,则$|J|=r$,从而方程$(x^2+y^2)^2=2a^2(x^2-y^2)$变换成$r^2=2a^2\cos 2\theta$,当$a^2=2a^2\cos 2\theta$时,$\cos 2\theta=\frac{1}{2}$,即$\theta=\pm\frac{\pi}{6}$,如图 21－18 所示,由图形的对称性可知图形面积

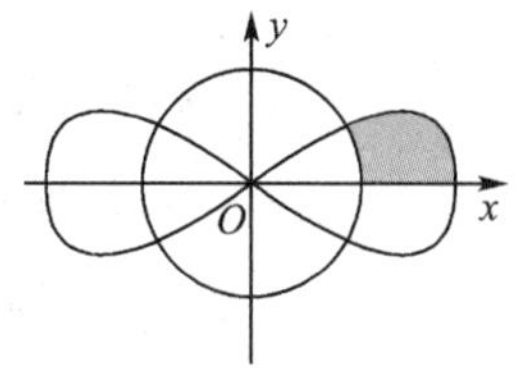

图 21－18

$$S=4\int_0^{\frac{\pi}{6}}\mathrm{d}\theta\int_a^{\sqrt{2a^2\cos 2\theta}}r\mathrm{d}r=2\int_0^{\frac{\pi}{6}}a^2(2\cos 2\theta-1)\mathrm{d}\theta=\left(\sqrt{3}-\frac{\pi}{3}\right)a^2.$$

7. 设$f(x,y)$为连续函数,且$f(x,y)=f(y,x)$.证明:

$$\int_0^1\mathrm{d}x\int_0^x f(x,y)\mathrm{d}y=\int_0^1\mathrm{d}x\int_0^x f(1-x,1-y)\mathrm{d}y.$$

证 令$x=1-u, y=1-v$,则$|J|=1$,所以

$$\int_0^1\mathrm{d}x\int_0^x f(x,y)\mathrm{d}y=\int_0^1\mathrm{d}v\int_0^v f(1-u,1-v)\mathrm{d}u=\int_0^1\mathrm{d}v\int_0^v f(1-v,1-u)\mathrm{d}u$$
$$=\int_0^1\mathrm{d}x\int_0^x f(1-x,1-y)\mathrm{d}y.$$

8. 试作适当变换,把下列二重积分化为单重积分:

(1) $\iint_D f(\sqrt{x^2+y^2})\mathrm{d}x\mathrm{d}y$,其中$D$为圆域$x^2+y^2\leqslant 1$;

(2) $\iint_D f(\sqrt{x^2+y^2})\mathrm{d}x\mathrm{d}y$,其中$D=\{(x,y)\mid |y|\leqslant|x|, |x|\leqslant 1\}$;

(3)$\iint\limits_{D} f(x+y)\mathrm{d}x\mathrm{d}y$,其中 $D=\{(x,y)\mid |x|+|y|\leqslant 1\}$;

(4)$\iint\limits_{D} f(xy)\mathrm{d}x\mathrm{d}y$,其中 $D=\{(x,y)\mid x\leqslant y\leqslant 4x,1\leqslant xy\leqslant 2\}$.

解　(1)令 $\begin{cases}x=r\cos\theta,\\ y=r\sin\theta,\end{cases}$ 则 $\begin{cases}0\leqslant\theta\leqslant 2\pi,\\ 0\leqslant r\leqslant 1,\end{cases}$

$$\text{原积分}=\int_0^{2\pi}\mathrm{d}\theta\int_0^1 f(r)r\mathrm{d}r=2\pi\int_0^1 f(r)r\mathrm{d}r.$$

(2)积分区域 D 如图 21－19 所示,由它的对称性及被积函数关于 x 和关于 y 都是偶函数,知积分值等于 4 倍的第一象限部分 D_1 上的积分值,其中 $D_1=\{(x,y)\mid y\leqslant x\leqslant 1,y\geqslant 0\}$,应用极坐标变换,有

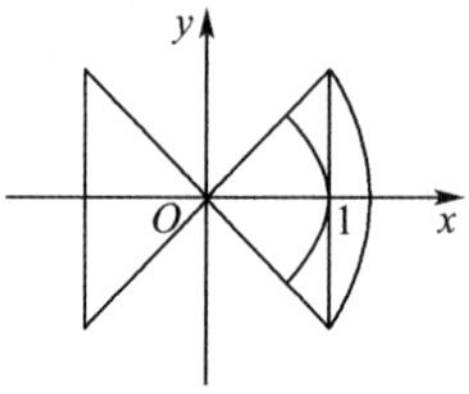

图 21－19

$$\begin{aligned}\iint\limits_{D_1} f(\sqrt{x^2+y^2})\mathrm{d}x\mathrm{d}y&=\int_0^{\frac{\pi}{4}}\mathrm{d}\theta\int_0^{\frac{1}{\cos\theta}} rf(r)\mathrm{d}r\\&=\int_0^1\mathrm{d}r\int_0^{\frac{\pi}{4}} f(r)r\mathrm{d}\theta+\int_1^{\sqrt{2}}\mathrm{d}r\int_{\arccos\frac{1}{r}}^{\frac{\pi}{4}} f(r)r\mathrm{d}\theta\\&=\frac{\pi}{4}\int_0^1 f(r)r\mathrm{d}r+\int_1^{\sqrt{2}}\left(\frac{\pi}{4}-\arccos\frac{1}{r}\right)f(r)r\mathrm{d}r,\end{aligned}$$

所以,原积分 $=\pi\int_0^{\sqrt{2}} f(r)r\mathrm{d}r-4\int_1^{\sqrt{2}} r\arccos\frac{1}{r}\cdot f(r)\mathrm{d}r.$

(3)令 $u=x+y,v=x-y$,则 $x=\frac{u+v}{2},y=\frac{u-v}{2},J=-\frac{1}{2}$,原积分区域变换成 $-1\leqslant u\leqslant 1,-1\leqslant v\leqslant 1$.

所以,原积分 $=\frac{1}{2}\int_{-1}^1\mathrm{d}u\int_{-1}^1 f(u)\mathrm{d}v=\int_{-1}^1 f(u)\mathrm{d}u.$

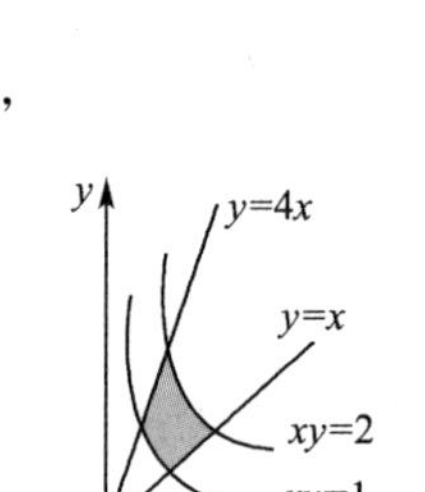

图 21－20

(4)令 $u=xy,v=\frac{y}{x}$,则 $y=\sqrt{uv},x=\sqrt{\frac{u}{v}},J=\frac{1}{2v}$.

原积分区域(图 21－20 所示)变换成 $1\leqslant u\leqslant 2,1\leqslant v\leqslant 4$. 所以,

原积分 $=\frac{1}{2}\int_1^2\mathrm{d}u\int_1^4 f(u)\frac{1}{v}\mathrm{d}v=\ln 2\cdot\int_1^2 f(u)\mathrm{d}u.$

习题 21.5 解答

1. 计算下列积分:

(1)$\iiint\limits_{V}(xy+z^2)\mathrm{d}x\mathrm{d}y\mathrm{d}z$,其中 $V=[-2,5]\times[-3,3]\times[0,1]$;

(2)$\iiint\limits_{V} x\cos y\cos z\mathrm{d}x\mathrm{d}y\mathrm{d}z$,其中 $V=[0,1]\times\left[0,\frac{\pi}{2}\right]\times\left[0,\frac{\pi}{2}\right]$;

(3)$\iiint\limits_{V}\frac{\mathrm{d}x\mathrm{d}y\mathrm{d}z}{(1+x+y+z)^3}$,其中 V 是由 $x+y+z=1$ 与三个坐标面所围成的区域;

(4)$\iiint\limits_{V} y\cos(x+z)\mathrm{d}x\mathrm{d}y\mathrm{d}z$,其中 V 是由 $y=\sqrt{x},y=0,z=0$ 及 $x+z=\frac{\pi}{2}$ 所围成的区域.

解　(1)$\iiint\limits_{V}(xy+z^2)\mathrm{d}x\mathrm{d}y\mathrm{d}z=\int_{-2}^5\mathrm{d}x\int_{-3}^3\mathrm{d}y\int_0^1(xy+z^2)\mathrm{d}z=\int_{-2}^5\mathrm{d}x\int_{-3}^3\left(xy+\frac{1}{3}\right)\mathrm{d}y=14.$

(2)$\iiint\limits_{V} x\cos y\cos z\mathrm{d}x\mathrm{d}y\mathrm{d}z=\int_0^1 x\mathrm{d}x\int_0^{\frac{\pi}{2}}\cos y\mathrm{d}y\int_0^{\frac{\pi}{2}}\cos z\mathrm{d}z=\frac{1}{2}.$

(3) 积分区域V如图 21－21 所示，

$$\iiint_V \frac{\mathrm{d}x\mathrm{d}y\mathrm{d}z}{(1+x+y+z)^3}=\int_0^1\mathrm{d}z\int_0^{1-z}\mathrm{d}x\int_0^{1-x-z}\frac{\mathrm{d}y}{(1+x+y+z)^3}=\frac{1}{2}\int_0^1\mathrm{d}z\int_0^{1-z}\left[\frac{1}{(1+x+z)^2}-\frac{1}{4}\right]\mathrm{d}x$$
$$=\frac{1}{2}\left(\ln 2-\frac{5}{8}\right).$$

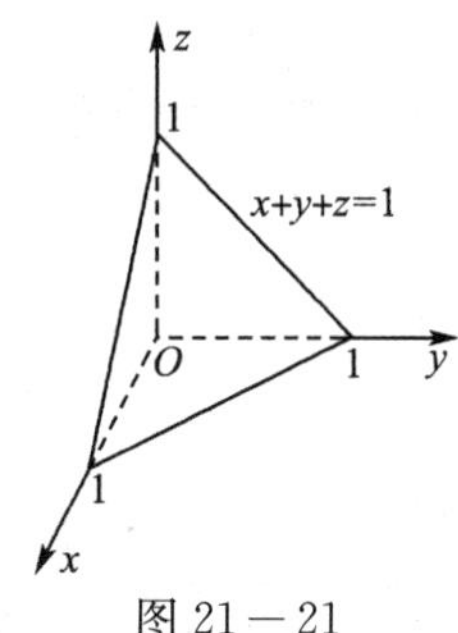

图 21－21

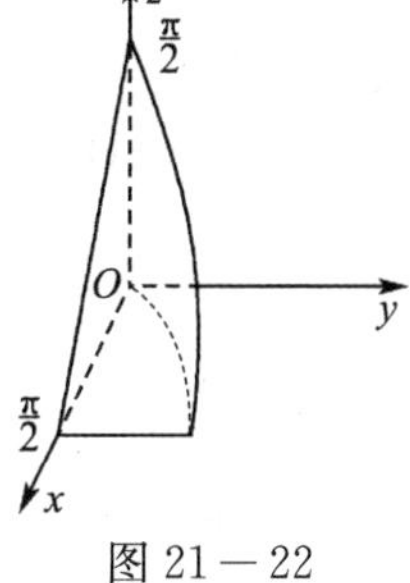

图 21－22

(4) 积分区域V如图 21－22 所示，

$$\iiint_V y\cos(x+z)\mathrm{d}x\mathrm{d}y\mathrm{d}z=\int_0^{\frac{\pi}{2}}\mathrm{d}x\int_0^{\sqrt{x}}y\mathrm{d}y\int_0^{\frac{\pi}{2}-x}\cos(x+z)\mathrm{d}z=\frac{1}{2}\int_0^{\frac{\pi}{2}}x(1-\sin x)\mathrm{d}x=\frac{\pi^2}{16}-\frac{1}{2}.$$

2. 试改变下列累次积分的顺序：

(1)$\int_0^1\mathrm{d}x\int_0^{1-x}\mathrm{d}y\int_0^{x+y}f(x,y,z)\mathrm{d}z$；　　(2)$\int_0^1\mathrm{d}x\int_0^1\mathrm{d}y\int_0^{x^2+y^2}f(x,y,z)\mathrm{d}z$.

解　(1) **方法一**　积分区域$V=\{(x,y,z)\mid 0\leqslant z\leqslant x+y,0\leqslant y\leqslant 1-x,0\leqslant x\leqslant 1\}$.

由于V在xy平面上的投影区域$D_{xy}=\{(x,y)\mid 0\leqslant y\leqslant 1-x,0\leqslant x\leqslant 1\}$，从而

$$I=\int_0^1\mathrm{d}x\int_0^{1-x}\mathrm{d}y\int_0^{x+y}f(x,y,z)\mathrm{d}z=\int_0^1\mathrm{d}y\int_0^{1-y}\mathrm{d}x\int_0^{x+y}f(x,y,z)\mathrm{d}z.$$

由于V在yz平面上的投影区域$D_{yz}=\{(y,z)\mid 0\leqslant y\leqslant 1,0\leqslant z\leqslant 1\}$，从而

$$I=\int_0^1\mathrm{d}z\int_0^z\mathrm{d}y\int_{z-y}^{1-y}f(x,y,z)\mathrm{d}x+\int_0^1\mathrm{d}z\int_z^1\mathrm{d}y\int_0^{1-y}f(x,y,z)\mathrm{d}x$$
$$=\int_0^1\mathrm{d}y\int_0^y\mathrm{d}z\int_0^{1-y}f(x,y,z)\mathrm{d}x+\int_0^1\mathrm{d}y\int_y^1\mathrm{d}z\int_{z-y}^{1-y}f(x,y,z)\mathrm{d}x,$$

由于V在zx平面上的投影区域$D_{zx}=\{(x,z)\mid 0\leqslant x\leqslant 1,0\leqslant z\leqslant 1\}$，从而

$$I=\int_0^1\mathrm{d}z\int_0^z\mathrm{d}x\int_{z-x}^{1-x}f(x,y,z)\mathrm{d}y+\int_0^1\mathrm{d}z\int_z^1\mathrm{d}x\int_0^{1-x}f(x,y,z)\mathrm{d}y$$
$$=\int_0^1\mathrm{d}x\int_x^1\mathrm{d}z\int_{z-x}^{1-x}f(x,y,z)\mathrm{d}y+\int_0^1\mathrm{d}x\int_0^x\mathrm{d}z\int_0^{1-x}f(x,y,z)\mathrm{d}y.$$

方法二　【分析】这是对已化成累次积分的三重积分$\iiint_\Omega f(x,y,z)\mathrm{d}x\mathrm{d}y\mathrm{d}z$交换积分顺序的问题. 这时可不必画出$\Omega$的图形(一般也很难画)，只要把它看成是一次定积分加一次二重积分化成的，对其中的二重积分交换积分顺序，因而有时需要分两步走，其中的每一步均是二重积分交换积分顺序问题. 如本题：第一步，交换x与y的顺序；第二步，交换x与z的顺序，就会得到以x,z,y的顺序的累次积分，这种顺序交换可如同二重积分一样进行，关键步骤是画出二重积分的图形. 有了图形，积分限就容易写出了.

根据以上分析，把该累次积分看成是三重积分按先一(z)后二的顺序化成的，则

$$I=\iint_{D_{xy}}\mathrm{d}x\mathrm{d}y\int_0^{x+y}f(x,y,z)\mathrm{d}z,$$

其中$D_{xy}=\{(x,y)\mid 0\leqslant x\leqslant 1,0\leqslant y\leqslant 1-x\}$，如图 21－23. 交换$x$与$y$的顺序得

$$I=\int_0^1 dx\int_0^{1-x}dy\int_0^{x+y}f(x,y,z)dz.$$

再把它看成三重积分按先二后一(y)的顺序化成的，则

$$I=\int_0^1 dy\iint\limits_{D_{zx}}f(x,y,z)dzdx,$$

其中 $D_{zx}=\{(z,x)\mid 0\leqslant x\leqslant 1-y,0\leqslant z\leqslant x+y\}$，如图 21－24.（对 z,x 积分时 y 是参数，z,x 变动时 y 是不变的），交换 x 与 z 的积分顺序（先对 x 积分要分块积分）得

$$I=\int_0^1 dy\int_0^y dz\int_0^{1-y}f(x,y,z)dx+\int_0^1 dy\int_y^1 dz\int_{z-y}^{1-y}f(x,y,z)dx.$$

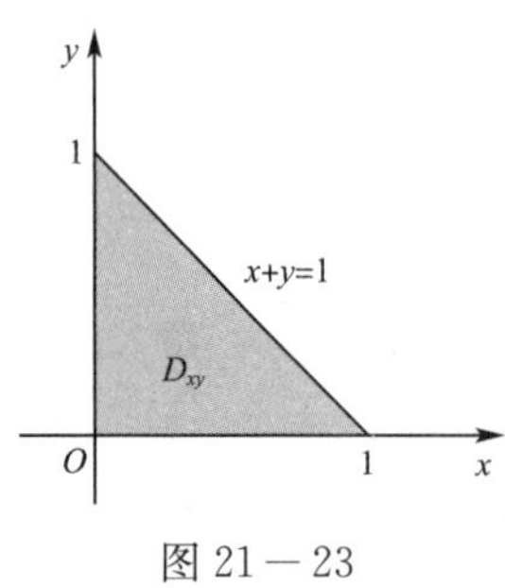

图 21－23

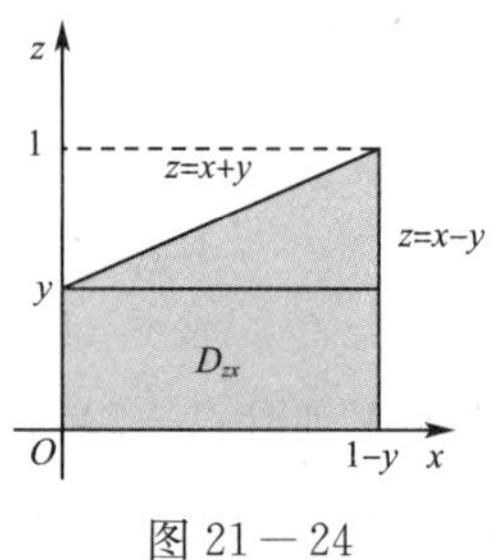

图 21－24

(2) 积分区域 $V=\{(x,y,z)\mid 0\leqslant z\leqslant x^2+y^2,0\leqslant x\leqslant 1,0\leqslant y\leqslant 1\}$.

由于 V 在 xy 平面，yz 平面，zx 平面上的投影区域分别为

$$D_{xy}=\{(x,y)\mid 0\leqslant x\leqslant 1,0\leqslant y\leqslant 1\};$$
$$D_{yz}=\{(y,z)\mid 0\leqslant y\leqslant 1,0\leqslant z\leqslant 1+y^2\};$$
$$D_{zx}=\{(z,x)\mid 0\leqslant z\leqslant 1+x^2,0\leqslant x\leqslant 1\}.$$

从而

$$\begin{aligned}
I&=\int_0^1 dx\int_0^1 dy\int_0^{x^2+y^2}f(x,y,z)dz\\
&=\int_0^1 dy\int_0^1 dx\int_0^{x^2+y^2}f(x,y,z)dz\\
&=\int_0^1 dy\int_0^{y^2}dz\int_0^1 f(x,y,z)dx+\int_0^1 dy\int_{y^2}^{1+y^2}dz\int_{\sqrt{z-y^2}}^1 f(x,y,z)dx\\
&=\int_0^1 dz\int_{\sqrt{z}}^1 dy\int_0^1 f(x,y,z)dx+\int_0^1 dz\int_0^{\sqrt{z}}dy\int_{\sqrt{z-y^2}}^1 f(x,y,z)dx\\
&\quad+\int_1^2 dz\int_{\sqrt{z-1}}^1 dy\int_{\sqrt{z-y^2}}^1 f(x,y,z)dx\\
&=\int_0^1 dz\int_{\sqrt{z}}^1 dx\int_0^1 f(x,y,z)dy+\int_0^1 dz\int_0^{\sqrt{z}}dx\int_{\sqrt{z-x^2}}^1 f(x,y,z)dy\\
&\quad+\int_1^2 dz\int_{\sqrt{z-1}}^1 dx\int_{\sqrt{z-x^2}}^1 f(x,y,z)dy\\
&=\int_0^1 dx\int_0^{x^2}dz\int_0^1 f(x,y,z)dy+\int_0^1 dx\int_{x^2}^{1+x^2}dz\int_{\sqrt{z-x^2}}^1 f(x,y,z)dy.
\end{aligned}$$

3. 计算下列三重积分与累次积分：

(1) $\iiint\limits_V z^2dxdydz$，其中 V 由 $x^2+y^2+z^2\leqslant r^2$ 和 $x^2+y^2+z^2\leqslant 2rz$ 所确定；

(2) $\int_0^1 dx\int_0^{\sqrt{1-x^2}}dy\int_{\sqrt{x^2+y^2}}^{\sqrt{2-x^2-y^2}}z^2dz$.

解 (1) 由于被积函数为 z^2，因此可以把三重积分化为“先二后一”的累次积分，又由区域 V 用平行于 xy

平面的平面截得的是一个圆面. 即

$$S: x^2+y^2\leqslant 2rz-z^2\left(0\leqslant z\leqslant\frac{r}{2}\right); Q: x^2+y^2\leqslant r^2-z^2\left(\frac{r}{2}\leqslant z\leqslant r\right),$$

从而

$$\begin{aligned}\iiint\limits_V z^2\mathrm{d}x\mathrm{d}y\mathrm{d}z&=\int_0^{\frac{r}{2}}\mathrm{d}z\iint\limits_S z^2\mathrm{d}x\mathrm{d}y+\int_{\frac{r}{2}}^r\mathrm{d}z\iint\limits_Q z^2\mathrm{d}x\mathrm{d}y\\&=\pi\int_0^{\frac{r}{2}}z^2(2rz-z^2)\mathrm{d}z+\pi\int_{\frac{r}{2}}^r z^2(r^2-z^2)\mathrm{d}z\\&=\frac{59}{480}\pi r^5.\end{aligned}$$

(2) 应用柱面坐标变换，有

$$V'=\left\{(r,\theta,z)\ \middle|\ 0\leqslant r\leqslant 1, 0\leqslant\theta\leqslant\frac{\pi}{2}, r\leqslant z\leqslant\sqrt{2-r^2}\right\},$$

$$\begin{aligned}\int_0^1\mathrm{d}x\int_0^{\sqrt{1-x^2}}\mathrm{d}y\int_{\sqrt{x^2+y^2}}^{\sqrt{2-x^2-y^2}}z^2\mathrm{d}z&=\int_0^{\frac{\pi}{2}}\mathrm{d}\theta\int_0^1 r\mathrm{d}r\int_r^{\sqrt{2-r^2}}z^2\mathrm{d}z\\&=\frac{\pi}{2}\cdot\frac{1}{3}\int_0^1\left[(2-r^2)^{\frac{3}{2}}-r^3\right]r\mathrm{d}r\\&=\frac{\pi}{15}(2\sqrt{2}-1).\end{aligned}$$

4. 利用适当的坐标变换，计算下列各曲面所围成的体积：

(1) $z=x^2+y^2, z=2(x^2+y^2), y=x, y=x^2$；

(2) $\left(\dfrac{x}{a}+\dfrac{y}{b}\right)^2+\left(\dfrac{z}{c}\right)^2=1(x\geqslant 0, y\geqslant 0, z\geqslant 0, a>0, b>0, c>0)$.

解 (1) 令 $D=\{(x,y,z)\mid 0\leqslant x\leqslant 1, x^2\leqslant y\leqslant x, x^2+y^2\leqslant z\leqslant 2(x^2+y^2)\}$，从而

$$V=\iiint\limits_D\mathrm{d}x\mathrm{d}y\mathrm{d}z=\int_0^1\mathrm{d}x\int_{x^2}^x(x^2+y^2)\mathrm{d}y=\int_0^1\left(\frac{4}{3}x^3-x^4-\frac{1}{3}x^6\right)\mathrm{d}x=\frac{3}{35}.$$

(2) 令 $\begin{cases}x=ar\sin^2\varphi\cos\theta,\\y=br\cos^2\varphi\cos\theta,\\z=cr\sin\theta,\end{cases}$ 则 $|J|=2abcr^2\cos\varphi\sin\varphi\cos\theta$.

$$\Omega'=\left\{(r,\theta,\varphi)\ \middle|\ 0\leqslant r\leqslant 1, 0\leqslant\theta\leqslant\frac{\pi}{2}, 0\leqslant\varphi\leqslant\frac{\pi}{2}\right\}.$$

从而，所求体积

$$\begin{aligned}V&=\iiint\limits_\Omega\mathrm{d}x\mathrm{d}y\mathrm{d}z=\iiint\limits_{\Omega'}2abcr^2\cos\varphi\sin\varphi\cos\theta\mathrm{d}r\mathrm{d}\theta\mathrm{d}\varphi\\&=\int_0^{\frac{\pi}{2}}\mathrm{d}\theta\int_0^{\frac{\pi}{2}}\mathrm{d}\varphi\int_0^1 2abcr^2\cos\varphi\sin\varphi\cos\theta\mathrm{d}r\\&=\int_0^{\frac{\pi}{2}}\cos\theta\mathrm{d}\theta\int_0^{\frac{\pi}{2}}\sin 2\varphi\mathrm{d}\varphi\int_0^1 abcr^2\mathrm{d}r\\&=\frac{1}{3}abc.\end{aligned}$$

5. 设球体 $x^2+y^2+z^2\leqslant 2x$ 上各点的密度等于该点到坐标原点的距离，求该球体的质量.

解 根据题意，所求球体的质量为 $M=\iiint\limits_{x^2+y^2+z^2\leqslant 2x}\sqrt{x^2+y^2+z^2}\mathrm{d}x\mathrm{d}y\mathrm{d}z$，应用球坐标变换

$$\begin{cases}x=r\sin\varphi\cos\theta,\\y=r\sin\varphi\sin\theta,\\z=r\cos\varphi,\end{cases}$$

$$V'=\{(r,\theta,\varphi)\mid -\frac{\pi}{2}\leqslant\theta\leqslant\frac{\pi}{2},0\leqslant\varphi\leqslant\pi,0\leqslant r\leqslant 2\sin\varphi\cos\theta\},$$

于是 $M=\int_{-\frac{\pi}{2}}^{\frac{\pi}{2}}\mathrm{d}\theta\int_0^{\pi}\mathrm{d}\varphi\int_0^{2\sin\varphi\cos\theta}r^3\sin\varphi\mathrm{d}r=\frac{8}{5}\pi$.

6. 证明定理 21.16 及其推论.

定理 21.16：若函数 $f(x,y,z)$ 在长方体 $V=[a,b]\times[c,d]\times[e,h]$ 上的三重积分存在，且对任何 $z\in[e,h]$，二重积分 $I(z)=\iint\limits_D f(x,y,z)\mathrm{d}x\mathrm{d}y$ 存在，其中 $D=[a,b]\times[c,d]$，则积分 $\int_e^h\mathrm{d}z\iint\limits_D f(x,y,z)\mathrm{d}x\mathrm{d}y$ 也存在，且 $\iiint\limits_V f(x,y,z)\mathrm{d}x\mathrm{d}y\mathrm{d}z=\int_e^h\mathrm{d}z\iint\limits_D f(x,y,z)\mathrm{d}x\mathrm{d}y\mathrm{d}z$.

定理 21.16 的推论：若 $V\subset[a,b]\times[c,d]\times[e,h]$，函数 $f(x,y,z)$ 在 V 上的三重积分存在，且对任意固定的 $z\in[e,h]$，积分 $\varphi(z)=\iint\limits_{D_z}f(x,y,z)\mathrm{d}x\mathrm{d}y$ 存在，其中 D_z 是截面 $\{(x,y)\mid(x,y,z)\in V\}$，则 $\int_e^h\varphi(z)\mathrm{d}z$ 存在，且 $\iiint\limits_V f(x,y,z)\mathrm{d}x\mathrm{d}y\mathrm{d}z=\int_e^h\varphi(z)\mathrm{d}z=\int_e^h\mathrm{d}z\iint\limits_{D_z}f(x,y,z)\mathrm{d}x\mathrm{d}y$.

证　用平行于坐标面的平面网 T 作分割，它把 V 分成有限个小长方体，即

$$V_{ijk}=[x_{i-1},x_i]\times[y_{j-1},y_j]\times[z_{k-1},z_k].$$

设 M_{ijk} 和 m_{ijk} 分别是 $f(x,y,z)$ 在 V_{ijk} 上的上、下确界，对于 $[z_{k-1},z_k]$ 上的任一点 ξ_k，在 $D_{ij}=[x_{i-1},x_i]\times[y_{j-1},y_j]$ 上有

$$m_{ijk}\Delta x_i\Delta y_j\leqslant\iint\limits_{D_{ij}}f(x,y,\xi_k)\mathrm{d}x\mathrm{d}y\leqslant M_{ijk}\Delta x_i\Delta y_j.$$

按下标 i 与 j 相加得

$$\sum_{i,j}m_{ijk}\Delta x_i\Delta y_j\leqslant\iint\limits_D f(x,y,\xi_k)\mathrm{d}x\mathrm{d}y=I(\xi_k)\leqslant\sum_{i,j}M_{ijk}\Delta x_i\Delta y_j,$$

因而有 $\sum\limits_{i,j,k}m_{ijk}\Delta x_i\Delta y_i\Delta z_k\leqslant\sum\limits_k I(\xi_k)\Delta z_k\leqslant\sum\limits_{i,j,k}M_{ijk}\Delta x_i\Delta y_j\Delta z_k$.

由 $f(x,y,z)$ 在 V 上可积知，当 $\|T\|\to0$ 时，上式两端的极限存在且相等，即 $I(z)$ 在 $[e,h]$ 上可积，且 $\iiint\limits_V f(x,y,z)\mathrm{d}x\mathrm{d}y\mathrm{d}z=\int_e^h I(z)\mathrm{d}z=\int_e^h\mathrm{d}y\iint\limits_D f(x,y,z)\mathrm{d}x\mathrm{d}y$.

推论的证明　记 $V_1=[a,b]\times[c,d]\times[e,h]$，补充定义，当 $(x,y,z)\in V_1\backslash V$ 时，$f(x,y,z)=0$，即知结论成立.

7. 设 $V=\{(x,y,z)\mid\frac{x^2}{a^2}+\frac{y^2}{b^2}+\frac{z^2}{c^2}\leqslant1\}$，计算下列积分：

(1) $\iiint\limits_V\sqrt{1-\frac{x^2}{a^2}-\frac{y^2}{b^2}-\frac{z^2}{c^2}}\mathrm{d}x\mathrm{d}y\mathrm{d}z$；　　(2) $\iiint\limits_V \mathrm{e}^{\sqrt{\frac{x^2}{a^2}+\frac{y^2}{b^2}+\frac{z^2}{c^2}}}\mathrm{d}x\mathrm{d}y\mathrm{d}z$.

解　(1) 利用广义球坐标变换得

$$\begin{aligned}\text{原式}&=\iiint\limits_V\sqrt{1-r^2}\,r^2abc\sin\varphi\mathrm{d}r\mathrm{d}\theta\mathrm{d}\varphi\\&=\int_0^{2\pi}\mathrm{d}\theta\int_0^{\pi}\sin\varphi\mathrm{d}\varphi\int_0^1\sqrt{1-r^2}\,r^2abc\mathrm{d}r\\&=4\pi abc\int_0^1 r^2\sqrt{1-r^2}\mathrm{d}r=\frac{1}{4}\pi^2abc.\end{aligned}$$

(2) 利用广义球坐标变换得

$$\text{原式}=\int_0^{2\pi}\mathrm{d}\theta\int_0^{\pi}\mathrm{d}\varphi\int_0^1 abcr^2\sin\varphi\cdot\mathrm{e}^r\mathrm{d}r=4\pi abc\int_0^1 r^2\mathrm{e}^r\mathrm{d}r=4\pi abc(\mathrm{e}-2).$$

习题 21.6 解答

1. 求曲面 $az=xy$ 包含在圆柱 $x^2+y^2=a^2$ 内那部分的面积.

解　设曲面面积为 S. 由于 $\frac{\partial z}{\partial x}=\frac{y}{a},\frac{\partial z}{\partial y}=\frac{x}{a}$. 所以 $S=\iint\limits_D\sqrt{1+\left(\frac{y}{a}\right)^2+\left(\frac{x}{a}\right)^2}\,\mathrm{d}x\mathrm{d}y$,其中 D 为 $x^2+y^2\leqslant a^2$. 利用广义极坐标变换,有

$$S=\int_0^{2\pi}\mathrm{d}\theta\int_0^1 a^2r\sqrt{1+r^2}\,\mathrm{d}r=a^2\int_0^{2\pi}\mathrm{d}\theta\int_0^1 r\sqrt{1+r^2}\,\mathrm{d}r=\frac{2}{3}\pi(2\sqrt{2}-1)a^2.$$

2. 求锥面 $z=\sqrt{x^2+y^2}$ 被柱面 $z^2=2x$ 所截部分的曲面面积.

解　由于曲面在 xy 平面上的投影区域为 $D=\{(x,y)\mid x^2+y^2\leqslant 2x\}$,且

$$\frac{\partial z}{\partial x}=\frac{x}{\sqrt{x^2+y^2}},\frac{\partial z}{\partial y}=\frac{y}{\sqrt{x^2+y^2}}.$$

设曲面面积为 S,则

$$S=\iint\limits_D\sqrt{1+\left(\frac{\partial z}{\partial x}\right)^2+\left(\frac{\partial z}{\partial y}\right)^2}\,\mathrm{d}x\mathrm{d}y=\sqrt{2}\iint\limits_D\mathrm{d}x\mathrm{d}y=\sqrt{2}\pi.$$

3. 求下列均匀密度的平面薄板质心:

(1) 半椭圆 $\frac{x^2}{a^2}+\frac{y^2}{b^2}\leqslant 1,y\geqslant 0$;

(2) 高为 h,底分别为 a 和 b 的等腰梯形.

(注:以梯形长为 a 的底边的中点为原点,该底所在直线为 x 轴建立平面直角坐标系,并使梯形位于 x 轴上方.)

解　(1) 设质心位置在 $(\overline{x},\overline{y})$,由对称性知 $\overline{x}=0$,

$$\overline{y}=\frac{\iint\limits_D\mu y\,\mathrm{d}x\mathrm{d}y}{\iint\limits_D\mu\,\mathrm{d}x\mathrm{d}y}=\frac{2}{\pi ab}\iint\limits_D y\,\mathrm{d}x\mathrm{d}y=\frac{2}{ab\pi}\int_0^{\pi}\mathrm{d}\theta\int_0^1 ab^2r^2\sin\theta\,\mathrm{d}r=\frac{4b}{3\pi}.$$

(2) 设等腰梯形在直角坐标中的位置如图 21－25 所示,其质心位置为 $(\overline{x},\overline{y})$,由对称性知 $\overline{x}=0$,

$$\begin{aligned}\overline{y}&=\frac{\iint\limits_D\mu y\,\mathrm{d}x\mathrm{d}y}{\iint\limits_D\mu\,\mathrm{d}x\mathrm{d}y}=\frac{2}{(a+b)h}\iint\limits_D y\,\mathrm{d}x\mathrm{d}y\\&=\frac{2}{(a+b)h}\int_0^h y\,\mathrm{d}y\int_{l_1(y)}^{l_2(y)}\mathrm{d}x\\&=\frac{2}{(a+b)h}\int_0^h\left(\frac{a-b}{h}y+b\right)y\,\mathrm{d}y\\&=\frac{b+2a}{3(a+b)}h,\end{aligned}$$

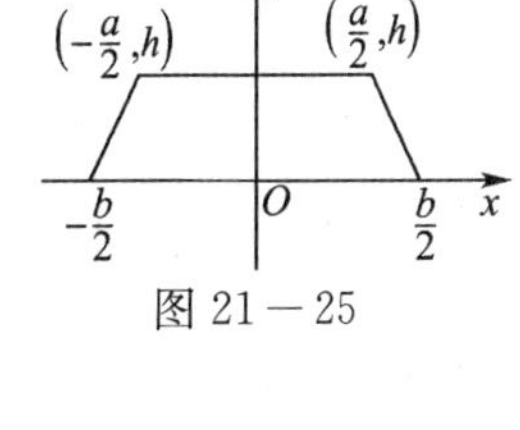

图 21－25

其中 $l_1(y):x=\frac{b-a}{2h}y-\frac{b}{2},l_2(y):x=\frac{a-b}{2h}y+\frac{b}{2}$.

4. 求下列均匀密度物体的质心:

(1) $z\leqslant 1-x^2-y^2,z\geqslant 0$;

(2) 由坐标面及平面 $x+2y-z=1$ 所围的四面体.

解　(1) 设物体的质心坐标为 $(\overline{x},\overline{y},\overline{z})$,由对称性知:

$$\overline{x}=\overline{y}=0,$$

$$\bar{z}=\frac{\iiint\limits_V \mu z\,\mathrm{d}x\mathrm{d}y\mathrm{d}z}{\iiint\limits_V \mu\,\mathrm{d}x\mathrm{d}y\mathrm{d}z}=\frac{\int_0^{2\pi}\mathrm{d}\theta\int_0^1 r\mathrm{d}r\int_0^{1-r^2} z\mathrm{d}z}{\int_0^{2\pi}\mathrm{d}\theta\int_0^1 r\mathrm{d}r\int_0^{1-r^2}\mathrm{d}z}=\frac{1}{3}\text{（利用柱面坐标变换）.}$$

(2) 设四面体的质心坐标为$(\bar{x},\bar{y},\bar{z})$，由于物体密度均匀，且$V=\iiint\limits_V \mathrm{d}x\mathrm{d}y\mathrm{d}z=\dfrac{1}{12}$，因此

$$\bar{x}=\frac{1}{V}\iiint\limits_V x\,\mathrm{d}x\mathrm{d}y\mathrm{d}z=\frac{1}{V}\int_0^1 x\mathrm{d}x\int_0^{\frac{1-x}{2}}\mathrm{d}y\int_{x+2y-1}^0\mathrm{d}z=\frac{1}{4},$$

$$\bar{y}=\frac{1}{V}\iiint\limits_V y\,\mathrm{d}x\mathrm{d}y\mathrm{d}z=\frac{1}{V}\int_0^1\mathrm{d}x\int_0^{\frac{1-x}{2}}y\mathrm{d}y\int_{x+2y-1}^0\mathrm{d}z=\frac{1}{8},$$

$$\bar{z}=\frac{1}{V}\iiint\limits_V z\,\mathrm{d}x\mathrm{d}y\mathrm{d}z=-\frac{1}{4}.$$

5.求下列均匀密度的平面薄板的转动惯量：

(1) 半径为R的圆关于其切线的转动惯量；

(2) 边长为a和b、夹角为φ的平行四边形，关于底边b的转动惯量.

解　(1) 如图 21－26 所示，设切线为$x=R$，其密度为μ_0，对任一点$P(x,y)\in D$，P到$x=R$的距离为$R-x$. 从而

$$\begin{aligned}J&=\mu_0\iint\limits_D (R-x)^2\mathrm{d}x\mathrm{d}y\\&=\mu_0\int_0^{2\pi}\mathrm{d}\theta\int_0^R r(R^2-2Rr\cos\theta+r^2\cos^2\theta)\mathrm{d}r\\&=\frac{5}{4}\pi\mu_0R^4.\end{aligned}$$

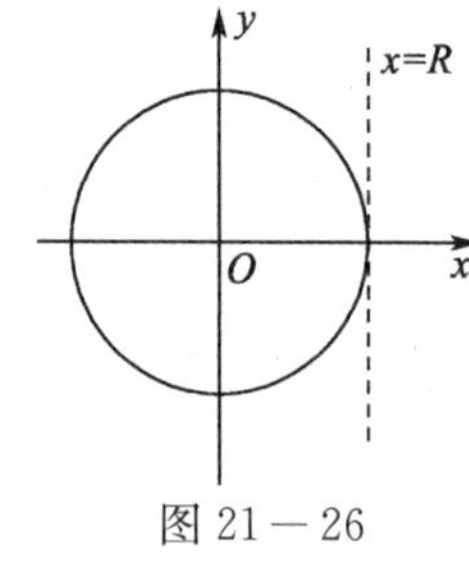

图 21－26

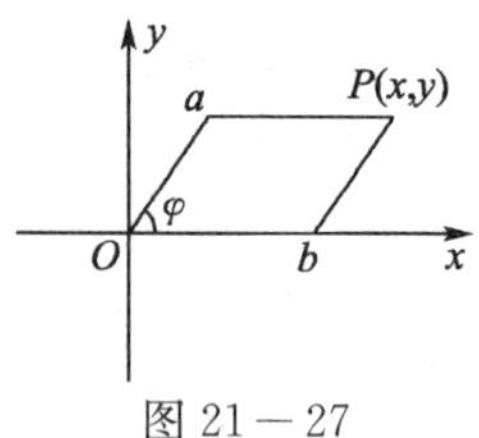

图 21－27

(2) 如图 21－27 所示，设密度为μ_0，于是

$$J=\mu_0\iint\limits_D y^2\mathrm{d}x\mathrm{d}y=\mu_0\int_0^{a\sin\varphi}y^2\mathrm{d}y\int_{y\cdot\cot\varphi}^{b+y\cdot\cot\varphi}\mathrm{d}x=\frac{1}{3}\mu_0ba^3\sin^3\varphi.$$

6.计算下列引力：

(1) 均匀薄片$x^2+y^2\leqslant R^2$，$z=0$对于轴上一点$(0,0,c)$　$(c>0)$处的单位质量的引力；

(2) 均匀柱体$x^2+y^2\leqslant a^2$，$0\leqslant z\leqslant h$对于点$P(0,0,c)$　$(c>h)$处的单位质量的引力；

(3) 均匀密度的正圆锥体（高h，底面半径为R）对于在它的顶点处质量为m的质点的引力.

解　(1) 设物体密度为μ，由对称性，引力必在z轴方向上，因此$F_x=0$，$F_y=0$，

$$\begin{aligned}F_z&=k\mu\iint\limits_{x^2+y^2\leqslant R^2}\frac{-c}{(x^2+y^2+c^2)^{\frac{3}{2}}}\mathrm{d}x\mathrm{d}y\\&=k\mu c\int_0^{2\pi}\mathrm{d}\theta\int_0^R\frac{-r}{(r^2+c^2)^{\frac{3}{2}}}\mathrm{d}r\\&=-2k\pi\mu\left(1-\frac{c}{\sqrt{R^2+c^2}}\right),\end{aligned}$$

故 $\boldsymbol{F}=\left(0,0,-2k\pi\mu\left(1-\frac{c}{\sqrt{R^2+c^2}}\right)\right)$.

(2) 设物体密度为 μ,则由对称性知 $F_x=0,F_y=0$,

$$\begin{aligned}F_z&=k\mu\iiint\limits_V\frac{z-c}{[x^2+y^2+(z-c)^2]^{\frac{3}{2}}}\mathrm{d}x\mathrm{d}y\mathrm{d}z\\&=k\mu\int_0^{2\pi}\mathrm{d}\theta\int_0^a r\mathrm{d}r\int_0^h\left[\frac{z-c}{\sqrt{[r^2+(z-c)^2]^3}}\right]\mathrm{d}z\\&=2\pi[\sqrt{a^2+c^2}-\sqrt{a^2+(h-c)^2}-h]k\mu,\end{aligned}$$

故 $\boldsymbol{F}=(0,0,2\pi[-h+\sqrt{a^2+c^2}-\sqrt{a^2+(h-c)^2}]k\mu)$,其中 k 为引力系数.

(3) 设物体密度为 ρ,由对称性知 $F_x=F_y=0$,只需求 F_z.

设顶点坐标为$(0,0,h)$,

$$F_z=km\iiint\limits_V\frac{z-h}{[x^2+y^2+(z-h)^2]^{\frac{3}{2}}}\rho\mathrm{d}x\mathrm{d}y\mathrm{d}z,$$

由柱面坐标变换,

$$F_z=km\rho\int_0^h(z-h)\mathrm{d}z\int_0^{2\pi}\mathrm{d}\theta\int_0^{\frac{h-z}{h}R}\frac{r}{[r^2+(z-h)^2]^{\frac{3}{2}}}\mathrm{d}r=2\pi km\rho h\left(\frac{h}{\sqrt{R^2+h^2}}-1\right),$$

则引力为$\left(0,0,2\pi km\rho h\left(\frac{h}{\sqrt{R^2+h^2}}-1\right)\right)$,其中 k 为引力系数.

7. 求曲面$\begin{cases}x=(b+a\cos\psi)\cos\varphi,\\y=(b+a\cos\psi)\sin\varphi,\\z=a\sin\psi\end{cases}$ $0\leqslant\varphi\leqslant2\pi,0\leqslant\psi\leqslant2\pi$ 的面积,其中常数 a,b 满足 $0\leqslant a\leqslant b$.

解 由于 $E=x_\psi^2+y_\psi^2+z_\psi^2=a^2,F=x_\psi x_\varphi+y_\psi y_\varphi+z_\psi z_\varphi=0,G=x_\varphi^2+y_\varphi^2+z_\varphi^2=(b+a\cos\psi)^2$,所以曲面面积为

$$\begin{aligned}S&=\iint\limits_S\sqrt{EG-F^2}\,\mathrm{d}\varphi\mathrm{d}\psi=a\iint\limits_S(b+a\cos\psi)\mathrm{d}\varphi\mathrm{d}\psi\\&=a\int_0^{2\pi}\mathrm{d}\varphi\int_0^{2\pi}(b+a\cos\psi)\mathrm{d}\psi=4ab\pi^2.\end{aligned}$$

8. 求螺旋面$\begin{cases}x=r\cos\varphi,\\y=r\sin\varphi,\\z=b\varphi\end{cases}$ $0\leqslant r\leqslant a,0\leqslant\varphi\leqslant2\pi$ 的面积.

解 由于 $E=x_r^2+y_r^2+z_r^2=1,F=x_rx_\varphi+y_ry_\varphi+z_rz_\varphi=0,G=x_\varphi^2+y_\varphi^2+z_\varphi^2=r^2+b^2$,所以曲面积为

$$\begin{aligned}S&=\int_0^a\mathrm{d}r\int_0^{2\pi}\sqrt{EG-F^2}\,\mathrm{d}\varphi=\int_0^a\mathrm{d}r\int_0^{2\pi}\sqrt{r^2+b^2}\,\mathrm{d}\varphi\\&=\pi\left(a\sqrt{a^2+b^2}+b^2\ln\frac{a+\sqrt{a^2+b^2}}{b}\right).\end{aligned}$$

9. 求边长为 a、密度均匀的立方体关于其任一棱边的转动惯量.

解 如图 21－28 所示,设密度为 μ,则

$$\begin{aligned}J_z&=\mu\iiint\limits_V(x^2+y^2)\mathrm{d}x\mathrm{d}y\mathrm{d}z\\&=\mu\int_0^a\mathrm{d}x\int_0^a\mathrm{d}y\int_0^a(x^2+y^2)\mathrm{d}z\\&=\frac{2}{3}\mu a^5.\end{aligned}$$

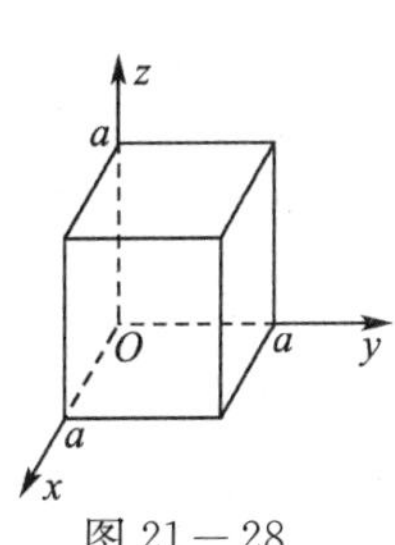

图 21－28

习题 21.7 解答

1. 计算五重积分$\iiiint\limits_V \int \mathrm{d}x\mathrm{d}y\mathrm{d}z\mathrm{d}u\mathrm{d}v$，其中 $V: x^2+y^2+z^2+u^2+v^2 \leqslant r^2$.

解　由教材本节例 2，当 $n=5$ 时，取 $m=2$，则

$$V_5=\frac{2r^5(2\pi)^2}{1\cdot 3\cdot 5}=\frac{8}{15}\pi^2 r^5.$$

2. 计算四重积分

$$\iiiint\limits_V \sqrt{\frac{1-x^2-y^2-z^2-u^2}{1+x^2+y^2+z^2+u^2}}\mathrm{d}x\mathrm{d}y\mathrm{d}z\mathrm{d}u,$$

其中 $V: x^2+y^2+z^2+u^2 \leqslant 1$.

解　作变换 $x=r\cos\varphi_1, y=r\sin\varphi_1\cos\varphi_2, z=r\sin\varphi_1\sin\varphi_2\cos\varphi_3, u=r\sin\varphi_1\sin\varphi_2\sin\varphi_3$，则得

$$\begin{aligned}\text{原式}&=\int_0^{\pi}\mathrm{d}\varphi_1\int_0^{\pi}\mathrm{d}\varphi_2\int_0^{2\pi}\mathrm{d}\varphi_3\int_0^1\sqrt{\frac{1-r^2}{1+r^2}}r^3\sin^2\varphi_1\sin\varphi_2\mathrm{d}r\\&=4\pi\int_0^{\pi}\sin^2\varphi_1\mathrm{d}\varphi_1\int_0^1\sqrt{\frac{1-r^2}{1+r^2}}r^3\mathrm{d}r\\&=2\pi^2\int_0^1 r^3\sqrt{\frac{1-r^2}{1+r^2}}\mathrm{d}r=\pi^2\left(1-\frac{\pi}{4}\right).\end{aligned}$$

3. 求 n 维角锥 $x_i \geqslant 0, \frac{x_1}{a_1}+\frac{x_2}{a_2}+\cdots+\frac{x_n}{a_n} \leqslant 1, a_i>0 \quad (i=1,2,\cdots,n)$ 的体积.

解　令 $\xi_i=\frac{x_i}{a_i}(i=1,2,\cdots,n)$，则 $\xi_i \geqslant 0(n=1,2,\cdots,n), \sum\limits_{i=1}^{n}\xi_i=1$，

$$V=\int\limits_{\sum\limits_{i=1}^{n}\frac{x_i}{a_i}\leqslant 1}\cdots\int \mathrm{d}x_1\cdots\mathrm{d}x_n=a_1\cdots a_n\int\limits_{\sum\limits_{i=1}^{n}\xi_i\leqslant 1}\cdots\int \mathrm{d}\xi_1\cdots\mathrm{d}\xi_n,$$

由教材本节例 1，得 $V=\frac{1}{n!}a_1\cdots a_n$.

4. 把 $\Omega: x_1^2+x_2^2+\cdots+x_n^2 \leqslant R^2$ 上的 $n(n\geqslant 2)$ 重积分

$$\overbrace{\int\limits_{\Omega}\cdots\int}^{n\text{个}} f\left(\sqrt{x_1^2+x_2^2+\cdots+x_n^2}\right)\mathrm{d}x_1\mathrm{d}x_2\cdots\mathrm{d}x_n$$

化为单重积分，其中 $f(u)$ 为连续函数.

解　令

$$\begin{aligned}x_1&=r\cos\varphi_1,\\x_2&=r\sin\varphi_1\cos\varphi_2,\\&\cdots\cdots\\x_{n-1}&=r\sin\varphi_1\sin\varphi_2\cdots\sin\varphi_{n-2}\cos\varphi_{n-1},\\x_n&=r\sin\varphi_1\sin\varphi_2\cdots\sin\varphi_{n-2}\sin\varphi_{n-1},\end{aligned}$$

则

$$\begin{aligned}&\int\limits_{\Omega}\cdots\int f\left(\sqrt{x_1^2+x_2^2+\cdots+x_n^2}\right)\mathrm{d}x_1\mathrm{d}x_2\cdots\mathrm{d}x_n\\=&\int_0^R r^{n-1}f(r)\mathrm{d}r\int_0^{\pi}\mathrm{d}\varphi_1\int_0^{\pi}\mathrm{d}\varphi_2\cdots\int_0^{\pi}\mathrm{d}\varphi_{n-2}\int_0^{2\pi}\sin^{n-2}\varphi_1\sin^{n-3}\varphi_2\cdots\sin\varphi_{n-2}\mathrm{d}\varphi_{n-1},\end{aligned}$$

由于$\int_0^{\pi}\sin^n t\,\mathrm{d}t=2\int_0^{\frac{\pi}{2}}\cos^n t\,\mathrm{d}t=\dfrac{\sqrt{\pi}\Gamma\left(\dfrac{n+1}{2}\right)}{\Gamma\left(\dfrac{n+2}{2}\right)}$,所以

$$原式=\frac{2\pi^{\frac{n}{2}}}{\Gamma\left(\frac{n}{2}\right)}\int_0^R r^{n-1}f(r)\mathrm{d}r.$$

习题 21.8 解答

1. 试讨论下列无界区域上二重积分的收敛性:

(1) $\iint\limits_{x^2+y^2\geqslant 1}\dfrac{\mathrm{d}\sigma}{(x^2+y^2)^m}$;

(2) $\iint\limits_{D}\dfrac{\mathrm{d}\sigma}{(1+|x|^p)(1+|y|^q)}$, D 为全平面;

(3) $\iint\limits_{0\leqslant y\leqslant 1}\dfrac{\varphi(x,y)}{(1+x^2+y^2)^p}\mathrm{d}\sigma \quad (0<m\leqslant|\varphi(x,y)|\leqslant M)$.

解 (1) 令 $x=r\cos\theta, y=r\sin\theta$,

$$\iint\limits_{x^2+y^2\geqslant 1}\frac{\mathrm{d}x\mathrm{d}y}{(x^2+y^2)^m}=\int_0^{2\pi}\mathrm{d}\theta\int_1^{+\infty}\frac{\mathrm{d}r}{r^{2m-1}}=2\pi\int_1^{+\infty}\frac{\mathrm{d}r}{r^{2m-1}},$$

当 $2m-1>1$ 时收敛,当 $2m-1\leqslant 1$ 时发散.

所以积分 $\iint\limits_{x^2+y^2\geqslant 1}\dfrac{\mathrm{d}x\mathrm{d}y}{(x^2+y^2)^m}$ 当 $m>1$ 时收敛,当 $m\leqslant 1$ 时发散.

(2) 由区域的对称性和被积函数关于 x 和 y 的奇偶性得

$$原式=4\int_0^{+\infty}\frac{1}{1+x^p}\mathrm{d}x\int_0^{+\infty}\frac{1}{1+y^q}\mathrm{d}y.$$

由于$\int_0^{+\infty}\dfrac{\mathrm{d}x}{1+x^p}$ 当 $p>1$ 时收敛,$p\leqslant 1$ 时发散. 所以原式当 $p>1, q>1$ 时收敛,其他情况发散.

(3) 由条件知

$$0\leqslant\frac{m}{(2+x^2)^p}\leqslant\frac{\varphi(x,y)}{(1+x^2+y^2)^p}\leqslant\frac{M}{(1+x^2)^p},$$

当 $p>\dfrac{1}{2}$ 时,由 $\iint\limits_{0\leqslant y\leqslant 1}\dfrac{\mathrm{d}x\mathrm{d}y}{(1+x^2)^p}$ 收敛,得此时原积分也收敛;

当 $p\leqslant\dfrac{1}{2}$ 时,$\iint\limits_{0\leqslant y\leqslant 1}\dfrac{\mathrm{d}x\mathrm{d}y}{(2+x^2)^p}$ 发散,此时原积分也发散.

所以当 $p\leqslant\dfrac{1}{2}$ 时积分发散,当 $p>\dfrac{1}{2}$ 时积分收敛.

2. 计算积分$\int_{-\infty}^{+\infty}\mathrm{d}y\int_{-\infty}^{+\infty}\mathrm{e}^{-(x^2+y^2)}\cos(x^2+y^2)\mathrm{d}x$.

解 令 $x=r\cos\theta, y=r\sin\theta$,

$$原式=\int_0^{2\pi}\mathrm{d}\theta\int_0^{+\infty}r\mathrm{e}^{-r^2}\cos r^2\mathrm{d}r=\pi\int_0^{+\infty}\mathrm{e}^{-u}\cos u\mathrm{d}u=\pi\cdot\left.\frac{\mathrm{e}^{-u}(\sin u-\cos u)}{2}\right|_0^{+\infty}=\frac{\pi}{2}.$$

3. 判别下列积分的敛散性:

(1) $\iint\limits_{x^2+y^2\leqslant 1}\dfrac{\mathrm{d}\sigma}{(x^2+y^2)^m}$; (2) $\iint\limits_{x^2+y^2\leqslant 1}\dfrac{\mathrm{d}\sigma}{(1-x^2-y^2)^m}$.

解 令 $x=r\cos\theta, y=r\sin\theta$.

(1) $$\text{原式}=\int_0^{2\pi}\mathrm{d}\theta\int_0^1\frac{\mathrm{d}r}{r^{2m-1}}=2\pi\int_0^1\frac{\mathrm{d}r}{r^{2m-1}},$$

当 $2m-1<1$ 时收敛，$2m-1\geqslant 1$ 时发散，即当 $m<1$ 时收敛，$m\geqslant 1$ 时发散.

(2) $$\text{原式}=\int_0^{2\pi}\mathrm{d}\theta\int_0^1\frac{r}{(1-r^2)^m}\mathrm{d}r\xlongequal{t=r^2}\pi\int_0^1\frac{\mathrm{d}t}{(1-t)^m},$$

所以当 $m<1$ 时收敛，$m\geqslant 1$ 时发散.

第二十一章总练习题解答

1. 求下列函数在所指定区域 D 内的平均值：

(1) $f(x,y)=\sin^2 x\cos^2 y, D=[0,\pi]\times[0,\pi]$；

(2) $f(x,y,z)=x^2+y^2+z^2, D=\{(x,y,z)\mid x^2+y^2+z^2\leqslant x+y+z\}$.

解 (1) 由于 D 的面积为 π^2，所以 f 的平均值

$$\overline{f}=\frac{1}{\pi^2}\int_0^{\pi}\mathrm{d}x\int_0^{\pi}\sin^2 x\cos^2 y\mathrm{d}y=\frac{1}{4}.$$

(2) 由 $x^2+y^2+z^2=x+y+z$，得

$$\left(x-\frac{1}{2}\right)^2+\left(y-\frac{1}{2}\right)^2+\left(z-\frac{1}{2}\right)^2=\frac{3}{4}.$$

D 的体积为 $\frac{4\pi}{3}\left(\frac{\sqrt{3}}{2}\right)^3$，令 $x=\frac{1}{2}+r\sin\varphi\cos\theta, y=\frac{1}{2}+r\sin\varphi\sin\theta, z=\frac{1}{2}+r\cos\varphi$，所以

$$\begin{aligned}&\iiint_D(x^2+y^2+z^2)\mathrm{d}x\mathrm{d}y\mathrm{d}z\\&=\int_0^{2\pi}\mathrm{d}\theta\int_0^{\pi}\mathrm{d}\varphi\int_0^{\frac{\sqrt{3}}{2}}r^2\sin\varphi\left[\frac{3}{4}+r(\sin\varphi\cos\theta+\sin\varphi\sin\theta+\cos\varphi)+r^2\right]\mathrm{d}r\\&=\frac{3\sqrt{3}}{5}\pi,\end{aligned}$$

所以平均值 $\overline{f}=\dfrac{\frac{3\sqrt{3}}{5}\pi}{\frac{4}{3}\pi\left(\frac{\sqrt{3}}{2}\right)^3}=\dfrac{6}{5}$.

2. 计算下列积分：

(1) $\displaystyle\iint\limits_{\substack{0\leqslant x\leqslant 2\\0\leqslant y\leqslant 2}}[x+y]\mathrm{d}\sigma$； (2) $\displaystyle\iint\limits_{x^2+y^2\leqslant 4}\operatorname{sgn}(x^2-y^2+2)\mathrm{d}\sigma$.

解 (1) 被积函数

$$[x+y]=\begin{cases}0, & (x,y)\in D_1,\\1, & (x,y)\in D_2,\\2, & (x,y)\in D_3,\\3, & (x,y)\in D_4,\end{cases}$$

其中 D_1,D_2,D_3 和 D_4 见图 21－29.

$$\text{原式}=\iint_{D_1}0\cdot\mathrm{d}x\mathrm{d}y+\iint_{D_2}1\cdot\mathrm{d}x\mathrm{d}y+\iint_{D_3}2\cdot\mathrm{d}x\mathrm{d}y+\iint_{D_4}3\cdot\mathrm{d}x\mathrm{d}y=\frac{3}{2}+\frac{2\cdot 3}{2}+\frac{3\cdot 1}{2}=6.$$

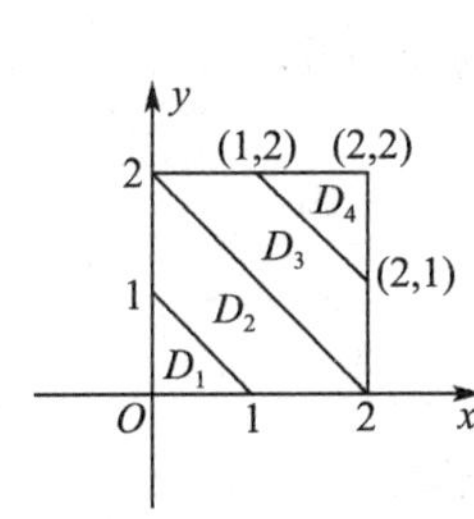

图 21－29

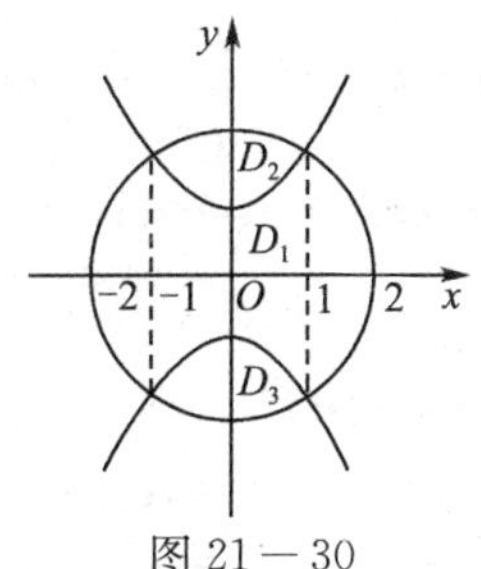

图 21－30

(2) 被积分函数

$$\operatorname{sgn}(x^2-y^2+2)=\begin{cases}1, & (x,y)\in D_1,\\ -1, & (x,y)\in D_2\cup D_3,\end{cases}$$

其中 D_1,D_2 和 D_3 见图 21－30.

$$原积分=\iint\limits_{D_1}\mathrm{d}x\mathrm{d}y-\iint\limits_{D_2}\mathrm{d}x\mathrm{d}y-\iint\limits_{D_3}\mathrm{d}x\mathrm{d}y,$$

D_2 的面积为 $S=\iint\limits_{D_2}\mathrm{d}x\mathrm{d}y=\int_{-1}^{1}\mathrm{d}x\int_{\sqrt{2+x^2}}^{\sqrt{4-x^2}}\mathrm{d}y=\dfrac{2}{3}\pi-2\ln\dfrac{1+\sqrt{3}}{\sqrt{2}}.$

D_3 的面积与 D_2 相同,D_1 的面积为圆的面积去掉 D_2 和 D_3 的面积,所以

$$原式=4\pi-4\left(\frac{2\pi}{3}-2\ln\frac{1+\sqrt{3}}{\sqrt{2}}\right)=4\left[\frac{\pi}{3}+\ln(2+\sqrt{3})\right].$$

3. 应用格林公式计算曲线积分$\int_L xy^2\mathrm{d}y-x^2y\mathrm{d}x$,其中 L 为上半圆周 $x^2+y^2=a^2$ 从 $(a,0)$ 到 $(-a,0)$ 的一段.

解　由于原积分曲线不是封闭曲线,不能应用格林公式,加上从 $(-a,0)$ 到 $(a,0)$ 的直线段 L_1,则有

$$\int_L xy^2\mathrm{d}y-x^2y\mathrm{d}x=\oint_{L+L_1}-\int_{L_1}=\iint\limits_D(x^2+y^2)\mathrm{d}x\mathrm{d}y-0.$$

其中 D 为封闭曲线 $L+L_1$ 所围成的区域,由极坐标变换,

$$\iint\limits_D(x^2+y^2)\mathrm{d}x\mathrm{d}y=\int_0^{\pi}\mathrm{d}\theta\int_0^a r^3\mathrm{d}r=\frac{\pi}{4}a^4,即原积分=\frac{\pi}{4}a^4.$$

4. 求$\lim\limits_{\rho\to0}\dfrac{1}{\pi\rho^2}\iint\limits_{x^2+y^2\leqslant\rho^2}f(x,y)\mathrm{d}\sigma$,其中 $f(x,y)$ 为连续函数.

解　由中值定理知,存在(ξ,η),使得 $\iint\limits_{x^2+y^2\leqslant\rho^2}f(x,y)\mathrm{d}\sigma=f(\xi,\eta)\pi\rho^2$,其中$(\xi,\eta)\in D=\{(x,y)\mid x^2+y^2\leqslant\rho^2\}$,所以

$$\lim_{\rho\to0}\frac{1}{\pi\rho^2}\iint\limits_{x^2+y^2\leqslant\rho^2}f(x,y)\mathrm{d}\sigma=\lim_{\rho\to0}\left(\frac{1}{\pi\rho^2}\cdot f(\xi,\eta)\cdot\pi\rho^2\right)=f(0,0).$$

5. 求 $F'(t)$,设

(1) $F(t)=\iint\limits_{\substack{0.1\leqslant x\leqslant t\\0.1\leqslant y\leqslant t}}\mathrm{e}^{\frac{tx}{y^2}}\mathrm{d}\sigma$.

(2) $F(t)=\iiint\limits_{x^2+y^2+z^2\leqslant t^2}f(x^2+y^2+z^2)\mathrm{d}V$,其中 $f(u)$ 为可微函数;

(3) $F(t)=\iiint\limits_{\substack{0\leqslant x\leqslant t\\0\leqslant y\leqslant t\\0\leqslant z\leqslant t}}f(xyz)\mathrm{d}V$,其中 $f(u)$ 为可微函数.

解　(1) 本题有错误. 应改为 $F(t)=\iint\limits_{\substack{0\leqslant x\leqslant t\\0\leqslant y\leqslant t}}\mathrm{e}^{-\frac{tx}{y^2}}\mathrm{d}\sigma(t>0)$.

令$\begin{cases}x=ut,\\y=vt,\end{cases}$则 $F(t)=t^2\iint\limits_{\substack{0\leqslant u\leqslant 1\\0\leqslant v\leqslant 1}}\mathrm{e}^{-\frac{u}{v^2}}\mathrm{d}u\mathrm{d}v$，且收敛. 则 $F'(t)=2t\iint\limits_{\substack{0\leqslant u\leqslant 1\\0\leqslant v\leqslant 1}}\mathrm{e}^{-\frac{u}{v^2}}\mathrm{d}u\mathrm{d}v=\dfrac{2}{t}F(t)(t>0)$.

(2) 令 $x=r\sin\varphi\cos\theta, y=r\sin\varphi\sin\theta, z=r\cos\varphi$，则

$$F(t)=\int_0^{2\pi}\mathrm{d}\theta\int_0^{\pi}\mathrm{d}\varphi\int_0^t r^2\sin\varphi f(r^2)\mathrm{d}r=4\pi\int_0^t r^2f(r^2)\mathrm{d}r,$$

所以 $F'(t)=4\pi t^2f(t^2)$.

(3) 令 $x=tu, y=tv, z=tw$，故 $|J|=t^3$，于是

$$F(t)=\int_0^1\mathrm{d}u\int_0^1\mathrm{d}v\int_0^1 t^3f(t^3uvw)\mathrm{d}w=t^3\int_0^1\mathrm{d}u\int_0^1\mathrm{d}v\int_0^1 f(t^3uvw)\mathrm{d}w,$$

$$\begin{aligned}F'(t)&=3t^2\int_0^1\mathrm{d}u\int_0^1\mathrm{d}v\int_0^1 f(t^3uvw)\mathrm{d}w+3t^5\int_0^1\mathrm{d}u\int_0^1\mathrm{d}v\int_0^1 f'(t^3uvw)\cdot uvw\mathrm{d}w\\&=\frac{3}{t}\left[F(t)+\iiint\limits_{\substack{0\leqslant x\leqslant t\\0\leqslant y\leqslant t\\0\leqslant z\leqslant t}}xyzf'(xyz)\mathrm{d}x\mathrm{d}y\mathrm{d}z\right].\end{aligned}$$

6. 设 $f(t)=\int_1^{t^2}\mathrm{e}^{-x^2}\mathrm{d}x$，求$\int_0^1 tf(t)\mathrm{d}t$.

解
$$f'(t)=\frac{\partial}{\partial t}\int_1^{t^2}\mathrm{e}^{-x^2}\mathrm{d}x=2t\mathrm{e}^{-t^4},$$

$$\begin{aligned}\int_0^1 tf(t)\mathrm{d}t&=\frac{1}{2}\int_0^1 f(t)\mathrm{d}(t^2)=\frac{1}{2}t^2f(t)\Big|_0^1-\frac{1}{2}\int_0^1 t^2f'(t)\mathrm{d}t\\&=-\int_0^1 t^3\mathrm{e}^{-t^4}\mathrm{d}t=-\frac{1}{4}\int_0^1\mathrm{e}^{-t^4}\mathrm{d}(-t^4)\\&=\frac{1}{4}(\mathrm{e}^{-1}-1).\end{aligned}$$

7. 证明$\iiint\limits_V f(x,y,z)\mathrm{d}V=abc\iiint\limits_\Omega f(ax,by,cz)\mathrm{d}V$，其中 $V:\dfrac{x^2}{a^2}+\dfrac{y^2}{b^2}+\dfrac{z^2}{c^2}\leqslant 1, \Omega: x^2+y^2+z^2\leqslant 1$.

证 令 $x=au, y=bv, z=cw$，则 $|J|=abc$，所以

$$\iiint\limits_V f(x,y,z)\mathrm{d}V=abc\iiint\limits_{u^2+v^2+w^2\leqslant 1}f(au,bv,cw)\mathrm{d}V=abc\iiint\limits_\Omega f(ax,by,cz)\mathrm{d}V.$$

8. 试写出单位正方体为积分区域时，柱面坐标系和球面坐标系下的三重积分的上下限.

解 在柱面坐标系下，用 $z=c$ 的平面截立方体，截口是正方形，因此，单位立方体可表示为

$$\begin{cases}0\leqslant z\leqslant 1,\\0\leqslant r\leqslant\dfrac{1}{\cos\theta},\\0\leqslant\theta\leqslant\dfrac{\pi}{4}\end{cases}\text{和}\begin{cases}0\leqslant z\leqslant 1,\\0\leqslant r\leqslant\dfrac{1}{\sin\theta},\\\dfrac{\pi}{4}\leqslant\theta\leqslant\dfrac{\pi}{2}\end{cases}$$

$$\begin{aligned}&\int_0^1\mathrm{d}x\int_0^1\mathrm{d}y\int_0^1 f(x,y,z)\mathrm{d}z\\&=\int_0^1\mathrm{d}z\int_0^{\frac{\pi}{4}}\mathrm{d}\theta\int_0^{\frac{1}{\cos\theta}}rf(r\cos\theta,r\sin\theta,z)\mathrm{d}r+\int_0^1\mathrm{d}z\int_{\frac{\pi}{4}}^{\frac{\pi}{2}}\mathrm{d}\theta\int_0^{\frac{1}{\sin\theta}}rf(r\cos\theta,r\sin\theta,z)\mathrm{d}r,\end{aligned}$$

在球面坐标系下，用 $\theta=c$ 的平面截立方体，截口是长方形，因此单位立方体可表示为

$$\begin{cases}0\leqslant\theta\leqslant\dfrac{\pi}{4},\\0\leqslant\varphi\leqslant\operatorname{arccot}\cos\theta,\\0\leqslant r\leqslant\dfrac{1}{\cos\varphi},\end{cases}\begin{cases}0\leqslant\theta\leqslant\dfrac{\pi}{4},\\\operatorname{arccot}\cos\theta\leqslant\varphi\leqslant\dfrac{\pi}{2},\\0\leqslant r\leqslant\dfrac{1}{\sin\varphi\cos\theta},\end{cases}$$

$$\begin{cases}\frac{\pi}{4}\leqslant\theta\leqslant\frac{\pi}{2},\\ 0\leqslant\varphi\leqslant\operatorname{arccot}\sin\theta,\\ 0\leqslant r\leqslant\frac{1}{\cos\varphi},\end{cases}\quad\begin{cases}\frac{\pi}{4}\leqslant\theta\leqslant\frac{\pi}{2},\\ \operatorname{arccot}\sin\theta\leqslant\varphi\leqslant\frac{\pi}{2},\\ 0\leqslant r\leqslant\frac{1}{\sin\varphi\sin\theta}.\end{cases}$$

$$\int_0^1\mathrm{d}x\int_0^1\mathrm{d}y\int_0^1 f(x,y,z)\mathrm{d}z=\int_0^{\frac{\pi}{4}}\mathrm{d}\theta\int_0^{\operatorname{arccot}\cos\theta}\mathrm{d}\varphi\int_0^{\frac{1}{\cos\varphi}}kf(u,v,w)\mathrm{d}r+\int_0^{\frac{\pi}{4}}\mathrm{d}\theta\int_{\operatorname{arccot}\cos\theta}^{\frac{\pi}{2}}\mathrm{d}\varphi\int_0^{\frac{1}{\sin\varphi\cos\theta}}kf(u,v,w)\mathrm{d}r$$

$$+\int_{\frac{\pi}{4}}^{\frac{\pi}{2}}\mathrm{d}\theta\int_0^{\operatorname{arccot}\sin\theta}\mathrm{d}\varphi\int_0^{\frac{1}{\cos\varphi}}kf(u,v,w)\mathrm{d}r+\int_{\frac{\pi}{4}}^{\frac{\pi}{2}}\mathrm{d}\theta\int_{\operatorname{arccot}\sin\theta}^{\frac{\pi}{2}}\mathrm{d}\varphi\int_0^{\frac{1}{\sin\varphi\sin\theta}}kf(u,v,w)\mathrm{d}r,$$

其中 $k=r^2\sin\varphi, u=r\sin\varphi\cos\theta, v=r\sin\varphi\sin\theta, w=r\cos\varphi$.

9. 设函数 $f(x)$ 和 $g(x)$ 在$[a,b]$上可积,则

$$\left[\int_a^b f(x)g(x)\mathrm{d}x\right]^2\leqslant\int_a^b f^2(x)\mathrm{d}x\cdot\int_a^b g^2(x)\mathrm{d}x.$$

证
$$\left[\int_a^b f(x)g(x)\mathrm{d}x\right]^2=\int_a^b f(x)g(x)\mathrm{d}x\cdot\int_a^b f(y)g(y)\mathrm{d}y=\iint\limits_{\substack{a\leqslant x\leqslant b\\ a\leqslant y\leqslant b}}[f(x)g(x)\cdot f(y)g(y)]\mathrm{d}x\mathrm{d}y,$$

因$[f(x)g(y)]\cdot[f(y)g(x)]\leqslant\frac{1}{2}[f^2(x)g^2(y)+f^2(y)g^2(x)]$,则

$$\begin{aligned}\left[\int_a^b f(x)g(x)\mathrm{d}x\right]^2&\leqslant\iint\limits_{\substack{a\leqslant x\leqslant b\\ a\leqslant y\leqslant b}}\frac{1}{2}[f^2(x)g^2(y)+f^2(y)g^2(x)]\mathrm{d}x\mathrm{d}y\\&=\frac{1}{2}\iint\limits_{\substack{a\leqslant x\leqslant b\\ a\leqslant y\leqslant b}}f^2(x)g^2(y)\mathrm{d}x\mathrm{d}y+\frac{1}{2}\iint\limits_{\substack{a\leqslant x\leqslant b\\ a\leqslant y\leqslant b}}f^2(y)g^2(x)\mathrm{d}x\mathrm{d}y\\&=\iint\limits_{\substack{a\leqslant x\leqslant b\\ a\leqslant y\leqslant b}}f^2(x)g^2(y)\mathrm{d}x\mathrm{d}y=\int_a^b f^2(x)\mathrm{d}x\int_a^b g^2(y)\mathrm{d}y\\&=\int_a^b f^2(x)\mathrm{d}x\int_a^b g^2(x)\mathrm{d}x.\end{aligned}$$

10. 设 $f(x,y)$ 在$[0,\pi]\times[0,\pi]$上连续,且恒取正值,试求

$$\lim_{n\to\infty}\iint\limits_{\substack{0\leqslant x\leqslant\pi\\ 0\leqslant y\leqslant\pi}}(\sin x)(f(x,y))^{\frac{1}{n}}\mathrm{d}\sigma.$$

解　由已知 $f(x,y)$ 在$[0,\pi]$上存在最小值 m 与最大值 M,使 $0<m\leqslant f(x,y)\leqslant M$,又因

$$\iint\limits_{\substack{0\leqslant x\leqslant\pi\\ 0\leqslant y\leqslant\pi}}\sin x\mathrm{d}\sigma=2\pi,$$

$$2\pi\sqrt[n]{m}\leqslant\iint\limits_{\substack{0\leqslant x\leqslant\pi\\ 0\leqslant y\leqslant\pi}}(f(x,y))^{\frac{1}{n}}\sin x\mathrm{d}\sigma\leqslant 2\pi\sqrt[n]{M}$$

由于$\lim\limits_{n\to\infty}2\pi\sqrt[n]{m}=2\pi$,$\lim\limits_{n\to\infty}2\pi\sqrt[n]{M}=2\pi$,故$\lim\limits_{n\to\infty}\iint\limits_{\substack{0\leqslant x\leqslant\pi\\ 0\leqslant y\leqslant\pi}}(\sin x)(f(x,y))^{\frac{1}{n}}\mathrm{d}\sigma=2\pi$.

11. 求由椭圆$(a_1x+b_1y+c_1)^2+(a_2x+b_2y+c_2)^2=1$所界的面积,其中 $a_1b_2-a_2b_1\neq 0$.

解　设 $u=a_1x+b_1y+c_1, v=a_2x+b_2y+c_2$,则

$$\frac{\partial(x,y)}{\partial(u,v)}=\frac{1}{\frac{\partial(u,v)}{\partial(x,y)}}=\frac{1}{a_1b_2-a_2b_1},$$

所以椭圆面积

$$S=\iint\limits_D \mathrm{d}x\mathrm{d}y=\iint\limits_{u^2+v^2\leqslant 1}\frac{\mathrm{d}u\mathrm{d}v}{|a_1b_2-a_2b_1|}=\frac{\pi}{|a_1b_2-a_2b_1|}.$$

12. 设

$$\Delta=\begin{vmatrix} a_1 & b_1 & c_1\\ a_2 & b_2 & c_2\\ a_3 & b_3 & c_3\end{vmatrix}\neq 0,$$

求由平面

$$a_1x+b_1y+c_1z=\pm h_1,$$
$$a_2x+b_2y+c_2z=\pm h_2,$$
$$a_3x+b_3y+z_3z=\pm h_3,$$

$(h_1>0,h_2>0,h_3>0)$ 所界平行六面体的体积.

解 令 $\begin{cases}u=a_1x+b_1y+c_1z,\\ v=a_2x+b_2y+c_2z,\\ w=a_3x+b_3y+c_3z,\end{cases}$ 则 $\left|\dfrac{\partial(x,y,z)}{\partial(u,v,w)}\right|=\dfrac{1}{|\Delta|}$. 所以平行六面体体积

$$V=\iiint\limits_{\Omega}\mathrm{d}x\mathrm{d}y\mathrm{d}z=\iiint\limits_{\Omega}\frac{1}{|\Delta|}\mathrm{d}u\mathrm{d}v\mathrm{d}w=\int_{-h_1}^{h_1}\mathrm{d}u\int_{-h_2}^{h_2}\mathrm{d}v\int_{-h_3}^{h_3}\frac{1}{|\Delta|}\mathrm{d}w=\frac{8}{|\Delta|}h_1h_2h_3.$$

13. 设有一质量分布不均匀的半圆弧 $x=r\cos\theta,y=r\sin\theta(0\leqslant\theta\leqslant\pi)$，其线密度 $\rho=a\theta$（a 为常数），求它对原点(0,0)处质量为 m 的质点的引力.

解 设引力系数为 k，则对任一点 (x,y)，有

$$\mathrm{d}F_x=\frac{km\rho x}{r^3}\mathrm{d}s,\mathrm{d}F_y=\frac{km\rho y}{r^3}\mathrm{d}s(k\text{ 为引力常数}).$$

$$F_x=\int_L km\frac{\rho x}{r^3}\mathrm{d}s=\int_0^{\pi}km\frac{a\theta\cos\theta}{r^2}\sqrt{r^2}\,\mathrm{d}\theta=-\frac{2amk}{r},$$

$$F_y=\int_L km\frac{\rho y}{r^3}\mathrm{d}s=\int_0^{\pi}km\frac{a\theta\sin\theta}{r^2}\sqrt{r^2}\,\mathrm{d}\theta=\frac{am\pi k}{r},$$

故 $\boldsymbol{F}=(F_x,F_y)=\left(-\dfrac{2amk}{r},\dfrac{am\pi k}{r}\right)$ 且 $|F|=\dfrac{amk}{r}\sqrt{4+\pi^2}$.

14. 求螺旋线 $x=a\cos t,y=a\sin t,z=bt(0\leqslant t\leqslant 2\pi)$ 对 z 轴的转动惯量，设曲线的密度为 1.

解 $\mathrm{d}s=\sqrt{[x'(t)]^2+[y'(t)]^2+[z'(t)]^2}\,\mathrm{d}t=\sqrt{a^2+b^2}\,\mathrm{d}t$,

则 $J=\int_L(x^2+y^2)\mathrm{d}s=\int_0^{2\pi}(a^2\cos^2t+a^2\sin^2t)\sqrt{a^2+b^2}\,\mathrm{d}t=2\pi a^2\sqrt{a^2+b^2}$.

15. 求摆线 $z=a(t-\sin t),y=a(1-\cos t)(0\leqslant t\leqslant\pi)$ 的质心，设其质量分布是均匀的.

解 答案参考本书第二十章习题 20.1 第 3 题解答.

16. 设 $u(x,y),v(x,y)$ 是具有二阶连续偏导数的函数，证明：

(1) $\displaystyle\iint\limits_D v\left(\frac{\partial^2u}{\partial x^2}+\frac{\partial^2u}{\partial y^2}\right)\mathrm{d}\sigma=-\iint\limits_D\left(\frac{\partial u}{\partial x}\frac{\partial v}{\partial x}+\frac{\partial u}{\partial y}\frac{\partial v}{\partial y}\right)\mathrm{d}\sigma+\oint_L v\frac{\partial u}{\partial \boldsymbol{n}}\mathrm{d}s$;

(2) $\displaystyle\iint\limits_D\left[u\left(\frac{\partial^2v}{\partial x^2}+\frac{\partial^2v}{\partial y^2}\right)-v\left(\frac{\partial^2u}{\partial x^2}+\frac{\partial^2u}{\partial y^2}\right)\right]\mathrm{d}\sigma=\oint_L\left(u\frac{\partial v}{\partial \boldsymbol{n}}-v\frac{\partial u}{\partial \boldsymbol{n}}\right)\mathrm{d}s$,

其中 D 为光滑曲线 L 所围的平面区域，而

$$\frac{\partial u}{\partial \boldsymbol{n}}=\frac{\partial u}{\partial x}\cos(\widehat{\boldsymbol{n},x})+\frac{\partial u}{\partial y}\sin(\widehat{\boldsymbol{n},x}),\frac{\partial v}{\partial \boldsymbol{n}}=\frac{\partial v}{\partial x}\cos(\widehat{\boldsymbol{n},x})+\frac{\partial v}{\partial y}\sin(\widehat{\boldsymbol{n},x})$$

是 $u(x,y),v(x,y)$ 沿曲线 L 的外法线 $\boldsymbol{n}$ 的方向导数.

证 在格林公式中，以 P 代替 Q，$-Q$ 代替 P 得

$$\iint\limits_D\left(\frac{\partial P}{\partial x}+\frac{\partial Q}{\partial y}\right)\mathrm{d}x\mathrm{d}y=\oint_L P\mathrm{d}y-Q\mathrm{d}x=\oint_L[P\cos(\widehat{\boldsymbol{n},x})+Q\sin(\widehat{\boldsymbol{n},x})]\mathrm{d}s,\qquad ①$$

其中 $\boldsymbol{n}$ 是 L 的外法线方向.

(1) 在 ① 中令 $P = v\dfrac{\partial u}{\partial x}, Q = v\dfrac{\partial u}{\partial y}$,则得

$$\iint_D \left[v\left(\frac{\partial^2 u}{\partial x^2}+\frac{\partial^2 u}{\partial y^2}\right)+\frac{\partial u}{\partial x}\frac{\partial v}{\partial x}+\frac{\partial u}{\partial y}\frac{\partial v}{\partial y}\right]\mathrm{d}x\mathrm{d}y = \oint_L \left[v\frac{\partial u}{\partial x}\cos(\widehat{\boldsymbol{n},x})+v\frac{\partial u}{\partial y}\sin(\widehat{\boldsymbol{n},x})\right]\mathrm{d}s,$$

即 $\displaystyle\iint_D v\left(\frac{\partial^2 u}{\partial x^2}+\frac{\partial^2 u}{\partial y^2}\right)\mathrm{d}x\mathrm{d}y = -\iint_D \left(\frac{\partial u}{\partial x}\frac{\partial v}{\partial x}+\frac{\partial u}{\partial y}\frac{\partial v}{\partial y}\right)\mathrm{d}x\mathrm{d}y + \oint_L v\frac{\partial u}{\partial \boldsymbol{n}}\mathrm{d}s.$ ②

(2) 在 ① 中,令 $P = u\dfrac{\partial v}{\partial x}, Q = u\dfrac{\partial v}{\partial y}$,则得

$$\iint_D \left[u\left(\frac{\partial^2 v}{\partial x^2}+\frac{\partial^2 v}{\partial y^2}\right)+\frac{\partial u}{\partial x}\frac{\partial v}{\partial x}+\frac{\partial u}{\partial y}\frac{\partial v}{\partial y}\right]\mathrm{d}x\mathrm{d}y = \oint_L \left[u\frac{\partial v}{\partial x}\cos(\widehat{\boldsymbol{n},x})+u\frac{\partial v}{\partial y}\sin(\widehat{\boldsymbol{n},x})\right]\mathrm{d}s,$$

即 $\displaystyle\iint_D u\left(\frac{\partial^2 v}{\partial x^2}+\frac{\partial^2 v}{\partial y^2}\right)\mathrm{d}x\mathrm{d}y = -\iint_D \left(\frac{\partial u}{\partial x}\frac{\partial v}{\partial x}+\frac{\partial u}{\partial y}\frac{\partial v}{\partial y}\right)\mathrm{d}x\mathrm{d}y + \oint_L u\frac{\partial v}{\partial \boldsymbol{n}}\mathrm{d}s.$ ③

③ 式减 ② 式得

$$\iint_D \left[u\left(\frac{\partial^2 v}{\partial x^2}+\frac{\partial^2 v}{\partial y^2}\right)-v\left(\frac{\partial^2 u}{\partial x^2}+\frac{\partial^2 u}{\partial y^2}\right)\right]\mathrm{d}x\mathrm{d}y = \oint_L \left(u\frac{\partial v}{\partial \boldsymbol{n}}-v\frac{\partial u}{\partial \boldsymbol{n}}\right)\mathrm{d}s.$$

17. 求指数 λ,使得曲线积分 $k = \displaystyle\int_{(s_0,t_0)}^{(s,t)} \frac{x}{y}r^\lambda \mathrm{d}x - \frac{x^2}{y^2}r^\lambda \mathrm{d}y$ 与路线无关($r^2 = x^2+y^2$),并求 k.

解 设 $P = \dfrac{x}{y}r^\lambda, Q = -\dfrac{x^2}{y^2}r^\lambda$,则

$$\frac{\partial P}{\partial y} = r^{\lambda-2}\left[-\frac{x}{y^2}(x^2+y^2)+\lambda x\right],$$

$$\frac{\partial Q}{\partial x} = -r^{\lambda-2}\left[\frac{2x}{y^2}(x^2+y^2)+\frac{x^3}{y^2}\lambda\right],$$

由 $-\dfrac{x}{y^2}(x^2+y^2)+\lambda x = -\left[\dfrac{2x}{y^2}(x^2+y^2)+\dfrac{x^3}{y^2}\lambda\right]$,得 $\lambda = -1$. 这时 $\dfrac{\partial P}{\partial y} = \dfrac{\partial Q}{\partial x}$,所以积分与路径无关,由于

$$P = \frac{x}{y\sqrt{x^2+y^2}}, Q = -\frac{x^2}{y^2\sqrt{x^2+y^2}},$$

及 $\mathrm{d}\left(\dfrac{\sqrt{x^2+y^2}}{y}\right) = \dfrac{x}{y\sqrt{x^2+y^2}}\mathrm{d}x - \dfrac{x^2}{y^2\sqrt{x^2+y^2}}\mathrm{d}y$,所以

$$k = \int_{(s_0,t_0)}^{(s,t)} \frac{x}{y\sqrt{x^2+y^2}}\mathrm{d}x - \frac{x^2}{y^2\sqrt{x^2+y^2}}\mathrm{d}y = \left.\frac{\sqrt{x^2+y^2}}{y}\right|_{(s_0,t_0)}^{(s,t)} = \frac{\sqrt{s^2+t^2}}{t} - \frac{\sqrt{s_0^2+t_0^2}}{t_0}.$$

四、自测题

第二十一章自测题

一、叙述下列概念或定理(每题 5 分,共 10 分)

1. Green 公式.

2. 叙述三重积分的定义.

二、计算题,写出必要的计算过程(每题 10 分,共 60 分)

3. 计算二重积分$\iint\limits_D (x^2+2xy)\mathrm{d}x\mathrm{d}y$,其中 $D=\{(x,y)\mid 0\leqslant x\leqslant 1, x\leqslant y\leqslant 2x\}$.

4. 设区域 D 由抛物线 $y^2=px, y^2=qx, x^2=ay, x^2=by(0<p<q, 0<a<b)$ 所围成,计算二重积分$\iint\limits_D xy\mathrm{d}x\mathrm{d}y$.

5. 计算二重积分$\iint\limits_D \mathrm{e}^{-\left(\frac{x^2}{a^2}+\frac{y^2}{b^2}\right)}\mathrm{d}x\mathrm{d}y$,其中 $D=\left\{(x,y)\,\middle|\,\frac{x^2}{a^2}+\frac{y^2}{b^2}\geqslant 1\right\}$.

6. 计算二重积分$\iint\limits_D \sin x\cdot\sin y\cdot\max\{x,y\}\mathrm{d}x\mathrm{d}y$,其中 $D=\{(x,y)\mid 0\leqslant x\leqslant\pi, 0\leqslant y\leqslant\pi\}$.

7. 计算三重积分 $I=\iiint\limits_V (x^2+y^2+xy+x^2y)\mathrm{d}x\mathrm{d}y\mathrm{d}z$,其中 $V: x^2+y^2+z^2\leqslant 1$.

8. 已知 $f(s)$ 为$(-\infty,+\infty)$上的连续函数,$V=\{(x,y,z)\mid x^2+y^2+z^2\leqslant s^2\}$,且满足

$$f(s)=3\iiint\limits_V f\left(\sqrt{x^2+y^2+z^2}\right)\mathrm{d}x\mathrm{d}y\mathrm{d}z+|s|^3.$$

求 $f\left(\frac{1}{\sqrt[3]{4\pi}}\right)$与 $f\left(-\frac{1}{\sqrt[3]{2\pi}}\right)$的值.

三、证明题,写出必要的证明过程(每题 10 分,共 30 分)

9. 设 D 是由 $y=x, y=x^2$ 所围成的区域,证明:$I=\iint\limits_D \frac{\sin x}{x}\mathrm{d}x\mathrm{d}y=1-\sin 1$.

10. 设 $F(x,y,z)$ 在 $\Omega:[\alpha,\beta]\times[c,d]\times[a,b]$上的最大、最小值分别为 M,m,且 $f(x,y,z)=\frac{\partial^3 F(x,y,z)}{\partial x\partial y\partial z}$ 在 Ω 上连续,证明:

$$I=\iiint\limits_\Omega f(x,y,z)\mathrm{d}x\mathrm{d}y\mathrm{d}z\leqslant 4(M-m).$$

11. 设 $g(x)$ 在$[0,+\infty)$上有连续导数,并且 $g(0)=1$,令

$$f(r)=\iiint\limits_{x^2+y^2+z^2\leqslant r^2} g(x^2+y^2+z^2)\mathrm{d}x\mathrm{d}y\mathrm{d}z, r\geqslant 0.$$

证明:$f(r)$ 在 $r=0$ 处三阶可导,并求 $f'''_+(0)$.

第二十一章自测题解答

一、1. 解　若函数 $P(x,y), Q(x,y)$ 在闭区域 D 上连续,且有连续的一阶偏导数,则有

$$\iint\limits_D \left(\frac{\partial Q}{\partial x}-\frac{\partial P}{\partial y}\right)\mathrm{d}\sigma=\oint_L P\mathrm{d}x+Q\mathrm{d}y,$$

这里 L 为区域 D 的边界曲线,分段光滑,并取正向. 上式称为格林(Green)公式.

2. 解　设三元函数 $f(x,y,z)$ 定义在有界闭区域 Ω 上. 将区域 Ω 分成 n 个子域 $\Delta v_i, i=1,2,3,\cdots,n$,并

以 Δv_i 表示第 i 个子域的体积. 在 Δv_i 上任取一点(ξ_i,η_i,ξ_i)，做和$\sum\limits_{i=1}^{n} f(\xi_i,\eta_i,\xi_i)\Delta v_i$. 如果当各个子域的直径中的最大值$\lambda$趋于零时，此和式的极限存在，且此极限与$\Omega$的分法及点$(\xi_i,\eta_i,\xi_i)$的取法都无关，则称此极限为 $f(x,y,z)$ 在区域 Ω 上的三重积分，记为$\iiint\limits_{\Omega} f(x,y,z)\mathrm{d}V$，即

$$\iiint\limits_{\Omega} f(x,y,z)\mathrm{d}V=\lim_{\lambda\to 0}\sum_{i=1}^{n} f(\xi_i,\eta_i,\xi_i)\Delta v_i,$$

其中 $\mathrm{d}V$ 叫做体积元素.

二、3. 解 $\iint\limits_{D}(x^2+2xy)\mathrm{d}x\mathrm{d}y=\int_0^1\mathrm{d}x\int_x^{2x}(x^2+2xy)\mathrm{d}y=\int_0^1 4x^3\mathrm{d}x=1.$

4. 解 首先作变换 $u=\dfrac{y^2}{x},v=\dfrac{x^2}{y}$，其将 D 对应为 D'：$p\leqslant u\leqslant q,a\leqslant v\leqslant b$，并且

$$\frac{\partial(u,v)}{\partial(x,y)}=\begin{vmatrix}-\dfrac{y^2}{x^2} & \dfrac{2y}{x}\\ \dfrac{2x}{y} & -\dfrac{x^2}{y^2}\end{vmatrix}=-3.$$

则 $|J|=\left|\dfrac{\partial(x,y)}{\partial(u,v)}\right|=\dfrac{1}{3}$，且 $xy=uv$，于是

$$\iint\limits_{D}xy\mathrm{d}x\mathrm{d}y=\iint\limits_{D'}\frac{1}{3}uv\mathrm{d}u\mathrm{d}v=\frac{1}{3}\int_p^q u\mathrm{d}u\int_a^b v\mathrm{d}v=\frac{1}{12}(q^2-p^2)(b^2-a^2).$$

5. 解 作广义极坐标替换：令 $x=ar\cos\theta,y=br\sin\theta$，则

$$J=\frac{\partial(x,y)}{\partial(r,\theta)}=\begin{vmatrix}\dfrac{\partial x}{\partial r} & \dfrac{\partial x}{\partial\theta}\\ \dfrac{\partial y}{\partial r} & \dfrac{\partial y}{\partial\theta}\end{vmatrix}=\begin{vmatrix}a\cos\theta & -ar\sin\theta\\ b\sin\theta & br\cos\theta\end{vmatrix}=abr.$$

且变换后的积分区域为：

$$D_{r\theta}=\{(r,\theta)\mid 0\leqslant\theta\leqslant 2\pi,1\leqslant r<+\infty\}.$$

故有

$$I=ab\iint\limits_{D_{r\theta}}\mathrm{e}^{-r^2}\cdot r\mathrm{d}r\mathrm{d}\theta=ab\int_0^{2\pi}\mathrm{d}\theta\int_1^{+\infty}\mathrm{e}^{-r^2}\cdot r\mathrm{d}r$$

$$=2\pi ab\int_1^{+\infty}\mathrm{e}^{-r^2}\cdot r\mathrm{d}r=2\pi ab\left(-\frac{1}{2}\mathrm{e}^{-r^2}\Big|_1^{+\infty}\right)=\frac{\pi ab}{\mathrm{e}}$$

6. 解 区域 D 关于 $y=x$ 对称，记 D_1：$0\leqslant x\leqslant\pi,0\leqslant y\leqslant x$，则

$$I=2\iint\limits_{D_1}\sin x\cdot\sin y\cdot\max\{x,y\}\mathrm{d}x\mathrm{d}y=2\int_0^{\pi}\mathrm{d}x\int_0^x x\sin x\cdot\sin y\mathrm{d}y$$

$$=2\int_0^{\pi}\left(x\sin x\cdot\cos y\Big|_x^0\right)\mathrm{d}x$$

$$=2\int_0^{\pi}x\sin x\cdot(1-\cos x)\mathrm{d}x$$

$$=2\int_0^{\pi}x\sin x\mathrm{d}x-\int_0^{\pi}x\sin 2x\mathrm{d}x$$

$$=2(\sin x-x\cos x)\Big|_0^{\pi}-\left(\frac{1}{4}\sin 2x-\frac{x}{2}\cos 2x\right)\Big|_0^{\pi}$$

$$=2\pi+\frac{\pi}{2}$$

$$=\frac{5}{2}\pi.$$

7. 解　由对称性可知

$$I=\iiint_V (x^2+y^2)\mathrm{d}x\mathrm{d}y\mathrm{d}z,$$

$$\iiint_V x^2\mathrm{d}x\mathrm{d}y\mathrm{d}z=\iiint_V y^2\mathrm{d}x\mathrm{d}y\mathrm{d}z=\iiint_V z^2\mathrm{d}x\mathrm{d}y\mathrm{d}z.$$

所以由三重积分的球坐标计算公式,得

$$I=\iiint_V (x^2+y^2)\mathrm{d}x\mathrm{d}y\mathrm{d}z=\frac{2}{3}\iiint_V (x^2+y^2+z^2)\mathrm{d}x\mathrm{d}y\mathrm{d}z$$
$$=\frac{2}{3}\int_0^{2\pi}\mathrm{d}\theta\int_0^{\pi}\sin\varphi\mathrm{d}\varphi\int_0^1 r^2\cdot r^2\mathrm{d}r=\frac{8}{15}\pi.$$

8. 解　作球坐标变换 $x=r\sin\varphi\cos\theta, y=r\sin\varphi\sin\theta, z=r\cos\varphi$,则

$$V':0\leqslant r\leqslant |s|,0\leqslant\varphi\leqslant\pi,0\leqslant\theta\leqslant 2\pi,\text{且 } J=\frac{\partial(x,y,z)}{\partial(r,\varphi,\theta)}=r^2\sin\varphi,$$

$$f(s)=3\iiint_{V'} f(r)r^2\sin\varphi\mathrm{d}r\mathrm{d}\varphi\mathrm{d}\theta+|s|^3$$
$$=3\int_0^{|s|} r^2 f(r)\mathrm{d}r\int_0^{\pi}\sin\varphi\mathrm{d}\varphi\int_0^{2\pi}\mathrm{d}\theta+|s|^3$$
$$=12\pi\int_0^{|s|} r^2 f(r)\mathrm{d}r+|s|^3.$$

由此可知 $f(s)$ 为偶函数.特别地,当 $s\geqslant 0$ 时,有

$$f(s)=12\pi\int_0^s r^2 f(r)\mathrm{d}r+s^3.$$

由于 f 连续,所以上式右端可导,进而 $f(s)$ 在$[0,+\infty)$上也可导,且

$$f'(s)=12\pi s^2 f(s)+3s^2=s^2(12\pi f(s)+3).$$

记 $g(s)=(12\pi f(s)+3)\mathrm{e}^{-4\pi s^3}$,则有

$$g'(s)=[12\pi f'(s)-12\pi s^2(12\pi f(s)+3)]\mathrm{e}^{-4\pi s^3}=0.$$

于是 $g(s)\equiv g(0)=12\pi f(0)+3=3$,解得 $f(s)=\dfrac{\mathrm{e}^{4\pi s^3}-1}{4\pi}, s\geqslant 0$,于是 $f\left(\dfrac{1}{\sqrt[3]{4\pi}}\right)=\dfrac{\mathrm{e}-1}{4\pi}$.

再结合 $f(s)$ 为偶函数,有 $f\left(-\dfrac{1}{\sqrt[3]{2\pi}}\right)=f\left(\dfrac{1}{\sqrt[3]{2\pi}}\right)=\dfrac{\mathrm{e}^2-1}{4\pi}$.

三、9. 证　易知 D 可表示为 $D=\{(x,y)\mid 0\leqslant x\leqslant 1, x^2\leqslant y\leqslant x\}$,故

$$I=\iint_D\frac{\sin x}{x}\mathrm{d}x\mathrm{d}y=\int_0^1\mathrm{d}x\int_{x^2}^{x}\frac{\sin x}{x}\mathrm{d}y=\int_0^1\frac{\sin x}{x}(x-x^2)\mathrm{d}x$$
$$=\int_0^1(1-x)\sin x\mathrm{d}x=1-\sin 1.$$

10. 证　将三重积分换成累次积分,我们有

$$I=\int_\alpha^\beta\mathrm{d}x\int_c^d\mathrm{d}y\int_a^b\frac{\partial^3 F}{\partial x\partial y\partial z}\mathrm{d}z=\int_\alpha^\beta\mathrm{d}x\int_c^d\mathrm{d}y\int_a^b\frac{\partial}{\partial z}\left[\frac{\partial^2 F(x,y,z)}{\partial x\partial y}\right]\mathrm{d}z$$
$$=\int_\alpha^\beta\mathrm{d}x\int_c^d\left[\frac{\partial^2 F(x,y,b)}{\partial x\partial y}-\frac{\partial^2 F(x,y,a)}{\partial x\partial y}\right]\mathrm{d}y$$
$$=\int_\alpha^\beta\left\{\frac{\partial}{\partial x}[F(x,d,b)-F(x,c,b)]\right\}\mathrm{d}x-\int_\alpha^\beta\left\{\frac{\partial}{\partial x}[F(x,d,a)-F(x,c,a)]\right\}\mathrm{d}x$$
$$=F(\beta,d,b)-F(\alpha,d,b)+F(\alpha,c,b)-F(\beta,c,b)-F(\beta,d,a)+F(\alpha,d,a)+F(\beta,c,a)-F(\alpha,c,a)$$
$$\leqslant 4M-4m=4(M-m).$$

11. 证　作球坐标变换 $x=t\sin\varphi\cos\theta, y=t\sin\varphi\sin\theta, z=t\cos\varphi$,则

$$V':0\leqslant t\leqslant r,0\leqslant\varphi\leqslant\pi,0\leqslant\theta\leqslant 2\pi,\text{且 } J=\frac{\partial(x,y,z)}{\partial(t,\varphi,\theta)}=t^2\sin\varphi,$$

$$f(r)=\iiint\limits_{V'} g(t^2)t^2\sin\varphi \mathrm{d}t\mathrm{d}\varphi\mathrm{d}\theta=\int_0^r t^2 g(t^2)\mathrm{d}t\int_0^\pi \sin\varphi \mathrm{d}\varphi\int_0^{2\pi}\mathrm{d}\theta=4\pi\int_0^r t^2 g(t^2)\mathrm{d}t.$$

由于 $g(x)$ 在$[0,+\infty)$ 上有连续导数,所以 $f(r)$ 在$[0,+\infty)$ 上可导,且

$$f'(r)=4\pi r^2 g(r^2).$$

由此可知 $f'(r)$ 在$[0,+\infty)$ 上仍然可导,即 $f(r)$ 在$[0,+\infty)$ 上二阶可导,且

$$f''(r)=4\pi[2rg(r^2)+2r^3 g'(r^2)]=8\pi r[g(r^2)+r^2 g'(r^2)].$$

于是

$$\lim_{r\to 0^+}\frac{f''(r)-f''(0)}{r}=\lim_{r\to 0^+}8\pi[g(r^2)+r^2 g'(r^2)]=8\pi g(1)=8\pi.$$

这就说明 $f(r)$ 在 $r=0$ 处三阶可导,并且 $f'''_+(0)=8\pi$.

第二十二章　曲面积分

一、主要内容归纳

1. 第一型曲面积分的概念

设 S 是空间中可求面积的曲面，$f(x,y,z)$ 为定义在 S 上的函数. 对曲面 S 作分割 T，它把 S 分成 n 个小曲面块 S_i $(i=1,2,\cdots,n)$，以 ΔS_i 记小曲面块 S_i 的面积，分割 T 的细度 $\|T\|=\max\limits_{1\leqslant i\leqslant n}\{S_i$ 的直径$\}$，在 S_i 上任取一点 (ξ_i,η_i,ζ_i) $(i=1,2,\cdots,n)$，若极限

$$\lim_{\|T\|\to 0}\sum_{i=1}^{n} f(\xi_i,\eta_i,\zeta_i)\Delta S_i$$

存在，且与分割 T 与 (ξ_i,η_i,ζ_i) $(i=1,2,\cdots,n)$ 的取法无关，则称此极限为 $f(x,y,z)$ 在 S 上的**第一型曲面积分**，记作 $\iint\limits_S f(x,y,z)\mathrm{d}S$.

注　(1)设有面密度为 $\rho(x,y,z)$ 的曲面块 S，且 $\rho(x,y,z)$ 在 S 上连续，则曲面块 S 的质量为 $m=\iint\limits_S f(x,y,z)\mathrm{d}S$.

(2)当 $f(x,y,z)\equiv 1$ 时，曲面积分 $\iint\limits_S \mathrm{d}S$ 就是曲面块 S 的面积.

(3)与重积分有相同的性质及应用，利用它也可以求曲面块的重心、转动惯量、引力等.

2. 第一型曲面积分的计算

(1)设有光滑曲面 S：$z=z(x,y)$，$(x,y)\in D$，$f(x,y,z)$ 为定义在 S 上的连续函数，则

$$\iint\limits_S f(x,y,z)\mathrm{d}S=\iint\limits_D f(x,y,z(x,y))\sqrt{1+z_x^2+z_y^2}\,\mathrm{d}x\mathrm{d}y,$$

当 S 表示为 $x=x(y,z)$ 或 $y=y(z,x)$ 时，类似公式也成立.

(2)设由参量方程表示的光滑曲面

$$S:\begin{cases}x=x(u,v),\\ y=y(u,v), & (u,v)\in D,\\ z=z(u,v),\end{cases}$$

且

$$\left(\frac{\partial(x,y)}{\partial(u,v)}\right)^2+\left(\frac{\partial(y,z)}{\partial(u,v)}\right)^2+\left(\frac{\partial(z,x)}{\partial(u,v)}\right)^2\neq 0,\quad (u,v)\in D.$$

若 $f(x,y,z)$ 为定义在 S 上的连续函数，则

$$\iint_S f(x,y,z)\mathrm{d}S=\iint_D f(x(u,v),y(u,v),z(u,v))\sqrt{EG-F^2}\,\mathrm{d}u\mathrm{d}v,$$

其中

$$E=x_u^2+y_u^2+z_u^2,\quad F=x_ux_v+y_uy_v+z_uz_v,\quad G=x_v^2+y_v^2+z_v^2.$$

3. 第二型曲面积分的概念

设 P,Q,R 为定义在双侧曲面 S 上的函数，在 S 所指定的一侧作分割 T，它把 S 分为 n 个小曲面 $S_1,S_2,\cdots,S_n$，分割 T 的细度 $\|T\|=\max\limits_{1\leqslant i\leqslant n}\{S_i$ 的直径$\}$，以 $\Delta S_{i_{yz}},\Delta S_{i_{zx}},\Delta S_{i_{xy}}$ 分别表示 S_i 在三个坐标面上的投影区域的面积，它们的符号由 S_i 的方向来确定(如 S_i 的法线正向与 z 轴正向成锐角时，S_i 在 xy 平面的投影区域的面积 $\Delta S_{i_{xy}}$ 为正. 反之，若 S_i 法线正向与 z 轴正向成钝角时，它在 xy 平面的投影区域的面积 $\Delta S_{i_{xy}}$ 为负).

在各个小曲面 S_i 上任取一点 (ξ_i,η_i,ζ_i)，若

$$\lim_{\|T\|\to0}\sum_{i=1}^n P(\xi_i,\eta_i,\zeta_i)\Delta S_{i_{yz}}+\lim_{\|T\|\to0}\sum_{i=1}^n Q(\xi_i,\eta_i,\zeta_i)\Delta S_{i_{zx}}+\lim_{\|T\|\to0}\sum_{i=1}^n R(\xi_i,\eta_i,\zeta_i)\Delta S_{i_{xy}}$$

存在，且与曲面 S 的分割 T 和 (ξ_i,η_i,ζ_i) 在 S_i 上的取法都无关，则称此极限为函数 P,Q,R 在曲面 S 所指定的一侧上的**第二型曲面积分**，记作

$$\iint_S P(x,y,z)\mathrm{d}y\mathrm{d}z+Q(x,y,z)\mathrm{d}z\mathrm{d}x+R(x,y,z)\mathrm{d}x\mathrm{d}y,$$

或

$$\iint_S P(x,y,z)\mathrm{d}y\mathrm{d}z+\iint_S Q(x,y,z)\mathrm{d}z\mathrm{d}x+\iint_S R(x,y,z)\mathrm{d}x\mathrm{d}y.$$

注 (1)某流体以速度 $\boldsymbol{v}=(P,Q,R)$ 从曲面 S 的负侧流向正侧的总流量为

$$E=\iint_S P(x,y,z)\mathrm{d}y\mathrm{d}z+Q(x,y,z)\mathrm{d}z\mathrm{d}x+R(x,y,z)\mathrm{d}x\mathrm{d}y.$$

(2)空间的磁场强度为 $(P(x,y,z),Q(x,y,z),R(x,y,z))$，则通过曲面 S 的磁通量(磁力线总数)为

$$H=\iint_S P(x,y,z)\mathrm{d}y\mathrm{d}z+Q(x,y,z)\mathrm{d}z\mathrm{d}x+R(x,y,z)\mathrm{d}x\mathrm{d}y.$$

(3)若以 $-S$ 表示曲面 S 的另一侧，由定义易知

$$\iint_{-S} P\mathrm{d}y\mathrm{d}z+Q\mathrm{d}z\mathrm{d}x+R\mathrm{d}x\mathrm{d}y=-\iint_S P\mathrm{d}y\mathrm{d}z+Q\mathrm{d}z\mathrm{d}x+R\mathrm{d}x\mathrm{d}y.$$

4. 第二型曲面积分的基本性质

(1)若 $\iint\limits_S P_i\mathrm{d}y\mathrm{d}z+Q_i\mathrm{d}z\mathrm{d}x+R_i\mathrm{d}x\mathrm{d}y\ (i=1,2,\cdots,k)$ 存在，则有

$$\begin{aligned}&\iint_S\Big(\sum_{i=1}^k c_iP_i\Big)\mathrm{d}y\mathrm{d}z+\Big(\sum_{i=1}^k c_iQ_i\Big)\mathrm{d}z\mathrm{d}x+\Big(\sum_{i=1}^k c_iR_i\Big)\mathrm{d}x\mathrm{d}y\\&=\sum_{i=1}^k c_i\iint_S P_i\mathrm{d}y\mathrm{d}z+Q_i\mathrm{d}z\mathrm{d}x+R_i\mathrm{d}x\mathrm{d}y,\end{aligned}$$

其中 c_i $(i=1,2,\cdots,k)$ 是常数.

(2)若曲面 S 是由两两无公共内点的曲面块 $S_1,S_2,\cdots,S_k$ 所组成,且

$$\iint_{S_i} P\mathrm{d}y\mathrm{d}z+Q\mathrm{d}z\mathrm{d}x+R\mathrm{d}x\mathrm{d}y \quad (i=1,2,\cdots,k)$$

存在,则有

$$\iint_S P\mathrm{d}y\mathrm{d}z+Q\mathrm{d}z\mathrm{d}x+R\mathrm{d}x\mathrm{d}y=\sum_{i=1}^{k}\iint_{S_i} P\mathrm{d}y\mathrm{d}z+Q\mathrm{d}z\mathrm{d}x+R\mathrm{d}x\mathrm{d}y.$$

5. 第二型曲面积分的计算

(1)设 $R(x,y,z)$ 是定义在光滑曲面 $S:z=z(x,y),(x,y)\in D_{xy}$ 上的连续函数,则

$$\iint_S R(x,y,z)\mathrm{d}x\mathrm{d}y=\pm\iint_{D_{xy}} R(x,y,z(x,y))\mathrm{d}x\mathrm{d}y,$$

其中 S 的上侧为正侧时上式右边取正号,S 的下侧为正侧时取负号. 当 x 或 y 分别是 (y,z) 或 (z,x) 的显函数时,有类似的计算公式.

(2)设有光滑曲面 $S:x=x(u,v),y=y(u,v),z=z(u,v),(u,v)\in D$,且

$$\left(\frac{\partial(x,y)}{\partial(u,v)}\right)^2+\left(\frac{\partial(y,z)}{\partial(u,v)}\right)^2+\left(\frac{\partial(z,x)}{\partial(u,v)}\right)^2\neq 0, \quad (u,v)\in D.$$

如果函数 $P(x,y,z),Q(x,y,z),R(x,y,z)$ 在 S 上连续,则

$$\iint_S P\mathrm{d}y\mathrm{d}z=\pm\iint_D P(x(u,v),y(u,v),z(u,v))\frac{\partial(y,z)}{\partial(u,v)}\mathrm{d}u\mathrm{d}v,$$

$$\iint_S Q\mathrm{d}z\mathrm{d}x=\pm\iint_D Q(x(u,v),y(u,v),z(u,v))\frac{\partial(z,x)}{\partial(u,v)}\mathrm{d}u\mathrm{d}v,$$

$$\iint_S R\mathrm{d}x\mathrm{d}y=\pm\iint_D R(x(u,v),y(u,v),z(u,v))\frac{\partial(x,y)}{\partial(u,v)}\mathrm{d}u\mathrm{d}v,$$

其中正负号分别对应曲面 S 的两个侧,特别是 uv 平面的正方向对应于曲面 S 所选定的正向一侧时取正号,否则取负号.

6. 两类曲面积分的联系

设 S 为光滑曲面,α,β,γ 分别为 S 上的指定法线方向与 x 轴,y 轴及 z 轴正向的夹角. 若 P,Q,R 为 S 上的连续函数,则

$$\begin{aligned}&\iint_S P(x,y,z)\mathrm{d}y\mathrm{d}z+Q(x,y,z)\mathrm{d}z\mathrm{d}x+R(x,y,z)\mathrm{d}x\mathrm{d}y\\=&\iint_S [P(x,y,z)\cos\alpha+Q(x,y,z)\cos\beta+R(x,y,z)\cos\gamma]\mathrm{d}S.\end{aligned}$$

7. 高斯公式

设空间区域 V 由分片光滑的双侧封闭曲面 S 围成,若函数 P,Q,R 在 V 上连续,且有一阶连续偏导数,则当 S 取外侧时,有高斯公式:

$$\oiint_S P\mathrm{d}y\mathrm{d}z+Q\mathrm{d}z\mathrm{d}x+R\mathrm{d}x\mathrm{d}y=\iiint_V\left(\frac{\partial P}{\partial x}+\frac{\partial Q}{\partial y}+\frac{\partial R}{\partial z}\right)\mathrm{d}x\mathrm{d}y\mathrm{d}z.$$

注 高斯公式是沟通三重积分与第二型曲面积分之间的桥梁.

8. 斯托克斯公式

设光滑曲面 S 的边界 L 是按段光滑的封闭曲线，若函数 P,Q,R 在 S(连同 L)上连续，且有连续的一阶偏导数，则有斯托克斯公式：

$$\oint_L P\mathrm{d}x+Q\mathrm{d}y+R\mathrm{d}z=\iint_S\left(\frac{\partial R}{\partial y}-\frac{\partial Q}{\partial z}\right)\mathrm{d}y\mathrm{d}z+\left(\frac{\partial P}{\partial z}-\frac{\partial R}{\partial x}\right)\mathrm{d}z\mathrm{d}x+\left(\frac{\partial Q}{\partial x}-\frac{\partial P}{\partial y}\right)\mathrm{d}x\mathrm{d}y,$$

其中 S 的侧与 L 的方向按右手法则确定.

注 斯托克斯公式是沟通第二型曲面积分与空间第二型曲线积分之间的桥梁.

9. 空间曲线积分与路线无关的条件

设 $\Omega\subset\mathbf{R}^3$ 为空间单连通区域，若函数 P,Q,R 在 Ω 上连续，且具有一阶连续偏导数，则下列四个条件互相等价：

(1)沿 Ω 内任一按段光滑封闭曲线 L，有 $\oint_L P\mathrm{d}x+Q\mathrm{d}y+R\mathrm{d}z=0$；

(2)对 Ω 中任一按段光滑曲线 L，曲线积分 $\int_L P\mathrm{d}x+Q\mathrm{d}y+R\mathrm{d}z$ 与路线无关，只与 L 的起点及终点有关；

(3)$P\mathrm{d}x+Q\mathrm{d}y+R\mathrm{d}z$ 是 Ω 内某一函数 u 的全微分，即在 Ω 内有 $\mathrm{d}u=P\mathrm{d}x+Q\mathrm{d}y+R\mathrm{d}z$；

(4)等式 $\frac{\partial P}{\partial y}=\frac{\partial Q}{\partial x},\frac{\partial Q}{\partial z}=\frac{\partial R}{\partial y},\frac{\partial R}{\partial x}=\frac{\partial P}{\partial z}$ 在 Ω 内处处成立.

10. 数量场与向量场

若在全空间或其中某一区域 V 中的每一点 M，都有一个数量与之对应，则称在 V 上给定了一个**数量场**；若在 V 中的每一点 M，都有一个向量与之对应，则称在 V 上给定了一个**向量场**. 在空间引入了直角坐标系后，数量场与该区域上的一个数量函数 $u(x,y,z)$ 相对应，而向量场则与一个向量函数 $\mathbf{A}(x,y,z)=(P(x,y,z),Q(x,y,z),R(x,y,z))$ 相对应.

11. 几种特殊的场

(1)**梯度场** 由区域 V 上具有连续偏导数的数量函数 $u(x,y,z)$ 生成的梯度向量函数

$$\nabla u=\mathbf{grad}\ u=\left(\frac{\partial u}{\partial x},\frac{\partial u}{\partial y},\frac{\partial u}{\partial z}\right),\quad (x,y,z)\in V$$

所确定的向量场，称为梯度场. 关于梯度，有以下一些基本性质：

(a)若 u,v 为数量函数，则 $\nabla(u+v)=\nabla u+\nabla v$.

(b)若 u,v 为数量函数，则 $\nabla(u\cdot v)=u(\nabla v)+(\nabla u)v$，特别地，$\nabla u^2=2u(\nabla u)$.

(c)若 $\boldsymbol{r}=(x,y,z)$，$\boldsymbol{\varphi}=\varphi(x,y,z)$，则 $\mathrm{d}\boldsymbol{\varphi}=\mathrm{d}\boldsymbol{r}\cdot\nabla\boldsymbol{\varphi}$.

(d)若 $f=f(u)$，$u=u(x,y,z)$，则 $\nabla f=f'(u)\nabla u$.

(e)若 $f=f(u_1,u_2,\cdots,u_m)$，$u_i=u_i(x,y,z)\ (i=1,2,\cdots,m)$，则 $\nabla f=\sum_{i=1}^{m}\frac{\partial f}{\partial u_i}\nabla u_i$.

(2)**散度场**

设 $\mathbf{A}(x,y,z)=(P(x,y,z),Q(x,y,z),R(x,y,z))$ 为空间区域 V 上的向量函数，对 V 上

每一点(x,y,z)，定义数量函数$D(x,y,z)=\frac{\partial P}{\partial x}+\frac{\partial Q}{\partial y}+\frac{\partial R}{\partial z}$，称它为向量函数$\boldsymbol{A}$在$(x,y,z)$处的**散度**，记作$D(x,y,z)=\operatorname{div}\boldsymbol{A}(x,y,z)$.

设$\boldsymbol{n}_0=(\cos\alpha,\cos\beta,\cos\gamma)$为曲面的单位法向量，则$\mathrm{d}\boldsymbol{S}=\boldsymbol{n}_0\mathrm{d}S$就称为曲面的**面积元素向量**. 于是高斯公式可写为如下向量形式：

$$\iiint_V \operatorname{div}\boldsymbol{A}\mathrm{d}V=\oint\!\!\!\oint_S \boldsymbol{A}\cdot\mathrm{d}\boldsymbol{S}.$$

由向量场的散度$\operatorname{div}\boldsymbol{A}$所构成的数量场，称为**散度场**. 显然$\operatorname{div}\boldsymbol{A}=\nabla\cdot\boldsymbol{A}$.

若在向量场$\boldsymbol{A}$中每一点皆有$\operatorname{div}\boldsymbol{A}=0$，则称$\boldsymbol{A}$为**无源场**. 关于散度，有以下一些基本性质：

(a)若$\boldsymbol{u},\boldsymbol{v}$是向量函数，则$\nabla\cdot(\boldsymbol{u}+\boldsymbol{v})=\nabla\cdot\boldsymbol{u}+\nabla\cdot\boldsymbol{v}$.

(b)若φ是数量函数，$\boldsymbol{F}$是向量函数，则$\nabla\cdot(\varphi\boldsymbol{F})=\varphi\nabla\cdot\boldsymbol{F}+\boldsymbol{F}\cdot\nabla\varphi$.

(c)若$\varphi=\varphi(x,y,z)$是一数量函数，则$\nabla\cdot\nabla\varphi=\frac{\partial^2\varphi}{\partial x^2}+\frac{\partial^2\varphi}{\partial y^2}+\frac{\partial^2\varphi}{\partial z^2}\triangleq\Delta\varphi$.

(3)**旋度场**

设$\boldsymbol{A}(x,y,z)=(P(x,y,z),Q(x,y,z),R(x,y,z))$为空间区域$V$上的向量函数，对$V$上每一点$(x,y,z)$，定义向量函数

$$\boldsymbol{F}(x,y,z)=\left(\frac{\partial R}{\partial y}-\frac{\partial Q}{\partial z},\frac{\partial P}{\partial z}-\frac{\partial R}{\partial x},\frac{\partial Q}{\partial x}-\frac{\partial P}{\partial y}\right),$$

称它为向量函数$\boldsymbol{A}$在(x,y,z)处的**旋度**，记作$\boldsymbol{F}(x,y,z)=\mathbf{rot}\,\boldsymbol{A}$.

设$(\cos\alpha_i,\cos\beta_i,\cos\gamma_i)$是曲线$L$的正向上的单位切线向量$\boldsymbol{t}_0$的方向余弦，向量$\mathrm{d}\boldsymbol{s}=(\cos\alpha_i,\cos\beta_i,\cos\gamma_i)\mathrm{d}s=\boldsymbol{t}_0\mathrm{d}l$称为**弧长元素向量**. 于是斯托克斯公式可写成如下向量形式：

$$\iint_S \mathbf{rot}\,\boldsymbol{A}\cdot\mathrm{d}\boldsymbol{S}=\oint_L \boldsymbol{A}\cdot\mathrm{d}\boldsymbol{s}.$$

由向量函数$\boldsymbol{A}$的旋度$\mathbf{rot}\,\boldsymbol{A}$所定义的向量场，称为**旋度场**. 在流量问题中，称$\oint_L \boldsymbol{A}\cdot\mathrm{d}\boldsymbol{s}$为沿封闭曲线$L$的**环流量**. 旋度有如下一些基本性质：

(a)若$\boldsymbol{u},\boldsymbol{v}$是向量函数，则

$$\nabla\times(\boldsymbol{u}+\boldsymbol{v})=\nabla\times\boldsymbol{u}+\nabla\times\boldsymbol{v},$$

$$\nabla(\boldsymbol{u}\cdot\boldsymbol{v})=\boldsymbol{u}\times(\nabla\times\boldsymbol{v})+\boldsymbol{v}\times(\nabla\times\boldsymbol{u})+(\boldsymbol{u}\cdot\nabla)\boldsymbol{v}+(\boldsymbol{v}\cdot\nabla)\boldsymbol{u},$$

$$\nabla\cdot(\boldsymbol{u}+\boldsymbol{v})=\boldsymbol{v}\cdot\nabla\times\boldsymbol{u}-\boldsymbol{u}\cdot\nabla\times\boldsymbol{v},$$

$$\nabla\times(\boldsymbol{u}\times\boldsymbol{v})=(\boldsymbol{v}\cdot\nabla)\boldsymbol{u}-(\boldsymbol{u}\cdot\nabla)\boldsymbol{v}+(\nabla\cdot\boldsymbol{v})\boldsymbol{u}-(\nabla\cdot\boldsymbol{u})\boldsymbol{v}.$$

(b)若φ是数量函数，$\boldsymbol{A}$是向量函数，则

$$\nabla\times(\varphi\boldsymbol{A})=\varphi(\nabla\times\boldsymbol{A})+\nabla\varphi\times\boldsymbol{A}.$$

(c)若φ是数量函数，$\boldsymbol{A}$是向量函数，则

$$\nabla\cdot(\nabla\times\boldsymbol{A})=0,\ \nabla\times\nabla\varphi=0,\ \nabla\times(\nabla\times\boldsymbol{A})=\nabla(\nabla\cdot\boldsymbol{A})-\nabla^2\boldsymbol{A}=\nabla(\nabla\cdot\boldsymbol{A})-\Delta\boldsymbol{A}.$$

二、经典例题解析及解题方法总结

【例 1】 计算 $\oiint\limits_S (x+y^2+z^3)\mathrm{d}S$，其中 S 为六面体 $[-1,1]\times[-1,1]\times[-1,1]$ 的表面.

解 由于 S 关于 yz 坐标面对称，且函数 $f_1=x$ 是关于 x 的奇函数，所以 $\iint\limits_S x\mathrm{d}S=0$.

类似地，S 关于 xy 坐标面对称，且函数 $f_2=z^3$ 是关于 z 的奇函数，于是 $\iint\limits_S z^3\mathrm{d}S=0$.

记 $D=[-1,1]\times[-1,1]$ 及

$S_1: x=1,(y,z)\in D$； $S_2: x=-1,(y,z)\in D$； $S_3: y=1,(x,z)\in D$；

$S_4: y=-1,(x,z)\in D$； $S_5: z=1,(x,y)\in D$； $S_6: z=-1,(x,y)\in D$.

从而有 $\iint\limits_S y^2\mathrm{d}S=\sum\limits_{i=1}^{6}\iint\limits_{S_i} y^2\mathrm{d}S=2\iint\limits_D y^2\mathrm{d}y\mathrm{d}z+2\iint\limits_D \mathrm{d}x\mathrm{d}z+2\iint\limits_D y^2\mathrm{d}x\mathrm{d}y=\frac{8}{3}+8+\frac{8}{3}=\frac{40}{3}$.

因此，$\iint\limits_S (x+y^2+z^3)\mathrm{d}S=\frac{40}{3}$.

【例 2】 以 S 表示椭球 $B:\frac{x^2}{a^2}+\frac{y^2}{b^2}+\frac{z^2}{c^2}=1$ 的上半部分 $(z\geqslant 0)$，λ,u,v 表示 S 的外法线的方向余弦，计算曲面积分 $\iint\limits_S z\left(\frac{\lambda x}{a^2}+\frac{uy}{b^2}+\frac{vz}{c^2}\right)\mathrm{d}S$.

解 如图 22—1 所示：补充 xy 平面上的椭圆 S_1 与 S 构成封闭曲面，记为 S_0，由于 $S_1: z=0$，从而

$$\iint\limits_{S_1} z\left(\frac{\lambda x}{a^2}+\frac{uy}{b^2}+\frac{vz}{c^2}\right)\mathrm{d}S=0,$$

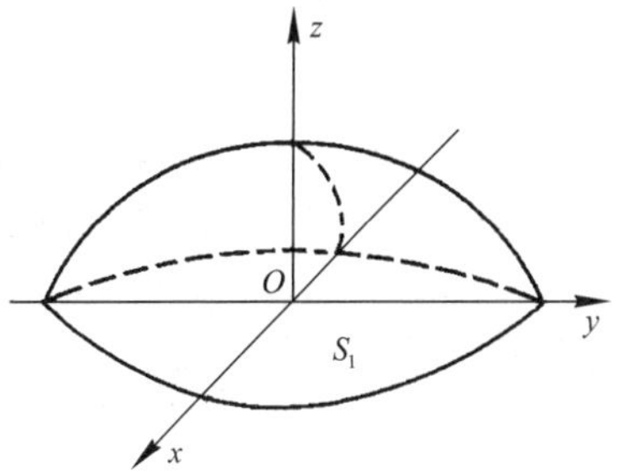

所以

$$\begin{aligned}
\iint\limits_S z\left(\frac{\lambda x}{a^2}+\frac{uy}{b^2}+\frac{vz}{c^2}\right)\mathrm{d}S &= \oiint\limits_{S_0} z\left(\frac{\lambda x}{a^2}+\frac{uy}{b^2}+\frac{vz}{c^2}\right)\mathrm{d}S \\
&\xlongequal{\text{高斯公式}} \iiint\limits_V \left(\frac{1}{a^2}+\frac{1}{b^2}+\frac{2}{c^2}\right)z\mathrm{d}x\mathrm{d}y\mathrm{d}z \\
&\xlongequal{\begin{cases}x=ar\sin\varphi\cos\theta,\\ y=br\sin\varphi\sin\theta,\\ z=cr\cos\varphi,\end{cases}} \int_0^{2\pi}\mathrm{d}\theta\int_0^{\frac{\pi}{2}}\left(\frac{1}{a^2}+\frac{1}{b^2}+\frac{2}{c^2}\right)\cdot cr\cos\varphi\cdot abcr^2\sin\varphi\mathrm{d}r \\
&= 2\pi abc^2\left(\frac{1}{a^2}+\frac{1}{b^2}+\frac{2}{c^2}\right)\int_0^{\frac{\pi}{2}}\cos\varphi\sin\varphi\mathrm{d}\varphi\int_0^1 r^3\mathrm{d}r \\
&= \frac{1}{4}\pi abc^2\left(\frac{1}{a^2}+\frac{1}{b^2}+\frac{2}{c^2}\right).
\end{aligned}$$

图 22—1

【例 3】 计算积分 $\iint\limits_S x\mathrm{d}y\mathrm{d}z+y\mathrm{d}z\mathrm{d}x+z\mathrm{d}x\mathrm{d}y$，其中 S 是曲面 $x+y+z=1,x,y,z\geqslant 0$，外侧的法线方向与向量 $(1,1,1)$ 同向.

分析 对于第二型曲面积分的一般形式，通常将其三部分分别计算后再求和即得.

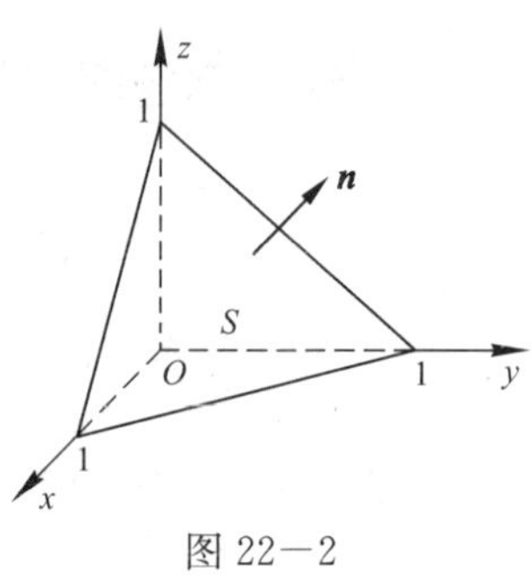

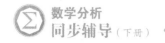

图 22—2

解　见图 22—2，S 可以表示为

$z=1-x-y,(x,y)\in D_{xy}=\{(x,y)\mid x+y\leqslant 1,x,y\geqslant 0\}$.

$$\iint_S z\mathrm{d}x\mathrm{d}y=\iint_{D_{xy}}(1-x-y)\mathrm{d}x\mathrm{d}y=\int_0^1\mathrm{d}x\int_0^{1-x}(1-x-y)\mathrm{d}y=\frac{1}{6}.$$

类似地，$\iint_S x\mathrm{d}y\mathrm{d}z=\iint_S y\mathrm{d}z\mathrm{d}x=\frac{1}{6}$. 于是

$$\iint_S x\mathrm{d}y\mathrm{d}z+y\mathrm{d}z\mathrm{d}x+z\mathrm{d}x\mathrm{d}y=\frac{1}{6}+\frac{1}{6}+\frac{1}{6}=\frac{1}{2}.$$

【例 4】　计算积分 $\iint_S(x^2+y)\mathrm{d}y\mathrm{d}z-y\mathrm{d}z\mathrm{d}x+(x^2+y^2)\mathrm{d}x\mathrm{d}y$，其中 S 为旋转抛物面 $z=x^2+y^2$ 在 $z\leqslant 1$ 部分并取曲面外侧.

分析　当积分区域及被积函数具有某种对称性时，如果我们在转化成二重积分过程中加以考虑，则可以简化计算.

解　**方法一**　参见图 22—3，记 $S_1:x=\sqrt{z-y^2},z\leqslant 1$；$S_2:x=-\sqrt{z-y^2},z\leqslant 1$. S_1 和 S_2 在 yz 坐标平面上有相同的投影 D_{yz}，则有

$$\iint_S(x^2+y)\mathrm{d}y\mathrm{d}z=\iint_{S_1}(x^2+y)\mathrm{d}y\mathrm{d}z+\iint_{S_2}(x^2+y)\mathrm{d}y\mathrm{d}z$$
$$=\iint_{D_{yz}}(z-y^2+y)\mathrm{d}y\mathrm{d}z-\iint_{D_{yz}}(z-y^2+y)\mathrm{d}y\mathrm{d}z=0.$$

记 $S_3:y=\sqrt{z-x^2},z\leqslant 1$；　$S_4:y=-\sqrt{z-x^2},z\leqslant 1$.

S_3 和 S_4 在 zx 平面上有相同的投影

$$D_{zx}:x^2\leqslant z\leqslant 1,\quad x\in[-1,1].$$

我们有

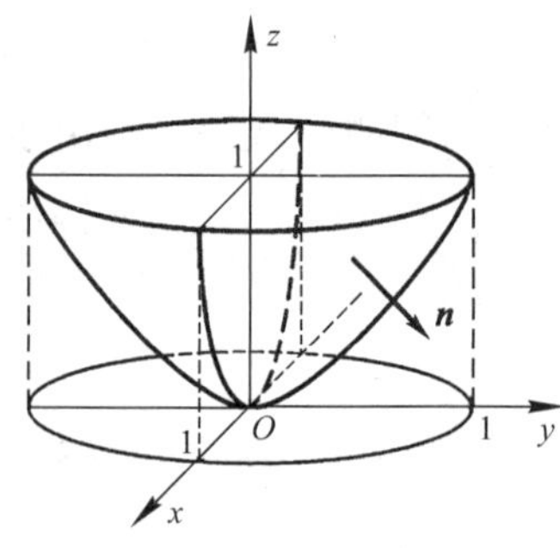

图 22—3

$$\iint_S y\mathrm{d}z\mathrm{d}x=\iint_{S_3}y\mathrm{d}z\mathrm{d}x+\iint_{S_4}y\mathrm{d}z\mathrm{d}x$$
$$=\iint_{D_{zx}}\sqrt{z-x^2}\,\mathrm{d}z\mathrm{d}x-\iint_{D_{zx}}(-\sqrt{z-x^2})\mathrm{d}z\mathrm{d}x$$
$$=2\iint_{D_{zx}}\sqrt{z-x^2}\,\mathrm{d}z\mathrm{d}x=2\int_{-1}^1\mathrm{d}x\int_{x^2}^1\sqrt{z-x^2}\,\mathrm{d}z$$
$$=\frac{4}{3}\int_{-1}^1(1-x^2)^{\frac{3}{2}}\mathrm{d}x=\frac{\pi}{2}.$$

S 在 xy 坐标平面上的投影为 $D_{xy}:x^2+y^2\leqslant 1$，$S$ 的法线方向与 z 轴的正方向成钝角，则

$$\iint_S(x^2+y^2)\mathrm{d}x\mathrm{d}y=-\iint_{D_{xy}}(x^2+y^2)\mathrm{d}x\mathrm{d}y=-\int_0^{2\pi}\mathrm{d}\theta\int_0^1 r^3\mathrm{d}r=-\frac{\pi}{2}.$$

综上可得 $\iint_S(x^2+y)\mathrm{d}y\mathrm{d}z-y\mathrm{d}z\mathrm{d}x+(x^2+y^2)\mathrm{d}x\mathrm{d}y=0-\frac{\pi}{2}+\left(-\frac{\pi}{2}\right)=-\pi$.

方法二　记 $S_0:z=1$，取上侧，S 与 S_0 所围区域为 V，S_0 在 xy 平面投影区域为 $D_{xy}:x^2+y^2\leqslant 1$，则

$$\iint_S(x^2+y)\mathrm{d}y\mathrm{d}z-y\mathrm{d}z\mathrm{d}x+(x^2+y^2)\mathrm{d}x\mathrm{d}y$$

$$=\oint\!\!\!\oint_{S\cup S_0}(x^2+y)\mathrm{d}y\mathrm{d}z-y\mathrm{d}z\mathrm{d}x+(x^2+y^2)\mathrm{d}x\mathrm{d}y-\iint_{(S_0)上}(x^2+y)\mathrm{d}y\mathrm{d}z-y\mathrm{d}z\mathrm{d}x+(x^2+y^2)\mathrm{d}x\mathrm{d}y$$

$$=\iiint_V(2x-1)\mathrm{d}x\mathrm{d}y\mathrm{d}z-\iint_{D_{xy}}(x^2+y^2)\mathrm{d}x\mathrm{d}y=\int_0^{2\pi}\mathrm{d}\theta\int_0^1\mathrm{d}z\int_0^{\sqrt{z}}r(2r\cos\theta-1)\mathrm{d}r-\int_0^{2\pi}\mathrm{d}\theta\int_0^1 r^3\mathrm{d}r$$

$$=-\frac{\pi}{2}-\frac{\pi}{2}=-\pi.$$

【例 5】 计算积分$\iint_S f(x,y,z)\mathrm{d}y\mathrm{d}z+\mathrm{e}^x\mathrm{d}z\mathrm{d}x$，其中 S：$0\leqslant x\leqslant 1,0\leqslant z\leqslant 1,y=0$，其法线方向与$(0,1,0)$同向，函数 $f(x,y,z)$在 S 上连续.

分析 当 S 与 xy 坐标平面垂直时，$\iint_S R(x,y,z)\mathrm{d}x\mathrm{d}y=0$.

对于$\iint_S P(x,y,z)\mathrm{d}y\mathrm{d}z$ 及$\iint_S Q(x,y,z)\mathrm{d}z\mathrm{d}x$，类似结论成立.

解 由于 S 与 yz 坐标平面垂直(图 22—4)，因此

$$\iint_S f(x,y,z)\mathrm{d}y\mathrm{d}z=0.$$

S 在 zx 坐标平面上的投影区域为 $D=[0,1]\times[0,1]$，于是有

$$\iint_S \mathrm{e}^x\mathrm{d}z\mathrm{d}x=\iint_D \mathrm{e}^x\mathrm{d}z\mathrm{d}x=\int_0^1\mathrm{d}z\int_0^1\mathrm{e}^x\mathrm{d}x=\mathrm{e}-1.$$

故$\iint_S f(x,y,z)\mathrm{d}y\mathrm{d}z+\mathrm{e}^x\mathrm{d}x\mathrm{d}z=\mathrm{e}-1$.

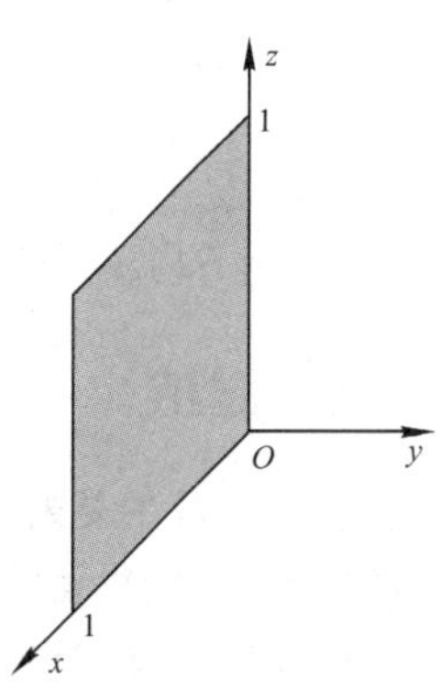

图 22—4

【例 6】 计算曲面积分$\oint\!\!\!\oint_S x\mathrm{d}y\mathrm{d}z+y\mathrm{d}z\mathrm{d}x+z\mathrm{d}x\mathrm{d}y$，其中 S 是曲面$|x|+|y|+|z|=1$ 的外侧.

解 易见该积分中被积函数及积分区域皆满足高斯公式的条件，所以

$$\oint\!\!\!\oint_S x\mathrm{d}y\mathrm{d}z+y\mathrm{d}z\mathrm{d}x+z\mathrm{d}x\mathrm{d}y=\iiint_V(1+1+1)\mathrm{d}x\mathrm{d}y\mathrm{d}z=3\cdot V\text{ 的体积}.$$

其中 V 为 S 所围成的正八面体(参见图 22—5)，其体积为 $8\cdot\frac{1}{3}\cdot\frac{1}{2}\cdot 1^2=\frac{4}{3}$，于是

$$\oint\!\!\!\oint_S x\mathrm{d}y\mathrm{d}z+y\mathrm{d}z\mathrm{d}x+z\mathrm{d}x\mathrm{d}y=3\cdot\frac{4}{3}=4.$$

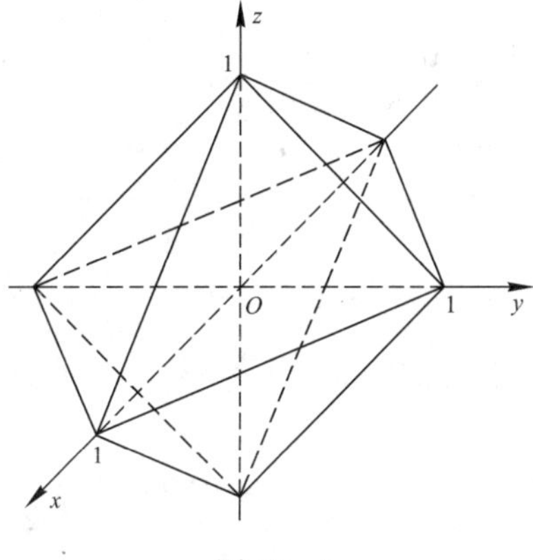

图 22—5

【例 7】 计算 $J=\iint\limits_S y(x-z)\mathrm{d}y\mathrm{d}z+x^2\mathrm{d}z\mathrm{d}x+(y^2+xz)\mathrm{d}x\mathrm{d}y$，其中 S 为曲面 $z=5-x^2-y^2$ 上 $z\geqslant 1$ 的部分，并取外侧.

解 记 $S_1: x^2+y^2\leqslant 4, z=1$，并取下侧，根据高斯公式得

$$\begin{aligned}J=&\oiint\limits_{S\cup S_1} y(x-z)\mathrm{d}y\mathrm{d}z+x^2\mathrm{d}z\mathrm{d}x+(y^2+xz)\mathrm{d}x\mathrm{d}y\\&-\iint\limits_{S_1} y(x-z)\mathrm{d}y\mathrm{d}z+x^2\mathrm{d}z\mathrm{d}x+(y^2+xz)\mathrm{d}x\mathrm{d}y\\&=\iiint\limits_V (x+y)\mathrm{d}x\mathrm{d}y\mathrm{d}z+\iint\limits_{D_{xy}}(y^2+x)\mathrm{d}x\mathrm{d}y\\&=\int_0^{2\pi}\mathrm{d}\theta\int_0^2\mathrm{d}r\int_1^{5-r^2}(r\cos\theta+r\sin\theta)r\mathrm{d}z+\int_0^{2\pi}\mathrm{d}\theta\int_0^2(r^2\sin^2\theta+r\cos\theta)r\mathrm{d}r=4\pi,\end{aligned}$$

其中 V 为 $S\cup S_1$ 所围成的空间区域，D_{xy} 为 S_1 在 xy 坐标平面上的投影区域.

方法总结

由于 S 不是封闭的，故不能直接利用高斯公式，如果说直接计算这个积分，要分成三部分计算，计算量较大，为此添加一曲面 $S_1: x^2+y^2\leqslant 4, z=1$，并取下侧，那么 $S\cup S_1$ 构成一封闭曲面，从而可以利用高斯公式将原积分的计算转化为较简单的三重积分和 S_1 上的第二型曲面积分的计算，这种方法是常用的.

【例 8】 计算曲面积分 $I=\iint\limits_{\Sigma}\frac{x\mathrm{d}y\mathrm{d}z+z^2\mathrm{d}x\mathrm{d}y}{x^2+y^2+z^2}$，其中 Σ 是由曲面 $x^2+y^2=R^2$ 及两平面 $z=R, z=-R\ (R>0)$ 所围立体表面的外侧，如图 22－6.

分析 曲面 Σ 是封闭的，但 P,Q,R 及其一阶偏导数在曲面 Σ 所围成的区域中不连续，所以不能用高斯公式.

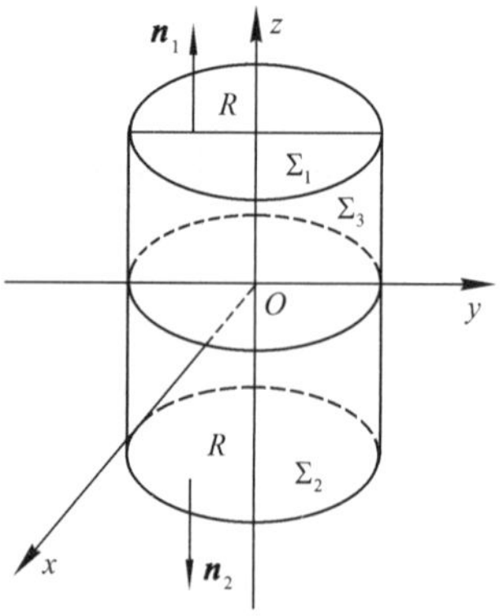

解 $I=\iint\limits_{\Sigma_1}+\iint\limits_{\Sigma_2}+\iint\limits_{\Sigma_3}=I_1+I_2+I_3$，

$$\begin{aligned}I_1&=\iint\limits_{\Sigma_1}\frac{x\mathrm{d}y\mathrm{d}z+z^2\mathrm{d}x\mathrm{d}y}{x^2+y^2+z^2}=\iint\limits_{\Sigma_1}\frac{R^2}{R^2+x^2+y^2}\mathrm{d}x\mathrm{d}y\\&=\iint\limits_{D_{xy}}\frac{R^2}{R^2+x^2+y^2}\mathrm{d}x\mathrm{d}y,\\I_2&=\iint\limits_{\Sigma_2}\frac{x\mathrm{d}y\mathrm{d}z+z^2\mathrm{d}x\mathrm{d}y}{x^2+y^2+z^2}=\iint\limits_{\Sigma_2}\frac{R^2}{R^2+x^2+y^2}\mathrm{d}x\mathrm{d}y\\&=-\iint\limits_{D_{xy}}\frac{R^2}{R^2+x^2+y^2}\mathrm{d}x\mathrm{d}y,\end{aligned}$$

$I_1+I_2=0$，

图 22－6

因 Σ_3 与 xy 平面垂直，故 $\iint\limits_{\Sigma_3}\frac{z^2}{x^2+y^2+z^2}\mathrm{d}x\mathrm{d}y=0$. 所以

$$I_3=\iint\limits_{\Sigma_3}\frac{x\mathrm{d}y\mathrm{d}z+z^2\mathrm{d}x\mathrm{d}y}{x^2+y^2+z^2}=\iint\limits_{\Sigma_3}\frac{x}{x^2+y^2+z^2}\mathrm{d}y\mathrm{d}z\quad\begin{pmatrix}\Sigma_{3前}: x=\sqrt{R^2-y^2}\\\Sigma_{3后}: x=-\sqrt{R^2-y^2}\end{pmatrix}$$

$$=\iint\limits_{\Sigma_{3前}}\frac{x}{x^2+y^2+z^2}\mathrm{d}y\mathrm{d}z+\iint\limits_{\Sigma_{3后}}\frac{x}{x^2+y^2+z^2}\mathrm{d}y\mathrm{d}z$$

$$=\iint\limits_{D_{yz}}\frac{\sqrt{R^2-y^2}}{R^2+z^2}\mathrm{d}y\mathrm{d}z-\iint\limits_{D_{yz}}\frac{-\sqrt{R^2-y^2}}{R^2+z^2}\mathrm{d}y\mathrm{d}z,=2\iint\limits_{D_{yz}}\frac{\sqrt{R^2-y^2}}{R^2+z^2}\mathrm{d}y\mathrm{d}z$$

$$=2\int_{-R}^{R}\frac{\mathrm{d}z}{R^2+z^2}\int_{-R}^{R}\sqrt{R^2-y^2}\,\mathrm{d}y=8\int_0^R\frac{\mathrm{d}z}{R^2+z^2}\int_0^R\sqrt{R^2-y^2}\,\mathrm{d}y$$

$$=\frac{8}{R}\arctan\frac{z}{R}\Big|_0^R\cdot\frac{1}{4}\pi R^2=\frac{R\pi^2}{2}.$$

故 $I=\frac{R\pi^2}{2}$.

【例 9】 计算曲面积分 $\oiint\limits_S\frac{x-1}{r^3}\mathrm{d}y\mathrm{d}z+\frac{y-2}{r^3}\mathrm{d}z\mathrm{d}x+\frac{z-3}{r^3}\mathrm{d}x\mathrm{d}y$，其中 S 为长方体 $V=\{(x,y,z)\mid |x|\leqslant 2,|y|\leqslant 3,|z|\leqslant 4\}$ 的表面并取外侧，$r=\sqrt{(x-1)^2+(y-2)^2+(z-3)^2}$.

分析 被积函数在点 $(1,2,3)\in V$ 无定义，不可以在 V 上直接使用高斯公式. 如果能够将 S 转化为以 $(1,2,3)$ 为球心的球面，则问题就不难解决了.

解 取充分小的 $\varepsilon>0$，作球面 $\Sigma:(x-1)^2+(y-2)^2+(z-3)^2=\varepsilon^2$，使得 Σ 被包含在 S 的内部，并且 Σ 取内侧. 易见被积表达式中的函数在 S 和 Σ 所围成的闭区域 G 上满足高斯公式的条件，于是有

$$\oiint\limits_S\frac{x-1}{r^3}\mathrm{d}y\mathrm{d}z+\frac{y-2}{r^3}\mathrm{d}z\mathrm{d}x+\frac{z-3}{r^3}\mathrm{d}x\mathrm{d}y$$

$$=\oiint\limits_{\Sigma+(-S)}\frac{x-1}{r^3}\mathrm{d}y\mathrm{d}z+\frac{y-2}{r^3}\mathrm{d}z\mathrm{d}x+\frac{z-3}{r^3}\mathrm{d}x\mathrm{d}y+\oiint\limits_{(\Sigma)外}\frac{x-1}{r^3}\mathrm{d}y\mathrm{d}z+\frac{y-2}{r^3}\mathrm{d}z\mathrm{d}x+\frac{z-3}{r^3}\mathrm{d}x\mathrm{d}y$$

$$=\iiint\limits_G 0\mathrm{d}x\mathrm{d}y\mathrm{d}z+\frac{1}{\varepsilon^3}\iint\limits_{(\Sigma)外}(x-1)\mathrm{d}y\mathrm{d}z+(y-2)\mathrm{d}z\mathrm{d}x+(z-3)\mathrm{d}x\mathrm{d}y.$$

$$=0+\frac{1}{\varepsilon^3}\cdot 3\cdot\frac{4}{3}\pi\varepsilon^3=4\pi.$$

【例 10】 计算曲线积分 $\oint_L(y+\sin x)\mathrm{d}x+(z-\mathrm{e}^y)\mathrm{d}y+(x+1)\mathrm{d}z$，其中 L 为球面 $x^2+y^2+z^2=R^2$ 与平面 $\pi:x+y+z=0$ 的交线，若从 x 轴正向看去，L 是逆时针方向绕行的.

解 设 S 为 L 所围成的在平面 π 上的圆形区域，并取上侧，根据斯托克斯公式得

$$\oint_L(y+\sin x)\mathrm{d}x+(z-\mathrm{e}^y)\mathrm{d}y+(x+1)\mathrm{d}z=\iint\limits_S\begin{vmatrix}\mathrm{d}y\mathrm{d}z & \mathrm{d}z\mathrm{d}x & \mathrm{d}x\mathrm{d}y\\ \frac{\partial}{\partial x} & \frac{\partial}{\partial y} & \frac{\partial}{\partial z}\\ y+\sin x & z-\mathrm{e}^y & x+1\end{vmatrix}$$

$$=-\iint\limits_S\mathrm{d}y\mathrm{d}z+\mathrm{d}z\mathrm{d}x+\mathrm{d}x\mathrm{d}y=-\iint\limits_{D_{yz}}\mathrm{d}y\mathrm{d}z-\iint\limits_{D_{zx}}\mathrm{d}z\mathrm{d}x-\iint\limits_{D_{xy}}\mathrm{d}x\mathrm{d}y$$

$$=-(\Delta D_{yz}+\Delta D_{zx}+\Delta D_{xy}),$$

其中 D_{yz},D_{zx},D_{xy} 分别为 S 在 yz,zx,xy 坐标平面上的投影，因为 S 的法线方向的方向余弦为 $\frac{\sqrt{3}}{3},\frac{\sqrt{3}}{3},\frac{\sqrt{3}}{3}$，且 S 的面积为 πR^2，所以 $\Delta D_{yz}=\Delta D_{zx}=\Delta D_{xy}=\pi R^2\cdot\frac{\sqrt{3}}{3}$，于是

$$\oint_L(y+\sin x)\mathrm{d}x+(z-\mathrm{e}^y)\mathrm{d}y+(x+1)\mathrm{d}z=-\sqrt{3}\pi R^2.$$

三、教材习题解答

习题 22.1 解答

1. 计算下列第一型曲面积分：

(1) $\iint\limits_{S}(x+y+z)\mathrm{d}S$，其中 S 为上半球面 $x^2+y^2+z^2=a^2,z\geqslant 0$；

(2) $\iint\limits_{S}(x^2+y^2)\mathrm{d}S$，其中 S 为立体 $\sqrt{x^2+y^2}\leqslant z\leqslant 1$ 的边界曲面；

(3) $\iint\limits_{S}\dfrac{1}{x^2+y^2}\mathrm{d}S$，其中 S 为柱面 $x^2+y^2=R^2$ 被平面 $z=0,z=H$ 所截取的部分；

(4) $\iint\limits_{S}xyz\mathrm{d}S$，其中 S 为平面 $x+y+z=1$ 在第一卦限中的部分.

解 (1) **方法一** 因 $z=\sqrt{a^2-x^2-y^2},z_x^2=\dfrac{x^2}{z^2},z_y^2=\dfrac{y^2}{z^2}$，

$$\sqrt{1+z_x^2+z_y^2}=\sqrt{1+\frac{x^2}{z^2}+\frac{y^2}{z^2}}=\frac{a}{\sqrt{a^2-x^2-y^2}},$$

从而

$$\begin{aligned}\iint\limits_{S}(x+y+z)\mathrm{d}S&=\int_{-a}^{a}\mathrm{d}x\int_{-\sqrt{a^2-x^2}}^{\sqrt{a^2-x^2}}\frac{a}{\sqrt{a^2-x^2-y^2}}(x+y+\sqrt{a^2-x^2-y^2})\mathrm{d}y\\&=\int_{-a}^{a}(\pi ax+2a\sqrt{a^2-x^2})\mathrm{d}x=\pi a^3.\end{aligned}$$

方法二 由方法一得 $\sqrt{1+z_x^2+z_y^2}=\dfrac{a}{\sqrt{a^2-x^2-y^2}}$，由对称性得

$$\begin{aligned}&\iint\limits_{S}(x+y+z)\mathrm{d}S\\&=\iint\limits_{x^2+y^2\leqslant a^2}(x+y+\sqrt{a^2-x^2-y^2})\frac{a}{\sqrt{a^2-x^2-y^2}}\mathrm{d}x\mathrm{d}y\\&=\iint\limits_{x^2+y^2\leqslant a^2}\frac{a(x+y)}{\sqrt{a^2-x^2-y^2}}\mathrm{d}x\mathrm{d}y+\iint\limits_{x^2+y^2\leqslant a^2}a\mathrm{d}x\mathrm{d}y\\&=0+a\iint\limits_{x^2+y^2}\mathrm{d}x\mathrm{d}y=\pi a^3.\end{aligned}$$

(2) 曲面 S 由两部分 S_1,S_2 组成，其中 $S_1:z=\sqrt{x^2+y^2},S_2:z=1,x^2+y^2\leqslant 1$，它们在 xOy 面上的投影区域都是 $x^2+y^2\leqslant 1$，由极坐标变换可得

$$\begin{aligned}\iint\limits_{S}(x^2+y^2)\mathrm{d}S&=\iint\limits_{S_1}(x^2+y^2)\mathrm{d}S+\iint\limits_{S_2}(x^2+y^2)\mathrm{d}S\\&=\sqrt{2}\iint\limits_{x^2+y^2\leqslant 1}(x^2+y^2)\mathrm{d}x\mathrm{d}y+\iint\limits_{x^2+y^2\leqslant 1}(x^2+y^2)\mathrm{d}x\mathrm{d}y\\&=\sqrt{2}\int_0^{2\pi}\mathrm{d}\theta\int_0^1 r^3\mathrm{d}r+\int_0^{2\pi}\mathrm{d}\theta\int_0^1 r^3\mathrm{d}r\\&=\frac{\pi}{2}(\sqrt{2}+1).\end{aligned}$$

(3) $\iint\limits_S \frac{1}{x^2+y^2}\mathrm{d}S=\frac{1}{R^2}\iint\limits_S \mathrm{d}S=\frac{1}{R^2}2\pi RH=\frac{2\pi H}{R}.$

(4) $\iint\limits_S xyz\,\mathrm{d}S=\int_0^1 x\mathrm{d}x\int_0^{1-x} y(1-x-y)\sqrt{3}\,\mathrm{d}y=\frac{\sqrt{3}}{6}\int_0^1 x(1-x)^3\mathrm{d}x=\frac{\sqrt{3}}{120}.$

2. 求均匀曲面 $x^2+y^2+z^2=a^2, x\geqslant 0, y\geqslant 0, z\geqslant 0$ 的质心.

解　设质心坐标为$(\bar{x},\bar{y},\bar{z})$,由对称性有:

$$\bar{x}=\bar{y}=\bar{z},\quad \bar{z}=\frac{\iint\limits_S z\mathrm{d}S}{\iint\limits_S \mathrm{d}S}=\frac{\iint\limits_S z\mathrm{d}S}{S},$$

其中 S 为所求曲面的面积,$S=\frac{1}{2}\pi a^2$. 而

$$\mathrm{d}S=\sqrt{1+z_x^2+z_y^2}\,\mathrm{d}x\mathrm{d}y=\frac{a}{\sqrt{a^2-x^2-y^2}}\mathrm{d}x\mathrm{d}y.$$

则 $\iint\limits_S z\mathrm{d}S=\iint\limits_D a\,\mathrm{d}x\mathrm{d}y=\frac{1}{4}\pi a^3$($D$ 为 S 在 xOy 面上的投影).

$\bar{z}=\frac{a}{2}$,所以质心坐标为$\left(\frac{a}{2},\frac{a}{2},\frac{a}{2}\right)$.

3. 求密度为 ρ 的均匀球面 $x^2+y^2+z^2=a^2\quad(z\geqslant 0)$ 对于 z 轴的转动惯量.

解　由于

$$S: z=\sqrt{a^2-x^2-y^2}, (x,y)\in D=\{(x,y)\mid x^2+y^2\leqslant a^2\},$$

$$\sqrt{1+z_x^2+z_y^2}=\sqrt{1+\left(\frac{x}{\sqrt{a^2-x^2-y^2}}\right)^2+\left(\frac{y}{\sqrt{a^2-x^2-y^2}}\right)^2}$$

$$=\frac{a}{\sqrt{a^2-x^2-y^2}},$$

由转动惯量公式得所求的转动惯量为

$$\begin{aligned}J_z&=\iint\limits_S (x^2+y^2)\rho\mathrm{d}S=\iint\limits_D (x^2+y^2)\rho\sqrt{1+z_x^2+z_y^2}\,\mathrm{d}x\mathrm{d}y\\&=\iint\limits_D (x^2+y^2)\rho\frac{a}{\sqrt{a^2-x^2-y^2}}\mathrm{d}x\mathrm{d}y\\&=a\rho\int_0^{2\pi}\mathrm{d}\theta\int_0^a r^2\frac{1}{\sqrt{a^2-r^2}}\cdot r\mathrm{d}r=2\pi a\rho\int_0^a\frac{r^3}{\sqrt{a^2-r^2}}\mathrm{d}r\\&=2\pi a\rho\int_0^{\frac{\pi}{2}}\frac{a^3\sin^3 t}{a\cos t}a\cos t\mathrm{d}t=2\pi a^4\rho\int_0^{\frac{\pi}{2}}\sin^3 t\mathrm{d}t\\&=2\pi a^4\rho\frac{2}{3}=\frac{4}{3}\pi a^4\rho.\end{aligned}$$

4. 计算 $\iint\limits_S z^2\mathrm{d}S$,其中 S 为圆锥表面的一部分

$$S:\begin{cases}x=r\cos\varphi\sin\theta,\\y=r\sin\varphi\sin\theta,\\z=r\cos\theta,\end{cases}\quad D:\begin{cases}0\leqslant r\leqslant a,\\0\leqslant\varphi\leqslant 2\pi,\end{cases}$$

这里 θ 为常数$\left(0<\theta<\frac{\pi}{2}\right)$.

解　由于

$$E=x_r^2+y_r^2+z_r^2=\sin^2\theta(\cos^2\varphi+\sin^2\varphi)+\cos^2\theta=1,$$

$$F=x_rx_\varphi+y_ry_\varphi+z_rz_\varphi=-r\sin\varphi\cos\varphi\sin^2\theta+r\sin\varphi\cos\varphi\sin^2\theta+0=0,$$

$$G=x_\varphi^2+y_\varphi^2+z_\varphi^2=r^2\sin^2\varphi\sin^2\theta+r^2\cos\varphi\sin^2\theta+0=r^2\sin^2\theta,$$

则$\iint\limits_S z^2\mathrm{d}S=\iint\limits_D r^2\cos^2\theta\sqrt{r^2\sin^2\theta-0}\,\mathrm{d}r\mathrm{d}\varphi=\iint\limits_D r^3\sin\theta\cos^2\theta\mathrm{d}r\mathrm{d}\varphi=\int_0^{2\pi}\sin\theta\cos^2\theta\mathrm{d}\varphi\int_0^a r^3\mathrm{d}r$

$=2\pi\cdot\sin\theta\cos^2\theta\cdot\frac{1}{4}a^4=\frac{\pi a^4}{2}\cos^2\theta\sin\theta.$

习题 22.2 解答

1. 计算下列第二型曲面积分：

(1)$\iint\limits_S y(x-z)\mathrm{d}y\mathrm{d}z+x^2\mathrm{d}z\mathrm{d}x+(y^2+xz)\mathrm{d}x\mathrm{d}y$，其中 S 为由 $x=y=z=0$，$x=y=z=a$ 六个平面所围的立方体表面并取外侧为正向；

(2)$\iint\limits_S (x+y)\mathrm{d}y\mathrm{d}z+(y+z)\mathrm{d}z\mathrm{d}x+(z+x)\mathrm{d}x\mathrm{d}y$，其中 S 是以原点为中心，边长为 2 的立方体表面并取外侧为正向；

(3)$\iint\limits_S xy\mathrm{d}y\mathrm{d}z+yz\mathrm{d}z\mathrm{d}x+zx\mathrm{d}x\mathrm{d}y$，其中 S 是由平面 $x=y=z=0$ 和 $x+y+z=1$ 所围的四面体表面并取外侧为正向；

(4)$\iint\limits_S yz\mathrm{d}z\mathrm{d}x$，其中 S 是球面 $x^2+y^2+z^2=1$ 的上半部分并取外侧为正向；

(5)$\iint\limits_S x^2\mathrm{d}y\mathrm{d}z+y^2\mathrm{d}z\mathrm{d}x+z^2\mathrm{d}x\mathrm{d}y$，其中 S 是球面 $(x-a)^2+(y-b)^2+(z-c)^2=R^2$ 并取外侧为正向.

解　(1) 因$\iint\limits_S y(x-z)\mathrm{d}y\mathrm{d}z=\int_0^a\mathrm{d}y\int_0^a y(a-z)\mathrm{d}z+\int_0^a\mathrm{d}y\int_0^a yz\mathrm{d}z=a\int_0^a\mathrm{d}y\int_0^a y\mathrm{d}z=\frac{a^4}{2}$，

$\iint\limits_S x^2\mathrm{d}z\mathrm{d}x=\int_0^a\mathrm{d}z\int_0^a x^2\mathrm{d}x-\int_0^a\mathrm{d}z\int_0^a x^2\mathrm{d}x=0$，

$\iint\limits_S (y^2+xz)\mathrm{d}x\mathrm{d}y=\int_0^a\mathrm{d}x\int_0^a(y^2+ax)\mathrm{d}y-\int_0^a\mathrm{d}x\int_0^a y^2\mathrm{d}y=\int_0^a\mathrm{d}x\int_0^a ax\mathrm{d}y=\frac{a^4}{2}$，

所以原式 $=\frac{a^4}{2}+\frac{a^4}{2}=a^4$.

(2) 由对称性知只需计算其中之一即可.

由于$\iint\limits_S (x+y)\mathrm{d}y\mathrm{d}z=\int_{-1}^1\mathrm{d}y\int_{-1}^1(1+y)\mathrm{d}z-\int_{-1}^1\mathrm{d}y\int_{-1}^1(-1+y)\mathrm{d}z$

$=2\int_{-1}^1\mathrm{d}y\int_{-1}^1\mathrm{d}z=8$，

因此原式 $=3\times 8=24$.

(3) 由对称性知，

$$\begin{aligned}原式&=3\iint\limits_{D_{xy}}x(1-x-y)\mathrm{d}x\mathrm{d}y=3\int_0^1\mathrm{d}x\int_0^{1-x}(x-x^2-xy)\mathrm{d}y\\&=3\int_0^1\left[x(1-x)^2-\frac{1}{2}x(1-x)^2\right]\mathrm{d}x\\&=\frac{3}{2}\int_0^1(x-2x^2+x^3)\mathrm{d}x\\&=\frac{1}{8}.\end{aligned}$$

(4) 作球坐标变换：令 $x=\sin\varphi\cos\theta$，$y=\sin\varphi\sin\theta$，$z=\cos\varphi$，则$\frac{\partial(z,x)}{\partial(\varphi,\theta)}=\sin^2\varphi\sin\theta$.

故$\iint\limits_S yz\mathrm{d}z\mathrm{d}x=\int_0^{\frac{\pi}{2}}\mathrm{d}\varphi\int_0^{2\pi}\sin^2\theta\sin^3\varphi\cos\varphi\mathrm{d}\theta=\frac{1}{4}\pi$.

(5) 由轮换对称性知,可只计算$\iint\limits_S z^2\mathrm{d}x\mathrm{d}y$.

由 $z-c=\pm\sqrt{R^2-(x-a)^2-(y-b)^2}$,利用极坐标变换可得

$$\begin{aligned}\iint\limits_S z^2\mathrm{d}x\mathrm{d}y&=\iint\limits_{D_{xy}:(x-a)^2+(y-b)^2\leqslant R^2}(c+\sqrt{R^2-(x-a)^2-(y-b)^2})^2\mathrm{d}x\mathrm{d}y\\&\quad-\iint\limits_{D_{xy}}(c-\sqrt{R^2-(x-a)^2-(y-b)^2})^2\mathrm{d}x\mathrm{d}y\\&=4c\int_0^{2\pi}\mathrm{d}\varphi\int_0^R\sqrt{R^2-r^2}\,\mathrm{d}r=\frac{8}{3}\pi R^3c.\end{aligned}$$

因此原式$=\frac{8}{3}\pi R^3(a+b+c)$.

2. 设某流体的流速为 $\boldsymbol{v}=(k,y,0)$,求单位时间内从球面 $x^2+y^2+z^2=4$ 的内部流过球面的流量.

解　设流量为 E,则

$$\begin{aligned}E&=\iint\limits_S k\,\mathrm{d}y\mathrm{d}z+y\mathrm{d}z\mathrm{d}x=k\Big(\iint\limits_{\text{球前}}+\iint\limits_{\text{球后}}\Big)\mathrm{d}y\mathrm{d}z+\iint\limits_S y\mathrm{d}z\mathrm{d}x\\&=0+\frac{4}{3}\pi\cdot 2^3=\frac{32}{3}\pi.\end{aligned}$$

(其中$\iint\limits_S y\mathrm{d}z\mathrm{d}x$ 可利用球坐标变换计算)

3. 计算第二型曲面积分

$$I=\iint\limits_S f(x)\mathrm{d}y\mathrm{d}z+g(y)\mathrm{d}z\mathrm{d}x+h(z)\mathrm{d}x\mathrm{d}y,$$

其中 S 是平行六面体($0\leqslant x\leqslant a,0\leqslant y\leqslant b,0\leqslant z\leqslant c$) 的表面并取外侧为正向,$f(x),g(y),h(z)$ 为 S 上的连续函数.

解　设平行六面体在 yz,zx,xy 平面上的投影区域分别为 D_{yz},D_{zx},D_{xy},则有

$$\begin{aligned}I&=\iint\limits_{D_{yz}}[f(a)-f(0)]\mathrm{d}y\mathrm{d}z+\iint\limits_{D_{zx}}[g(b)-g(0)]\mathrm{d}z\mathrm{d}x+\iint\limits_{D_{xy}}[h(c)-h(0)]\mathrm{d}x\mathrm{d}y\\&=[f(a)-f(0)]bc+[g(b)-g(0)]ca+[h(c)-h(0)]ab.\end{aligned}$$

4. 设磁感应强度为 $\boldsymbol{E}(x,y,z)=(x^2,y^2,z^2)$,求从球内出发通过上半球面 $x^2+y^2+z^2=a^2,z\geqslant 0$ 的磁通量.

解　**方法一**　设磁通量为 Φ,则 $\Phi=\iint\limits_S x^2\mathrm{d}y\mathrm{d}z+y^2\mathrm{d}z\mathrm{d}x+z^2\mathrm{d}x\mathrm{d}y$,

$$\iint\limits_S x^2\mathrm{d}y\mathrm{d}z=\iint\limits_{S_{\text{前}}}x^2\mathrm{d}y\mathrm{d}z-\iint\limits_{S_{\text{后}}}x^2\mathrm{d}y\mathrm{d}z=0,$$

$$\iint\limits_S y^2\mathrm{d}z\mathrm{d}x=\iint\limits_{S_{\text{右}}}y^2\mathrm{d}z\mathrm{d}x-\iint\limits_{S_{\text{左}}}y^2\mathrm{d}z\mathrm{d}x=0,$$

$$\iint\limits_S z^2\mathrm{d}x\mathrm{d}y=\iint\limits_D(a^2-x^2-y^2)\mathrm{d}x\mathrm{d}y=\int_0^{2\pi}\mathrm{d}\theta\int_0^a r(a^2-r^2)\mathrm{d}r=\frac{1}{2}\pi a^4.$$

$$\Phi=\iint\limits_S x^2\mathrm{d}y\mathrm{d}z+y^2\mathrm{d}z\mathrm{d}x+z^2\mathrm{d}x\mathrm{d}y=0+0+\frac{1}{2}\pi a^4=\frac{1}{2}\pi a^4,$$

其中 $D=\{(x,y)\mid x^2+y^2\leqslant a^2\}$.

方法二　设磁通量为 Φ,则 $\Phi=\iint\limits_S x^2\mathrm{d}y\mathrm{d}z+y^2\mathrm{d}z\mathrm{d}x+z^2\mathrm{d}x\mathrm{d}y$.

记 $S_1: z=0,(x,y)\in\{(x,y)\mid x^2+y^2\leqslant a^2\}$，取下侧，则由高斯公式得

$$\iint_S x^2\mathrm{d}y\mathrm{d}z+y^2\mathrm{d}z\mathrm{d}x+z^2\mathrm{d}x\mathrm{d}y=\iint_{S\cup S_1} x^2\mathrm{d}y\mathrm{d}z+y^2\mathrm{d}z\mathrm{d}x+z^2\mathrm{d}x\mathrm{d}y-\iint_{(S_1)_下} x^2\mathrm{d}y\mathrm{d}z+y^2\mathrm{d}z\mathrm{d}x+z^2\mathrm{d}x\mathrm{d}y$$

$$=2\iiint_V (x+y+z)\mathrm{d}x\mathrm{d}y\mathrm{d}z-0$$

$$=2\int_0^{2\pi}\mathrm{d}\theta\int_0^{\frac{\pi}{2}}\mathrm{d}\varphi\int_0^a(r\sin\varphi\cos\theta+r\sin\varphi\sin\theta+r\cos\varphi)r^2\sin\varphi\mathrm{d}r$$

$$=4\pi\int_0^{\frac{\pi}{2}}\mathrm{d}\varphi\int_0^a r^3\cos\varphi\sin\varphi\mathrm{d}r=\frac{1}{2}\pi a^4,$$

其中 V 是 S 与 S_1 所围的半球体.

方法三　设磁通量为 Φ，则 $\Phi=\iint_S x^2\mathrm{d}y\mathrm{d}z+y^2\mathrm{d}z\mathrm{d}x+z^2\mathrm{d}x\mathrm{d}y$，

记 $S_1: z=0,(x,y)\in\{(x,y)\mid x^2+y^2\leqslant a^2\}$，取下侧，则由高斯公式并利用对称性得

$$\Phi=\iint_S x^2\mathrm{d}y\mathrm{d}z+y^2\mathrm{d}z\mathrm{d}x+z^2\mathrm{d}x\mathrm{d}y$$

$$=\iint_{S\cup S_1} x^2\mathrm{d}y\mathrm{d}z+y^2\mathrm{d}z\mathrm{d}x+z^2\mathrm{d}x\mathrm{d}y-\iint_{(S_1)_下} x^2\mathrm{d}y\mathrm{d}z+y^2\mathrm{d}z\mathrm{d}x+z^2\mathrm{d}x\mathrm{d}y$$

$$=2\iiint_V (x+y)\mathrm{d}x\mathrm{d}y\mathrm{d}z+2\iiint_V z\mathrm{d}x\mathrm{d}y\mathrm{d}z$$

$$=0+2\iiint_V z\mathrm{d}x\mathrm{d}y\mathrm{d}z=2\int_0^{2\pi}\mathrm{d}\theta\int_0^{\frac{\pi}{2}}\mathrm{d}\varphi\int_0^a r\cos\varphi\cdot r^2\sin\varphi\mathrm{d}r$$

$$=4\pi\int_0^{\frac{\pi}{2}}\sin\varphi\cos\varphi\mathrm{d}\varphi\int_0^a r^3\mathrm{d}r=\frac{1}{2}\pi a^4,$$

其中 V 是 S 与 S_1 所围的半球体.

方法四　$\Phi=\iint_S \boldsymbol{E}\cdot\mathrm{d}\boldsymbol{S}=\iint_S \boldsymbol{E}\cdot\boldsymbol{n}\mathrm{d}S=\iint_S (x^2,y^2,z^2)\cdot\left(\frac{x}{a},\frac{y}{a},\frac{z}{a}\right)\mathrm{d}S=\frac{1}{a}\iint_S (x^3+y^3+z^3)\mathrm{d}S$，

令 $\begin{cases}x=a\sin\varphi\cos\theta,\\ y=a\sin\varphi\sin\theta,\\ z=a\cos\varphi,\end{cases}$ 则 $\begin{cases}0\leqslant\varphi\leqslant\dfrac{\pi}{2},\\ 0\leqslant\theta\leqslant 2\pi,\end{cases}$ 且

$$E=(x_\varphi)^2+(y_\varphi)^2+(z_\varphi)^2=a^2,F=x_\varphi x_\theta+y_\varphi y_\theta+z_\varphi z_\theta=0,$$

$$G=(x_\theta)^2+(y_\theta)^2+(z_\theta)^2=a^2\sin^2\varphi,\sqrt{EG-F^2}=a^2\sin\varphi,$$

所以

$$\Phi=\frac{1}{a}\iint_S (x^3+y^3+z^3)\mathrm{d}S$$

$$=\frac{1}{a}\int_0^{2\pi}\mathrm{d}\theta\int_0^{\frac{\pi}{2}}a^3(\sin^3\varphi\cos^3\theta+\sin^3\varphi\sin^3\theta+\cos^3\varphi)a^2\sin\varphi\mathrm{d}\varphi$$

$$=\frac{1}{2}\pi a^4.$$

习题 22.3 解答

1. 应用高斯公式计算下列曲面积分：

(1) $\oiint_S yz\mathrm{d}y\mathrm{d}z+zx\mathrm{d}z\mathrm{d}x+xy\mathrm{d}x\mathrm{d}y$，其中 S 是单位球面 $x^2+y^2+z^2=1$ 的外侧；

(2) $\oiint\limits_S x^2\mathrm{d}y\mathrm{d}z+y^2\mathrm{d}z\mathrm{d}x+z^2\mathrm{d}x\mathrm{d}y$，其中 S 是立方体 $0\leqslant x,y,z\leqslant a$ 表面的外侧；

(3) $\oiint\limits_S x^2\mathrm{d}y\mathrm{d}z+y^2\mathrm{d}z\mathrm{d}x+z^2\mathrm{d}x\mathrm{d}y$，其中 S 是锥面 $x^2+y^2=z^2$ 与平面 $z=h$ 所围空间区域($0\leqslant z\leqslant h$)的表面，方向取外侧；

(4) $\oiint\limits_S x^3\mathrm{d}y\mathrm{d}z+y^3\mathrm{d}z\mathrm{d}x+z^3\mathrm{d}x\mathrm{d}y$，其中 S 是单位球面 $x^2+y^2+z^2=1$ 的外侧；

(5) $\iint\limits_S x\mathrm{d}y\mathrm{d}z+y\mathrm{d}z\mathrm{d}x+z\mathrm{d}x\mathrm{d}y$，其中 S 为上半球面 $z=\sqrt{a^2-x^2-y^2}$ 的外侧.

解　(1) $\oiint\limits_S yz\mathrm{d}y\mathrm{d}z+zx\mathrm{d}z\mathrm{d}x+xy\mathrm{d}x\mathrm{d}y=\iiint\limits_V 0\mathrm{d}x\mathrm{d}y\mathrm{d}z=0.$

(2) 原式$=2\iiint\limits_V(x+y+z)\mathrm{d}x\mathrm{d}y\mathrm{d}z=2\int_0^a\mathrm{d}x\int_0^a\mathrm{d}y\int_0^a(x+y+z)\mathrm{d}z$

$$=2\int_0^a\mathrm{d}x\int_0^a\left[(x+y)a+\frac{a^2}{2}\right]\mathrm{d}y=2\int_0^a(a^2x+a^3)\mathrm{d}x=3a^4.$$

(3) 原式 $=2\iiint\limits_V(x+y+z)\mathrm{d}x\mathrm{d}y\mathrm{d}z$，

由柱面坐标变换 $x=r\cos\theta,y=r\sin\theta,z=z,0\leqslant\theta\leqslant 2\pi,0\leqslant r\leqslant h,r\leqslant z\leqslant h$，

原式 $=2\int_0^{2\pi}\mathrm{d}\theta\int_0^h\mathrm{d}r\int_r^h(r\cos\theta+r\sin\theta+z)r\mathrm{d}z=\frac{\pi}{2}h^4.$

(4) 原式 $=\iiint\limits_V(x^2+y^2+z^2)\mathrm{d}x\mathrm{d}y\mathrm{d}z=3\int_0^{\pi}\mathrm{d}\varphi\int_0^{2\pi}\mathrm{d}\theta\int_0^1 r^4\sin\varphi\mathrm{d}r=\frac{12}{5}\pi.$

(5) 原曲面不封闭，故添加辅助曲面 $S_1:\begin{cases}z=0,\\x^2+y^2\leqslant a^2\end{cases}$(取下侧)，有

$$原式=\iiint\limits_V(1+1+1)\mathrm{d}x\mathrm{d}y\mathrm{d}z-0=3\iiint\limits_V\mathrm{d}x\mathrm{d}y\mathrm{d}z=2\pi a^3.$$

2. 应用高斯公式计算三重积分

$$\iiint\limits_V(xy+yz+zx)\mathrm{d}x\mathrm{d}y\mathrm{d}z,$$

其中 V 是由 $x\geqslant 0,y\geqslant 0,0\leqslant z\leqslant 1$ 与 $x^2+y^2\leqslant 1$ 所确定的空间区域.

解　原式$=\frac{1}{2}\oiint\limits_S x^2y\mathrm{d}y\mathrm{d}z+y^2z\mathrm{d}z\mathrm{d}x+z^2x\mathrm{d}x\mathrm{d}y$

$$=\frac{1}{2}\left[\iint\limits_{D_{yz}}(1-y^2)y\mathrm{d}y\mathrm{d}z+\iint\limits_{D_{zx}}(1-x^2)z\mathrm{d}z\mathrm{d}x+\iint\limits_{D_{xy}}x\mathrm{d}x\mathrm{d}y\right]$$

$$=\frac{1}{2}\left[\int_0^1\mathrm{d}y\int_0^1(1-y^2)y\mathrm{d}z+\int_0^1\mathrm{d}x\int_0^1(1-x^2)z\mathrm{d}z+\int_0^1 x\mathrm{d}x\int_0^{\sqrt{1-x^2}}\mathrm{d}y\right]$$

$$=\frac{1}{2}\left[\int_0^1(1-y^2)y\mathrm{d}y+\frac{1}{2}\int_0^1(1-x^2)\mathrm{d}x+\int_0^1 x\sqrt{1-x^2}\mathrm{d}x\right]$$

$$=\frac{11}{24}.$$

3. 应用斯托克斯公式计算下列曲线积分：

(1) $\oint_L(y^2+z^2)\mathrm{d}x+(x^2+z^2)\mathrm{d}y+(x^2+y^2)\mathrm{d}z$，其中 L 为 $x+y+z=1$ 与三坐标面的交线，它的走向使所围平面区域上侧在曲线的左侧；

(2) $\oint_L x^2y^3\mathrm{d}x+\mathrm{d}y+z\mathrm{d}z$，其中 L 为 $y^2+z^2=1,x=y$ 所交的椭圆的正向；

(3) $\oint_L(z-y)\mathrm{d}x+(x-z)\mathrm{d}y+(y-x)\mathrm{d}z$，其中 L 为以 $A(a,0,0),B(0,a,0),C(0,0,a)$ 为顶点的三角形沿

$ABCA$ 的方向.

解 (1) 记 L 为曲面 S:$z=1-x-y(x\geqslant 0,y\geqslant 0,x+y\leqslant 1)$ 的边界,由斯托克斯公式知

$$\text{原式}=2\iint_S(y-z)\mathrm{d}y\mathrm{d}z+(z-x)\mathrm{d}z\mathrm{d}x+(x-y)\mathrm{d}x\mathrm{d}y,$$

$$\iint_S(y-z)\mathrm{d}y\mathrm{d}z=\int_0^1\mathrm{d}y\int_0^{1-y}(y-z)\mathrm{d}z=\int_0^1\left[y(1-y)-\frac{1}{2}(1-y)^2\right]\mathrm{d}y$$

$$=\int_0^1\left(2y-\frac{3}{2}y^2-\frac{1}{2}\right)\mathrm{d}y=0,$$

同理$\iint_S(z-x)\mathrm{d}z\mathrm{d}x=\iint_S(x-y)\mathrm{d}x\mathrm{d}y=0.$

因此原积分 $=0.$

(2) 记 L 为该椭圆的边界,则由斯托克斯公式,有

$$\text{原式}=\iint_S 0\mathrm{d}y\mathrm{d}z+0\mathrm{d}z\mathrm{d}x+(0-3x^2y^2)\mathrm{d}x\mathrm{d}y=-3\iint_S x^2y^2\mathrm{d}x\mathrm{d}y=0,$$

其中 S 为所交椭圆面,且 S 与 xy 平面垂直.

(3) 原式$=\iint_S(1+1)\mathrm{d}y\mathrm{d}z+(1+1)\mathrm{d}z\mathrm{d}x+(1+1)\mathrm{d}x\mathrm{d}y=2\iint_S\mathrm{d}y\mathrm{d}z+\mathrm{d}z\mathrm{d}x+\mathrm{d}x\mathrm{d}y$

$$=2\left(\frac{1}{2}a^2+\frac{1}{2}a^2+\frac{1}{2}a^2\right)$$

$$=3a^2.$$

4. 求下列全微分的原函数:

(1) $yz\mathrm{d}x+xz\mathrm{d}y+xy\mathrm{d}z$;

(2) $(x^2-2yz)\mathrm{d}x+(y^2-2xz)\mathrm{d}y+(z^2-2xy)\mathrm{d}z$.

解 (1) **方法一** 因 $\mathrm{d}(xyz)=yz\mathrm{d}x+xz\mathrm{d}y+xy\mathrm{d}z$,故原函数为 $u(x,y,z)=xyz+C$.

方法二 选择如图 22-7 所示的积分路径,则有

$$u(x,y,z)=\int_{(0,0,0)}^{(x,y,z)}yz\mathrm{d}x+xz\mathrm{d}y+xy\mathrm{d}z+C$$

$$=\int_0^x 0\mathrm{d}x+\int_0^y 0\mathrm{d}y+\int_0^z xy\mathrm{d}z+C=xyz+C,$$

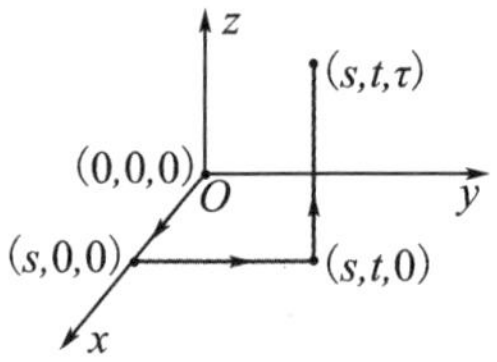

所以原函数为 $u(x,y,z)=xyz+C$.

图 22-7

(2) **方法一** 由于

$$\mathrm{d}\left[\frac{1}{3}(x^3+y^3+z^3)-2xyz\right]=(x^2-2yz)\mathrm{d}x+(y^2-2xz)\mathrm{d}y+(z^2-2xy)\mathrm{d}z,$$

故原函数为 $u(x,y,z)=\frac{1}{3}(x^3+y^3+z^3)-2xyz+C$.

方法二

$$u(x,y,z)=\int_{(0,0,0)}^{(x,y,z)}(x^2-2yz)\mathrm{d}x+(y^2-2xz)\mathrm{d}y+(z^2-2xy)\mathrm{d}z+C$$

$$=\int_0^x x^2\mathrm{d}x+\int_0^y y^2\mathrm{d}y+\int_0^z(z^2-2xy)\mathrm{d}z+C$$

$$=\frac{1}{3}x^3+\frac{1}{3}y^3+\frac{1}{3}z^3-2xyz+C,$$

所以原函数为 $u(x,y,z)=\frac{1}{3}x^3+\frac{1}{3}y^3+\frac{1}{3}z^3-2xyz+C$.

5. 验证下列曲线积分与路径无关,并计算其值:

(1) $\int_{(1,1,1)}^{(2,3,-4)}x\mathrm{d}x+y^2\mathrm{d}y-z^3\mathrm{d}z$;

(2) $\int_{(x_1,y_1,z_1)}^{(x_2,y_2,z_2)} \frac{x\mathrm{d}x+y\mathrm{d}y+z\mathrm{d}z}{\sqrt{x^2+y^2+z^2}}$，其中 (x_1,y_1,z_1)，(x_2,y_2,z_2) 在球面 $x^2+y^2+z^2=a^2$ 上.

解　(1) 因 $\mathrm{d}\left(\frac{1}{2}x^2+\frac{1}{3}y^3-\frac{1}{4}z^4\right)=x\mathrm{d}x+y^2\mathrm{d}y-z^3\mathrm{d}z$，所以所给曲线积分与路径无关，从而

$$\text{原积分}=\int_1^2 x\mathrm{d}x+\int_1^3 y^2\mathrm{d}y-\int_1^{-4} z^3\mathrm{d}z=\frac{3}{2}+\frac{26}{3}-\frac{255}{4}=-\frac{643}{12}.$$

(2) 因 $\mathrm{d}(\sqrt{x^2+y^2+z^2})=\frac{x\mathrm{d}x+y\mathrm{d}y+z\mathrm{d}z}{\sqrt{x^2+y^2+z^2}}$，所以所给曲线积分与路径无关，且

$$\text{原式}=\int_{(x_1,y_1,z_1)}^{(x_2,y_2,z_2)}\mathrm{d}(\sqrt{x^2+y^2+z^2})=\sqrt{x_2^2+y_2^2+z_2^2}-\sqrt{x_1^2+y_1^2+z_1^2},$$

由于 (x_1,y_1,z_1) 和 (x_2,y_2,z_2) 都在球面上，所以原式 $=0$.

6. 证明：由曲面 S 所包围的立体 V 的体积 ΔV 为

$$\Delta V=\frac{1}{3}\oint\!\!\oint_S(x\cos\alpha+y\cos\beta+z\cos\gamma)\mathrm{d}S,$$

其中 $\cos\alpha,\cos\beta,\cos\gamma$ 为曲面 S 的外法线方向余弦.

证　因

$$\oint\!\!\oint_S(x\cos\alpha+y\cos\beta+z\cos\gamma)\mathrm{d}S=\oint\!\!\oint_S x\mathrm{d}y\mathrm{d}z+y\mathrm{d}z\mathrm{d}x+z\mathrm{d}x\mathrm{d}y$$
$$=3\iiint_V\mathrm{d}x\mathrm{d}y\mathrm{d}z=3\Delta V,$$

故 $\Delta V=\frac{1}{3}\oint\!\!\oint_S(x\cos\alpha+y\cos\beta+z\cos\gamma)\mathrm{d}S.$

7. 证明：若 S 为封闭曲面，$\boldsymbol{l}$ 为任何固定方向，则 $\oint\!\!\oint_S\cos(\widehat{\boldsymbol{n},\boldsymbol{l}})\mathrm{d}S=0$，其中 $\boldsymbol{n}$ 为曲面 S 的外法线方向.

证　设 $\boldsymbol{n}$ 和 $\boldsymbol{l}$ 的方向余弦分别是 $\cos\alpha,\cos\beta,\cos\gamma$ 和 $\cos\alpha',\cos\beta',\cos\gamma'$，则

$$\cos(\widehat{\boldsymbol{n},\boldsymbol{l}})=\cos\alpha\cos\alpha'+\cos\beta\cos\beta'+\cos\gamma\cos\gamma',$$

由第一、二型曲面积分之间的关系可得

$$\oint\!\!\oint_S\cos(\widehat{\boldsymbol{n},\boldsymbol{l}})\mathrm{d}S=\oint\!\!\oint_S(\cos\alpha\cos\alpha'+\cos\beta\cos\beta'+\cos\gamma\cos\gamma')\mathrm{d}S$$
$$=\oint\!\!\oint_S\cos\alpha'\mathrm{d}y\mathrm{d}z+\cos\beta'\mathrm{d}z\mathrm{d}x+\cos\gamma'\mathrm{d}x\mathrm{d}y,$$

由 $\boldsymbol{l}$ 的方向固定，$P=\cos\alpha'$，$Q=\cos\beta'$，$R=\cos\gamma'$ 都是常数，故 $\frac{\partial P}{\partial x}+\frac{\partial Q}{\partial y}+\frac{\partial R}{\partial z}=0$，由高斯公式得

$$\text{原式}=\oint\!\!\oint_S P\mathrm{d}y\mathrm{d}z+Q\mathrm{d}z\mathrm{d}x+R\mathrm{d}x\mathrm{d}y=\iiint_V\left(\frac{\partial P}{\partial x}+\frac{\partial Q}{\partial y}+\frac{\partial R}{\partial z}\right)\mathrm{d}x\mathrm{d}y\mathrm{d}z=0.$$

8. 证明公式

$$\iiint_V\frac{\mathrm{d}x\mathrm{d}y\mathrm{d}z}{r}=\frac{1}{2}\oint\!\!\oint_S\cos(\widehat{\boldsymbol{r},\boldsymbol{n}})\mathrm{d}S,$$

其中 S 是包围 V 的曲面，$\boldsymbol{n}$ 是 S 的外法线方向，$r=\sqrt{x^2+y^2+z^2}$，$\boldsymbol{r}=(x,y,z)$.

证　因 $\cos(\widehat{\boldsymbol{r},\boldsymbol{n}})=\cos(\widehat{\boldsymbol{r},x})\cos(\widehat{\boldsymbol{n},x})+\cos(\widehat{\boldsymbol{r},y})\cos(\widehat{\boldsymbol{n},y})+\cos(\widehat{\boldsymbol{r},z})\cos(\widehat{\boldsymbol{n},z})$，而

$$\cos(\widehat{\boldsymbol{r},x})=\frac{x}{r},\cos(\widehat{\boldsymbol{r},y})=\frac{y}{r},\cos(\widehat{\boldsymbol{r},z})=\frac{z}{r},$$

则由第一、二型曲面积分的关系及高斯公式可得

$$\oint\!\!\oint_S\cos(\widehat{\boldsymbol{r},\boldsymbol{n}})\mathrm{d}S=\oint\!\!\oint_S\frac{1}{r}[x\cos(\widehat{\boldsymbol{n},x})+y\cos(\widehat{\boldsymbol{n},y})+z\cos(\widehat{\boldsymbol{n},z})]\mathrm{d}S$$

$$= \oiint_S \frac{x}{r}\mathrm{d}y\mathrm{d}z + \frac{y}{r}\mathrm{d}z\mathrm{d}x + \frac{z}{r}\mathrm{d}x\mathrm{d}y$$
$$= \iiint_V \left[\frac{\partial}{\partial x}\left(\frac{x}{r}\right) + \frac{\partial}{\partial y}\left(\frac{y}{r}\right) + \frac{\partial}{\partial z}\left(\frac{z}{r}\right)\right]\mathrm{d}x\mathrm{d}y\mathrm{d}z$$
$$= 2\iiint_V \frac{1}{r}\mathrm{d}x\mathrm{d}y\mathrm{d}z.$$

因此公式成立.

9. 若 L 是平面 $x\cos\alpha + y\cos\beta + z\cos\gamma - p = 0$ 上的闭曲线，它所包围区域的面积为 S，求

$$\oint_L \begin{vmatrix} \mathrm{d}x & \mathrm{d}y & \mathrm{d}z \\ \cos\alpha & \cos\beta & \cos\gamma \\ x & y & z \end{vmatrix},$$

其中 L 依正向进行.

解　因 $P = z\cos\beta - y\cos\gamma, Q = x\cos\gamma - z\cos\alpha, R = y\cos\alpha - x\cos\beta$.

故由斯托克斯公式及第一、二型曲面积分之间的关系得

$$原式 = \iint_S \begin{vmatrix} \mathrm{d}y\mathrm{d}z & \mathrm{d}z\mathrm{d}x & \mathrm{d}x\mathrm{d}y \\ \dfrac{\partial}{\partial x} & \dfrac{\partial}{\partial y} & \dfrac{\partial}{\partial y} \\ z\cos\beta - y\cos\gamma & x\cos\gamma - z\cos\alpha & y\cos\alpha - x\cos\beta \end{vmatrix}$$
$$= 2\iint_S \cos\alpha\mathrm{d}y\mathrm{d}z + \cos\beta\mathrm{d}z\mathrm{d}x + \cos\gamma\mathrm{d}x\mathrm{d}y$$
$$= 2\iint_S (\cos^2\alpha + \cos^2\beta + \cos^2\gamma)\mathrm{d}S = 2S.$$

习题 22.4 解答

1. 若 $r = \sqrt{x^2 + y^2 + z^2}$，计算 $\nabla r, \nabla r^2, \nabla\frac{1}{r}, \nabla f(r), \nabla r^n (n \geqslant 3)$.

解　由 $\frac{\partial r}{\partial x} = \frac{x}{r}, \frac{\partial r}{\partial y} = \frac{y}{r}, \frac{\partial r}{\partial z} = \frac{z}{r}$ 知

$$\nabla r = \left(\frac{x}{r}, \frac{y}{r}, \frac{z}{r}\right) = \frac{1}{r}(x,y,z),$$
$$\nabla r^2 = 2r\,\nabla r = 2r \cdot \frac{1}{r}(x,y,z) = 2(x,y,z),$$
$$\nabla\frac{1}{r} = -\frac{1}{r^2}\nabla r = -\frac{1}{r^3}(x,y,z),$$
$$\nabla f(r) = f'(r)\,\nabla r = f'(r)\,\frac{1}{r}(x,y,z),$$
$$\nabla r^n = nr^{n-1} \cdot \frac{1}{r}(x,y,z) = nr^{n-2}(x,y,z).$$

2. 求 $u = x^2 + 2y^2 + 3z^2 + 2xy - 4x + 2y - 4z$ 在点 $O(0,0,0), A(1,1,1), B(-1,-1,-1)$ 处的梯度，并求梯度为零之点.

解
$$\frac{\partial u}{\partial x} = 2x + 2y - 4, \frac{\partial u}{\partial y} = 4y + 2x + 2, \frac{\partial u}{\partial z} = 6z - 4,$$

在点 $O(0,0,0)$ 处，$\mathbf{grad}\, u = (-4,2,-4)$；

在点 $A(1,1,1)$ 处，$\mathbf{grad}\, u = (0,8,2)$；

在点 $B(-1,-1,-1)$ 处，$\mathbf{grad}\, u = (-8,-4,-10)$；

因 $|\mathbf{grad}\, u| = \sqrt{(2x+2y-4)^2 + (4y+2x+2)^2 + (6z-4)^2}$，令 $|\mathbf{grad}\, u| = 0$，得

$$\begin{cases}2x+2y-4=0,\\2x+4y+2=0,\\6z-4=0,\end{cases}$$

解之得 $x=5,y=-3,z=\frac{2}{3}$. 因此使梯度为零的点为 $\left(5,-3,\frac{2}{3}\right)$.

3. 略

4. 计算下列向量场 $\boldsymbol{A}$ 的散度和旋度：

(1) $\boldsymbol{A}=(y^2+z^2,z^2+x^2,x^2+y^2)$；

(2) $\boldsymbol{A}=(x^2yz,xy^2z,xyz^2)$；

(3) $\boldsymbol{A}=\left(\frac{x}{yz},\frac{y}{zx},\frac{z}{xy}\right)$.

解 (1)

$$\mathrm{div}\,\boldsymbol{A}=\frac{\partial}{\partial x}(y^2+z^2)+\frac{\partial}{\partial y}(z^2+x^2)+\frac{\partial}{\partial z}(x^2+y^2)=0,$$

$$\mathbf{rot}\,\boldsymbol{A}=\begin{vmatrix}\boldsymbol{i}&\boldsymbol{j}&\boldsymbol{k}\\\frac{\partial}{\partial x}&\frac{\partial}{\partial y}&\frac{\partial}{\partial z}\\y^2+z^2&z^2+x^2&x^2+y^2\end{vmatrix}=2(y-z,z-x,x-y).$$

(2) 同样可得

$$\mathrm{div}\,\boldsymbol{A}=6xyz,\ \mathbf{rot}\,\boldsymbol{A}=(x(z^2-y^2),y(x^2-z^2),z(y^2-x^2)),$$

(3) $\mathrm{div}\,\boldsymbol{A}=\frac{1}{yz}+\frac{1}{zx}+\frac{1}{xy}$, $\mathbf{rot}\,\boldsymbol{A}=\frac{1}{xyz}\left(\frac{y^2}{z}-\frac{z^2}{y},\frac{z^2}{x}-\frac{x^2}{z},\frac{x^2}{y}-\frac{y^2}{x}\right)$.

5. 略

6. 略

7. 证明：场 $\boldsymbol{A}=(yz(2x+y+z),xz(x+2y+z),xy(x+y+2z))$ 是有势场并求其势函数.

证 对空间任一点 (x,y,z) 都有

$$\begin{aligned}\mathbf{rot}\,\boldsymbol{A}=&\left\{\frac{\partial}{\partial y}[xy(x+y+2z)]-\frac{\partial}{\partial z}[xz(x+2y+z)]\right\}\boldsymbol{i}\\&+\left\{\frac{\partial}{\partial z}[yz(2x+y+z)]-\frac{\partial}{\partial x}[xy(x+y+2z)]\right\}\boldsymbol{j}\\&+\left\{\frac{\partial}{\partial x}[xz(x+2y+z)]-\frac{\partial}{\partial y}[yz(2x+y+z)]\right\}\boldsymbol{k}\\=&\,\mathbf{0}.\end{aligned}$$

故 $\boldsymbol{A}$ 是有势场.

$$\mathrm{d}[xyz(x+y+z)]=yz(2x+y+z)\mathrm{d}x+xz(x+2y+z)\mathrm{d}y+xy(x+y+2z)\mathrm{d}z,$$

故其势函数为：$u(x,y,z)=xyz(x+y+z)+C$.

8. 若流体流速 $\boldsymbol{A}=(x^2,y^2,z^2)$，求单位时间内穿过 $\frac{1}{8}$ 球面 $x^2+y^2+z^2=1(x>0,y>0,z>0)$ 的流量.

解 设 S 为 $\frac{1}{8}$ 球面，S_1,S_2,S_3 是 S 在三个坐标面上的投影面，则有

$$\begin{aligned}&\iint_S\boldsymbol{A}\cdot\boldsymbol{n}_0\mathrm{d}S=\iint_{S_1}\boldsymbol{A}\cdot\boldsymbol{n}_1\mathrm{d}S+\iint_{S_2}\boldsymbol{A}\cdot\boldsymbol{n}_2\mathrm{d}S+\iint_{S_3}\boldsymbol{A}\cdot\boldsymbol{n}_3\mathrm{d}S=\iiint_{v(\frac{1}{8}\text{球体})}\mathrm{div}\,\boldsymbol{A}\mathrm{d}V\\&=2\iiint_V(x+y+z)\mathrm{d}x\mathrm{d}y\mathrm{d}z\\&=2\int_0^{\frac{\pi}{2}}\mathrm{d}\theta\int_0^{\frac{\pi}{2}}\mathrm{d}\varphi\int_0^1r^2(r\sin\varphi\cos\theta+r\sin\varphi\sin\theta+r\cos\varphi)\sin\varphi\mathrm{d}r\\&=\frac{1}{2}\int_0^{\frac{\pi}{2}}\left[\frac{1}{2}+\frac{\pi}{4}(\cos\theta+\sin\theta)\right]\mathrm{d}\theta=\frac{3}{8}\pi,\end{aligned}$$

其中 $\boldsymbol{n}_0,\boldsymbol{n}_1,\boldsymbol{n}_2,\boldsymbol{n}_3$ 分别是 S,S_1,S_2,S_3 的单位法矢，显然有 $\boldsymbol{A}\perp\boldsymbol{n}_i(i=1,2,3)$. 故 $\boldsymbol{A}\cdot\boldsymbol{n}_i=0$，从而 $\iint\limits_{S_i}\boldsymbol{A}\cdot\boldsymbol{n}_i\mathrm{d}S=0(i=1,2,3)$，于是所求流量为

$$\iint\limits_S\boldsymbol{A}\cdot\boldsymbol{n}_0\mathrm{d}S=\frac{3}{8}\pi.$$

9. 设流速 $\boldsymbol{A}=(-y,x,c)$（c 为常数），求环流量：

(1) 沿圆周 $x^2+y^2=1,z=0$；

(2) 沿圆周 $(x-2)^2+y^2=1,z=0$.

解　(1) 圆 $x^2+y^2=1,z=0$ 的向径 $\boldsymbol{r}$ 适合方程

$$\boldsymbol{r}=\cos t\boldsymbol{i}+\sin t\boldsymbol{j}+0\boldsymbol{k}(0\leqslant t\leqslant 2\pi),$$

由于

$$\boldsymbol{A}\cdot\mathrm{d}\boldsymbol{r}=(-\sin t\boldsymbol{i}+\cos t\boldsymbol{j}+0\boldsymbol{k})\cdot(-\sin t\boldsymbol{i}+\cos t\boldsymbol{j}+0\boldsymbol{k})\mathrm{d}t=\mathrm{d}t,$$

故所求的环流量为 $\int_c\boldsymbol{A}\cdot\mathrm{d}\boldsymbol{r}=\int_0^{2\pi}\mathrm{d}t=2\pi$.

(2) 对圆周 $(x-2)^2+y^2=1,z=0$，有

$$\boldsymbol{r}=(2+\cos t)\boldsymbol{i}+\sin t\boldsymbol{j}+0\boldsymbol{k}(0\leqslant t\leqslant 2\pi).$$

由于 $\boldsymbol{A}\cdot\mathrm{d}\boldsymbol{r}=(2\cos t+1)\mathrm{d}t$，故所求的环流量为

$$\int_c\boldsymbol{A}\cdot\mathrm{d}\boldsymbol{r}=\int_0^{2\pi}(2\cos t+1)\mathrm{d}t=2\pi.$$

第二十二章总练习题解答

1. 设 $P=x^2+5\lambda y+3yz,Q=5x+3\lambda xz-2,R=(\lambda+2)xy-4z$.

(1) 计算 $\int_L P\mathrm{d}x+Q\mathrm{d}y+R\mathrm{d}z$，其中 L 为螺旋线 $x=a\cos t,y=a\sin t,z=ct(0\leqslant t\leqslant 2\pi)$；

(2) 设 $\boldsymbol{A}=(P,Q,R)$，求 $\mathbf{rot}\,\boldsymbol{A}$；

(3) 问在什么条件下 $\boldsymbol{A}$ 为有势场，并求势函数.

解　(1) $\int_L P\mathrm{d}x+Q\mathrm{d}y+R\mathrm{d}z$

$$\begin{aligned}&=\int_0^{2\pi}[(a^2\cos^2t+5\lambda a\sin t+3act\sin t)(-a\sin t)+(5a\cos t+3\lambda act\cos t-2)(a\cos t)\\&\quad+((\lambda+2)a^2\sin t\cos t-4ct)c]\mathrm{d}t\\&=\pi a^2(1-\lambda)(5-3\pi c)-8\pi^2c^2.\end{aligned}$$

(2)
$$\mathbf{rot}\,\boldsymbol{A}=\begin{vmatrix}\boldsymbol{i}&\boldsymbol{j}&\boldsymbol{k}\\\dfrac{\partial}{\partial x}&\dfrac{\partial}{\partial y}&\dfrac{\partial}{\partial z}\\x^2+5\lambda y+3yz&5x+3\lambda xz-2&(\lambda+2)xy-4z\end{vmatrix}=(2(1-\lambda)x,(1-\lambda)y,(1-\lambda)(5-3z)).$$

(3) 由(2)知，当 $\lambda=1$ 时，$\mathbf{rot}\,\boldsymbol{A}=\mathbf{0}$，此时 $\boldsymbol{A}$ 为有势场，势函数

$$\begin{aligned}u(x,y,z)&=\int_{(0,0,0)}^{(x,y,z)}(x^2+5y+3yz)\mathrm{d}x+(5x+3xz-2)\mathrm{d}y+(3xy-4z)\mathrm{d}z+C\\&=\int_0^x x^2\mathrm{d}x+\int_0^y(5x-2)\mathrm{d}y+\int_0^z(3xy-4z)\mathrm{d}z+C\\&=\frac{1}{3}x^3+5xy-2y+3xyz-2z^2+C.\end{aligned}$$

2. 证明：若 $\Delta u=\dfrac{\partial^2 u}{\partial x^2}+\dfrac{\partial^2 u}{\partial y^2}+\dfrac{\partial^2 u}{\partial z^2}$，$S$ 为包围区域 V 的曲面的外侧，则

(1) $\displaystyle\iiint_V \Delta u\,\mathrm{d}x\mathrm{d}y\mathrm{d}z=\oiint_S \frac{\partial u}{\partial \boldsymbol{n}}\mathrm{d}S$；

(2) $\displaystyle\oiint_S u\frac{\partial u}{\partial \boldsymbol{n}}\mathrm{d}S=\iiint_V |\nabla u|^2\mathrm{d}x\mathrm{d}y\mathrm{d}z+\iiint_V u\Delta u\,\mathrm{d}x\mathrm{d}y\mathrm{d}z$，

其中 u 在区域 V 及其界面 S 上有二阶连续偏导数，$\dfrac{\partial u}{\partial \boldsymbol{n}}$ 为沿曲面 S 外法线方向的方向导数.

证 (1)
$$\oiint_S \frac{\partial u}{\partial \boldsymbol{n}}\mathrm{d}S=\oiint_S\left[\frac{\partial u}{\partial x}\cos(\widehat{\boldsymbol{n},x})+\frac{\partial u}{\partial y}\cos(\widehat{\boldsymbol{n},y})+\frac{\partial u}{\partial z}\cos(\widehat{\boldsymbol{n},z})\right]\mathrm{d}S$$
$$=\oiint_{S_外}\frac{\partial u}{\partial x}\mathrm{d}y\mathrm{d}z+\frac{\partial u}{\partial y}\mathrm{d}z\mathrm{d}x+\frac{\partial u}{\partial z}\mathrm{d}x\mathrm{d}y$$
$$=\iiint_V \Delta u\,\mathrm{d}x\mathrm{d}y\mathrm{d}z.$$

(2) 由(1)的运算可得
$$\oiint_S u\frac{\partial u}{\partial n}\mathrm{d}S=\oiint_{S_外}u\frac{\partial u}{\partial x}\mathrm{d}y\mathrm{d}z+u\frac{\partial u}{\partial y}\mathrm{d}z\mathrm{d}x+u\frac{\partial u}{\partial z}\mathrm{d}x\mathrm{d}y$$
$$=\iiint_V\left[\left(\frac{\partial u}{\partial x}\right)^2+u\frac{\partial^2 u}{\partial x^2}+\left(\frac{\partial u}{\partial y}\right)^2+u\frac{\partial^2 u}{\partial y^2}+\left(\frac{\partial u}{\partial z}\right)^2+u\frac{\partial^2 u}{\partial z^2}\right]\mathrm{d}x\mathrm{d}y\mathrm{d}z$$
$$=\iiint_V|\nabla u|^2\mathrm{d}x\mathrm{d}y\mathrm{d}z+\iiint_V u\Delta u\,\mathrm{d}x\mathrm{d}y\mathrm{d}z.$$

3. 设 S 为光滑闭曲面，V 为 S 所围的区域，函数 $u(x,y,z)$ 在 V 与 S 上具有二阶连续偏导数，函数 $\omega(x,y,z)$ 偏导连续，证明：

(1) $\displaystyle\iiint_V \omega\frac{\partial u}{\partial x}\mathrm{d}x\mathrm{d}y\mathrm{d}z=\oiint_S u\omega\,\mathrm{d}y\mathrm{d}z-\iiint_V u\frac{\partial \omega}{\partial x}\mathrm{d}x\mathrm{d}y\mathrm{d}z$；

(2) $\displaystyle\iiint_V \omega\Delta u\,\mathrm{d}x\mathrm{d}y\mathrm{d}z=\oiint_S \omega\frac{\partial u}{\partial \boldsymbol{n}}\mathrm{d}S-\iiint_V \nabla u\cdot\nabla\omega\,\mathrm{d}x\mathrm{d}y\mathrm{d}z$.

证 (1) 由高斯公式：
$$\iiint_V \frac{\partial P}{\partial x}\mathrm{d}x\mathrm{d}y\mathrm{d}z=\oiint_S P\,\mathrm{d}y\mathrm{d}z.$$

令 $P=u\omega$，有
$$\iiint_V\left(\omega\frac{\partial u}{\partial x}+u\frac{\partial \omega}{\partial x}\right)\mathrm{d}x\mathrm{d}y\mathrm{d}z=\oiint_S u\omega\,\mathrm{d}y\mathrm{d}z,$$

即 $\displaystyle\iiint_V \omega\frac{\partial u}{\partial x}\mathrm{d}x\mathrm{d}y\mathrm{d}z=\oiint_S u\omega\,\mathrm{d}y\mathrm{d}z-\iiint_V u\frac{\partial \omega}{\partial x}\mathrm{d}x\mathrm{d}y\mathrm{d}z.$

(2) 由(1)式用 $\dfrac{\partial u}{\partial x}$ 代替 u 可得
$$\iiint_V \omega\frac{\partial^2 u}{\partial x^2}\mathrm{d}x\mathrm{d}y\mathrm{d}z=\oiint_S \omega\frac{\partial u}{\partial x}\mathrm{d}y\mathrm{d}z-\iiint_V \frac{\partial u}{\partial x}\frac{\partial \omega}{\partial x}\mathrm{d}x\mathrm{d}y\mathrm{d}z,$$

类似地可以得出
$$\iiint_V \omega\frac{\partial^2 u}{\partial y^2}\mathrm{d}x\mathrm{d}y\mathrm{d}z=\oiint_S \omega\frac{\partial u}{\partial y}\mathrm{d}z\mathrm{d}x-\iiint_V \frac{\partial u}{\partial y}\frac{\partial \omega}{\partial y}\mathrm{d}x\mathrm{d}y\mathrm{d}z,$$
$$\iiint_V \omega\frac{\partial^2 u}{\partial z^2}\mathrm{d}x\mathrm{d}y\mathrm{d}z=\oiint_S \omega\frac{\partial u}{\partial z}\mathrm{d}x\mathrm{d}y-\iiint_V \frac{\partial u}{\partial z}\frac{\partial \omega}{\partial z}\mathrm{d}x\mathrm{d}y\mathrm{d}z,$$

三式相加，再由第一、二型曲面积分关系可得
$$\iiint_V \omega\Delta u\,\mathrm{d}x\mathrm{d}y\mathrm{d}z=\oiint_S \omega\frac{\partial u}{\partial \boldsymbol{n}}\mathrm{d}S-\iiint_V \nabla u\cdot\nabla\omega\,\mathrm{d}x\mathrm{d}y\mathrm{d}z.$$

4. 设 $\boldsymbol{A}=\frac{\boldsymbol{r}}{|\boldsymbol{r}|^3}$，$S$ 为一封闭曲面，$\boldsymbol{r}=(x,y,z)$，证明当原点在曲面 S 的外、上、内时，分别有

$$\oiint_S \boldsymbol{A}\cdot d\boldsymbol{S}=0,2\pi,4\pi.$$

证　因为

$$\boldsymbol{A}=\frac{\boldsymbol{r}}{|\boldsymbol{r}|^3}=\left(\frac{x}{(x^2+y^2+z^2)^{3/2}},\frac{y}{(x^2+y^2+z^2)^{3/2}},\frac{z}{(x^2+y^2+z^2)^{3/2}}\right),$$

所以，当 $(x,y,z)\neq(0,0,0)$ 时，

$$\operatorname{div}\boldsymbol{A}=\frac{\partial}{\partial x}\left(\frac{x}{(x^2+y^2+z^2)^{3/2}}\right)+\frac{\partial}{\partial y}\left(\frac{y}{(x^2+y^2+z^2)^{3/2}}\right)+\frac{\partial}{\partial z}\left(\frac{z}{(x^2+y^2+z^2)^{3/2}}\right)=0,$$

(1) $(0,0,0)$ 在 S 的外部时，由高斯公式，有

$$\oiint_S \boldsymbol{A}\cdot d\boldsymbol{S}=\iiint_V \operatorname{div}\boldsymbol{A}\,dx\,dy\,dz=0(V\text{ 为 }S\text{ 所围的区域}).$$

(2) $(0,0,0)$ 在 S 上时，$\oiint_S \boldsymbol{A}\cdot d\boldsymbol{S}$ 为无界函数的曲面积分，且 $|\boldsymbol{A}\cdot\boldsymbol{n}|\leqslant\frac{1}{r^2}$.

如果 S 在 $(0,0,0)$ 是光滑的，由类似于无界函数的二重积分的讨论，可知反常积分 $\oiint_S \boldsymbol{A}\cdot d\boldsymbol{S}$ 收敛.

同样，取充分小的 $\varepsilon>0$，记 S_ε 为以 $(0,0,0)$ 为球心，ε 为半径的球面，用 S_1 表示从 S 上被 S_ε 截下而不被 S_ε 所包围的部分曲面，S_2 表示 S_ε 上含在 V 内的部分，则

$$\oiint_S \boldsymbol{A}\cdot d\boldsymbol{S}=\lim_{\varepsilon\to0^+}\iint_{S_1}\boldsymbol{A}\cdot d\boldsymbol{S},\quad \iint_{S_1+S_2}\boldsymbol{A}\cdot d\boldsymbol{S}=0,$$

其中，S_2 取内侧. 因为 S 在点 $(0,0,0)$ 是光滑的，在点 $(0,0,0)$ 有切平面，所以 S 在点 $(0,0,0)$ 的附近可用这个切平面近似代替，即 S_2 可看作 S_ε 的半个球面，故

$$\begin{aligned}\oiint_S \boldsymbol{A}\cdot d\boldsymbol{S}&=\lim_{\varepsilon\to0^+}\iint_{S_1}\boldsymbol{A}\cdot d\boldsymbol{S}=-\lim_{\varepsilon\to0^+}\iint_{S_2}\boldsymbol{A}\cdot d\boldsymbol{S}\\&=\lim_{\varepsilon\to0^+}\iint_{S_2}\frac{\boldsymbol{r}}{|\boldsymbol{r}|^3}\cdot\frac{\boldsymbol{r}}{|\boldsymbol{r}|}dS=\lim_{\varepsilon\to0^+}\iint_{S_2}\frac{1}{\varepsilon^2}d\boldsymbol{S}\\&=\lim_{\varepsilon\to0^+}\frac{1}{\varepsilon^2}2\pi\varepsilon^2=2\pi.\end{aligned}$$

(3) $(0,0,0)$ 在 S 的内部时，取 $\varepsilon>0$（ε 充分小），使以 $(0,0,0)$ 为球心，ε 为半径的球面 S_ε 在 V 的内部，记 V_ε 为 S 和 S_ε 所围成的区域，S_ε 取内侧，则

$$\begin{aligned}\oiint_S \boldsymbol{A}\cdot d\boldsymbol{S}&=\iint_{S+S_\varepsilon}\boldsymbol{A}\cdot d\boldsymbol{S}-\iint_{S_\varepsilon}\boldsymbol{A}\cdot d\boldsymbol{S}=\iiint_{V_\varepsilon}\operatorname{div}\boldsymbol{A}\,dv-\iint_{S_\varepsilon}\boldsymbol{A}\cdot d\boldsymbol{S}\\&=-\iint_{S_\varepsilon}\boldsymbol{A}\cdot d\boldsymbol{S}=\iint_{S_\varepsilon}|\boldsymbol{A}|\,d\boldsymbol{S}=\iint_{S_\varepsilon}\frac{1}{\varepsilon^2}d\boldsymbol{S}=4\pi.\end{aligned}$$

5. 计算 $I=\iint_S xz\,dy\,dz+yx\,dz\,dx+zy\,dx\,dy$，其中 S 是柱面 $x^2+y^2=1$ 在 $-1\leqslant z\leqslant1$ 和 $x\geqslant0$ 的部分，曲面侧的法向与 x 轴正向成锐角.

解　I 应分成三个曲面积分进行计算，对于 $\iint_S zy\,dx\,dy$，因曲面 S 在 xOy 平面上的投影为曲线 $x^2+y^2=1$，因而积分 $\iint_S zy\,dx\,dy=0$；

对于 $\iint_S xz\,dy\,dz$，曲面 S 的方程为 $x=\sqrt{1-y^2}$，它在 yOz 平面上的投影区域 D 为 $-1\leqslant y,z\leqslant1$，曲面侧的法向与 x 轴正向成锐角，是正侧，因此

$$\iint_S xz\,\mathrm{d}y\mathrm{d}z = \iint_D z\sqrt{1-y^2}\,\mathrm{d}y\mathrm{d}z = \int_{-1}^{1} z\mathrm{d}z\int_{-1}^{1}\sqrt{1-y^2}\,\mathrm{d}y = 0;$$

对于$\iint_S yx\,\mathrm{d}z\mathrm{d}x$，曲面 S 的方程为 $y=\pm\sqrt{1-x^2}$，它在 zOx 平面上的投影区域Ω 为 $0\leqslant x\leqslant 1,-1\leqslant z\leqslant 1$，曲面所指定的侧有部分与 y 轴正向夹角为锐角，有部分与 y 轴正向的夹角为钝角，因而要将区域分成两曲面块 S_1 和 S_2.

设 $S_1: y=\sqrt{1-x^2}$，它在 zOx 上的投影区域为Ω，曲面的侧为正侧；

设 $S_2: y=-\sqrt{1-x^2}$，它在 zOx 上的投影区域也为Ω，曲面的侧为负侧，因此

$$\begin{aligned}\iint_S yx\,\mathrm{d}z\mathrm{d}x &= \iint_{S_1} yx\,\mathrm{d}z\mathrm{d}x + \iint_{S_2} yx\,\mathrm{d}z\mathrm{d}x\\ &= \iint_\Omega x\sqrt{1-x^2}\,\mathrm{d}z\mathrm{d}x - \iint_\Omega\left(-x\sqrt{1-x^2}\right)\mathrm{d}z\mathrm{d}x\\ &= 2\iint_\Omega x\sqrt{1-x^2}\,\mathrm{d}z\mathrm{d}x = \frac{4}{3}.\end{aligned}$$

故 $I=\iint_S xz\,\mathrm{d}y\mathrm{d}z + yx\,\mathrm{d}z\mathrm{d}x + zy\,\mathrm{d}x\mathrm{d}y = \frac{4}{3}$.

6. 证明公式：

$$\iint_D f(m\sin\varphi\cos\theta + n\sin\varphi\sin\theta + p\cos\varphi)\sin\varphi\,\mathrm{d}\theta\mathrm{d}\varphi = 2\pi\int_{-1}^{1} f\left(u\sqrt{m^2+n^2+p^2}\right)\mathrm{d}u,$$

这里 $D=\{(\theta,\varphi)\mid 0\leqslant\theta\leqslant 2\pi, 0\leqslant\varphi\leqslant\pi\}$，$m^2+n^2+p^2>0$，$f(t)$ 在 $|t|<\sqrt{m^2+n^2+p^2}$ 时为连续函数.

证　设 S 为球面 $x^2+y^2+z^2=1$，则有

$$P=\iint_D f(m\sin\varphi\cos\theta + n\sin\varphi\sin\theta + p\cos\varphi)\sin\varphi\,\mathrm{d}\theta\mathrm{d}\varphi = \iint_S f(mx+ny+pz)\,\mathrm{d}S,$$

考虑新坐标系 O-uvw，它与原坐标系 O-xyz 共原点，且 O-uvw 平面为 O-xyz 坐标系的平面 $mx+ny+pz=0$，Ou 轴过原点且垂直于该平面，于是有

$$u=\frac{mx+ny+pz}{\sqrt{m^2+n^2+p^2}}.$$

在新坐标系 $O-uvw$ 中，$P=\iint_S f\left(u\sqrt{m^2+n^2+p^2}\right)\mathrm{d}S$，这里的 S 仍记为中心在原点的单位球面，将 S 表示为：

$$u=u, v=\sqrt{1-u^2}\cos w, w=\sqrt{1-u^2}\sin w(-1\leqslant u\leqslant 1, 0\leqslant w\leqslant 2\pi),$$

则 $\mathrm{d}S=\mathrm{d}u\mathrm{d}w$，从而

$$P=\int_0^{2\pi}\mathrm{d}w\int_{-1}^{1} f\left(u\sqrt{m^2+n^2+p^2}\right)\mathrm{d}u = 2\pi\int_{-1}^{1} f\left(u\sqrt{m^2+n^2+p^2}\right)\mathrm{d}u.$$

四、自测题

第二十二章自测题

一、叙述下列概念或定理（每题 10 分，共 20 分）

1. Gauss 公式.

2. Stokes 公式.

二、计算题，写出必要的计算过程（每题 10 分，共 50 分）

3. 求第一型曲面积分 $I=\iint\limits_{\Gamma} z\mathrm{d}S$，其中 Γ 为锥面 $z=\sqrt{x^2+y^2}$ 位于 $0\leqslant z\leqslant h$ 的部分.

4. 计算曲面积分 $\iint\limits_{\Sigma}(2x+z)\mathrm{d}y\mathrm{d}z+z\mathrm{d}x\mathrm{d}y$，其中 Σ 为曲面 $z=x^2+y^2(0\leqslant z\leqslant 1)$，取上侧.

5. 求曲面积分

$$\iint\limits_{S} y(x-z)\mathrm{d}y\mathrm{d}z+x^2\mathrm{d}z\mathrm{d}x+x(z-y)\mathrm{d}x\mathrm{d}y,$$

其中 S 是边长为 a 的正立方体 $0\leqslant x,y,z\leqslant a$ 的表面，方向取外侧.

6. 计算

$$I=\oint\limits_{\partial\Omega}[x\cos(\boldsymbol{v},x)+y\cos(\boldsymbol{v},y)]\mathrm{d}S,$$

其中 $\Omega\subset\mathbf{R}^2$ 为有界区域，$\boldsymbol{v}$ 为 $\partial\Omega$ 的外法线方向，$(\boldsymbol{v},x)$，$\cos(\boldsymbol{v},y)$ 为 $\boldsymbol{v}$ 与 x 轴及 y 轴正向的夹角.

7. 计算 $\iint\limits_{S} x(x^2+1)\mathrm{d}y\mathrm{d}z+y(y^2+2)\mathrm{d}z\mathrm{d}x+z(z^2+3)\mathrm{d}x\mathrm{d}y$，其中 S 是 $x^2+y^2+z^2=1$ 的外侧.

三、证明题，写出必要的证明过程（每题 10 分，共 30 分）

8. 证明：对连续的函数 $f(x)$ 有 $\iint\limits_{x^2+y^2+z^2=1} f(z)\mathrm{d}S=2\pi\int_{-1}^{1}f(t)\mathrm{d}t$.

9. 设 $f(x,y,z)$ 为 k 次齐次函数，即对任意的 $x,y,z\in\mathbf{R}$ 及 $t>0$，总有 $f(tx,ty,tz)=t^kf(x,y,z)$. 已知 B 为以原点为中心的单位球，∂B 为 B 的边界，证明

$$\iint\limits_{\partial B} f(x,y,z)\mathrm{d}S=\frac{1}{k}\iiint\limits_{B}\left(\frac{\partial^2 f}{\partial x^2}+\frac{\partial^2 f}{\partial y^2}+\frac{\partial^2 f}{\partial z^2}\right)\mathrm{d}x\mathrm{d}y\mathrm{d}z.$$

10. 设磁场强度为 $\boldsymbol{E}(x,y,z)=(x,y,z)$，求从球内出发通过上半球面 $x^2+y^2+z^2=a^2,z\geqslant 0$ 的磁通量.

第二十二章自测题解答

一、1. 解　设空间区域 V 由分片光滑的双侧封闭曲面 S 围成. 若函数 P,Q,R 在 V 上连续，且有一阶连续偏导数，则

$$\iiint\limits_{V}\left(\frac{\partial P}{\partial x}+\frac{\partial Q}{\partial y}+\frac{\partial R}{\partial z}\right)\mathrm{d}x\mathrm{d}y\mathrm{d}z=\oiint\limits_{S}P\mathrm{d}y\mathrm{d}z+Q\mathrm{d}z\mathrm{d}x+R\mathrm{d}x\mathrm{d}y,$$

其中 S 取外侧. 上式称为 Gauss 公式.

2. 解　设光滑曲面 S 的边界 L 是按段光滑的连续曲线. 若函数 P,Q,R 在 S（连同 L）上连续，且有一阶连续偏导数，则

$$\iint\limits_{S}\left(\frac{\partial R}{\partial y}-\frac{\partial Q}{\partial z}\right)\mathrm{d}y\mathrm{d}z+\left(\frac{\partial P}{\partial z}-\frac{\partial R}{\partial x}\right)\mathrm{d}z\mathrm{d}x+\left(\frac{\partial Q}{\partial x}-\frac{\partial P}{\partial y}\right)\mathrm{d}x\mathrm{d}y=\oint_{L}P\mathrm{d}x+Q\mathrm{d}y+R\mathrm{d}z,$$

其中 S 的侧与 L 的方向按右手法则确定.

二、3. 解 明显

$$\Gamma: z=\sqrt{x^2+y^2},(x,y)\in D,$$

其中 $D: x^2+y^2\leqslant h^2$,此时

$$\sqrt{1+z_x^2+z_y^2}=\sqrt{1+\frac{x^2}{z^2}+\frac{y^2}{z^2}}=\sqrt{2}.$$

利用极坐标变换 $x=r\cos\theta, y=r\sin\theta$,有

$$I=\iint_{\Gamma} z\mathrm{d}S=\iint_{D}\sqrt{x^2+y^2}\cdot\sqrt{2}\mathrm{d}x\mathrm{d}y=\sqrt{2}\int_0^{2\pi}\mathrm{d}\theta\int_0^h r\cdot r\mathrm{d}r=\frac{2\sqrt{2}}{3}\pi h^3.$$

4. 解 记 $\Sigma_1: x^2+y^2\leqslant 1, z=1$,取下侧,再记 Σ 与 Σ_1 围成的区域为

$$V: 0\leqslant z\leqslant 1, x^2+y^2\leqslant z,$$

显然 $2x+z, z$ 在 V 上存在连续的偏导数,所以由 Gauss 公式可知

$$\begin{aligned}\iint_{\Sigma+\Sigma_1}(2x+z)\mathrm{d}y\mathrm{d}z+z\mathrm{d}x\mathrm{d}y&=-\iiint_V\left(\frac{\partial(2x+z)}{\partial x}+\frac{\partial z}{\partial z}\right)\mathrm{d}x\mathrm{d}y\mathrm{d}z\\&=-\int_0^1\mathrm{d}z\iint_{x^2+y^2\leqslant 2}3\mathrm{d}x\mathrm{d}y=-\int_0^1 3\pi z\mathrm{d}z=-\frac{3}{2}\pi.\end{aligned}$$

在 Σ_1 上 $z=1$,所以

$$\iint_{\Sigma_1}(2x+z)\mathrm{d}y\mathrm{d}z+z\mathrm{d}x\mathrm{d}y=\iint_{\Sigma_1}\mathrm{d}x\mathrm{d}y=-\iint_{x^2+y^2\leqslant 1}\mathrm{d}x\mathrm{d}y=-\pi.$$

于是

$$\begin{aligned}\iint_{\Sigma}(2x+z)\mathrm{d}y\mathrm{d}z+z\mathrm{d}x\mathrm{d}y&=\left(\iint_{\Sigma+\Sigma_1}-\iint_{\Sigma_1}\right)(2x+z)\mathrm{d}y\mathrm{d}z+z\mathrm{d}x\mathrm{d}y\\&=-\frac{3}{2}\pi+\pi=-\frac{\pi}{2}.\end{aligned}$$

5. 解 记立方体 $V: 0\leqslant x,y,z\leqslant a$,则根据 Gauss 公式可知

$$\begin{aligned}&\iint_S y(x-z)\mathrm{d}y\mathrm{d}z+x^2\mathrm{d}z\mathrm{d}x+x(z-y)\mathrm{d}x\mathrm{d}y\\&=\iiint\left[\frac{\partial(y(x-z))}{\partial x}+\frac{\partial(x^2)}{\partial y}+\frac{\partial(x(z-y))}{\partial z}\right]\mathrm{d}x\mathrm{d}y\mathrm{d}z\\&=\iiint(y+x)\mathrm{d}x\mathrm{d}y\mathrm{d}z=\int_0^a\mathrm{d}x\int_0^a\mathrm{d}y\int_0^a(x+y)\mathrm{d}z\\&=a\int_0^a\left(ax+\frac{1}{2}a^2\right)\mathrm{d}x=a\left(\frac{1}{2}a^3+12a^3\right)=a^4.\end{aligned}$$

6. 解 由格林公式与二重积分几何意义,得

$$I=\oint_{\Omega}x\cos\langle\boldsymbol{v},x\rangle\mathrm{d}s+y\cos\langle\boldsymbol{v},y\rangle\mathrm{d}s=\oint_{\Omega}(-y\mathrm{d}x+x\mathrm{d}y)=2\iint_D\mathrm{d}x\mathrm{d}y=2S.$$

7. 解 记所求曲面积分为 I,S 所围区域为 $V: x^2+y^2+z^2\leqslant 1$,显然 $x(x^2+1), y(y^2+2), z(z^2+3)$ 均在 V 上存在连续偏导数,所以由 Gauss 公式,有

$$\begin{aligned}I&=\iiint_V\left\{\frac{\partial[x(x^2+1)]}{\partial x}+\frac{\partial[y(y^2+2)]}{y}+\frac{\partial[z(z^2+3)]}{\partial z}\right\}\mathrm{d}x\mathrm{d}y\mathrm{d}z\\&=\iiint_V[3(x^2+y^2+z^2)+(1+2+3)]\mathrm{d}x\mathrm{d}y\mathrm{d}z\\&=3\iiint_V(x^2+y^2+z^2)\mathrm{d}x\mathrm{d}y\mathrm{d}z+6\cdot\frac{4}{3}\pi\\&=3\iiint_V(x^2+y^2+z^2)\mathrm{d}x\mathrm{d}y\mathrm{d}z+8\pi.\end{aligned}$$

再作球坐标变换

$$x = r\sin\varphi\cos\theta, y = r\sin\varphi\sin\theta, z = r\cos\varphi.$$

则

$$V' : r \in [0,1], \varphi \in [0,\pi], \theta \in [0,2\pi].$$

$J = \dfrac{\partial(x,y,z)}{\partial(r,\varphi,\theta)} = r^2\sin\varphi$，且 $x^2+y^2+z^2=r^2$，所以

$$\begin{aligned} I &= 3\iiint\limits_{V'} r^2 \cdot r^2\sin\varphi \mathrm{d}\theta\mathrm{d}\varphi\mathrm{d}r + 8\pi = 3\int_0^{2\pi}\mathrm{d}\theta\int_0^{\pi}\sin\varphi\mathrm{d}\varphi\int_0^1 r^4\mathrm{d}r + 8\pi \\ &= 3\cdot\frac{1}{5}\cdot 2\cdot 2\pi + 8\pi = \frac{52}{5}\pi. \end{aligned}$$

三、8. 证　令 $x=\sin\varphi\cos\theta, y=\sin\varphi\sin\theta, z=\cos\varphi, 0\leqslant\varphi\leqslant\pi, 0\leqslant\theta\leqslant 2\pi$. 由于

$$E = x_\varphi^2 + y_\varphi^2 + z_\varphi^2 = 1, F = x_\varphi x_\theta + y_\varphi y_\theta + z_\varphi z_\theta = 0, G = x_\theta^2 + y_\theta^2 + z_\theta^2 = \sin^2\varphi,$$

所以

$$\begin{aligned} \iint\limits_{x^2+y^2+z^2=1} f(z)\mathrm{d}S &= \int_0^{\pi}\mathrm{d}\varphi\int_0^{2\pi} f(\cos\varphi)\sqrt{EG-F^2}\,\mathrm{d}\theta \\ &= \int_0^{\pi}\mathrm{d}\varphi\int_0^{2\pi} f(\cos\varphi)\sin\varphi\mathrm{d}\theta \\ &= 2\pi\int_0^{\pi} f(\cos\varphi)\sin\varphi\mathrm{d}\varphi. \end{aligned}$$

再做变量替换 $t=\cos\varphi$，即可得 $\displaystyle\iint\limits_{x^2+y^2+z^2=1} f(z)\mathrm{d}S = 2\pi\int_{-1}^{1} f(t)\mathrm{d}t.$

9. 证　首先对等式 $f(tx,ty,tz)=t^k f(x,y,z)$ 两边关于 t 求导，有

$$x\frac{\partial f(tx,ty,tz)}{\partial x} + y\frac{\partial f(tx,ty,tz)}{\partial y} + z\frac{\partial f(tx,ty,tz)}{\partial z} = kt^{k-1}f(x,y,z).$$

令 $t=1$ 可得

$$x\frac{\partial f(x,y,z)}{\partial x} + y\frac{\partial f(x,y,z)}{\partial y} + z\frac{\partial f(x,y,z)}{\partial z} = kf(x,y,z).$$

而对于 $\partial B: x^2+y^2+z^2=1$，记 $F(x,y,z)=x^2+y^2+z^2-1$，则

$$\mathbf{grad}\, F = (2x,2y,2z).$$

进而 $|\mathbf{grad}\, F| = \sqrt{4x^2+4y^2+4z^2} = 2$，所以 ∂B 在任意点 (x,y,z) 处的单位外法向量为

$$\frac{\mathbf{grad}\, F}{|\mathbf{grad}\, F|} = \frac{1}{2}(2x,2y,2z) = (x,y,z).$$

现在就取 ∂B 的方向为外侧，那么结合(2)式及两类曲面积分的关系与 Gauss 公式可知

$$\begin{aligned} \iint\limits_{\partial B} f(x,y,z)\mathrm{d}S &= \frac{1}{k}\iint\limits_{\partial B}\left(x\frac{\partial f}{\partial x} + y\frac{\partial f}{\partial y} + z\frac{\partial f}{\partial z}\right)\mathrm{d}S \\ &= \frac{1}{k}\iint\limits_{\partial B}\frac{\partial f}{\partial x}\mathrm{d}y\mathrm{d}z + \frac{\partial f}{\partial y}\mathrm{d}z\mathrm{d}x + \frac{\partial f}{\partial z}\mathrm{d}x\mathrm{d}y \\ &= \frac{1}{k}\iiint\limits_{B}\left(\frac{\partial^2 f}{\partial x^2} + \frac{\partial^2 f}{\partial y^2} + \frac{\partial^2 f}{\partial z^2}\right)\mathrm{d}x\mathrm{d}y\mathrm{d}z. \end{aligned}$$

10. 解　**方法一**　磁通量 $\Phi = \iint\limits_S x\mathrm{d}y\mathrm{d}z + y\mathrm{d}z\mathrm{d}x + z\mathrm{d}x\mathrm{d}y$. S 的前、后半曲面和左、右半曲面分别为

$$\left.\begin{aligned} &S_{前}: x = \sqrt{a^2-y^2-z^2}, \\ &S_{后}: x = -\sqrt{a^2-y^2-z^2} \end{aligned}\right\} (y,z)\in D_{yz} = \{(y,z) \mid y^2+z^2\leqslant a^2, z\geqslant 0,\};$$

$$\left.\begin{aligned} &S_{左}: y = -\sqrt{a^2-x^2-z^2}, \\ &S_{右}: y = \sqrt{a^2-x^2-z^2} \end{aligned}\right\} (z,x)\in D_{zx} = \{(z,x) \mid x^2+z^2\leqslant a, z\geqslant 0\}.$$

于是

$$\iint_S x\,dydz = \iint_{S_{前}} xdydz + \iint_{S_{后}} xdydz$$
$$= \iint_{D_{yz}} \sqrt{a^2-y^2-z^2}\,dydz - \iint_{D_{yz}} (-\sqrt{a^2-y^2-z^2})dydz$$
$$= 2\iint_{D_{yz}} \sqrt{a^2-y^2-z^2}\,dydz$$
$$= 2\int_0^{\pi} d\theta \int_0^a \sqrt{a^2-r^2}\,rdr$$
$$= 2\pi\left[-\frac{1}{3}(a^2-r^2)^{3/2}\Big|_0^a\right] = \frac{2\pi}{3}a^3.$$

$$\iint_S ydzdx = \iint_{S_{右}} ydzdx + \iint_{S_{左}} ydzdx$$
$$= \iint_{D_{zx}} \sqrt{a^2-x^2-z^2}\,dzdx - \iint_{D_{zx}} (-\sqrt{a^2-x^2-z^2})dzdx$$
$$= 2\iint_{D_{zx}} \sqrt{a^2-x^2-z^2}\,dzdx$$
$$= 2\int_0^{\pi} d\theta \int_0^a \sqrt{a^2-r^2}\,rdr$$
$$= 2\pi\left[-\frac{1}{3}(a^2-r^2)^{3/2}\Big|_0^a\right] = \frac{2\pi}{3}a^3.$$

$$\iint_S zdxdy = \iint_{D_{xy}} \sqrt{a^2-x^2-y^2}\,dxdy$$
$$= \int_0^{2\pi} d\theta \int_0^a \sqrt{a^2-r^2}\,rdr$$
$$= 2\pi\left[-\frac{1}{3}(a^2-r^2)^{3/2}\Big|_0^a\right] = \frac{2\pi}{3}a^3.$$

所以

$$I = \iint_S xdydz + ydzdx + zdxdy = 2\pi a^3.$$

方法二 设磁通量为 Φ，则 $\Phi = \iint_S xdydz + ydzdx + zdxdy$.

记 $S_1: z = 0, (x,y) \in \{(x,y) \mid x^2+y^2 \leqslant a^2\}$，则由 Gauss 公式得

$$\iint_S xdydz + ydzdx + zdxdy + \iint_{S_1} xdydz + ydzdx + zdxdy = 3\iiint_V dxdydz = 2\pi a^3,$$

其中 V 是 S 与 S_1 所围成的半球体.

而 $\iint_{S_1} xdydz + ydzdx + zdxdy = \iint_{S_1} 0dxdy = 0$，所以

$$\Phi = \iint_S xdydz + ydzdx + zdxdy = 2\pi a^3.$$

*第二十三章 向量函数微分学

一、主要内容归纳

1. 向量函数的定义

若 $X\subset\mathbf{R}^n$，$Y\subset\mathbf{R}^m$，$\boldsymbol{f}$ 是 $X\times Y$ 的一个子集，对 $\forall\,\boldsymbol{x}\in X$，都有唯一的一个 $\boldsymbol{y}\in Y$，使 $(\boldsymbol{x},\boldsymbol{y})\in\boldsymbol{f}$，则称 $\boldsymbol{f}$ 为 X 到 Y 的**向量函数**（简称**函数**和**映射**），记作

$$\boldsymbol{f}:X\to Y,$$
$$\boldsymbol{x}\mapsto\boldsymbol{y},$$

或简记为 $\boldsymbol{f}:Y\to Y$，其中 X 称为函数 $\boldsymbol{f}$ 的**定义域**.

2. 向量函数的极限

设 $D\subset X\subset\mathbf{R}^n$，$\boldsymbol{a}$ 是 D 的聚点，$\boldsymbol{f}:X\to\mathbf{R}^m$，若存在 $l\in\mathbf{R}^m$，对于 $\boldsymbol{l}$ 的任意小的邻域 $U(\boldsymbol{l};\varepsilon)\subset\mathbf{R}^m$，总有 $\boldsymbol{a}$ 的空心邻域 $U^\circ(\boldsymbol{a};\delta)\subset\mathbf{R}^n$，$f(U^\circ(\boldsymbol{a};\delta)\cap D)\subset U(\boldsymbol{l};\varepsilon)$，则称集合 D 上当 $\boldsymbol{x}\to\boldsymbol{a}$ 时，$\boldsymbol{f}$ 以 $\boldsymbol{l}$ 为极限，记作

$$\lim_{\substack{\boldsymbol{x}\to\boldsymbol{a}\\ x\in D}}\boldsymbol{f}(\boldsymbol{x})=\boldsymbol{l}.$$

在不致混淆的情况下，或 $D=X$ 时，简称 $\boldsymbol{x}\to\boldsymbol{a}$ 时 $\boldsymbol{f}$ 以 $\boldsymbol{l}$ 为极限，并记作

$$\lim_{\boldsymbol{x}\to\boldsymbol{a}}\boldsymbol{f}(\boldsymbol{x})=\boldsymbol{l}.$$

3. 向量函数的连续性

设 $D\subset X\subset\mathbf{R}^n$，$\boldsymbol{a}\in D$，$\boldsymbol{f}:X\to\mathbf{R}^m$，对 $\forall\,\varepsilon>0$，$\exists\,\delta>0$，使得 $\boldsymbol{f}(U(\boldsymbol{a};\delta)\cap D)\subset U(\boldsymbol{f}(\boldsymbol{a});\varepsilon)$，则称 $\boldsymbol{f}$ 在点 $\boldsymbol{a}$ **连续**. 若 $\boldsymbol{f}$ 在 D 上每一点都连续，则称 $\boldsymbol{f}$ 为 D 上的**连续函数**.

4. 向量函数的可微性

设 $D\subset\mathbf{R}^n$ 为开集，$\boldsymbol{x}_0\in D$，$\boldsymbol{f}:D\to\mathbf{R}^m$，若存在某个线性变换 A，使得 $\boldsymbol{x}\in U(\boldsymbol{x}_0)\subset D$ 时，有

$$\boldsymbol{f}(\boldsymbol{x})-\boldsymbol{f}(\boldsymbol{x}_0)=A(\boldsymbol{x}-\boldsymbol{x}_0)+o(\|\boldsymbol{x}-\boldsymbol{x}_0\|).$$

或

$$\lim_{\boldsymbol{x}\to\boldsymbol{x}_0}\frac{\boldsymbol{f}(\boldsymbol{x})-\boldsymbol{f}(\boldsymbol{x}_0)-A(\boldsymbol{x}-\boldsymbol{x}_0)}{\|\boldsymbol{x}-\boldsymbol{x}_0\|}=\mathbf{0},$$

则称 $\boldsymbol{f}$ 在点 $\boldsymbol{x}_0$ **可微**（或**可导**），称 $A(\boldsymbol{x}-\boldsymbol{x}_0)$ 为 $\boldsymbol{f}$ 在 $\boldsymbol{x}_0$ 的微分，$\boldsymbol{A}$ 为 $\boldsymbol{f}$ 在点 $\boldsymbol{x}_0$ 的**导数**，记作 $\boldsymbol{Df}(\boldsymbol{x}_0)$ 或 $\boldsymbol{f}'(\boldsymbol{x}_0)$.

5. 黑赛矩阵

若 f 在 D 上二阶可微,其二阶导数定义为

$$\boldsymbol{f}''(\boldsymbol{x})=\begin{vmatrix} \dfrac{\partial^2 f}{\partial x_1^2} & \cdots & \dfrac{\partial^2 f}{\partial x_1 \partial x_n} \\ \vdots & & \vdots \\ \dfrac{\partial^2 f}{\partial x_n \partial x_1} & \cdots & \dfrac{\partial^2 f}{\partial x_n^2} \end{vmatrix}$$

此矩阵又称为 f 的**黑赛矩阵**.

二、 教材习题解答

习题 23.1 解答

1. 设 $\boldsymbol{x},\boldsymbol{y}\in\mathbf{R}^n$,证明

$$\|\boldsymbol{x}+\boldsymbol{y}\|^2+\|\boldsymbol{x}-\boldsymbol{y}\|^2=2(\|\boldsymbol{x}\|^2+\|\boldsymbol{y}\|^2).$$

证
$$\begin{aligned}\|\boldsymbol{x}+\boldsymbol{y}\|^2+\|\boldsymbol{x}-\boldsymbol{y}\|^2&=(\boldsymbol{x}+\boldsymbol{y})^{\mathrm T}(\boldsymbol{x}+\boldsymbol{y})+(\boldsymbol{x}-\boldsymbol{y})^{\mathrm T}(\boldsymbol{x}-\boldsymbol{y})\\&=(\boldsymbol{x}^{\mathrm T}+\boldsymbol{y}^{\mathrm T})(\boldsymbol{x}+\boldsymbol{y})+(\boldsymbol{x}^{T}-\boldsymbol{y}^{\mathrm T})(\boldsymbol{x}-\boldsymbol{y})\\&=\boldsymbol{x}^{\mathrm T}\boldsymbol{x}+\boldsymbol{x}^{\mathrm T}\boldsymbol{y}+\boldsymbol{y}^{\mathrm T}\boldsymbol{x}+\boldsymbol{y}^{\mathrm T}\boldsymbol{y}+\boldsymbol{x}^{T}\boldsymbol{x}-\boldsymbol{x}^{\mathrm T}\boldsymbol{y}-\boldsymbol{y}^{T}\boldsymbol{x}+\boldsymbol{y}^{\mathrm T}\boldsymbol{y}\\&=2(\boldsymbol{x}^{\mathrm T}\boldsymbol{x}+\boldsymbol{y}^{\mathrm T}\boldsymbol{y})=2(\|\boldsymbol{x}\|^2+\|\boldsymbol{y}\|^2).\end{aligned}$$

2. 设 $E\subset\mathbf{R}^n$,点 $\boldsymbol{x}\in\mathbf{R}^n$ 到集合 E 的距离定义为

$$\rho(\boldsymbol{x},E)=\inf_{y\in E}\rho(\boldsymbol{x},\boldsymbol{y}).$$

证明:(1) 若 E 是闭集,$\boldsymbol{x}\notin E$,则 $\rho(\boldsymbol{x},E)>0$;

(2) 若 $\overline{E}$ 是 E 连同其全体聚点所组成的集合(称为 E 的闭包),则 $\overline{E}=\{\boldsymbol{x}\mid\rho(\boldsymbol{x},E)=0\}$.

证 (1) 因为 E 为闭集,所以 E 的余集 $\complement E$ 为开集,由 $\boldsymbol{x}\notin E$,因而 $\boldsymbol{x}\in\complement E$,故 $\exists\delta>0$,使 $U(\boldsymbol{x};\delta)\subset\complement E$,现 $\forall\boldsymbol{y}\in E$,有 $\rho(\boldsymbol{x},\boldsymbol{y})>\delta$,即 $\rho(\boldsymbol{x},E)=\inf\limits_{y\in E}\rho(\boldsymbol{x},\boldsymbol{y})\geqslant\delta>0$.

(2) 一方面,$\forall\boldsymbol{x}\in\{\boldsymbol{x}\mid\rho(\boldsymbol{x},E)=0\}$,由于 $\rho(\boldsymbol{x},E)=0$,因而 $\boldsymbol{x}\in E$ 或 $\boldsymbol{x}\notin E$. 若 $\boldsymbol{x}\notin E$,则由于 $\rho(\boldsymbol{x},E)=0$,存在点列 $\{\boldsymbol{y}_n\}\subset E$,使 $\lim\limits_{n\to\infty}\rho(\boldsymbol{x},\boldsymbol{y}_n)=0$,即表示 $\lim\limits_{n\to\infty}\boldsymbol{y}_n=\boldsymbol{x}$,这说明 $\boldsymbol{x}$ 为 E 的聚点,所以不论 $\boldsymbol{x}\in E$ 或 $\boldsymbol{x}\notin E$,都有 $\boldsymbol{x}\in\overline{E}$,即 $\{\boldsymbol{x}\mid\rho(\boldsymbol{x},E)=0\}\subset\overline{E}$.

另一方面,$\forall\boldsymbol{x}\in\overline{E}$,若 $\boldsymbol{x}\in E$,则 $\rho(\boldsymbol{x},E)=0$,故 $\boldsymbol{x}\in\{\boldsymbol{x}\mid\rho(\boldsymbol{x},E)=0\}$.

若 $\boldsymbol{x}\notin E$,但 $\boldsymbol{x}\in\overline{E}$,即 $\boldsymbol{x}$ 为 E 的聚点,因而 $\exists\boldsymbol{y}_n\in E$,使 $\rho(\boldsymbol{x},\boldsymbol{y}_n)\to0(n\to\infty)$.

又 $0\leqslant\rho(\boldsymbol{x},E)\leqslant\rho(\boldsymbol{x},\boldsymbol{y}_n)\to0(n\to\infty)$,即 $\rho(\boldsymbol{x},E)=0$.

这表明 $\boldsymbol{x}\in\{\boldsymbol{x}\mid\rho(\boldsymbol{x},E)=0\}$,即 $\overline{E}\subset\{\boldsymbol{x}\mid\rho(\boldsymbol{x},E)=0\}$.

综合两方面,有 $\overline{E}=\{\boldsymbol{x}\mid\rho(\boldsymbol{x},E)=0\}$.

3. 设 $X\subset\mathbf{R}^n,Y\subset\mathbf{R}^m,f:X\to Y;A,B$ 是 X 的任意子集,证明:

(1) $\boldsymbol{f}(A\cup B)=\boldsymbol{f}(A)\cup\boldsymbol{f}(B)$;

(2) $\boldsymbol{f}(A\cap B)\subset\boldsymbol{f}(A)\cap\boldsymbol{f}(B)$;

(3) 若 $\boldsymbol{f}$ 是一一映射,则 $\boldsymbol{f}(A\cap B)=\boldsymbol{f}(A)\cap\boldsymbol{f}(B)$.

【思路探索】 此题的证明过程需要应用交、并集的定义,且(1)(2) 的证明过程较为类似

证 (1) 一方面,$\forall\boldsymbol{y}\in\boldsymbol{f}(A)\cup\boldsymbol{f}(B)$,则 $\boldsymbol{y}\in\boldsymbol{f}(A)$ 或 $\boldsymbol{y}\in\boldsymbol{f}(B)$,若 $\boldsymbol{y}\in\boldsymbol{f}(A)$,则 $\exists x\in A$,使 $\boldsymbol{y}=\boldsymbol{f}(\boldsymbol{x})$,若 $\boldsymbol{y}\in\boldsymbol{f}(B)$,则 $\exists\boldsymbol{x}\in B$,使 $\boldsymbol{y}=\boldsymbol{f}(\boldsymbol{x})$. 所以 $\forall\boldsymbol{y}\in\boldsymbol{f}(A)\cup\boldsymbol{f}(B)$,总 $\exists\boldsymbol{x}\in A\cup B$,使 $\boldsymbol{y}=\boldsymbol{f}(\boldsymbol{x})$,即 $\boldsymbol{y}\in\boldsymbol{f}(A\cup B)$,这表明

$$\boldsymbol{f}(A)\cup\boldsymbol{f}(B)\subset\boldsymbol{f}(A\cup B).$$

另一方面,$\forall\boldsymbol{y}\in\boldsymbol{f}(A\cup B)$,则 $\exists\boldsymbol{x}\in A\cup B$,使 $\boldsymbol{y}=\boldsymbol{f}(\boldsymbol{x})$,因为 $\boldsymbol{x}\in A\cup B$,所以 $\boldsymbol{x}\in A$ 或 $\boldsymbol{x}\in B$,即 $\boldsymbol{y}=\boldsymbol{f}(\boldsymbol{x})\in\boldsymbol{f}(A)$ 或 $\boldsymbol{y}=\boldsymbol{f}(\boldsymbol{x})\in\boldsymbol{f}(B)$.

从而 $\boldsymbol{y}\in\boldsymbol{f}(A)\cup\boldsymbol{f}(B)$,这表明

$$\boldsymbol{f}(A\cup B)\subset\boldsymbol{f}(A)\cup\boldsymbol{f}(B).$$

综合两方面,有 $\boldsymbol{f}(A\cup B)=\boldsymbol{f}(A)\cup\boldsymbol{f}(B)$.

(2) $\forall\boldsymbol{y}\in\boldsymbol{f}(A\cap B)$,则 $\exists\boldsymbol{x}\in A\cap B$,使 $\boldsymbol{y}=\boldsymbol{f}(\boldsymbol{x})$,因为 $\boldsymbol{x}\in A\cap B$,所以 $\boldsymbol{x}\in A$ 且 $\boldsymbol{x}\in B$,则 $\boldsymbol{y}\in\boldsymbol{f}(A)$ 且 $\boldsymbol{y}\in\boldsymbol{f}(B)$,即 $\boldsymbol{y}\in\boldsymbol{f}(A)\cap\boldsymbol{f}(B)$,故

$$\boldsymbol{f}(A\cap B)\subset\boldsymbol{f}(A)\cap\boldsymbol{f}(B).$$

(3) 一方面,由(2) 有 $f(A\cap B)\subset f(A)\cap f(B)$.

另一方面,$\forall\, \boldsymbol{y}\in f(A)\cap f(B)$,则 $\boldsymbol{y}\in f(A)$ 且 $\boldsymbol{y}\in f(B)$,即 $\exists\, \boldsymbol{x}_1\in A$,使 $\boldsymbol{y}=f(\boldsymbol{x}_1)$,$\exists\, \boldsymbol{x}_2\in B$ 使 $\boldsymbol{y}=f(\boldsymbol{x}_2)$,又因为 f 为一一映射,所以 $\boldsymbol{x}=\boldsymbol{x}_1=\boldsymbol{x}_2\in A\cap B$ 使 $\boldsymbol{y}=f(\boldsymbol{x})$,即 $\boldsymbol{y}\in f(A\cap B)$,这表明

$$f(A)\cap f(B)\subset f(A\cap B),$$

综合两方面,有

$$f(A\cap B)=f(A)\cap f(B).$$

4. 设 $\boldsymbol{f},\boldsymbol{g}:\mathbf{R}^n\to\mathbf{R}^m$,$\boldsymbol{a}\in\mathbf{R}^n$,$\boldsymbol{b},\boldsymbol{c}\in\mathbf{R}^m$,$\lim\limits_{\boldsymbol{x}\to\boldsymbol{a}}\boldsymbol{f}(\boldsymbol{x})=\boldsymbol{b}$,$\lim\limits_{\boldsymbol{x}\to\boldsymbol{a}}\boldsymbol{g}(\boldsymbol{x})=\boldsymbol{c}$,证明:

(1) $\lim\limits_{\boldsymbol{x}\to\boldsymbol{a}}\|\boldsymbol{f}(\boldsymbol{x})\|=\|\boldsymbol{b}\|$,且当 $\boldsymbol{b}=\boldsymbol{0}$ 时可逆;

(2) $\lim\limits_{\boldsymbol{x}\to\boldsymbol{a}}[\boldsymbol{f}(\boldsymbol{x})^{\mathrm{T}}\boldsymbol{g}(\boldsymbol{x})]=\boldsymbol{b}^{\mathrm{T}}\boldsymbol{c}$.

【思路探索】 此题考查向量函数的极限与连续性.

证 (1) 因为

$$\lim_{\boldsymbol{x}\to\boldsymbol{a}}\boldsymbol{f}(\boldsymbol{x})=\boldsymbol{b}\Leftrightarrow\lim_{\|\boldsymbol{x}-\boldsymbol{a}\|\to 0}\|\boldsymbol{f}(\boldsymbol{x})-\boldsymbol{b}\|=0,$$

所以 $\forall\,\varepsilon>0$,$\exists\,\delta>0$,当 $0<\|\boldsymbol{x}-\boldsymbol{a}\|<\delta$ 时,有

$$\|\boldsymbol{f}(\boldsymbol{x})-\boldsymbol{b}\|<\varepsilon.$$

利用本节习题 6(3) 的不等式,有

$$\big|\,\|\boldsymbol{f}(\boldsymbol{x})\|-\|\boldsymbol{b}\|\,\big|\leqslant\|\boldsymbol{f}(\boldsymbol{x})-\boldsymbol{b}\|<\boldsymbol{\varepsilon},$$

故 $\lim\limits_{\boldsymbol{x}\to\boldsymbol{a}}\|\boldsymbol{f}(\boldsymbol{x})\|=\|\boldsymbol{b}\|$.

若 $\|\boldsymbol{b}\|=0$,则 $\lim\limits_{\boldsymbol{x}\to\boldsymbol{a}}\|f(x)\|=0$.

这表明 $\lim\limits_{\boldsymbol{x}\to\boldsymbol{a}}\boldsymbol{f}(\boldsymbol{x})=\boldsymbol{0}$,即 $\boldsymbol{b}=\boldsymbol{0}$ 时可逆.

(2) 因为 $\lim\limits_{\boldsymbol{x}\to\boldsymbol{a}}\boldsymbol{f}(x)=\boldsymbol{b}$,$\lim\limits_{\boldsymbol{x}\to\boldsymbol{a}}\boldsymbol{g}(\boldsymbol{x})=\boldsymbol{c}$,所以 $\forall\,\varepsilon\in(0,1)$,$\exists\,\delta>0$,当 $0<\|\boldsymbol{x}-\boldsymbol{a}\|<\delta$ 时,有

$$\|\boldsymbol{f}(\boldsymbol{x})-\boldsymbol{b}\|<\frac{\varepsilon}{2(1+\|\boldsymbol{c}\|)},$$

$$\|\boldsymbol{g}(\boldsymbol{x})-\boldsymbol{c}\|<\frac{\varepsilon}{2(1+\|\boldsymbol{b}\|)}.$$

即
$$\begin{aligned}\|\boldsymbol{f}(\boldsymbol{x})^{\mathrm{T}}\boldsymbol{g}(\boldsymbol{x})-\boldsymbol{b}^{\mathrm{T}}\boldsymbol{c}\|&=\|\boldsymbol{f}(\boldsymbol{x})^{\mathrm{T}}\boldsymbol{g}(\boldsymbol{x})-\boldsymbol{f}(\boldsymbol{x})^{\mathrm{T}}\boldsymbol{c}+\boldsymbol{f}(\boldsymbol{x})^{\mathrm{T}}\boldsymbol{c}-\boldsymbol{b}^{\mathrm{T}}\boldsymbol{c}\|\\&\leqslant\|\boldsymbol{f}(\boldsymbol{x})^{\mathrm{T}}\|\,\|\boldsymbol{g}(\boldsymbol{x})-\boldsymbol{c}\|+\|\boldsymbol{f}^{\mathrm{T}}(\boldsymbol{x})-\boldsymbol{b}^{\mathrm{T}}\|\,\|\boldsymbol{c}\|\\&=\|\boldsymbol{f}(\boldsymbol{x})-\boldsymbol{b}+\boldsymbol{b}\|\,\|\boldsymbol{g}(\boldsymbol{x})-\boldsymbol{c}\|+\|\boldsymbol{f}(\boldsymbol{x})-\boldsymbol{b}\|\,\|\boldsymbol{c}\|\\&\leqslant\|\boldsymbol{b}\|\,\|\boldsymbol{f}(\boldsymbol{x})-\boldsymbol{b}\|\,\|\boldsymbol{g}(\boldsymbol{x})-\boldsymbol{c}\|+\|\boldsymbol{f}(\boldsymbol{x})-\boldsymbol{b}\|\,\|\boldsymbol{c}\|\\&<\|\boldsymbol{b}\|\cdot 1\cdot\frac{\varepsilon}{2(1+\|\boldsymbol{b}\|)}+\frac{\varepsilon}{2(1+\|\boldsymbol{c}\|)}\cdot\|\boldsymbol{c}\|\\&\leqslant\frac{\varepsilon}{2}+\frac{\varepsilon}{2}=\varepsilon.\end{aligned}$$

故 $\lim\limits_{\boldsymbol{x}\to\boldsymbol{a}}[\boldsymbol{f}^{\mathrm{T}}(\boldsymbol{x})\boldsymbol{g}(\boldsymbol{x})]=\boldsymbol{b}^{\mathrm{T}}\boldsymbol{c}$.

5. 略

6. 设 $\boldsymbol{x},\boldsymbol{y}\in\mathbf{R}^n$,证明下列各式:

(1) $\sum\limits_{i=1}^{n}|x_i|\leqslant\sqrt{n}\,\|\boldsymbol{x}\|$;

(2) $\|\boldsymbol{x}+\boldsymbol{y}\|\,\|\boldsymbol{x}-\boldsymbol{y}\|\leqslant\|\boldsymbol{x}\|^2+\|\boldsymbol{y}\|^2$;

(3) $\big|\,\|\boldsymbol{x}\|-\|\boldsymbol{y}\|\,\big|\leqslant\|\boldsymbol{x}-\boldsymbol{y}\|$,

并讨论各不等式中等号成立的条件和解释 $n=2$ 时的几何意义.

【思路探索】 (1) 利用延森不等式证明;(3) 则利用三角不等式即可.

证 (1) 若 f 为 $[a,b]$ 上的凸函数,则对任意 $x_i\in[a,b]$,$\lambda_i>0(i=1,2,\cdots,n)$,$\sum\limits_{i=1}^{n}\lambda_i=1$,有

$$f\left(\sum_{i=1}^{n}\lambda_i x_i\right)\leqslant\sum_{i=1}^{n}\lambda_i f(x_i).$$

现取 $f(t)=t^2, t\in\mathbf{R}$,则 $f(t)=t^2$ 为 $\mathbf{R}$ 上的凸函数,令 $t_i=|x_i|, \lambda_i=\dfrac{1}{n}(i=1,2,\cdots,n)$,则由延森不等式,有

$$f\left(\sum_{i=1}^{n}\frac{|x_i|}{n}\right)\leqslant\sum_{i=1}^{n}\frac{1}{n}f(|x_i|),即\frac{\left(\sum\limits_{i=1}^{n}|x_i|\right)^2}{n^2}\leqslant\frac{1}{n}\sum_{i=1}^{n}|x_i|^2.$$

故 $\sum\limits_{i=1}^{n}|x_i|\leqslant\sqrt{n}\left(\sum\limits_{i=1}^{n}|x_i|^2\right)^{\frac{1}{2}}=\sqrt{n}\,\|\boldsymbol{x}\|$.

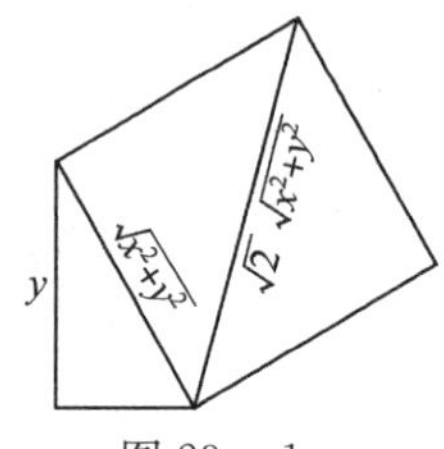

图 23－1

等式成立的充要条件为 $x_1=x_2=\cdots=x_n$. 当 $n=2$ 时,不等式为

$$|x|+|y|\leqslant\sqrt{2}\sqrt{x^2+y^2}\,(x=x_1, y=x_2).$$

此不等式的几何意义为(图 23－1):在任意一直角三角形中,以斜边所作正方形的对角线的长大于或等于两直角边长之和.

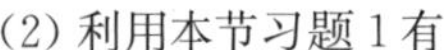
(2) 利用本节习题 1 有

$$\|\boldsymbol{x}+\boldsymbol{y}\|\,\|\boldsymbol{x}-\boldsymbol{y}\|\leqslant\frac{1}{2}[\|\boldsymbol{x}+\boldsymbol{y}\|^2+\|\boldsymbol{x}-\boldsymbol{y}\|^2]$$
$$=\|\boldsymbol{x}\|^2+\|\boldsymbol{y}\|^2.$$

此处利用了不等式

$$0\leqslant(a-b)^2=a^2+b^2-2ab,即\ 2|a||b|\leqslant a^2+b^2.$$

所以 $\|\boldsymbol{x}+\boldsymbol{y}\|\,\|\boldsymbol{x}-\boldsymbol{y}\|\leqslant\|\boldsymbol{x}\|^2+\|\boldsymbol{y}\|^2$.

等号成立的充要条件为

$$\|\boldsymbol{x}+\boldsymbol{y}\|=\|\boldsymbol{x}-\boldsymbol{y}\|\ 或(\boldsymbol{x}+\boldsymbol{y})^{\mathrm{T}}(\boldsymbol{x}+\boldsymbol{y})=(\boldsymbol{x}-\boldsymbol{y})^{\mathrm{T}}(\boldsymbol{x}-\boldsymbol{y}),$$

也就是 $\boldsymbol{x}^{\mathrm{T}}\boldsymbol{y}+\boldsymbol{y}^{\mathrm{T}}\boldsymbol{x}=-\boldsymbol{x}^{\mathrm{T}}\boldsymbol{y}-\boldsymbol{y}^{\mathrm{T}}\boldsymbol{x}$,即 $\boldsymbol{x}^{\mathrm{T}}\boldsymbol{y}=0$.

故等号成立的充要条件为 $\boldsymbol{x}$ 与 $\boldsymbol{y}$ 正交,当 $n=2$ 时不等式的几何意义为(图 23－2):以向量 $\boldsymbol{x},\boldsymbol{y}$ 为邻边的平行四边形的两对角线的乘积小于或等于以向量 $\boldsymbol{x},\boldsymbol{y}$ 为边的两正方形面积之和.

图 23－2

(3) 由三角不等式有

$$\|\boldsymbol{x}\|=\|\boldsymbol{x}-\boldsymbol{y}+\boldsymbol{y}\|\leqslant\|\boldsymbol{x}-\boldsymbol{y}\|+\|\boldsymbol{y}\|,$$

即 $\|\boldsymbol{x}\|-\|\boldsymbol{y}\|\leqslant\|\boldsymbol{x}-\boldsymbol{y}\|$.

又 $\|\boldsymbol{y}\|=\|\boldsymbol{y}-\boldsymbol{x}+\boldsymbol{x}\|\leqslant\|\boldsymbol{x}-\boldsymbol{y}\|+\|\boldsymbol{x}\|$,即 $\|\boldsymbol{y}\|-\|\boldsymbol{x}\|\leqslant\|\boldsymbol{x}-\boldsymbol{y}\|$,

所以 $|\,\|\boldsymbol{x}\|-\|\boldsymbol{y}\|\,|\leqslant\|\boldsymbol{x}-\boldsymbol{y}\|$ 等号成立的条件为 $\boldsymbol{y}=k\boldsymbol{x}$($k$ 为实数),当 $n=2$ 时等式的几何意义为:任一三角形中一边大于或等于另外两边之差.

7. 略

8. 设 $\boldsymbol{f}:\mathbf{R}^n\to\mathbf{R}^m$ 为连续函数,$A\subset\mathbf{R}^n$ 为任意开集,$B\subset\mathbf{R}^n$ 为任意闭集,试问 $\boldsymbol{f}(A)$ 是否必为开集?$\boldsymbol{f}(B)$ 是否必为闭集?

解　不一定,反例:

(1) 对于连续函数 $f(x)=|x|, x\in A=(-1,1)$ 为开集,但 $\boldsymbol{f}(A)=[0,1)$ 不是开集.

(2) 对于连续函数 $f(x)=\begin{cases}1, & x\leqslant 0,\\ \mathrm{e}^{-x}, & x>0,\end{cases}$ $B=[0,+\infty)$ 为开集,但 $\boldsymbol{f}(B)=(0,1)$ 不是闭集.

习题23.2解答

1. 证明定理23.12.

定理23.12 设$\boldsymbol{f},\boldsymbol{g}:D\to\mathbf{R}^m$是两个在$\boldsymbol{x}_0\in D$可微的函数，$c$是任意实数，则$c\boldsymbol{f}$与$\boldsymbol{f}\pm\boldsymbol{g}$在$\boldsymbol{x}_0$也可微，且有

$$(c\boldsymbol{f})'(\boldsymbol{x}_0)=c\boldsymbol{f}'(\boldsymbol{x}_0),(\boldsymbol{f}\pm\boldsymbol{g})'(\boldsymbol{x}_0)=\boldsymbol{f}'(\boldsymbol{x}_0)\pm\boldsymbol{g}'(\boldsymbol{x}_0).$$

【思路探索】 根据函数在某点$\boldsymbol{x}$可微的定义来证明此题.

证 (1) 因为$\boldsymbol{f}$在$\boldsymbol{x}_0$处可微，故根据可微的定义，有

$$\lim_{\boldsymbol{x}\to\boldsymbol{x}_0}\frac{\boldsymbol{f}(\boldsymbol{x})-\boldsymbol{f}(\boldsymbol{x}_0)-\boldsymbol{f}'(\boldsymbol{x}_0)(\boldsymbol{x}-\boldsymbol{x}_0)}{\|\boldsymbol{x}-\boldsymbol{x}_0\|}=\boldsymbol{0},$$

所以$\lim\limits_{\boldsymbol{x}\to\boldsymbol{x}_0}\dfrac{c\boldsymbol{f}(\boldsymbol{x})-c\boldsymbol{f}(\boldsymbol{x}_0)-c\boldsymbol{f}'(\boldsymbol{x}_0)(\boldsymbol{x}-\boldsymbol{x}_0)}{\|\boldsymbol{x}-\boldsymbol{x}_0\|}=\boldsymbol{0}$，即$(c\boldsymbol{f})'(\boldsymbol{x}_0)=c\boldsymbol{f}'(\boldsymbol{x}_0)$.

(2) 又$\boldsymbol{g}$在$\boldsymbol{x}_0$处可微，故同样有

$$\lim_{\boldsymbol{x}\to\boldsymbol{x}_0}\frac{\boldsymbol{g}(\boldsymbol{x})-\boldsymbol{g}(\boldsymbol{x}_0)-\boldsymbol{g}'(\boldsymbol{x}_0)(\boldsymbol{x}-\boldsymbol{x}_0)}{\|\boldsymbol{x}-\boldsymbol{x}_0\|}=\boldsymbol{0},$$

所以

$$\begin{aligned}&\lim_{\boldsymbol{x}\to\boldsymbol{x}_0}\frac{(\boldsymbol{f}\pm\boldsymbol{g})(\boldsymbol{x})-(\boldsymbol{f}\pm\boldsymbol{g})(\boldsymbol{x}_0)-(\boldsymbol{f}'(\boldsymbol{x}_0)\pm\boldsymbol{g}'(\boldsymbol{x}_0))(\boldsymbol{x}-\boldsymbol{x}_0)}{\|\boldsymbol{x}-\boldsymbol{x}_0\|}\\=&\lim_{\boldsymbol{x}\to\boldsymbol{x}_0}\frac{\boldsymbol{f}(\boldsymbol{x})-\boldsymbol{f}(\boldsymbol{x}_0)-\boldsymbol{f}'(\boldsymbol{x}_0)(\boldsymbol{x}-\boldsymbol{x}_0)}{\|\boldsymbol{x}-\boldsymbol{x}_0\|}\pm\lim_{\boldsymbol{x}\to\boldsymbol{x}_0}\frac{\boldsymbol{g}(\boldsymbol{x})-\boldsymbol{g}(\boldsymbol{x}_0)-\boldsymbol{g}'(\boldsymbol{x}_0)(\boldsymbol{x}-\boldsymbol{x}_0)}{\|\boldsymbol{x}-\boldsymbol{x}_0\|}=\boldsymbol{0}.\end{aligned}$$

即$(\boldsymbol{f}\pm\boldsymbol{g})'(\boldsymbol{x}_0)=\boldsymbol{f}'(\boldsymbol{x}_0)\pm\boldsymbol{g}'(\boldsymbol{x}_0)$.

2. 求下列函数的导数：

(1)$\boldsymbol{f}(x_1,x_2)=(x_1\sin x_2,(x_1-x_2)^2,2x_2^2)^{\mathrm{T}}$，求$\boldsymbol{f}'(x_1,x_2)$和$\boldsymbol{f}'\left(0,\dfrac{\pi}{2}\right)$；

(2)$\boldsymbol{f}(x_1,x_2,x_3)=(x_1^2+x_2,x_2\mathrm{e}^{x_1+x_3})^{\mathrm{T}}$，求$\boldsymbol{f}'(x_1,x_2,x_3)$和$\boldsymbol{f}'(1,0,1)$.

解 (1)

$$\boldsymbol{f}'(x_1,x_2)=\begin{pmatrix}\dfrac{\partial f_1}{\partial x_1}&\dfrac{\partial f_1}{\partial x_2}\\\dfrac{\partial f_2}{\partial x_1}&\dfrac{\partial f_2}{\partial x_2}\\\dfrac{\partial f_3}{\partial x_1}&\dfrac{\partial f_3}{\partial x_2}\end{pmatrix}=\begin{pmatrix}\sin x_2&x_1\cos x_2\\2(x_1-x_2)&-2(x_1-x_2)\\0&4x_2\end{pmatrix},$$

$$\boldsymbol{f}'\left(0,\frac{\pi}{2}\right)=\begin{pmatrix}\sin\dfrac{\pi}{2}&0\\-2\cdot\dfrac{\pi}{2}&2\cdot\dfrac{\pi}{2}\\0&4\cdot\dfrac{\pi}{2}\end{pmatrix}=\begin{pmatrix}1&0\\-\pi&\pi\\0&2\pi\end{pmatrix}.$$

(2)

$$\boldsymbol{f}'(x_1,x_2,x_3)=\begin{pmatrix}\dfrac{\partial f_1}{\partial x_1}&\dfrac{\partial f_1}{\partial x_2}&\dfrac{\partial f_1}{\partial x_3}\\\dfrac{\partial f_2}{\partial x_1}&\dfrac{\partial f_2}{\partial x_2}&\dfrac{\partial f_2}{\partial x_3}\end{pmatrix}=\begin{pmatrix}2x_1&1&0\\x_2\mathrm{e}^{x_1+x_3}&\mathrm{e}^{x_1+x_3}&x_2\mathrm{e}^{x_1+x_3}\end{pmatrix},$$

$$\boldsymbol{f}'(1,0,1)=\begin{pmatrix}2&1&0\\0&\mathrm{e}^2&0\end{pmatrix}.$$

3. 设$D\subset\mathbf{R}^n$为开集，$\boldsymbol{f},\boldsymbol{g}:D\to\mathbf{R}^m$均为可微函数，证明：$\boldsymbol{f}^{\mathrm{T}}\boldsymbol{g}$也是可微函数，而且

$$(\boldsymbol{f}^{\mathrm{T}}\boldsymbol{g})'=\boldsymbol{f}^{\mathrm{T}}\boldsymbol{g}'+\boldsymbol{g}^{\mathrm{T}}\boldsymbol{f}'.$$

【思路探索】 得出$\boldsymbol{f}$在$\boldsymbol{x}_0$处的连续性，推出$\boldsymbol{f}^{\mathrm{T}}$在点$\boldsymbol{x}_0$附近的有界性，再通过可微的定义来证明$\boldsymbol{f}^{\mathrm{T}}\boldsymbol{g}$的可微性.

证　$\forall \boldsymbol{x}_0 \in D$，因为 $\boldsymbol{f},\boldsymbol{g}$ 在 $\boldsymbol{x}_0$ 处可微，所以

$$\lim_{\boldsymbol{x}\to\boldsymbol{x}_0}\frac{\boldsymbol{f}(\boldsymbol{x})-\boldsymbol{f}(\boldsymbol{x}_0)-\boldsymbol{f}'(\boldsymbol{x}_0)(\boldsymbol{x}-\boldsymbol{x}_0)}{\|\boldsymbol{x}-\boldsymbol{x}_0\|}=\boldsymbol{0},$$

$$\lim_{\boldsymbol{x}\to\boldsymbol{x}_0}\frac{\boldsymbol{g}(\boldsymbol{x})-\boldsymbol{g}(\boldsymbol{x}_0)-\boldsymbol{g}'(\boldsymbol{x}_0)(\boldsymbol{x}-\boldsymbol{x}_0)}{\|\boldsymbol{x}-\boldsymbol{x}_0\|}=\boldsymbol{0}.$$

又由 $\boldsymbol{f}(\boldsymbol{x})$ 在 $\boldsymbol{x}_0$ 处可微，知 $\boldsymbol{f}$ 在 $\boldsymbol{x}_0$ 处连续，从而 $\boldsymbol{f}^{\mathrm{T}}$ 在 $\boldsymbol{x}_0$ 附近有界，即 $\exists M>0$，使

$$\|\boldsymbol{f}^{\mathrm{T}}(\boldsymbol{x})\|\leqslant \boldsymbol{M},\boldsymbol{x}\in \boldsymbol{U}(\boldsymbol{x}_0).$$

所以

$$\begin{aligned}
&\lim_{\boldsymbol{x}\to\boldsymbol{x}_0}\frac{1}{\|\boldsymbol{x}-\boldsymbol{x}_0\|}[(\boldsymbol{f}^{\mathrm{T}}\boldsymbol{g})(\boldsymbol{x})-(\boldsymbol{f}^{\mathrm{T}}\boldsymbol{g})(\boldsymbol{x}_0)-(\boldsymbol{f}^{\mathrm{T}}\boldsymbol{g}'+\boldsymbol{g}^{\mathrm{T}}\boldsymbol{f}')(\boldsymbol{x}_0)(\boldsymbol{x}-\boldsymbol{x}_0)]\\
=&\lim_{\boldsymbol{x}\to\boldsymbol{x}_0}\frac{1}{\|\boldsymbol{x}-\boldsymbol{x}_0\|}[\boldsymbol{f}^{\mathrm{T}}(\boldsymbol{x})\boldsymbol{g}(\boldsymbol{x})-\boldsymbol{f}^{\mathrm{T}}(\boldsymbol{x})\boldsymbol{g}(\boldsymbol{x}_0)+\boldsymbol{f}^{\mathrm{T}}(\boldsymbol{x})\boldsymbol{g}(\boldsymbol{x}_0)\\
&-\boldsymbol{f}^{\mathrm{T}}(\boldsymbol{x}_0)\boldsymbol{g}(\boldsymbol{x}_0)-\boldsymbol{f}^{\mathrm{T}}(\boldsymbol{x}_0)\boldsymbol{g}'(\boldsymbol{x}_0)(\boldsymbol{x}-\boldsymbol{x}_0)-\boldsymbol{g}^{\mathrm{T}}(\boldsymbol{x}_0)\boldsymbol{f}'(\boldsymbol{x}_0)(\boldsymbol{x}-\boldsymbol{x}_0)]\\
=&\lim_{\boldsymbol{x}\to\boldsymbol{x}_0}\frac{1}{\|\boldsymbol{x}-\boldsymbol{x}_0\|}[\boldsymbol{f}^{\mathrm{T}}(\boldsymbol{x})(\boldsymbol{g}(\boldsymbol{x})-\boldsymbol{g}(\boldsymbol{x}_0))+(\boldsymbol{f}^{\mathrm{T}}(\boldsymbol{x})-\boldsymbol{f}^{\mathrm{T}}(\boldsymbol{x}_0))\boldsymbol{g}(\boldsymbol{x}_0)\\
&-\boldsymbol{f}^{\mathrm{T}}(\boldsymbol{x}_0)\boldsymbol{g}'(\boldsymbol{x}_0)(\boldsymbol{x}-\boldsymbol{x}_0)-\boldsymbol{g}^{\mathrm{T}}(\boldsymbol{x}_0)\boldsymbol{f}'(\boldsymbol{x}_0)(\boldsymbol{x}-\boldsymbol{x}_0)]\\
=&\lim_{\boldsymbol{x}\to\boldsymbol{x}_0}\frac{1}{\|\boldsymbol{x}-\boldsymbol{x}_0\|}[\boldsymbol{f}^{\mathrm{T}}(\boldsymbol{x})(\boldsymbol{g}(\boldsymbol{x})-\boldsymbol{g}(\boldsymbol{x}_0))+\boldsymbol{g}^{\mathrm{T}}(\boldsymbol{x}_0)(\boldsymbol{f}(\boldsymbol{x})-\boldsymbol{f}(\boldsymbol{x}_0))\\
&-\boldsymbol{f}^{\mathrm{T}}(\boldsymbol{x})\boldsymbol{g}'(\boldsymbol{x}_0)(\boldsymbol{x}-\boldsymbol{x}_0)+\boldsymbol{f}^{\mathrm{T}}(\boldsymbol{x})\boldsymbol{g}'(\boldsymbol{x}_0)(\boldsymbol{x}-\boldsymbol{x}_0)\\
&-\boldsymbol{f}^{\mathrm{T}}(\boldsymbol{x}_0)\boldsymbol{g}'(\boldsymbol{x}_0)(\boldsymbol{x}-\boldsymbol{x}_0)-\boldsymbol{g}^{\mathrm{T}}(\boldsymbol{x}_0)\boldsymbol{f}'(\boldsymbol{x}_0)(\boldsymbol{x}-\boldsymbol{x}_0)]\\
=&\lim_{\boldsymbol{x}\to\boldsymbol{x}_0}\boldsymbol{f}^{\mathrm{T}}(\boldsymbol{x})\frac{\boldsymbol{g}(\boldsymbol{x})-\boldsymbol{g}(\boldsymbol{x}_0)-\boldsymbol{g}'(\boldsymbol{x}_0)(\boldsymbol{x}-\boldsymbol{x}_0)}{\|\boldsymbol{x}-\boldsymbol{x}_0\|}+\lim_{\boldsymbol{x}\to\boldsymbol{x}_0}\boldsymbol{g}^{\mathrm{T}}(\boldsymbol{x})\frac{\boldsymbol{f}(\boldsymbol{x})-\boldsymbol{f}(\boldsymbol{x}_0)-\boldsymbol{f}'(\boldsymbol{x}_0)(\boldsymbol{x}-\boldsymbol{x}_0)}{\|\boldsymbol{x}-\boldsymbol{x}_0\|}\\
&+\lim_{\boldsymbol{x}\to\boldsymbol{x}_0}[\boldsymbol{f}^{\mathrm{T}}(\boldsymbol{x})-\boldsymbol{f}^{\mathrm{T}}(\boldsymbol{x}_0)]\frac{\boldsymbol{g}'(\boldsymbol{x}_0)(\boldsymbol{x}-\boldsymbol{x}_0)}{\|\boldsymbol{x}-\boldsymbol{x}_0\|}\\
=&\,\boldsymbol{0}.
\end{aligned}$$

这表明，$\boldsymbol{f}^{\mathrm{T}}\boldsymbol{g}$ 在 $\boldsymbol{x}_0$ 处可微，且 $(\boldsymbol{f}^{\mathrm{T}}\boldsymbol{g})'(\boldsymbol{x}_0)=(\boldsymbol{f}^{\mathrm{T}}\boldsymbol{g}'+\boldsymbol{g}^{\mathrm{T}}\boldsymbol{f}')(\boldsymbol{x}_0)$，由 $\boldsymbol{x}_0$ 的任意性，知 $\boldsymbol{f}^{\mathrm{T}}\boldsymbol{g}$ 在 D 上可微，且

$$(\boldsymbol{f}^{\mathrm{T}}\boldsymbol{g})'=\boldsymbol{f}^{\mathrm{T}}\boldsymbol{g}'+\boldsymbol{g}^{\mathrm{T}}\boldsymbol{f}'.$$

归纳总结：证明过程中运算量稍大，但本题思路并不复杂.

4. 设函数 $\boldsymbol{f},\boldsymbol{g},\boldsymbol{h},\boldsymbol{s},\boldsymbol{t}$ 的定义如下：

$$\begin{aligned}
&\boldsymbol{f}(x_1,x_2)=x_1-x_2,\\
&\boldsymbol{g}(x)=(\sin x,\cos x)^{\mathrm{T}},\\
&\boldsymbol{h}(x_1,x_2)=(x_1x_2,x_2-x_1)^{\mathrm{T}},\\
&\boldsymbol{s}(x_1,x_2)=(x_1^2,2x_2,x_2+4)^{\mathrm{T}},\\
&\boldsymbol{t}(x_1,x_2,x_3)=(x_1x_2x_3,x_1+x_2+x_3)^{\mathrm{T}}.
\end{aligned}$$

试依链式法则求下列复合函数的导数：

(1) $(\boldsymbol{f}\circ\boldsymbol{g})'$；　(2) $(\boldsymbol{g}\circ\boldsymbol{f})'$；　(3) $(\boldsymbol{h}\circ\boldsymbol{h})'$；

(4) $(\boldsymbol{s}\circ\boldsymbol{h})'$；　(5) $(\boldsymbol{t}\circ\boldsymbol{s})'$；　(6) $(\boldsymbol{s}\circ\boldsymbol{t})'$.

【思路探索】　本题为基础题型，考查链式法则的应用.

解　(1) 令 $x_1=\sin x,x_2=\cos x$，则

$$(\boldsymbol{f}\circ\boldsymbol{g})'(\boldsymbol{x})=\left(\frac{\partial \boldsymbol{f}}{\partial x_1},\frac{\partial \boldsymbol{f}}{\partial x_2}\right)\begin{pmatrix}\dfrac{\mathrm{d}\boldsymbol{g}_1}{\mathrm{d}x}\\ \dfrac{\mathrm{d}\boldsymbol{g}_2}{\mathrm{d}x}\end{pmatrix}=(1,-1)\begin{pmatrix}\cos x\\ -\sin x\end{pmatrix}=\cos x+\sin x.$$

(2) 令 $x=x_1-x_2$,则

$$(\boldsymbol{g}\circ\boldsymbol{f})'(x_1,x_2)=\begin{pmatrix}\dfrac{\partial \boldsymbol{g}_1}{\partial x}\\[2mm]\dfrac{\partial \boldsymbol{g}_2}{\partial x}\end{pmatrix}\left(\frac{\partial \boldsymbol{f}}{\partial x_1},\frac{\partial \boldsymbol{f}}{\partial x_2}\right)=\begin{pmatrix}\cos x\\ -\sin x\end{pmatrix}(1,-1)$$

$$=\begin{pmatrix}\cos x & -\cos x\\ -\sin x & \sin x\end{pmatrix}=\begin{pmatrix}\cos(x_1-x_2) & -\cos(x_1-x_2)\\ -\sin(x_1-x_2) & \sin(x_1-x_2)\end{pmatrix}.$$

(3) 令 $\boldsymbol{u}=\boldsymbol{h}(y)=(y_1y_2,y_2-y_1)^{\mathrm{T}}$,$\boldsymbol{y}=\boldsymbol{h}(x_1,x_2)=(x_1x_2,x_2-x_1)^{\mathrm{T}}$,

$$\text{则}(\boldsymbol{h}\circ\boldsymbol{h})'(x_1,x_2)=\begin{pmatrix}\dfrac{\partial u_1}{\partial y_1} & \dfrac{\partial u_1}{\partial y_2}\\[2mm]\dfrac{\partial u_2}{\partial y_1} & \dfrac{\partial u_2}{\partial y_2}\end{pmatrix}\begin{pmatrix}\dfrac{\partial y_1}{\partial x_1} & \dfrac{\partial y_1}{\partial x_2}\\[2mm]\dfrac{\partial y_2}{\partial x_1} & \dfrac{\partial y_2}{\partial x_2}\end{pmatrix}=\begin{pmatrix}y_2 & y_1\\ -1 & 1\end{pmatrix}\begin{pmatrix}x_2 & x_1\\ -1 & 1\end{pmatrix}$$

$$=\begin{pmatrix}x_2y_2-y_1 & x_1y_2+y_1\\ -x_2-1 & -x_1+1\end{pmatrix}=\begin{pmatrix}x_2(x_2-x_1)-x_1x_2 & x_1(x_2-x_1)+x_1x_2\\ -x_2-1 & -x_1+1\end{pmatrix}$$

$$=\begin{pmatrix}x_2^2-2x_1x_2 & 2x_1x_2-x_1^2\\ -x_2-1 & -x_1+1\end{pmatrix}.$$

(4) 令 $\boldsymbol{u}=\boldsymbol{s}(\boldsymbol{y})=(y_1^2,2y_2,y_2+4)^{\mathrm{T}}$,$\boldsymbol{y}=\boldsymbol{h}(x_1,x_2)=(x_1x_2,x_2-x_1)^{\mathrm{T}}$.

$$\text{则}(\boldsymbol{s}\circ\boldsymbol{h})'(x_1,x_2)=\begin{pmatrix}\dfrac{\partial u_1}{\partial y_1} & \dfrac{\partial u_1}{\partial y_2}\\[2mm]\dfrac{\partial u_2}{\partial y_1} & \dfrac{\partial u_2}{\partial y_2}\\[2mm]\dfrac{\partial u_3}{\partial y_1} & \dfrac{\partial u_3}{\partial y_2}\end{pmatrix}\begin{pmatrix}\dfrac{\partial y_1}{\partial x_1} & \dfrac{\partial y_1}{\partial x_2}\\[2mm]\dfrac{\partial y_2}{\partial x_1} & \dfrac{\partial y_2}{\partial x_2}\end{pmatrix}=\begin{pmatrix}2y_1 & 0\\ 0 & 2\\ 0 & 1\end{pmatrix}\begin{pmatrix}x_2 & x_1\\ -1 & 1\end{pmatrix}$$

$$=\begin{pmatrix}2x_2y_1 & 2x_1y_1\\ -2 & 2\\ -1 & 1\end{pmatrix}=\begin{pmatrix}2x_2(x_1x_2) & 2x_1(x_1x_2)\\ -2 & 2\\ -1 & 1\end{pmatrix}=\begin{bmatrix}2x_1x_2^2 & 2x_1^2x_2\\ -2 & 2\\ -1 & 1\end{bmatrix}.$$

(5) 令 $\boldsymbol{u}=\boldsymbol{t}(\boldsymbol{y})=(y_1y_2y_3,y_1+y_2+y_3)^{\mathrm{T}}$,$\boldsymbol{y}=\boldsymbol{s}(x_1,x_2)=(x_1^2,2x_2,x_2+4)^{\mathrm{T}}$,

$$\text{则}(\boldsymbol{t}\circ\boldsymbol{s})'(x_1,x_2)=\begin{pmatrix}\dfrac{\partial u_1}{\partial y_1} & \dfrac{\partial u_1}{\partial y_2} & \dfrac{\partial u_1}{\partial y_3}\\[2mm]\dfrac{\partial u_2}{\partial y_1} & \dfrac{\partial u_2}{\partial y_2} & \dfrac{\partial u_2}{\partial y_3}\end{pmatrix}\begin{pmatrix}\dfrac{\partial y_1}{\partial x_1} & \dfrac{\partial y_1}{\partial x_2}\\[2mm]\dfrac{\partial y_2}{\partial x_1} & \dfrac{\partial y_2}{\partial x_2}\\[2mm]\dfrac{\partial y_3}{\partial x_1} & \dfrac{\partial y_3}{\partial x_2}\end{pmatrix}=\begin{pmatrix}y_2y_3 & y_1y_3 & y_1\\ 1 & 1 & 1\end{pmatrix}\begin{pmatrix}2x_1 & 0\\ 0 & 2\\ 0 & 1\end{pmatrix}$$

$$=\begin{pmatrix}2x_1y_2y_3 & 2y_1y_3+y_1y_2\\ 2x_1 & 3\end{pmatrix}$$

$$=\begin{pmatrix}2x_12x_2(x_2+4) & 2x_1{}^2(x_2+4)+x_1^2\cdot 2x_2\\ 2x_1 & 3\end{pmatrix}$$

$$=\begin{pmatrix}4x_1x_2^2+16x_1x_2 & 8x_1^2+4x_1{}^2x_2\\ 2x_1 & 3\end{pmatrix}.$$

(6) 令 $\boldsymbol{u}=\boldsymbol{s}(\boldsymbol{y})=(y_1^2,2y_2,y_2+4)^{\mathrm{T}}$,$\boldsymbol{y}=\boldsymbol{t}(x_2,x_2,x_3)=(x_1x_2x_3,x_1+x_2+x_3)^{\mathrm{T}}$,

$$\text{则}(\boldsymbol{s}\circ\boldsymbol{t})'(x_1,x_2,x_3)=\begin{pmatrix}\dfrac{\partial u_1}{\partial y_1} & \dfrac{\partial u_1}{\partial y_2}\\[2mm]\dfrac{\partial u_2}{\partial y_1} & \dfrac{\partial u_2}{\partial y_2}\\[2mm]\dfrac{\partial u_3}{\partial y_1} & \dfrac{\partial u_3}{\partial y_2}\end{pmatrix}\begin{pmatrix}\dfrac{\partial y_1}{\partial x_1} & \dfrac{\partial y_1}{\partial x_2} & \dfrac{\partial y_1}{\partial x_3}\\[2mm]\dfrac{\partial y_2}{\partial x_1} & \dfrac{\partial y_2}{\partial x_2} & \dfrac{\partial y_2}{\partial x_3}\end{pmatrix}=\begin{pmatrix}2y_1 & 0\\ 0 & 2\\ 0 & 1\end{pmatrix}\begin{pmatrix}x_2x_3 & x_1x_3 & x_1x_2\\ 1 & 1 & 1\end{pmatrix}$$

$$=\begin{pmatrix}2x_2x_3 & 2x_1x_3y_1 & 2x_1x_2y_1\\ 2 & 2 & 2\\ 1 & 1 & 1\end{pmatrix}=\begin{pmatrix}2x_1x_2^2x_3^2 & 2x_1^2x_2x_3^2 & 2x_1^2x_2^2x_3\\ 2 & 2 & 2\\ 1 & 1 & 1\end{pmatrix}.$$

5. 设 $u=f(x,y),v=g(x,y,u),w=h(x,u,v)$，应用链式法则计算 $\boldsymbol{w}'(x,y)$.

【思路探索】 本题考查链式法则的应用，计算有些烦琐.

解 把 w 看作以下三个变换的复合 $(x,y)^{\mathrm{T}}\mapsto(x,y,u)^{\mathrm{T}}\mapsto(x,y,u,v)^{\mathrm{T}}\mapsto\boldsymbol{w}$，即

$$\begin{pmatrix}x\\ y\\ u\end{pmatrix}=\begin{pmatrix}x\\ y\\ f(x,y)\end{pmatrix},\begin{pmatrix}x\\ y\\ u\\ v\end{pmatrix}=\begin{pmatrix}x\\ y\\ f(x,y)\\ g(x,y,u)\end{pmatrix},\boldsymbol{w}=h(x,u,v),$$

$$\boldsymbol{w}'(x,y)=\left(\frac{\partial\boldsymbol{w}}{\partial x},\frac{\partial\boldsymbol{w}}{\partial y},\frac{\partial\boldsymbol{w}}{\partial u}\frac{\partial\boldsymbol{w}}{\partial v}\right)\begin{pmatrix}\frac{\partial x}{\partial x} & \frac{\partial x}{\partial y} & \frac{\partial x}{\partial u}\\ \frac{\partial y}{\partial x} & \frac{\partial y}{\partial y} & \frac{\partial y}{\partial u}\\ \frac{\partial u}{\partial x} & \frac{\partial u}{\partial y} & \frac{\partial u}{\partial u}\\ \frac{\partial v}{\partial x} & \frac{\partial v}{\partial y} & \frac{\partial v}{\partial u}\end{pmatrix}\begin{pmatrix}\frac{\partial x}{\partial x} & \frac{\partial x}{\partial y}\\ \frac{\partial y}{\partial x} & \frac{\partial y}{\partial y}\\ \frac{\partial u}{\partial x} & \frac{\partial u}{\partial y}\end{pmatrix}$$

$$=\left(\frac{\partial h}{\partial x},0,\frac{\partial h}{\partial u},\frac{\partial h}{\partial v}\right)\begin{pmatrix}1 & 0 & 0\\ 0 & 1 & 0\\ 0 & 0 & 1\\ \frac{\partial g}{\partial x} & \frac{\partial g}{\partial y} & \frac{\partial g}{\partial u}\end{pmatrix}\begin{pmatrix}1 & 0\\ 0 & 1\\ \frac{\partial f}{\partial x} & \frac{\partial f}{\partial y}\end{pmatrix}$$

$$=\left(\frac{\partial h}{\partial x}+\frac{\partial f}{\partial x}\frac{\partial h}{\partial u}+\frac{\partial h}{\partial v}\left(\frac{\partial g}{\partial x}+\frac{\partial f}{\partial x}\frac{\partial g}{\partial u}\right),\frac{\partial f}{\partial y}\frac{\partial h}{\partial u}+\frac{\partial h}{\partial v}\left(\frac{\partial g}{\partial y}+\frac{\partial f}{\partial y}\frac{\partial g}{\partial u}\right)\right).$$

6. 略

7. 设 $\boldsymbol{f}:\mathbf{R}^n\to\mathbf{R}^m$ 为可微函数，试求分别满足以下条件的函数 $\boldsymbol{f}(\boldsymbol{x})$：

(1) $\boldsymbol{f}'(\boldsymbol{x})\equiv\boldsymbol{I}$（单位矩阵）；

(2) $\boldsymbol{f}'(\boldsymbol{x})=\mathrm{diag}(\varphi_i(x_i))$，即以 $\varphi_1(x_1),\varphi_2(x_2),\cdots,\varphi_n(x_n)$ 为主对角线元的对角矩阵，$\boldsymbol{x}=(x_1,x_2,\cdots,x_n)^{\mathrm{T}}$.

【思路探索】 应用第 6 题的结论 $\boldsymbol{f}(\boldsymbol{x})=\boldsymbol{Ix}+\boldsymbol{b}=\boldsymbol{x}+\boldsymbol{b}$ 即可证明此题.

解 (1) 因为 $\boldsymbol{f}'(\boldsymbol{x})\equiv\boldsymbol{I}$，所以由本节习题 6(2) 有

$$\boldsymbol{f}(\boldsymbol{x})=\boldsymbol{Ix}+\boldsymbol{b}=\boldsymbol{x}+\boldsymbol{b}.$$

(2) 令 $\boldsymbol{F}(\boldsymbol{x})=\boldsymbol{f}(\boldsymbol{x})-\left(\int\varphi_1(x_1)\mathrm{d}x_1,\int\varphi_2(x_2)\mathrm{d}x_2,\cdots,\int\varphi_n(x_n)\mathrm{d}x_n\right)$.

$$因为\ \boldsymbol{F}'(\boldsymbol{x})=\begin{pmatrix}\frac{\partial F_1}{\partial x_1} & \cdots & \frac{\partial F_1}{\partial x_n}\\ \vdots & & \vdots\\ \frac{\partial F_n}{\partial x_1} & \cdots & \frac{\partial F_n}{\partial x_n}\end{pmatrix}=\begin{pmatrix}\frac{\partial f_1}{\partial x_1} & \cdots & \frac{\partial f_1}{\partial x_n}\\ \vdots & & \vdots\\ \frac{\partial f_n}{\partial x_1} & \cdots & \frac{\partial f_n}{\partial x_n}\end{pmatrix}-\begin{pmatrix}\varphi_1(x_1) & 0 & \cdots & 0\\ 0 & \varphi_2(x_2) & \cdots & 0\\ \vdots & \vdots & & \vdots\\ 0 & 0 & \cdots & \varphi_n(x_n)\end{pmatrix}$$

$$=\mathrm{diag}(\varphi_i(x_i))-\mathrm{diag}(\varphi_i(x_i))=0,$$

故由本节习题 6(1) 知 $\boldsymbol{F}(\boldsymbol{x})=\boldsymbol{c}$（常向量），即

$$\boldsymbol{f}(\boldsymbol{x})=\left(\int\varphi_1(x_1)\mathrm{d}x_1,\int\varphi_2(x_2)\mathrm{d}x_2,\cdots,\int\varphi_n(x_n)\mathrm{d}x_n\right)^{\mathrm{T}}.$$

8. 求下列函数 f 的黑塞矩阵，并根据例 4 的结果判断该函数的极值点：

(1) $f(\boldsymbol{x})=x_1^2-2x_1x_2+2x_2^2+x_3^2-x_2x_3+x_1+3x_2-x_3$；

(2) $f(\boldsymbol{x})=-x_1^2+4x_1x_2-2x_2^2+4x_3^2-6x_2x_3+6x_1x_3$.

解 (1) 因为 $f(\boldsymbol{x})=\frac{1}{2}\boldsymbol{x}^{\mathrm{T}}\boldsymbol{A}\boldsymbol{x}+\boldsymbol{b}^{\mathrm{T}}\boldsymbol{x}$,其中

$$\boldsymbol{A}=\begin{pmatrix}2&-2&0\\-2&4&-1\\0&-1&2\end{pmatrix},\boldsymbol{b}=(1,3,-1),\boldsymbol{x}=(x_1,x_2,x_3)^{\mathrm{T}},$$

故由例 4 的结果知 f 的黑塞矩阵

$$f''(\boldsymbol{x})=\boldsymbol{A}=\begin{pmatrix}2&-2&0\\-2&4&-1\\0&-1&2\end{pmatrix},$$

f 的稳定点

$$\boldsymbol{x}_0=-\boldsymbol{A}^{-1}\boldsymbol{b}=-\frac{1}{3}\begin{pmatrix}\frac{7}{2}&2&1\\2&2&1\\1&1&2\end{pmatrix}\begin{pmatrix}1\\3\\-1\end{pmatrix}=\begin{pmatrix}-\frac{17}{6}\\-\frac{7}{3}\\-\frac{2}{3}\end{pmatrix}.$$

$$A_{11}=2>0,A_{22}=\begin{vmatrix}2&-2\\-2&4\end{vmatrix}=4>0,$$

$$A_{33}=|\boldsymbol{A}|=\begin{vmatrix}2&-2&0\\-2&4&-1\\0&-1&2\end{vmatrix}=6>0,$$

所以黑塞矩阵 $\boldsymbol{A}$ 是正定的,故 $\boldsymbol{x}_0$ 是 $f(\boldsymbol{x})$ 的极小值点.

(2) 因为 $f(\boldsymbol{x})=\frac{1}{2}\boldsymbol{x}^{\mathrm{T}}\boldsymbol{A}\boldsymbol{x}$,其中

$$|\boldsymbol{A}|=\begin{vmatrix}-2&4&6\\4&-4&-6\\6&-6&8\end{vmatrix}.$$

由例 4 的结果知 f 的黑塞矩阵

$$f''(\boldsymbol{x})=\boldsymbol{A}=\begin{pmatrix}-2&4&6\\4&-4&-6\\6&-6&8\end{pmatrix},$$

f 的稳定点

$$\boldsymbol{x}_0=-\boldsymbol{A}^{-1}\boldsymbol{b}=-\begin{pmatrix}\frac{1}{2}&\frac{1}{2}&0\\\frac{1}{2}&\frac{13}{34}&-\frac{3}{34}\\0&-\frac{3}{34}&\frac{1}{17}\end{pmatrix}\begin{pmatrix}0\\0\\0\end{pmatrix}=\begin{pmatrix}0\\0\\0\end{pmatrix},$$

又 $A_{11}=-2<0,A_{22}=\begin{vmatrix}-2&4\\4&-4\end{vmatrix}=-8<0$,所以黑塞矩阵为不定的,故 $\boldsymbol{x}_0$ 不是极值点.

9. 略

10. 设 $D\subset\mathbf{R}^n$ 为开集,$\boldsymbol{f}:D\to\mathbf{R}^m$ 在 $\boldsymbol{x}_0\in D$ 可微,试证明:

(1) 任给 $\varepsilon>0$,存在 $\delta>0$,当 $\boldsymbol{x}\in U(\boldsymbol{x}_0;\delta)$ 时,有

$$\|\boldsymbol{f}(\boldsymbol{x})-\boldsymbol{f}(\boldsymbol{x}_0)\|\leqslant(\|\boldsymbol{f}'(\boldsymbol{x}_0)\|+\boldsymbol{\varepsilon})\|\boldsymbol{x}-\boldsymbol{x}_0\|;$$

(2) 存在 $\delta>0,K>0$,当 $\boldsymbol{x}\in U(\boldsymbol{x}_0;\delta)$ 时,有

$$\|f(x)-f(x_0)\|\leqslant K\|x-x_0\|.$$

（这称为在可微点邻域内满足**局部利普希茨条件**.）

证　(1) 因为 f 在 $x_0\in D$ 处可微，依定义，$\exists\,\eta:D\to\mathbf{R}^m$，使

$$f(x)-f(x_0)=f'(x_0)(x-x_0)+\eta(x)\|x-x_0\|,$$

其中 $\lim\limits_{x\to x_0}\|\eta(x)\|=0$.

即 $\forall\varepsilon>0,\exists\delta>0$，当 $x\in U(x_0;\delta)$ 时，有 $\|\eta(x)\|<\varepsilon$.

故当 $x\in U(x_0;\delta)$ 时，有

$$\begin{aligned}\|f(x)-f(x_0)\|&\leqslant\|f'(x_0)\|\,\|x-x_0\|+\|\eta(x)\|\,\|x-x_0\|\\&<(\|f'(x_0)\|+\varepsilon)\|x-x_0\|.\end{aligned}$$

(2) 在(1) 中取 $\varepsilon=1$，则

$$\|f(x)-f(x_0)\|\leqslant K\|x-x_0\|,x\in U(x_0;\delta),$$

其中 $K=1+\|f'(x_0)\|$.

11. 略

12. 设 $\varphi:\mathbf{R}\to\mathbf{R}$ 二阶可导，且有稳定点；$f:\mathbf{R}^n\to\mathbf{R}$，且 $f(x)=\varphi(a\cdot x),a,x\in\mathbf{R}^n,a\neq\mathbf{0}$.

(1) 试求 f 的所有稳定点；

(2) 证明 f 的所有稳定点都是退化的，即在这些稳定点处，$f''(x)$ 是退化矩阵(即在稳定点处 $\det f''(x)=0$).

【思路探索】　根据教材定理 23.15 知 x_0 为稳定点，则 $f'(x_0)=0$，可用来证明结论(2).

证　(1) 因为

$$f'(x)=(\varphi(a\cdot x))'=\varphi'(a\cdot x)(a\cdot x)'=\varphi'(a\cdot x)a^{\mathrm{T}},$$

令 $f'(x)=0$，则 $\varphi'(a\cdot x)=0$.

设 φ 的稳定点的全体为 D，所以 f 的所有稳定点的全体为 $\{x\mid a\cdot x\in D\}$.

(2) 设 $n\geqslant2$，x_0 是 f 的一个稳定点，因为

$$f''(x)=(\varphi'(a\cdot x)a^{\mathrm{T}})'=(a^{\mathrm{T}})^{\mathrm{T}}(\varphi'(a\cdot x))'=a\varphi''(a\cdot x)a^{\mathrm{T}}=\varphi''(a\cdot x)aa^{\mathrm{T}},$$

所以

$$\det f''(x_0)=\det(\varphi''(a\cdot x_0)aa^{\mathrm{T}})=\varphi''(a\cdot x_0)\det(aa^{\mathrm{T}})=0,$$

即 $f''(x_0)$ 为退化矩阵($n=1$ 时结论不一定成立).

习题 23.3 解答

1. 设方程组

$$\begin{cases}3x+y-z+u^2=0,\\x-y+2z+u=0,\\2x+2y-3z+2u=0.\end{cases}$$

证明：除了不能把 x,y,z 用 u 惟一表出外，其他任何三个变量都能用第四个变量情惟一表出.

【思路探索】　应用定理 23.18 中的条件进行证明，即方程唯一的隐函数须满足 $\det \boldsymbol{F}'_g(x_0,y_0)\neq0$.

证　令

$$\boldsymbol{F}=\begin{pmatrix}3x+y-z+u^2\\x-y+2z+u\\2x+2y-3z+2u\end{pmatrix},$$

则 $\boldsymbol{F}$ 在 $\mathbf{R}^4$ 上可微，且 $\boldsymbol{F}'$ 连续，方程 $\boldsymbol{F}=\mathbf{0}$ 中任何三个变量能否用第四个变量唯一表出，主要是看是否满足定理 23.18 中的条件(ⅲ).

① 记 $\boldsymbol{v}=\begin{pmatrix}x\\y\\z\end{pmatrix}$,因为 $\boldsymbol{F}'_{\boldsymbol{v}}=\begin{pmatrix}3&1&-1\\1&-1&2\\2&2&-3\end{pmatrix}$,$\det \boldsymbol{F}'_{\boldsymbol{v}}=\begin{vmatrix}3&1&-1\\1&-1&2\\2&2&-3\end{vmatrix}=0$,

所以 x,y,z 不能用 u 唯一表出.

② 记 $\boldsymbol{v}=\begin{pmatrix}x\\y\\u\end{pmatrix}$,因为 $\boldsymbol{F}'_{\boldsymbol{v}}=\begin{pmatrix}3&1&2u\\1&-1&1\\2&2&2\end{pmatrix}$,$\det \boldsymbol{F}'_{\boldsymbol{v}}=\begin{vmatrix}3&1&2u\\1&-1&1\\2&2&2\end{vmatrix}=12-8u$,

所以当 $u\neq\dfrac{3}{2}$ 时,$\det \boldsymbol{F}'_{\boldsymbol{v}}\neq0$,故 x,y,u 能用 z 唯一表出.

③ 记 $\boldsymbol{v}=\begin{pmatrix}x\\z\\u\end{pmatrix}$,因为 $\boldsymbol{F}'_{\boldsymbol{v}}=\begin{pmatrix}3&-1&2u\\1&2&1\\2&-3&2\end{pmatrix}$,$\det \boldsymbol{F}'_{\boldsymbol{v}}=\begin{vmatrix}3&-1&2u\\1&2&1\\2&-3&2\end{vmatrix}=21-14u$,

所以当 $u\neq\dfrac{3}{2}$ 时,$\det \boldsymbol{F}'_{\boldsymbol{v}}\neq0$,故 x,z,u 能用 y 唯一表出.

④ 记 $\boldsymbol{v}=\begin{pmatrix}y\\z\\u\end{pmatrix}$,因为 $\boldsymbol{F}'_{\boldsymbol{v}}=\begin{pmatrix}1&-1&2u\\-1&2&1\\2&-3&2\end{pmatrix}$,$\det \boldsymbol{F}'_{\boldsymbol{v}}=\begin{vmatrix}1&-1&2u\\-1&2&1\\2&-3&2\end{vmatrix}=3-2u$,

所以当 $u\neq\dfrac{3}{2}$ 时,$\det \boldsymbol{F}'_{\boldsymbol{v}}\neq0$,故 y,z,u 能用 x 唯一表出.

2. 略

3. 设方程组

$$\begin{cases}u=f(x-uv,y-uv,z-uv),\\g(x,y,z)=0.\end{cases}$$

试问:(1) 在什么条件下,能确定以 x,y,v 为自变量,u,z 为因变量的隐函数组?

(2) 能否确定以 x,y,z 为自变量,u,v 为因变量的隐函数组?

(3) 计算$\dfrac{\partial u}{\partial x},\dfrac{\partial u}{\partial y},\dfrac{\partial u}{\partial v}$.

【思路探索】 应用定理 23.18 进行(1),(2) 的判断,计算(2) 时,需先计算出 Δ 的值.

解 (1) 令 $\boldsymbol{F}=\begin{pmatrix}u-f\\g\end{pmatrix}$,$\boldsymbol{x}=\begin{pmatrix}x\\y\\v\end{pmatrix}$,$\boldsymbol{w}=\begin{pmatrix}u\\z\end{pmatrix}$,则 $\boldsymbol{F}(\boldsymbol{x},\boldsymbol{w})=\boldsymbol{0}$.

因为

$$\boldsymbol{F}'_{\boldsymbol{w}}=\begin{pmatrix}\dfrac{\partial F_1}{\partial u}&\dfrac{\partial F_1}{\partial z}\\\dfrac{\partial F_2}{\partial u}&\dfrac{\partial F_2}{\partial z}\end{pmatrix}=\begin{pmatrix}1+vf'_1+vf'_2+vf'_3&-f'_3\\0&g'_3\end{pmatrix},$$

$$\det \boldsymbol{F}'_{\boldsymbol{w}}=g'_3[1+v(f'_1+f'_2+f'_3))$$

所以根据定理 23.18 知,当 f,g 可微,偏导数连续,且 $g'_3[1+v(f'_1+f'_2+f'_3))\neq0$ 时,能确定以 x,y,v 为自变量,u,z 为因变量的隐函数组.

(2) 令 $\boldsymbol{x}=\begin{pmatrix}x\\y\\z\end{pmatrix}$,$\boldsymbol{w}=\begin{pmatrix}u\\v\end{pmatrix}$,则 $\boldsymbol{F}(\boldsymbol{x},\boldsymbol{w})=\boldsymbol{0}$.

因为

$$\boldsymbol{F}'_{\boldsymbol{w}}=\begin{pmatrix}\dfrac{\partial F_1}{\partial u}&\dfrac{\partial F_1}{\partial v}\\\dfrac{\partial F_2}{\partial u}&\dfrac{\partial F_2}{\partial v}\end{pmatrix}=\begin{pmatrix}1+v(f'_1+f'_2+f'_3)&u(f'_1+f'_2+f'_3)\\0&0\end{pmatrix},$$

$$\det \boldsymbol{F}'_{w}=0,$$

所以方程组 $\boldsymbol{F}'(\boldsymbol{x},\boldsymbol{w})=\boldsymbol{0}$ 不能确定以 x,y,z 为自变量，u,v 为因变量的隐函数组.

(3) 由(1) 知当 f,g 具有一阶连续偏导数，且

$$\Delta=g'_3[1+v(f'_1+f'_2+f'_3))\neq 0$$

时能确定 u,z 为 x,y,v 的隐函数组，并由教材第 302 页公式(18) 有

$$\begin{aligned}\boldsymbol{w}_x&=\begin{pmatrix}u_x & u_y & u_v\\ z_x & z_y & z_v\end{pmatrix}=-[\boldsymbol{F}'_{w}(\boldsymbol{x},\boldsymbol{w}))^{-1}\boldsymbol{F}'_{x}(\boldsymbol{x},\boldsymbol{w})\\ &=-\begin{pmatrix}1+v(f'_1+f'_2+f'_3) & -f'_3\\ 0 & g'_3\end{pmatrix}^{-1}\begin{pmatrix}-f'_1 & -f'_2 & u(f'_1+f'_2+f'_3)\\ g'_1 & g'_2 & 0\end{pmatrix}\\ &=-\frac{1}{\Delta}\begin{pmatrix}g'_3 & f'_3\\ 0 & 1+v(f'_1+f'_2+f'_3)\end{pmatrix}\begin{pmatrix}-f'_1 & -f'_2 & u(f'_1+f'_2+f'_3)\\ g'_1 & g'_2 & 0\end{pmatrix}\\ &=-\frac{1}{\Delta}\begin{pmatrix}-f'_1g'_3+f'_3g'_1 & -f'_2g'_3+f'_3g'_2 & g'_3u(f'_1+f'_2+f'_3)\\ g'_1[1+v(f'_1+f'_2+f'_3)) & g'_2[1+v(f'_1+f'_2+f'_3)) & 0\end{pmatrix}.\end{aligned}$$

故有

$$\frac{\partial u}{\partial x}=\frac{1}{\Delta}(f'_1g'_3-f'_3g'_1),$$

$$\frac{\partial u}{\partial y}=\frac{1}{\Delta}(f'_2g'_3-f'_3g'_2),$$

$$\frac{\partial u}{\partial v}=\frac{1}{\Delta}g'_3u(f'_1+f'_2+f'_3).$$

4. 设 $\boldsymbol{f}(x,y)=(\mathrm{e}^x\cos y,\mathrm{e}^x\sin y)^{\mathrm{T}}$.

(1) 证明：当 $(x,y)\in\mathbf{R}^2$ 时，$\det \boldsymbol{f}'(x,y)\neq 0$，但在 $\mathbf{R}^2$ 上 $\boldsymbol{f}$ 不是一一映射；

(2) 证明：$\boldsymbol{f}$ 在 $D=\{(x,y)\mid 0<y<2\pi\}$ 上是一一映射，并求 $(\boldsymbol{f}^{-1})'(0,\mathrm{e})$.

【思路探索】 要证在 $\mathbf{R}^2$ 上不为一一映射，只需证对同一 x 值，$f(x)$ 取两个不同的结果即可.

证 (1) 因为 $\boldsymbol{f}'(x,y)=\begin{bmatrix}\dfrac{\partial f_1}{\partial x} & \dfrac{\partial f_1}{\partial y}\\ \dfrac{\partial f_2}{\partial x} & \dfrac{\partial f_2}{\partial y}\end{bmatrix}=\begin{pmatrix}\mathrm{e}^x\cos y & -\mathrm{e}^x\sin y\\ \mathrm{e}^x\sin y & \mathrm{e}^x\cos y\end{pmatrix}$，所以

$$\det \boldsymbol{f}'(x,y)=\begin{vmatrix}\mathrm{e}^x\cos y & -\mathrm{e}^x\sin y\\ \mathrm{e}^x\sin y & \mathrm{e}^x\cos y\end{vmatrix}=\mathrm{e}^{2x}\neq 0.$$

由于 $\boldsymbol{f}(0,0)=\boldsymbol{f}(0,2\pi)=(1,0)^{\mathrm{T}}$，故在 $\mathbf{R}^2$ 上 $\boldsymbol{f}$ 不是一一映射.

(2) 对于 $(x_1,y_1)^{\mathrm{T}},(x_2,y_2)^{\mathrm{T}}\in\mathbf{R}^2$，$\boldsymbol{f}(x_1,y_1)=\boldsymbol{f}(x_2,y_2)$，当且仅当

$$\mathrm{e}^{x_1}\cos y_1=\mathrm{e}^{x_2}\cos y_2,\mathrm{e}^{x_1}\sin y_1=\mathrm{e}^{x_2}\sin y_2,$$

即 $x_1=x_2$ 且

$$\cos y_1=\cos y_2,\sin y_1=\sin y_2.$$

故 $\boldsymbol{f}(x_1,y_1)=\boldsymbol{f}(x_2,y_2)$，当且仅当 $x_1=x_2$，且

$$y_1-y_2=2k\pi(k=0,\pm 1,\pm 2,\cdots).$$

因此 f 在 D 上是一一映射.

由 $\begin{cases}\mathrm{e}^x\cos y=0,\\ \mathrm{e}^x\sin y=\mathrm{e},\end{cases}$ 有 $(x_0,y_0)=\left(1,\dfrac{\pi}{2}\right)$，所以根据定理 23.17 有

$$(\boldsymbol{f}^{-1})'(0,\mathrm{e})=\left(\boldsymbol{f}'\left(1,\frac{\pi}{2}\right)\right)^{-1}=\begin{pmatrix}0 & -\mathrm{e}\\ \mathrm{e} & 0\end{pmatrix}^{-1}=\frac{1}{\mathrm{e}}\begin{pmatrix}0 & 1\\ -1 & 0\end{pmatrix}.$$

5. 略

6. 设 $n>2$，$D\subset\mathbf{R}^n$ 为开集，$\varphi,\psi:D\to\mathbf{R}$，$\boldsymbol{f}:D\to\mathbf{R}^2$，且 $\boldsymbol{f}(\boldsymbol{x})=[\varphi(\boldsymbol{x}),\varphi(\boldsymbol{x})\psi(\boldsymbol{x})]^{\mathrm{T}}$，$\boldsymbol{x}\in D$.

证明：在满足 $\boldsymbol{f}(\boldsymbol{x}_0)=\boldsymbol{0}$ 的点 $\boldsymbol{x}_0$ 处，$\operatorname{rank}\boldsymbol{f}'(\boldsymbol{x}_0)<2$. 但是由方程 $\boldsymbol{f}(\boldsymbol{x})=\boldsymbol{0}$ 仍可能在点 $\boldsymbol{x}_0$ 的邻域内确定隐函数 $\boldsymbol{g}:E\to\mathbf{R}^2$，$E\subset\mathbf{R}^{n-2}$.

【思路探索】 利用定理 23.18 证明，rank $\boldsymbol{A}$ 表示矩阵 $\boldsymbol{A}$ 的秩.

证 因为 $\boldsymbol{f}(\boldsymbol{x}_0)=[\varphi(\boldsymbol{x}_0),\varphi(\boldsymbol{x}_0)\psi(\boldsymbol{x}_0)]^{\mathrm{T}}=0$，所以 $\varphi(\boldsymbol{x}_0)=0$.

$$\text{又 } \boldsymbol{f}'(\boldsymbol{x}_0)=\begin{pmatrix}\varphi_1' & \varphi_2' & \cdots & \varphi_n' \\ \varphi_1'\psi+\varphi\psi_1' & \varphi_2'\psi+\varphi\psi_2' & \cdots & \varphi_n'\psi+\varphi\psi_n'\end{pmatrix}\Bigg|_{x=x_0}$$

$$=\begin{pmatrix}\varphi_1' & \varphi_2' & \cdots & \varphi_n' \\ \varphi_1'\psi & \varphi_2'\psi & \cdots & \varphi_n'\psi\end{pmatrix}\Bigg|_{x=x_0},$$

故 $\operatorname{rank}\boldsymbol{f}'(\boldsymbol{x}_0)\leqslant 1<2$.

由于 $\psi(\boldsymbol{x}_0)$ 可能为零也可能不为零，故若 $\psi(\boldsymbol{x}_0)=0$，则方程 $\boldsymbol{f}(\boldsymbol{x})=\boldsymbol{0}$ 可以写为

$$\boldsymbol{f}(\boldsymbol{x})=[\varphi(\boldsymbol{x}),\psi(\boldsymbol{x}))^{\mathrm{T}}=\boldsymbol{0}.$$

又因为 D 为开集，$\boldsymbol{f}(\boldsymbol{x}_0)=\boldsymbol{0}$，如果 $\varphi(\boldsymbol{x}),\psi(\boldsymbol{x})$ 可微，且有连续的偏导数，则记

$$\boldsymbol{u}=[\boldsymbol{x}_i,\boldsymbol{x}_j]^{\mathrm{T}},y=[\boldsymbol{x}_1,\cdots,\boldsymbol{x}_{i-1},\boldsymbol{x}_{i+1},\cdots,\boldsymbol{x}_{j-1},\boldsymbol{x}_{j+1},\cdots,\boldsymbol{x}_u]^{\mathrm{T}},$$

有 $\boldsymbol{f}'_{\boldsymbol{u}}=\begin{pmatrix}\varphi'_i(\boldsymbol{x}_0) & \varphi'_j(\boldsymbol{x}_0) \\ \psi'_i(\boldsymbol{x}_0) & \psi'_{(}\boldsymbol{x}_0)\end{pmatrix}$，使 $\det\boldsymbol{f}'_{\boldsymbol{u}}(\boldsymbol{x}_0)\neq\boldsymbol{0}$.

故由定理 23.18 知，这时由 $\boldsymbol{f}(\boldsymbol{x})=[\varphi(\boldsymbol{x}),\psi(\boldsymbol{x})]^{\mathrm{T}}=\boldsymbol{0}$ 知，在 $\boldsymbol{x}_0$ 附近存在隐函数 $\boldsymbol{g}:E\to\mathbf{R}^2$，$E\subset\mathbf{R}^{n-2}$.

7. 设 $D\subset\mathbf{R}^n$，$f:D\to\mathbf{R}^n$，而且适合

(ⅰ) $\boldsymbol{f}$ 在 D 上可微，且 $\boldsymbol{f}'$ 连续；

(ⅱ) 当 $\boldsymbol{x}\in D$ 时，$\det\boldsymbol{f}'(\boldsymbol{x})\neq 0$，

则 $\boldsymbol{f}(D)$ 是开集.

证 任取 $\boldsymbol{y}_0\in\boldsymbol{f}(D)$，则 $\exists\boldsymbol{x}_0\in D$，使 $\boldsymbol{y}_0=\boldsymbol{f}(\boldsymbol{x}_0)$，因为 $D\subset\mathbf{R}^n$ 是开集，$\boldsymbol{f}:D\to\mathbf{R}^n$ 且满足 $\boldsymbol{f}$ 在 D 上可微，$\boldsymbol{f}'$ 连续，对于 $\boldsymbol{x}_0\in D$ 时，$\det\boldsymbol{f}'(\boldsymbol{x}_0)\neq 0$，则由定理 23.17 知，$\exists U=U(\boldsymbol{x}_0)\subset D$，使开集 $V=\boldsymbol{f}(U)$. 由于 $\boldsymbol{y}_0\in V$，所以 $\boldsymbol{y}_0$ 为内点，故 $\boldsymbol{f}(D)$ 为开集.

8. 略

9. 对 n 次多项式进行因式分解

$$F_n(x)=x^n+a_{n-1}x^{n-1}+\cdots+a_0=(x-r_1)\cdots(x-r_n).$$

从某种意义上说，这也是一个反函数问题，因为多项式的每个系数都是它的 n 个根的已知函数，即

$$a_i=a_i(r_1,r_2,\cdots,r_n),i=0,1,\cdots,n-1, \qquad ①$$

而我们感兴趣的是要求得到用系数表示的根，即

$$r_j=r_j(a_0,a_1,\cdots,a_{n-1}),j=1,2,\cdots,n, \qquad ②$$

试对 $n=2$ 与 $n=3$ 两种情况，证明：当方程 $F_n(x)=0$ 无重根时，函数组 ① 存在反函数组 ②.

【思路探索】 利用韦达定理，即根与系数的关系的相关定理，以及定理 23.17 进行证明.

证 (1) 当 $n=2$ 时，由韦达定理(根与系数的关系)有

$$\boldsymbol{a}=\boldsymbol{a}(r_1,r_2)=\begin{pmatrix}r_1r_2 \\ -r_1-r_2\end{pmatrix}.$$

因为 $F_2(x)=0$ 无重根，

$$\det\boldsymbol{a}'(r_1,r_2)=\begin{vmatrix}r_2 & r_1 \\ -1 & -1\end{vmatrix}=r_1-r_2\neq 0,$$

所以由定理 23.17 知函数组 ① 存在反函数组 ②.

(2) 当 $n=3$ 时，由于

$$\begin{aligned}F_3(x)&=(x-r_1)(x-r_2)(x-r_3)\\&=x^3-(r_1+r_2+r_3)x^2+(r_1r_2+r_2r_3+r_1r_3)x-r_1r_2r_3.\end{aligned}$$

所以 $\boldsymbol{a}=\boldsymbol{a}(r_1,r_2,r_3)=\begin{pmatrix}a_0\\a_1\\a_2\end{pmatrix}=\begin{pmatrix}-r_1r_2r_3\\r_1r_2+r_2r_3+r_1r_3\\-(r_1+r_2+r_3)\end{pmatrix}$.

又 $\det\boldsymbol{a}'(r_1,r_2,r_3)=\begin{vmatrix}-r_2r_3 & -r_1r_3 & -r_1r_2\\r_2+r_3 & r_1+r_3 & r_2+r_1\\-1 & -1 & -1\end{vmatrix}=(r_1-r_2)(r_2-r_3)(r_3-r_1)\neq 0$,

所以由定理 23.17 知函数组 ① 存在反函数组 ②.

第二十三章总练习题解答

1. 证明：若 $D\subset\mathbf{R}^n$ 为任何闭集，$\boldsymbol{f}:D\to D$，且存在正实数 $q\in(0,1)$，使得对任何 $\boldsymbol{x}',\boldsymbol{x}''\in D$ 满足

$$\|\boldsymbol{f}(\boldsymbol{x}')-\boldsymbol{f}(\boldsymbol{x}'')\|\leqslant q\|\boldsymbol{x}'-\boldsymbol{x}''\|,$$

则在 D 中存在 $\boldsymbol{f}$ 的唯一不动点 $\boldsymbol{x}^*$，即 $\boldsymbol{f}(\boldsymbol{x}^*)=\boldsymbol{x}^*$.

【思路探索】 $\boldsymbol{x}^*$ 的存在和唯一分别进行讨论，由 $\{\boldsymbol{x}_n\}$ 是柯西列条件证得 $\boldsymbol{f}$ 在 D 上连续性，从而证明 $\boldsymbol{x}^*$ 的存在性，唯一性证明较为简单.

证 (1) 不动点 $\boldsymbol{x}^*$ 的存在性.

$\forall\boldsymbol{x}_0\in D$，因为 $\boldsymbol{f}:D\to D$，所以必有

$$\boldsymbol{x}_n=\boldsymbol{f}(\boldsymbol{x}_{n-1})\in D,n=1,2,\cdots.$$

下面验证 $\{\boldsymbol{x}_n\}$ 满足柯西条件，首先，有

$$\|\boldsymbol{x}_2-\boldsymbol{x}_1\|=\|\boldsymbol{f}(\boldsymbol{x}_1)-\boldsymbol{f}(\boldsymbol{x}_0)\|\leqslant q\|\boldsymbol{x}_1-\boldsymbol{x}_0\|$$
$$\|\boldsymbol{x}_{n+1}-\boldsymbol{x}_n\|=\|\boldsymbol{f}(\boldsymbol{x}_n)-\boldsymbol{f}(\boldsymbol{x}_{n-1})\|\leqslant q\|\boldsymbol{x}_n-\boldsymbol{x}_{n-1}\|\leqslant\cdots\leqslant q^n\|\boldsymbol{x}_1-\boldsymbol{x}_0\|,n=1,2,\cdots.$$

于是对任意的正整数 n,p，有

$$\begin{aligned}\|\boldsymbol{x}_{n+p}-\boldsymbol{x}_n\|&\leqslant\|\boldsymbol{x}_{n+p}-\boldsymbol{x}_{n+p-1}\|+\cdots+\|\boldsymbol{x}_{n+1}-\boldsymbol{x}_n\|\\&\leqslant(q^{n+p-1}+\cdots+q^n)\|\boldsymbol{x}_1-\boldsymbol{x}_0\|\\&<\frac{q^n}{1-q}\|\boldsymbol{x}_1-\boldsymbol{x}_0\|\to 0(n\to\infty,0<q<1),\end{aligned}$$

即 $\forall\varepsilon>0,\exists N>0$，当 $n>N$ 时，对任给正整数 p，有 $\|\boldsymbol{x}_{n+p}-\boldsymbol{x}_n\|<\varepsilon$，故由定理 16.1 知数列 $\{\boldsymbol{x}_n\}$ 收敛，设 $\lim\limits_{n\to\infty}\boldsymbol{x}_n=\boldsymbol{x}^*$，又因为 D 为闭集，所以 $\boldsymbol{x}^*\in D$，由于 $\forall\boldsymbol{x}_0,\boldsymbol{x}\in D$，有

$$\|\boldsymbol{f}(\boldsymbol{x})-\boldsymbol{f}(\boldsymbol{x}_0)\|\leqslant q\|\boldsymbol{x}-\boldsymbol{x}_0\|\to 0(\boldsymbol{x}\to\boldsymbol{x}_0),$$

所以 $\boldsymbol{f}$ 在 D 上任何点 $\boldsymbol{x}_0$ 处连续，从而

$$\boldsymbol{x}^*=\lim_{n\to\infty}\boldsymbol{x}_{n+1}=\lim_{n\to\infty}\boldsymbol{f}(\boldsymbol{x}_n)=\boldsymbol{f}(\lim_{n\to\infty}\boldsymbol{x}_n)=\boldsymbol{f}(\boldsymbol{x}^*),$$

故 $\boldsymbol{x}^*\in\boldsymbol{D}$ 为 $\boldsymbol{f}$ 的不动点.

(2) 不动点 $\boldsymbol{x}^*$ 的唯一性.

若 $\boldsymbol{x}^{**}\in\boldsymbol{D}$ 为 $\boldsymbol{f}$ 的另外一个不动点，则

$$\|\boldsymbol{x}^*-\boldsymbol{x}^{**}\|=\|\boldsymbol{f}(\boldsymbol{x}^*)-\boldsymbol{f}(\boldsymbol{x}^{**})\|\leqslant q\|\boldsymbol{x}^*-\boldsymbol{x}^{**}\|(0<q<1),$$

即 $\|\boldsymbol{x}^*-\boldsymbol{x}^{**}\|=0$，也就是 $\boldsymbol{x}^*=\boldsymbol{x}^{**}$.

所以 $\boldsymbol{f}$ 在 $\boldsymbol{D}$ 上存在唯一的不动点.

归纳总结：应用定理 16.1 证明 $\{x_n\}$ 收敛是本题证明过程中较为关键的步骤.

2. 设 $B=\{\boldsymbol{x}\mid\rho(\boldsymbol{x},\boldsymbol{x}_0)\leqslant r\}\subset\mathbf{R}^n$，$\boldsymbol{f}:B\to\mathbf{R}^n$，且存在正实数 $q\in(0,1)$，对一切 $\boldsymbol{x}',\boldsymbol{x}''\in B$ 满足

$$\| f(x') - f(x'') \| \leqslant q \| x' - x'' \| \text{ 与 } \| f(x_0) - x_0 \| \leqslant (1-q)r.$$

利用不动点定理证明：f 在 B 中有唯一的不动点.

证　因为 $\forall x \in B$，有

$$\begin{aligned} \| f(x) - x_0 \| &\leqslant \| f(x) - f(x_0) \| + \| f(x_0) - x_0 \| \\ &\leqslant q \| x - x_0 \| + (1-q)r \leqslant qr + (1-q)r \\ &= r, \end{aligned}$$

所以 $f(x) \in B$，即 $f: B \to B \subset \mathbf{R}^n$，故由上述总练习题 1 知 f 在 B 中有唯一的不动点.

3. 略

4. 设 $D \subset \mathbf{R}^n$ 是开集，$f: D \to \mathbf{R}^n$ 为可微函数，且对任何 $x \in D$，$\det f'(x) \neq 0$，试证：若 $y \notin f(D)$，$\varphi(x) = \| y - f(x) \|^2$，则对一切 $x \in D$，$\varphi'(x) \neq \mathbf{0}$.

证　因为 $\varphi(x) = \| y - f(x) \|^2 = (y - f(x))^{\mathrm{T}}(y - f(x))$，由本章 §2 习题 3，有

$$\begin{aligned} \varphi'(x) &= (y - f(x))^{\mathrm{T}}(y - f(x))' + (y - f(x))^{\mathrm{T}}(y - f(x))' \\ &= -2(y - f(x))^{\mathrm{T}} f'(x), \end{aligned}$$

由条件 $\det f'(x) \neq 0$，知 $f'(x)$ 可逆，又 $y - f(x) \neq \mathbf{0}$，于是有 $\varphi(x) \neq 0$.

5. 证明：若 $D \subset \mathbf{R}^n$ 是凸开集，$f: D \to \mathbf{R}^m$ 是 D 上的可微函数，则对任意两点 $a, b \in D$，以及每一常向量 $\beta \in \mathbf{R}^m$，必存在 $c = a + \theta(b - a) \in D$，$0 < \theta < 1$，满足

$$\beta^{\mathrm{T}}[f(b) - f(a)] = \beta^{\mathrm{T}} f'(c)(b - a).$$

证　考虑实值多元函数

$$F(x) = \beta^{\mathrm{T}} f(x),$$

则 $F: D \to \mathbf{R}$，因为 f 在 D 上可微，所以 $F(x)$ 在 D 上也可微，由于 $D \subset \mathbf{R}^n$ 是凸开集，故根据多元函数的微分中值定理，$\forall a, b \in D$，$\exists 0 < \theta < 1$，使 $c = a + \theta(b - a) \in D$，有

$$F(b) - F(a) = F'(c)(b - a).$$

又 $F'(c) = \beta^{\mathrm{T}} f'(c)$，故有

$$\beta^{\mathrm{T}}[f(b) - f(a)] = \beta^{\mathrm{T}} f'(c)(b - a).$$

6. 利用上题结果导出微分中值不等式

$$\| f(b) - f(a) \| \leqslant \| f'(c) \| \cdot \| b - a \|,$$
$$c = a + \theta(b - a), 0 < \theta < 1.$$

【思路探索】　该中值不等式较为重要，在许多证明题中可以利用，可以识记.

证　由本章总练习题第 5 题取 $\beta = f(b) - f(a)$，则有

$$\begin{aligned} \beta^{\mathrm{T}}[f(b) - f(a)] &= \| f(b) - f(a) \|^2 = [f(b) - f(a)]^{\mathrm{T}} f'(c)(b - a) \\ &= | [f(b) - f(a)]^{\mathrm{T}} f'(c)(b - a) | \\ &\leqslant \| [f(b) - f(a)]^{\mathrm{T}} \| \cdot \| f'(c) \| \cdot \| b - a \| \\ &= \| f(b) - f(a) \| \cdot \| f'(c) \| \cdot \| b - a \|, \end{aligned}$$

即 $\| f(b) - f(a) \| \leqslant \| f'(c) \| \cdot \| b - a \|$.

7. 略

8. 设 $f: \mathbf{R}^n \to \mathbf{R}^n$ 可微，且 f' 在 $\mathbf{R}^n$ 上连续，若存在常数 $c > 0$，使对一切 $x_1, x_2 \in \mathbf{R}^n$，均有

$$\| f(x_1) - f(x_2) \| \geqslant c \| x_1 - x_2 \|.$$

试证明：

(1) f 是 $\mathbf{R}^n$ 上的一一映射；

(2) 对一切 $x \in \mathbf{R}^n$，$\| f'(x) \| \neq 0$.

【思路探索】　通过对同一个 x，$f(x)$ 的取值情况的判断证明 f 是否一一映射；通过对 $\| f'(x_0) \|$ 是否取到 0 值，进而判断 $\| f'(x) \|$ 是否取 0.

证　(1) 任取 $x_1, x_2 \in \mathbf{R}^n$，$x_1 \neq x_2$，因为

$$\| f(x_1) - f(x_2) \| \geqslant c \| x_1 - x_2 \| > 0,$$

所以 $f(x_1) \neq f(x_2)$，即 f 是 $\mathbf{R}^n$ 上的一一映射.

(2) $\forall x_0 \in \mathbf{R}^n$，因为 f 在 x_0 处可微，即

$$\lim_{x \to x_0} \frac{f(x) - f(x_0) - f'(x_0)(x - x_0)}{\| x - x_0 \|} = 0,$$

所以 $\exists x_1 \in \mathbf{R}^n$，使

$$\left\| \frac{f(x_1) - f(x_0) - f'(x_0)(x_1 - x_0)}{\| x_1 - x_0 \|} \right\| < \frac{c}{2},$$

则

$$\begin{aligned} \| f'(x_0) \| &= \frac{\| f'(x_0) \| \| x_1 - x_0 \|}{\| x_1 - x_0 \|} = \frac{\| f'(x_0)(x_1 - x_0) \|}{\| x_1 - x_0 \|} \\ &\geqslant \frac{\| f(x_1) - f(x_0) \| - \| f(x_1) - f(x_0) - f'(x_0)(x_1 - x_0) \|}{\| x_1 - x_0 \|} \\ &= \frac{\| f(x_1) - f(x_0) \|}{\| x_1 - x_0 \|} - \frac{\| f(x_1) - f(x_0) - f'(x_0)(x_1 - x_0) \|}{\| x_1 - x_0 \|} \\ &\geqslant c \frac{\| x_1 - x_0 \|}{\| x_1 - x_0 \|} - \frac{c}{2} = \frac{c}{2} > 0. \end{aligned}$$

由 $x_0 \in \mathbf{R}^n$ 的任意性知，$\forall x \in \mathbf{R}^n$，$\| f'(x) \| \neq 0$.

9. 设 $A \subset \mathbf{R}^n$ 是有界闭集，$f: A \to A$，如果 $x_1, x_2 \in A$，$x_1 \neq x_2$，都满足

$$\| f(x_1) - f(x_2) \| < \| x_1 - x_2 \|,$$

则 A 中有且仅有一点 x，使得 $f(x) = x$.

【思路探索】 要证 $f(x) = x$，先设 $g(x) = \| f(x) - x \|$，再求 $g(x)$ 的下界，据此进行证明.

证　令 $g(x) = \| x - f(x) \|$，$x \in A$，则 $\forall x_1, x_2 \in A$ 有

$$\begin{aligned} | g(x_1) - g(x_2) | &= | \| x_1 - f(x_1) \| - \| x_2 - f(x_2) \| | \\ &\leqslant \| [f(x_1) - f(x_2)] - (x_1 - x_2) \| \\ &\leqslant \| f(x_1) - f(x_2) \| + \| x_1 - x_2 \| \\ &\leqslant 2 \| x_1 - x_2 \|, \end{aligned}$$

由此不等式知 $g(x)$ 为有界闭集 A 上的连续函数，因此存在 $x^* \in A$，使 $g(x^*) = \min\limits_{x \in A} g(x)$. 如果 $g(x^*) \neq 0$，那么由条件可得

$$g(f(x^*)) = \| f(x^*) - f(f(x^*)) \| < \| x^* - f(x^*) \| = g(x^*),$$

这与 $g(x^*)$ 的最小性相矛盾，故 $g(x^*) = 0$ 即 $f(x^*) = x^*$.

若有另外一个 x^{**} 使

$$f(x^{**}) = x^{**} \in A,$$

则 $\| x^* - x^{**} \| = \| f(x^*) - f(x^{**}) \| < \| x^* - x^{**} \|$.

矛盾，故不动点唯一.